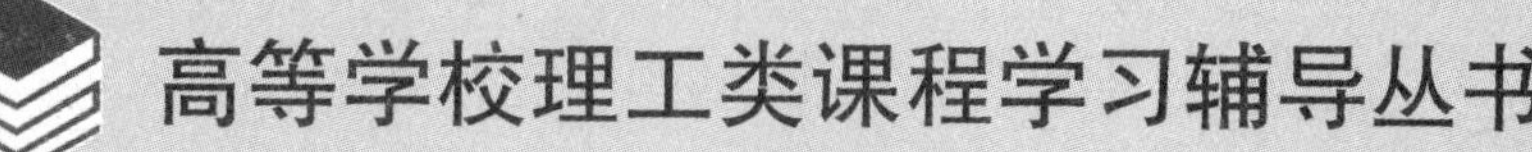

有机化学（第三版）学习指南

华东理工大学有机化学教研组　编

高等教育出版社·北京

内容提要

本书是华东理工大学有机化学教研组编写的《有机化学》(第三版)的学习参考书。全书按照《有机化学》(第三版)的章次编写,每章包含三部分内容:本章知识点、例题解析、习题参考答案。其中例题解析根据考试的题型编写,便于学生在学习过程中及时熟悉考试的题型。本书的二维码中附有近年有机化学考试题及参考答案,方便学生在考前进行自我测试。

本书也可作为考研复习参考书。

图书在版编目(CIP)数据

有机化学(第三版)学习指南 / 华东理工大学有机化学教研组编. -- 北京:高等教育出版社,2020.12(2021.11 重印)
(高等学校理工类课程学习辅导丛书)
ISBN 978-7-04-055231-7

Ⅰ.①有… Ⅱ.①华… Ⅲ.①有机化学-高等学校-教学参考资料 Ⅳ.①O62

中国版本图书馆 CIP 数据核字(2020)第 210255 号

YOUJI HUAXUE (DI-SAN BAN) XUEXI ZHINAN

策划编辑 翟 怡　责任编辑 翟 怡　封面设计 杨立新　版式设计 王艳红
插图绘制 于 博　责任校对 高 歌　责任印制 刘思涵

出版发行 高等教育出版社
社 址 北京市西城区德外大街4号
邮政编码 100120
印 刷 佳兴达印刷(天津)有限公司
开 本 787mm × 1092mm 1/16
印 张 22.75
字 数 480千字
购书热线 010-58581118
咨询电话 400-810-0598
网 址 http://www.hep.edu.cn
http://www.hep.com.cn
网上订购 http://www.hepmall.com.cn
http://www.hepmall.com
http://www.hepmall.cn
版 次 2020年12月第1版
印 次 2021年11月第2次印刷
定 价 39.80元

物 料 号 55231-00

前　言

在有机化学教学中，经常会遇到这样的情况：学生对于有机化学的课堂学习都说听懂了、学会了，但在面对作业或考题时，仍会无从下手。这说明教师在课堂教学中需要适当地讲解经典的例题，因此配套一本合适的教学辅导书是非常必要的。

华东理工大学有机化学教研组编写的《有机化学》（第三版）的教学辅导书《有机化学（第三版）学习指南》终于出版了。本辅导书按照主教材的章次编写，每章包含三部分内容：本章知识点、例题解析、习题参考答案。其中例题解析的题型根据考试的题型编写，便于学生在学习过程中及时了解、熟悉。最后附加几套历年有机化学考试题及参考答案，方便学生在考前进行自我测试。

参与本书编写的华东理工大学有机化学教研组的教师有许胜（第1、3章）、伍新燕（第2章）、李登远（第4章）、徐琴（第5章）、罗千福（第6章）、沙风（第7章）、张春梅（第8章）、窦清玉（第9章）、方向（第10章）、俞善辉（第11章）、李琼（第12章）、王朝霞（第13章）、俞晔（第14～16章），全书由蔡良珍统稿。

由于时间紧迫，水平有限，本书在编写过程中难免有错，敬请读者批评指正。

华东理工大学

蔡良珍

2020年3月

目　　录

第1章 绪　　论

本章知识点

本章对有机化学中的重要概念进行简单介绍，涉及有机化合物、有机化学、轨道杂化理论、分子轨道、键的参数、分子内作用力、共振论、酸碱概念、电子效应与立体效应等。

一、碳的杂化轨道及成键方式

有机化学是含碳化合物的化学，碳是有机化合物中最重要的元素。尽管人们很早就认识到碳的成键数为4，然而经典的价键理论无法对此做出解释。这个问题最终是Pauling解决的，他创造性地将生物学概念（杂交）引入原子轨道中，既然驴和马能够杂交得到骡子，那么碳原子的2s轨道和2p轨道也能进行类似的“杂交”而得到一种全新类型的轨道。Pauling使用最简洁明了的方法命名这种“杂交”得到的新轨道，即依据参与“杂交”的2s轨道和2p轨道的数目分别将其称为sp杂化轨道（1个2s轨道与1个2p轨道杂化得到的新轨道）、sp^2杂化轨道（1个2s轨道与2个2p轨道杂化得到的新轨道）和sp^3杂化轨道（1个2s轨道与3个2p轨道杂化得到的新轨道）。

（1）杂化的第一步是2s轨道上的电子跃迁到2p轨道，这一步需要外界提供能量（跃迁，粒子从低能级轨道升到高能级轨道，轨道越高，需要的能量越多）。

（2）杂化后碳原子的成键数增加（从2增加到4），释放出更多的反应焓，符合热力学定律。

（3）不同的杂化轨道成键，不仅决定了分子的结构不同（sp^3杂化轨道是四面体结构，sp^2杂化轨道是平面三角形结构，sp杂化轨道是线性结构），还导致键能、键长产生差异。

二、电负性、键与分子的极性、诱导效应

由于构成一个化学键的两个原子对外层电子的控制能力（电负性）存在差异，导致共用电子对偏向电负性更大的原子一边，造成正、负电荷中心分离，这样的键称为极性键，其大小可用偶极矩表示，需要注意的是偶极矩有方向。键的极性大小除了取决于成键原子自身的性质以外，还受到外电场影响（称为可极化性）；很显然，那些具有多层电子的原子对外层电子的控制能力弱，因此具有更大的可极化性。

键的极性与分子极性有区别，由多个极性键组成的分子可能有极性，也可能没有

极性，因为偶极矩是矢量，可能彼此抵消。

键的极性沿着键轴传递的现象称为诱导效应，失去部分电荷的原子（团）称为+I（给电子）基团，反之称为−I基团。诱导效应随着距离增大而迅速降低。

三、共轭效应、共振论

共轭本来指两匹马拉战车的一种装置，被应用于有机化学领域，描述多个 p 轨道之间，以及 p 轨道与 σ 键电子云之间的相互作用，其显著特点：共轭后体系变得稳定，能量降低；外来电场的影响立刻传递到整个共轭体系。

经典的价键理论表达分子结构简洁明了，但是有机分子，特别是含有共轭体系的有机分子，其真实结构无法用价键理论描述。电子是基本粒子，其运动不符合宏观物理定律，而是遵循海森伯不确定性原理，需要使用概率描述电子运动（电子云）。为了简化处理，以烯丙基正离子为例来说明这个问题：2 个 p 轨道肩并肩发生电子云重叠（overlap）形成的键称为 π 键，3 个 p 轨道肩并肩乃至更多的 p 轨道肩并肩都能形成 π 键，为了区别，用 Π_n^m 表示，n 为参与共轭的原子数，m 为参与共轭的电子数。烯丙基正离子就是三中心两电子共轭体系，可以用以下共振结构表示：

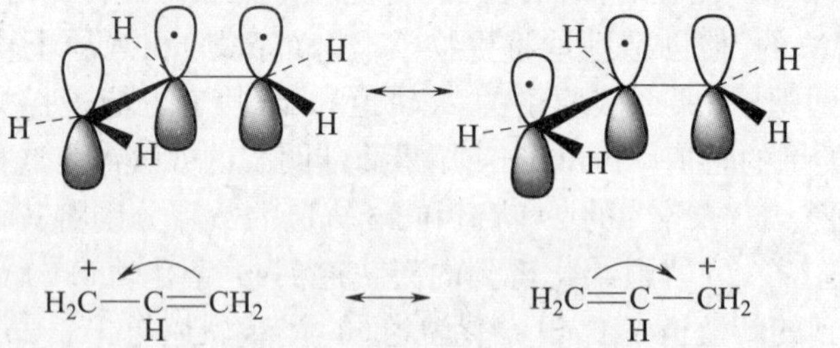

$$H_2\overset{+}{C}-\underset{H}{C}=CH_2 \longleftrightarrow H_2C=\underset{H}{C}-\overset{+}{C}H_2$$

(1)　　　　　　(2)

由于 π 电子（请注意，在这种 p-π 共轭体系中，一定是 2 个 π 电子一起移动）快速移动（这种移动永不停歇），因此，式（1）和式（2）都不是真实结构，式（1）和式（2）只能被称为共振结构式，其真实结构介于式（1）和式（2）之间，教材中称为共振。很显然，共振概念的提出，解决了经典价键理论的不足。

需要说明的是，一种化合物可以写出不止一个共振结构式，这些共振结构式的能量未必相等，其中符合八隅规则、经典价键理论的共振结构式能量低且最稳定，对分子真实结构贡献度大，或者说分子的真实结构更接近稳定的共振式结构。

四、酸碱理论

酸碱理论，主要有按照质子分类的 Brönsted 酸碱理论，以及按照电子对分类的 Lewis 酸碱理论，这是两类不同的分类方法，没有必然的联系。

Brönsted 酸碱：能给出质子的物质是 Brönsted 酸（以下简称 B 酸），能接受质子的物质是 Brönsted 碱（以下简称 B 碱）。

Lewis 酸碱：能够接受一对电子的物质是酸，能够给出一对电子的物质是碱。

酸碱性强弱的判据：酸性强弱用 pK_a 表征。pK_a 越小表示该物质给出质子能力越强，酸性越强，其共轭碱的碱性越弱。

酸碱理论主要应用：判断反应方向；描述反应机理。

考核要求：判断物质中的酸碱组分，利用 pK_a 判断反应方向。

例题解析

例题 1-1 按照能量从低到高排列碳原子的下列轨道：

$$2s, sp^3, 2p, sp^2, sp$$

解答： 根据热力学第二定律：任何一个能够自发进行的热力学过程，一定是吉布斯自由能降低的过程，通俗地说就是能量退化。2s 轨道和 2p 轨道能够进行杂化的动力就来自杂化轨道能量降低，2s 轨道能量最低，距离原子核最近，2p 轨道能量最高，距离原子核最远。杂化轨道位于两者之间，依据线性组合原理，杂化轨道能量与组成为正比例函数关系，sp^3 杂化轨道中含有四分之三成分的 2p 轨道及四分之一成分的 2s 轨道，sp^2 杂化轨道中含有三分之一成分的 2s 轨道及三分之二成分的 2p 轨道，sp 杂化轨道中 2s 轨道与 2p 轨道各占一半。因此上述轨道的能量从低到高的次序：

$$2s < sp < sp^2 < sp^3 < 2p$$

例题 1-2 写出 N 的 sp^2 与 sp^3 杂化轨道。

解答： N 与 C 是同一周期的元素，同样能进行 sp^3，sp^2，sp 三种轨道杂化，但 N 核外电子比 C 多 1 个，2s 轨道上电子跃迁以后，3 个 2p 轨道上将有 4 个电子，如图 1-1 所示。

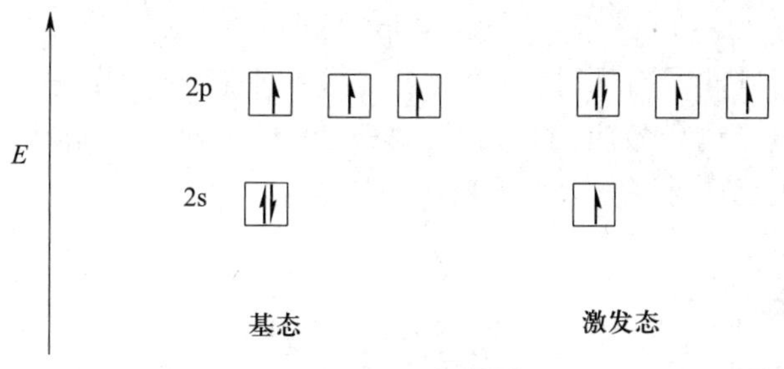

图 1-1 N 的电子跃迁

进行 sp^3 杂化得到的 4 个杂化轨道中，1 个 sp^3 杂化轨道被一对电子占据而不能成键，因此 N 的成键数是 3，NH_3 的结构如图 1-2 所示（O 的 4 个 sp^3 杂化轨道只有 2 个成键，参考 H_2O 的结构）。

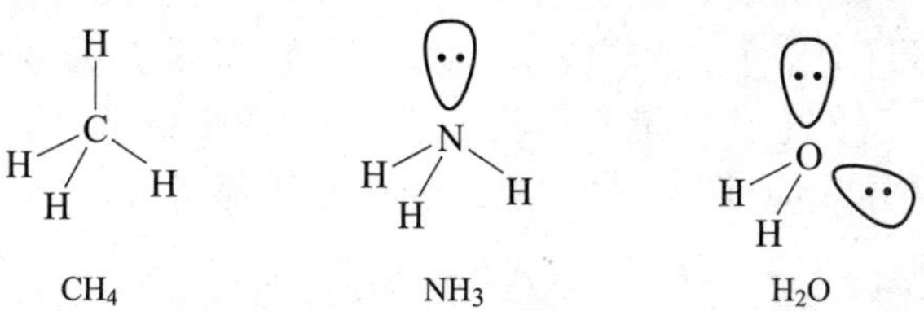

图 1-2 C，N，O 的 sp^3 杂化轨道成键及代表性化合物

N 的 sp^3 杂化有一种方式。

N 的 sp^2 杂化有两种方式（见图 1-3）：

（1）3 个 sp^2 杂化轨道各有 1 个电子；

（2）2 个 sp^2 杂化轨道各有 1 个电子，另外 1 个 sp^2 杂化轨道上有 1 对电子。

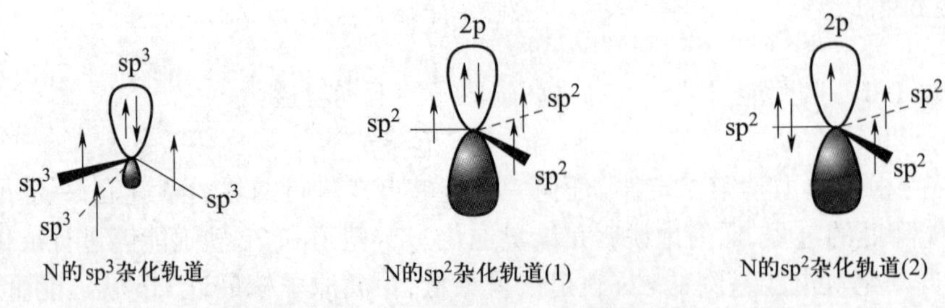

图 1-3　N 的 sp^2 和 sp^3 杂化轨道

例题 1-3　比较碳原子的三种不同杂化轨道的电负性大小，并解释丙烯分子中甲基的给电子效应。

解答：从例题 1-1 的分析中可以得知，杂化以后碳原子各个轨道的能量由低到高次序是

$$2s < sp^3 < sp^2 < sp < 2p$$

能量越低，距离原子核越近，受到原子核控制越强，因此电负性越大。电负性从低到高的次序是

$$sp^3 < sp^2 < sp$$

丙烯分子中，碳原子有两种，一种是 sp^3，另一种是 sp^2，因此—CH_3 的电子云受到 sp^2 碳原子的吸电子诱导效应，向双键转移，双键 π 电子云受到同性电荷的斥力而变形，分子中出现正、负电荷中心，如下所示。

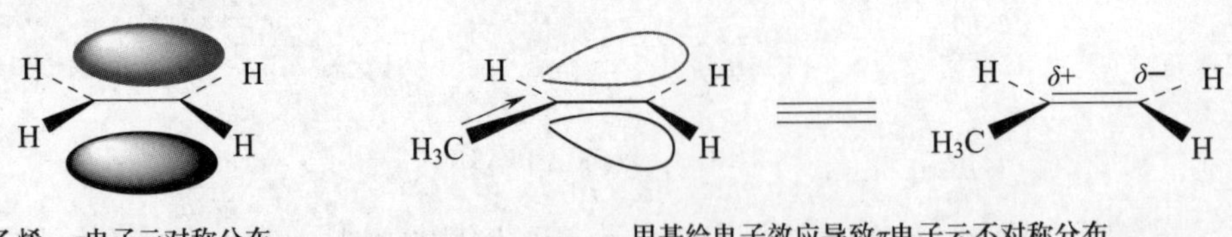

参与化学反应的电子都是外层（价电子层）带有负电荷的电子，一般情况下，核外电子（负电荷）数目与核内质子（正电荷）数目是相等的，整个原子（分子）是中性的。当某个原子（分子）外层电子云发生偏离，甚至失去电子（负电荷），此时原子（分子）所带正、负电荷数量不再相等，就认为这个原子（分子）带有部分正电荷，用 δ+ 表示。诱导效应使得—CH_3 电子云向双键靠近，—CH_3 作为给电子基团存在。

例题 1-4 指出下列各组物质，是共振结构式还是同分异构体。

(1) 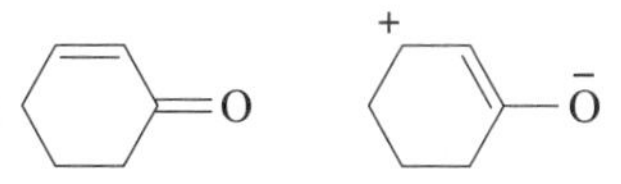 (2)

解答: 依据定义，所有共振结构式的区别在于电荷分布方式不同，绝不允许改变原子连接次序和伸展方向！（1）中化合物骨架没有改变，改变的是电子排布方式；（2）中 H 移动了位置。因此，（1）中两个结构式是共振结构式，（2）中两个结构式是同分异构体。

例题 1-5 指出下列结构中最稳定的共振结构式。

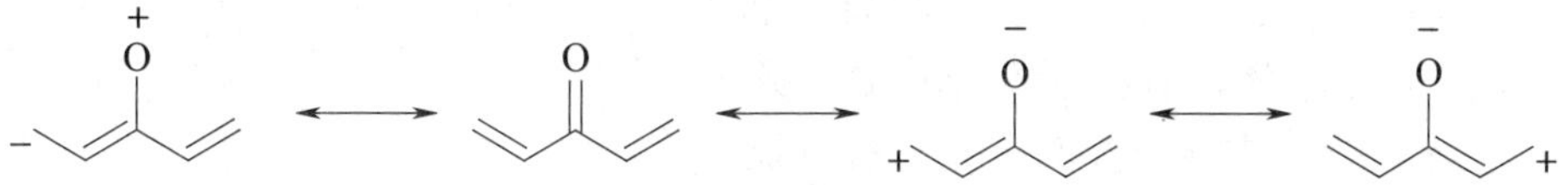

(1) (2) (3) (4)

解答: 共振结构式书写要遵循价键理论要求：碳是四价；同时每一个原子核外电子数目尽量满足八隅规则；电荷更容易流向电负性比较大的原子。本题中氧的电负性比碳大，因此氧带有负电荷的（3）和（4）是比较稳定的。当然，不带电荷的（2）才是最稳定的。结论:（1）最不稳定,（2）最稳定,（3）和（4）能量等同。

例题 1-6 根据提供的数据，判断下列反应能否进行。

	CH_3CH_2OH	H_2O	CH_3COOH
pK_a:	16.0	15.74	4.72

（1）$CH_3CH_2OH+NaOH \longrightarrow CH_3CH_2ONa+H_2O$

（2）$CH_3CH_2ONa+CH_3COOH \longrightarrow CH_3COONa+CH_3CH_2OH$

解答: 一种物质的酸性越强，其共轭碱的碱性就越弱；强酸（碱）能制备弱酸（碱），反过来则不行。反应（1）因乙醇酸性比水小，弱酸不能置换强酸，这个反应不能进行；反应（2）乙酸的酸性比乙醇大，依据强酸置换弱酸原理，反应可以进行。

例题 1-7 依据 Lewis 酸碱定义，对下列物质进行分类。

H_2O, HCl, CH_3CH_2OH, NH_3, NaOH, $FeCl_3$, $AlCl_3$

解答: 不能将无机化学中的酸碱概念（多数是依据 Brönsted 酸碱定义的）套用到本题中。无机化学中，HCl, NaOH 分别是酸和碱。但是在 Lewis 酸碱定义中，只有能够接受一对电子的物质才是酸，因此 HCl 不是酸！同理 NaOH 也不是碱。H_2O, CH_3CH_2OH, NH_3 中，由于 O 和 N 上有一对电子可以给出，所以是碱。$FeCl_3$ 和 $AlCl_3$ 因为具有空轨道能够接受一对电子，所以是酸！

Lewis 酸：$FeCl_3$, $AlCl_3$

Lewis 碱: H_2O, CH_3CH_2OH, NH_3

既不是 Lewis 酸也不是 Lewis 碱: HCl, NaOH

例题 1-8 选择题。

1. 根据键的断裂和形成情况划分化学反应类型,有(　　)。

A. 离子反应　　B. 自由基反应　　C. 协同反应

D. 取代反应　　E. 加成反应

解答: A, B, C

2. 下列关于软硬酸碱的说法正确的是(　　)。

A. 硬酸、硬碱就是强酸、强碱

B. 硬酸、硬碱容易受外电场影响而极化

C. 一般来说软软结合,硬硬结合是优先选项

D. 硬酸硬碱,原子核对外层电子控制能力比较强

解答: C, D

3. 关于键能,下列说法中正确的是(　　)。

A. 打开一个共价键,恢复为原子状态需要的能量

B. 多原子分子的某共价键的键能是同类型键的解离能平均值

C. 与采用的打开共价键的方法有关系

D. 键能是衡量分子稳定性的唯一标准

解答: A, B

例题 1-9 简答题。

1. 关于键长,具有以下特征,请解释:

碳碳三键 < 碳碳双键 < 碳碳单键

解答: 碳碳双键中碳原子的杂化方式为 sp^2,比 sp^3 轨道含有更多的 s 成分,更靠近原子核,因此两个 sp^2 轨道头对头形成的 σ 键的键长,比相应的碳碳单键中的要短;同理,碳碳三键中碳原子采用 sp 杂化方式,比 sp^2 轨道含有更多的 s 成分,更靠近原子核,所以碳碳三键的键长比碳碳双键进一步缩短。

2. 简述范氏半径和共价半径的关系。

解答: 范氏半径是未成键的原子自身的半径,而共价半径是指从原子核到两个原子电子云重叠中线的距离,一般来说,共价半径小于范氏半径。

习题参考答案

习题 1-1 指出下列每个分子中存在的官能团类型。

(1) OH（苯环）　　(2) O（环己烯酮）　　(3) NH_2 / CH_3CHCO_2H

（4）$C_6H_5NHCOCH_3$　（5） 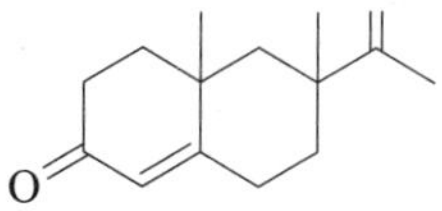　（6）$(CH_3)_3CCH_2OH$

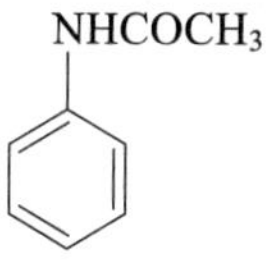

解答:（1）羟基;（2）羰基、双键;（3）氨基、羧基;（4）酰胺;（5）羰基、双键;（6）羟基。

习题 1-2　在下列化合物中所标出的两个键哪个更短,为什么?

（1）$CH_3C(\overset{a}{=}O)\overset{b}{—}OH$　（2）$H\overset{a}{—}CH=CH—C\equiv C\overset{b}{—}H$

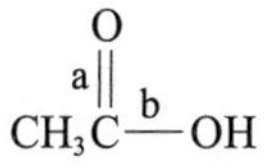

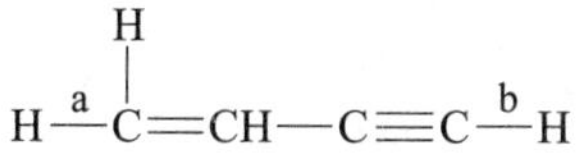

（3）$Cl\overset{a}{—}C_6H_4—CH_2\overset{b}{—}Cl$

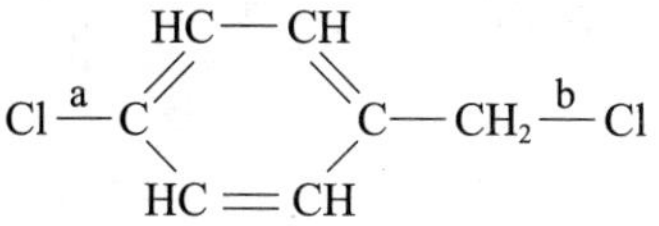

解答:（1）a 小于 b,双键原因;（2）b 小于 a,sp 杂化电负性大;（3）a 小于 b,p-π 共轭效应导致。

习题 1-3　标出下面给出的化合物中碳原子杂化状态（sp,sp^2 或 sp^3）,并回答分子中哪些键是非极性的,哪些键是极性的,何者更强。

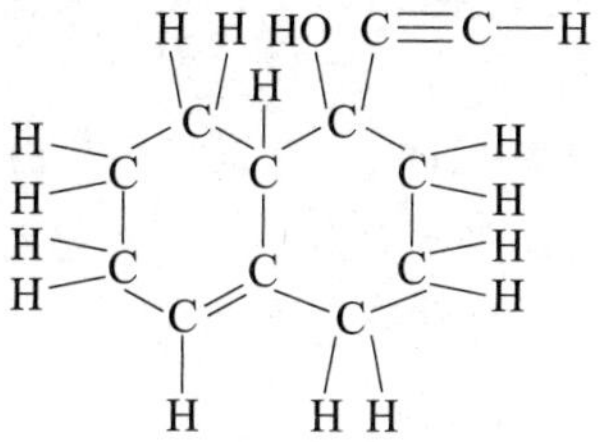

解答:极性键:C—H,O—H,C—O;非极性键:C—C,C═C。

习题 1-4　指出:（1）$\overset{*}{C}H_3CH_2OH$ 中以 $\overset{*}{C}$ 为中心的空间价键结构式。

（2）$NaOCH_3$ 中的共价键和离子键。

（3）下列分子结构式中某些原子上存在的非键电子。

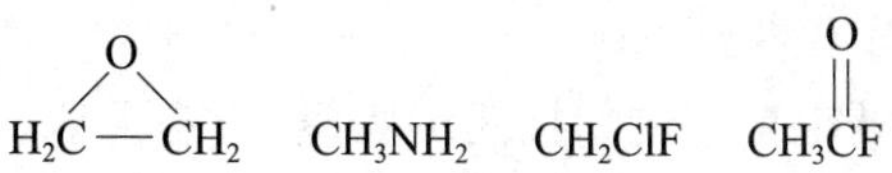

$H_2C—CH_2$（环氧，O 桥连）　CH_3NH_2　CH_2ClF　CH_3CF（C═O）

（4）下列分子中的各个键是以何种杂化轨道重叠而成的?

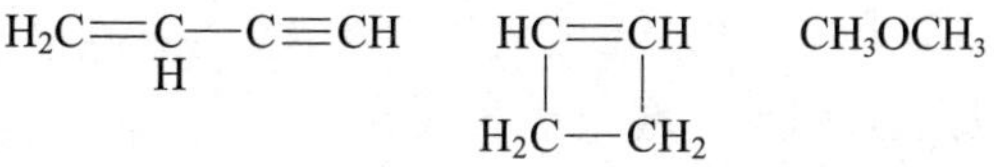

$H_2C=CH—C\equiv CH$　$HC=CH$（与 $H_2C—CH_2$ 成环）　CH_3OCH_3

（5）下列各组配合物中何者是 Lewis 酸？何者是 Lewis 碱？

$(CH_3)_2S—BF_3$　　$(CH_3)_3N—AlCl_3$　　$F_3B—HCHO$

解答：（1）
$$H_3C—\overset{\displaystyle H}{\underset{\displaystyle H}{\overset{|}{\underset{|}{C}}}}—OH$$

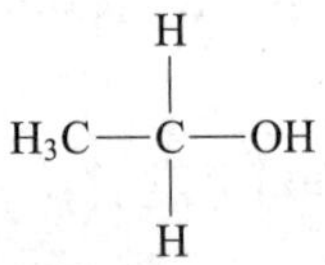

（2）$Na^+[O^-CH_3]$

（3）环氧乙烷 $H_2C—CH_2$（桥氧 $\ddot{O}$）　　$CH_3\ddot{N}H_2$　　$CH_2\ddot{Cl}F$　　$CH_3\overset{\displaystyle :\ddot{O}}{\overset{\|}{C}}F$

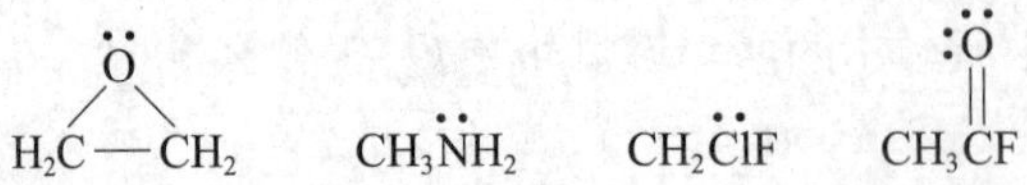

（4）$H_2C{=}\underset{H}{C}—C{\equiv}CH$（$H_2C$ 标 sp^2，$C{\equiv}$ 标 sp）　　环丁烯 $HC{=}CH$ / $H_2C—CH_2$（HC 标 sp^2，CH_2 标 sp^3）　　CH_3OCH_3（CH_3 标 sp^3）

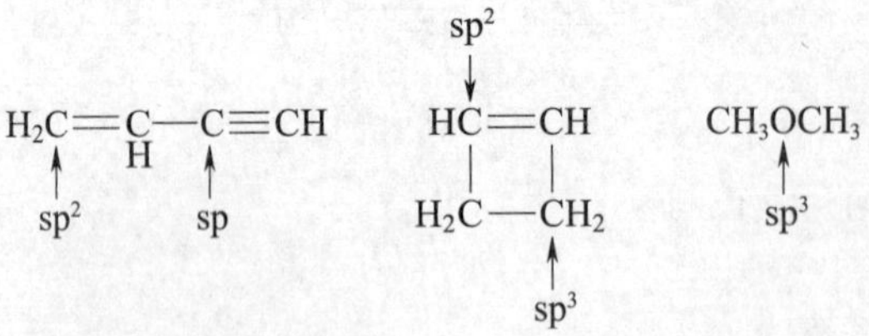

（5）　Lewis 碱　Lewis 酸

$(CH_3)_2S—BF_3$

$(CH_3)_3N—AlCl_3$

$HCHO—BF_3$

习题 1-5　下列各组分子中哪个标出的键极性更大？指出键的极性及相对强弱。

（1）$HO—CH_3$ 和 $(CH_3)_3Si—CH_3$　　（2）$H_3C—H$ 和 $H—Cl$

提示：成键的两个原子电负性相差越大，键的极性越大。（1）中 O 与 C 的电负性差值要大于 Si 与 C；（2）中 Cl 的电负性大于 C。

解答：（1）$\overset{\delta-}{HO}—\overset{\delta+}{CH_3}>(CH_3)_3Si—CH_3$　　（2）$\overset{\delta+}{H}—\overset{\delta-}{Cl}>H_3C—H$

习题 1-6　解释下列现象。

（1）$Cl_2C=O$ 的偶极矩比 $H_2C=O$ 小；CH_3F 的偶极矩比 CH_3Cl 小。

（2）CH_3OH 中的 O—H 键上的氢原子比 C—H 键上的氢原子活泼。

（3）NF_3 的极性比 NH_3 小。

（4）NaCl 溶于水而不溶于乙醚。

解答：（1）分子偶极矩是键的偶极矩的矢量和，不仅取决于键的偶极矩大小，还与其方向有关系。

（2）O 的电负性大于 C 的电负性，导致 O—H 的极性大于 C—H，因此 O—H 键上氢原子比 C—H 键上氢原子活泼。

（3）N—H 键偶极矩方向与孤对电子相反。

（4）相似相溶。

习题 1-7　回答下列问题。

（1）下列两组共振结构式中哪一个对共振杂化体的贡献更大，为什么？

A. $\mathrm{CH_2{=}CH{-}\ddot{B}r \longleftrightarrow \overset{-}{C}H_2{-}CH{=}\overset{+}{B}r}$

B. $\mathrm{\overset{+}{C}H_2{-}\ddot{O}{-}CH_3 \longleftrightarrow CH_2{=}\overset{+}{O}{-}CH_3}$

（2）给出下列两个分子的共振结构式。

A. $\mathrm{CH_2{=}CH{-}CH{=}CH{-}\overset{+}{C}H{-}CH_3}$　　B. $\mathrm{NH_2{-}C(NH_2){=}\overset{+}{N}H_2}$

（3）下列两对构造式是不是共振结构式关系？

A. 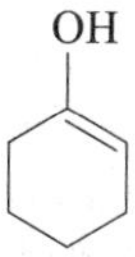 OH 和 O　　B. 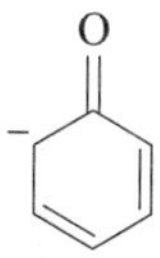 O 和 O^-

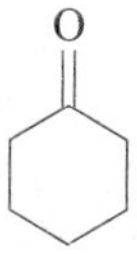

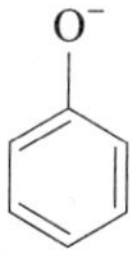

解答：（1）比较共振结构式贡献大小：

A. $\mathrm{CH_2{=}CH{-}\ddot{B}r \longleftrightarrow \overset{-}{C}H_2{-}CH{=}\overset{+}{B}r}$

贡献大　　异性电荷分离

B. $\mathrm{\overset{+}{C}H_2{-}\ddot{O}{-}CH_3 \longleftrightarrow CH_2{=}\overset{+}{O}{-}CH_3}$

贡献大

（2）共振结构式：

A. $\mathrm{CH_2{=}CH{-}CH{=}CH{-}\overset{+}{C}H{-}CH_3 \longleftrightarrow CH_2{=}CH{-}\overset{+}{C}H{-}CH{=}CH{-}CH_3}$

$\mathrm{\longleftrightarrow H_2\overset{+}{C}{-}CH{=}CH{-}CH{=}CH{-}CH_3}$

B. $\mathrm{NH_2{-}C(NH_2){=}\overset{+}{N}H_2 \longleftrightarrow NH_2{-}\underset{+}{C}(NH_2){-}NH_2}$

（3）A 不是；B 是。

第 2 章　烷烃和环烷烃

本章知识点

一、烷烃的结构

（1）烷烃分子中只含有碳和氢两种元素，开链烷烃的通式为 C_nH_{2n+2}，单环烷烃的通式为 C_nH_{2n}。烷烃分子中的碳原子都是 sp^3 杂化的，杂化轨道与其他碳原子的 sp^3 杂化轨道或者氢原子的 s 轨道以头碰头的方式重叠，形成 C—C 和 C—H σ 键，键角接近 109° 28′。

（2）开链烷烃结构中的碳-碳连接次序不同，会产生构造异构。环烷烃会因环的大小不同、取代基不同、取代基位置不同而产生构造异构，同时还会产生顺反异构。此外，单环烷烃是单烯烃的同分异构体。

（3）烷烃分子中具有不同的碳原子（伯碳原子、仲碳原子、叔碳原子、季碳原子）和不同的氢原子（伯氢原子、仲氢原子、叔氢原子），烷烃分子去掉一个氢原子后剩余的部分称为烷基。根据碳链和去掉的氢原子不同，烷基可分为正某基、仲某基、叔某基、异某基、新某基等。

二、烷烃的命名

烷烃的命名可分为简单命名法和系统命名法。下面根据烷烃的类型，对系统命名法的要点进行归纳。

1. 开链烷烃

直链烷烃的系统命名法与简单命名法相同。对于碳原子数在 10 以内的直链烷烃，使用天干对应碳原子数目，命名为某烷；对于碳原子数在 10 以上的直链烷烃，使用中文数字命名为某烷。

支链烷烃的系统命名法可概括为“长、小、多”，即选择最长的碳链为主链，主链编号从最靠近取代基的一端开始，有多个最长碳链选择时以取代基最多的碳链为主链。在书写格式上，《有机化合物命名原则（2017）》（以下简称 2017 命名原则）按照英文字母顺序，而《有机化合物命名原则（1980）》（以下简称 1980 命名原则）遵循次序规则。在确定主链后，如果有两种编号方式可选时，遵循的原则与上述书写格式要求相同。

2. 单环烷烃

单环烷烃通常根据成环的碳原子数目命名为环某烷，其支链作为取代基，命名原则与开链烷烃相似，同时顺反异构需要在命名时标明。如果其结构中开链部分的主碳链长度大于成环碳原子数目，则将单环作为取代基，称为环某基。

3. 多环烷烃

对于多环烷烃，要注意桥环烷烃与螺环烷烃命名原则的异同。

两个环共用两个或多个碳原子的多环烷烃称为桥环烷烃。桥环烷烃的命名原则是先大环后小环，然后考虑取代基的编号最小。需要掌握三点：（1）每个环的碳原子数不包括桥头碳原子，用"."隔开；（2）编号从桥头碳原子开始，先大环后小环；（3）名称中的某烷是组成桥环的碳原子总数，不包括取代基的碳原子数目。

单环之间共用一个碳原子的多环烷烃称为螺环烷烃。螺环烷烃的命名原则是先小环后大环，然后考虑取代基的编号最小。需要掌握三点：（1）每个环的碳原子数不包括螺碳原子，用"."隔开；（2）编号从小环开始，经过螺碳原子后到大环；（3）名称中的某烷是组成螺环的碳原子总数，不包括取代基的碳原子数目。

三、烷烃的构象

由于碳原子之间的 σ 键可以旋转，烷烃分子中的原子或基团在空间中会产生不同的排列，即具有不同的构象。这种由单键旋转而产生的立体异构体，称为构象异构体。

1. 开链烷烃的构象

开链烷烃的构象使用 Newman 投影式表示，其极限构象包括对位交叉式、邻位交叉式、部分重叠式、全重叠式，交叉式构象的稳定性高于重叠式。通常情况下，对位交叉式最稳定。但是，作为旋转轴的两个碳原子上取代基之间存在氢键相互作用时，邻位交叉式最稳定。

2. 环烷烃的构象

环丙烷的稳定构象是香蕉形，环丁烷的稳定构象是蝴蝶形，环戊烷的稳定构象是信封形。环己烷的典型构象有船型构象和椅型构象，其中椅型构象是优势构象。

对于单取代环己烷，取代基在平伏键（即 *e* 键）上的构象比处于直立键（即 *a* 键）上的构象稳定。对于多取代环己烷，通常情况下，大体积取代基在 *e* 键上的构象稳定，*e* 键上取代基多的构象稳定。如果 1，3-位的取代基之间存在氢键相互作用，则取代基在 *a* 键上的构象更稳定。

多取代环己烷存在顺反异构，不会随构象的变化而改变。因此，在进行构象分析时需要注意各个取代基之间的顺反关系。

四、烷烃的物理性质

有机化合物的物理性质通常包括熔点、沸点、溶解性、相对密度、折射率等。烷烃的主要物理性质如下：

（1）烷烃是非极性分子，不溶于水。

（2）烷烃的沸点随着相对分子质量的增加而升高。对于同碳原子数的烷烃，直链烷烃的沸点最高，沸点随着支链的增加而下降。

（3）烷烃的熔点随着相对分子质量的增加而升高。对于同碳原子数的烷烃，分子的对称性越高，其熔点越高。

（4）与相同碳原子数的开链烷烃相比，环烷烃通常具有更高的熔点、沸点和相对密度。究其原因，是因为环烷烃更具刚性和对称性，分子间排列更紧密，范德华引力更强。

五、烷烃的化学性质

由于 σ 键键能较大，烷烃的化学性质比较稳定，通常不与强酸、强碱、强氧化剂和强还原剂等发生反应，其典型化学反应是自由基卤化反应。但是，由于环张力的存在会影响环烷烃的稳定性，因而小环烷烃会在某些条件下发生开环加成反应。

1. 烷烃的自由基卤化反应

在光照或加热条件下，烷烃的卤化反应按自由基机理进行，具有以下特征：

（1）自由基反应包括链引发、链增长、链终止三个阶段（详见教材 2.5.5 反应机理），烷基自由基的形成是反应的决速步骤。

（2）烷烃中不同氢原子的反应活性顺序：叔氢原子（3°H）> 仲氢原子（2°H）> 伯氢原子（1°H）> 甲烷氢原子（CH_3—H）。

（3）不同卤素的反应活性顺序：$F_2>Cl_2>Br_2>I_2$。F_2 太活泼，反应难以控制，而 I_2 则不活泼，反应难以进行。因此，常用的是氯化和溴化反应。

（4）烷烃自由基的稳定性顺序：叔碳自由基（3°C·）> 仲碳自由基（2°C·）> 伯碳自由基（1°C·）> 甲基自由基（·CH_3）。

（5）室温下，不同氢原子氯化反应的速率比：3° H∶2° H∶1° H ≈ 5.0∶3.7∶1.0；127 ℃下，不同氢原子溴化反应的速率比：3° H∶2° H∶1° H ≈ 1 600∶80∶1。由此可见，氯化反应速率快，溴化反应选择性高。

（6）可发生多次卤化反应，生成多卤代烷烃。

2. 烷烃的氧化反应

烷烃经过燃烧生成二氧化碳和水的反应是完全氧化反应，该反应会放出大量的热，称为燃烧热。对于含有相同碳原子数的烷烃异构体，燃烧热越大，说明该烷烃的能量越高，越不稳定。

3. 环烷烃的开环加成反应

环烷烃的开环加成反应，包括催化加氢、加卤素、加卤化氢。环张力最大的环丙烷，最容易发生开环反应。

催化加氢开环反应的活性顺序：环丙烷 > 环丁烷 > 环戊烷，环己烷不发生开环反应。

$(\text{环})_n + H_2 \xrightarrow{Ni}$ 80℃, $n=1$；120℃, $n=2$；300℃, $n=3$

环丙烷与卤素反应，生成 1，3-二卤代烷烃；而环丁烷、环戊烷只能在高温下与卤素发生自由基取代反应。利用环丙烷与溴（溴水或溴 /CCl_4）的反应，可以区分环丙烷与其他烷烃。

Br_2, 25℃ → Br—$CH_2CH_2CH_2$—Br

Cl_2, $FeCl_3$ → Cl—$CH_2CH_2CH_2$—Cl

环丙烷与卤化氢反应，得到 1-卤代丙烷。

环丙烷 + HX ⟶ X—$CH_2CH_2CH_3$

取代环丙烷发生开环加成反应时，会涉及区域选择性。催化加氢时，取代基少的 C—C 键优先断裂；与 X_2 和 HX 反应时，取代基多的 C—C 键优先断裂。此外，与 HX 反应时，卤原子加成到取代基多的碳原子上。

Ni，H_2，△

X_2

HX

六、烷烃的自由基卤化反应机理

化学键均裂生成带有单个电子的原子（基团），称为自由基中间体。例如，烷烃的 C—H 键会发生均裂产生自由基。经过均裂生成自由基后发生的反应，称为自由基反应。自由基反应的机理包括链引发、链增长、链终止三个阶段。

以甲烷在光照条件下的氯化反应为例，烷烃的卤化反应机理如下：

链引发 $Cl_2 \xrightarrow{h\nu} 2\,Cl\cdot$

链增长 $Cl\cdot + CH_4 \longrightarrow HCl + \cdot CH_3$（决速步骤）

$\cdot CH_3 + Cl_2 \longrightarrow CH_3Cl + Cl\cdot$

链终止 $Cl\cdot + Cl\cdot \longrightarrow Cl_2$

$\cdot CH_3 + Cl\cdot \longrightarrow CH_3Cl$

$\cdot CH_3 + \cdot CH_3 \longrightarrow CH_3CH_3$

如果反应物为其他烷烃，卤化试剂为 Br_2 或 NBS，以及自由基引发条件为高温或化学引发剂，反应机理均与此类似。

七、烷烃的制备方法

烷烃可由烯烃的还原，醛、酮化合物的还原，格氏试剂法，卤代烷的偶联反应等方法制备。环烷烃可由卤代烃的分子内环化反应、烯烃的环加成反应等方法制备。以卤代烷为反应物，能增长碳链的Corey-House反应和Wurtz反应，以及格氏试剂与D_2O反应制备氘代烷烃，这些反应通式如下所示：

$$R_2CuLi + R'—X \longrightarrow R—R' + RCuLiX$$

$$2\,RX + 2\,Na \longrightarrow R—R + 2\,NaX$$

$$RMgX + D_2O \longrightarrow R—D + Mg(OD)X$$

例题解析

例题2-1 根据2017命名原则命名下列化合物。

1. 开链烷烃

（1）$CH_3—C(CH_3)_2—CH_2CH_2CH(CH_3)—CH_3$　（2）$CH_3—CH(CH_2CH_3)—CH_2—CH(CH_2CH_2CH_3)—CH_2CH_3$

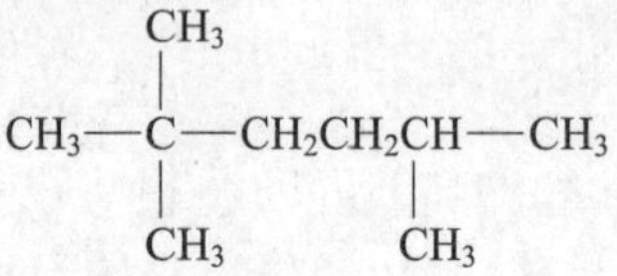

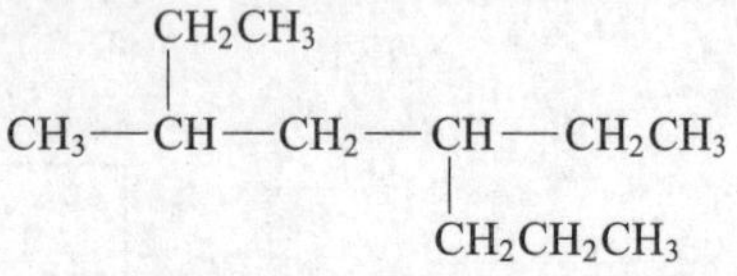

（3）

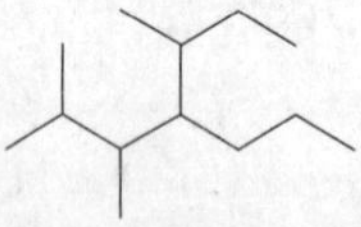

解答：（1）2，2，5-三甲基己烷。主链两端取代基的位次相同时，遵循最低序列原则，也就是使第二个取代基的位次尽量小。

（2）5-乙基-3-甲基辛烷。主链从靠近甲基端编号，第一个取代基的位次最小。有不同取代基时，根据取代基的英文字母顺序书写。

（3）2，3，5-三甲基-4-丙基庚烷。有等长的碳链均可作为主链时，选择含取代基（支链）最多的碳链为主链；另一方面，英文词头tri不计入英文字母排序。

2. 单环烷烃

（1） 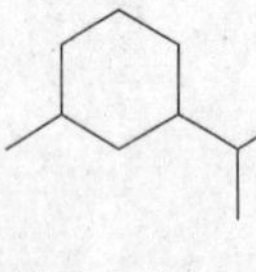　（2）

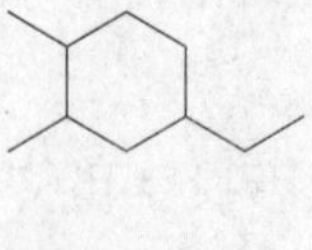

（3）H_3C H H CH_3　（4）CH_3 CH_3

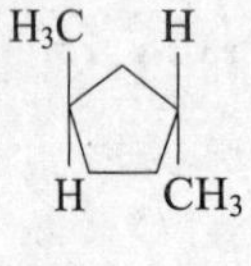

（5）$CH_3CH_2CHCH_2CH_2CH_2CH_3$　（6）$CH_3CH_2CH(CH_3)CH_2CHCH_3$

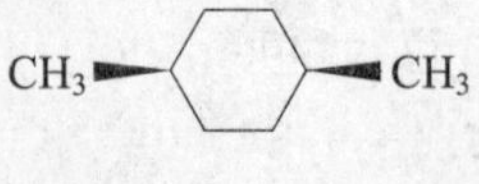

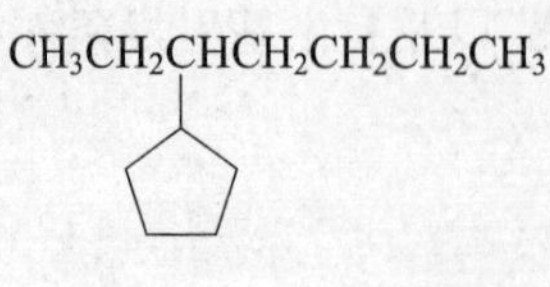

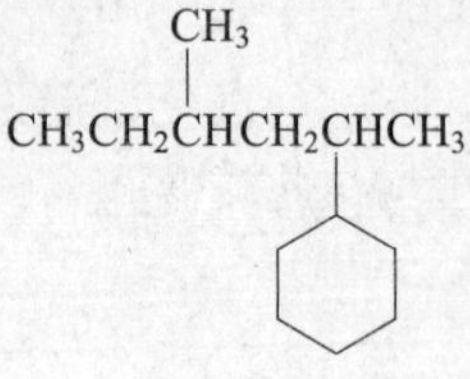

解答:(1)1-异丙基-3-甲基环己烷。以环为母体,环外基团作为环上的取代基;对于二或多取代的环烷烃,取代基的编号规则和书写格式与开链烷烃类似。两个取代基的编号位次相同时,取代基名称英文字母在前的优先。注意:iso 是不可分前缀,因此 isopropyl(异丙基)优先于 methyl(甲基)。

(2)4-乙基-1,2-二甲基环己烷。注意:取代基的编号顺序与书写顺序不能混为一体。

(3)反-1,3-二甲基环戊烷。对于二取代环烷烃,如果结构中画出了取代基的相对位置,命名时要标明立体结构。

(4)顺-1,4-二甲基环己烷。说明同(3)。

(5)3-环戊基庚烷。以开链烷烃为母体时,主链碳原子数目比环戊烷多,因此以环戊基为取代基。

(6)2-环己基-4-甲基己烷。开链烷烃与环烷烃的碳链等长,都是六个碳原子,选择取代基多(即支链多)的为主链,因此以环己基为取代基。

3. 桥环烷烃

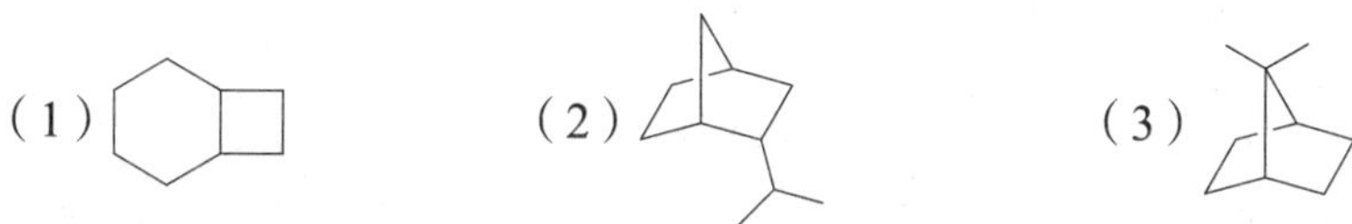

解答:(1)二环[4.2.0]辛烷;(2)2-异丙基二环[2.2.1]庚烷;(3)7,7-二甲基二环[2.2.1]庚烷

桥环烷烃命名的基本原则是先大环后小环,在此基础上考虑取代基的编号最小。

4. 螺环烷烃

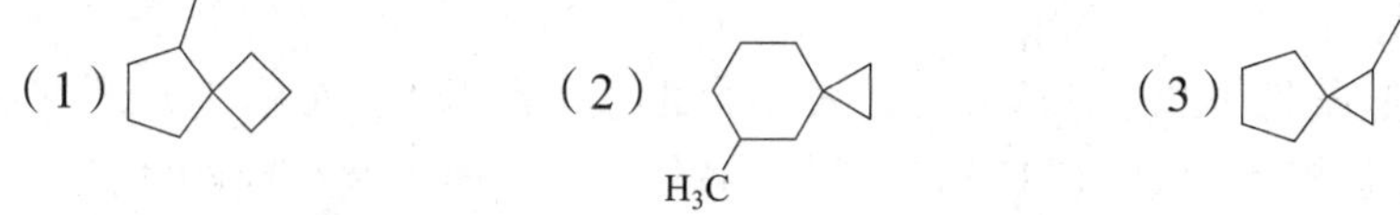

解答:(1)5-甲基螺[3.4]辛烷;(2) 5-甲基螺[2.5]辛烷;(3)1-甲基螺[2.4]庚烷

螺环烷烃命名的基本原则是先小环后大环,在此基础上考虑取代基的编号最小。

例题 2-2 完成下列反应式。

1. $\xrightarrow[h\nu]{Cl_2}$ (　　　)

解答: —Cl

分析:反应物结构中含有 1° H 和 3° H,两者发生自由基氯化反应的活性比约为 1∶5。另一方面,1° H 与 3° H 的数目比是 15∶1。因此 1° H 优先被氯化。

2. (reactant) $\xrightarrow[h\nu]{Br_2}$ 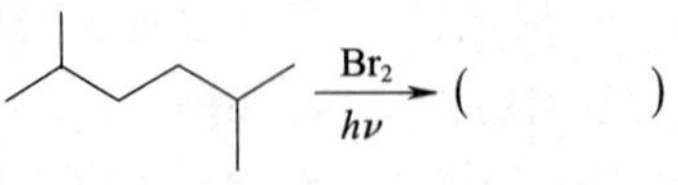 (　　　)

解答：(product, Br at tertiary carbon)

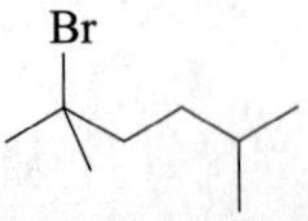

分析：反应物结构中含有 1° H，2° H 和 3° H，三者发生自由基溴化反应的活性比约为 1∶80∶1 600，因此 3° H 优先被溴化。

3. 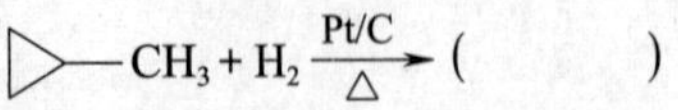 ▷—CH_3 + H_2 $\xrightarrow[\triangle]{Pt/C}$ (　　　)

解答：(product)

分析：单取代环丙烷在催化加氢条件下，没有取代基的 C—C 键优先断裂，生成支链烷烃。

4. 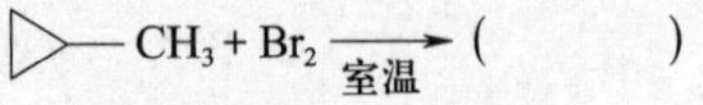 ▷—CH_3 + Br_2 $\xrightarrow[室温]{}$ (　　　)

解答：Br (product) Br

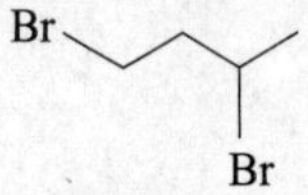

分析：单取代环丙烷在室温下与溴反应，靠近取代基的 C—C 键优先断裂。与 Cl_2 或 HX 反应时，情况与此类似。

5. 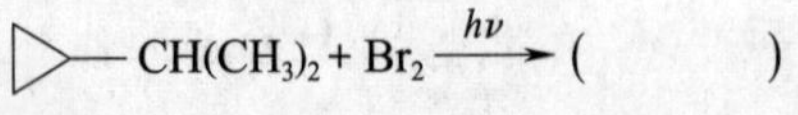 ▷—$CH(CH_3)_2$ + Br_2 $\xrightarrow{h\nu}$ (　　　)

解答：▷(Br)—$CH(CH_3)_2$ + ▷—$C(CH_3)_2$(Br)

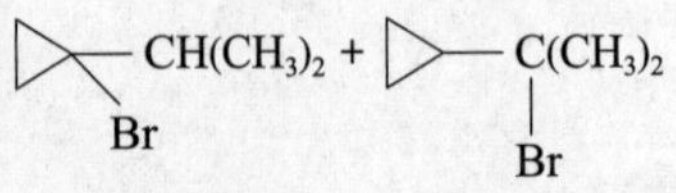

分析：在光照条件下，环烷烃与卤素发生自由基取代反应，而不是开环加成反应。反应物结构中含有 1° H，2° H 和 3° H，三者发生自由基溴化反应的活性比约为 1∶80∶1 600，因此在两个不同的 3° H 上优先发生溴化反应。

6. 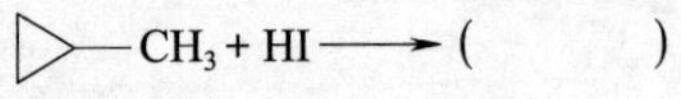 ▷—CH_3 + HI ⟶ (　　　)

解答：(product) I

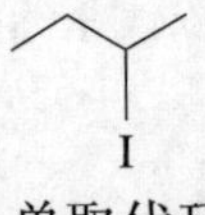

分析：单取代环丙烷与卤化氢作用时，靠近取代基的 C—C 键优先断裂，并且卤原子加到取代多的碳原子上。

7. 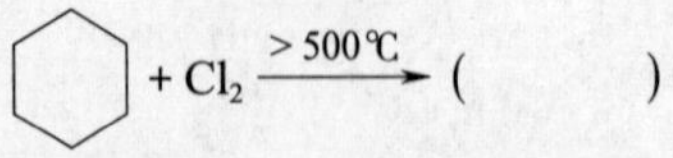 ⬡ + Cl_2 $\xrightarrow{>500℃}$ (　　　)

解答：⬡—Cl

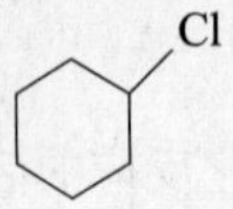

分析：环已烷在高温下与卤素发生自由基取代反应。

8. 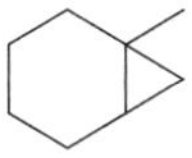 [chemical structure] + HBr ——→ (　　　)

解答: [chemical structure] Br

分析:三元环发生开环,六元环不发生开环,开环加成反应的区域选择性参见例题 2-6。

9. 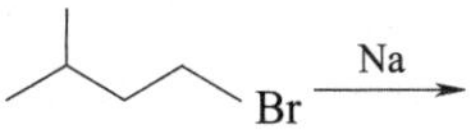 [chemical structure] Br —Na→ (　　　)

解答: [chemical structure]

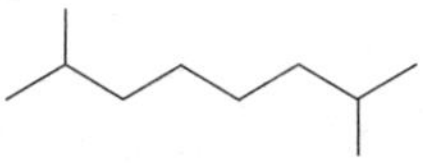

分析:卤代烷在金属钠作用下发生 Wurtz 反应,得到碳链增长一倍的烷烃。该反应适用于合成对称的烷烃,使用伯卤代烷时产率最高。

10. 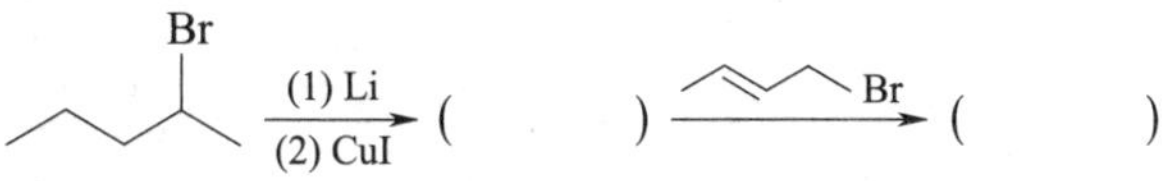 [chemical structure, Br] —(1) Li / (2) CuI→ (　　　) —[chemical structure] Br→ (　　　)

解答: [chemical structure] Cu Li ; [chemical structure]

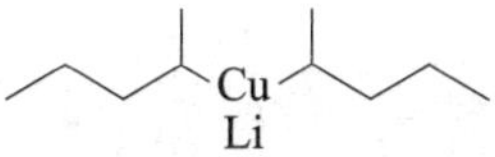

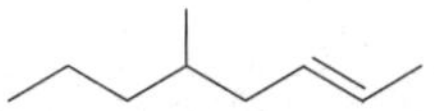

分析:卤代烷与金属锂反应生成有机锂试剂,然后与碘化亚铜反应生成二烷基铜锂试剂(也称为 Gilman 试剂)。二烷基铜锂试剂与卤代烃发生偶联反应,称为 Corey-House 反应。使用该反应,可以制备非对称烷烃。

例题 2-3　选择题。

1. sp^3 杂化轨道的几何形状是(　　)。

A. 四面体形　　B. 平面形　　C. 直线形　　D. 球形

解答: C

分析:注意不要混淆 sp^3 杂化轨道的几何形状与 sp^3 杂化碳原子的几何形状。

2. 关于碳原子的不同杂化方式,下列说法不正确的是(　　)。

A. sp^3 杂化的碳原子以头碰头的方式成键

B. sp 杂化和 sp^2 杂化的碳原子只能以肩并肩的方式成键

C. 不同杂化方式的碳原子均能形成 σ 键

D. 杂化轨道更具有方向性,有利于成键

解答: B

分析:sp 杂化和 sp^2 杂化的碳原子以肩并肩的方式形成 π 键,同时以头碰头的方式形成 σ 键。

3. 有三种一元氯代产物的戊烷是(　　)。

A. 正戊烷　　B. 异戊烷　　C. 新戊烷　　D. 无法判断

解答: A

分析:一元氯代产物有三种,说明该烷烃具有三种不同的氢原子。戊烷的三种异构体中,正戊烷具有三种不同的氢原子,异戊烷具有四种不同的氢原子,新戊烷只有一种氢原子。

4. 下列烷烃中,沸点最高的是(　　)。

A. 正戊烷　　B. 异戊烷　　C. 正己烷　　D. 环己烷

解答: D

分析:烷烃是非极性分子,其沸点主要由相对分子质量的大小决定。对于开链烷烃,相对分子质量越大沸点越高,相对分子质量相同时直链烷烃的沸点最高。与具有相同碳原子数的开链烷烃相比,环烷烃的沸点高。因此,题中四种化合物的沸点排序是 D>C>A>B。

5. 下列化合物中,沸点最低的是(　　)。

A. 正辛烷　　B. 2,2,3,3-四甲基丁烷

C. 3-甲基庚烷　　D. 2,3-二甲基己烷

解答: B

分析:分子式相同(相对分子质量相同)的烷烃,支链越多,沸点越低。因此,题中四种化合物的沸点排序是 A>C>D>B。

6. 下列化合物中,熔点最低的是(　　)。

A. 正辛烷　　B. 正壬烷

C. 正癸烷　　D. 十五烷

解答: A

分析:烷烃的熔点与其相对分子质量和分子的形状有关。正烷烃的熔点,随着相对分子质量的增加而升高。因此,题中四种化合物的熔点排序是 D>C>B>A。

7. 下列化合物中,熔点最高的是(　　)。

A. 正辛烷　　B. 3-甲基庚烷　　C. 2,2,3,3-四甲基丁烷

解答: C

分析:烷烃的熔点与其相对分子质量和分子的形状有关。对于烷烃的同分异构体,对称性越好,熔点越高。因此,题中三种化合物的熔点排序是 C>A>B。

8. 与下列 Newman 投影式相同的化合物是(　　)。

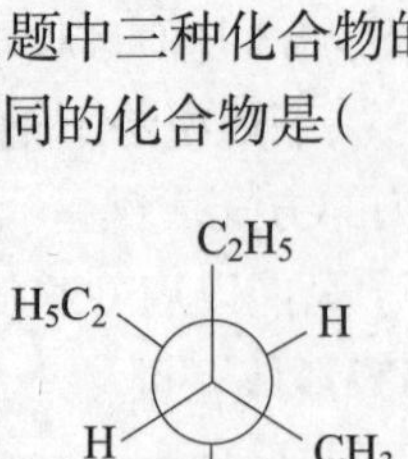

C_2H_5　H_5C_2　H　H　CH_3　CH_2OH

A. 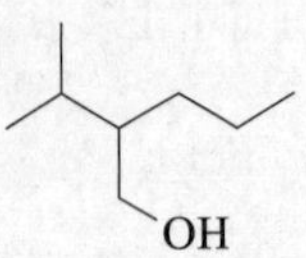　OH

B. 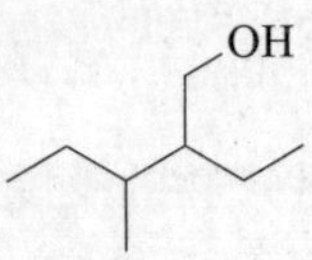　OH

C.

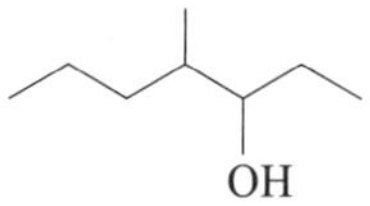

D.

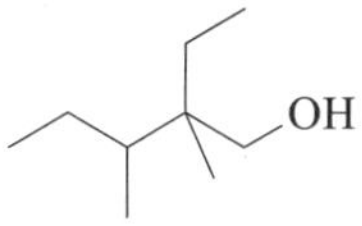

解答:B

分析:根据 Newman 投影式可以判断,化合物为 2-乙基-3-甲基戊-1-醇,因此对应的碳架式是 B。

9. FCH_2CH_2OH 的最稳定构象是(　　)。

A.

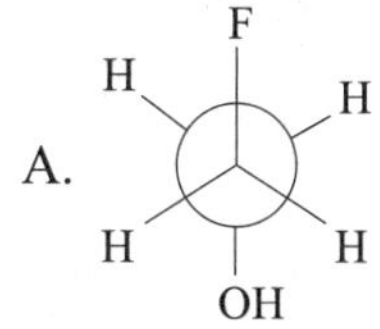

B.

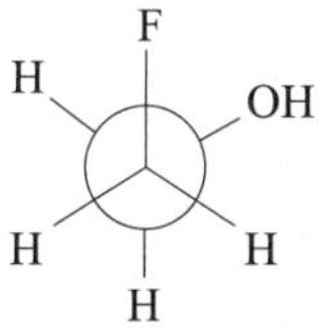

C.

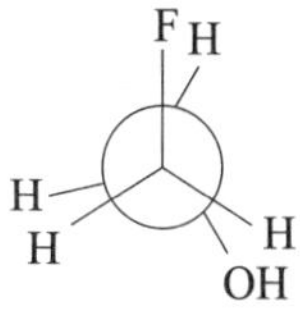

D.

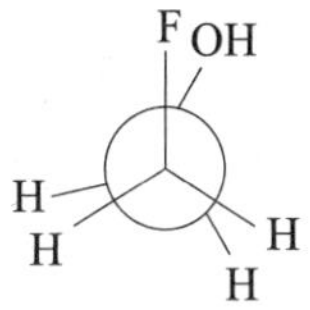

解答:B

分析:邻位交叉式中,存在分子内氢键相互作用,有利于构象的稳定。如果将该题中的 F 替换为 OH 或 NH_2,情况类似。

10. Br_2 与乙烷在光照情况下生成溴乙烷是(　　)反应机理。

A. 碳正离子　　B. 碳负离子

C. 自由基　　D. 取代

解答:C

分析:注意取代是反应类型,不是反应机理。

11. 下列自由基中,最稳定的是(　　)。

A. $\dot{C}H_3$　　B. $CH_3CH_2CH(CH_3)\dot{C}H_2$

C. $CH_3CH(CH_3)\dot{C}HCH_3$　　D. $CH_3\dot{C}(CH_3)CH_2CH_3$

解答:D

分析:自由基的稳定性顺序为 $3°\ C\cdot > 2°\ C\cdot > 1°\ C\cdot > \cdot CH_3$,因此题中四个自由基的稳定性顺序是 D>C>B>A。

12. 甲烷和氯气在光照下的自由基反应中,下列(　　)是链增长步骤。

A. $Cl_2 \xrightarrow{h\nu} 2\,Cl\cdot$　　B. $\cdot CH_3 + Cl_2 \longrightarrow CH_3Cl + Cl\cdot$

C. $Cl\cdot + \cdot CH_3 \longrightarrow CH_3Cl$　　D. $\cdot CH_3 + \cdot CH_3 \longrightarrow CH_3CH_3$

解答:B

分析:自由基反应包括链引发、链增长(也称为链传递、链转移)、链终止三步。题中选项,A 为链引发步骤,C 和 D 为链终止步骤。

13. 下列化合物中,不适合用烷烃的卤化反应来制备的是(　　)。

A. 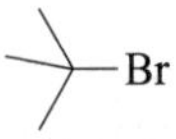

B. 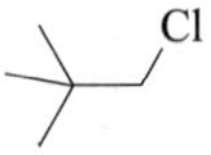

C. 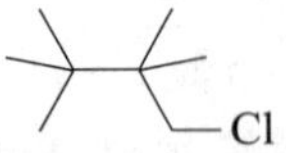

D. 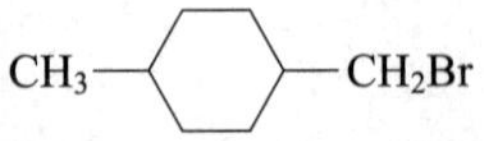

解答：D

分析：烷烃发生卤化反应时，不同氢原子的反应活性顺序为 3° H>2° H>1° H。烷烃的氯化反应选择性比较低，制备 B 和 C 的烷烃中均只有一种氢原子，因此不涉及选择性。烷烃的溴化反应选择性高，反应活性 3° H∶2° H∶1° H ≈ 1 600∶80∶1，因此 D 不适合用烷烃的溴化反应制备。

14. 下列过渡态或中间体中，能量最高的是（　　）。

A. $[Cl\cdots H\cdots CH_3]^{\neq}$　　B. $[Cl\cdots Cl\cdots CH_3]^{\neq}$

C. $\cdot CH_3$

解答：A

分析：具体可参见甲烷氯化反应的势能图。

15. 根据环的张力学说，下列环烷烃中最稳定的是（　　）。

A. 环丙烷　　B. 环丁烷　　C. 环戊烷　　D. 环己烷

解答：D

分析：对于小环和普环来说，环烷烃的张力大小顺序：环丙烷 > 环丁烷 > 环戊烷 > 环己烷 < 环庚烷。

16. 分子式为 C_5H_{10}，同时具有三元环结构的同分异构体（包括顺 / 反异构体）共有（　　）种。

A. 4　　B. 5　　C. 6　　D. 7

解答：A

分析：四种异构体的结构如下所示。

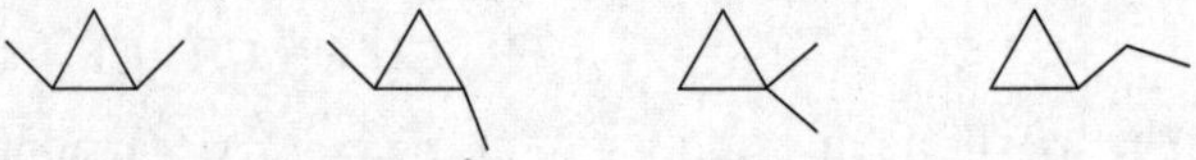

17. 反-1，4-二甲基环己烷的最稳定构象是（　　）。

A. 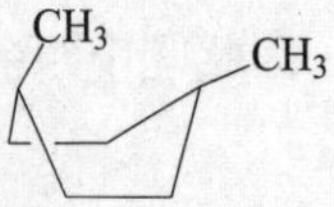

B. 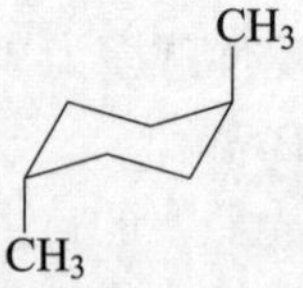

C. 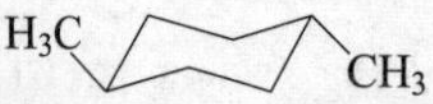

D. 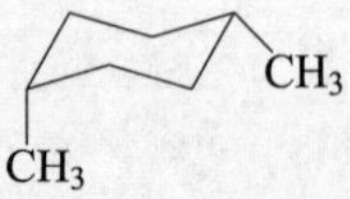

解答：C

分析：环己烷的不同构象中，椅型构象最稳定。具有相同取代基的环己烷，越多取代基在 *e* 键上越稳定。在考虑取代基取向时，还需要考虑取代基的顺反关系。对于 1，4-二甲基环己烷，两个甲基均在 *e* 键上时为反式。如果是顺-1，4-二甲基环己烷,则其最稳定构象是 D。

18. 下列多取代环己烷的最稳定构象是(　　)。

A. CH_3　t-Bu　CH_3　　B. H_3C　H_3C　t-Bu　　C. CH_3　H_3C　t-Bu

D. t-Bu　H_3C　H_3C　　E. CH_3　t-Bu　CH_3

解答: B

分析:对于多取代环己烷,如果取代基中含有叔丁基,一定要将叔丁基置于 e 键,然后再根据顺反情况考虑其他取代基的取向。

19. 顺式环己烷-1,3-二醇的最稳定构象是(　　)。

解答: A

分析:分子内氢键的存在,有利于环己烷构象的稳定。

20. 下列环烷烃中,与 HBr 难以发生开环反应的是(　　)。

A. 环丙烷　　B. 甲基环丙烷

C. 环丁烷　　D. 环己烷

解答: D

分析:小环化合物容易与卤化氢、卤素、氢气发生开环加成反应,环张力越大,开环反应越容易。环张力最小的环己烷,不发生开环反应。

例题 2-4　鉴别题。

1. 用化学方法区分丙烷与环丙烷。

解答: 小环容易发生开环反应,可以通过与溴反应来区分,能褪色的是环丙烷。

2. 用化学方法区分 1,2-二甲基环丙烷与环戊烷。

解答: 小环容易发生开环反应,可以通过与溴的反应来区分,能褪色的是 1,2-环丙烷。

例题 2-5　合成题。

1. 以异丁烷为唯一有机原料合成 2,2,4-三甲基戊烷。

解答：

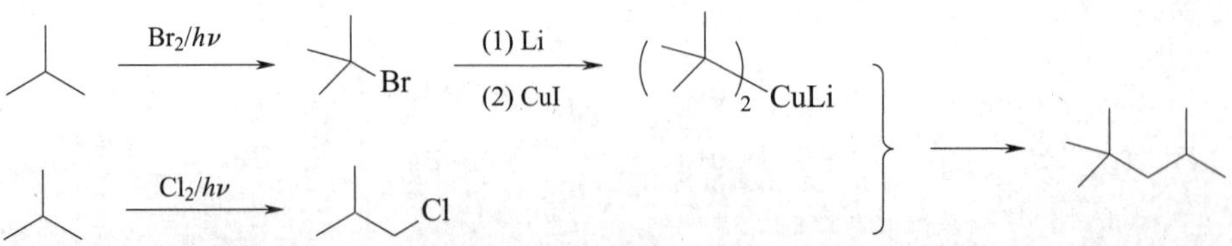

分析：可利用 Corey-House 反应合成非对称的烷烃，要根据原料的结构特征选择适当的卤化反应。

2. 以异丁烷为唯一有机原料合成 。

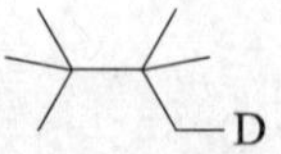

解答：

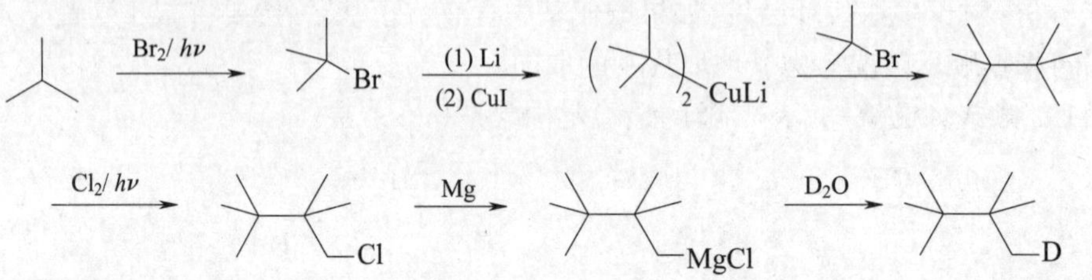

分析：可利用 Corey-House 反应来增长碳链，并利用 Grignard 试剂与重水的反应引入氘原子。

3. 由不超过 C_6 的烷烃有机原料合成 。

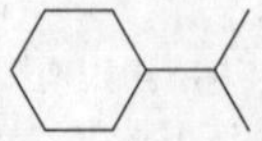

解答：

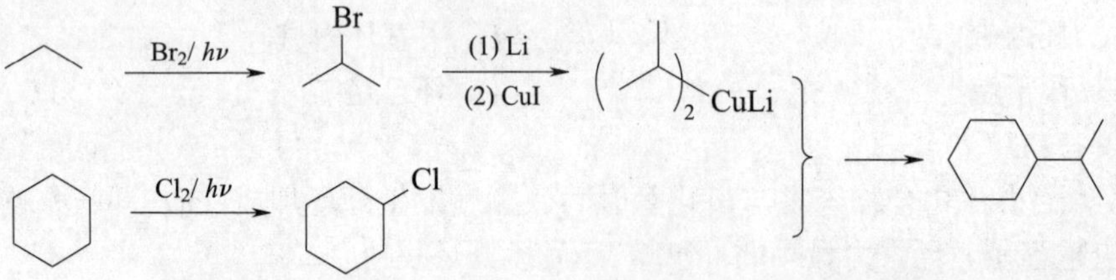

分析：可利用 Corey-House 反应合成非对称的烷烃，根据题目要求，需使用的烷烃为丙烷和环己烷。环己烷的卤化反应不涉及选择性，因此使用反应活性高的氯化反应。丙烷需要对仲氢原子进行卤化反应，因此使用选择性高的溴化反应。合成卤代烷后，任意一种均可制成烷基铜锂试剂。

例题 2-6 机理题。

写出环己烷在光照条件下与溴反应生成溴代环己烷的反应机理。

解答：环己烷在光照条件下与溴发生自由基取代反应。其反应机理如下：

链引发 $Br_2 \xrightarrow{h\nu} 2\,Br\cdot$

链增长 Br · + ⬡ ⟶ HBr + ⬡ ·

⬡ · + Br_2 ⟶ ⬡—Br + Br ·

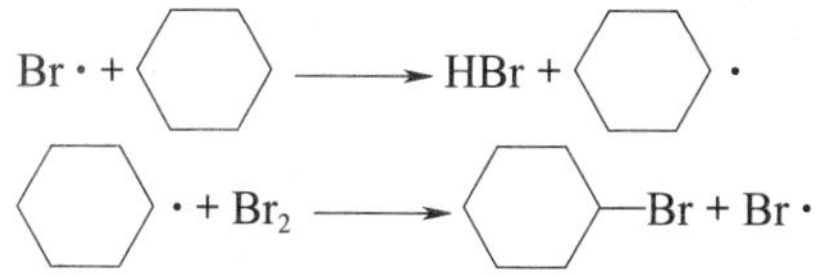

链终止 Br · + Br · ⟶ Br_2

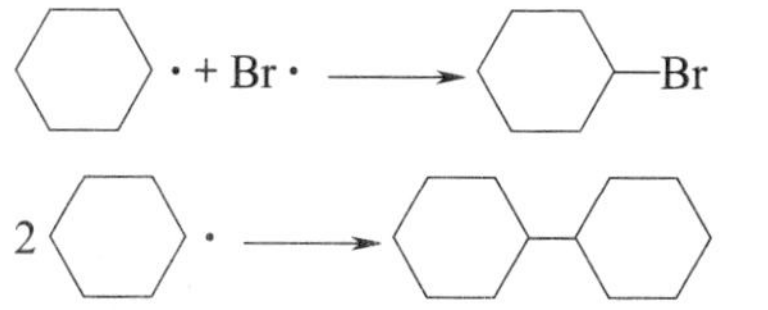

⬡ · + Br · ⟶ ⬡—Br

2 ⬡ · ⟶ ⬡—⬡

分析：自由基反应的机理包括链引发、链增长、链终止三个阶段。如果反应物为其他烷烃，卤化试剂为 Cl_2 或 NBS，以及自由基引发条件为高温或使用化学引发剂，反应机理均与此类似。

例题 2-7 推测结构题。

分子式为 C_6H_{14} 的烷烃异构体发生氯化反应后，化合物 A 生成两种一氯代产物，化合物 B 生成四种一氯代产物，化合物 C 生成五种一氯代产物，化合物 D 和 E 均生成三种一氯代产物，但化合物 D 中的碳原子类型比化合物 E 多。请根据以上信息，写出化合物 A ~ E 的结构。

解答：

A. 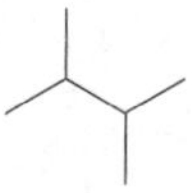 B. 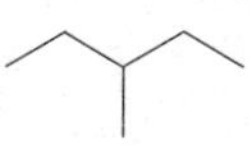 C.

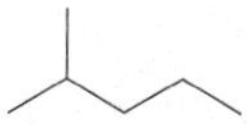

D. 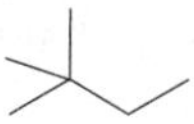 E.

分析：分子式为 C_6H_{14} 的烷烃具有 5 种异构体，根据一氯代产物的种类可以推测各化合物结构中的氢原子类型，从而可推出化合物 A、B、C、D、E 的结构。结合碳原子的类型，则可以分辨出 D 和 E 的结构。

习题参考答案

习题 2-1 根据 2017 命名原则命名下列化合物或根据名称写出相应的结构式。

（1）$CH_3CH_2CHCH_2CH_2C(CH_2CH_3)(CH_3)—CH_2CH_3$，其中 CH 上连有 $CH(CH_3)_2$（H_3C CH CH_3）

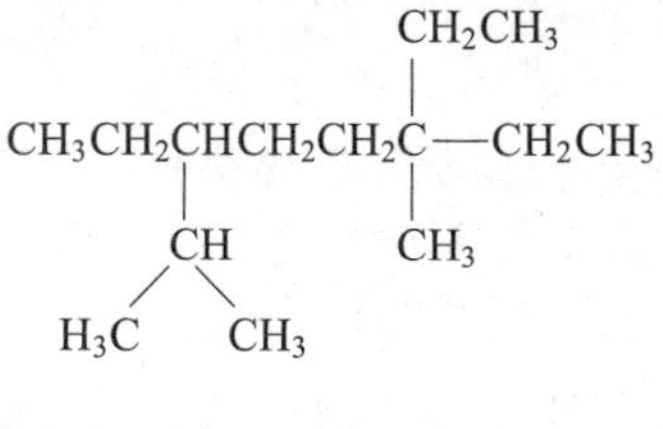

（2）$CH_3CHCH_2CH_2CH_2CHCHCH_2CH_3$，取代基 CH_3、H_3C、CH_3

（3）（环己烷，取代基 CH_3、Cl）

（4）（椅式环己烷，取代基 Br、Br）

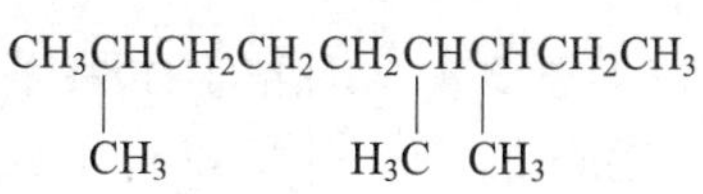

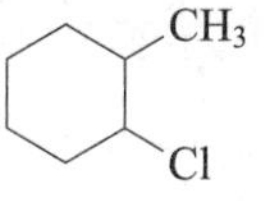

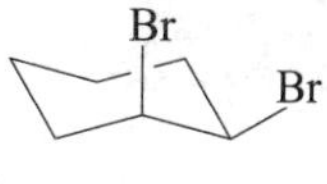

（5）1-甲基二环［2.2.2］辛烷　　（6）螺［2.5］辛烷

（7）四甲基丁烷　　（8）异己烷

解答:（1）3，6-二乙基-2，6-二甲基辛烷　　（2）2，6，7-三甲基壬烷

（3）1-氯-2-甲基环己烷　　（4）顺-1，2-二溴环己烷

（5）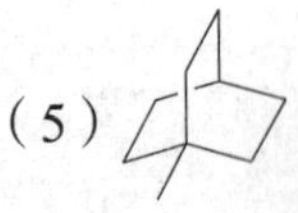

（6）

（7）$H_3C—C(CH_3)_2—C(CH_3)_2—CH_3$

（8）$(CH_3)_2CHCH_2CH_2CH_3$

习题 2-2　命名下列各化合物，并标出其伯、仲、叔、季碳原子。

（1）$CH_3—CH(CH_2—CH_3)—CH_2—C(CH_3)_2—C(CH_3)_2—CH_2CH_3$

（2）$CH_3CH(CH_3)CH_2C(CH_3)_2CH(CH_3)CH_2CH_3$

解答:（1）3，3，4，4，6-五甲基辛烷

$\overset{1°}{CH_3}—\overset{3°}{CH}(\overset{2°}{CH_2}—\overset{1°}{CH_3})—\overset{2°}{CH_2}—\overset{4°}{C}(\overset{1°}{CH_3})(\overset{1°}{CH_3})—\overset{4°}{C}(\overset{1°}{CH_3})(\overset{1°}{CH_3})—\overset{2°}{CH_2}\overset{1°}{CH_3}$

（2）2，4，4，5-四甲基庚烷　$\overset{1°}{CH_3}\overset{3°}{CH}(\overset{1°}{CH_3})\overset{2°}{CH_2}\overset{4°}{C}(\overset{1°}{CH_3})_2\overset{3°}{CH}(\overset{1°}{CH_3})\overset{2°}{CH_2}\overset{1°}{CH_3}$

习题 2-3　指出下列四个化合物的命名中不正确的地方并予以重新命名。

（1）2，4-二甲基-6-乙基庚烷　　（2）4-乙基-5，5-二甲基戊烷

（3）3-乙基-4，4-二甲基己烷　　（4）2-甲基-6-异丙基辛烷

解答:（1）主链选错，应为2，4，6-三甲基辛烷。

（2）主链选错、碳原子编号错，应为3-乙基-2-甲基己烷。

（3）碳原子编号错，应为4-乙基-3，3-二甲基己烷。

（4）主链选错，应为3-乙基-2，7-二甲基辛烷。

习题 2-4　请根据结构将下列烃类化合物按沸点降低的次序排列。

（1）2，3-二甲基戊烷　（2）正庚烷　（3）2-甲基庚烷　（4）正戊烷

（5）2-甲基己烷

解答:（3）>（2）>（5）>（1）>（4）。相对分子质量越大，沸点越高；同碳原子数烷烃的支链越多，沸点越低。

习题 2-5　写出下列烷基的名称和常用缩写符号。

(1) $CH_3CH_2CH_2$—　　　(2) $(CH_3)_2CH$—

(3) $(CH_3)_2CHCH_2$—　　　(4) $(CH_3)_3C$—

(5) CH_3—　　　(6) CH_3CH_2—

解答:(1) 正丙基(*n*-Pr—)　　　(2) 异丙基(*i*-Pr—)

(3) 异丁基(*i*-Bu—)　　　(4) 叔丁基(*t*-Bu—)

(5) 甲基(Me—)　　　(6) 乙基(Et—)

习题 2-6　某烷烃的相对分子质量为 72,请根据其氯代产物的种类,写出各烷烃的结构式。

(1) 一氯代产物只能有一种　　　(2) 一氯代产物可以有三种

(3) 一氯代产物可以有四种　　　(4) 二氯代产物只能有两种

解答:(1) $(CH_3)_4C$　　　(2) $CH_3CH_2CH_2CH_2CH_3$

(3) $CH_3CH_2CH(CH_3)_2$　　　(4) $(CH_3)_4C$

习题 2-7　判断下列各对化合物是构造异构、构象异构,还是完全相同的化合物。

(1) (2) 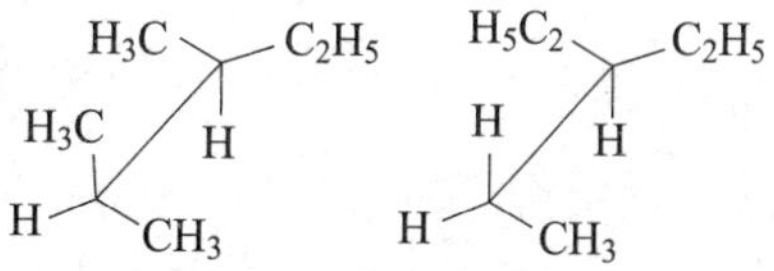 (3) 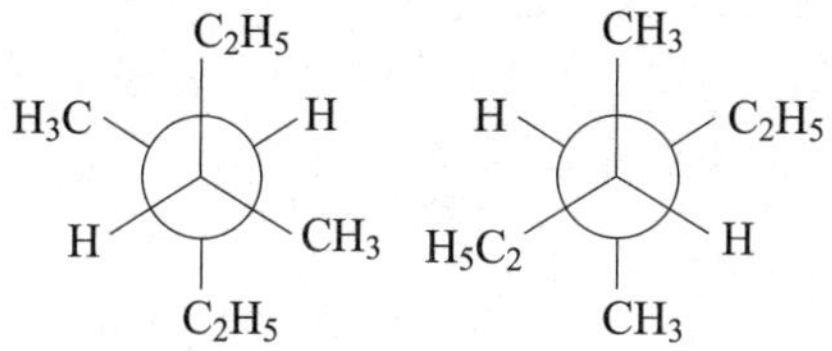 (4) 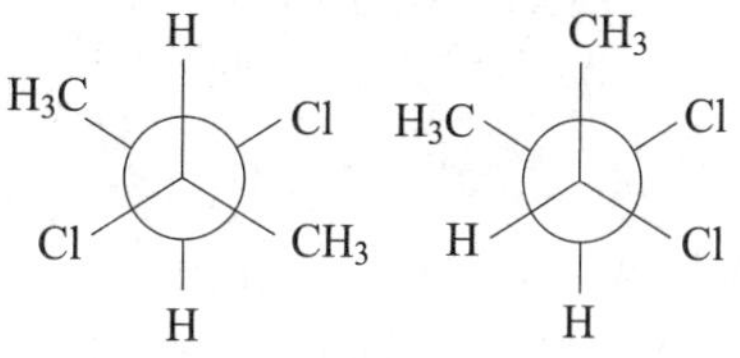 (5)  (6)

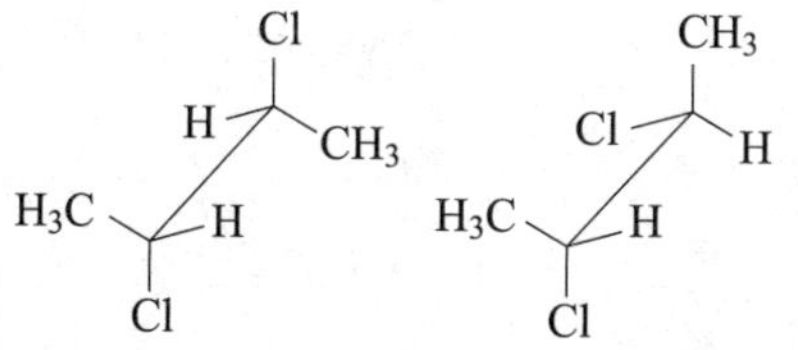

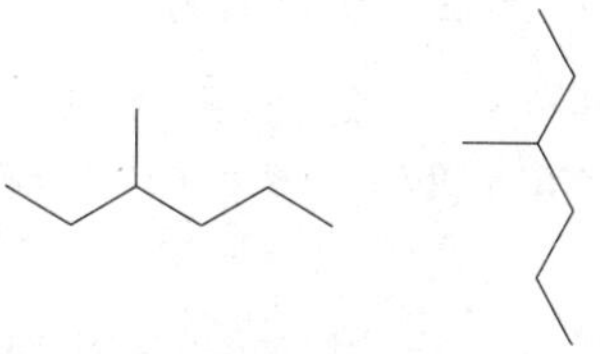

解答:各对化合物中,(1)、(4)是构象异构,(2)、(5)是构造异构,(3)、(6)是完全相同的化合物。

习题 2-8　请以 C2 与 C3 的 σ 键为轴旋转,试分别画出 2,3-二甲基丁烷和 2,2,3,3-四甲基丁烷的极限构象式,并指出哪一个是最稳定的构象式。

解答:2,3-二甲基丁烷有以下四个极限构象式,其中第一个为最稳定的构象式。

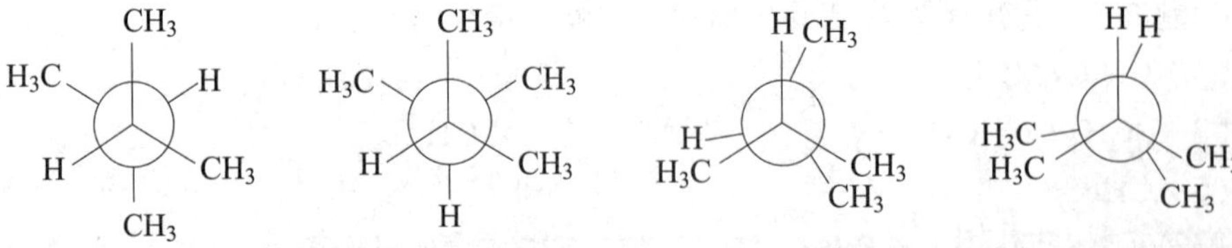

2,2,3,3-四甲基丁烷有以下两个极限构象式,其中第一个为最稳定的构象式。

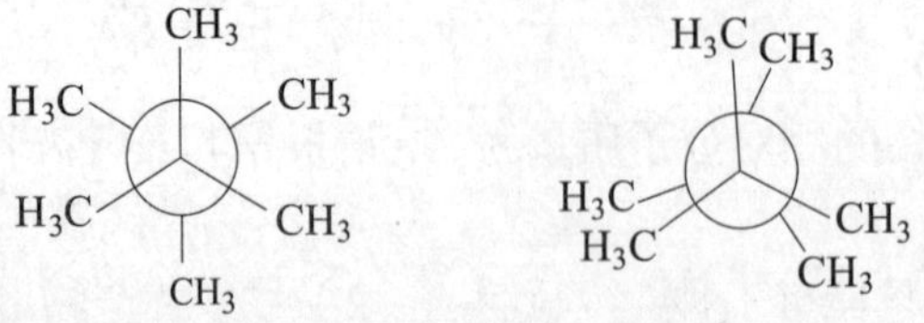

习题 2-9 1-异丙基-3-甲基环己烷的顺式异构体和反式异构体哪个比较稳定?请写出它们的稳定构象式。

解答:顺式异构体更稳定,它们的稳定构象式分别如下:

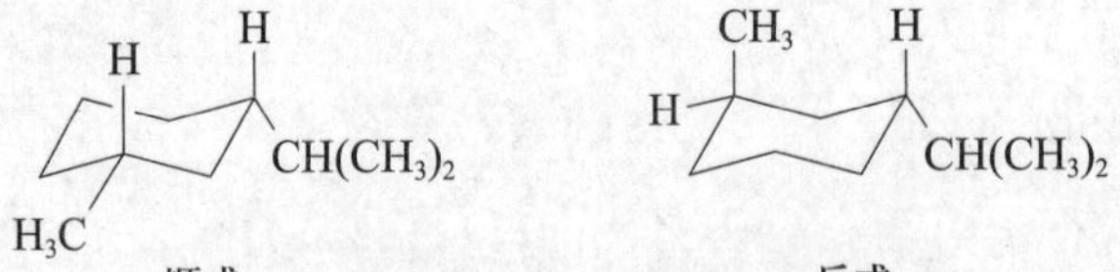

顺式　　　　反式

习题 2-10 请将下列烷基自由基按稳定性大小进行排序。

(1) $\cdot CH_3$

(2) $CH_3\dot{C}HCH_2CH_3$

(3) $\cdot CH_2CH_2CH_2CH_3$

(4) $CH_3\dot{C}(CH_3)CH_3$

解答:(4)>(2)>(3)>(1)。烷基自由基的稳定性顺序:叔碳自由基(3°C·)>仲碳自由基(2°C·)>伯碳自由基(1°C·)>甲基自由基(·CH_3)。

习题 2-11 甲烷在光照下进行氯化反应时,可以观察到以下现象:

(1) 将氯气先用光照,然后立即在黑暗中与甲烷混合,可以获得氯代产物。

(2) 甲烷和氯气在光照下反应立即发生,光照停止,反应变慢但并未立刻停止。

(3) 氯气经光照后,若在黑暗中放置一段时间再与甲烷混合,则不发生氯化反应。

(4) 如将甲烷经光照后,在黑暗中与氯气混合,也不发生氯化反应。

以烷烃氯化反应的机理,解释上述实验现象。

解答:(1) 氯气在光照下可产生氯自由基,开始链式反应。

（2）光照下产生氯自由基后，开始链引发，并经过链增长不断地产生新的氯自由基。虽然光照停止后不再提供新的能量，但体系中原有的氯自由基仍可进行链增长，因此虽然反应变慢但并未停止，直至自由基完全相互结合而反应终止。

（3）光照下产生的氯自由基在黑暗中放置一段时间后，氯自由基两两结合形成了氯分子，从而不能与甲烷发生自由基氯化反应。

（4）甲烷中 C—H 键键能较大，光照后难以产生甲基自由基。

第3章 立体化学

本章知识点

一、手性、手性分子、手性原子的概念

手性(chirality),顾名思义,指类似于人的双手,互为镜像但不能重合的性质。

如果两个分子互为镜像对映且不能重合,则这两个分子互为对映异构体。这样的分子,称为手性分子。

一个碳原子,如果其连接的四个基团各不相同,那么这四个基团在空间上有且只有两种排布方式,它们互为镜像对映且不能重合,这样的碳原子称为手性碳原子,用*C 表示。

二、对称因素与手性关系

一个碳原子上如果含有相同的基团,则没有手性,这是因为分子内部具有对称因素。一个分子的手性并不取决于分子中是否含有手性碳原子,分子的对称性与分子的手性密切相关,不具备任何对称因素的分子称为不对称分子,一定是手性的。

最常见的对称因素是对称面和对称中心,一旦分子具备了两者之一,就没有手性了。

三、旋光度与比旋光度

互为对映异构体的两个分子,它们的熔点、沸点、密度、折射率、蒸气压等物理性质都是相同的,唯一不同的物理性质在于:对偏振光的旋转方向不一样!旋光性指能够使偏振光振动平面发生偏转的性质,具有旋光性的物质被称为光学活性物质。使用旋光仪测量得到的旋光度,受到浓度、偏振光波长、溶剂,甚至仪器精准度等影响,不具备唯一性,因此人们把它折算成比旋光度,成为一个常数。

$$[\alpha]_D^t = \frac{\alpha}{\rho \times l}$$

式中,t 表示温度;D 表示钠光源的 D 线波长,即 589 nm;α 表示测量得到的旋光度;ρ 表示质量浓度,为 1.0 mL 溶液中所含纯物质的质量(以 g 为单位);l 表示盛液管长度(以 dm 为单位)。

请注意,比旋光度是有单位的。

四、外消旋体与内消旋体

一对对映异构体，在相同的条件下（浓度、温度、旋光仪等），分别使偏振光振动平面向左、右偏转，且偏转角度一样，彼此可抵消，则观察不到旋光现象，这样的混合物称为外消旋体。发生外消旋的原因不是旋光能力消失了，而是左、右旋光彼此抵消了。如果两者的量不一样，则左、右旋光不能完全抵消，还能测到剩余的旋光。用 ee 值表示一种对映异构体超过另一种对映异构体的程度。

分子中含有手性碳原子，也是纯净的单一化合物，因为分子内存在对称因素（一般是对称面或者对称中心），所以就没有旋光。这种具有两个或两个以上手性碳原子的分子不是手性分子！这种分子称为内消旋体。

五、手性分子的描述方法，Fischer 投影式与 Newman 投影式、透视式、楔形式、锯架式转换

必须掌握 Fischer 投影式的规则，时刻牢记“横前竖后”规则。

各种表达式关系如下：

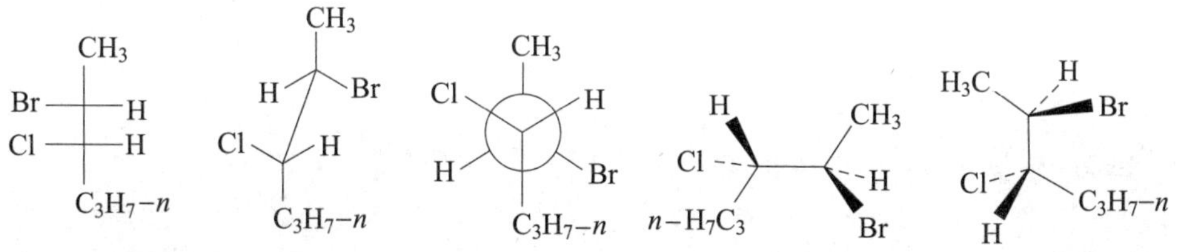

Fischer投影式　锯架式　Newman投影式　透视式　楔形式

说明：透视式和楔形式中，▬ 表示伸向你的眼睛（向前伸展），--- 表示远离你而去（向后伸展），直线表示躺在纸面上。它们彼此转换的方法见例题 3–6。

六、立体化学中的次序规则与手性原子的绝对构型标记（*R*/*S*）

物质的结构（这里指三维空间结构）与旋光方向的关系迄今尚未明了，因此用旋光方向标记手性物质，如（+）–酒石酸、（–）–乳酸等，并不能依据名称写出相应的物质结构！因此有必要建立一套命名体系对手性原子上的基团伸展方向进行标记，且符合名称与结构一一对应规则。重点要求掌握立体化学的次序规则和 *R*/*S* 构型标记，必须掌握：

（1）比较不同官能团的优先次序；

（2）对手性碳原子进行 *R*/*S* 构型标记（方向盘法或者手指法）。

例题解析

例题 3–1　判断下列说法的正误。

A. 含有手性碳原子的分子一定有手性

B. 手性分子一定有手性碳原子

C. 手性分子必须成对出现

解答: A 的说法是不对的。手性碳原子与分子手性的关系,类似于极性键与分子极性的关系,只含有一个极性键的化合物一定是极性的,但是含有多个极性键的分子(如 CCl_4)因为矢量互相抵消,分子却没有极性。类似地,只含一个手性碳原子的分子一定是手性分子,含有多个手性碳原子的分子未必是手性分子(内消旋体)。手性分子的定义是与其镜像不能重合。因此有无手性碳原子不是分子是否有手性的充分或必要条件。事实上,存在大量不含手性碳原子的手性分子,如螺环化合物、丙二烯型化合物、联苯型化合物等都不含有手性碳原子。所以 B 的说法也不对。C 的说法同样是错误的。有的同学对镜像对映但不能重合产生了误解,以为手性分子必须成对出现,这是错误的,一个分子有没有手性,还是根据最原始定义来判断:与其镜像能否重合!至于作为它的镜像的另一个分子,也就是它的对映异构体是否真实存在,都不重要!

例题 3-2 指出下列分子中的手性原子。

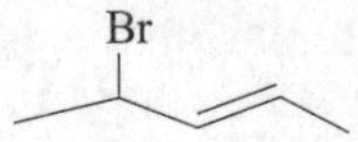

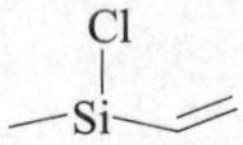

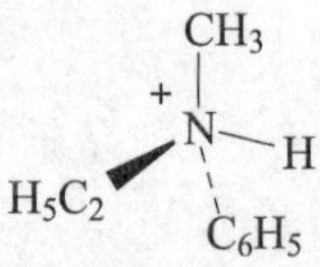

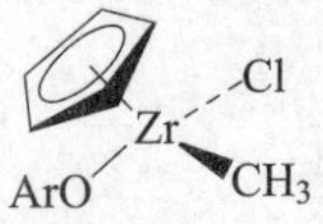

Br Cl CH3 + N H H5C2 C6H5 Si Zr Cl CH3 ArO

解答: 依据定义,凡是连有四个各不相同基团的四面体结构的原子(离子)都是手性原子(离子),因此不必限定于碳原子,硅、氮、磷,甚至四价的金属都有可能是手性原子。

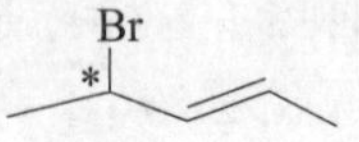

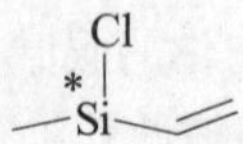

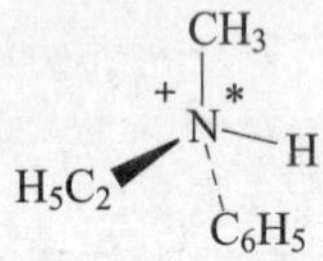

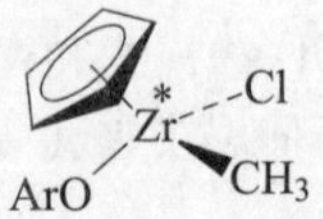

Br * Cl * Si CH3 + * N H H5C2 C6H5 Zr * Cl CH3 ArO

例题 3-3 下列分子有无对称面或者对称中心?如有对称面,请画出。

(1)  (2)

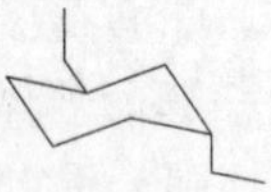

(3) 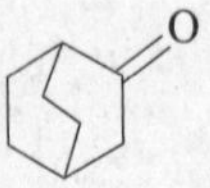 O (4) 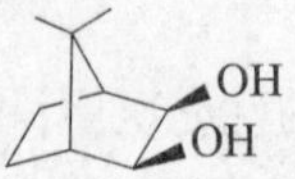 OH OH

解答: 对于只有一个环的化合物,不要考虑所谓构象问题,一律当成平面结构处理,明确基团的位置和取向(顺式还是反式),画成平面如下:

(1) 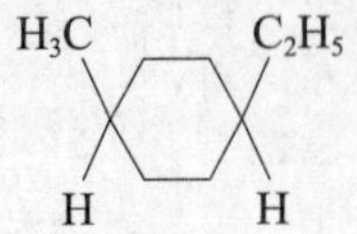 H3C C2H5 H H (2) 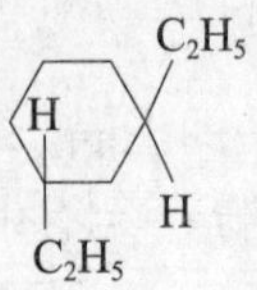 C2H5 H H C2H5

这样能够清晰看出，(1) 存在一个对称面，没有对称中心；(2) 没有对称面，也没有对称中心。

对于(3)和(4)，换个方向就能看出其对称性：

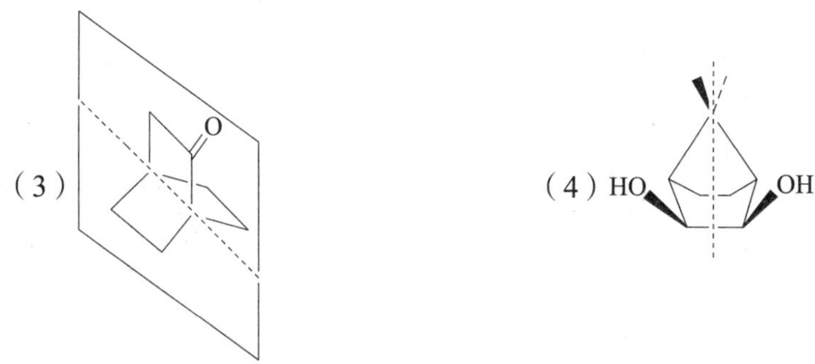

可以看得很清楚，(3)和(4)分子内都有一个对称面，没有对称中心。

例题 3-4 判断下列说法的正误。

A. 手性分子一定能测量到旋光

B. (+)52° (H_2O)应该读作正旋 52 度

C. 旋光度值可以用来测算手性分子含量

D. 观察到偏振光，表明系统内一定含有手性物质

解答： A 的说法是不对的，至少是不准确的。手性分子的旋光度有大有小，目前旋光测量要使用旋光仪，仪器本身精度是有限的，且测量时浓度、温度、溶剂、其他杂质等会对结果产生影响。因此，手性分子未必能测量到旋光。

B 的读法是错的。(+)的读法，教材里面说得很明白，(+)表示右旋，因此应该读作右旋 52 度，而(-)应该读作左旋。

C 的说法是不严谨的。影响旋光度值的因素很多，直接根据旋光度计算手性分子含量是不准确的。

D 的说法也是不对的。正常的光束通过尼克尔棱镜就可以得到偏振光，并不需要手性物质。

例题 3-5 关于外消旋，下列说法中正确的是(　　)。

A. 外消旋的物质是纯净物

B. 外消旋混合物的物理性质等同于对映异构体中的任何一个

C. 产生外消旋的原因是分子内部存在对称因素

D. 外消旋是等物质的量对映异构体的混合导致的旋光消失

解答: D

分析: A 的说法不符合外消旋的定义。

B 把等物质的量的对映异构体中的左旋物质和右旋物质混合,得到的是外消旋混合物,此时,它们的熔点、沸点等物理性质与左旋或者右旋化合物的性质是不同的!

C 的说法不对。外消旋的原因是等物质的量对映异构体的混合,它们的旋光能力相同,旋光方向相反。

D 的说法是正确的。

例题 3-6 完成下列各组表达式转换。

(1) 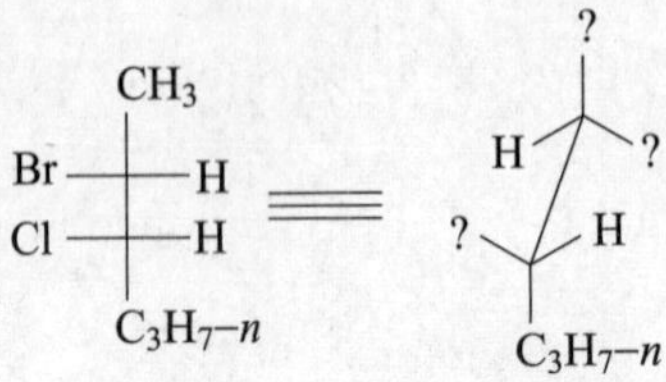 Br—C—H / Cl—C—H (Fischer: CH_3 top, C_3H_7-n bottom) ≡ 锯架式 (?, H, ?, ?, H, C_3H_7-n)   (2) 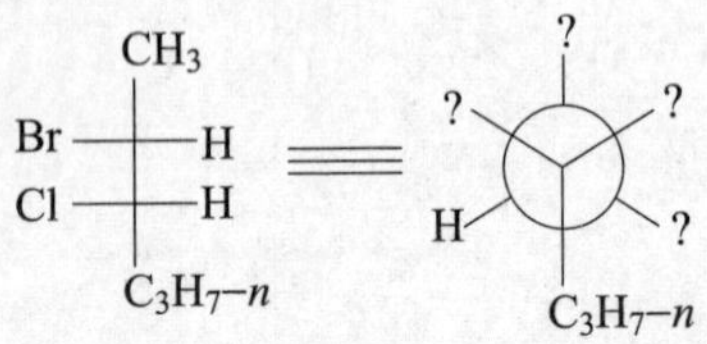 Br—C—H / Cl—C—H (Fischer: CH_3 top, C_3H_7-n bottom) ≡ Newman (?, ?, ?, H, ?, C_3H_7-n)

解答: 一般来说,由 Fischer 投影式转为锯架式、Newman 投影式,可以使用以下方法。首先把 Fischer 投影式改为锯架式,Fischer 投影式中的横键改为向上的键,竖键改为向下的键得到锯架式 **1**:

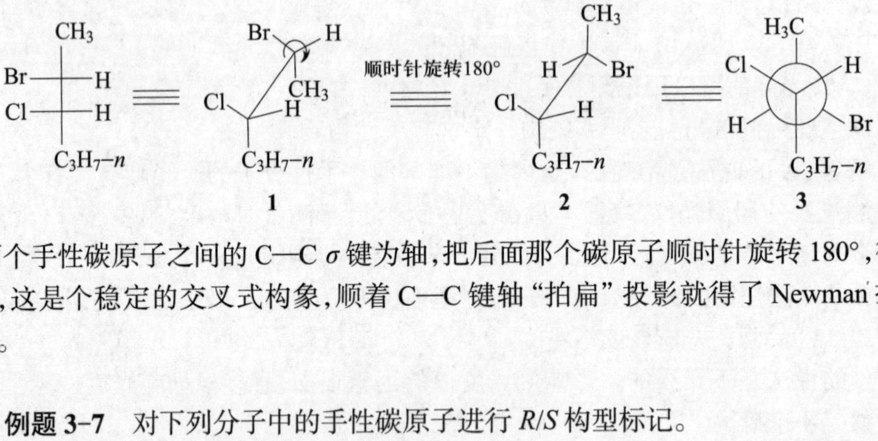

Fischer (CH_3; Br, H; Cl, H; C_3H_7-n) ≡ **1** (Br, H, CH_3; Cl, H, C_3H_7-n) 顺时针旋转180° ≡ **2** (CH_3, H, Br; Cl, H, C_3H_7-n) ≡ **3** (H_3C, Cl, H, H, Br, C_3H_7-n)

以两个手性碳原子之间的 C—C σ 键为轴,把后面那个碳原子顺时针旋转 180°,得到式 **2**,这是个稳定的交叉式构象,顺着 C—C 键轴"拍扁"投影就得了 Newman 投影式 **3**。

例题 3-7 对下列分子中的手性碳原子进行 *R*/*S* 构型标记。

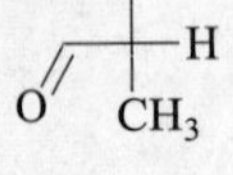

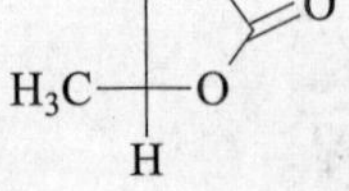

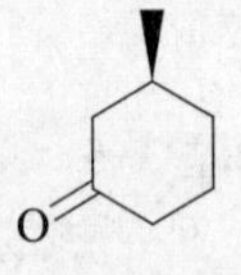

1 (HO, H, H, O, CH_3)   **2** (OH, H, COOH, NH_2)   **3** (H_3C, O, O, H)   **4** (O)

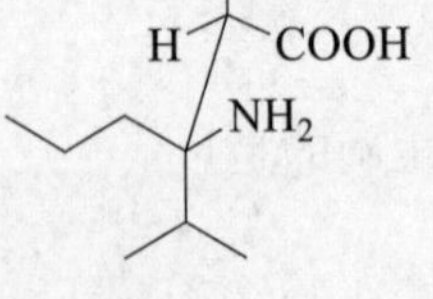

解答: 首先挑选出手性碳原子,并给每一个手性碳原子编号,仔细写出每一个碳原子所连接的四个基团,然后按照次序规则进行比较。请注意,按照由近及远对等对

比,直到得到相对次序。

化合物 **1**

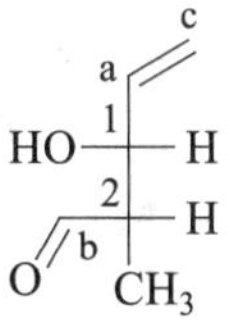

排列 C1 所连的 4 个基团: —OH, —H, —$^{a}CH{=}CH_2$, —*$CH(CH_3)(CHO)$;依据立体化学次序规则, —OH 最优先, —H 最后。接下来比较—$^{a}CH{=}CH_2$ 和—*$CH(CH_3)(CHO)$。

进入第二轮 ^{a}C 与 C2 的比较:

C^{a} 相连的原子为 C,C(双键计算两次,三键计算三次),H;

C2 相连的原子为 C(甲基上的),C(羰基上的),H。

结果不分胜负。

进入第三轮 ^{c}C 与 ^{b}C 的比较:

^{c}C 相连的原子为 C,H,H;

^{b}C 相连的原子为 O,O(双键计算两次),H。

结果: —*$CH(CH_3)(CHO)$ > —$CH{=}CH_2$。因此,C1 所连接的四个基团排列次序为—OH > —*$CH(CH_3)(CHO)$> —$CH{=}CH_2$ > H,Cl 的构型为 R。

采用相同方法比较 C2 所连的四个基团排列次序为—CHO > —*$CH(OH)(CH{=}CH_2)$> —CH_3 > —H,因此 C2 的构型为 *S*。

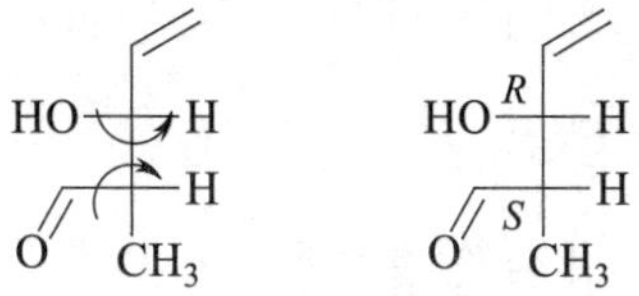

化合物 **2**

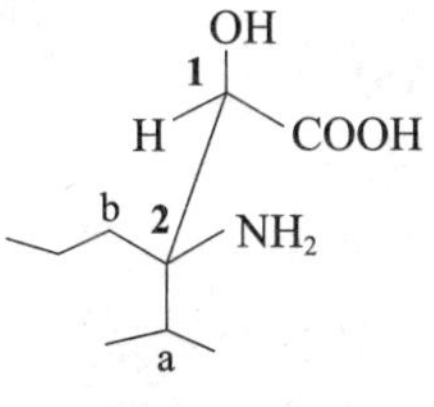

C1 所连的四个基团为 —OH, —COOH, —H, —$C(NH_2)(i\text{-}Pr)CH_2CH_2CH_3$。按照立体化学次序规则排序为—OH > —COOH > —$C(NH_2)(i\text{-}Pr)CH_2CH_2CH_3$ >—H,C1 的构型为 *R*。

C2 所连的四个基团为—NH_2, —$CH(OH)(COOH)$, —$CH(CH_3)_2$, —$CH_2CH_2CH_3$,其中—NH_2 为最优先基团。关键在于判断—$CH(OH)(COOH)$, —$CH(CH_3)_2$, —$CH_2CH_2CH_3$ 的顺序,比较一下 C1,^{a}C 和 ^{b}C:

C1 相连的原子为 O,C,H;

^{a}C 相连的原子为 C,C,H;

^{b}C 相连的原子为 C,H,H。

因此,四个基团排列次序为—NH_2 > —CH(OH)(COOH)> —CH(CH_3)$_2$ > —$CH_2CH_2CH_3$, C2 的构型为 *R*。

化合物 **3** 和化合物 **4** 涉及环,首先对涉及的碳原子进行编号。

化合物 **3**

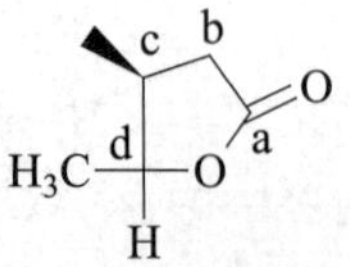

^{c}C 和 ^{d}C 为手性碳原子。对于 ^{c}C,所连基团为—CH_3, —H,这两个容易比较。关键是比较 ^{b}C 和 ^{d}C:

^{b}C 相连的原子为 C, H, H;

^{d}C 相连的原子为 O, C, H。

四个基团次序为— ^{d}C > — ^{b}C > —CH_3 > —H, ^{c}C 的构型为 *S*。

对于 ^{d}C,容易比较: — O > — ^{c}C > —CH_3 > —H, ^{d}C 的构型为 *S*。

化合物 **4**

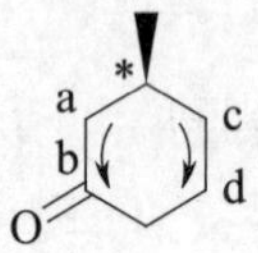

*C 所连的四个基团中,比较环上的碳原子的次序较为困难。第二轮比较 ^{a}C 和 ^{c}C 没有区别,按照箭头方向进入第三轮比较。第三轮比较 ^{b}C 和 ^{d}C,显然: ^{b}C>^{d}C。

因此, *C 所连基团次序如下:左臂(a → b)> 右臂(c → d)> — CH_3 > —H,手性碳原子构型为 *S*。

例题 3-8 判断下列各组化合物的关系。

1.

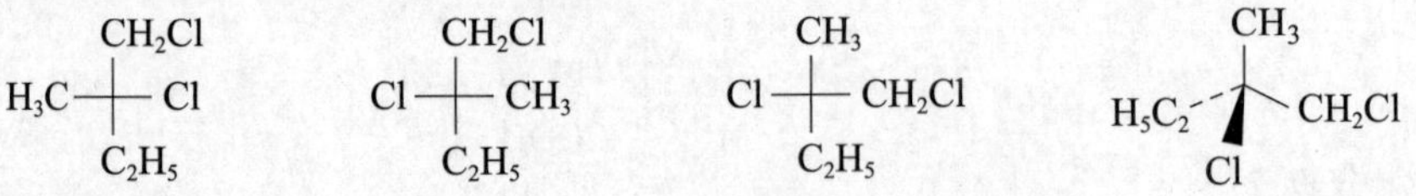

A B C D

解答: 同一种化合物,从不同的角度观察,就能写出不同的投影式,面对不同的表达式,如何快速判断它们是同一种化合物、对映异构体,还是非对映异构体?最简单的办法,就是给每一个手性碳原子进行 *R/S* 构型标记。

对于本题,四种化合物都只有一个手性碳原子,且所连接的四个基团都一样,因此它们不是同一种化合物就是对映异构体。判别构型如下:

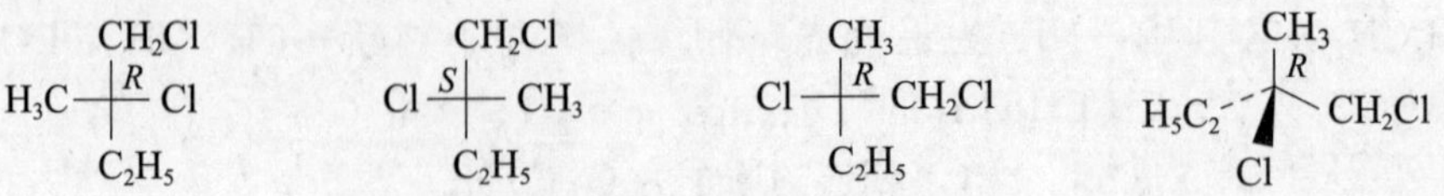

A B C D

可以看出, A, C, D 是同一种化合物,它们与 B 是对映异构体。

2.

A: C_6H_5; H—OH; H—$NHCH_3$; CH_3

B: C_6H_5; HO—H; H_3CHN—CH_3; H

C: C_6H_5; H, OH; H_3C, H; $NHCH_3$

D: C_6H_5; HO—H; H—$NHCH_3$; CH_3

E: C_6H_5; HO—H; H_3C—$NHCH_3$; H

A B C D E

解答：上述分子中含有两个手性碳原子，仔细观察并给每一个手性碳原子进行标记如下：

A: C_6H_5; H *S* OH; H *R* $NHCH_3$; CH_3

B: C_6H_5; HO *R* H; H_3CHN *R* CH_3; H

C: C_6H_5; *S*; H, OH; H_3C *R* H; $NHCH_3$

D: C_6H_5; HO *R* H; H *R* $NHCH_3$; CH_3

E: C_6H_5; HO *R* H; H_3C *S* $NHCH_3$; H

A B C D E

可以看出，A 与 C 是同一种物质；B 与 D 是同一种物质。A/C 与 E 是对映异构体；A/C 与 B/D 是非对映异构体；B/D 与 E 是非对映异构体。

例题 3-9 选择题。

1. 考察下面的 Fischer 投影式，这两种化合物互为(　　)。

CH_3; H—OH; H—OH; CH_2CH_3　　　CH_2CH_3; HO—H; HO—H; CH_3

A. 同一种化合物　　B. 对映异构体　　C. 非对映异构体

解答：A

2. 下列说法中，正确的是(　　)。

A. 分子的手性是对映异构体存在的必要和充分条件

B. 能测出旋光活性的必要和充分条件是手性碳原子

C. 具有手性原子的物质都可以拆分的

D. 没有手性碳原子的分子不可能有对映异构体

解答：A

3. CH_3; H—OH; CO_2H　与　H; H_3C—C···OH; CO_2H　是(　　)。

A. 相同分子　　B. 顺反异构体

C. 对映异构体　　D. 互变异构体

解答：A

4. 化合物

CHO
H—┼—OH
HO—┼—H
CH_2OH

手性中心的绝对构型是(　　)。

A. 2*S*,3*S*　　B. 2*R*,3*R*　　C. 2*S*,3*R*　　D. 2*R*,3*S*

解答:D

5. 下列投影式中哪个是

CHO
H—┼—OH
CH_3

的对映异构体?(　　)

A.
CHO
H_3C—┼—H
OH

B.
CHO
H—┼—CH_2OH
H

C.
CH_3
H—┼—OH
CHO

D.
CH_3
HO—┼—H
CHO

解答:C

6. 下列化合物中,具有对映异构体的是(　　)。

A. CH_3CH_2OH　　B. CCl_2F_2

C. $HOCH_2CH(OH)CH_2OH$　　D. $CH_3CH(OH)CH_2CH_3$

解答:D

7. 下列化合物中,只有(　　)分子中含有手性碳原子。

A. $CH_3—CH_2—CH═CH_2$　　B. $CH_3—CH_2—C≡CH$

C. $CH_3—CH_2—CH(OH)—CH_3$　　D. $CH_3—CH_2—CH(CH_3)—CH_3$

解答:C

8. 下列化合物中,具有旋光活性的是(　　)。

A. 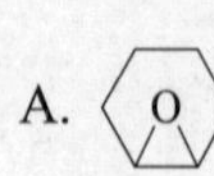

B. 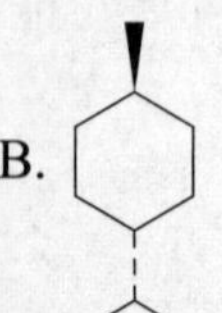

C. 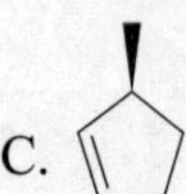

D. (Br、H 取代的烯烃)

解答:C

9. 符合内消旋 2,3-二羟基丁二酸的投影式的是(　　)。

A. COOH; H—C—OH; H—C—COOH; OH　B. COOH; H—C—OH; OH—C—COOH; H　C. COOH; HO—C—H; HO—C—COOH; H　D. COOH; H—C—OH; HOOC—C—OH; H

解答: B

10. 下列分子中,哪两个互为对映异构体?(　　)

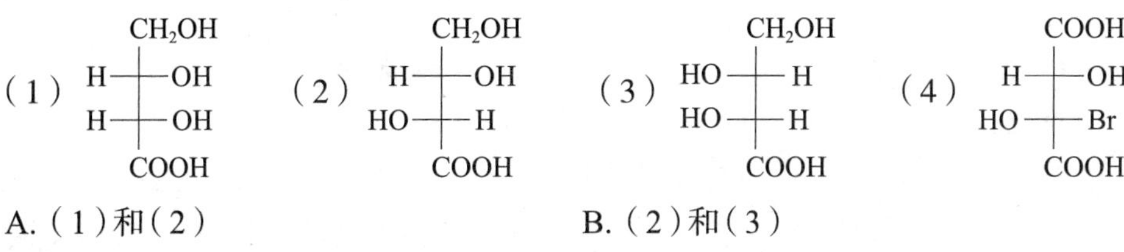

A. (1)和(2)　　B. (2)和(3)

C. (1)和(3)　　D. (1)和(4)

解答: C

11. 下列物质中,没有旋光性的是(　　)。

A. (+)-3-甲基戊-2-醇　　B. (-)-3-甲基戊-2- 醇

C. *rac*-3-甲基戊-2-醇

解答: C

12. 按 Cahn-Ingold-Prelog 次序规则,排列下列各组基团的优先次序。(　　)

(1) —CN　(2) —COOH　(3) —$COOCH_3$　(4) —$COCH_3$

A. (3)>(2)>(4)>(1)　　B. (2)>(3)>(4)>(1)

C. (3)>(4)>(2)>(1)　　D. (3)>(1)>(2)>(4)

解答: A

13. 对下列四个 Fischer 投影式,说法正确的是(　　)。

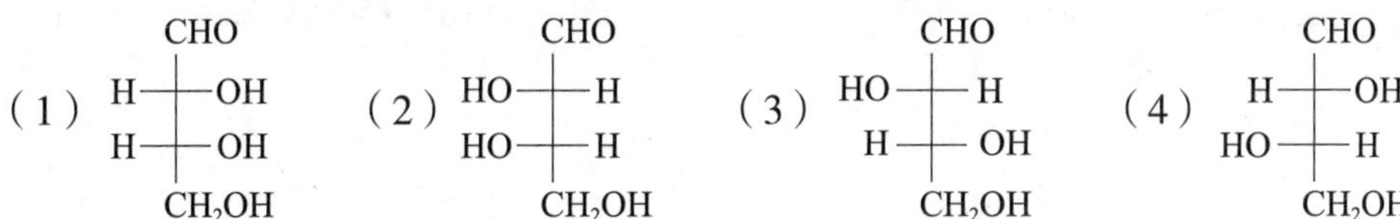

A. (2)和(3)不是对映异构体。

B. (1)和(2)的熔点不同。

C. (1)和(3)等物质的量混合物是外消旋体。

D. (1)、(2)、(3)、(4)等物质的量混合,混合物有旋光性。

解答: A

14. 下列化合物中,有旋光性的是(　　)。

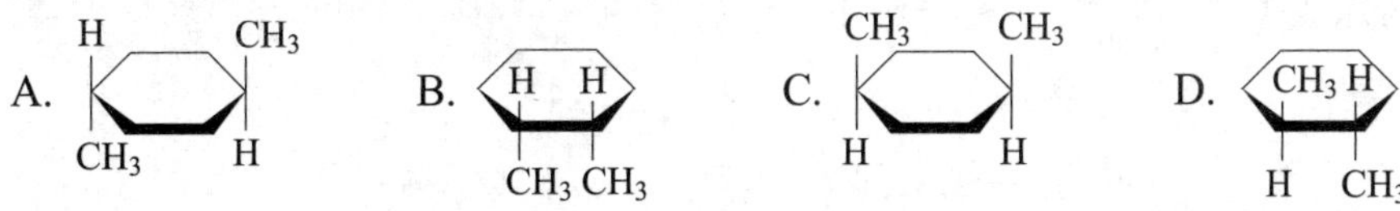

解答: D

15. 根据下列 Fischer 投影式,(1)、(2)两种化合物互为(　　),(3)、(4)两种化

合物互为(　　)。

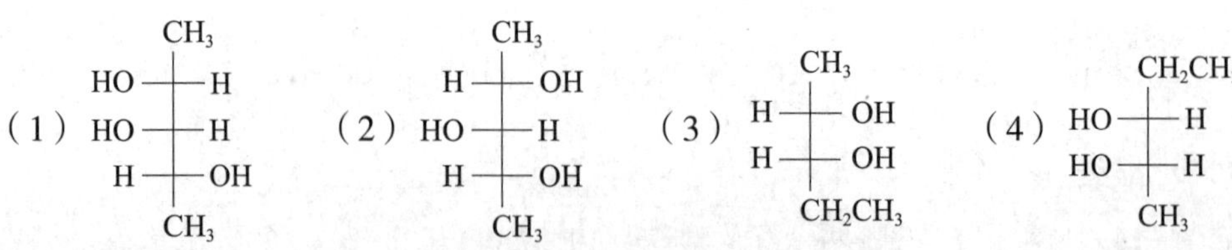

A. 相同化合物　　　　B. 对映异构体

C. 非对映异构体　　　　D. 构象异构

解答: C, A

16. 下列结构中(　　)是手性化合物。

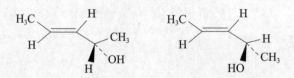

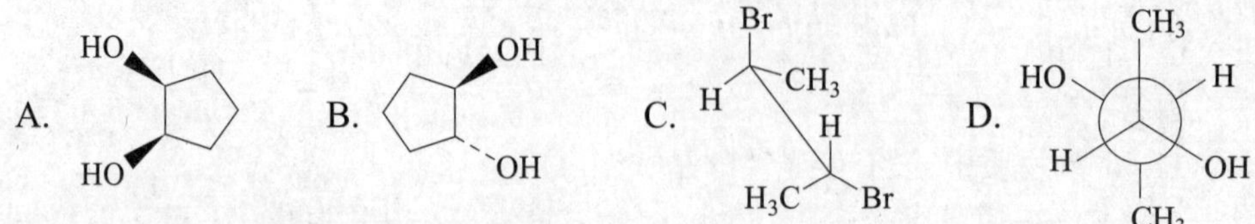

解答: B

17. 正确判断下列化合物之间的关系。(　　)

A. 顺反异构　　　　B. 对映异构

C. 非对映异构体　　　　D. 同一化合物

E. 非对映异构

解答: D

例题 3-10　指出下列分子中手性碳原子的绝对构型。

解答: S; S, S

例题 3-11　画出顺-1-氯-2-甲基环己烷的一对对映异构体并命名。

解答:

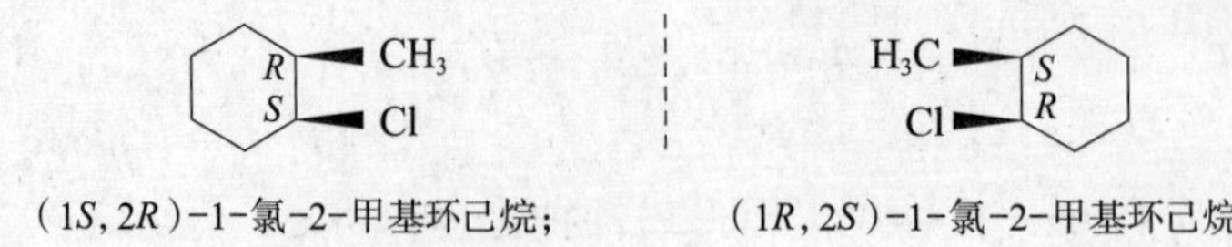

(1S, 2R)-1-氯-2-甲基环己烷;　　(1R, 2S)-1-氯-2-甲基环己烷

例题 3-12 命名或写出结构式。

（1）Newman projection: Br, H, CH_3, H_3C, H, H　　（2）C_6H_{13}, H, C, I, CH_3

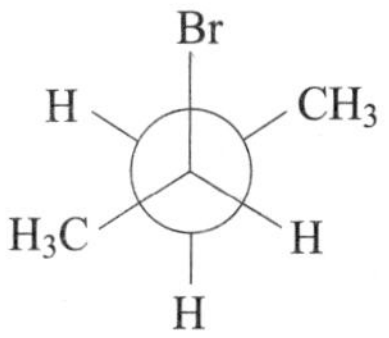

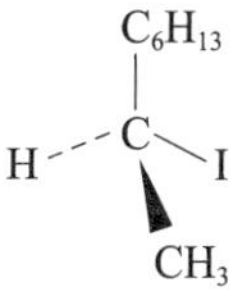

（3）(*R*, *R*)-1, 2, 3-三氯丁烷

解答:（1）(*S*)-2-溴丁烷　（2）(*S*)-2-碘辛烷　（3）CH_2Cl, Cl—H, H—Cl, CH_3

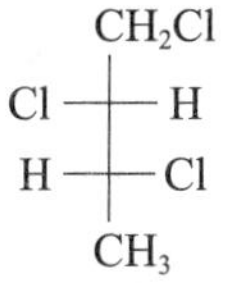

习题参考答案

习题 3-1 给出符合下列分子式的有手性的分子结构式。

氯代烷（$C_5H_{11}Cl$）　醇（$C_6H_{14}O$）　烯（C_6H_{12}）　烷（C_8H_{18}）

内消旋 2, 3-二苯基丁烷

解答: 手性结构式（注意手性碳原子定义：所连四个基团各不相同）：

$C_5H_{11}Cl$:

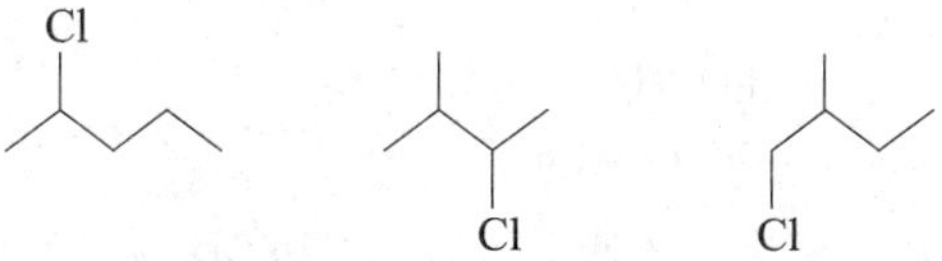

$C_6H_{14}O$:

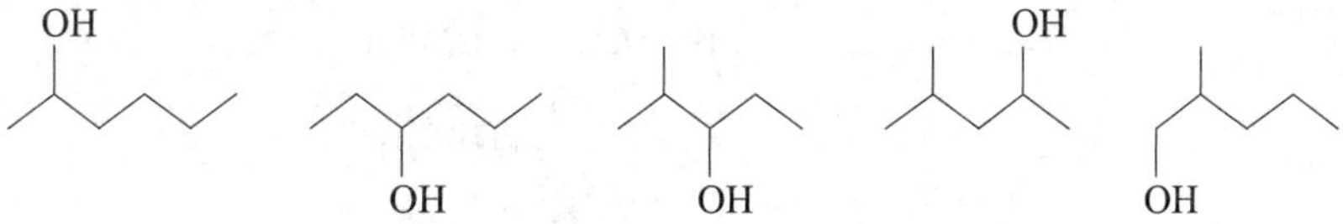

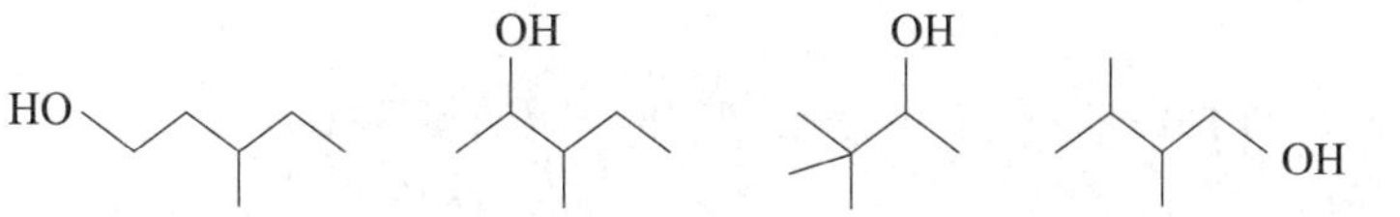

C_6H_{12}:

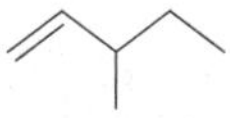

C_8H_{18}:

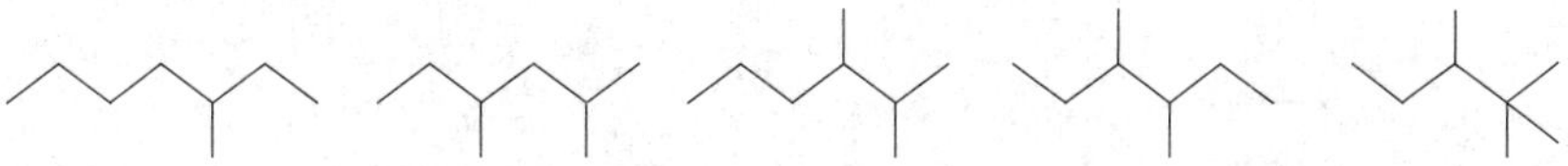

内消旋 2, 3-二苯基丁烷: C_6H_5, C_6H_5

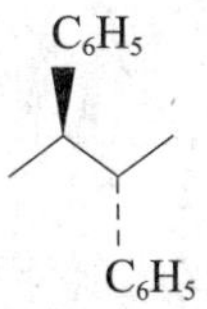

习题 3-2 下列化合物中，哪些具有光学活性？

（1）（2）（3）

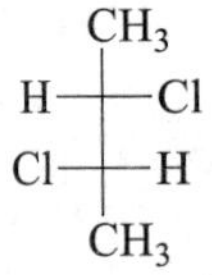

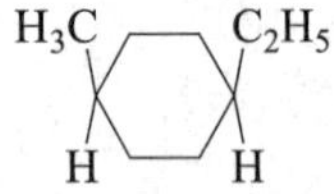

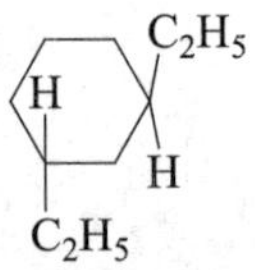

（4）（5）

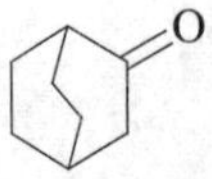

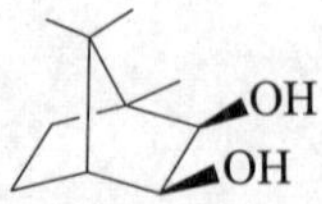

解答：具有光学活性的是（1）、（3）、（5）。

习题 3-3 7.0 mg 某信息素溶于 1 mL 氯仿（$CHCl_3$）中，25 ℃下在 2 cm 长的盛液管中测得旋光度为 +0.087°，该化合物的比旋光度为多少？

解答：按照公式 $[\alpha]_D^t=\dfrac{\alpha}{\rho\times l}$，计算得 $[\alpha]_D^{25}=+62.1°\cdot m^2\cdot kg^{-1}$（$\rho$ 0.7，$CHCl_3$）。

习题 3-4 根据次序规则排列下列官能团。

（1）$-CH=CH_2$　$-CH(CH_3)_2$　$-C(CH_3)_3$　$-CH_2CH_3$

（2）$-C\equiv CH$　$-CH=CH_2$　$-C_6H_5$　$-CH_2CH=CH_2$

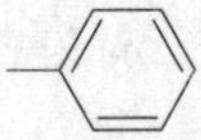

（3）$-CO_2CH_3$　$-COCH_3$　$-CH_2OCH_3$　$-CH_2CH_3$

（4）$-CN$　$-CH_2Br$　$-Br$　$-CH_2CH_2Br$

解答：（1）$-C(CH_3)_3>-CH=CH_2>-CH(CH_3)_2>-CH_2CH_3$

（2）$-C_6H_5>-C\equiv CH>-CH=CH_2>-CH_2CH=CH_2$

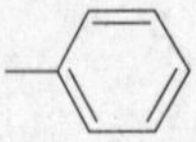

（3）$-CO_2CH_3>-COCH_3>-CH_2OCH_3>-CH_2CH_3$

（4）$-Br>-CH_2Br>-CN>-CH_2CH_2Br$

习题 3-5 指出下列 4 种分子中手性中心的绝对构型。

（1）（2）

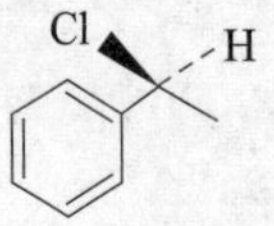

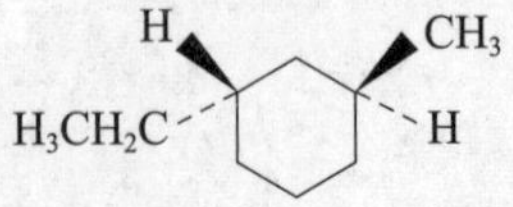

（3）（4）

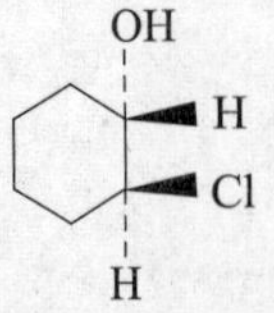

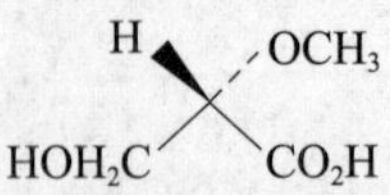

解答：手性中心的绝对构型（1）*S*；（2）*S*, *S*；（3）*S*, *S*；（4）*S*。

习题 3-6 （1）下列各对化合物是对映异构体还是同一种化合物？给出手性碳原子上的绝对构型。

A. 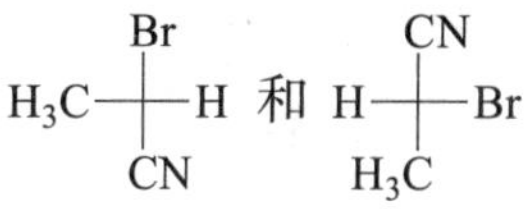 H_3C—(Br, CN)—H 和 H—(CN, H_3C)—Br　　B. 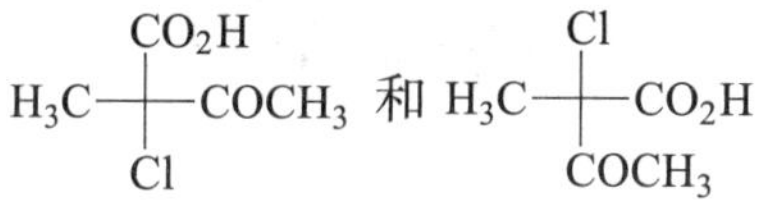 H_3C—(CO_2H, Cl)—$COCH_3$ 和 H_3C—(Cl, $COCH_3$)—CO_2H

C. 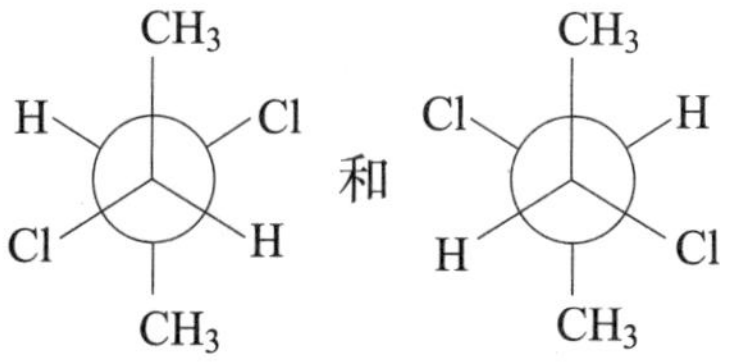 （Newman 投影式，CH_3，H，Cl，Cl，H，CH_3）和（Newman 投影式，CH_3，Cl，H，H，Cl，CH_3）

解答: A:对映异构体,*S* 和 *R*; B 为同一种化合物,*S*; C 为同一种化合物,内消旋体。

（2）指出下列各化合物中手性碳原子的绝对构型。

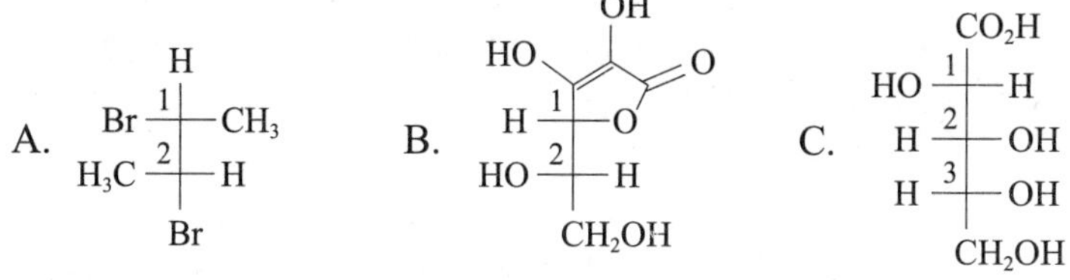

解答: A 为 1*S*, 2*R*; B 为 1*R*, 2*S*; C 为 1*S*, 2*R*, 3*R*。

（3）下列 3 种化合物有无光学活性?

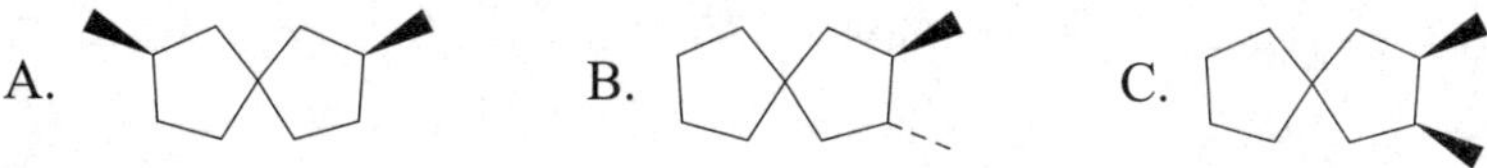

解答: A 有; B 有; C 无。

（4）3-氯-2,4-二溴戊烷（$CH_3CHBrCHClCHBrCH_3$）有多少种立体异构体,它们之间是什么关系? 哪些有光学活性?

解答: 共计 6 种立体异构体,其中 2 种是内消旋体,4 种有光学活性。

（5）写出下列 3 种化合物的立体结构式。

A.（*S*）-$HSCH_2CH(NH_2)CO_2H$　　B.（*R*）-3-氯戊-1-烯

C.（*R*）-2-甲基环己酮

解答: A. H_2N—(COOH, H)—CH_2SH　　B. 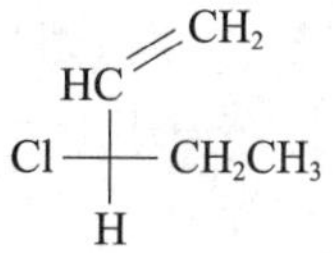 Cl—($HC=CH_2$, H)—CH_2CH_3　　C. 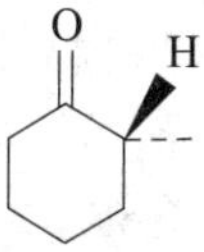 （环己酮，2 位 H）

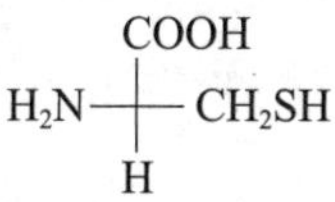

（6）写出（2*R*, 3*S*）-2-溴-3-氯己烷的 Fischer 投影式,并写出其优势构象的锯架式、透视式、Newman 投影式。

解答:

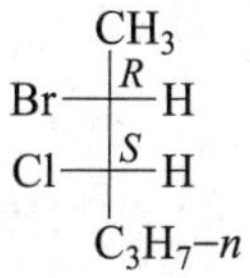

Fischer投影式 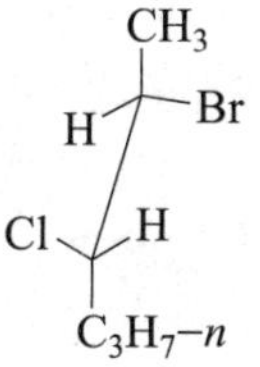　　锯架式 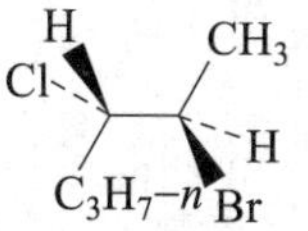　　透视式 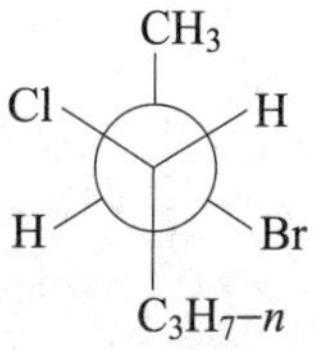　　Newman投影式

（7）假麻黄碱的锯架式为 F，下面这些 Fischer 投影式中哪个能代表它？

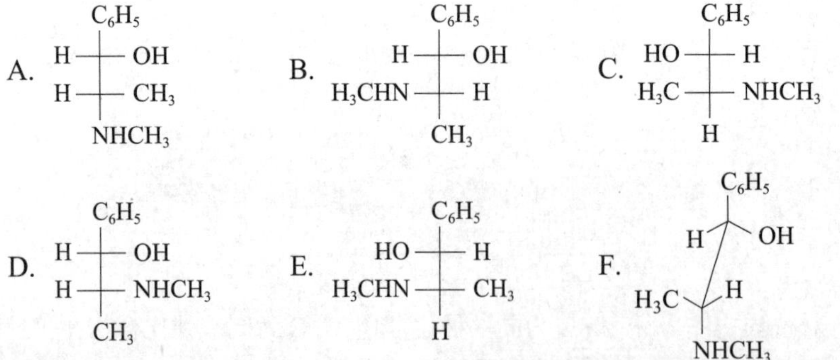

解答：E

习题 3-7 解释下列现象：

（1）樟脑分子 中含有两个手性碳原子，但只有一对对映异构体。

解答：（1）樟脑分子中有两个手性碳原子（C1、C4），理论上应有四种旋光异构体，但实际上只存在具有顺式构型的一对对映异构体。这是由于桥环需要船型构象所决定的。

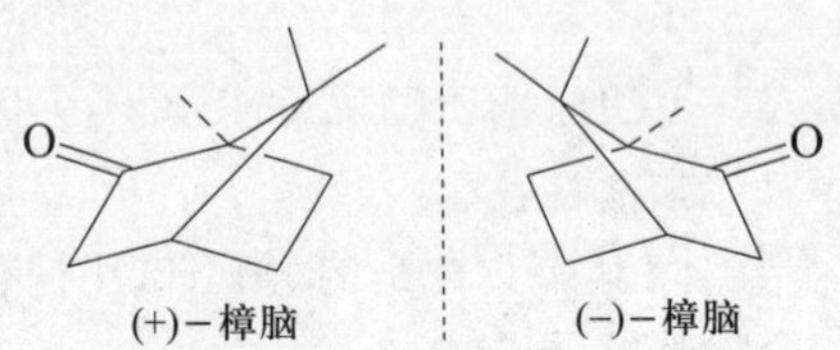

(+)－樟脑　(−)－樟脑

（2）光学活性的 D-乳糖可以用来拆分 Tröger 碱，简述其过程。

解答：D-乳糖与 Tröger 碱的一对对映异构体作用生成一对非对映异构体，利用非对映异构体的物理性质差异进行分离。例如，利用溶解度差异，可以重结晶分离；利用极性差异，可以柱色谱分离。然后用酸处理已经分离的非对映异构体，可以得到光学活性的 Tröger 碱。

习题 3-8 完成下列 Fischer 投影式和 Newman 投影式之间的转换。

解答：

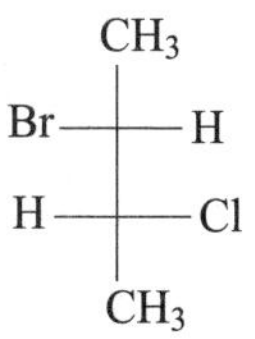

Fischer投影式 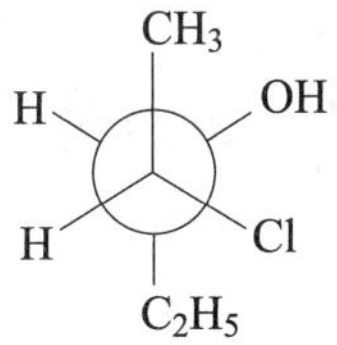　　Newman投影式

习题 3-9　丙烷溴化生成分子式都为 $C_3H_6Br_2$ 的四种产物 A、B、C、D。这四种产物进一步溴化，A、B 和 C 分别给出一种、两种和三种三溴代物，D 是光学活性的，也给出三种三溴代物。试给出 A、B、C、D 的结构式和各个反应过程。

解答：突破口是 D，光学活性，表明一定有一个手性碳原子。A～D 结构式如下：

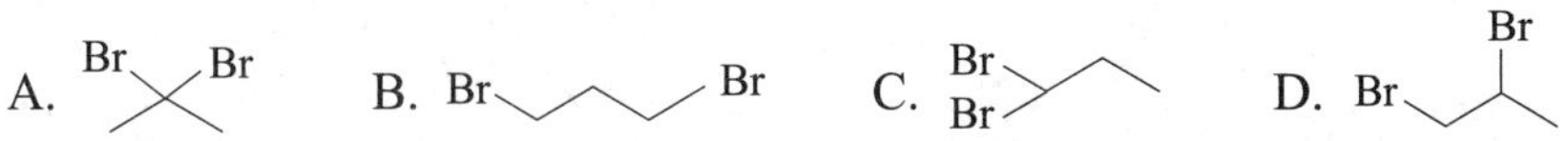

A.　B.　C.　D.

习题 3-10　（*S*）-2-甲基-1-氯丁烷进行光激发下的氯化反应，生成 2-甲基-1，2-二氯丁烷和 2-甲基-1，4-二氯丁烷。试写出它们的结构式，并指出它们有无光学活性。

解答：1，2-二氯代产物没有光学活性，1，4-二氯代产物有光学活性。结构式如下：

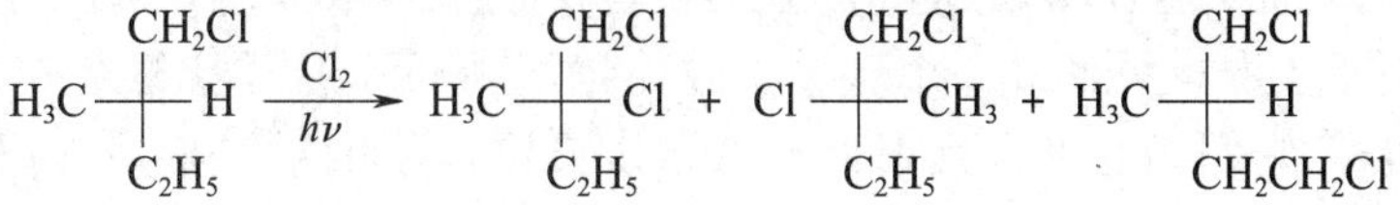

第4章　烯　烃

本章知识点

一、烯烃的结构

烯烃是一类含有碳碳双键（C═C）的不饱和烃。C═C 是烯烃的官能团。根据 C═C 的个数，分为单烯烃和多烯烃。

1. 乙烯的结构

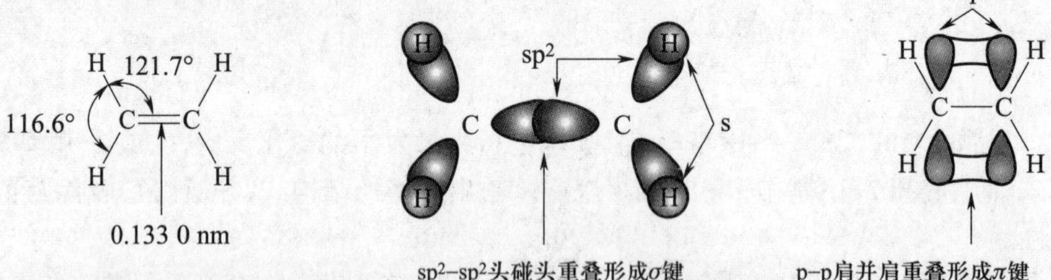

烯烃中 C═C 官能团是由一个 σ 键和一个 π 键组成的。乙烯分子的碳原子以 sp^2 杂化轨道与氢原子的 s 轨道重叠形成碳氢 σ 键，两个碳原子之间又各以一个 sp^2 杂化轨道头对头的重叠形成一个碳碳 σ 键。此外，每个碳原子上还各有一个未参与杂化的 p 轨道，它们相互平行且垂直于乙烯分子所在的平面，它们肩并肩重叠形成 π 键，π 键不能自由旋转。

2. 烯烃的异构和 *Z*/*E* 标记法

（1）顺反异构

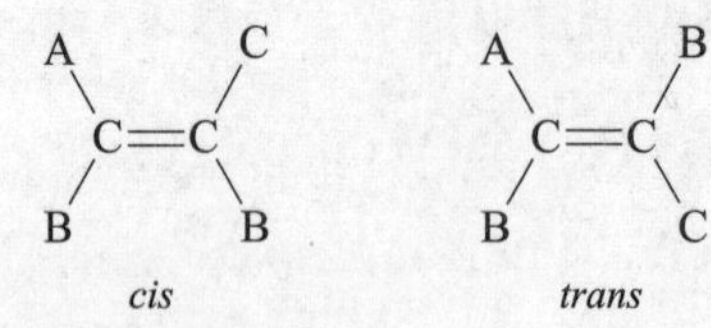

两个相同基团 B 处于双键同侧的结构为顺式（*cis*），处于双键异侧的为反式（*trans*）。

（2）*Z*/*E* 标记法

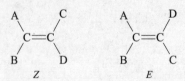

A　C　　　A　D
C═C　　　C═C
B　D　　　B　C
Z　　　　*E*

如果 A 优于 B 且 C 优于 D，则优先基团 A 和 C 处于双键同侧为“*Z*”式，处于双键异侧为“*E*”式。

3. 烯烃的命名

简单的烯烃可以像烷烃那样命名，而复杂的烯烃用系统命名法来命名，根据 2017 命名原则，具体命名方法如下：

（1）选母体　选择最长的碳链为主链。如果 C═C 包含在主链中，按主链中所含碳原子数命名为某烯，否则命名为某烷，主链上的支链作为取代基。

（2）编号　如果 C═C 包含在主链中，从靠近 C═C 的一端开始，依次把主链的碳原子编号，使双键碳原子的编号较小，并且由最靠近端点碳原子的那个双键碳原子所得的编号来命名，其编号写在烯的前面，否则根据链烷烃命名方法对主链进行编号，含双键部分作为取代基。

（3）书写　根据主链上碳原子的编号，标出取代基的位次。取代基所在的碳原子的标号写在取代基之前，取代基根据其英文名称的首字母顺序排列，写在某烯或某烷之前。

例如：

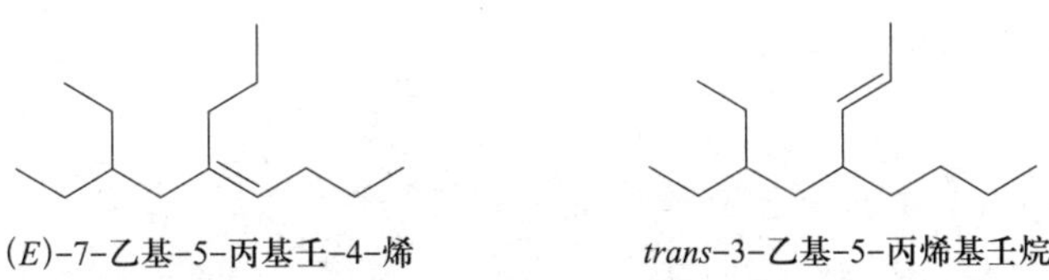

(*E*)-7-乙基-5-丙基壬-4-烯　　*trans*-3-乙基-5-丙烯基壬烷

二、烯烃的物理性质

室温下，乙烯、丙烯、丁烯是气体，戊烯以上到十八碳烯为液体，C_{19} 以上的高级烯烃为固体。烯烃的沸点随相对分子质量的增加而升高。对于烯烃的同分异构体，直链烯烃的沸点比带有支链的异构体沸点高，双键在碳链中间烯烃的沸点和熔点也都比对应末端烯烃高。烯烃的相对密度都小于 1。烯烃几乎不溶于水，但可溶于非极性溶剂。

由于 sp^2 杂化碳原子的电负性比 sp^3 杂化碳原子的大，故烯烃比烷烃容易极化，成为有偶极矩的分子。分子的偶极矩是矢量和，因此对称取代的烯烃分子中，反式烯烃分子偶极矩为零；而顺式烯烃的两个官能团在双键同侧，会有偶极矩存在。由于顺式异构体具有偶极矩，分子间除了范德华引力外，还有偶极-偶极间的吸引力，故顺式烯烃的沸点比相应的反式烯烃高。但顺式烯烃的对称性较低，在晶格中的排列不如相应的反式烯烃紧密，故顺式烯烃的熔点通常比反式烯烃低。

另外，对于含有相同碳原子数的烯烃，与烯烃双键碳原子相连的烷基数目越多，烯烃越稳定；其顺反异构体中，反式烯烃比顺式烯烃稳定。

三、烯烃的化学性质

烯烃的反应,包括碳碳双键的反应及其 α-C 上的反应,有亲电加成、与卡宾的环加成、自由基加成、氧化反应、α-H 的反应等。

1. 亲电加成反应

$$\mathrm{>C{=}C<} + \overset{\delta+\ \delta-}{\mathrm{E{-}Nu}} \longrightarrow \mathrm{-\underset{E}{\overset{|}{C}}-\underset{Nu}{\overset{|}{C}}-}$$

常用的亲电试剂:H—X、Br—OH、Cl—OH、H—HSO$_4$、H—OH、Cl—Cl, Br—Br。

(1)与 HX 的加成

$$\mathrm{>C{=}C<} + \mathrm{H{-}X} \longrightarrow \mathrm{-\underset{H}{\overset{|}{C}}-\overset{|}{\underset{+}{C}}-} \xrightarrow{X^-} \mathrm{-\underset{H}{\overset{|}{C}}-\underset{X}{\overset{|}{C}}-}$$

烯烃和 HX 加成的结果是氢原子加在含氢较多的双键碳原子上,卤素原子加在含氢较少的双键碳原子上,即为马氏规则。马氏规则的关键是生成稳定的碳正离子,因此不对称烯烃和 HX 加成反应的主产物只有一种。例如:

$$\text{1-甲基环己烯} + \mathrm{H{-}Br} \longrightarrow \text{1-溴-1-甲基环己烷 (Br)}$$

(2)与 H_2SO_4 的加成

$$\mathrm{>C{=}C<} + \mathrm{H_2SO_4} \longrightarrow \mathrm{-\underset{H}{\overset{|}{C}}-\overset{|}{\underset{+}{C}}-} \xrightarrow{HS\bar{O}_4} \mathrm{-\underset{H}{\overset{|}{C}}-\underset{OSO_3H}{\overset{|}{C}}-} \xrightarrow[\triangle]{H_2O} \mathrm{-\underset{H}{\overset{|}{C}}-\underset{OH}{\overset{|}{C}}-}$$

烯烃和 H_2SO_4 的加成符合马氏规则,得到烷基硫酸氢酯,产物和水共热水解转化为醇。

(3)与 H_2O 的加成

$$\mathrm{>C{=}C<} + \mathrm{H_2O} \xrightarrow{H^+} \mathrm{-\underset{H}{\overset{|}{C}}-\overset{|}{\underset{+}{C}}-} \xrightarrow{H_2O} \mathrm{-\underset{H}{\overset{|}{C}}-\underset{\overset{+}{O}H_2}{\overset{|}{C}}-} \xrightarrow{-H^+} \mathrm{-\underset{H}{\overset{|}{C}}-\underset{OH}{\overset{|}{C}}-}$$

一般情况下,烯烃与 H_2O 不能直接发生加成反应,要使反应进行,必须加入 H_2SO_4 或 HCl 为催化剂,即反应需在酸催化下进行。加成反应同样符合马氏规则,得到醇。

(4)与 X_2 的加成

$$\mathrm{>C{=}C<} + \mathrm{X_2} \longrightarrow \mathrm{-\underset{X}{\overset{|}{C}}-\overset{X}{\underset{|}{C}}-}$$

烯烃容易与氯气或液溴发生加成反应。碘一般不与烯烃发生反应。氟与烯烃的反应太剧烈,往往得到碳碳键断裂的复杂产物,无实用意义。研究发现,烯烃和溴的加成产物主要是反式加成的产物,也就是两个溴原子分别从双键的两边加成。为此人们提出了一个溴鎓离子中间体的机理,具体如下:

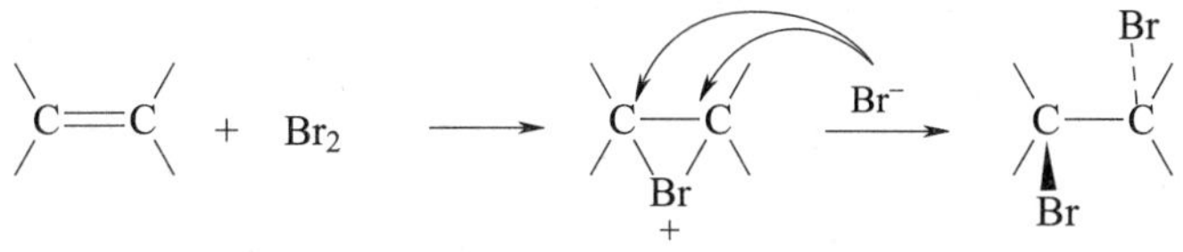

例如:

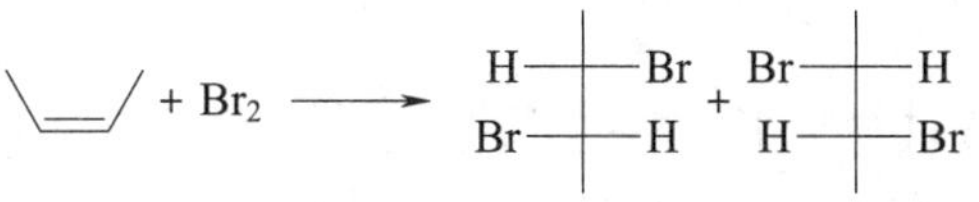

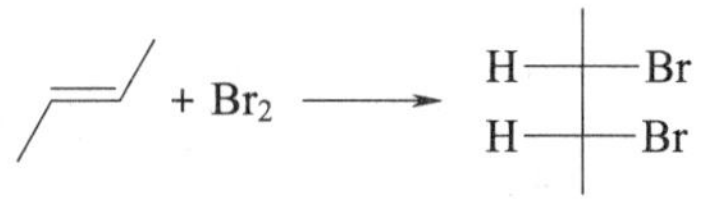

(5)与 HOX 的加成

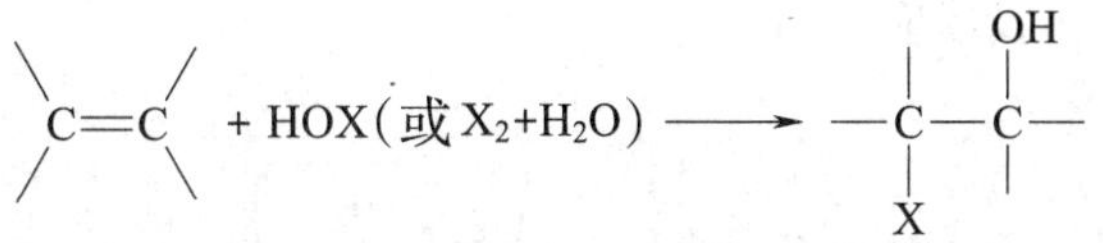

烯烃与 HOX 的加成,反应机理和与 Br_2 的加成是一样的,具体如下:

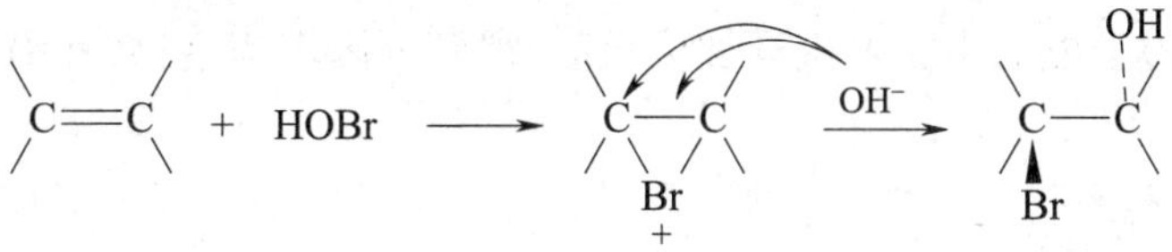

例如:

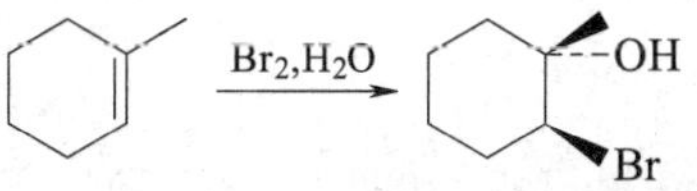

上述烯烃的亲电加成反应的活性中间体均是碳正离子,碳正离子在有机反应中常常会有重排现象发生。重排方式有氢迁移、甲基迁移、环状分子中的甲叉基迁移,需要注意的是,发生迁移的只能是碳正离子邻位碳原子上的基团。例如:

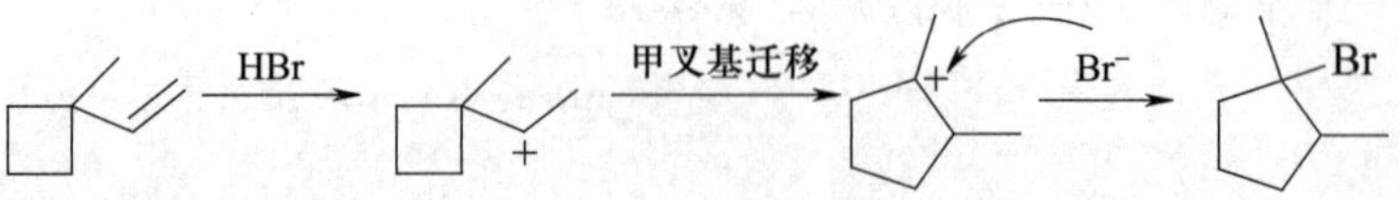

$$\xrightarrow{HBr}\quad\xrightarrow{甲基迁移}\quad\xrightarrow{Br^-}$$

$$\xrightarrow{HBr}\quad\xrightarrow{甲叉基迁移}\quad\xrightarrow{Br^-}$$

(6) 硼氢化反应

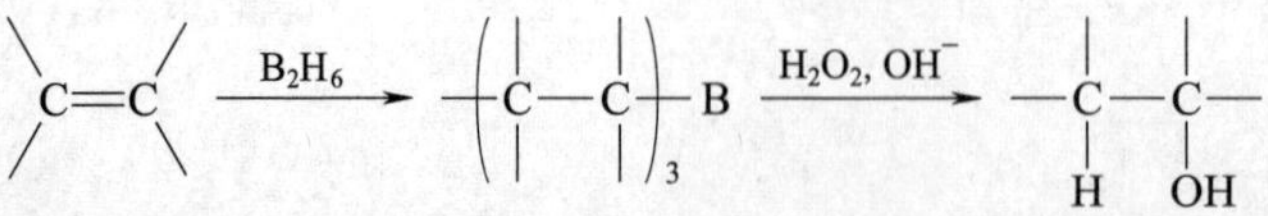

$$\mathrm{>C=C<} \xrightarrow{B_2H_6} \left(-\overset{|}{\underset{|}{C}}-\overset{|}{\underset{|}{C}}-\right)_3 B \xrightarrow{H_2O_2,\ OH^-} -\overset{|}{\underset{H}{C}}-\overset{|}{\underset{OH}{C}}-$$

烯烃与乙硼烷（B_2H_6）作用，是一步完成的一个顺式加成过程，可以得到三烷基硼，然后将氢氧化钠水溶液和过氧化氢（H_2O_2）加入反应混合液中，得到反马氏规则的顺式加成产物醇。例如：

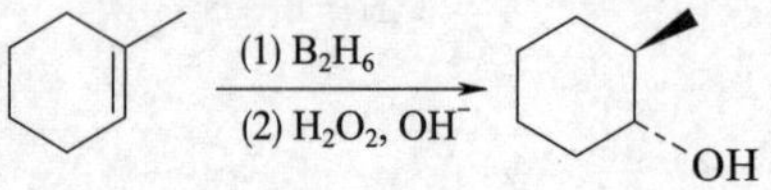

$$\xrightarrow[(2)\ H_2O_2,\ OH^-]{(1)\ B_2H_6}\ \text{OH}$$

2. 与卡宾的环加成反应

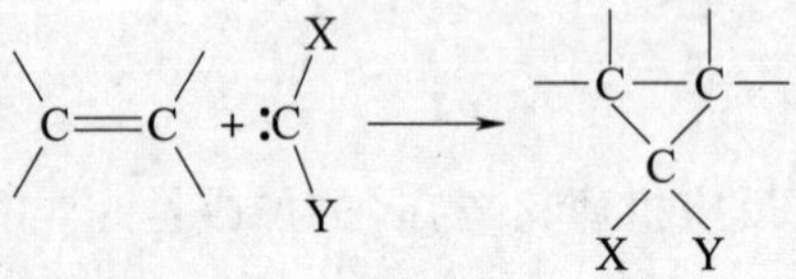

$$\mathrm{>C=C<} + :C\begin{matrix}X\\Y\end{matrix} \longrightarrow -\overset{|}{C}-\overset{|}{C}-\ (\text{C, X, Y})$$

烯烃与原位生成的卡宾发生环加成反应，得到环丙烷衍生物，常用于构建三元碳环。例如：

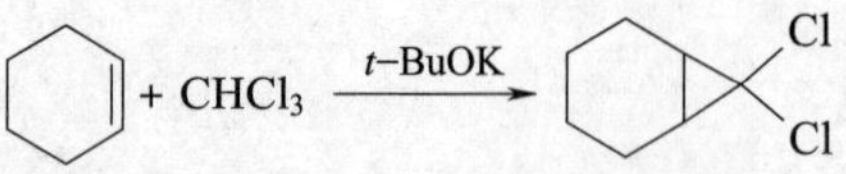

$$+ CHCl_3 \xrightarrow{t\text{-BuOK}}\ \text{Cl, Cl}$$

3. 自由基加成反应

$$\mathrm{>C=C}\begin{matrix}\diagup\\ H\end{matrix} \xrightarrow[ROOR]{HBr} -\overset{|}{\underset{H}{C}}-\overset{|}{\underset{Br}{C}}-H$$

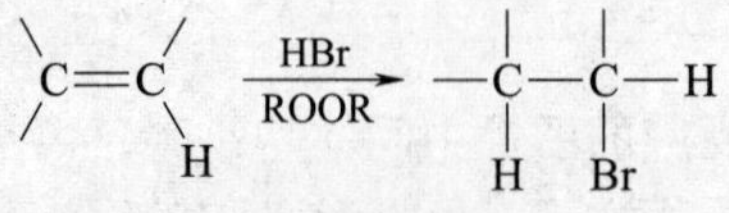

在过氧化物存在下，烯烃和 HBr 加成的产物和无过氧化物条件下的结果相反，这种现象称为烯烃与 HBr 加成的过氧化物效应。例如：

$$\xrightarrow[ROOR]{HBr}\ \text{Br}$$

该效应与链增长时生成的自由基的稳定性相关,反应机理如下:

链引发:$ROOR \longrightarrow 2\,RO\cdot$

$RO\cdot + HBr \longrightarrow Br\cdot + ROH$

链增长:

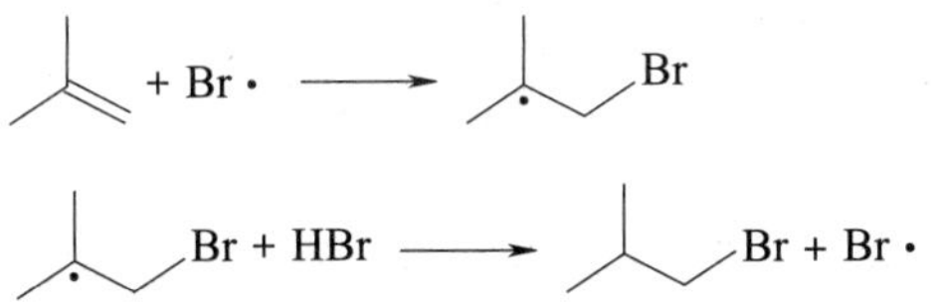

\+ Br· ⟶ Br

Br + HBr ⟶ Br + Br·

链终止:$Br\cdot + Br\cdot \longrightarrow Br_2$

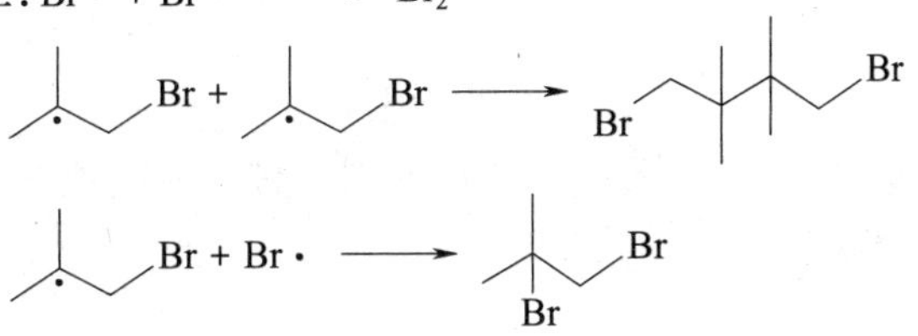

Br + Br ⟶ Br Br

Br + Br· ⟶ Br Br

4. 氧化反应

(1)烯烃的环氧化

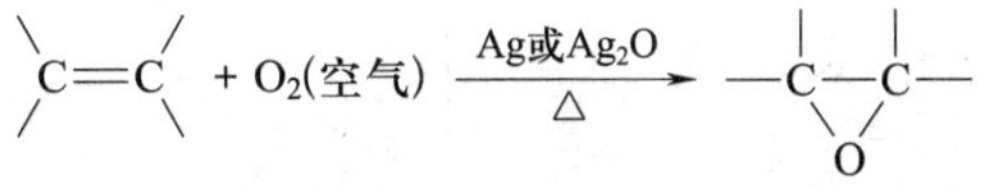

$$>C=C< + O_2(\text{空气}) \xrightarrow[\triangle]{\text{Ag或}Ag_2O} -\overset{|}{C}-\overset{|}{C}- \ (\text{O})$$

工业上常用该法氧化乙烯制备环氧乙烷。

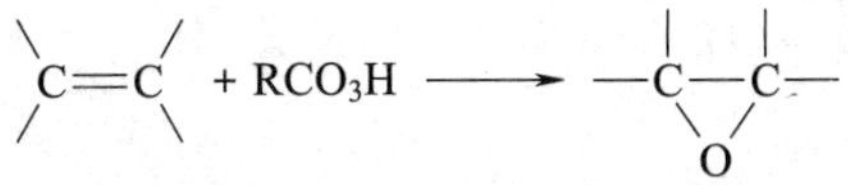

$$>C=C< + RCO_3H \longrightarrow -\overset{|}{C}-\overset{|}{C}- \ (\text{O})$$

过氧酸和烯烃加成时产生的两个 C—O 键是同时形成的,因此产物仍然保持烯烃原来的构型,顺式或反式烯烃生成顺式或反式环氧乙烷。例如:

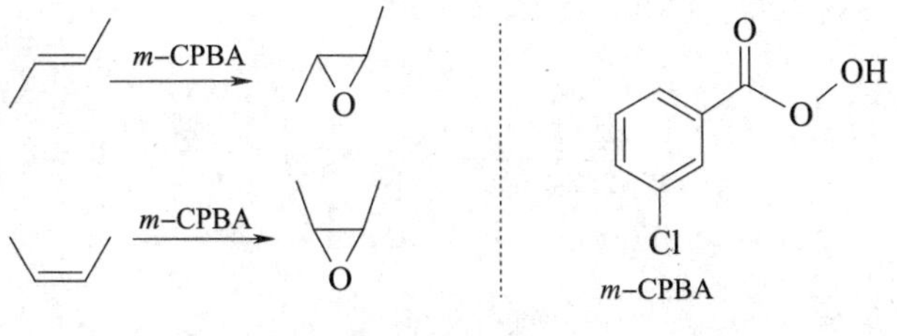

$\xrightarrow{m\text{-CPBA}}$ O

$\xrightarrow{m\text{-CPBA}}$ O

O OH O Cl

m-CPBA

环氧化产物水解后,可得到邻二醇产物。

(2)高锰酸钾氧化

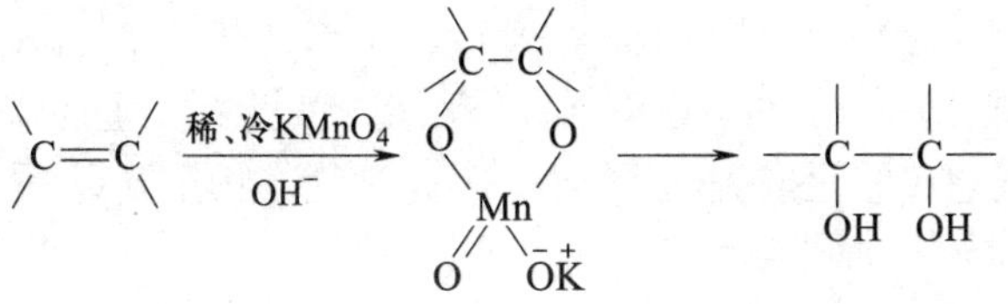

$$>C=C< \xrightarrow[OH^-]{\text{稀、冷}KMnO_4} \ \text{C—C, O, O, Mn, O, }\overset{-}{O}\overset{+}{K} \longrightarrow -\underset{OH}{\overset{|}{C}}-\underset{OH}{\overset{|}{C}}-$$

在碱性或中性条件下，用稀、冷 $KMnO_4$ 溶液氧化烯烃，得到双键被两个羟基顺式加成的产物二元醇。例如：

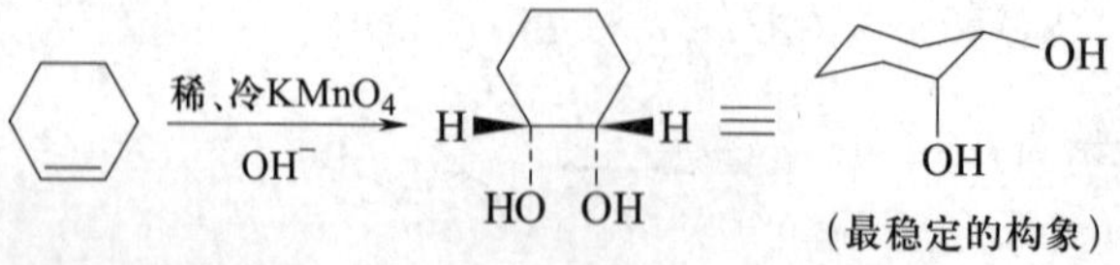

（最稳定的构象）

该反应也可以用四氧化锇（OsO_4）为氧化剂。

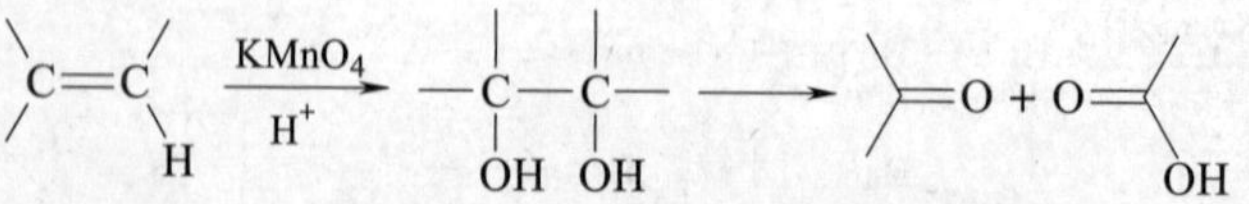

在酸性高锰酸钾条件下，第一步生成的邻二醇会继续被氧化，生成烯烃碳碳双键断裂的产物羧酸、酮或 CO_2。例如：

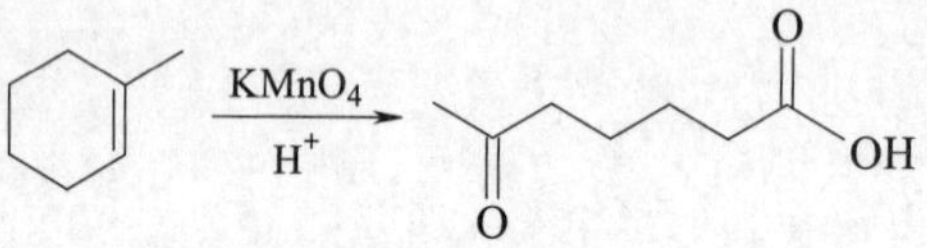

该反应也可以用重铬酸钾（$K_2Cr_2O_7$）作氧化剂。

（3）臭氧氧化

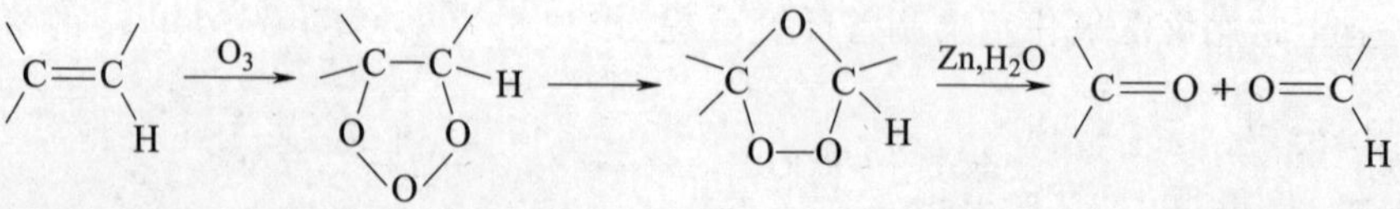

烯烃和臭氧（O_3）混合会迅速发生臭氧化反应依次生成一级、二级臭氧化物。因为臭氧化物不稳定，易爆炸，不经分离而直接水解，生成醛或酮及过氧化氢。过氧化氢（H_2O_2）的生成可将刚生成的醛氧化，为了避免醛的氧化，常在反应体系中加入 Zn。例如：

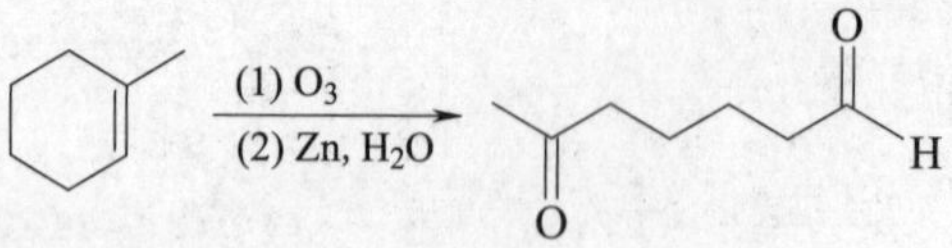

5. 催化加氢反应

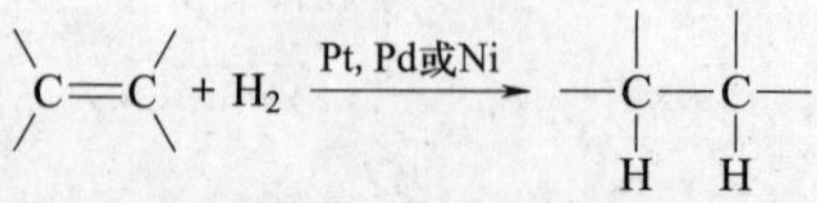

$$\gt C{=}C\lt + H_2 \xrightarrow{Pt,\ Pd或Ni} -\underset{H}{\overset{|}{C}}-\underset{H}{\overset{|}{C}}-$$

烯烃通常在催化剂（Pt，Pd 或 Ni 等）作用下，和氢气发生加成反应，得到烷烃。一般认为催化加氢是在催化剂表面进行的，因此氢化产物主要以顺式加成产物为主。

反应机理：

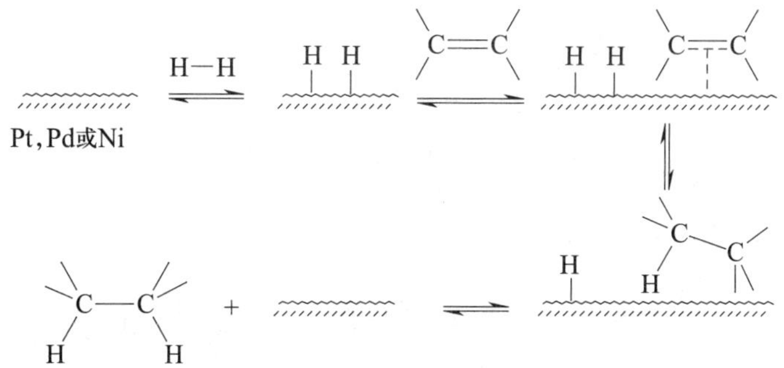

Pt, Pd或Ni

6. 复分解反应

烯烃的复分解反应是在特殊的金属催化剂催化下碳碳双键断裂并重新结合的过程。例如：

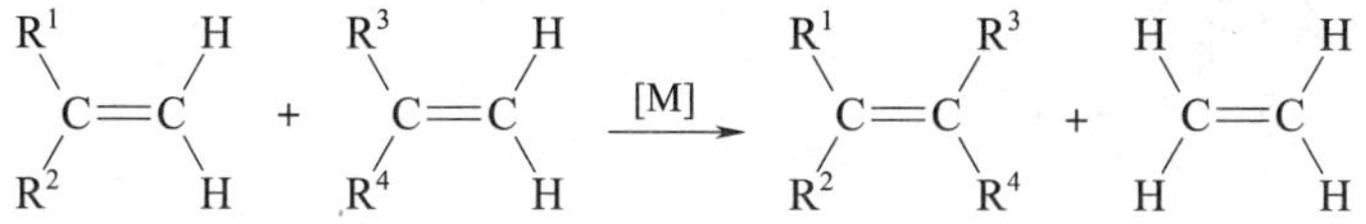

$$R^1R^2C=CH_2 + R^3R^4C=CH_2 \xrightarrow{[M]} R^1R^2C=CR^3R^4 + H_2C=CH_2$$

7. 聚合反应

烯烃的聚合反应就是，烯烃 π 键断裂，通过新生成的 σ 键互相连接，得到相对分子质量达几十万、几百万的高分子化合物。例如：

$$n\,H_2C=CH_2 \longrightarrow \text{-}\!\!\left[CH_2CH_2\right]\!\!\text{-}_n$$

8. α-H 的反应

（1）卤化

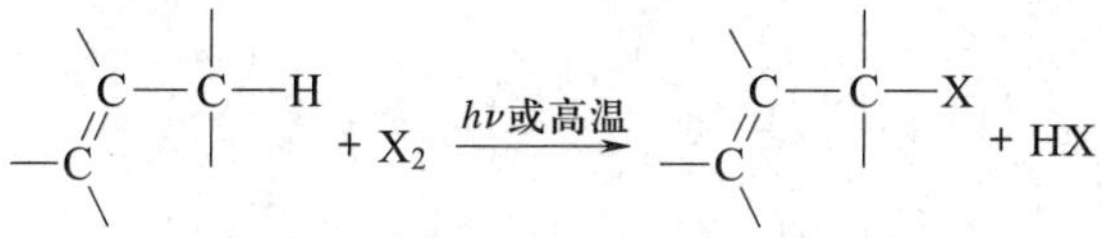

$$>C=C-\overset{|}{\underset{|}{C}}-H + X_2 \xrightarrow{h\nu\text{或高温}} >C=C-\overset{|}{\underset{|}{C}}-X + HX$$

烯烃 α-H 的卤化反应通常在光照或高温条件下进行，得到 α-卤代烯烃。卤化试剂常为 Cl_2 和 Br_2，溴化试剂也常用 NBS。例如：

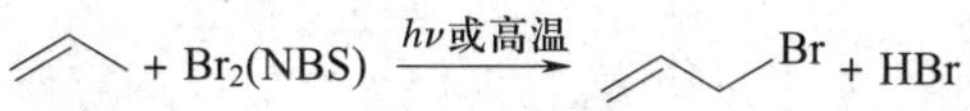

$$CH_2=CHCH_3 + Br_2(NBS) \xrightarrow{h\nu\text{或高温}} CH_2=CHCH_2Br + HBr$$

反应机理：

链引发：$Br_2 \xrightarrow{h\nu\text{或高温}} 2Br\cdot$

链增长：$CH_2=CHCH_3 + Br\cdot \longrightarrow CH_2=CHCH_2\cdot + HBr$

$CH_2=CHCH_2\cdot + Br_2 \longrightarrow CH_2=CHCH_2Br + Br\cdot$

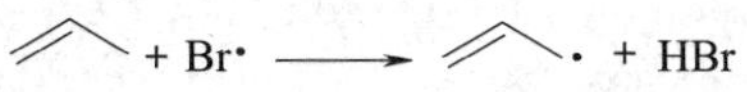

链终止：$Br\cdot + Br\cdot \longrightarrow Br_2$

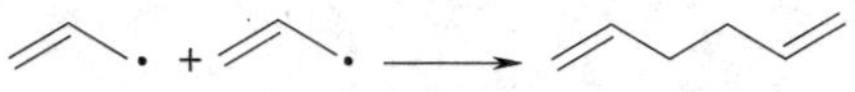

$CH_2=CHCH_2\cdot + CH_2=CHCH_2\cdot \longrightarrow CH_2=CHCH_2CH_2CH=CH_2$

（2）氧化

烯烃的 α-H 易被氧化，反应条件不同产物也各异。例如：

$$CH_2{=}CHCH_3 + O_2(\text{空气}) \xrightarrow[370\ ℃]{CuO} CH_2{=}CHCHO + H_2O$$

$$CH_2{=}CHCH_3 + O_2 \xrightarrow[400\ ℃]{MoO_3} CH_2{=}CHCO_2H + H_2O$$

$$CH_2{=}CHCH_3 + O_2 + NH_3 \xrightarrow[470\ ℃]{\text{磷钼酸铋}} CH_2{=}CHCN + H_2O$$

四、烯烃的制备

1. 工业制备

低级烯烃主要通过石油的各种馏分裂解和原油直接裂解得到。

2. 实验室制备

（1）卤代烃脱卤化氢

$$-\underset{H}{\overset{|}{\underset{|}{C}}}-\underset{X}{\overset{|}{\underset{|}{C}}}- \xrightarrow[\triangle]{\text{碱}} >C{=}C<$$

该反应通常在碱性条件下脱卤化氢得到取代基较多的烯烃。例如：

$$\text{1-溴-2-甲基环戊烷} \xrightarrow[\triangle]{t\text{-BuOK}} \text{1-甲基环戊烯}$$

（2）醇分子内脱水

$$-\underset{H}{\overset{|}{\underset{|}{C}}}-\underset{OH}{\overset{|}{\underset{|}{C}}}- \xrightarrow[\triangle]{Al_2O_3} >C{=}C<$$

该反应通常在酸性条件下脱水得到取代基较多的烯烃。例如：

$$\text{2-甲基环戊醇} \xrightarrow[\triangle]{H_2SO_4} \text{1-甲基环戊烯}$$

（3）邻二卤代物脱卤

$$-\underset{X}{\overset{|}{\underset{|}{C}}}-\underset{X}{\overset{|}{\underset{|}{C}}}- \xrightarrow[\triangle]{Zn} >C{=}C<$$

该反应通常在还原性金属如 Zn 的条件下脱去两个卤素得到烯烃。例如：

$$CH_3CH_2CHBrCH_2Br \xrightarrow[\triangle]{Zn} CH_3CH_2CH{=}CH_2$$

（4）炔烃加氢

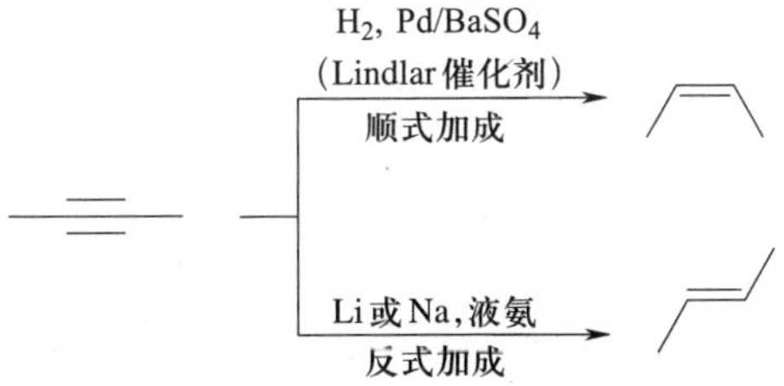

H_2, Pd/$BaSO_4$（Lindlar 催化剂）顺式加成

Li 或 Na，液氨 反式加成

该反应通常在 Lindlar 催化剂下，炔烃加氢得到顺式烯烃；在碱金属的液氨溶液条件下，炔烃加氢得到反式烯烃。

（5）Wittig 反应

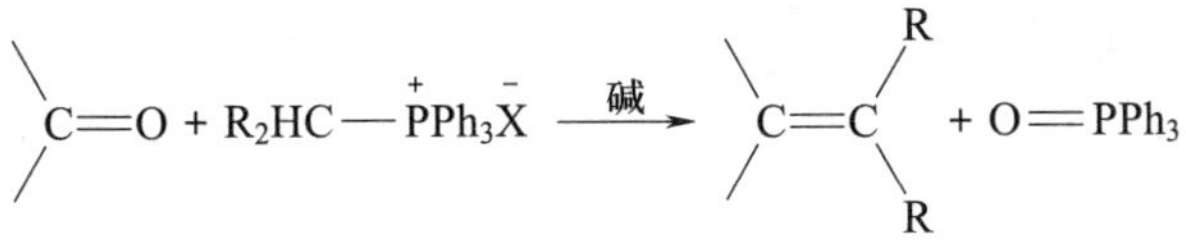

$$\mathrm{>C{=}O + R_2HC{-}\overset{+}{P}Ph_3\overset{-}{X} \xrightarrow{碱} >C{=}CR_2 + O{=}PPh_3}$$

该反应通常用于将醛、酮羰基定向转化为烯烃，详见教材 10.4.1。例如：

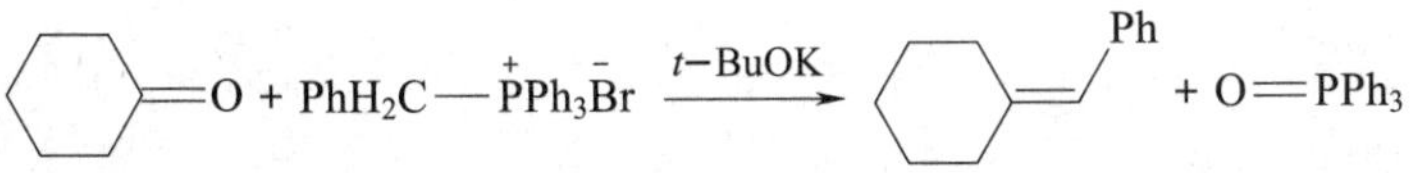

$$\mathrm{环己酮 + PhH_2C{-}\overset{+}{P}Ph_3\overset{-}{Br} \xrightarrow{\mathit{t}-BuOK} 亚苄基环己烷(Ph) + O{=}PPh_3}$$

（6）季铵碱的 Hofmann 消除

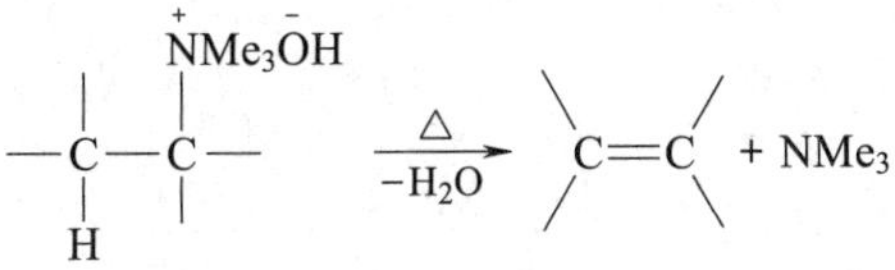

$$\mathrm{-\underset{H}{C}-\underset{\overset{+}{N}Me_3\overset{-}{O}H}{C}- \xrightarrow[-H_2O]{\triangle} >C{=}C< + NMe_3}$$

该反应通常得到取代基较少的烯烃，详见教材 12.2.3。例如：

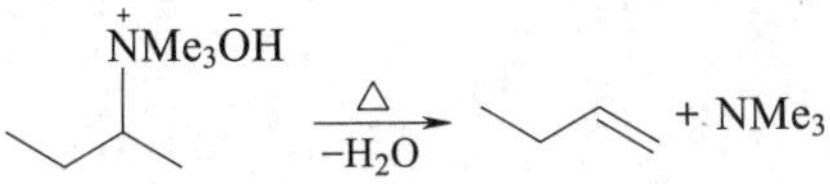

$$\mathrm{\overset{+}{N}Me_3\overset{-}{O}H \xrightarrow[-H_2O]{\triangle} + NMe_3}$$

例题解析

例题 4-1 命名或写结构式。

1. 6-乙基-5-异丙基-3-甲基辛-1-烯

解答：

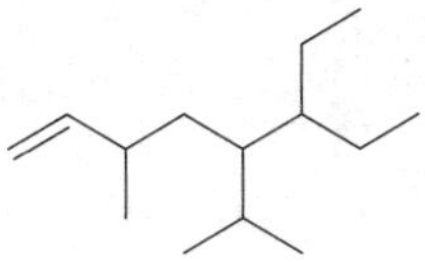

2. 反-2,5-二甲基己-3-烯

解答:

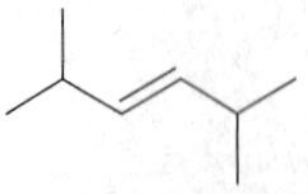

3. 顺-1,6-二溴己-3-烯

解答:

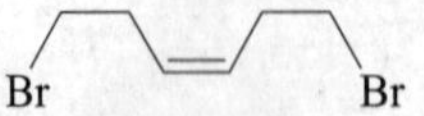

Br Br

4. (*Z*)-4-异丙基-3-甲基辛-2-烯

解答:

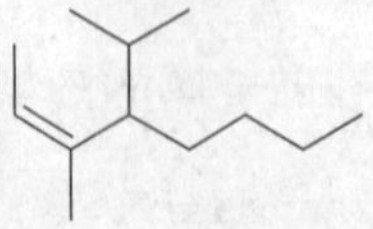

5. (*E*)-2-环戊基-3-乙基己-2-烯

解答:

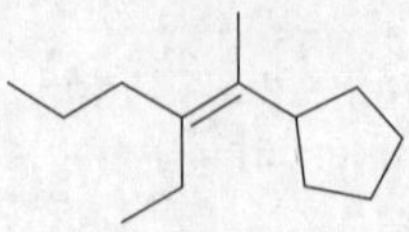

6. 6-溴-7-异丙基-3-甲基环庚-1,4-二烯

解答:

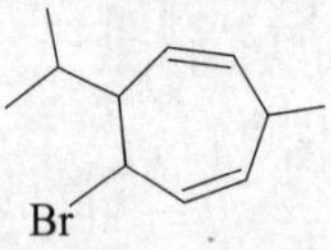

Br

7.

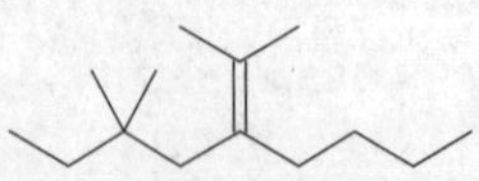

解答:3,3-二甲基-5-亚异丙基壬烷

8.

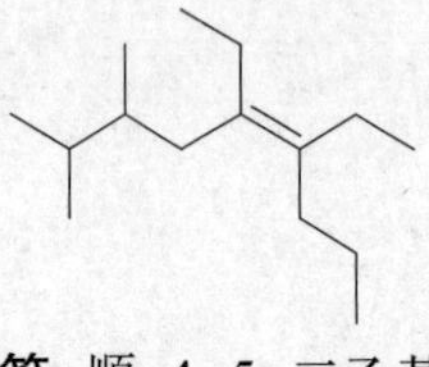

解答:顺-4,5-二乙基-7,8-二甲基壬-4-烯

9.

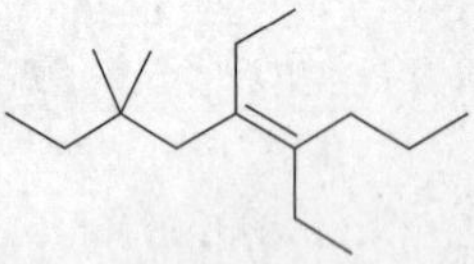

解答:反-4,5-二乙基-7,7-二甲基壬-4-烯

10.

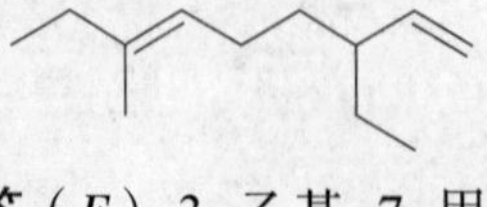

解答:(*E*)-3-乙基-7-甲基壬-1,6-二烯

11.

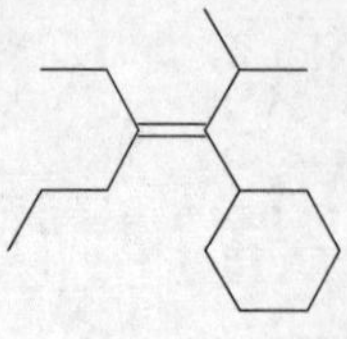

解答:(Z)-3-环己基-4-乙基-2-甲基庚-3-烯

12.

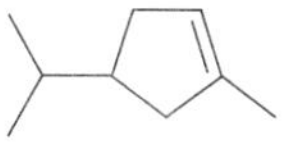

解答: 4-异丙基-1-甲基环戊-1-烯

例题 4-2 完成下列反应式。

1. 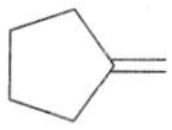 + H_2O $\xrightarrow{H^+}$ (　　　)

解答:

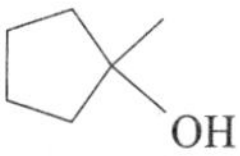

OH

分析: 该题考查在酸催化下烯烃和水的亲电加成反应,反应的关键是生成稳定的碳正离子。

2. 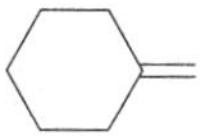 $\xrightarrow[\triangle]{KMnO_4/H^+}$ (　　　) + (　　　)

解答: =O; CO_2

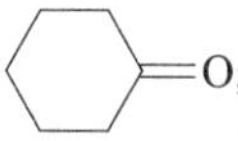

分析: 该题考查在酸性高锰酸钾溶液中烯烃的氧化反应。因为酸性高锰酸钾是一种很强的氧化剂,可以断裂碳碳双键。

3. 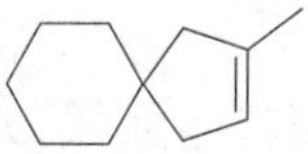 $\xrightarrow[(2)\ Zn,\ H_2O]{(1)\ O_3}$ (　　　)

O

解答:

O

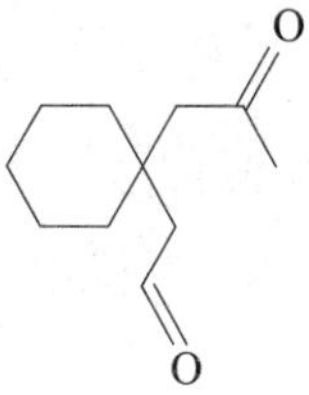

分析: 该题考查烯烃的臭氧化-分解反应,选择性得到醛、酮。

4. 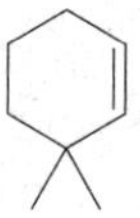 + NBS $\xrightarrow{CCl_4}$ (　　　)

Br

解答:

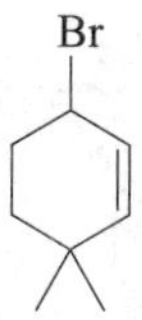

分析: 该题考查烯烃 α-H 的卤化反应,制备卤代烯烃。

5. 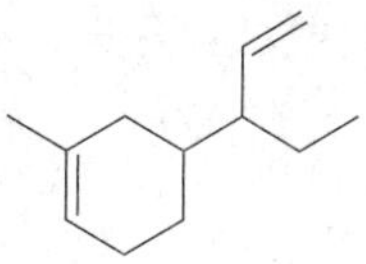 + HCl(1 mol) ⟶ (　　　)

解答：

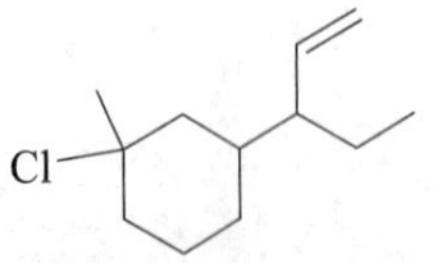

分析：该题考查烯烃中不同烯基与 HCl 的亲电加成反应的快慢。因为亲电加成反应的决速步骤是与质子加成生成稳定的碳正离子，并且叔碳正离子的稳定性大于仲碳正离子。

6.  $\xrightarrow{H_2SO_4}$ (　　) $\xrightarrow{H_2O}$ (　　)

解答：OSO_3H ；OH

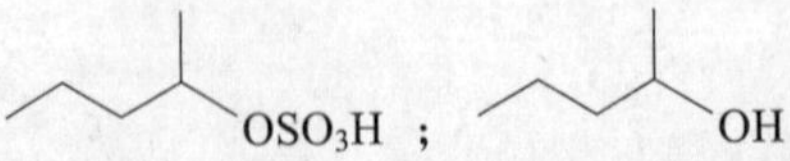

分析：该题考查烯烃与 H_2SO_4 的亲电加成反应，生成烷基硫酸氢酯。烷基硫酸氢酯易水解生成醇。亲电加成反应的关键是生成稳定的碳正离子。

7. 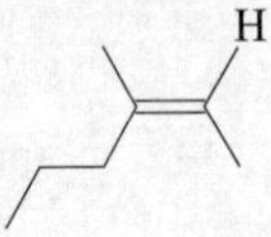 $\xrightarrow{稀、冷KMnO_4}$ (　　) + (　　)

解答：Me，H—OH，Me—OH，n−Bu ；Me，HO—H，HO—Me，n−Bu

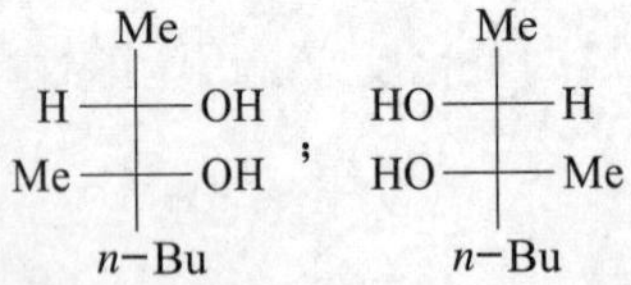

分析：该题考查在稀、冷高锰酸钾溶液条件下烯烃的氧化反应，生成邻二醇，该反应的立体化学是顺式加成。

8. 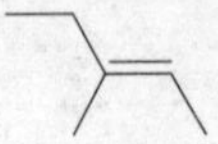 $\xrightarrow{O_3}$ (　　) $\xrightarrow[Zn]{H_2O}$ (　　) + (　　)

解答：O–O，O ；O ；O

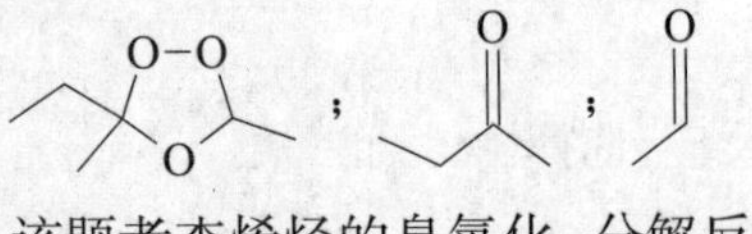

分析：该题考查烯烃的臭氧化−分解反应机理。首先烯烃和 O_3 反应依次生成一级、二级臭氧化物，而二级臭氧化物不稳定，在 Zn 条件下，水解为醛和酮。

9. 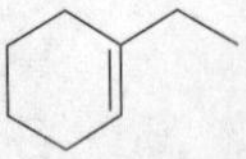 $\xrightarrow[高温]{Br_2}$ (　　) + (　　) + (　　)

解答：Br ；Br ；Br

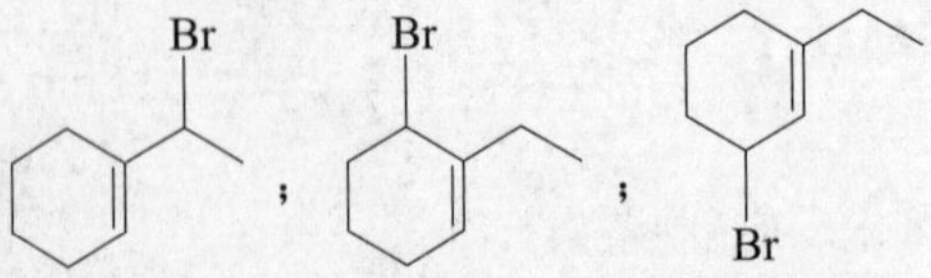

分析：该题考查烯烃 α-H 的溴化反应。反应机理是自由基取代反应，有 3 个 α-H。

10.  O $\xrightarrow{HBr}$ (　　)

解答：

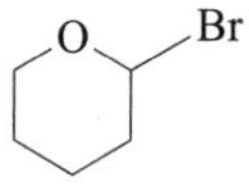

分析：该题考查烯烃和 HBr 的亲电加成反应碳正离子中间体的稳定性。由于氧原子上孤对电子的给电子超共轭稳定效应，因此生成氧原子相连的碳正离子更稳定。

11.

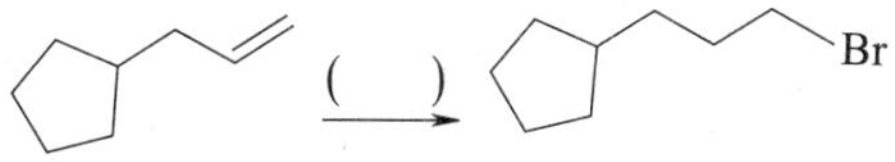

解答： HBr, ROOR

分析：该题考查在过氧化物存在下烯烃与 HBr 的亲电加成反应。反应的机理是自由基加成，在过氧化物存在下，HBr 均裂生成溴自由基，然后溴自由基和烯基加成，生成稳定的碳自由基，最后碳自由基活化 HBr，得到加成产物。

12.

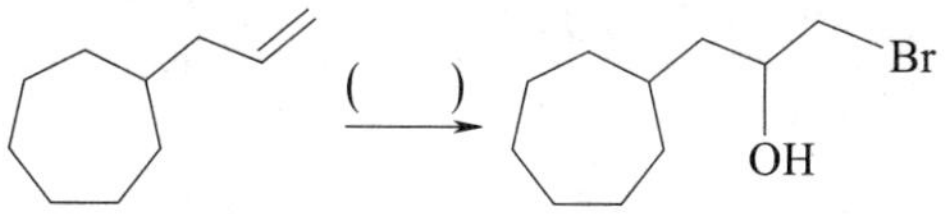

解答： Br_2, H_2O

分析：该题考查烯烃和次氯酸的亲电加成反应。反应关键是生成稳定的溴鎓离子，然后氢氧根负离子从位阻小的背面进攻溴鎓离子，生成 β-溴代醇。

13.

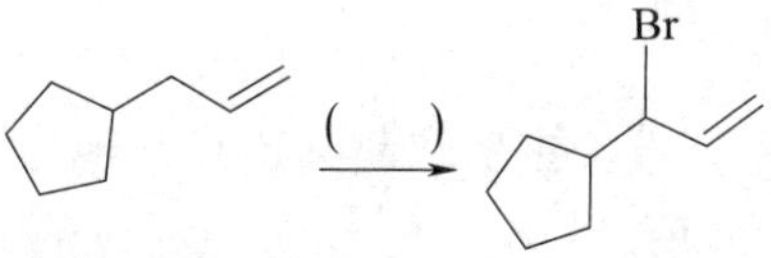

解答： Br_2，高温

分析：该题考查烯烃 α-H 溴化反应。反应机理是自由基取代反应。

14.

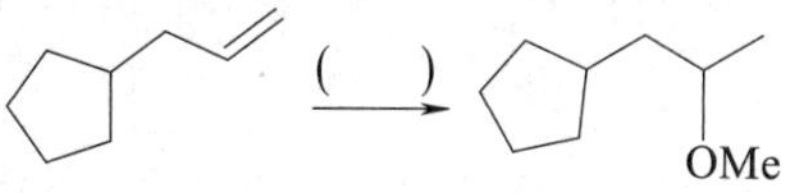

解答： MeOH, H^+

分析：该题考查烯烃和醇的亲电加成反应。反应的关键是生成稳定的碳正离子，然后醇氧上的孤对电子进攻碳正离子，最后去质子化得到醚。

15. 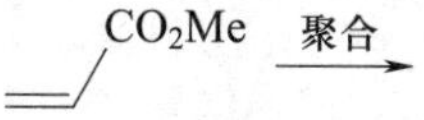 CO_2Me —聚合→ (　　)

解答： CO_2Me n

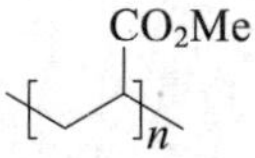

分析：该题考查烯烃的聚合反应。烯烃发生聚合实际是烯基 π 键的断裂，生成 σ 键，形成高分子的聚合物链。

例题 4-3　选择题。

1. 下列化合物发生亲电加成反应时，相对反应速率最大的是(　　)。

A. 丁-1-烯　　B. 丁-2-烯　　C. 2-甲基丁-2-烯

解答: C

分析:该题考查烯烃亲电加成反应的机理,反应的决速步骤是生成稳定碳正离子的步骤。

2. 下面哪种试剂常用于鉴别环丙烷和丙烯?(　　)

A. Br_2 的 CCl_4 溶液　　B. $KMnO_4$ 溶液

C. $AgNO_3$ 的氨溶液　　D. Lucas 试剂

解答: B

分析:该题考查环烷烃和烯烃化学性质的区别。由于烯烃可以被高锰酸钾溶液氧化,而环烷烃不和高锰酸钾溶液反应。

3. 下列烯烃最稳定的是(　　)。

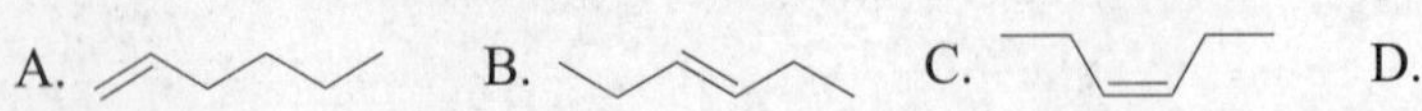

解答: D

分析:该题考查不同类型单烯烃的稳定性。烯基上带有更多取代基的烯烃最稳定。

4. 下列碳正离子最稳定的是(　　)。

A.　　B.　　C.　　D.

解答: B

分析:该题考查不同类型碳正离子的稳定性。主要从超共轭和共轭稳定效应来判断,B 中碳正离子有很强的 p-π 共轭稳定效应。

5. 下列自由基最稳定的是(　　)。

A.　　B.　　C.　　D.

解答: B

分析:该题考查不同类型碳自由基的稳定性。主要从超共轭和共轭稳定效应来判断,B 中碳自由基有很强的 p-π 共轭稳定效应。

6. 下列反应中,涉及碳正离子中间体的是(　　),涉及碳自由基的是(　　)。

A. $\xrightarrow{NBS}$ Br　　B. $\xrightarrow{HBr}$ Br

C. $\xrightarrow[ROOR]{HBr}$ —Br

解答: B, AC

分析:该题考查自由基取代反应、自由基加成反应和亲电加成反应的机理。

7. 化合物 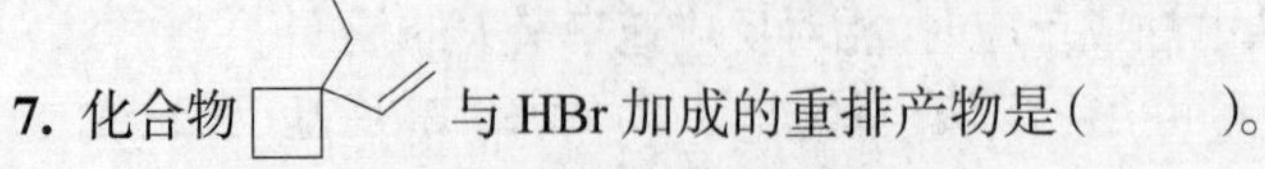 与 HBr 加成的重排产物是(　　)。

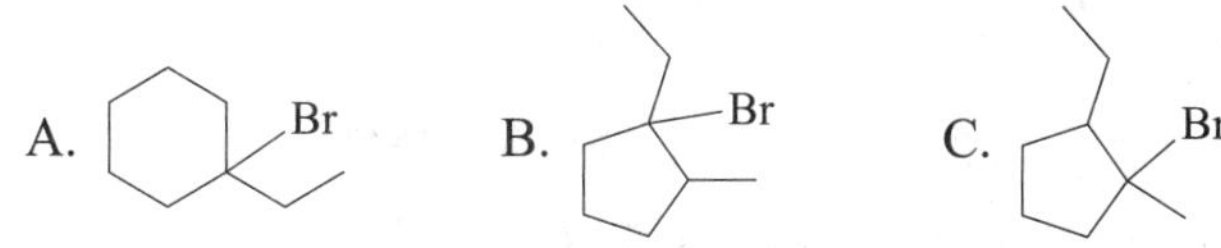

解答：B

分析：该题考查烯烃和 HBr 的亲电加成反应，反应的关键是生成稳定的碳正离子，碳正离子有时重排生成更稳定的碳正离子。在该题中，发生了碳正离子的扩环重排反应，生成更稳定的叔碳正离子，同时释放环张力。

8. 下列化合物和酸性高锰酸钾溶液反应放出气体的是（　　）。

解答：C

分析：该题考查在酸性高锰酸钾溶液条件下烯烃的氧化反应，对于末端烯烃，可以生成 CO_2 气体。

9. 根据系统命名法命名时，下列化合物主链为烯烃的是（　　）。

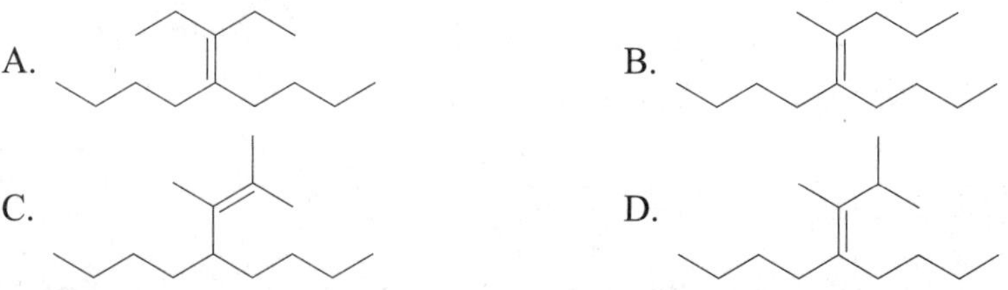

解答：B

分析：该题考查烯烃化合物的系统命名法。第一步是选取最长的碳链，如果最长碳链包含烯基，那么主链为烯烃。

10. 下列反应不是自由基机理的是（　　）。

A. 丙烯与 HBr 在过氧化物存在下加成

B. 丙烯与 HCl 加成

C. 丙烯与 NBS 反应

解答：B

分析：该题考查烯烃在不同条件下的反应机理。

例题 4-4　分离题与鉴别题。

1. 如何除去环己烷中少量的环己烯？

解答：该题考查运用环烷烃和环烯烃化学性质的区别来除去环烯烃。环己烯中含有 C═C 官能团，可以和硫酸进行反应，而环己烷不能和硫酸反应，因此可以用浓硫酸洗涤，除去环己烷中少量的环己烯。

2. 如何鉴别环丁烷和环丁烯？

解答：该题考查的是环烷烃和环烯烃化学性质的区别。环丁烯中含 C═C 官能团，可以使高锰酸钾溶液褪色，而环丁烷不能和高锰酸钾溶液反应，因此可以用高锰酸钾来鉴别环丁烷和环丁烯。

3. 用适当的化学方法鉴别下列化合物：

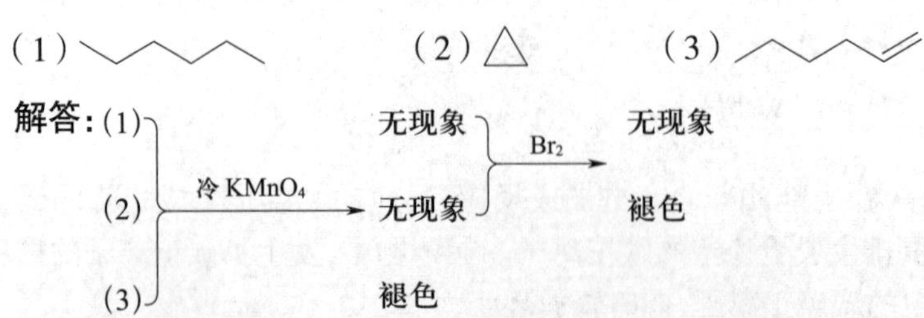

分析：该题考查链烷烃、张力环烷烃和烯烃化学性质的区别，对于链烷烃和张力环烷烃可以通过张力环烷烃特有的开环反应来区别；烯烃和链烷烃同样可以用烯基双键的反应来鉴别；对于张力环烷烃和烯烃可以用烯基特有的氧化反应来鉴别。

4. 如何通过化学反应将丙酮中的2，3-二甲基丁-2-烯除去？

解答：该题考查通过烯烃的选择性氧化反应合成酮。因此，可以通过烯基双键和酸性高锰酸钾反应，使丙酮中的2，3-二甲基丁-2-烯氧化为丙酮。

5. 如何通过化学反应将2-正丁基环氧乙烷中的己-1-烯除去？

解答：该题考查通过烯烃的选择性氧化反应合成环氧乙烷衍生物。因此，可以通过烯基双键和过氧酸反应，使己-1-烯氧化为2-正丁基环氧乙烷。

例题 4-5 合成题。

1. Cl O

解答： $\xrightarrow[\triangle]{Cl_2}$ Cl $\xrightarrow{RCO_3H}$ Cl O

分析：该题考查烯烃 α-H 的溴化反应和烯烃选择性氧化反应的综合应用，来制备溴代环氧乙烷衍生物。该题的逆合成分析如下：

Cl O $\Longrightarrow$ Cl $\Longrightarrow$

2. OH

解答： $\xrightarrow[(2)\ H_2O_2/OH^-]{(1)\ B_2H_6}$ OH

分析：该题考查由末端烯烃制备伯醇。末端烯烃制备伯醇最常用方法就是烯烃和硼烷的硼氢化氧化法。

3. Br Br OH

解答:

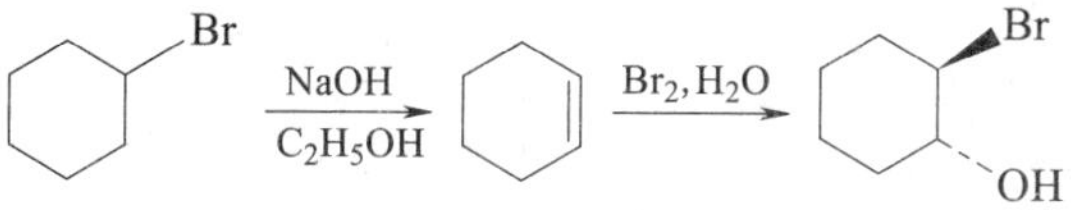

分析:该题考查烯烃的制备及烯烃与次溴酸的亲电加成反应的综合应用。该题的逆合成分析如下:

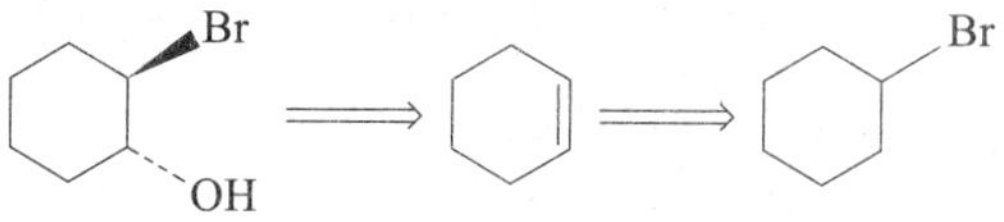

4.

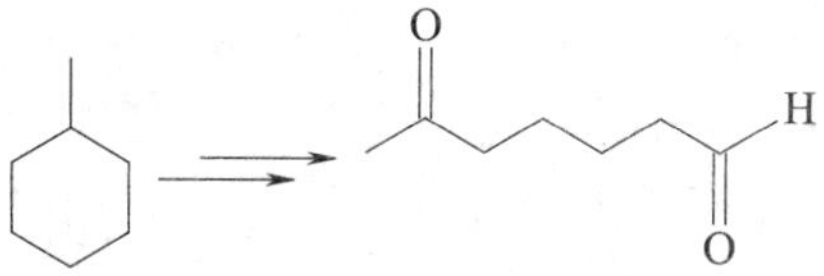

解答:

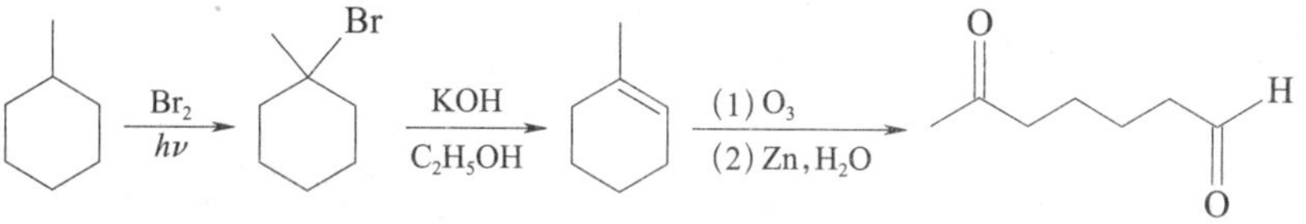

分析:该题考查烷烃的选择性卤化、烯烃的制备及烯烃选择性氧化反应的综合应用,制备羰基化合物。该题的逆合成分析如下:

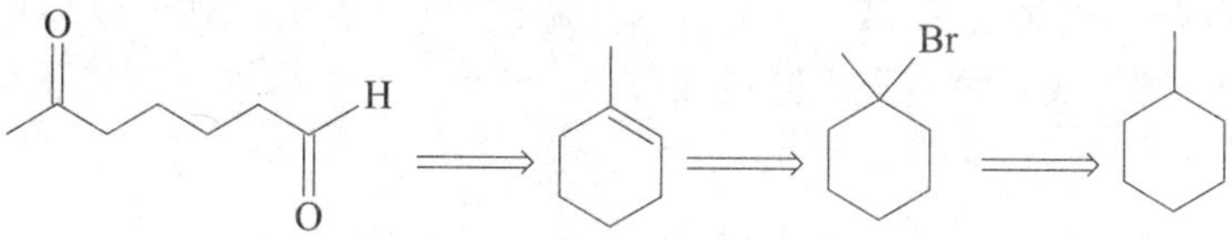

5.

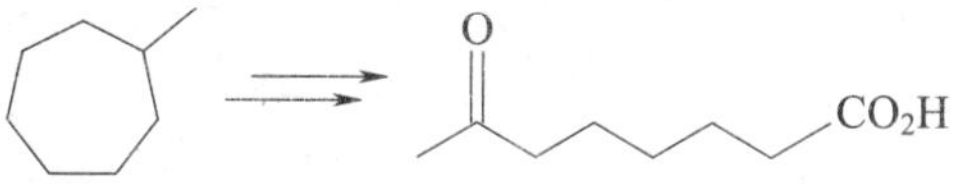

解答:

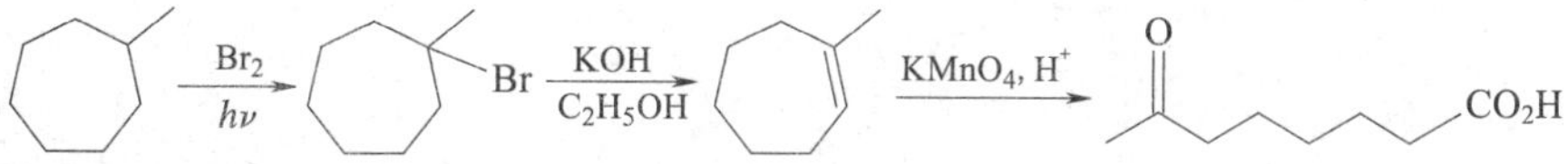

分析:该题考查烯烃的制备和烯烃选择性氧化反应的综合应用,制备羰基化合物。该题的逆合成分析如下:

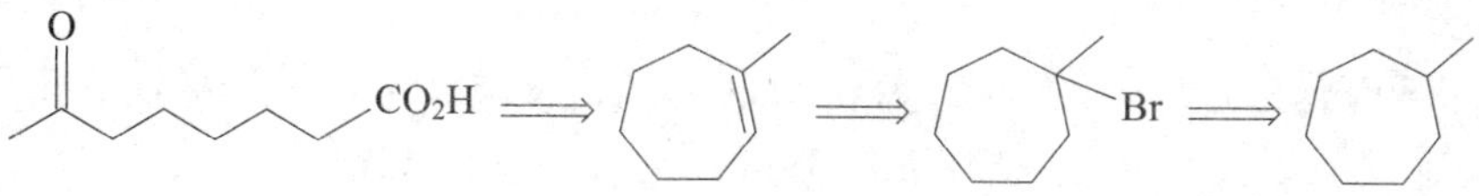

6.

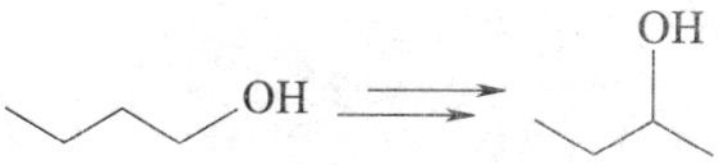

解答：

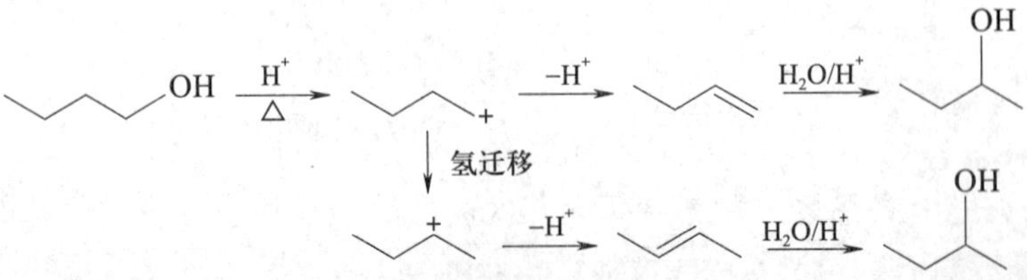

分析：该题考查由醇制备烯烃及烯烃与水的催化加成反应的综合应用，制备另一种醇。该题的逆合成分析如下：

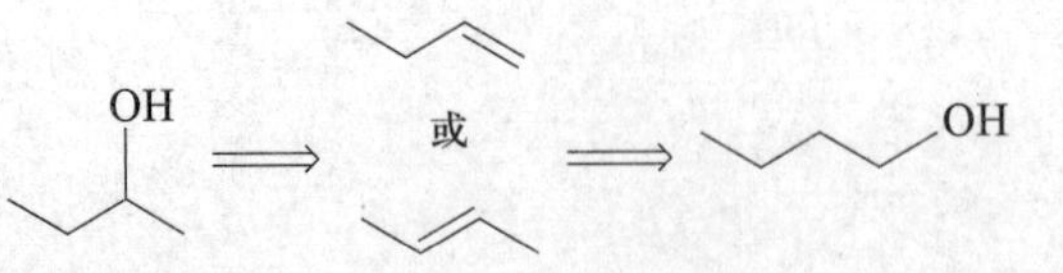

7.

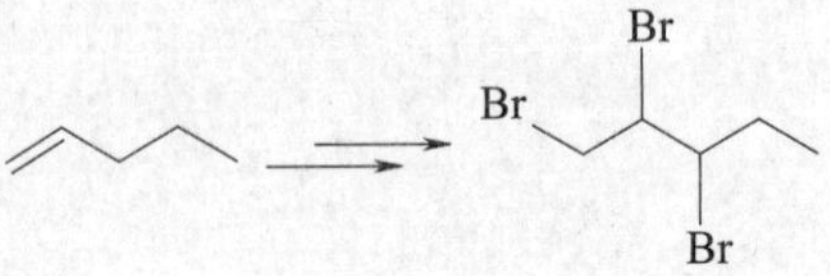

解答：

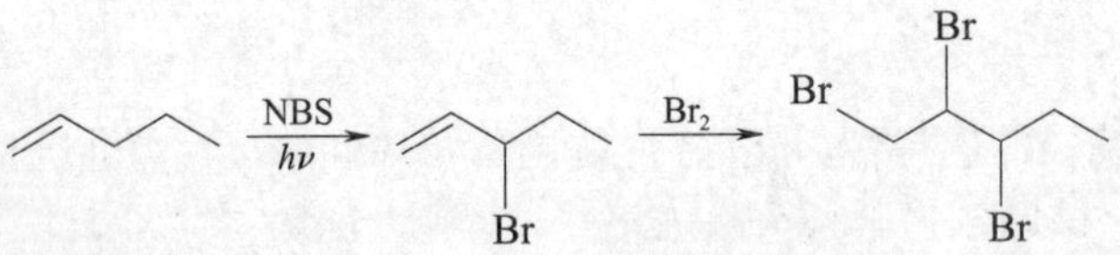

分析：该题考查烯烃 α-H 的溴化反应和烯烃与溴的亲电加成反应的综合应用，制备三溴代烷烃。该题的逆合成分析如下：

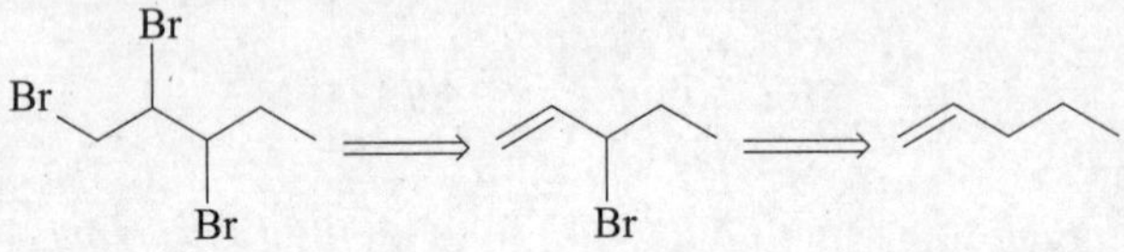

8.

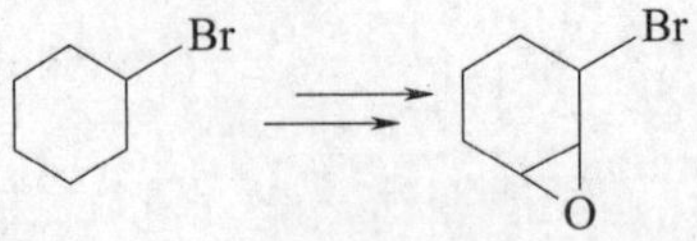

解答：

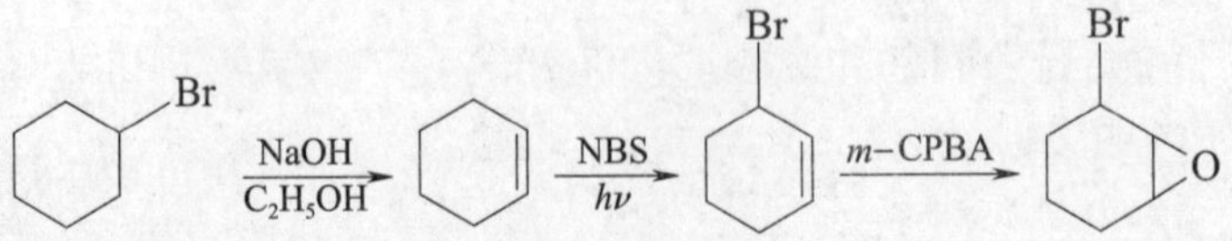

分析：该题考查烯烃的制备、烯烃 α-H 的溴化反应和烯烃的选择性氧化反应的综合应用，制备溴代环氧乙烷衍生物。该题的逆合成分析如下：

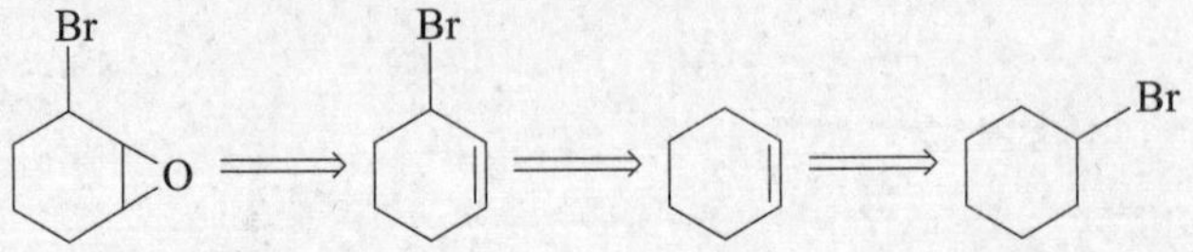

9.

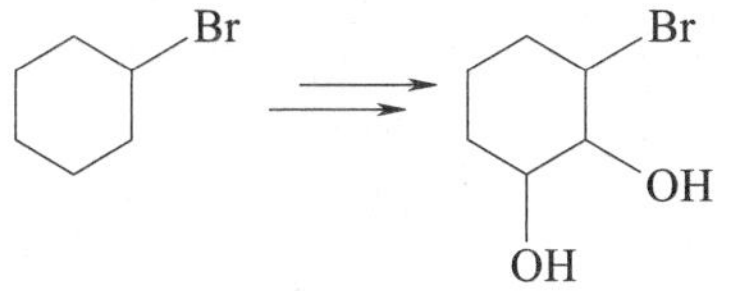

解答：

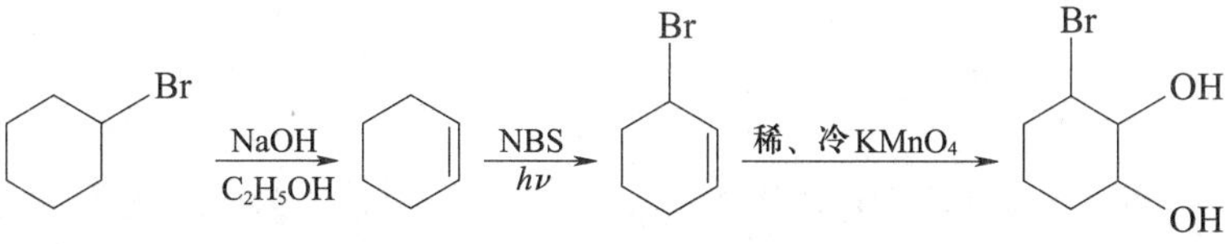

分析：该题考查烯烃的制备、烯烃 α-H的溴化反应和烯烃的选择性氧化反应的综合应用，制备溴代邻二醇。该题的逆合成分析如下：

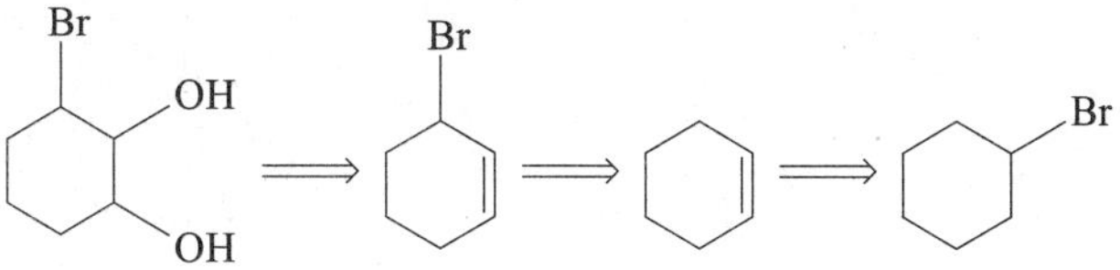

10.

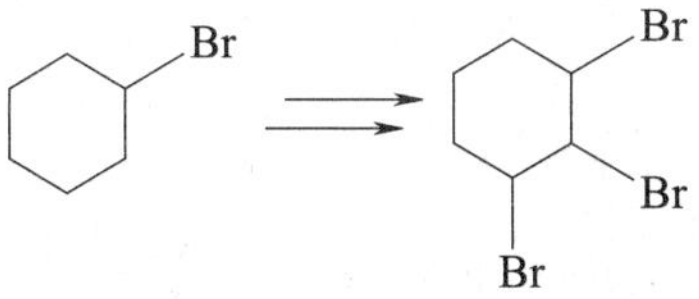

解答：

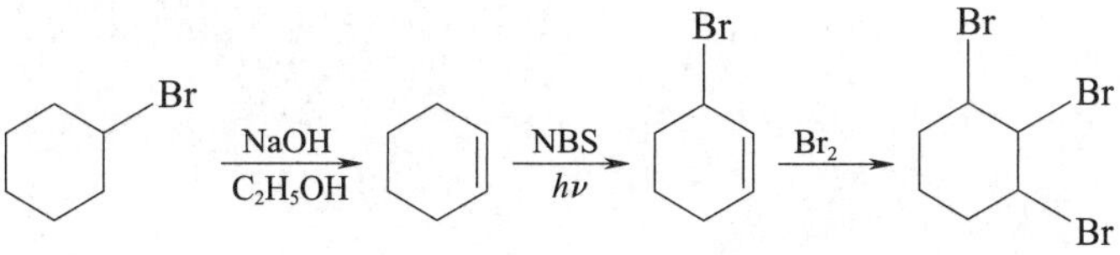

分析：该题考查烯烃的制备、烯烃 α-H 的溴化反应和烯烃与 Br_2 的亲电加成反应的综合应用，制备三溴代烷烃。该题的逆合成分析如下：

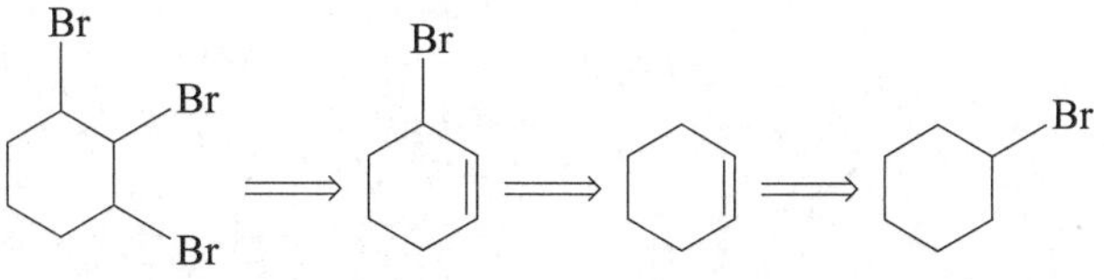

例题 4-6 机理题。

1. $CH_3—CH═CH_2 + Br_2 \xrightarrow{h\nu} BrCH_2—CH═CH_2$

解答： 链引发：$Br_2 \xrightarrow{h\nu} 2Br\cdot$

链增长：$CH_3—CH═CH_2 + \cdot Br \longrightarrow \dot{C}H_2—CH═CH_2 + HBr$

$\dot{C}H_2—CH═CH_2 + Br_2 \longrightarrow BrCH_2—CH═CH_2 + Br\cdot$

链终止：$Br\cdot + Br\cdot \longrightarrow Br_2$

$\dot{C}H_2—CH═CH_2 + \dot{C}H_2—CH═CH_2 \longrightarrow CH_2═CH—CH_2—CH_2—CH═CH_2$

分析：该题考查烯烃 α-H 溴化反应的机理，该反应是自由基取代反应。

2.

$\xrightarrow{H_2O,H^+}$ OH

解答： $\xrightarrow{H^+}$ + $\xrightarrow{H_2O}$ $\overset{+}{O}H_2$ $\xrightarrow{-H^+}$ OH

分析：该题考查在酸催化下烯烃与水的亲电加成反应的机理，反应的关键是生成稳定的碳正离子。

3. HO $\xrightarrow{H^+}$ O

解答： HO $\xrightarrow{H^+}$ HO + $\longrightarrow$ $\overset{+}{O}$ H $\xrightarrow{-H^+}$ O

分析：该题考查在酸催化下烯烃与醇羟基的分子内亲电加成反应的机理，反应的关键是生成稳定的碳正离子。

4. $\xrightarrow{Br_2}$ H—Br H—Br

解答： $\xrightarrow{Br_2}$ Br $\xrightarrow{Br^-}$ H—Br H—Br

分析：该题考查烯烃和 Br_2 的亲电加成反应的机理及其反应的立体化学。该反应的关键是经过一个三元环溴鎓离子中间体，然后 Br^- 从溴鎓离子中间体的背面进攻，得到反式加成产物。

5. $\xrightarrow{H^+}$

解答： $\xrightarrow{H^+}$ + $\longrightarrow$ + $\xrightarrow{-H^+}$

分析：该题考查酸催化下二烯烃的分子内亲电加成反应的机理，反应的关键是生成稳定的碳正离子。

例题 4-7 推测结构题。

1. 在催化剂作用下，一分子化合物 A（$C_{18}H_{32}$）可与两分子的 H_2 加成。另外，化合物 A 经臭氧化-分解反应后只得到 2，6-二甲基庚-3，5-二酮，试写出化合物 A 可能的结构式。

解答: A 可能的结构式如下:

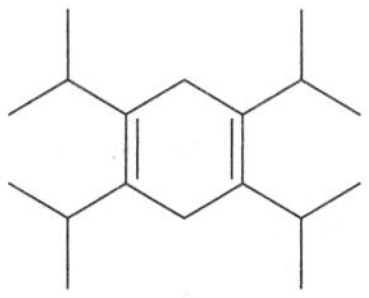

分析:该题考查根据烯烃臭氧化-分解反应产物,推测烯烃的结构。根据其反应特点,可以将氧化反应产物中羰基碳连接为碳碳双键,然后排列组合就可以推测出可能的反应物结构。

2. 某烃 A(C_4H_8)在常温下与 Cl_2 反应生成 B($C_4H_8Cl_2$),A 臭氧化-分解反应只能得到一种产物 C,A 被稀、冷高锰酸钾溶液氧化也只能得到一种立体选择性产物 D,请写出 A～D 可能的结构式。

解答: A. 　B. 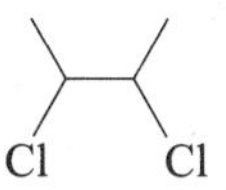　Cl　Cl　C. 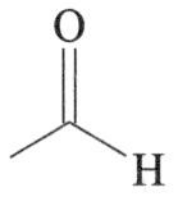　O　H　D. 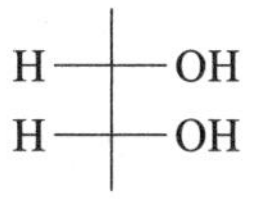　H—OH　H—OH

分析:该题考查了烯烃与 Cl_2 的亲电加成反应、烯烃在不同条件下的氧化反应及其产物立体化学的综合应用。根据 A 和 B 的分子式及相互间的转化,可以推测出 A 可能为环丁烷或烯烃。由于 A 可以被 O_3 和高锰酸钾氧化,因此可以排除 A 为环丁烷。如果 A 是烯烃,A 可能的结构有三种,分别是丁-1-烯、顺丁-2-烯、反丁-2-烯及 2-甲基丙-1-烯。由于 A 被 O_3 氧化分解后只能得到一种产物,因此可以排除 A 为丁-1-烯和 2-甲基丙-1-烯。由于 A 被稀、冷高锰酸钾溶液氧化也只能得到一种立体选择性的产物,因此 A 只能为顺丁-2-烯。

3. 某烃 A(C_5H_{10})在常温下与 Cl_2 反应生成 B($C_5H_{10}Cl_2$),A 在光照下与 Cl_2 反应只能生成一种产物 C(C_5H_9Cl),C 与 NaOH/C_2H_5OH 反应生成 D,一分子 D 可以被酸性高锰酸钾氧化得到 E,同时放出两分子的 CO_2,请写出 A～E 的结构式。

解答: A. 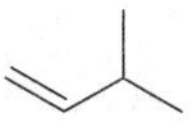　B. 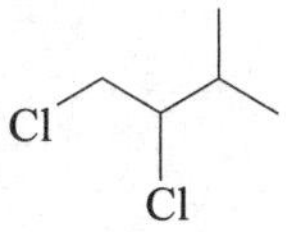　Cl　Cl　C. 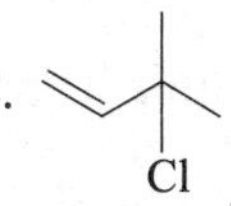　Cl

D. 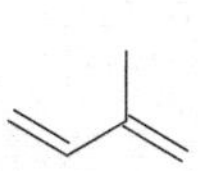　E. 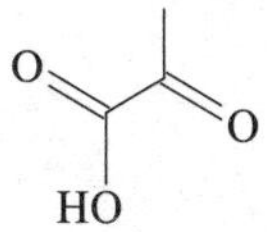　O　O　HO

分析:该题考查了烯烃与 Cl_2 的亲电加成反应、烯烃 α-H 的氯化反应、氯代烷消除制备烯烃及烯烃氧化反应的综合应用。根据 A、B、C 的分子式及相互间的转化,可以推测出 A 中含有一个双键。由于 D 被酸性高锰酸钾氧化后生成两分子的 CO_2,说明 D 含有两个末端双键。综合看 D 可能的结构为 2-甲基丁-1,3-二烯或戊-1,4-二烯。如果 D 是戊-1,4-二烯,C 可能的结构就是 4-氯戊-1-烯或 5-氯戊-1-

烯，A 只能是戊-1-烯，然而戊-1-烯在光照下与 Cl_2 反应不能得到 4-氯戊-1-烯或 5-氯戊-1-烯。因此 D 不能是戊-1,4-二烯。如果 D 是 2-甲基丁-1,3-二烯，C 可能的结构为 3-氯-2-甲基丁-1-烯或 3-氯-3-甲基丁-1-烯，由于 A 在光照下与 Cl_2 反应只能生成一种产物 C，说明 A 中含有一种类型的 α-H，因此 A 只能为 3-甲基丁-1-烯，C 为 3-氯-3-甲基丁-1-烯，B 为 1,2-二氯-3-甲基丁烷，E 为 2-氧丙酸。

习题参考答案

习题 4-1 写出下列化合物的结构式。

(1) 2,3-二甲基戊-2-烯　　(2) 顺-2,5-二甲基己-3-烯

(3) 反-1,6-二溴己-3-烯　　(4) (*Z*)-4-异丙基-3-甲基辛-3-烯

(5) (*E*)-2-环己基-3-乙基己-2-烯

(6) 6-氯-3-乙基-7-甲基-环庚-1,4-二烯

解答:(1)　　(2)

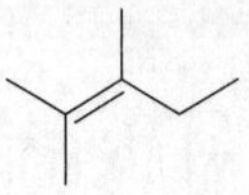

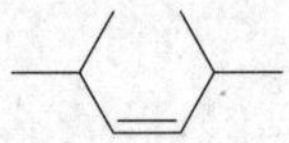

(3) 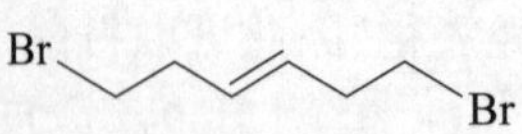 Br　Br　　(4)

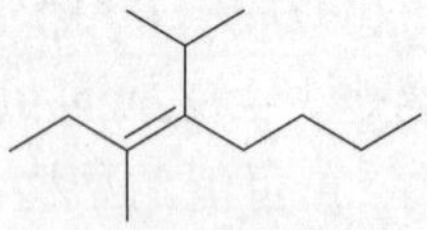

(5) 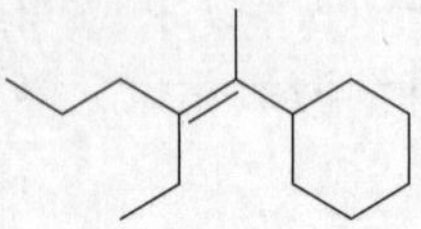　　(6) 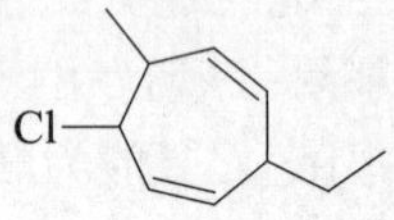 Cl

习题 4-2 用系统命名法命名下列化合物。

(1) 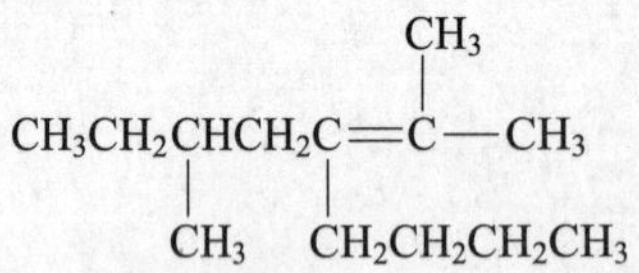 $CH_3CH_2CHCH_2C{=}C{-}CH_3$（CH 上连 CH_3；C 上连 $CH_2CH_2CH_2CH_3$；=C 上连 CH_3）　　(2)

(3) H_3CH_2C、$H_3CH_2CH_2CH_2C$ 与 CH_3、CH_2CH_3 分别连于 C=C 两端　　(4)

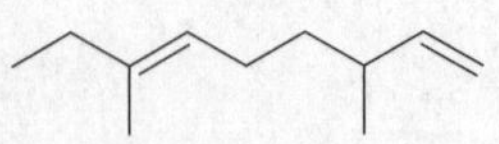

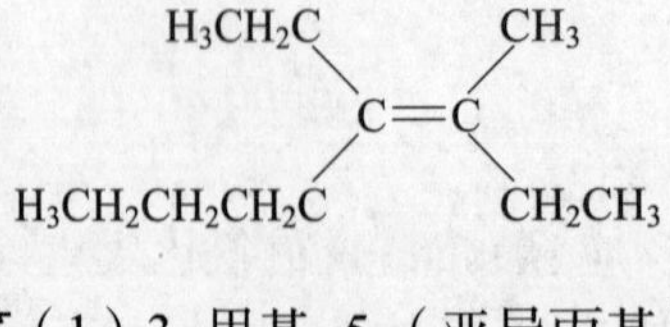

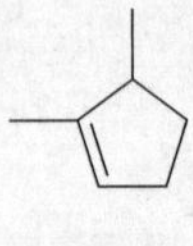

解答:(1) 3-甲基-5-(亚异丙基)壬烷

(2) (*E*)-3,7-二甲基壬-1,6 二烯

(3) (*Z*)-4-乙基-3-甲基辛-3-烯

(4) 1,5-二甲基环戊-1-烯

习题 4-3 填写下列各反应式的反应条件。

(1) (2) (3) (4) (5) (6) (7) (8)

OH Br OH OCH$_3$ Br OH Br Cl OH

解答:(1) $\xrightarrow[(2)\ H_2O_2/OH^-]{(1)\ B_2H_6}$ (2) $\xrightarrow{H_2/Pt}$

(3) $\xrightarrow{H_2O/H^+}$ (4) $\xrightarrow{HBr}$

(5) $\xrightarrow{CH_3OH/H^+}$ (6) $\xrightarrow[ROOR]{HBr}$

(7) $\xrightarrow{Br_2,\ H_2O}$ (8) $\xrightarrow{Cl_2,\ H_2O}$

习题 4-4 完成下列反应式。

(1) $+ H_2O \xrightarrow{H^+}$ (　　　)

(2) $\xrightarrow[\triangle]{KMnO_4/H^+}$ (　　　) + (　　　)

(3) $\xrightarrow[(2)\ Zn,H_2O]{(1)\ O_3}$ (　　　)

(4) + NBS $\xrightarrow{CCl_4}$ (　　　)

(5) + HCl (1 mol) ⟶ (　　　)

(6) $\xrightarrow{H_2SO_4}$ (　　　) $\xrightarrow{H_2O}$ (　　　)

(7) H $\xrightarrow{稀、冷KMnO_4}$ (　　　) + (　　　)

（8）[结构式] $\xrightarrow{O_3}$ (　　) $\xrightarrow[Zn]{H_2O}$ (　　) + (　　)

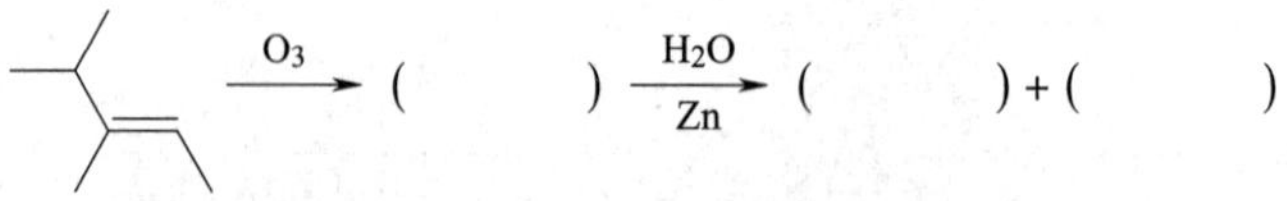

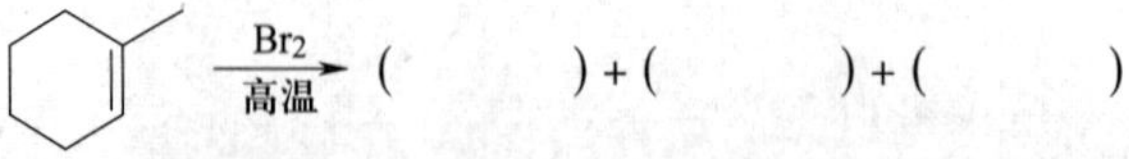

（9）[结构式] $\xrightarrow[高温]{Br_2}$ (　　) + (　　) + (　　)

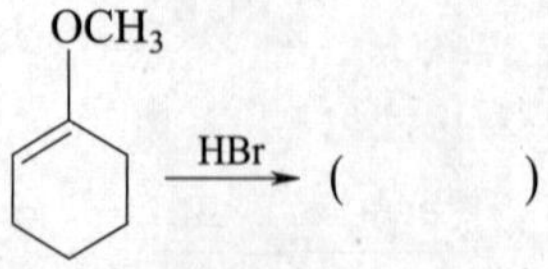

（10）[结构式，OCH_3] $\xrightarrow{HBr}$ (　　)

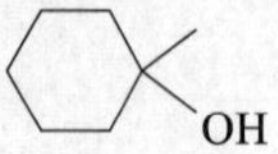

（11）[结构式，CO_2CH_3] $\xrightarrow{聚合}$ (　　)

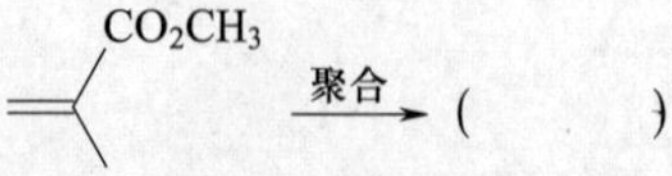

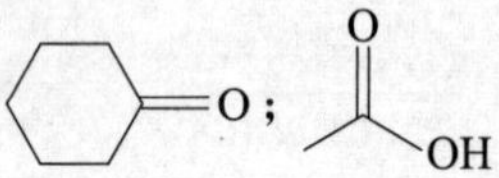

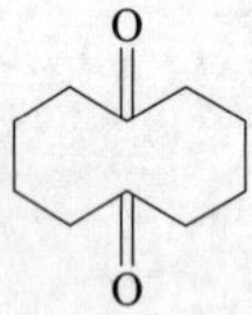

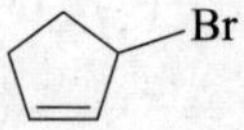

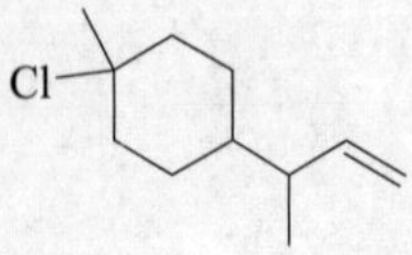

解答:（1）[结构式，OH]　　（2）[结构式，O]；[结构式，OH]

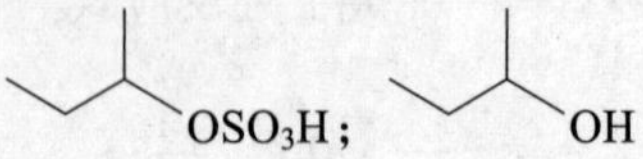

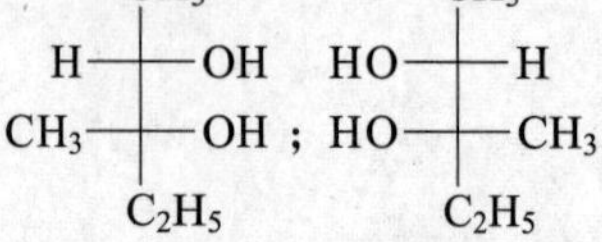

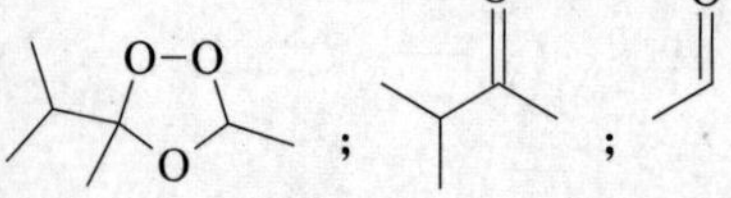

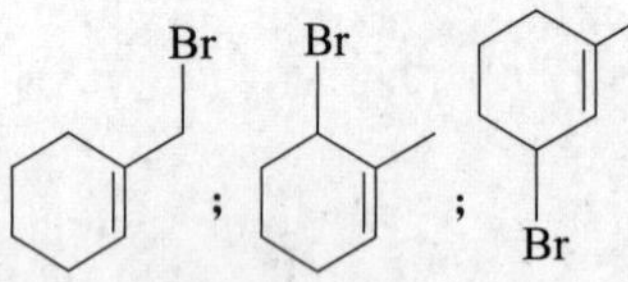

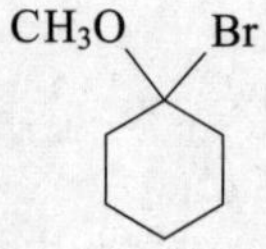

（3）[结构式，O，O]　　（4）[结构式，Br]

（5）[结构式，Cl]　　（6）[结构式，OSO_3H]；[结构式，OH]

（7）[Fischer 投影式：CH_3，H—OH，CH_3—OH，C_2H_5]；[Fischer 投影式：CH_3，HO—H，HO—CH_3，C_2H_5]　　（8）[结构式，O-O，O]；[结构式，O]；[结构式，O]

（9）[结构式，Br]；[结构式，Br]；[结构式，Br]　　（10）[结构式，CH_3O，Br]

（11）[结构式，CH_3O_2C，CH_3，n]

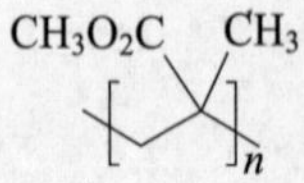

习题 4-5　简答下列各题。

（1）指出分子式为 C_5H_{10} 的烯烃的同分异构体中，哪些含有乙烯基、丙烯基、烯丙基、异丙烯基，哪些含有顺反异构体。

（2）将下列烯烃按照它们相对稳定性大小的次序排列。

反己-3-烯　2-甲基戊-2-烯　顺己-3-烯　2,3-二甲基丁-2-烯　己-1-烯

（3）指出下列化合物中何者与 HBr 加成反应速率快，简述理由。

A. 丙烯和 2-甲基丙-1-烯　　B. [环己烯] 和 [1-甲基环己烯]

解答:（1）

A　B　C　D　E

含有乙烯基的是 A 和 C，含有丙烯基的是 E，含有烯丙基的是 A，含有异丙烯基的是 B；含有顺反异构体的是 E。

（2）2,3-二甲基丁-2-烯 >2-甲基戊-2-烯 > 反己-3-烯 > 顺己-3-烯 > 己-1-烯

（3）A. 2-甲基丙-1-烯，形成叔碳正离子；B. [1-甲基环己烯]，形成叔碳正离子。

习题 4-6　解释下列反应结果。

（1）[3-甲基丁-1-烯] $\xrightarrow{HBr}$ [2-溴-2-甲基丁烷] + [2-溴-3-甲基丁烷]

（2）在甲醇溶液中，溴与乙烯加成不仅产生 1,2-二溴乙烷，而且还产生 2-溴乙基甲醚（$BrCH_2CH_2OCH_3$）。试以反应式写出反应机理，并说明之。

（3）下面两个反应位置选择性不同：

A. F_3C–CH=CH$_2$ $\xrightarrow{HCl}$ F_3C–CH$_2$CH$_2$–Cl

B. CH_3O–CH=CH$_2$ $\xrightarrow{HCl}$ CH_3O–CH(Cl)–CH$_3$

（4）[1-甲基-1-异丙烯基环戊烷] $\xrightarrow{HCl}$ [1-氯-2,2,6,6-... 结构：1-Cl-1-甲基-2,2-二甲基环己烷] Cl

解答:（1）[3-甲基丁-1-烯] $\xrightarrow{H^+}$ [仲碳正离子] $\xrightarrow{Br^-}$ [2-溴-3-甲基丁烷]

↓ 重排

[叔碳正离子] $\xrightarrow{Br^-}$ [2-溴-2-甲基丁烷]

（2）甲醇与碳正离子结合，直接失去质子而形成醚。

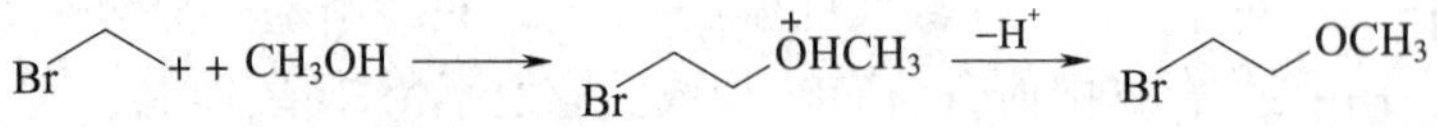

$$\mathrm{BrCH_2CH_2^+} + \mathrm{CH_3OH} \longrightarrow \mathrm{BrCH_2CH_2\overset{+}{O}HCH_3} \xrightarrow{-H^+} \mathrm{BrCH_2CH_2OCH_3}$$

（3）A. F_3C—CH=CH$_2$ $\xrightarrow{H^+}$ F_3C—$\overset{+}{C}H$—CH$_3$；F_3C—CH$_2$—CH_2^+（稳定）$\xrightarrow{Cl^-}$ F_3C—CH$_2$—CH$_2$—Cl

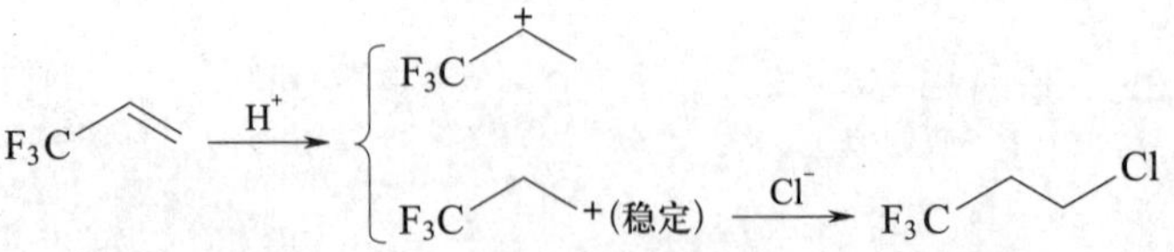

B. 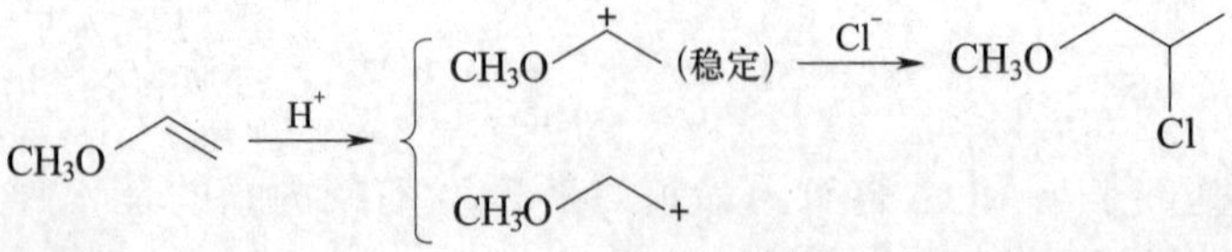 CH_3O—CH=CH$_2$ $\xrightarrow{H^+}$ CH_3O—$\overset{+}{C}H$—CH$_3$（稳定）$\xrightarrow{Cl^-}$ CH_3O—CHCl—CH$_3$；CH_3O—CH$_2$—CH_2^+

（4）$\xrightarrow{H^+}$ $\xrightarrow{重排}$ $\xrightarrow{Cl^-}$ Cl

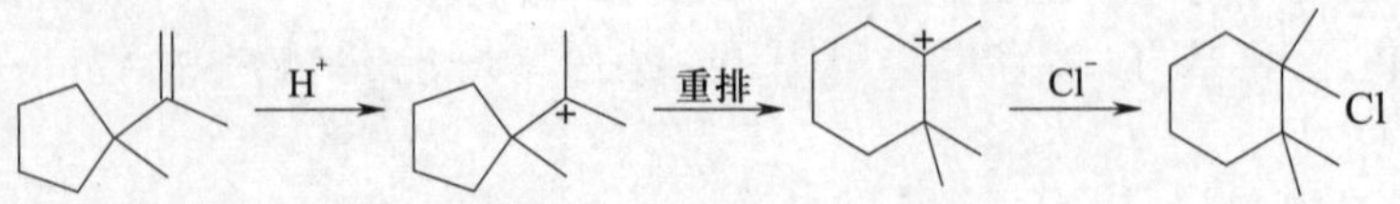

习题 4-7 推测下列化合物结构。

（1）某化合物 A，分子式为 $C_{10}H_{18}$，经催化加氢得化合物 B，B 的分子式为 $C_{10}H_{22}$。化合物 A 与过量 $KMnO_4$ 溶液作用，得到三种化合物：

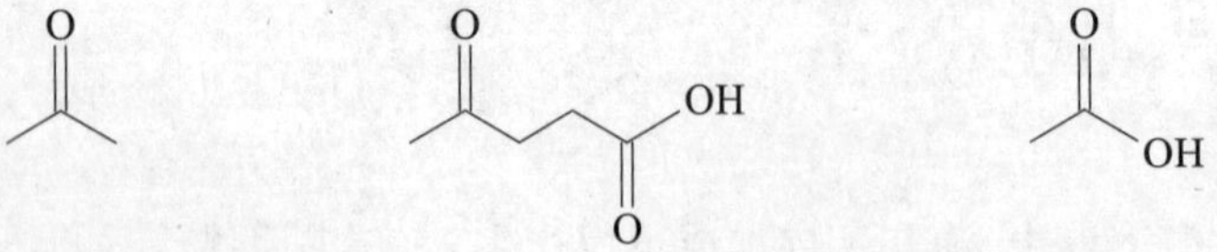

O　　O　OH　　O　OH　O

试写出 A 可能的结构式。

（2）某烯烃，分子式为 $C_{10}H_{14}$，可以吸收 2 mol H_2，臭氧化后得到一个产物：

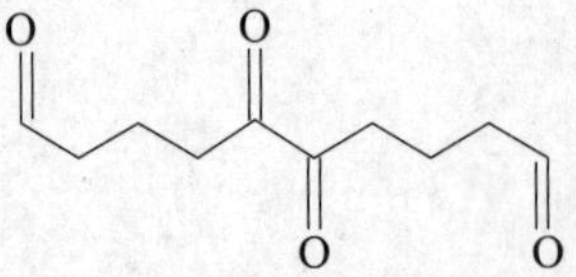

O　O　O　O

试写出烯烃 $C_{10}H_{14}$ 的结构式。

解答:（1）；；；

（2）或

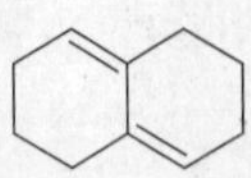

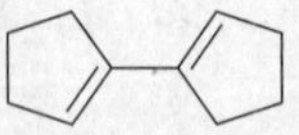

习题 4-8 用反应方程式表示如何从所给的原料得到产物。

（1）OH ⟶ OH

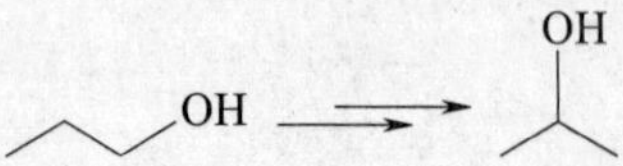

（2）  $\longrightarrow$ OH

（3）  $\longrightarrow$ O Cl

解答:（1） 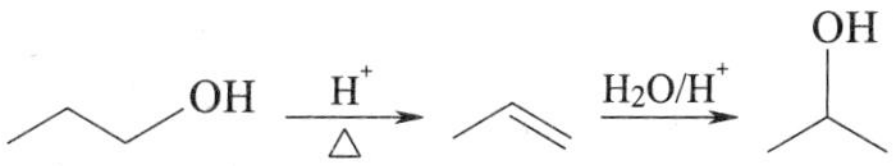 OH $\xrightarrow[\triangle]{H^+}$ $\xrightarrow{H_2O/H^+}$ OH

（2） 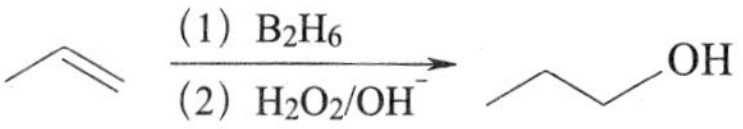 $\xrightarrow[(2)\ H_2O_2/OH^-]{(1)\ B_2H_6}$ OH

（3） $\xrightarrow[\triangle]{Cl_2}$ Cl $\xrightarrow{RCO_3H}$ O Cl

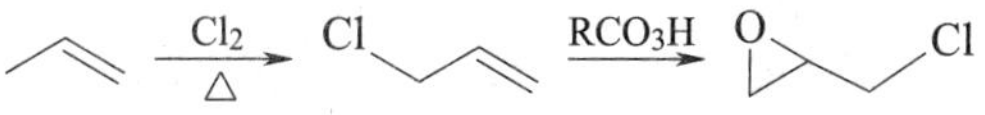

第 5 章　炔烃　二烯烃

本章知识点

一、炔烃和共轭二烯烃的官能团结构

炔烃的结构特征是分子中含有碳碳三键。乙炔的两个碳原子各以一个 sp 杂化轨道经轴向重叠形成碳碳 σ 键，每个碳原子又各以一个 sp 杂化轨道同氢原子的 1s 轨道形成碳氢 σ 键，两个碳原子上各有两个未杂化的 p 轨道，经侧面重叠形成两个相互垂直的 π 键。两个 π 键的电子云对称分布于碳碳 σ 键键轴周围，类似圆筒状。乙炔是一个线形分子。

共轭二烯烃的结构特征是分子中含有两个共轭的碳碳双键。丁-1，3-二烯是一个平面形分子。在丁-1，3-二烯分子中，每个碳原子都是 sp^2 杂化的，相邻碳原子之间以 sp^2 杂化轨道经轴向重叠形成碳碳 σ 键，每个碳原子上其余的 sp^2 杂化轨道同氢原子的 1s 轨道形成碳氢 σ 键，每个碳原子上各有一个未杂化的 p 轨道，这些 p 轨道相互平行，经侧面重叠形成一个离域的大 π 键。键长平均化是共轭烯烃的共性。

二、炔烃和共轭二烯烃的物理性质

简单炔烃的熔点、沸点和密度通常比相同碳原子数的烷烃和烯烃高一些。炔烃分子的极性略比烯烃强。炔烃不溶于水，易溶于极性小的有机溶剂。

共轭二烯烃的物理性质同烯烃相似。

三、炔烃的化学反应

1. 三键碳原子上氢原子的弱酸性

$$RC\equiv CH + NaNH_2 \xrightarrow{\text{液}NH_3} RC\equiv CNa + NH_3$$

$$RC\equiv CH \xrightarrow{Ag(NH_3)_2NO_3} RC\equiv CAg\downarrow$$

$$RC\equiv CH \xrightarrow{Cu(NH_3)_2Cl} RC\equiv CCu\downarrow$$

（用于鉴别末端炔烃）

端炔的氢原子具有弱酸性，能与一些碱反应。利用该性质，可制备炔钠，用于增长碳链，也可用银氨溶液或铜氨溶液鉴别端炔。

2. 加成反应

（1）还原

$$RC\equiv CR' \xrightarrow[\text{Pt,Pd或Ni}]{H_2} RCH_2CH_2R'$$

$$RC\equiv CR' \xrightarrow[\text{Lindlar催化剂}]{H_2} \underset{H}{\overset{R}{}}C=C\underset{H}{\overset{R'}{}}$$

$$RC\equiv CR' \xrightarrow[\text{液}NH_3]{Na} \underset{H}{\overset{R}{}}C=C\underset{R'}{\overset{H}{}}$$

使用不同的还原剂，可选择性地将炔烃还原为烷烃、顺式烯烃或反式烯烃。

（2）与卤素加成

$$RC\equiv CR' \xrightarrow{X_2} \underset{X}{\overset{R}{}}C=C\underset{R'}{\overset{X}{}} \xrightarrow{X_2} RCX_2CX_2R' \quad X=Cl,Br$$

$$H_2C=CHCH=CH_2 \xrightarrow{X_2} \underset{1,2\text{-加成}}{H_2\underset{X}{C}-\underset{X}{CH}-CH=CH_2} + \underset{1,4\text{-加成}}{H_2\underset{X}{C}-CH=CH-\underset{X}{CH_2}}$$

炔烃与卤素加成，可生成二卤代烯烃，还可进一步卤化为四卤代烷烃。共轭二烯烃与卤素加成时，动力学产物是1，2-加成产物，热力学产物是1，4-加成产物。

（3）与卤化氢加成

$$RC\equiv CH \xrightarrow{HX} R\underset{X}{C}=CH_2 \xrightarrow{HX} RCX_2CH_3$$

$$RC\equiv CH \xrightarrow[\text{过氧化物}]{HBr} RHC=\underset{Br}{CH} \xrightarrow[\text{过氧化物}]{HBr} RCHBrCH_2Br$$

$$H_2C=CHCH=CH_2 \xrightarrow{HX} \underset{1,2\text{-加成}}{H_3C-\underset{X}{CH}-CH=CH_2} + \underset{1,4\text{-加成}}{H_3C-CH=CH-\underset{X}{CH_2}}$$

炔烃进行亲电加成反应时，区域选择性与烯烃的亲电加成反应类似，也是趋向于生成更稳定的碳正离子中间体。由于烯丙基碳正离子的重排（共振），共轭二烯的加成产物有1，2-加成产物和1，4-加成产物。

（4）与水加成

$$RC \equiv CH + H_2O \xrightarrow[HgSO_4]{H_2SO_4} \left[\begin{array}{c} OH \\ | \\ RC = CH_2 \end{array} \right] \xrightarrow{烯醇互变} R-\overset{\overset{O}{\|}}{C}-CH_3$$

炔烃在酸催化下直接水合是困难的，但在硫酸汞的硫酸溶液催化下，则容易发生加成反应。端炔的水合反应可用于制备甲基酮，对称炔烃的水合反应在合成上也有应用价值。

（5）硼氢化

$$6RC \equiv CH \xrightarrow{B_2H_6} 2\left(\begin{array}{ccc} R & & H \\ & C=C & \\ H & & \end{array} \right)_3 B \xrightarrow[OH^-]{H_2O_2} 6\left[\begin{array}{ccc} R & & H \\ & C=C & \\ H & & OH \end{array} \right]$$

$$\xrightleftharpoons{互变异构} 6RCH_2CHO$$

$$6RC \equiv CR' \xrightarrow{B_2H_6} 2\left(\begin{array}{ccc} R & & R' \\ & C=C & \\ H & & \end{array} \right)_3 B \xrightarrow[0\ ℃]{CH_3COOH} 6 \begin{array}{ccc} R & & R' \\ & C=C & \\ H & & H \end{array}$$

端炔的硼氢化-氧化反应，能制备醛；炔烃的硼氢化-还原反应，则可以制备顺式烯烃。

（6）亲核加成

$$HC \equiv CH \xrightarrow[Zn(OAc)_2/C,170\sim210\ ℃]{CH_3COOH} CH_2 = CHOCOCH_3$$

$$HC \equiv CH \xrightarrow[CuCl_2,70\ ℃]{HCN} H_2C = CHCN$$

$$HC \equiv CH \xrightarrow[碱,150\sim180\ ℃]{C_2H_5OH} CH_2 = CHOC_2H_5$$

炔烃的三键亲电加成反应活性比烯烃小，但能与含有羟基（醇、羧酸）、巯基、氨基（胺、酰胺、亚胺）等基团的有机化合物发生亲核加成反应。

3. 氧化反应

$$RC \equiv CR' \xrightarrow[100\ ℃]{KMnO_4} RCOOH + R'COOH$$

$$RC \equiv CR' \xrightarrow[(2)\ H_2O]{(1)\ O_3} RCOOH + R'COOH$$

4. Diels-Alder 反应

$$丁二烯 + 马来酸酐 \xrightarrow{\triangle} 顺式四氢邻苯二甲酸酐$$

共轭二烯烃与烯烃（通常是缺电子烯烃）能发生［4+2］环加成反应，得到环己烯类化合物。

四、炔烃的制备

可以通过消除反应制备炔烃（碳链不变），也可以通过炔钠作为亲核试剂的取代反应制备炔烃（增长碳链）。

1. 由二卤代烷制备炔烃

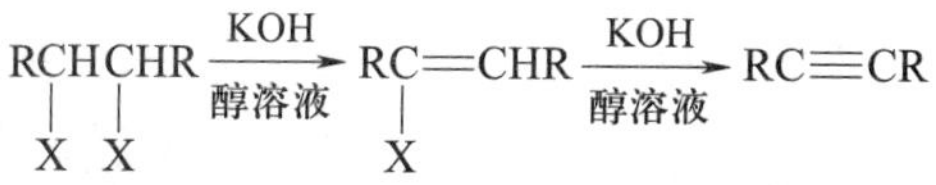

$$\underset{\mid\quad\mid}{\mathrm{RCHCHR}} \atop {\mathrm{X}\quad\mathrm{X}} \xrightarrow[\text{醇溶液}]{\mathrm{KOH}} \underset{\mathrm{X}}{\mathrm{RC{=}CHR}} \xrightarrow[\text{醇溶液}]{\mathrm{KOH}} \mathrm{RC{\equiv}CR}$$

2. 由金属炔化物制备炔烃

$$\mathrm{RC{\equiv}CNa} + \underset{(1^\circ\mathrm{RX})}{\mathrm{R'X}} \longrightarrow \mathrm{RC{\equiv}CR'}$$

例题解析

例题 5-1 命名题。

1. $(CH_3)_3CC{\equiv}CH$

解答： 3，3-二甲基丁-1-炔

2. $CH_3C{\equiv}CC{\equiv}CH$

解答： 戊-1，3-二炔

3. 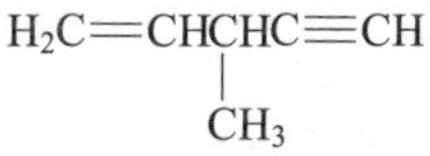 $H_2C{=}CH\underset{CH_3}{CH}C{\equiv}CH$

解答： 3-甲基戊-1-烯-4-炔

4. 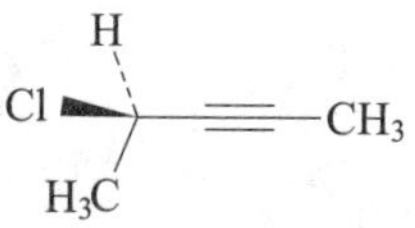 Cl、H、H_3C 连于手性碳，另一端 $—C{\equiv}C—CH_3$

解答：（*R*）-2-氯戊-2-炔

5. 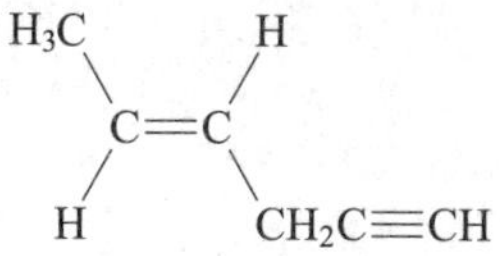 $(H_3C)(H)C{=}C(H)(CH_2C{\equiv}CH)$

解答：（*E*）-己-4-烯-1-炔

6. 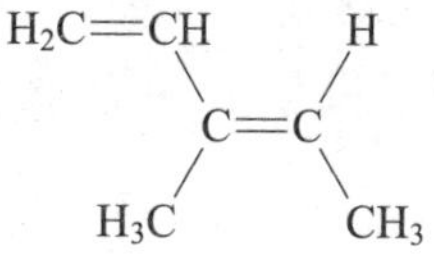 $(H_2C{=}CH)(H_3C)C{=}C(H)(CH_3)$

解答:(*E*)-3-甲基戊-1,3-二烯

7. 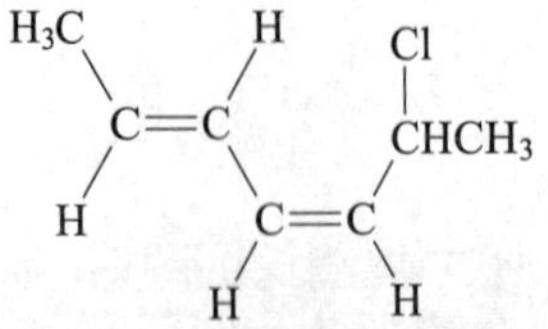 $\ce{H3C-CH=CH-CH=CH-CH(Cl)CH3}$ (结构式：H₃C 与 H 在 C=C 一端，H 在另一端；C=C 另一端 H、H；CHCH₃ 上连 Cl)

解答:(2*E*,4*Z*)-6-氯庚-2,4-二烯

8. 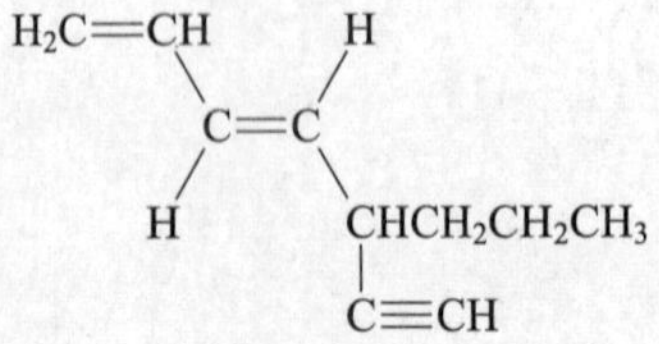 $H_2C{=}CH$、H 在 C=C 两端，另一端 H 与 $CHCH_2CH_2CH_3$，$CHCH_2CH_2CH_3$ 上连 $C{\equiv}CH$

解答:(*E*)-5-乙炔基辛-1,3-二烯

9. 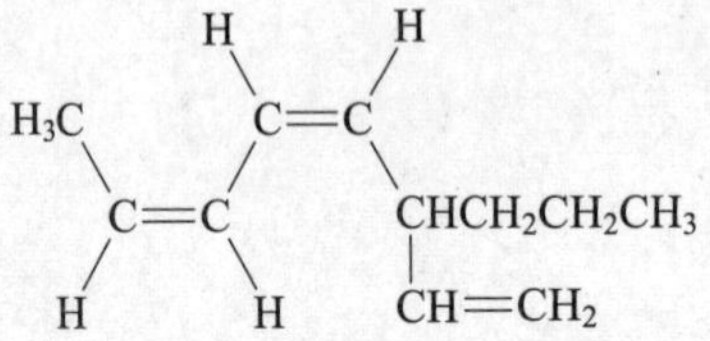 H_3C、H 在 C=C 一端，另一端 H 与 C=C（H、H），该 C=C 另一端连 $CHCH_2CH_2CH_3$，其上连 $CH{=}CH_2$

解答:(2*Z*,4*Z*)-6-乙烯基壬-2,4-二烯

例题 5-2 完成下列反应式。

1. $CH_3(CH_2)_3C{\equiv}CH + HCl(1\ mol) \longrightarrow$ (　　)

解答: $CH_3(CH_2)_3C(Cl){=}CH_2$

分析:亲电加成,生成一分子加成产物,区域选择性遵循马氏规则。

2. $CH_3C{\equiv}CH \xrightarrow{B_2H_6,Et_2O}$ (　　) $\xrightarrow{H_2O_2,OH^-}$ (　　)

解答: $(CH_3CH{=}CH)_3B$; CH_3CH_2CHO

分析:炔烃的硼氢化-氧化反应,区域选择性遵循反马规则。

3. $CH_3CH_2C{\equiv}CCH_3 \xrightarrow[(2)\ H^+]{(1)\ KMnO_4,OH^-,H_2O}$ (　　) + (　　)

解答: CH_3CH_2COOH; CH_3COOH

分析:炔烃的氧化反应。

4. $H_2C{=}CH{-}CH_2C{\equiv}CH \xrightarrow[CCl_4]{Br_2(1\ mol)}$ (　　)

解答: $HC{\equiv}CCH_2CH(Br)CH_2Br$

分析:烯烃亲电加成反应的活性大于炔烃。

5. $C_6H_5-C\equiv C-CH_3 \xrightarrow[\text{Lindlar Pd}]{H_2}$ (　　　)

解答： (顺式) $C_6H_5(H)C=C(H)CH_3$（苯基与 CH_3 同侧，两个 H 同侧）

分析：炔烃的 Lindlar 催化加氢反应，生成顺式烯烃。

6. $C_6H_5-C\equiv C-CH_3 \xrightarrow[\text{液}NH_3]{Na}$ (　　　)

解答： (反式) $C_6H_5(H)C=C(H)CH_3$（苯基与 CH_3 异侧）

分析：炔烃用 Na/ 液 NH_3 还原得反式烯烃。需要注意的是，该还原试剂不适合还原端炔。

7. $CH_3C\equiv CH \xrightarrow{NaNH_2}$ (　　　) $\xrightarrow{C_2H_5Br}$ (　　　) $\xrightarrow{H_3O^+,Hg^{2+}}$ (　　　)

解答： $CH_3C\equiv CNa$；$CH_3C\equiv CC_2H_5$；$CH_3\overset{O}{\overset{\|}{C}}C_2H_5$

分析：第一步炔烃与强碱反应生成炔钠；第二步为炔钠与卤代烃的增链反应；第三步为炔烃与水的亲电加成反应。

8. $CH_3C\equiv CCH_3 \xrightarrow{\text{Lindlar Pd}/H_2}$ (　　　) $\xrightarrow{Br_2/CCl_4}$ (　　　) + (　　　)

解答： (顺式) $H_3C(H)C=C(H)CH_3$；Fischer 投影式：CH_3 / Br—C—H / H—C—Br / CH_3；CH_3 / H—C—Br / Br—C—H / CH_3

分析：第一步为炔烃的 Lindlar 催化加氢，生成顺式烯烃；第二步为 Br_2/CCl_4 对烯烃进行反式加成。

9. $H_2C=CH-CH=CH_2$ + HBr(1 mol) —— $\xrightarrow[\text{主要产物}]{0\ ℃}$ (　　　) ；$\xrightarrow[\text{主要产物}]{40\ ℃}$ (　　　)；(　　　) $\xrightarrow{40\ ℃}$ (　　　)

解答： $H_2C=CH-CHBr-CH_3$；$CH_3CH=CH-CH_2Br$

分析：第一步是动力学控制产物，第二步是热力学控制产物。

10. $CH_3CH=CH_2 \xrightarrow{NBS}$ (　　　) $\xrightarrow[\triangle]{\text{环戊二烯}}$ (　　　)

解答： $\overset{Br}{\overset{|}{C}}H_2CH=CH_2$；5-($CH_2Br$)-双环[2.2.1]庚-2-烯（降冰片烯骨架，$CH_2Br$ 取代）

分析：第一步是 α-H 的自由基取代反应，第二步是 Diels-Alder 反应。

例题 5-3 选择题。

1. 下列化合物中，C—H 键键长最短的是（　　）。

A. 乙烷　　B. 乙烯　　C. 乙炔

解答： C

分析：碳的杂化轨道中，s 成分越大，形成的 σ 键键长越短。

2. 把 $CH_3C{\equiv}CCH_2CH_3$ 还原成 $H_3C(H)C{=}C(H)CH_2CH_3$（反式），应该用下列哪种还原剂？（　　）

A. H_2/Ni　　B. H_2/Lindlar 催化剂　　C. Na/ 液 NH_3

解答： C

3. 不能用于鉴别 C_6H_5—C≡CH 和 C_6H_5—C≡C—CH_3 的是（　　）。

A. 硝酸银的氨溶液　　B. 溴四氯化碳溶液

C. 氯化亚铜的氨溶液　　D. 酸性高锰酸钾溶液

解答： B

分析：末端炔烃能与硝酸银的氨溶液、氯化亚铜的氨溶液反应，分别生成白色的炔化银沉淀和红棕色炔化亚铜沉淀；末端炔烃与酸性高锰酸钾溶液发生氧化反应，放出 CO_2。

4. —CH_3 分子中存在着（　　）效应。

A. σ-p 超共轭　　B. σ-π 超共轭　　C. p-π 共轭　　D. π-π 共轭

解答： B, D

5. 下列化合物中最稳定的是（　　）。

A.　　B.　　C.　　D.

解答： A

分析：A 中既有 π-π 共轭，又有 σ-π 超共轭。

6. 下列化合物中，哪种化合物不能与顺丁烯二酸酐发生 Diels-Alder 反应？（　　）

解答： A

分析：能发生 Diels-Alder 反应的共轭二烯烃必须是 s-顺式构象。B 的两个烯烃之间是 σ 键，可以旋转为 s-顺式构象。

例题 5-4 分离题和鉴别题。

1. 用简单的化学方法鉴别丁烷、丁-1-炔和丁-2-炔。

解答：

$CH_3CH_2CH_2CH_3$ —(Br_2/CCl_4)→ 无现象

$CH_3CH_2C\equiv CH$ —(Br_2/CCl_4)→ 褪色 —($Ag(NH_3)_2NO_3$)→ 白色沉淀

$CH_3C\equiv CCH_3$ —(Br_2/CCl_4)→ 褪色 —($Ag(NH_3)_2NO_3$)→ 无现象

分析：不饱和烃能使 Br_2/CCl_4 溶液褪色。端炔通常用与 $Ag(NH_3)_2NO_3$ 反应生成白色沉淀来鉴别。

2. 用简单的化学方法鉴别环己烷、环己烯和丁-1-炔。

解答：

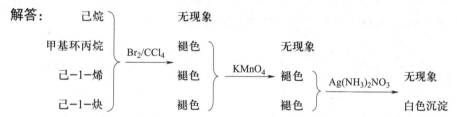

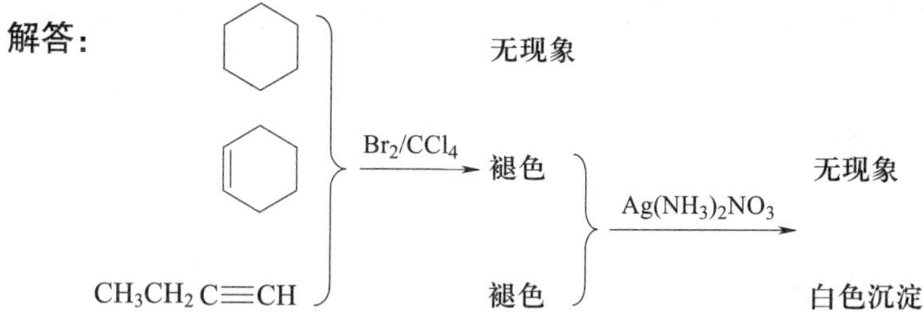

分析：不饱和烃能使 Br_2/CCl_4 溶液褪色。端炔通常用与 $Ag(NH_3)_2NO_3$ 反应生成白色沉淀来鉴别。

3. 用简单的化学方法鉴别己烷、甲基环丙烷、己-1-烯和己-1-炔。

解答：

己烷 —(Br_2/CCl_4)→ 无现象

甲基环丙烷 —(Br_2/CCl_4)→ 褪色 —($KMnO_4$)→ 无现象

己-1-烯 —(Br_2/CCl_4)→ 褪色 —($KMnO_4$)→ 褪色 —($Ag(NH_3)_2NO_3$)→ 无现象

己-1-炔 —(Br_2/CCl_4)→ 褪色 —($KMnO_4$)→ 褪色 —($Ag(NH_3)_2NO_3$)→ 白色沉淀

分析：不饱和烃和环丙烷都能使 Br_2/CCl_4 溶液褪色，但环丙烷不能与 $KMnO_4$ 溶液发生反应，从而可与烯烃、炔烃区别开来。端炔通常用与 $Ag(NH_3)_2NO_3$ 生成白色沉淀来鉴别。

4. 用简单的化学方法鉴别戊-1-烯、戊-1-炔和戊-1,3-二烯。

解答：

$CH_3(CH_2)_2CH=CH_2$ —(顺丁烯二酸酐)→ 无现象 —($Ag(NH_3)_2NO_3$)→ 无现象

$CH_3CH_2CH_2C\equiv CH$ —(顺丁烯二酸酐)→ 无现象 —($Ag(NH_3)_2NO_3$)→ 白色沉淀

$CH_3CH=CHCH=CH_2$ —(顺丁烯二酸酐)→ 白色沉淀

分析：端炔通常用与 $Ag(NH_3)_2NO_3$ 生成白色沉淀来鉴别。共轭二烯可用与顺丁烯二酸酐发生 Diels-Alder 反应生成白色沉淀来鉴别。

5. 用简单的化学方法鉴别乙基环丙烷、丁-2-炔和 1,3-环戊二烯。

解答： 乙基环丙烷、丁-2-炔、1,3-环戊二烯 $\xrightarrow{KMnO_4}$ 乙基环丙烷：无现象；丁-2-炔：褪色；1,3-环戊二烯：褪色

丁-2-炔、1,3-环戊二烯 $\xrightarrow{\text{顺丁烯二酸酐}}$ 丁-2-炔：无现象；1,3-环戊二烯：白色沉淀

分析：环丙烷不能与 $KMnO_4$ 溶液发生反应，可与烯烃、炔烃区别开来。共轭二烯可用与顺丁烯二酸酐生成白色沉淀来鉴别。

例题 5-5 合成题。

1. 完成下列转换：

$$CH_3CH_2CH(Cl)CH_3 \longrightarrow CH_3C\equiv CCH_3$$

解答：

$$CH_3CH_2CH(Cl)CH_3 \xrightarrow[C_2H_5OH]{C_2H_5ONa} CH_3CH=CHCH_3 \xrightarrow{Br_2} CH_3CH(Br)CH(Br)CH_3$$

$$\xrightarrow[\text{石油醚}]{NaNH_2} CH_3C\equiv CCH_3$$

分析：邻二卤代烃在强碱作用下消去两分子卤化氢制备炔烃。邻二卤代烃则由一卤代烃发生消去反应生成烯烃，然后与卤素发生亲电加成反应制得。

2. 以乙炔、丁-1-烯为有机原料合成己-1-醛。

解答：

$$CH_3CH_2CH=CH_2 \xrightarrow[ROOR]{HBr} CH_3CH_2CH_2CH_2Br$$

$$CH\equiv CH \xrightarrow[-33\ ℃]{NaNH_2,\text{液}NH_3} CH\equiv CNa \xrightarrow{CH_3CH_2CH_2CH_2Br} CH\equiv CCH_2CH_2CH_2CH_3$$

$$\xrightarrow[(2)\ H_2O_2,OH^-]{(1)\ B_2H_6} CH_3(CH_2)_4\overset{O}{\overset{\|}{C}}H$$

分析：乙炔钠与卤代烷的反应制备一元取代乙炔；炔烃经硼氢化-氧化反应生成醛。

3. 以乙炔和卤代烃为有机原料合成 (Z)-$CH_3CH=CHCH_2CH=CH_2$（两个 H 位于双键同侧）。

解答：

$$CH\equiv CH \xrightarrow[-33\ ℃]{NaNH_2,\text{液}NH_3} CH\equiv CNa \xrightarrow{CH_3Br} CH\equiv CCH_3 \xrightarrow[-33\ ℃]{NaNH_2,\text{液}NH_3}$$

$$CH_3C\equiv CNa \xrightarrow{BrCH_2CH=CH_2} CH_3C\equiv CCH_2CH=CH_2 \xrightarrow[\text{Lindlar催化剂}]{H_2}$$

(Z)-$CH_3CH=CHCH_2CH=CH_2$（两个 H 位于双键同侧）

分析：本题主要的知识点是产物立体化学的控制。产物为顺式结构，三键还原时不能用 Na/ 液 NH_3 还原，而要用 Lindlar 催化剂催化加氢来还原。二元取代乙炔则由相应的金属炔化物分别与甲基卤代烃和烯丙基卤代烃反应得到。

4. 以乙炔和卤代烃为有机原料合成（Fischer 投影式：上 C_2H_5，H—C—Br，H—C—Br，下 C_2H_5）。

解答： $CH\equiv CH \xrightarrow[-33\ ℃]{2NaNH_2,液NH_3} NaC\equiv CNa \xrightarrow{2CH_3CH_2Br} CH_3CH_2C\equiv CCH_2CH_3$

$\xrightarrow[液NH_3]{Na}$ （反式）$H_3CH_2C(H)C=C(H)CH_2CH_3$ $\xrightarrow{Br_2}$ （Fischer 投影式：上 C_2H_5，H—C—Br，H—C—Br，下 C_2H_5）

分析：本题主要知识点是产物立体化学的控制。产物为内消旋分子，应由反己-3-烯与 Br_2 反式加成而得。先利用乙炔二钠与两分子卤代烷的反应生成二元取代的炔烃，而后经 Na/ 液 NH_3 还原炔烃得到反式烯烃，最后与溴反式加成制得产物。

5. 由乙炔合成（4-氯环己烷-1,2-二醇，HO、HO、Cl）。

解答： $CH\equiv CH \xrightarrow{HCl} H_2C=CHCl$

$2CH\equiv CH \xrightarrow[NH_4Cl]{Cu_2Cl_2} CH\equiv CCH=CH_2 \xrightarrow[Lindlar催化剂]{H_2} H_2C=CHCH=CH_2$

丁-1,3-二烯 + 氯乙烯（Cl） ⟶ 4-氯环己烯（Cl） $\xrightarrow{稀、冷KMnO_4}$ 4-氯环己烷-1,2-二醇（HO、HO、Cl）

分析：本题主要知识点是顺式邻二醇由烯烃与稀、冷的高锰酸钾反应而得；通过 Diels-Alder 反应合成环己烯的衍生物。双烯体丁-1,3-二烯由炔烃的二聚生成烯炔，然后在 Lindlar 催化剂存在下加氢还原三键而制得。亲双烯体氯乙烯则由乙炔与 HCl 亲电加成反应制得。

6. 由乙炔和环戊烷合成（双环[2.2.1]庚-5-烯-2-甲腈，CN）。

解答： $CH\equiv CH \xrightarrow[CuCl_2,70\ ℃]{HCN} CH_2=CHCN$

环戊烷 $\xrightarrow[h\nu]{Cl_2}$ 氯代环戊烷（Cl） $\xrightarrow[C_2H_5OH]{C_2H_5ONa}$ 环戊烯 $\xrightarrow{Br_2}$ 1,2-二溴环戊烷（Br、Br） $\xrightarrow[\triangle]{KOH,C_2H_5OH}$ 环戊二烯

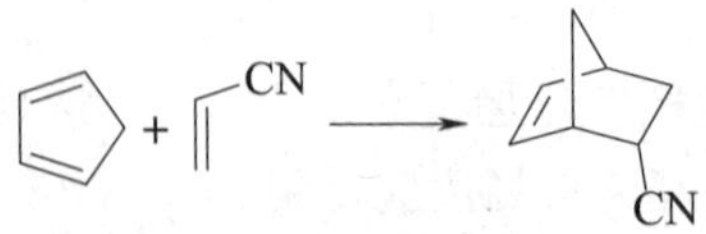

分析：本题主要知识点是通过 Diels-Alder 反应合成环己烯的衍生物。双烯体环戊-1,3-二烯由环戊烷一卤代后消去氯化氢得环戊烯，然后环戊烯加溴得邻二卤代烃，最后消去两分子溴化氢而得。亲双烯体丙烯腈由乙炔与 HCN 亲核加成制得。

例题 5-6　推测结构题。

1. 某烃 A 能吸收 2 mol 氢气，使溴的四氯化碳溶液褪色，但与氯化亚铜的氨溶液不反应，与 $KMnO_4/H_2SO_4$ 作用得一种一元酸，将 A 与 Na/ 液 NH_3 反应得 B，B 与 Br_2 加成反应得 C，将 C 与 KOH/C_2H_5OH 作用得（*E*）-2-溴丁-2-烯，试推测 A、B 的结构式和 C 的 Newman 投影式（最优势构象）。

解答：A. $CH_3C\equiv CCH_3$　　B. 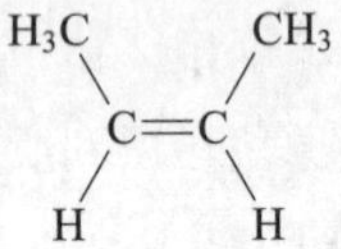　　C. 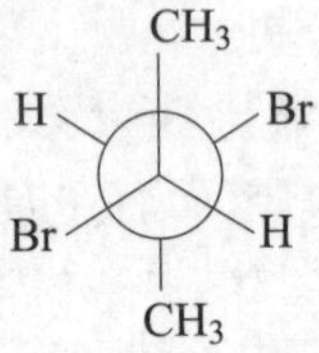

分析：A 能吸收 2 mol 氢气，说明不饱和度为 2；A 能与 Na/ 液 NH_3 反应，可推测 A 为炔烃，但与氯化亚铜的氨溶液不反应，说明 A 不是端炔；A 与 $KMnO_4/H_2SO_4$ 作用得一种一元酸，说明 A 为对称的炔。

2. 化合物 A 与 B 的分子式均为 C_5H_8，都能使溴的四氯化碳溶液褪色，A 与 $Ag(NH_3)_2^+$ 溶液产生沉淀，A 经热 $KMnO_4$ 溶液氧化得 CO_2 和 $CH_3CH_2CH_2COOH$；B 不与银氨溶液反应，用热 $KMnO_4$ 溶液氧化得 CO_2 和 HO—C(=O)—C(=O)—CH_3。写出 A、B 的结构式。

解答：A. $CH_3CH_2CH_2C\equiv CH$　　B. $H_2C=CHC(CH_3)=CH_2$

分析：根据分子式得不饱和度为 2；A 能与 $Ag(NH_3)_2^+$ 溶液产生沉淀，可推测 A 为端炔，再根据氧化反应生成的产物推测出结构。

习题参考答案

习题 5-1　用系统命名法或衍生命名法命名下列化合物。

（1）$(CH_3)_3CC\equiv CCH_2CH_3$　　（2）$CH_2=CHCH_2CH_2C\equiv CH$

（3）$CH_3C\equiv CC(CH=CH_2)=CHCH_2CH_3$　　（4）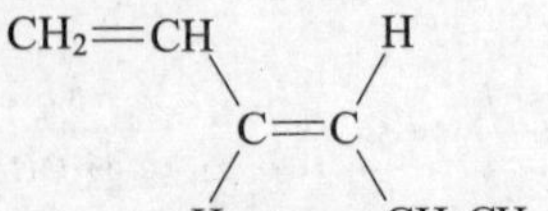

（5）

$$\begin{array}{c} \text{H} \quad\quad \text{H} \\ \diagdown \quad / \\ \text{C=C} \quad\quad \text{H} \\ / \quad\quad \diagdown \quad / \\ \text{H}_3\text{C} \quad\quad \text{C=C} \\ \quad\quad / \quad\quad \diagdown \\ \quad\quad \text{H} \quad\quad \text{CH}_3 \end{array}$$

（6）$CH_2ClCH{=}CHCH{=}CH_2$

（7）（己-1,3,5-三烯键线式）

解答：（1）2，2-二甲基己-3-炔　　（2）己-1-烯-5-炔

（3）4-乙烯基庚-4-烯-2-炔　　（4）（3*E*）-己-1，3-二烯

（5）（2*Z*，4*E*）-己-2，4-二烯　　（6）5-氯戊-1，3-二烯

（7）（3*E*）-己-1，3，5-三烯

习题 5-2　写出下列化合物的构造式。

（1）4-苯基戊-1-炔　　（2）3-甲基戊-3-烯-1-炔

（3）乙基叔丁基乙炔　　（4）（2*E*）-4-乙炔基-5-甲基庚-2-烯

（5）异戊二烯　　（6）（2*E*，4*E*）-己-2，4-二烯

（7）丁苯橡胶

解答：（1）（键线式，—Ph）　　（2）（键线式）

（3）$\diagdown\!\!—C{\equiv}C—C(CH_3)_3$（键线式）　　（4）（键线式）

（5）（键线式）　　（6）（键线式）

（7）$\left[CH_2—CH{=}CH—CH_2—\underset{\displaystyle Ph}{\underset{|}{CH}}—CH_2\right]_n$

习题 5-3　写出丁-1-炔与下列试剂作用的反应式。

（1）热 $KMnO_4$ 溶液　　（2）H_2/Pd-$BaSO_4$ 喹啉

（3）Na/ 液 NH_3　　（4）1 mol Br_2/CCl_4，低温

（5）B_2H_6；H_2O_2/OH^-　　（6）$AgNO_3$ 氨溶液

（7）H_2SO_4，Hg^{2+}，H_2O

解答：（1）CH_3CH_2COOH，CO_2　　（2）$CH_3CH_2—CH{=}CH_2$

（3）$CH_3CH_2—C{\equiv}CNa$

（4）

$$\begin{array}{c} \text{Br} \quad\quad \text{H} \\ \diagdown \quad / \\ \text{C=C} \\ / \quad \diagdown \\ \text{H}_3\text{CH}_2\text{C} \quad\quad \text{Br} \end{array}$$

（5）$CH_3CH_2—C{\equiv}CH \xrightarrow{B_2H_6} (CH_3CH_2CH{=}CH)_3B \xrightarrow{H_2O_2/OH^-} CH_3CH_2CH_2CHO$

（6）$CH_3CH_2-C\equiv CH \xrightarrow{Ag(NH_3)_2NO_3} CH_3CH_2-C\equiv CAg$

（7）$CH_3CH_2-C\equiv CH \xrightarrow[H_2O]{H_2SO_4,Hg^{2+}} CH_3CH_2-\overset{\overset{\large O}{\|}}{C}-CH_3$

习题 5-4 用反应式表示以丙炔为原料并选用必要的无机试剂合成下列化合物。

（1）丙酮 （2）2-溴丙烷 （3）2,2-二溴丙烷 （4）丙醇 （5）正己烷

解答:（1）$CH_3-C\equiv CH \xrightarrow[H_2O]{H_2SO_4/HgSO_4} H_3C-\overset{\overset{\large O}{\|}}{C}-CH_3$

（2）$CH_3-C\equiv CH \xrightarrow[H_2]{\text{Lindlar催化剂}} CH_3-CH=CH_2 \xrightarrow{HBr} CH_3CHBrCH_3$

（3）$CH_3-C\equiv CH \xrightarrow{HBr} H_3C-\underset{\underset{\large Br}{|}}{\overset{\overset{\large Br}{|}}{C}}-CH_3$

（4）$CH_3-C\equiv CH \xrightarrow[H_2]{\text{Lindlar催化剂}} CH_3-CH=CH_2 \xrightarrow[(2)\ H_2O_2/OH^-]{(1)\ B_2H_6} CH_3CH_2CH_2OH$

（5）$CH_3-C\equiv CH \xrightarrow[H_2]{\text{Lindlar催化剂}} CH_3-CH=CH_2 \xrightarrow[h\nu\text{或过氧化物}]{HBr} CH_3CH_2CH_2Br$

$\xrightarrow[NaNH_2]{H_3C-C\equiv CH} CH_3CH_2CH_2-C\equiv C-CH_3 \xrightarrow[H_2]{Pt} CH_3CH_2CH_2CH_2CH_2CH_3$

习题 5-5 完成下列反应式。

（1）（1-环己烯基）$-C\equiv C-CH_3 \xrightarrow[\text{Lindlar催化剂}]{H_2}$

（2）（1-环己烯基）$-C\equiv C-CH_3 \xrightarrow[\text{液}NH_3]{Na}$

（3）$C_6H_5-C\equiv CH \xrightarrow{NaNH_2} \xrightarrow{CH_3CH_2Br}$

（4）$CH_2=\underset{\underset{\large CH_3}{|}}{C}-CH=CH_2 + HBr\ (1\ mol) \longrightarrow$

（5）$CH_2=\underset{\underset{\large Cl}{|}}{C}-CH=CH_2 \xrightarrow{\text{聚合}}$

（6）$CH_2=CH-CH=CH_2 + CH_2=CH-CHO \xrightarrow{\triangle}$

（7）$CH_2{=}CH{-}CH{=}CH_2$ + [maleic anhydride] $\xrightarrow{\triangle}$

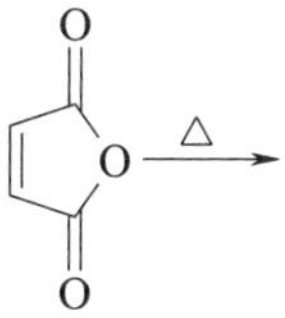

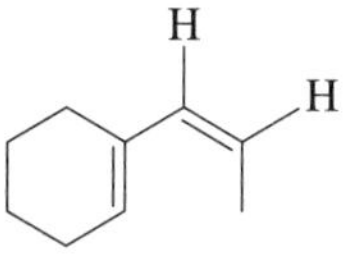

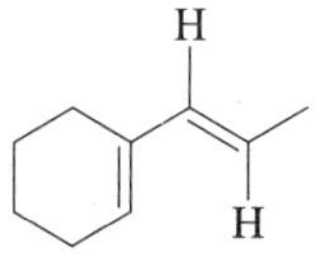

解答:（1）[structure]　（2）[structure]

（3）[structure]（CH_3） 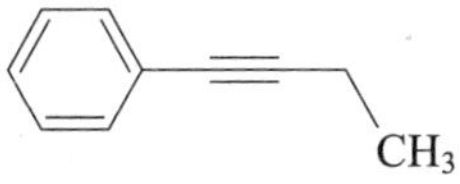　（4）$CH_3{-}C(Br)(CH_3){-}CH{=}CH_2 + CH_3{-}C(CH_3){=}CH{-}CH_2Br$

（5）$\left[CH_2{-}C(Cl){=}CH{-}CH_2\right]_n$　（6）[structure]（CHO）

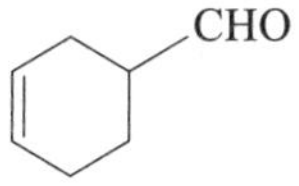

（7）[structure]

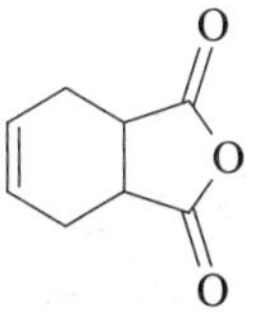

习题 5-6　指出下列化合物可由哪些原料通过双烯合成而得。

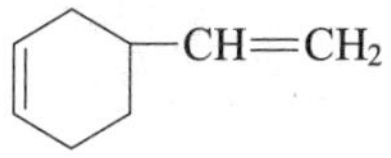

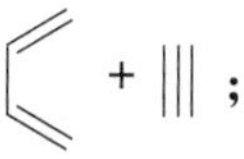

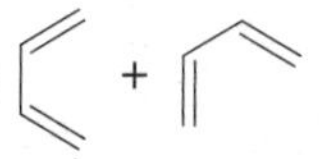

（1）[structure]　（2）[structure]（$-CH{=}CH_2$）　（3）[structure]（CN，H_3C）

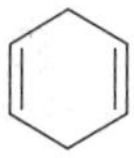

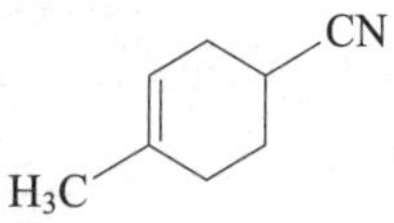

解答:（1）[structure] + [structure]；　（2）[structure] + [structure]；　（3）[structure]（H_3C） + [structure]（CN）

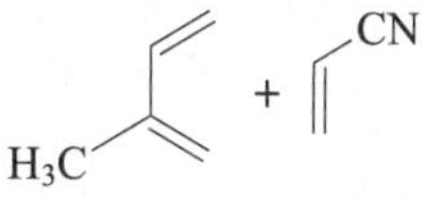

习题 5-7　用反应式表示以乙炔为原料并选用必要的无机试剂合成下列化合物。

（1）$CH_3CH_2CH(OH)CH_3$　（2）$CH_3CH_2CCl_2CH_3$　（3）$CH_3CH_2CH_2CH_2Br$

解答:（1）$HC{\equiv}CH \xrightarrow[H_2]{\text{Lindlar催化剂}} CH_2{=}CH_2 \xrightarrow{HBr} CH_3{-}CH_2Br$

$HC{\equiv}CH \xrightarrow{NaNH_2} HC{\equiv}CNa \xrightarrow{CH_3CH_2Br} CH_3CH_2CH{\equiv}CH \xrightarrow[H_2]{\text{Lindlar催化剂}}$

$CH_3CH_2CH{=}CH_2 \xrightarrow{H_2SO_4/H_2O} CH_3CH_2CH(OH)CH_3$

（2）由（1）得 $CH_3CH_2—C\equiv CH \xrightarrow{HCl\ (2\ mol)} CH_3CH_2—\underset{Cl}{\overset{Cl}{C}}—CH_3$

（3）由（1）得 $CH_3CH_2—CH=CH_2 \xrightarrow[h\nu\text{或过氧化物}]{HBr} CH_3CH_2CH_2CH_2Br$

习题 5-8 某化合物 A（C_8H_{12}）有旋光性，在 Pt 催化下氢化得 B（C_8H_{18}），B 无旋光性。A 可用 Lindlar 催化剂氢化得 C（C_8H_{14}），C 有旋光性。A 和 Na 在液 NH_3 中反应得 D（C_8H_{14}），D 无旋光活性。试推测 A、B、C、D 的结构式。

解答：A. H H　　B.

C. H H　　D.

第 6 章　有机化合物的结构鉴定

本章知识点

一、质谱

质谱（MS）是将化合物用一定的方式裂解后生成的各种离子按照质荷比的大小排列起来得到的图谱。目前应用最广泛的电离方式是电子轰击法（EI）。

1. 质谱中常见的几种离子

质谱中常见的离子有分子离子、碎片离子、亚稳离子、同位素离子等。一般质谱仪检测的是正离子。

（1）分子离子　物质分子失去一个电子所形成的正离子称为分子离子。分子离子的质荷比 m/z 在数值上等于分子的相对分子质量。分子离子的质量数符合氮规则，即若化合物中含有奇数个氮原子，则分子离子的质量数一定为奇数；若含有偶数个氮原子或不含氮原子则分子离子的质量数一定为偶数。

（2）碎片离子　分子发生电离生成分子离子所需能量一般为 10～15 eV，而电子轰击源的能量远高于分子的电离能（约 70 eV），因而分子离子具有很大的过剩能量，该能量使分子进一步断裂化学键，生成各种碎片离子。

（3）亚稳离子　电离室中形成的离子受到加速电场加速后飞向偏转磁场的过程中发生裂解而形成的一种离子。其对应的峰称为亚稳峰。

（4）同位素离子　当有机化合物含有的元素具有非单一的同位素组成时，在质谱中会出现同位素离子峰簇。分子离子峰 m/z 是由丰度最大的轻同位素组成的，因此在质谱图中出现比分子离子峰值大一个或两个单位的离子峰，用 M+1 或 M+2 表示，称同位素离子峰。

2. 正离子化学键开裂方式

正离子化学键的开裂方式有均裂、异裂和半异裂。

3. 有机化合物分子离子裂解的类型

（1）简单裂解　α-裂解：醛、酮、酸、酯等羰基化合物易发生 α-裂解而生成稳定的碎片离子。β-裂解：具有 π 电子的化合物，比较容易发生 β-裂解，生成稳定的碎片离子。

（2）重排裂解　包括麦氏重排、逆 Diels-Alder 重排和脱去中性小分子的重排。

二、紫外光谱

1. 紫外光谱的形成

紫外光谱（UV）是由电子能级跃迁产生的吸收光谱，位于紫外-可见光区。从紫外光谱中可获得共轭体系和发色团方面的结构信息。电子能级跃迁类型及其跃迁能量大小顺序：$\sigma \rightarrow \sigma^{*} > n \rightarrow \sigma^{*}$，$\pi \rightarrow \pi^{*} > n \rightarrow \pi^{*}$。

2. 吸收带

（1）R 吸收带　由化合物的 $n \rightarrow \pi^{*}$ 跃迁产生，如 C＝O，—NO。

（2）K 吸收带　由共轭体系的 $\pi \rightarrow \pi^{*}$ 跃迁产生。特点是跃迁概率大、吸收强度强，是共轭分子的特征吸收带，也是紫外光谱中应用最多的吸收带。

（3）B 吸收带　是芳香族化合物的特征吸收带，由苯环 $\pi \rightarrow \pi^{*}$ 跃迁与苯环振动的重叠产生。

3. Lambert-Beer 定律

Lambert-Beer 定律是分光光度法的基本定律，指光被透明介质吸收的程度（吸光度 A）与溶液的浓度（c）和吸收池的厚度（i）成正比：

$$A=\lg \frac{I_0}{I}=\lg \frac{1}{T}=\kappa cl$$

式中，A 为吸光度；I_0 为入射光强度；I 为透射光强度；T 为透射率；l 为样品池厚度（cm）；c 为吸光物质的浓度（$mol \cdot L^{-1}$）；κ 为摩尔吸收系数（浓度为 1 $mol \cdot L^{-1}$ 的溶液，在 1 cm 吸光池中，在一定波长下测得的吸光度）。

4. Woodward 规则

Woodward 规则是由分子结构计算紫外-可见光谱中最大吸收峰出现的波长的一个经验规则。当共轭双键上的氢原子被烷基取代后，烷基和共轭链产生 σ-π 共轭，σ-π 共轭导致 π 电子能级升高，即降低了 $\pi \rightarrow \pi^{*}$ 跃迁所需的能量，从而使紫外吸收红移。描述这种影响的经验规则称为 Woodward 规则。在 Woodward 规则中，共轭二烯最大吸收波长为 217 nm，链上再增加一个烷基，红移 5 nm；环外双键红移 5 nm。

5. 发色团和助色团

发色团是指能够在紫外-可见光区（200～800 nm）产生特征吸收的具有一个或多个不饱和键和未共用电子对的基团。助色团是指具有 n 电子的基团，本身不能吸收大于 200 nm 的光波，但它与一定的发色团相连时，可使发色团产生的吸收峰向长波方向移动，同时使吸收强度增加，如—OR、—NH_2 等均为助色团。

三、核磁共振氢谱

1. 核磁共振（NMR，nuclear magnetic resonance）

核磁共振即原子核在磁场中的响应，是处于外磁场中物质的原子核受到相应频率的电磁波作用时，在其磁能级之间发生的一种共振跃迁现象。

2. 化学位移

化学位移是由电子云的屏蔽作用引起的，共振时磁感应强度移动的现象。化学

位移定义为

$$\delta=\frac{\nu_{样}-\nu_{标}}{\nu_{标}}\times 10^6$$

式中，δ 为化学位移；$\nu_{样}$、$\nu_{标}$为样品中磁核与标准物中磁核的共振频率。

3. 影响化学位移的因素

（1）磁各向异性效应

① 双键，在平面的上、下形成正屏蔽区，在平面周围形成负屏蔽区。

② 苯环与烯烃类似，在平面的上、下形成正屏蔽区，在平面周围形成负屏蔽区。

③ 炔烃中的炔氢正好位于正屏蔽区，故共振峰出现在较高场。

④ 单键磁各向异性效应比双键、三键要弱很多。

（2）诱导效应　吸电子诱导效应越大，共振峰发生在低场，化学位移越大。

（3）氢键效应　分子间氢键常随测试条件而变化，相应质子的化学位移不固定。分子内氢键使化学位移向低场移动，化学位移增大。

（4）活泼氢原子交换反应　分子中的—COOH、—OH、—NH_2 等活泼氢原子可在分子间相互交换。

4. 核的等价

（1）化学等价　如果分子中有两个相同的原子或基团处于相同的化学环境，则称它们是化学等价的，化学等价的核具有相同的化学位移值。通过对称性操作可以判断原子或基团的化学等价性。

（2）磁等价　如果两个原子核不仅化学位移相同（化学等价），而且与分子中其他核偶合相同，则这两个原子核是磁等价的。

5. ^{1}H NMR 偶合作用的一般规律

（1）一组磁等价质子与相邻碳原子上的 n 个磁等价质子偶合，可产生 n+1 重峰。

（2）一组磁等价质子同时与相邻碳原子上的两组质子（分别为 m 个和 n 个质子）偶合，如果该两组碳原子上的质子性质类似，则将产生 m+n+1 重峰；如果性质不类似，则产生（m+1）（n+1）重峰。

（3）因偶合作用而产生的多重峰的相对强度，可用二项式（a+1）^{n} 展开的系数表示，n 为等价核的个数。

（4）裂分峰组的中心是该组磁核的化学位移。

（5）磁等价的核相互之间有偶合作用，但没有谱线裂分现象。

6. 偶合常数

偶合常数 J 的大小反映核自旋相互干扰的强弱。它是指自旋-自旋偶合裂分后，两峰之间的距离，即两峰的频率差：$|\nu_a-\nu_b|$，单位为 Hz。最常见的是邻碳质子偶合常数 ^3J，即相邻碳原子上的两个质子之间的偶合常数。

四、红外光谱

1. 红外光谱的形成

用红外光照射有机化合物样品时，样品（化学键）将选择性地吸收那些与其振动频率相匹配的波段，从而形成红外光谱（IR，infrared spectroscopy）。它是红外光与物质相互作用发生振动能级的跃迁而形成的吸收光谱。振动能级跃迁同时伴随着转动能级的跃迁，所以也称振-转光谱。

2. 红外光谱的几个重要区段

红外光谱一般以 1 300 cm^{-1} 为界：4 000～1 300 cm^{-1} 为官能团区，用于官能团鉴定；1 300～650 cm^{-1} 为指纹区，用于鉴别两化合物是否相同。

常见几个重要区段基团的吸收频率是红外光谱最重要的特点，必须牢牢掌握。因而在解析红外光谱时，要同时注意红外吸收峰的位置（吸收频率）、强度和峰形。

3. 影响因素

（1）空间效应

① 空间位阻　空间位阻会破坏共平面性，使共轭体受到影响，进而使得原来因共轭效应处于低频的振动吸收向高频移动。

② 环的张力　环张力越大，环外双键的伸缩振动频率越大，而环内双键的振动频率越小。

（2）电子效应

① 共轭效应　共轭效应使分子中电子密度平均化，双键的强度降低，振动频率降低。

② 诱导效应　诱导效应使分子中电子密度发生变化，引起力常数变化，从而影响基团的频率。例如，羰基伸缩振动频率，随取代基电负性增大，吸电子诱导效应增加，羰基双键性加大，吸收向高波数方向移动。

（3）氢键效应　氢键的形成使基团的伸缩振动频率向低频移动且吸收峰变宽。分子间氢键受浓度影响，一般浓度越小，氢键越弱；分子内氢键则不随浓度变化。

例题解析

例题 6-1　选择题。

1. 已知化合物$CH_3CH(Br)C\underline{H_2}CH_2Br$的 ^1H NMR 谱图如下，其中划线的甲叉基氢原子对应的一组峰是下图中的（　　）。

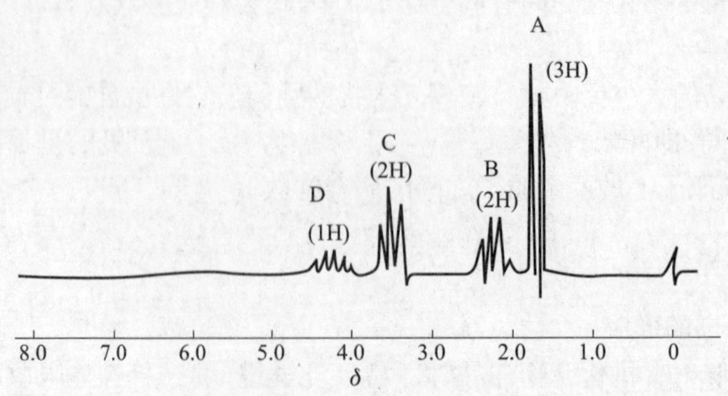

解答：B

2. 比较下列化合物分子中 H 的 δ 值，最小的是（　　）。

A. $BrCH_2CH_2Br$　　　　B. $CH_3N(CH_3)_2$

C. CH_3OCH_3　　　　D. $CH_3CH_2CH_3$

解答：D

3. 下图是苯酚的红外光谱图，其中 O—H 键的伸缩振动产生的吸收峰在下图中的哪个位置？（　　）

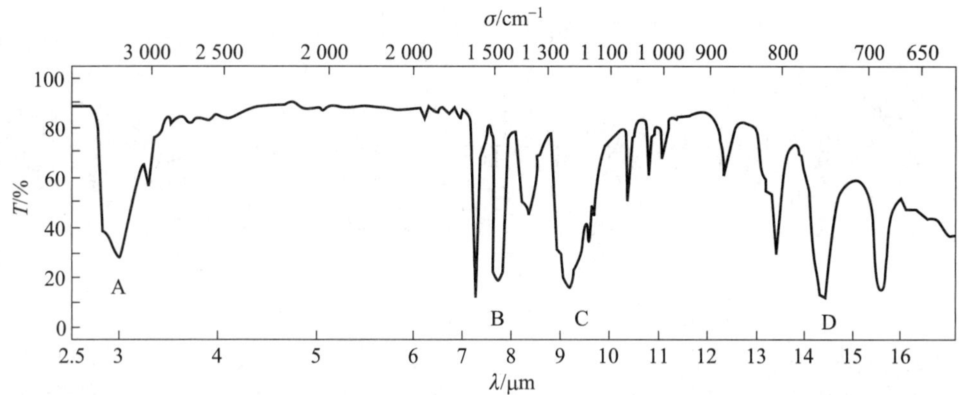

解答：A

4. 有一分子式为 $C_4H_6O_2$ 的化合物，其红外光谱吸收峰的位置分别为 3 060 cm^{-1}，1 760 cm^{-1}，1 650 cm^{-1}，1 375 cm^{-1}，1 220 cm^{-1}，1 130 cm^{-1}，950 cm^{-1}，870 cm^{-1}。据此可推测该化合物为（　　）。

A. $CH_2{=}CHCOOCH_3$

B. $CH_3CH{=}CHCOOH$

C. $CH_3COOCH{=}CH_2$

解答：C

5. 已知某化合物的分子式为 C_7H_8O，红外光谱吸收峰的位置分别为 3 300 cm^{-1}，3 010 cm^{-1}，1 500 cm^{-1}，1 600 cm^{-1}，730 cm^{-1}，690 cm^{-1}；核磁共振氢谱数据为 δ=7.2（多重峰，5H），δ=4.5（单峰，2H），δ=3.7（宽峰，1H）。则该化合物为（　　）。

A. 苯甲醇　　　　B. 对甲基苯酚

C. 间甲基苯酚　　　　D. 苯甲醚

解答：A

6. 下列化合物中，羰基的红外吸收波数最大的是（　　）。

A. 苯乙酮　　　　B. 丙酮

C. 环丙酮　　　　D. 乙酰胺

解答：C

7. 下图是乙醇在 1% 四氯化碳稀溶液中的红外光谱图，请指出其中（　　）位置的峰为乙醇中 O—H 键的伸缩振动、氢键缔合产生的吸收峰。

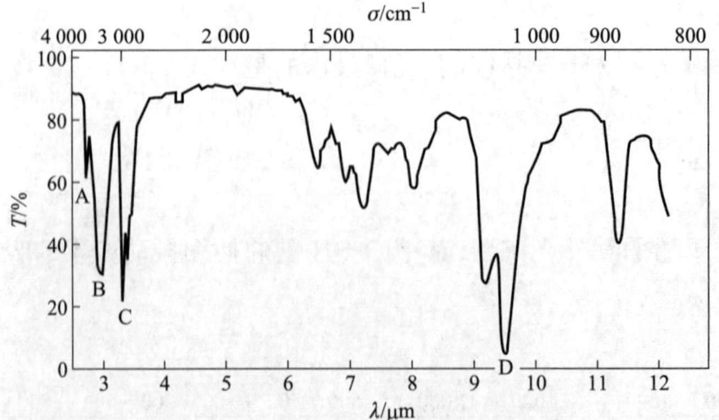

解答：B

8. 下列化合物中标出了四种不同氢原子，化学位移 δ 值最小的是（　　）。

A　　　　　D
H_3CO—（苯环）—CH_2OH
H　　H
B　　C

解答：A

9. 关于下列两种化合物的核磁共振氢谱的说法，不正确的是（　　）。

Cl—（苯环）—$CH_2\overset{O}{\overset{\|}{C}}NH\overset{O}{\overset{\|}{C}}CH_3$　　　Cl—（苯环）—$NH\overset{O}{\overset{\|}{C}}CH_2\overset{O}{\overset{\|}{C}}CH_3$

A. 在 δ=7.0 附近都有较对称的苯环氢原子的吸收峰

B. 甲基峰和甲叉基峰均为不偶合的单峰

C. 都有活泼氢原子的吸收峰，该吸收峰在重水交换时消失

D. 以 D_2O 为溶剂时，吸收峰的积分面积之比均为 1∶2∶3

解答：D

10. 下面化合物的 ^1H NMR 谱中，（　　）甲叉基吸收峰在最高场。

HO（A）（B）（C）NH_2

解答：B

11. 下列化合物在紫外光谱中的吸收波长大小顺序为（　　）。

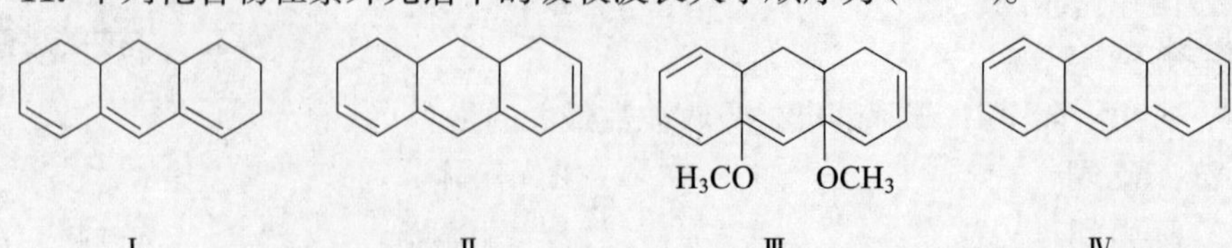

A. Ⅳ > Ⅱ > Ⅲ > Ⅰ　　　　B. Ⅲ > Ⅳ > Ⅱ > Ⅰ

C. Ⅱ > Ⅰ > Ⅲ > Ⅳ　　　　D. Ⅰ > Ⅱ > Ⅲ > Ⅳ

解答: B

12. 某化合物质谱图的 M+2 峰强度约为 M 峰的 1/3,则该化合物含有(　　)。

A. 氯　　　　B. 溴　　　　C. 硫　　　　D. 磷

解答: A

例题 6-2　填空题。

1. 化合物 A、B 的分子式分别为 CH_4O 和 $C_5H_{12}O_2$,它们的核磁共振氢谱显示均为单峰,据此可推测它们的结构分别为______。

解答: A. CH_3OH　　B. $(H_3C)_2C(OCH_3)_2$

2. 某化合物 A 的红外光谱在 1 725 cm^{-1} 附近有一个强吸收峰;核磁共振氢谱数据如下:δ=0.9(单峰,9H),δ=2.2(单峰,3H)。可推测 A 的结构式为______。

解答: 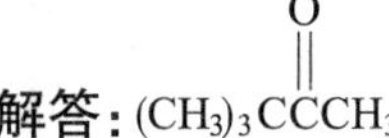

3. 有三种同分异构体的分子式为 $C_5H_{10}O$,它们的 ^{1}H NMR 谱图和 IR 谱图的信息如下:(1)化合物 A 的 ^{1}H NMR 谱有两个单峰,峰面积之比为 1∶9,红外光谱在 1 725 cm^{-1} 和 2 720 cm^{-1} 处有吸收峰。(2)化合物 B 有三种等位氢原子,^{1}H NMR 谱有三组吸收峰,三组吸收峰中有一组没有裂分,另外两组分别裂分为两重峰和七重峰。(3)化合物 C 有两种等位氢原子,^{1}H NMR 谱显示分别为三重峰和四重峰。据此可推测,它们的结构分别为______。

解答: A. $(CH_3)_3CCHO$　　B. $CH_3COCH(CH_3)_2$　　C. $CH_3CH_2COCH_2CH_3$

4. 有一分子式为 $C_4H_{11}N$ 的化合物,其红外光谱在 3 500~3 400 cm^{-1} 处有两个吸收峰;其核磁共振氢谱 δ=1.2(单峰,9H),δ=1.3(单峰,2H)。推测此化合物的结构式为______。

解答: $(CH_3)_3CNH_2$

5. 依据下列波谱数据推测 A、B 的结构分别为______。

化合物 A 的分子式为 $C_9H_{10}O_2$,红外光谱在 3 000 cm^{-1}(宽),1 710 cm^{-1},1 600 cm^{-1},1 500 cm^{-1},1 300 cm^{-1},1 210 cm^{-1},910 cm^{-1},750 cm^{-1},702 cm^{-1} 有吸收峰;核磁共振氢谱 δ=2.75(三重峰,2H),δ=2.96(三重峰,2H),δ=7.35(单峰,5H),δ=11.52(单峰,1H,加重水此峰消失)。

化合物 B 的分子式为 $C_3H_2O_2$,红外光谱在 3 330 cm^{-1},3 000~2 480 cm^{-1}(宽),2 120 cm^{-1},1 720 cm^{-1} 有吸收峰;核磁共振氢谱 δ=3.16(单峰,1H),δ=10.35(单峰,1H,加重水此峰消失)。

解答: A. C_6H_5—CH_2CH_2COOH　　B. HC≡CCOOH

6. 下图是正丁胺的红外光谱图,分别指出 A、B、C 三处的吸收峰分别由正丁胺中什么键的什么振动产生的。A______,B______,C______。

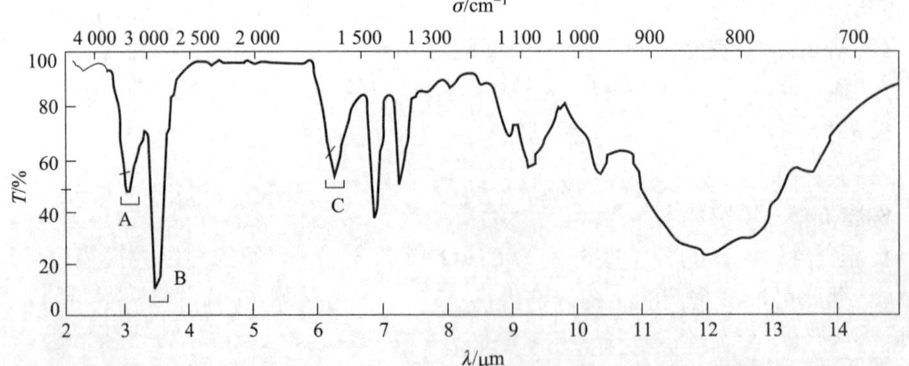

解答: N—H 键的伸缩振动；C—H 键的伸缩振动；N—H 键的弯曲振动

7. 下图是某同学获得的苯乙酮的红外光谱图，请分别指出其中峰 A 和峰 B 分别由什么官能团的什么振动产生的吸收峰。A______，B______。

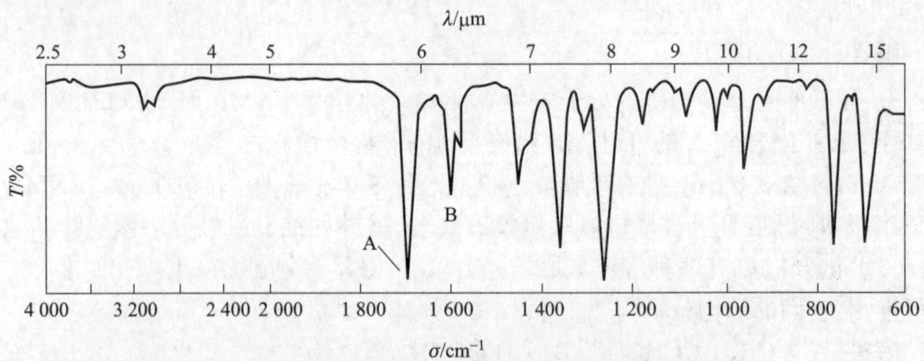

解答: 羰基 C═O 键的伸缩振动；苯环碳碳双键的伸缩振动

8. 某化合物 A 的分子式为 $C_{14}H_{12}$，其核磁共振氢谱 δ=7.10（单峰，2H），δ=7.25～7.55（多重峰，10H）。又知 A 与稀、冷 $KMnO_4$ 的碱性溶液反应，得到无旋光性产物 B（$C_{14}H_{14}O_2$），B 可手性拆分为一对对映异构体 C 和 D，且它们的红外光谱在 3 300 cm^{-1} 附近有强吸收峰。则 C、D 的 Fischer 投影式分别为______和______。

解答:

```
      Ph                 Ph
  H ──┼── OH       HO ──┼── H
  HO ─┼── H    ；   H ──┼── OH
      Ph                 Ph
```

9. 分子式为 $C_5H_{10}O$ 的某化合物 F，其红外光谱显示在 3 410 cm^{-1} 附近有宽、强吸收峰，1 650 cm^{-1} 处有一中等强度吸收峰；其核磁共振氢谱 δ=5.70（三重峰，J=7 Hz，1H），δ=4.15（二重峰，J=7 Hz，2H），δ=3.83（宽峰，1H），δ=1.70（单峰，3H），δ=1.63（单峰，3H）。则 F 的结构为______。

解答:

```
                 CH3
                  |
CH2══CHC──OH
                  |
                 CH3
```

10. 在 60 MHz 核磁共振仪上，测得某化合物中氢核的信号频率为 436 Hz，其化学位移为______；若用 300 MHz 核磁共振仪，测得其氢核的信号频率为 2 181 Hz，其化学位移为______。

解答： 7.27；7.27

11. 在 100 MHz 核磁共振仪上，质子产生共振的磁场变化范围为 100 Hz，电子屏蔽数值也很小。故通常在测量时加一基准物，最常用的基准物为______。

解答： 四甲基硅烷[$Si(CH_3)_4$]

12. 光被透明介质吸收的程度（吸光度 A）与溶液的浓度（c）和吸收池的厚度（l）成______比；分子离子的质荷比 m/z 在数值上等于分子的______。

解答： 正；相对分子质量

例题 6-3 推测结构题。

1. 某化合物分子式为 C_2H_6O，其 ^1H NMR 谱图如下，试推断该化合物的结构，并写出推测过程。

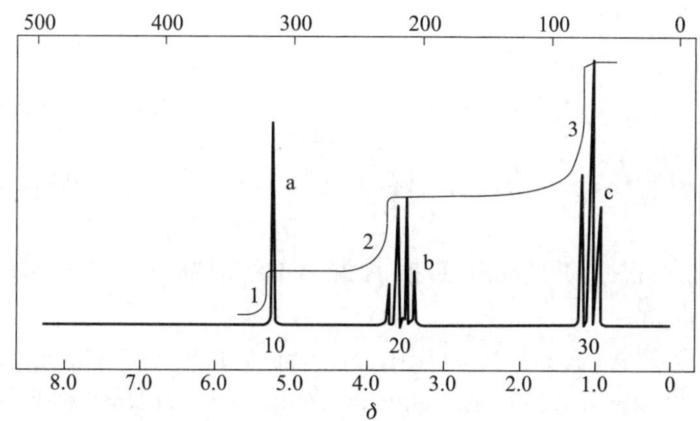

解答： 由分子式可知，该化合物的不饱和度为 0，故该化合物是饱和的。由谱图可知：（1）有三组吸收峰，说明有三种不同类型的氢核；（2）由分子式可知该化合物有 6 个氢原子，由积分曲线可知 a、b、c 各组吸收峰的质子数分别为 1、2、3；（3）由化学位移值可知 H_c 的共振信号在高场区，其屏蔽效应最大，该氢核离氧原子最远；而 H_a 的屏蔽效应最小，该氢核离氧原子最近。故该化合物的结构为 CH_3CH_2OH。

2. 在 120 ℃时，化合物 C_4H_9N 的核磁共振氢谱的数据为 δ=1.0（三重峰，3H），δ=1.6（单峰，4H），δ=2.4（四重峰，2H）。试写出该化合物的构造式。

解答： N—

3. 已知分子式为 C_3H_6O 的某化合物的核磁共振谱图如下，确定其结构并简要说明推测过程。

解答： 计算不饱和度为 1。谱图上只有一个单峰，说明分子中所有氢核的化学环境完全相同。结合分子式及化学位移值可推测该化合物为丙酮（CH_3COCH_3）。

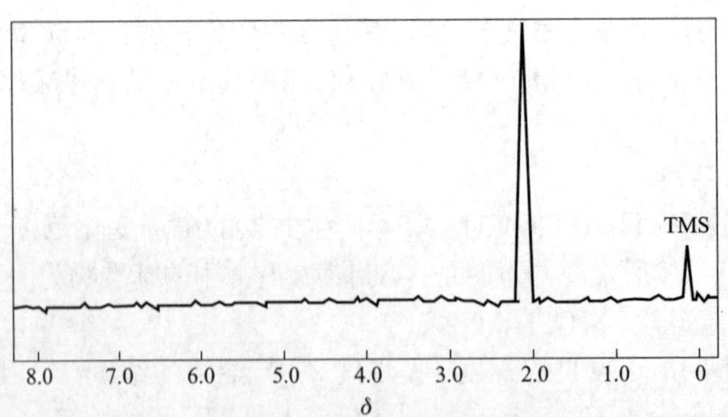

4. 已知 A、B 两个含有六元环的同分异构体的分子式为 $C_{11}H_{17}N$。A 可以在环上发生亲电取代反应，B 不能。B 与苯磺酰氯反应的产物可溶于 NaOH 溶液，而 A 不能与苯磺酰氯反应。它们的 ^1H NMR 谱数据如下，请推测 A、B 的结构。

A. δ=1.0（二重峰，6H），δ=2.6（七重峰，1H），δ=3.1（单峰，6H），δ=7.1（多重峰，4H）

B. δ=2.0（单峰，3H），δ=2.2（单峰，6H），δ=2.3（单峰，6H），δ=3.2（单峰，2H）

解答: 从分子式得出不饱和度为 4，可能有苯环。从 A 的 ^1H NMR 数据 δ=7.1（多重峰，4H）可知，A 为二取代的芳胺；且 A 不能与苯磺酰氯反应，故是叔胺。再结合 ^1H NMR 数据，推测 A 的结构为 。因为 B 可与苯磺酰氯反应，产物可溶于 NaOH 溶液，故 B 为芳伯胺；且 B 不能发生芳环上的亲电取代反应，所以 B 为五取代芳伯胺；根据其 ^1H NMR 数据，推测 B 的结构为 NH_2。

5. 某化合物 A 的分子式为 $C_8H_{10}O$，其红外光谱在 3 330 cm^{-1}，1 600 cm^{-1}，1 500 cm^{-1}，1 380 cm^{-1}，1 250 cm^{-1}，800 cm^{-1} 有吸收峰；^1H NMR 数据 δ=7.0（双峰，2H），δ=6.8（双峰，2H），δ=5.5（宽峰，1H），δ=2.5（四重峰，2H），δ=1.1（三重峰，3H），试推测其结构。

解答: 由分子式计算出不饱和度为 4，推测可能有苯环；红外光谱 800 cm^{-1} 处吸收峰为对二取代的苯环；结合核磁共振氢谱数据可得结构为

1.1 OH 2.5 7.0 6.8 5.5

6. 以氘代氯仿为溶剂，测得某分子式为 $C_4H_8O_2$ 的化合物 A 的 ^1H NMR 数据 δ=1.33（双峰，3H），δ=2.12（单峰，3H），δ=3.71（单峰，1H），δ=4.26（四重峰，1H）。以重水为溶剂测其 ^1H NMR 谱时，发现在 δ=3.71 的峰消失，其余谱图相同。此化合物的红外光谱在 1 715 cm^{-1} 处有强吸收峰。试推测该化合物的结构并简要写出推测过程。

解答:（1）由分子式计算出不饱和度为 1。（2）δ=2.12（单峰，3H）推出可能有甲基；δ=3.71（单峰，1H），但在 D_2O 中此峰消失，推出有羟基；δ=1.33（双峰，3H），δ=4.26（四重峰，1H）为 CH_3CH—。（3）红外光谱在 1 715 cm^{-1} 处有强吸收峰，推测

为羰基。则 A 的结构为

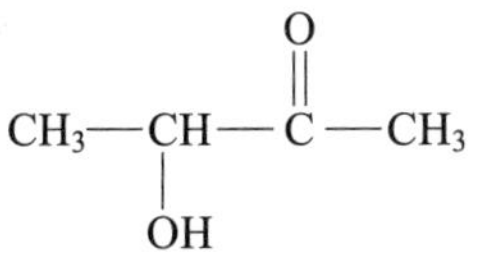

$$CH_3-\underset{\displaystyle OH}{\underset{|}{CH}}-\overset{\displaystyle O}{\overset{\|}{C}}-CH_3$$

7. 化合物 A 的分子式为 $C_8H_{10}O_2$，其红外光谱在 3 300 cm^{-1}（宽），2 900 cm^{-1}，1 500 cm^{-1}，1 050 cm^{-1}，830～810 cm^{-1} 有吸收峰；^1H NMR 数据 δ=3.6（单峰，1H），δ=3.8（单峰，3H），δ=4.5（单峰，2H），δ=7.2（双峰，4H），推测化合物 A 的结构。

解答： （苯环对位二取代：上为 CH_2OH，下为 OCH_3）

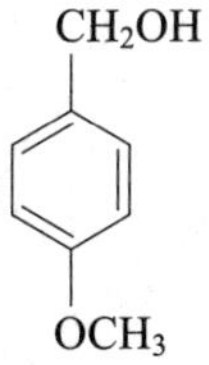

8. 已知某化合物 A 的分子式为 C_9H_{12}，其核磁共振氢谱数据如下：δ=1.3（三重峰，3H），δ=2.2（单峰，3H），δ=1.6（四重峰，2H），δ=7.2（多重峰，4H）；红外光谱在 3 030 cm^{-1}，2 910 cm^{-1}，1 600 cm^{-1}，1 500 cm^{-1}，1 380 cm^{-1}，780 cm^{-1}，700 cm^{-1} 有吸收峰。试推测 A 的可能结构式。

解答：（1）依据分子式计算不饱和度为 4，推测可能有苯环；进一步发现红外光谱在 1 600 cm^{-1}，1 500 cm^{-1} 处有吸收峰，为芳环的骨架振动；且核磁共振氢谱 δ=7.2（多重峰，4H），确定母体为含二取代的苯环。（2）通过红外光谱数据 770 cm^{-1}，690 cm^{-1}，推定 A 为苯环上间二取代。（3）根据核磁共振氢谱 δ=1.3（三重峰，3H），δ=2.2（单峰，3H），δ=1.6（四重峰，2H）推测取代基分别为甲基和乙基。则 A 的结构式为

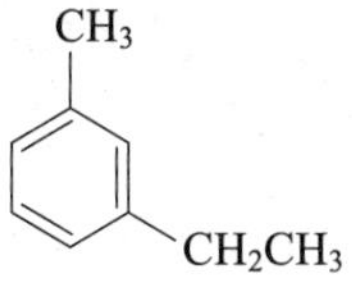

（苯环间位二取代：CH_3，CH_2CH_3）

9. 某旋光性化合物 A 的分子式为 $C_5H_{12}O$，红外光谱表明 3 400～3 300 cm^{-1} 处有一宽而强的吸收峰；用碱性 $KMnO_4$ 氧化时变为无旋光性的化合物 B。B 的分子式为 $C_5H_{10}O$，B 的红外光谱表明 1 725～1 700 cm^{-1} 处有强吸收峰，B 的核磁共振氢谱表明 δ=1.1（双峰，6H），δ=2.1（单峰，3H），δ=2.5（七重峰，1H），化合物 B 与 $CH_3CH_2CH_2CH_2MgBr$ 反应后经水解生成外消旋体 C。请写出 A，B，C 的结构式。

解答： A. 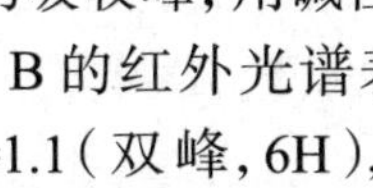 $CH_3\overset{\displaystyle OH}{\overset{|}{C}}HCH(CH_3)_2$　B. $CH_3\overset{\displaystyle O}{\overset{\|}{C}}CH(CH_3)_2$　C. $CH_3\underset{\displaystyle CH_2CH_2CH_2CH_3}{\underset{|}{\overset{\displaystyle OH}{\overset{|}{C}}}}HCH(CH_3)_2$

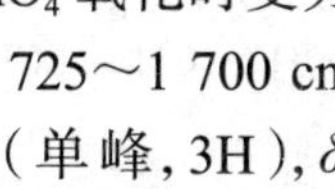

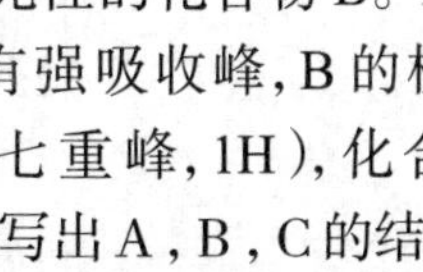

10. 已知某化合物的分子离子峰 m/z=102，能使 Br_2/CCl_4 溶液褪色，与银氨溶液作用生成白色沉淀。核磁共振氢谱数据 δ=7.35（多重峰，5H），δ=3.13（单峰，1H）。试写出该化合物的结构式。

解答：phenylacetylene, $C_6H_5-C\equiv CH$

习题参考答案

习题 6-1 化合物 A，B 的质谱数据列于表中，试确定其分子式。

化合物 A

m/z	相对强度 /%
14	8.0
15	38.6
18	16.3
28	39.7
29	23.4
42	46.6
43	40.7
44	100（基峰）
73	86.1（$M^{+\cdot}$）
74	3.2
75	0.2

化合物 B

m/z	相对强度 /%
27	34
39	11
41	100（基峰）
43	26
63	8
65	26
78	24
79	0.8（$M^{+\cdot}$）
80	8

解答：A. C_3H_7NO B. C_2H_3OCl

习题 6-2 试说明己-2-烯质谱中 *m/z*=41，55 和 84 的离子峰是怎样形成的。

解答：

$$[CH_3CH{=}CH \overset{b}{\wr} CH_2 \overset{a}{\wr} CH_2CH_3]^{+\cdot} \quad m/z=84$$

a $-\dot{C}H_2CH_3$ → $CH_3CH{=}CHCH_2^+$ *m/z*=55

b $-\dot{C}H_2CH_2CH_3$ → $CH_3CH{=}\overset{+}{C}H$ —重排→ $^+CH_2CH{=}CH_2$ *m/z*=41

习题 6-3 试解释下列化合物 λ_{max} 不同的原因，并估计哪一个化合物的 κ 值最大。

（1）(λ_{max}=250 nm)　　（2）(λ_{max}=185 nm)

解答：共轭，κ（1）>κ（2）。

习题 6-4 试计算下列化合物的 λ_{max} 值。

（1）H C=CH$_2$　　（2）CH$_3$ H

（3）H$_5$C$_2$ H C=C H H C=C H C$_2$H$_5$　　（4）CH$_3$

解答：（1）λ_{max}=227 nm，（2）λ_{max}=237 nm，（3）λ_{max}=227 nm，（4）λ_{max}=232 nm。

习题 6-5 图（a）为正癸烷的质谱图，图（b）为 2,2,5,5-四甲基己烷的质谱图。试说明图（a）中 *m/z*=83，43 和图（b）中 *m/z*=71，57 的离子峰是怎样形成的。

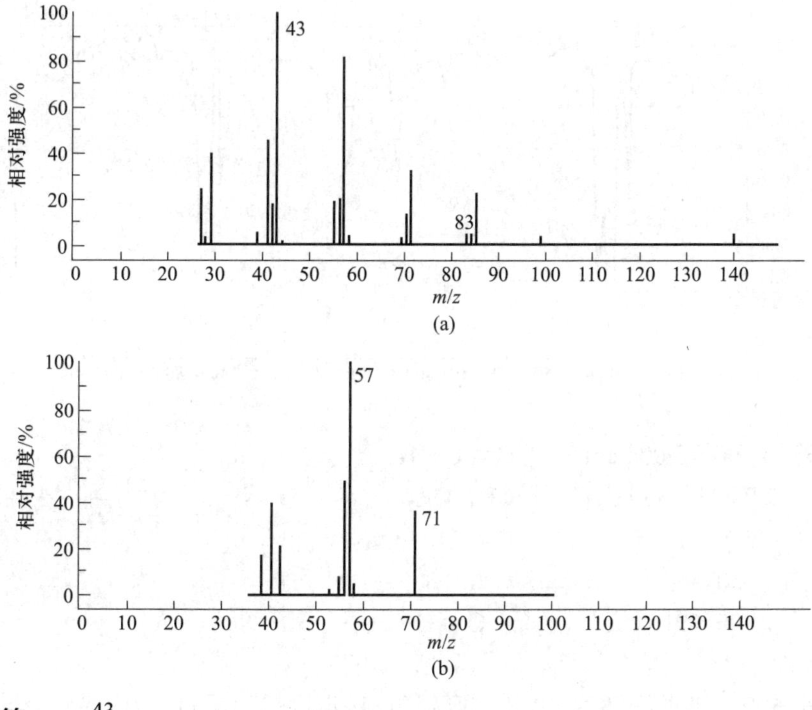

(a)

(b)

解答： 43

$$\mathrm{H_3C{-}C(CH_3)_2{-}\overset{H_2}{C}{-}C(CH_3)_2{-}CH_3}$$

57　　71

习题 6-6 写出分子式为 C_6H_{12},其核磁共振谱中只有一个单峰的化合物的结构式。

解答:

$$
\begin{array}{c}
\qquad\qquad CH_3 \\
\qquad\qquad | \\
CH_3—C{=}C—CH_3 \\
| \qquad\qquad \\
CH_3 \qquad\qquad
\end{array}
$$

习题 6-7 化合物 $C_6H_{12}O_2$ 在 1 749 cm^{-1}, 1 250 cm^{-1}, 1 060 cm^{-1} 处有强的红外吸收峰,在 2 950 cm^{-1} 以上无红外吸收峰。其核磁共振谱图上有两个单峰 δ=3.4(3H),δ=1.0(9H)。请写出该化合物的结构式。

解答: O—

O

提示: 1 749 cm^{-1} 说明为 C═O; 1 250 cm^{-1}, 1 060 cm^{-1} 印证其为酯羰基。在 2 950 cm^{-1} 以上无红外吸收峰说明无不饱和氢原子。

习题 6-8 下图为己-1-烯的红外光谱图,试辨认并指出主要红外吸收峰的归属。

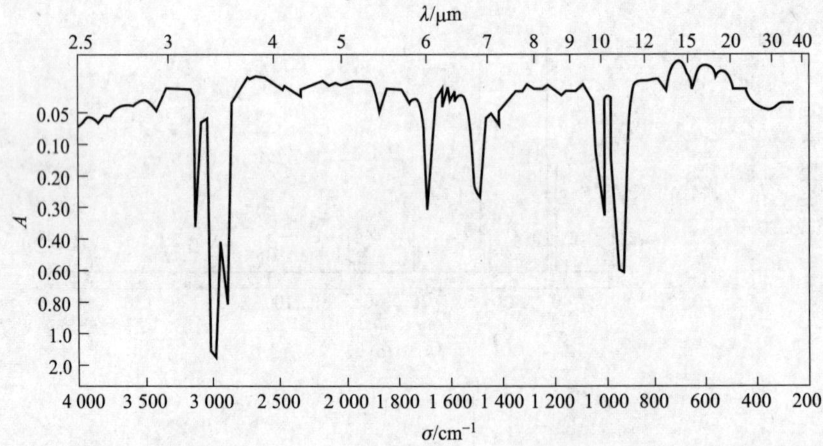

解答:

3 100～3 000 cm^{-1}	C═C—H	ν, m
2 950～2 850 cm^{-1}	CH_3, CH_2	ν, s
1 680～1 620 cm^{-1}	C═C	ν, m
1 430 cm^{-1}	CH_3	δ
1 000～910 cm^{-1}	—C═C—H	δ

习题 6-9 如何用 ¹H NMR 谱图区别顺-1-溴丙烯和反-1-溴丙烯两个异构体。
解答: 偶合常数不同,反式偶合常数较大。

习题 6-10 下图为 1,1,2-三氯乙烷的 ¹H NMR 谱图(300 MHz)。试指出图中质子的归属,并说明其原因。

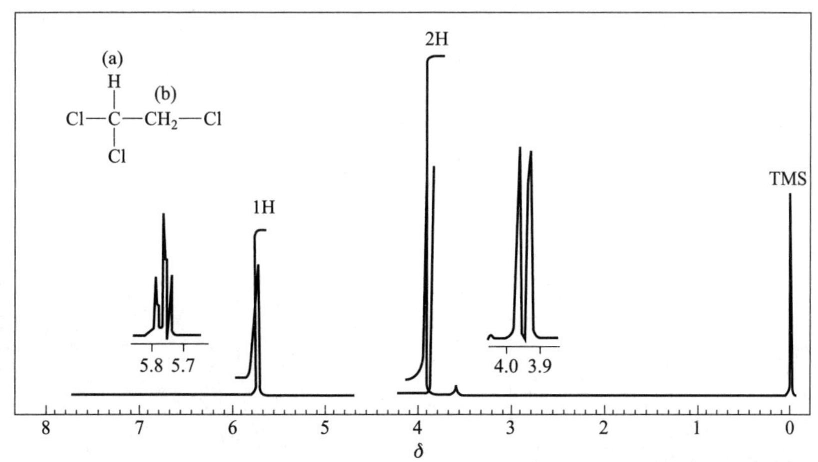

解答：δ=5.7～5.8 的三重峰为 a（碳原子上连有两个氯原子，诱导作用大，产生低场位移，相邻碳原子上两个氢原子，出现三重峰，从积分高度判断只有一个氢原子）；δ=3.9～4.0 的双峰为 b（碳原子上连有一个氯原子，诱导作用较小，产生较高场位移，相邻碳原子上一个氢原子，出现双峰，从积分高度判断有两个氢原子）。

习题 6-11　某化合物分子式为 $C_4H_{10}O$，结合如下 ^{1}H NMR 谱图确定其结构。

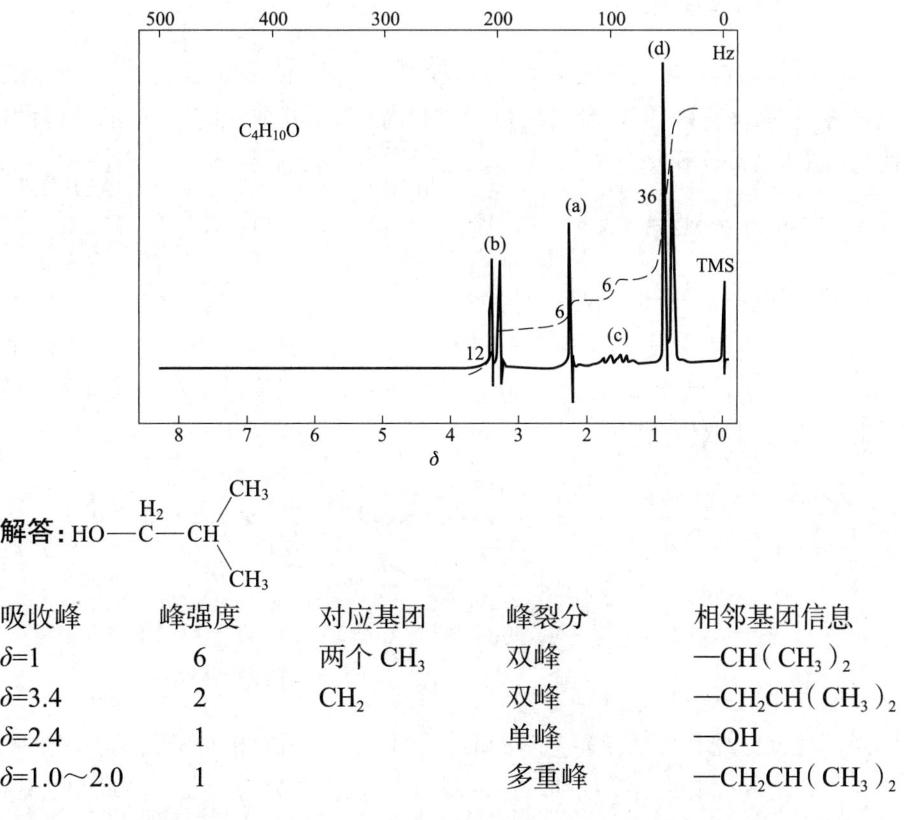

解答： $HO—\overset{H_2}{C}—CH(CH_3)_2$

吸收峰	峰强度	对应基团	峰裂分	相邻基团信息
δ=1	6	两个 CH_3	双峰	$—CH(CH_3)_2$
δ=3.4	2	CH_2	双峰	$—CH_2CH(CH_3)_2$
δ=2.4	1		单峰	—OH
δ=1.0～2.0	1		多重峰	$—CH_2CH(CH_3)_2$

习题 6-12　比较甲苯、顺丁二烯、环己烷和乙醇分子离子的稳定性。

解答：甲苯 > 顺丁二烯 > 环己烷 > 乙醇

第 7 章　芳烃及非苯芳烃

本章知识点

一、苯环的结构

苯的结构中，由于 sp^2 杂化轨道间的相互重叠，键长平均化，形成了高度离域化的大 π 键体系，这种结构大大影响了苯的化学性质。例如，苯不像烯烃那样，易发生亲电加成反应，而是发生不破坏苯的离域 π 键的亲电取代反应。有了这样的认识，理解苯的结构和性质就不难了。

二、苯的物理性质

苯的物理性质与烯烃有些相似，沸点较低，有特殊的芳香气味。但由于苯的结构比较对称，平面性又好，因此苯的熔点相对较高（包括其取代物）。苯的溶解性较好，常作为有机溶剂，但不溶于水。

三、苯的化学性质

1. 亲电取代——反应机理

与烯烃类似，苯环上的 π 键也可以和正离子发生加成，形成碳正离子。不同的是，该碳正离子不与亲核试剂发生加成，而是随后失去氢离子重新形成苯环 π 键。从结果上看，发生了取代反应。

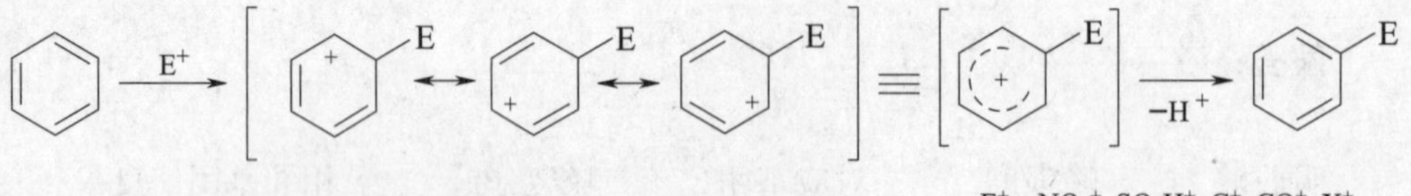

E^+　$-H^+$

$E^+ = NO_2^+, SO_3H^+, C^+, CO^+, X^+, \cdots$

2. 亲电取代——定位规则

当苯环上已经有一个或多个基团时，后引入的基团的相对位置受前一个基团的影响。这就是取代苯的定位规则。定位规则中，取代基分为三大类：致活的邻对位定位基、致钝的邻对位定位基和致钝的间位定位基。

（1）致活的邻对位定位基　此类基团一般属于吸电子诱导效应较弱，给电子共轭效应较强或可稳定活性中间体（如烷基）的基团。一般包括：—OH，—OR，—NH_2，—NR_2，—OCOR，—NHCOR，—CH_3 等。

（2）致钝的邻对位定位基　此类基团一般属于吸电子诱导效应较强，给电子共轭效应较弱的基团。一般仅局限于卤素类取代基：—F，—Cl，—Br，—I。

（3）致钝的间位定位基　此类基团一般属于吸电子诱导效应较强，同时吸电子共轭效应也较强的基团。一般包含重键结构：—NO_2，—SO_3H，—SO_2R，—COOR，—COR，—CONHR，—CN 等。

3. 亲核取代

由于苯环上电子密度较高，不易与富电子的基团或物质靠近，因此氯苯发生亲核取代生成苯酚的反应条件异常苛刻。但当苯环上有较强的吸电子基团时，苯环电子密度显著下降，此时苯环上如有离去性较好的基团（如卤素）时，亲核试剂可以在较温和的条件下进攻苯环而得到取代产物。此反应在合成取代酚、胺及其衍生物上有重要意义，在药物合成上有重要应用。下图是对硝基卤苯发生亲核取代的可能机理，由图中也可以看出，动力学上，硝基对稳定反应的中间体也有贡献。

四、萘和蒽、菲的化学性质

萘和蒽、菲都是苯环按照不同数量和方式稠合起来的，它们有着较为相似的性质，由于受到多共轭体系的作用，它们普遍比苯活泼，易于发生亲电取代反应和氧化反应。

1. 萘和蒽、菲的亲电取代反应及定位规则

一般地，萘的 α 位比 β 位活泼，蒽的 9 位（中间苯环）比较活泼，菲的中间苯环比两侧苯环活泼。当发生亲电取代或氧化反应时，这些位置优先反应。

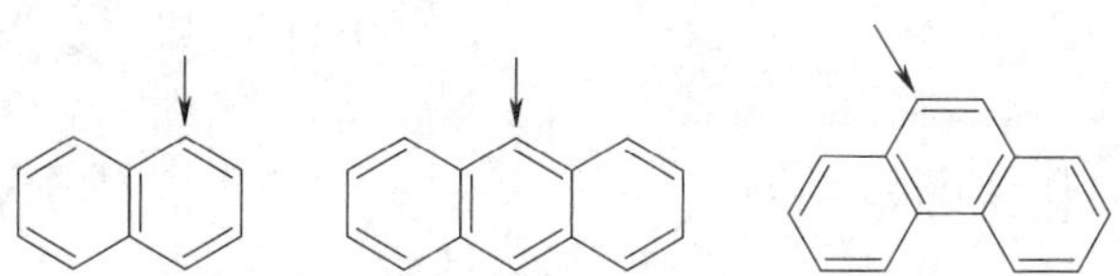

2. 萘和蒽、菲的氧化反应

当萘和蒽、菲在环上发生氧化反应时，一般有如下两种模式：

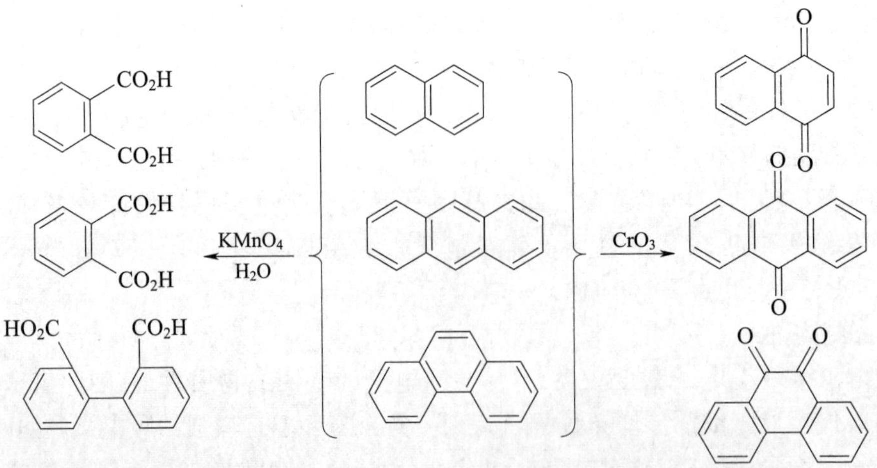

CrO_3 氧化与 $KMnO_4/H_2O$ 氧化反应式（萘、蒽、菲）：萘经 $KMnO_4$，H_2O 氧化生成邻苯二甲酸，经 CrO_3 氧化生成 1,4-萘醌；蒽经 $KMnO_4$，H_2O 氧化生成邻苯二甲酸，经 CrO_3 氧化生成蒽醌；菲经 $KMnO_4$，H_2O 氧化生成联苯-2,2'-二甲酸，经 CrO_3 氧化生成菲醌。

3. 萘和蒽、菲的还原反应

萘和蒽、菲的还原一般分为部分还原和全部还原两种，部分还原指仅还原其中一个苯环或一个苯环的一部分；全部还原指还原所有的不饱和键，生成十氢化萘等衍生化合物。

五、非苯芳烃芳香性的判断

非苯芳烃指不具有苯环结构，但有芳香性的化合物。

在基础有机化学中，一般只讨论化合物是否具有芳香性，不讨论反芳香性和莫比乌斯芳香性等情况。在讨论化合物是否具有芳香性时，一般要求按照休克尔规则等条件来判断：

（1）π 电子数是否满足 $4n+2$ 规则；

（2）π 电子是否连续闭合成环状结构；

（3）整个环是否具有较好的平面性。

六、吡咯、呋喃、噻吩及吲哚的化学性质

1. 亲电取代反应及其选择性

一般地，吡咯、呋喃和噻吩的 2 位或者 α 位较活泼，吲哚的 3 位较为活泼，亲电取代反应发生在这里。但要注意的是，由于这四类环体系都属于五中心六电子体系，电子密度高，比苯活泼很多，同时，它们的芳香性较差，因此不能耐受强酸、高温等苛刻条件，应选择较为温和的亲电反应条件。

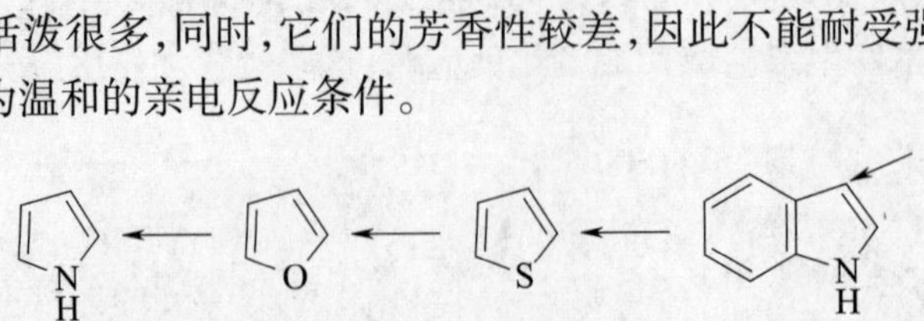

吡咯 ← 呋喃 ← 噻吩 ← 吲哚（箭头指向吲哚 3 位）

2. Diels-Alder 反应

由于吡咯、呋喃和噻吩的芳香性差，而且属于富电性物质，因此易于与缺电子的烯烃或炔烃发生 Diels-Alder 反应。

3. 还原反应

由于吡咯、呋喃和噻吩的还原反应可得到对应的四氢吡咯（吡咯烷）、四氢呋喃（常用溶剂）和四氢噻吩。这些物质在化工和制药等领域都有重要应用。

七、吡啶、喹啉和异喹啉的化学性质

1. 吡啶 / 氧化吡啶的亲电取代反应

由于吡啶环非常缺电子，缺电子程度相当于硝基苯，因此非常难于发生亲电取代反应，通常的反应条件都很苛刻。这限制了其应用。而当将吡啶氧化成氧化吡啶，氧化吡啶的氮不再那么缺电子，反应活性有很大的提高，可作为亲电取代反应的原料。

2. 吡啶的亲核取代反应——齐齐巴宾（Chichibabin）反应

吡啶难于发生亲电取代反应，却相对易于发生亲核取代反应。著名的 Chichibabin 反应就是吡啶在氨基钠的液氨溶液中，发生氨基负离子对吡啶 2 位的亲核进攻，最终生成 2-氨基吡啶的反应。

3. 喹啉和异喹啉的亲电取代反应

喹啉和异喹啉都是苯并吡啶，鉴于吡啶的缺电子特征，它们发生亲电取代反应时都发生在苯环一侧。

4. 喹啉和异喹啉的氧化反应

CO_2H
N
CO_2H
N
$KMnO_4$
H_2O
CO_2H
N
N
CO_2H

5. 喹啉和异喹啉的还原反应

不完全的喹啉和异喹啉的还原反应发生在吡啶环一侧。

八、苯、吡啶、喹啉 / 异喹啉的 α 位卤化 / 氧化反应

苯、吡啶、喹啉 / 异喹啉的 α 位卤化和氧化反应如下：

CH_2X
X_2
Z
$h\nu$
Y
CH_3
X = Cl, Br, …
Z
Y
CO_2H
$KMnO_4$
Y = CH，N
Z
Z = N， CH
Y

例题解析

例题 7-1 命名或写出结构式。

1. 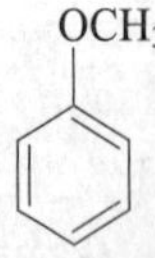 （结构式：苯环上连有 OCH_3）

解答：苯基甲基醚（可简写为苯甲醚）

分析：该物质俗称茴香醚。注意，不可写为甲苯醚，因甲苯醚易与甲苯基甲苯基醚混淆。

2. 肉桂醛

解答：（结构式：苯环—CH=CH—CHO）

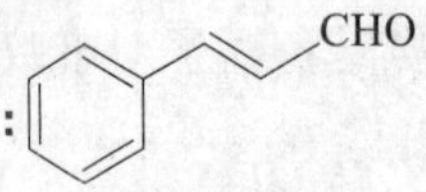

分析：该化合物常用其俗名，用系统命名法可命名为3-苯基丙烯醛。

3. 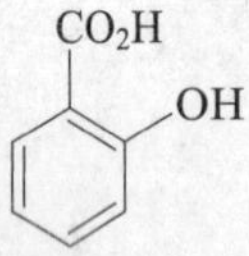 （结构式：苯环上邻位连有 CO_2H 和 OH）

解答：水杨酸

分析：该化合物作为著名药物阿司匹林的前体，家喻户晓，因此俗名最常见。它也可命名为邻羟基苯甲酸。这里要注意，当命名多取代苯时，需要找到它的母体，如苯磺酸、苯酚等。在本题中，母体为苯甲酸，因此命名时将羟基作为取代基即可，命名为邻羟基苯甲酸，或2-羟基苯甲酸、*o*-羟基苯甲酸。

4. 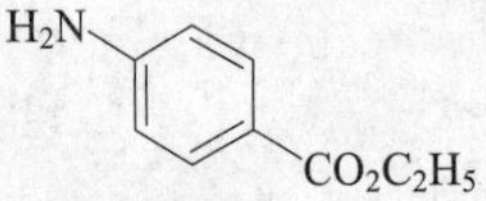 （结构式：苯环对位连有 H_2N 和 $CO_2C_2H_5$）

解答：对氨基苯甲酸乙酯

分析：由上题的分析可知，本题先要找到该化合物的母体。通过分析，母体为苯甲酸乙酯，因此可命名为对氨基苯甲酸乙酯，或4-氨基苯甲酸乙酯、*p*-氨基苯甲酸乙酯。该化合物也是著名的麻醉药，药品名苯佐卡因。

5. 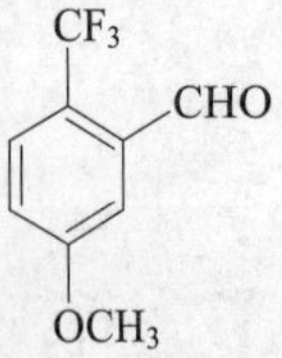 （结构式：苯环上连有 CF_3、CHO 和 OCH_3）

解答：5-甲氧基-2-三氟甲基苯甲醛

分析：对于多取代苯的命名，找准母体非常关键。在本题中，甲氧基的优先级最低,而甲酰基(醛基)比三氟甲基优先级高,因此母体为苯甲醛。

6. 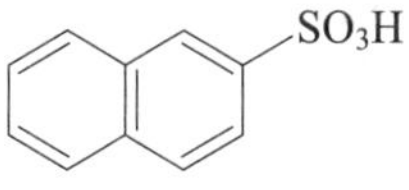 SO_3H

解答: β-萘磺酸(或2-萘磺酸)

分析:单取代萘中的取代基只可能在其 α 位或 β 位,当然也可以用1-或2-来标记。

7. 9-甲基蒽

CH_3

解答:

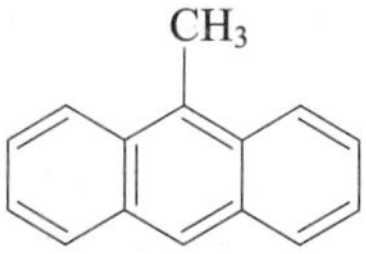

分析:本题主要考查蒽的结构及其取代位次,勿与菲混淆。

8. 糠醛

解答: O CHO

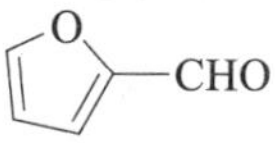

分析:糠醛也可以用 α-呋喃甲醛或2-呋喃甲醛命名。

9. 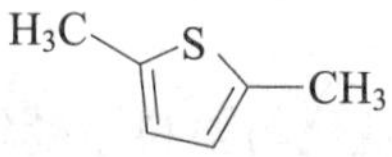 H_3C S CH_3

解答: 2,5-二甲基噻吩

分析:呋喃、噻吩,或者吡啶、吲哚,这些杂环的名称都是音译,也应用得最为广泛。

10. 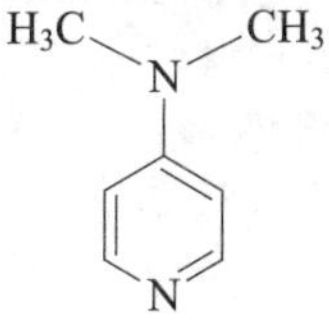 H_3C N CH_3 N

解答: 4-(二甲氨基)吡啶(简称DMAP)

分析:该化合物是有机合成中非常重要的催化剂和碱,特别在酯合成中具有举足轻重的地位。

11. 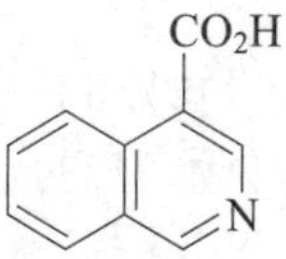 CO_2H N

解答: 异喹啉-4-甲酸

分析:注意喹啉和异喹啉的区别,注意它们的取代基位次是如何编排的。

12. 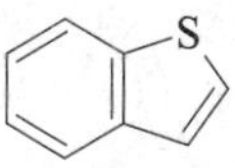 S

解答: 苯并噻吩(或苯并[*b*]噻吩)

分析:有意思的是,苯并吡啶(喹啉或异喹啉)和苯并吡咯(吲哚或异吲哚)都有相应的独立的名称,而苯并噻吩和苯并呋喃却没有,这可能是因为苯并噻吩和苯并呋喃片段在天然产物中存在较少的缘故。

13. 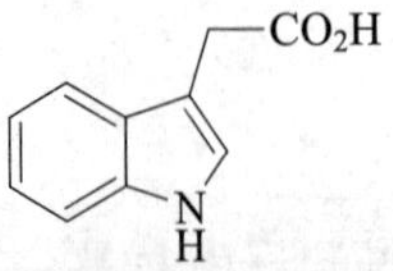 (结构式:吲哚环3位连有 CH_2CO_2H)

解答: 3-吲哚乙酸(或吲哚-3-乙酸)

分析:这是一种植物生长激素,能促进细胞分裂,加速根的形成。

例题 7-2 完成下列反应式。

1. 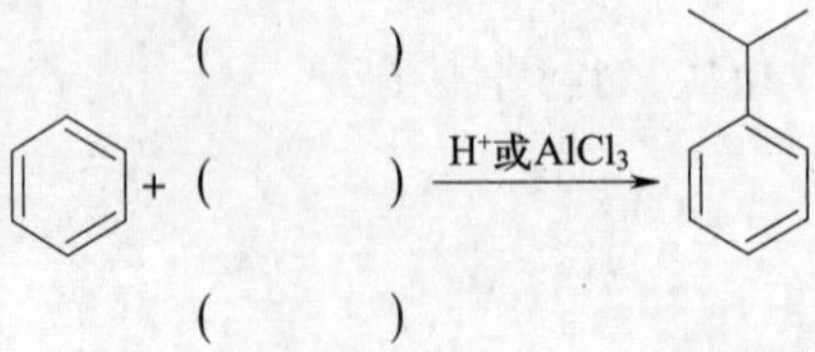 苯 + (　　)/(　　)/(　　) $\xrightarrow{H^+或AlCl_3}$ 异丙基苯

解答: (异丙醇,OH);(丙烯);(2-氯丙烷,Cl)

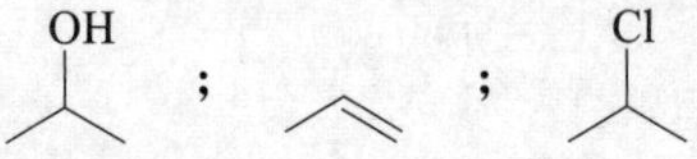

分析:本题显然是在问有哪几种试剂可以作为傅-克烷基化的原料。换句话说,有哪些化合物在质子酸或路易斯酸作用下可以产生碳正离子。根据这一思路,再结合之前章节所学的内容,不难想到醇、烯烃和卤代烃都可以实现这一转化。

2. 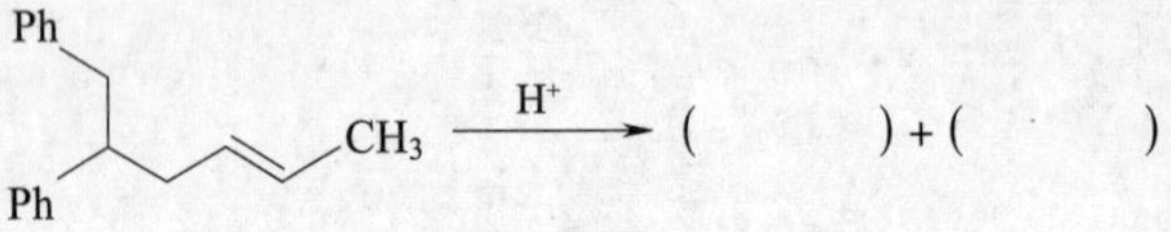 (Ph、Ph 取代的烯烃,末端 CH_3) $\xrightarrow{H^+}$ (　　) + (　　)

解答: (四氢萘衍生物,含 CH_3 与 Ph);(四氢萘衍生物,含 CH_3 与 CH_2Ph)

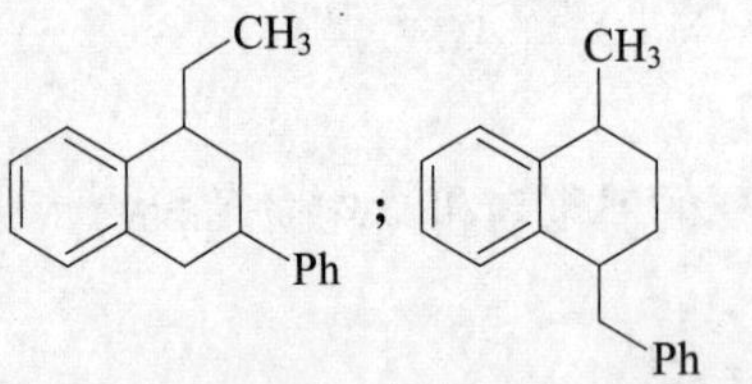

分析:烯烃在酸性条件下可产生碳正离子,这点在上题中也有体现。而碳正离子可以与苯发生亲电取代反应。六元环由于张力最小,因此最易形成。通过这些分析不难写出对应的碳正离子中间体,也不难给出相应的答案。

3. 苯 + CH_3CH_2COCl $\xrightarrow{AlCl_3}$ (　　) $\xrightarrow[HCl]{Zn-Hg}$ 丙苯

解答: (苯丙酮,O)

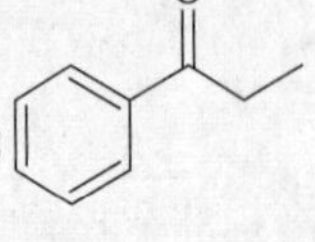

分析：写出本题的答案并不难，出题者是想让答题者理解该合成路线的意义。如果直接用丙烯或正丙基氯作为烷基化原料，最终只会得到异丙基苯。并且直接烷基化还可能得到二取代甚至多取代的产物，对后续分离很不利。选用先酰基化再还原羰基的做法避免了重排和多取代。

4. 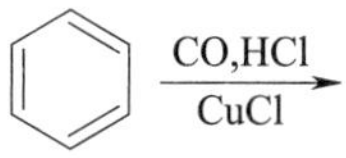 苯 $\xrightarrow[CuCl]{CO,HCl}$ (　　　)

解答： 苯甲醛（C_6H_5CHO）

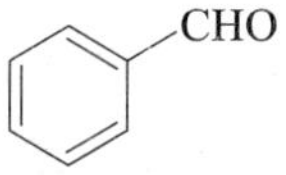

分析：此反应是重要的获得芳香醛的反应，从机理角度来讲，它也可以归为傅-克酰基化反应。

5. 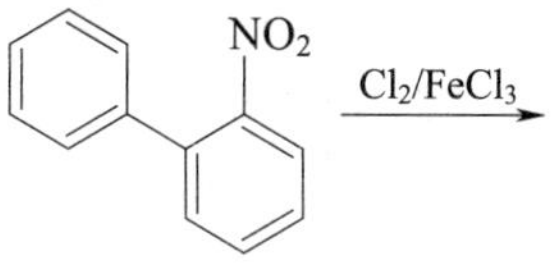 2-硝基联苯（NO_2） $\xrightarrow{Cl_2/FeCl_3}$ (　　　)

解答： 4'-氯-2-硝基联苯（Cl，NO_2）

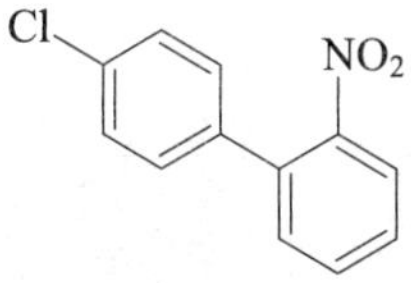

分析：该反应类型不难掌握，是典型的氯化反应条件。但有两个地方需要注意。首先，氯化发生在哪一个环上？由题可知，硝基取代的苯由于电子密度大幅下降，反应活性急剧降低，氯化一定发生在非硝基取代的苯环上。其次，氯化发生的位置在哪里？换句话说，是邻对位还是间位？苯环可以看成略活化的邻对位定位基，因此本题中氯化的位置在非硝基取代苯环的对位（邻位位阻较大）。

6. 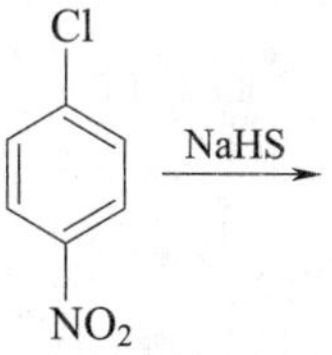 对氯硝基苯（Cl，NO_2） $\xrightarrow{NaHS}$ (　　　)

解答： 对硝基苯硫酚（SH，NO_2）

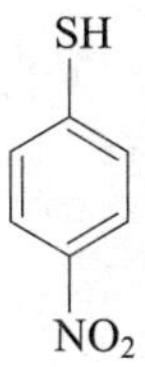

分析：该反应是典型的亲核取代反应。由于苯环是富电子的，原本不易发生亲核取代反应，但当苯环上有较强的吸电子基团时，有些较强的亲核试剂也可以与苯环上的离去基团发生亲核取代反应。这类反应在药物合成中非常有用。

7. 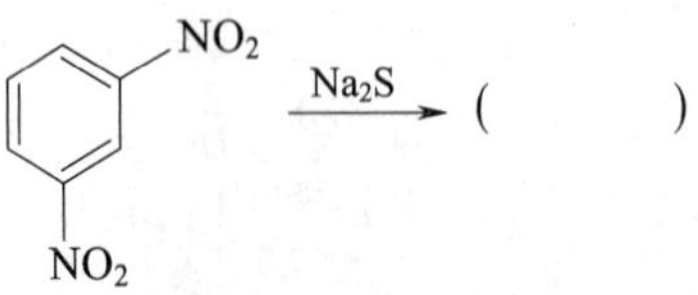 (间二硝基苯) $\xrightarrow{Na_2S}$ (　　　)

解答: (3-硝基苯胺)

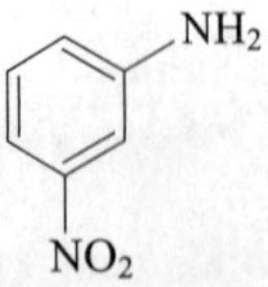

分析:本题表面上与上题相似,但实际完全是两类反应。本题中苯环上没有可离去基团,不能发生亲核取代反应,而两个硝基却可以互相活化对方。本题中硫化钠的作用是还原其中的一个硝基成为氨基,这是一个有用且比较特别的反应,需要理解掌握。

8. 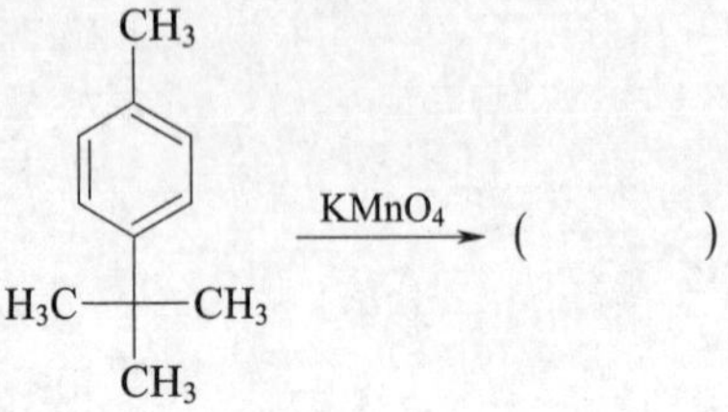 (对叔丁基甲苯) $\xrightarrow{KMnO_4}$ (　　　)

解答: (对叔丁基苯甲酸)

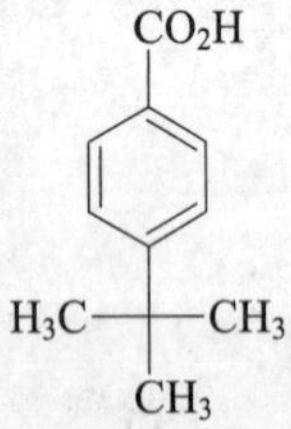

分析:本题考查对苯的 α 位氧化所具备的必要条件的理解。从题目中不难看出,苯的 α 位上一侧有氢原子(甲基端),一侧无氢原子(叔丁基端),因此有氢原子一侧被氧化。

9. 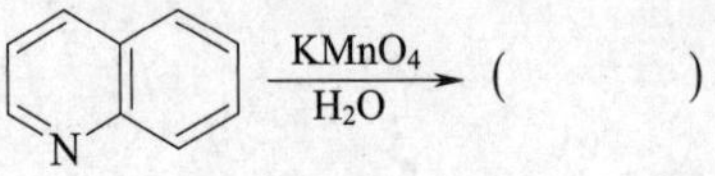 (喹啉) $\xrightarrow[H_2O]{KMnO_4}$ (　　　)

解答: (吡啶-2,3-二甲酸)

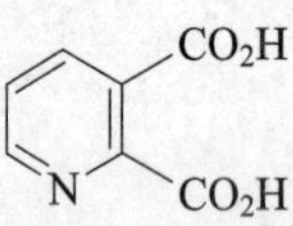

分析:本题考查在强氧化条件下,哪个环被破坏。实际上在氧化条件下,富电子环容易被氧化,因此本题中氧化的最终结果为生成吡啶二甲酸。

10. 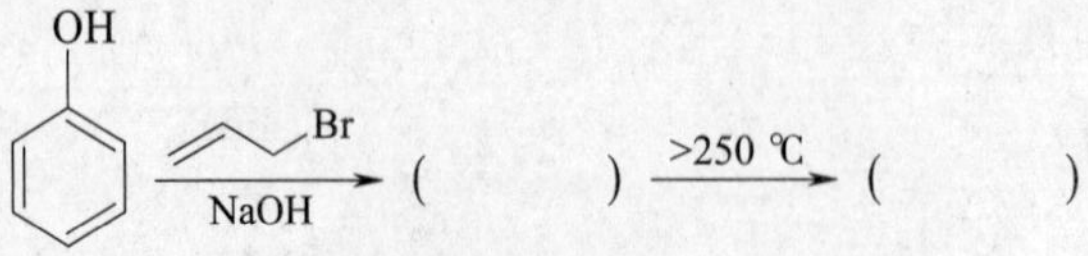 (苯酚) $\xrightarrow[NaOH]{\text{烯丙基溴}}$ (　　　) $\xrightarrow{>250\ ℃}$ (　　　)

解答: (烯丙基苯基醚) ; (2-烯丙基苯酚)

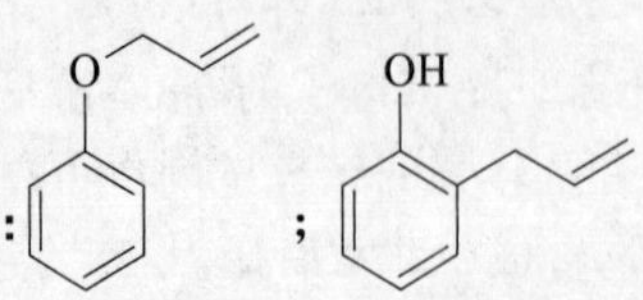

分析：本题第一问对应的是合成醚的反应条件，比较容易。第二问对应的是 Claisen 重排反应，一般来说，反应第一步先生成邻位烷基化的产物。

11. 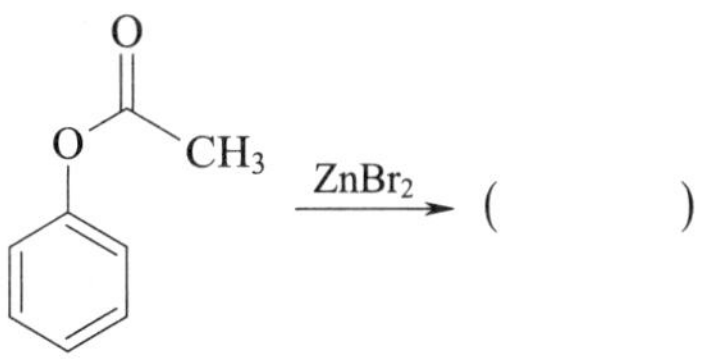 $C_6H_5OC(O)CH_3 \xrightarrow{ZnBr_2}$ (　　　)

解答： 2-羟基苯乙酮（OH、$COCH_3$ 处于苯环邻位）

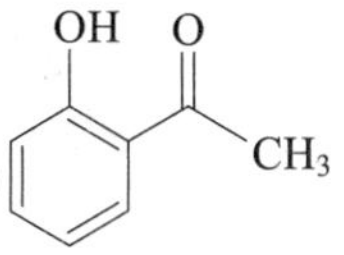

分析：注意反应条件为路易斯酸，因此可推知这个反应为 Fries 重排反应，得到邻位酰基化的产物。

12. 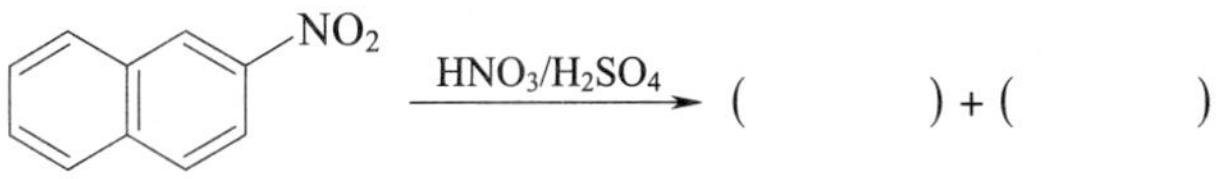 2-硝基萘 $\xrightarrow{HNO_3/H_2SO_4}$ (　　　) + (　　　)

解答： 1,7-二硝基萘（NO_2、NO_2）；1,6-二硝基萘（NO_2、NO_2）

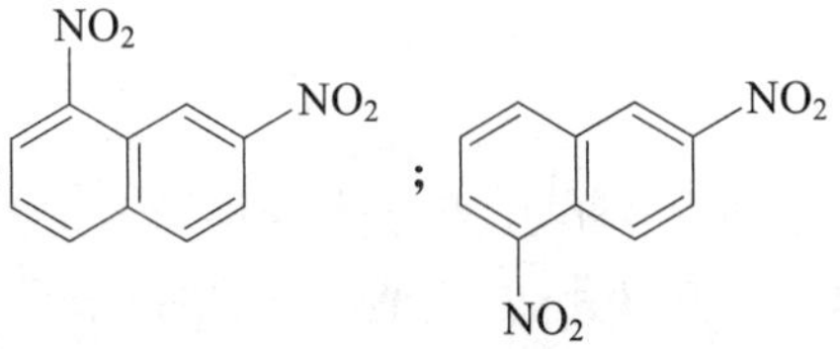

分析：本题考查硝基对萘环的影响。由于硝基为强致钝基团，因此当发生亲电取代反应时，后引入基团将在硝基所在苯环的另一侧反应，答题时应注意相应的引入位置。

13. 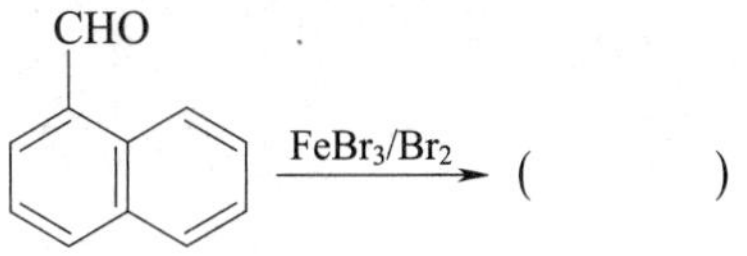 1-萘甲醛（CHO） $\xrightarrow{FeBr_3/Br_2}$ (　　　)

解答： 5-溴-1-萘甲醛（CHO、Br）

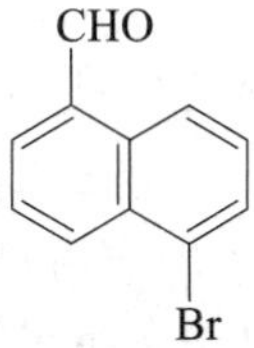

分析：与上题类似，溴被引入非酰基所在的环。但在酰基一侧的 α 位，由于存在较大的位阻效应，因此主要得到在另一侧 α 位引入溴的产物。

14. 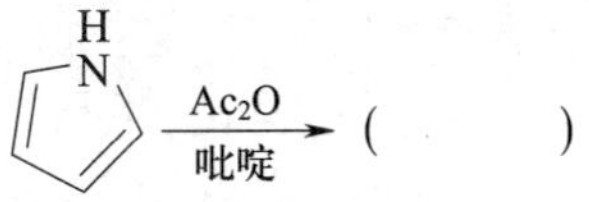 吡咯（H、N） $\xrightarrow[吡啶]{Ac_2O}$ (　　　)

解答： 2-乙酰基吡咯（H、N、CH_3、O）

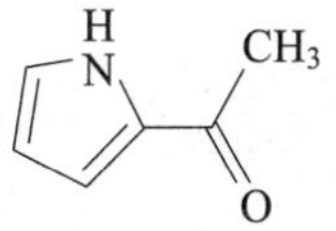

分析：吡咯的酰化与苯不同，由于吡咯的高活性，最好不用酰氯这样的高活性试剂。同时，不加路易酸催化剂，反应也可以顺利进行。

15. 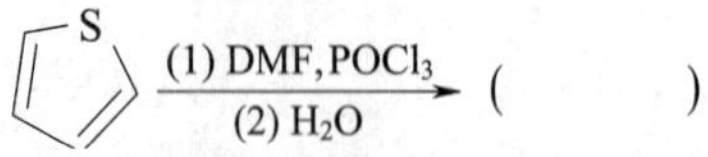 噻吩 $\xrightarrow[(2)\ H_2O]{(1)\ DMF, POCl_3}$ (　　　)

解答： 2-噻吩甲醛（噻吩-2-CHO）

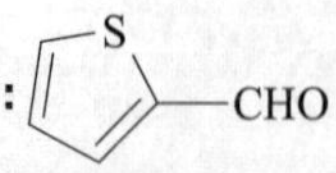

分析：噻吩、吡咯和呋喃都属于芳香性较弱的芳环，不耐强酸。在这些杂环上引入基团，最好选用较温和的方法。当然，上述方法也可用于苯环上甲酰基的引入。

16. 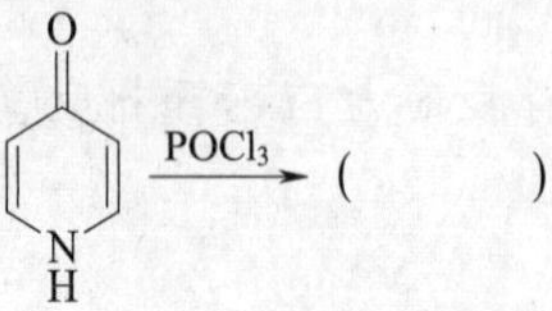 4-吡啶酮 $\xrightarrow{POCl_3}$ (　　　)

解答： 4-氯吡啶

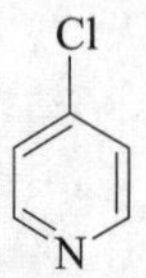

分析：本题的巧妙之处在于利用烯醇式和酮式互变，原料由酮式变成烯醇式后恰好可以芳构化形成吡啶环，而 $POCl_3$ 可将羟基转化成 Cl，稳定了"烯醇式"。

17. 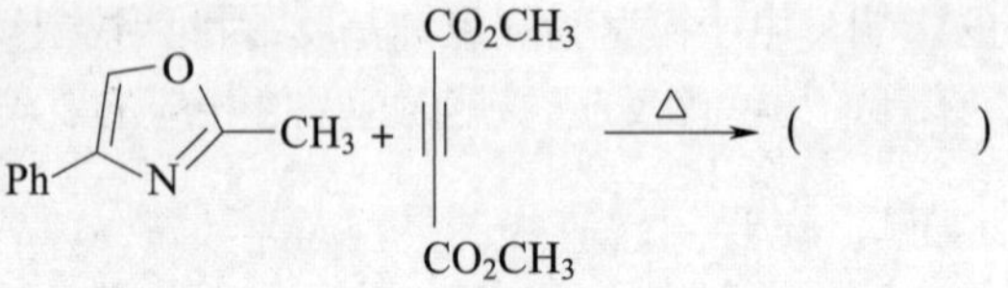 4-苯基-2-甲基噁唑 + $CH_3O_2C-C\equiv C-CO_2CH_3$ $\xrightarrow{\triangle}$ (　　　)

解答： Diels-Alder 加成产物（氧桥双环，含 Ph、N、H_3C、两个 CO_2CH_3）

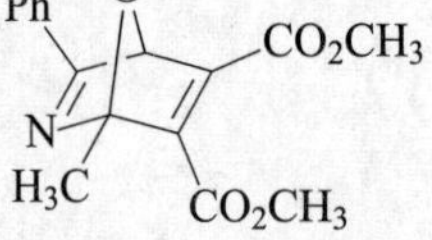

分析：很明显，本题考查对 Diels-Alder 反应的掌握程度。某些芳香性较弱的杂环化合物易发生此类反应，解答时注意基团的相对位置及该反应的立体化学。

18. 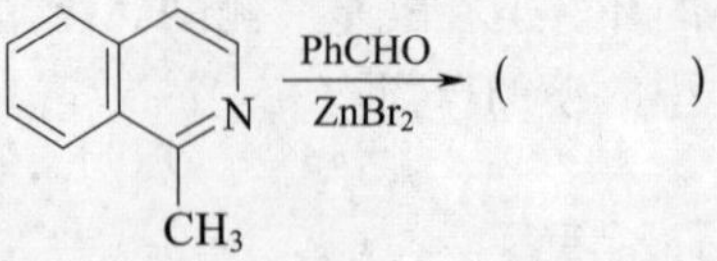 1-甲基异喹啉 $\xrightarrow[ZnBr_2]{PhCHO}$ (　　　)

解答： 1-苯乙烯基异喹啉（$-CH=CH-Ph$）

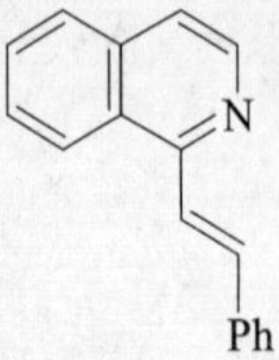

分析：本题常被误解成亲电取代反应，实际上，由于吡啶环强烈的吸电子作用，原料分子上的甲基氢酸性较高，可发生羟醛缩合反应。

例题 7-3 选择题。

1. 下述四种化合物发生亲电取代反应时，反应活性由高到低的顺序为(　　)。

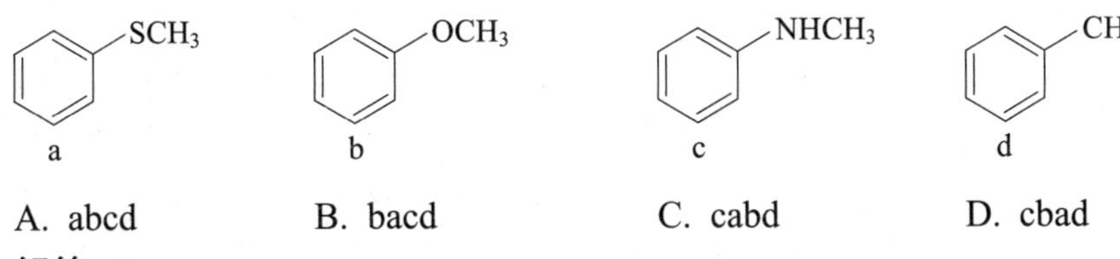

A. abcd　　B. bacd　　C. cabd　　D. cbad

解答：D

分析：亲电取代反应的活性与苯环的电子密度高度相关。化合物 a 和 b 中的硫原子和氧原子都含有两对孤对电子，斥力较大，不易与苯环很好地共轭，因此没有 c 中的氮原子共轭程度大，因此 c 的活性最高。硫原子与氧原子相比，硫原子的半径较大，孤对电子与苯环的共轭程度比氧原子小。而甲基没有共轭给电子作用，诱导给电子作用也相对较小。因此反应活性顺序为 c>b>a>d。

2. 下述四种化合物间位发生磺化反应时，反应的产率由高到低的顺序为(　　)。

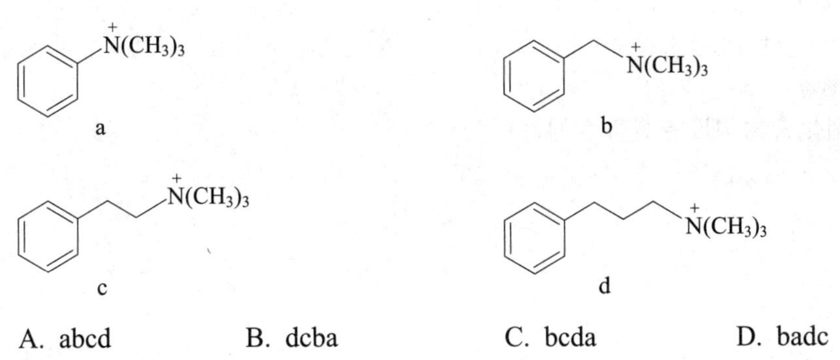

A. abcd　　B. dcba　　C. bcda　　D. badc

解答：A

分析：注意审题，本题问的是间位发生反应的活性。单取代苯环上发生亲电取代反应主要考虑苯环的电子密度。当取代基为共轭吸电子基时，该基团表现为钝化的间位定位基。由题目中的四种化合物可知，吸电子能力最大的为 a，b～d 都是通过诱导效应实现的吸电子效应。因此磺化反应产率顺序：a>b>c>d。

3. 下列化合物发生亲电取代反应位置错误的是(　　)。

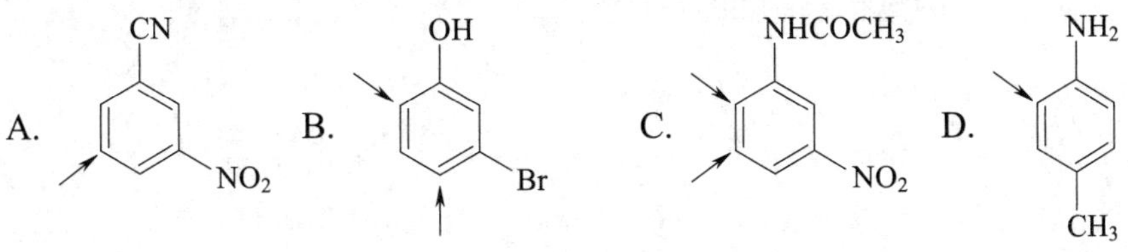

解答：C

分析：二取代或多取代苯发生亲电取代反应时的区域选择性较为复杂，但有一些情况容易判断。例如，都是强吸电子或给电子基团时，谁强遵循谁；都是邻对位定位基时，活化的比钝化的影响力大，较活泼的比相对不活泼的影响力大。当一个是邻对位定位基，另一个为间位定位基时，看致活性，谁的致活性强一般遵循谁。本题中化合物 C 中的氨基为邻对位致活基团，因此亲电取代反应优先发生在氨基的邻对位，故选择 C。

4. 下列化合物发生亲电取代反应位置错误的是（　　）。

A. $OCOCH_3$ / CO_2CH_3　B. N / CH_3　C. N / CH_3 / F_3C　D. CH_3 / I

解答：B

分析：根据上题中的判断原则不难得出 A 和 D 的位置标记正确。化合物 C 有三个取代基，此时主要判断哪一个是最致活基团，找到氨基后，遵循此基团的邻对位优先反应的判断，但氨基和三氟甲基所夹的邻位由于位阻效应，不易发生反应，因此主要从氨基的对位进攻，C 的标记也是正确的。化合物 B 如果只用上述提及的原则排查，也应属正确的标记，但氮原子上连着两个叔丁基，这两个超大基团像降落伞一样将氨基的邻位包裹起来，使其不能参与反应，因此此题不对，应在甲基的邻位做标记，故选择 B。

5. 下列化合物中没有芳香性的是（　　）。

解答：B

分析：本题中化合物 C 和 D 都是经典的芳环。A 和 B 虽表面看不出是否具有芳香性，但通过它们的共振极限式可以帮助判断。下图为这两种物质的共振极限式：

A.　B.

化合物 A 满足休克尔规则，有芳香性，而化合物 B 不满足，因此没有芳香性。

6. 下列化合物中没有芳香性的是（　　）。

A.　B. H_3C CH_3 H_3C CH_3　C.　D.

解答：C

分析：本题较上题难度略有增加。化合物 A 和 B 满足休克尔规则，分子平面性好，有芳香性。化合物 C 和 D 由于无法直接看出，需要借助它们的共振极限式来判断：

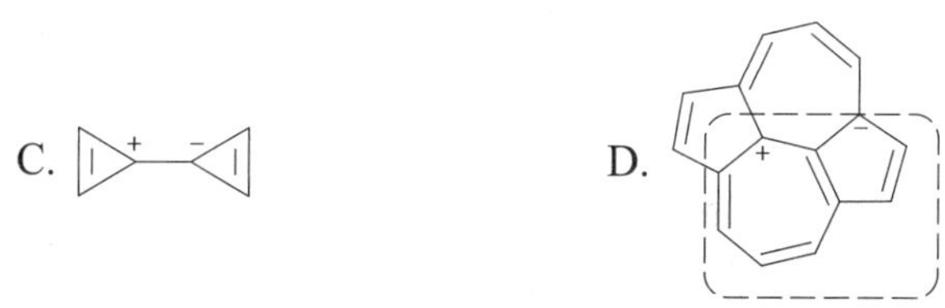

由上图不难看出，化合物 C 的共振极限式虽然一半有芳香性，但另一半为反芳香性，此共振极限式极不稳定，故化合物 C 没有芳香性。而化合物 D 的共振极限式中可找到两个环都有芳香性（图中虚线所圈部分）。其他部分可视为共轭的取代基，此共振极限式比较稳定，因此化合物 D 有芳香性。

7. 对羟基苯甲醛在碱性条件下与 30% 的过氧化氢作用，酸化后的主产物是（　　）。

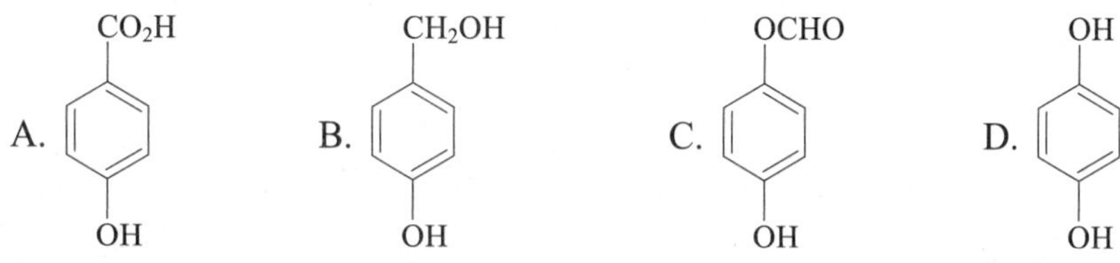

解答：D

分析：本题所描述的过程显然是发生了 Dakin 氧化反应。此氧化反应相当于在芳环和酰基之间插入了一个氧原子，得到了酯（化合物 C），但氧化反应是在碱性条件下进行的，因此该中间体随即水解，再经酸化最终得到酚。因此选择 D。

8. 下列化合物中，酸性最强的是（　　）。

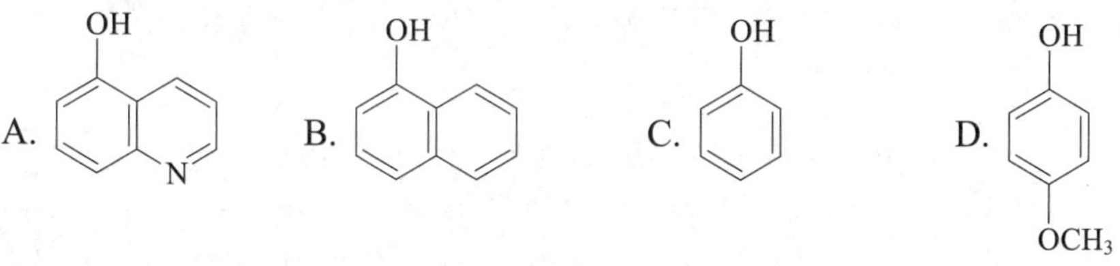

解答：A

分析：首先需要判断的是 B 和 C 酸性的大小。由于苯环可以看成弱的吸电子基，因此 B 的酸性较 C 稍强，而 D 的酸性较 C 弱。在化合物 A 中，由于吡啶环的存在，导致苯环上的电子密度下降，因此酸性最强。

9. 下述四个碳正离子的稳定性由高到低的顺序为（　　）。

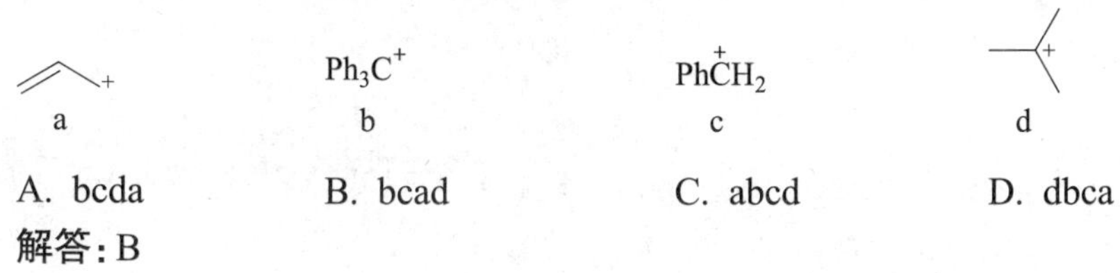

A. bcda　　B. bcad　　C. abcd　　D. dbca

解答：B

分析：由于 b 的稳定性最强，因此选项 C 和选项 D 直接被排除。一般来说，p-π 共轭效应对分子稳定性的贡献大于超共轭效应，故本题倾向于选项 B。

10. 下列化合物与甲醇钠反应，反应速率最慢的是(　　)。

A. 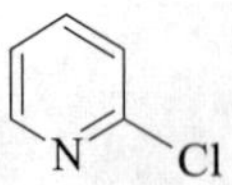 (2-氯吡啶)　B. 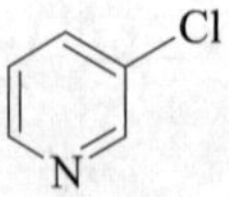 (3-氯吡啶)　C. 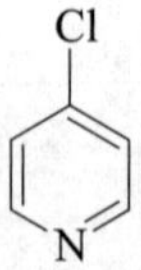 (4-氯吡啶)

解答：B

分析：本题主要考查对芳环亲核取代反应机理的掌握程度。根据机理的描述，无论是 A 还是 C，在反应过程中负电荷都被氮所稳定，而 B 没有。因此选择 B。

例题 7-4　鉴别题。

1. 请用化学方法鉴别以下物质，并给出判断依据。

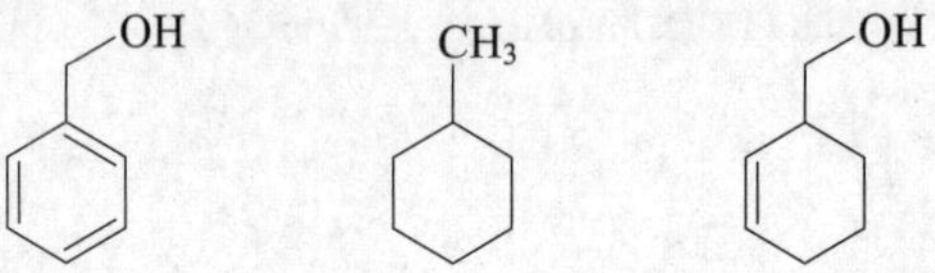

(苯甲醇)　(甲基环己烷)　(环己烯-3-基甲醇)

解答：

苯甲醇、甲基环己烷、环己烯基甲醇 $\xrightarrow{\text{溴水}}$ 苯甲醇：无现象；甲基环己烷：无现象；环己烯基甲醇：褪色

无现象的两者 $\xrightarrow[H_2SO_4]{KMnO_4}$ 苯甲醇：褪色；甲基环己烷：无现象

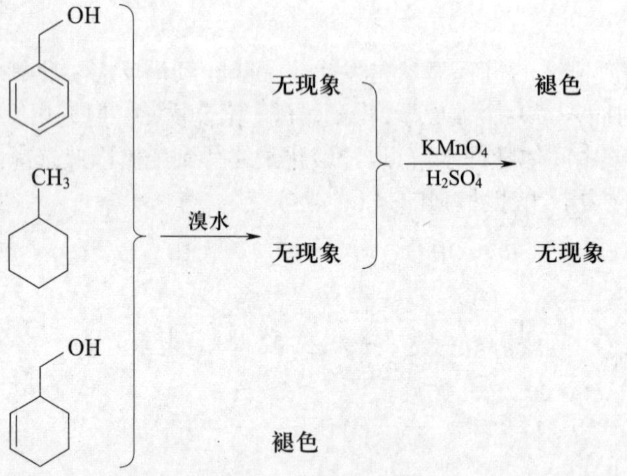

分析：本题主要考查对苯环的性质及苯环对取代基的影响知识点的掌握程度。苯环由于共轭 π 键的存在，不像烯烃那样与溴水发生加成，苯环不与溴水作用，一般也不与高锰酸钾反应。

2. 请用化学方法鉴别以下物质，并给出判断依据。

(2,4,6-三硝基溴苯：Br、O_2N、NO_2、NO_2)　(苯酚：OH)　(溴苯：Br)

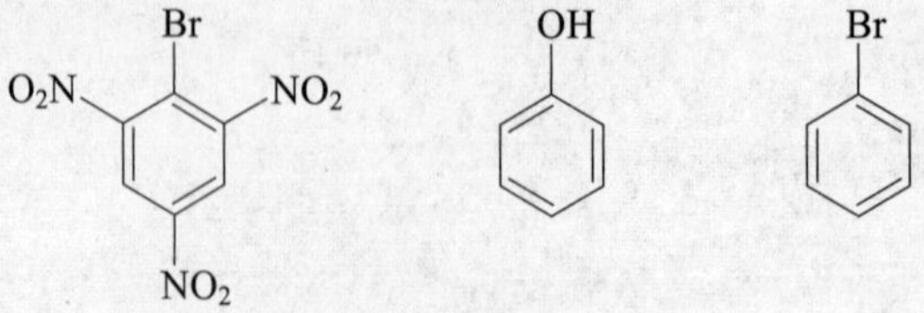

解答:

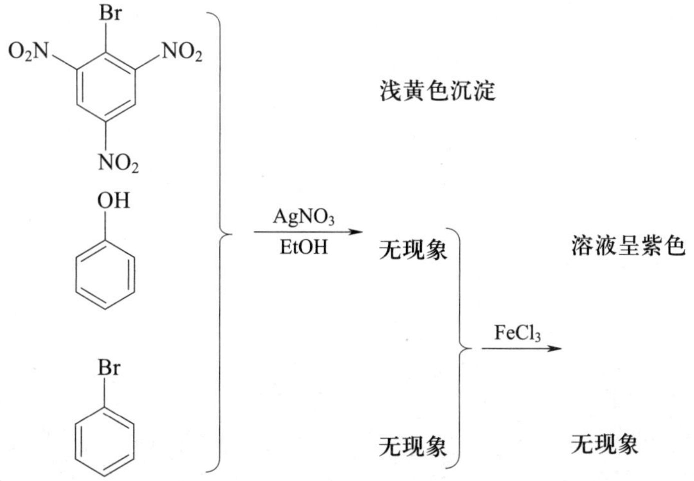

(三硝基溴苯: Br, O_2N, NO_2, NO_2) —$AgNO_3$/EtOH→ 浅黄色沉淀

(苯酚: OH) —$AgNO_3$/EtOH→ 无现象 —$FeCl_3$→ 溶液呈紫色

(溴苯: Br) —$AgNO_3$/EtOH→ 无现象 —$FeCl_3$→ 无现象

分析:本题考查苯环或取代苯环对取代基性质的影响。苯酚由于存在烯醇式结构,可以与三氯化铁溶液显色。由于硝基强烈的吸电子作用,三硝基溴苯中的溴可以接受亲核试剂的进攻而解离出溴离子,溴离子被银离子捕获生成溴化银浅黄色沉淀。

3. 请用化学方法鉴别以下物质,并给出判断依据。

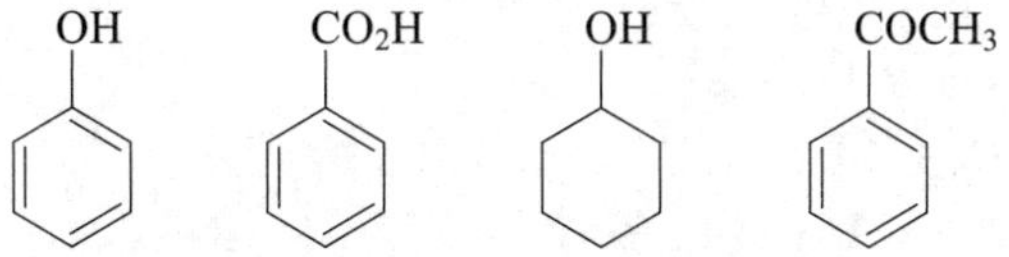

(苯酚: OH) (苯甲酸: CO_2H) (环己醇: OH) (苯乙酮: $COCH_3$)

解答:

(苯酚: OH) —$FeCl_3$→ 溶液呈紫色

(苯甲酸: CO_2H) —$FeCl_3$→ 无现象 —$NaHCO_3$→ 气泡

(环己醇: OH) —$FeCl_3$→ 无现象 —$NaHCO_3$→ 无现象 —I_2/NaOH→ 无现象

(苯乙酮: $COCH_3$) —$FeCl_3$→ 无现象 —$NaHCO_3$→ 无现象 —I_2/NaOH→ 亮黄色沉淀

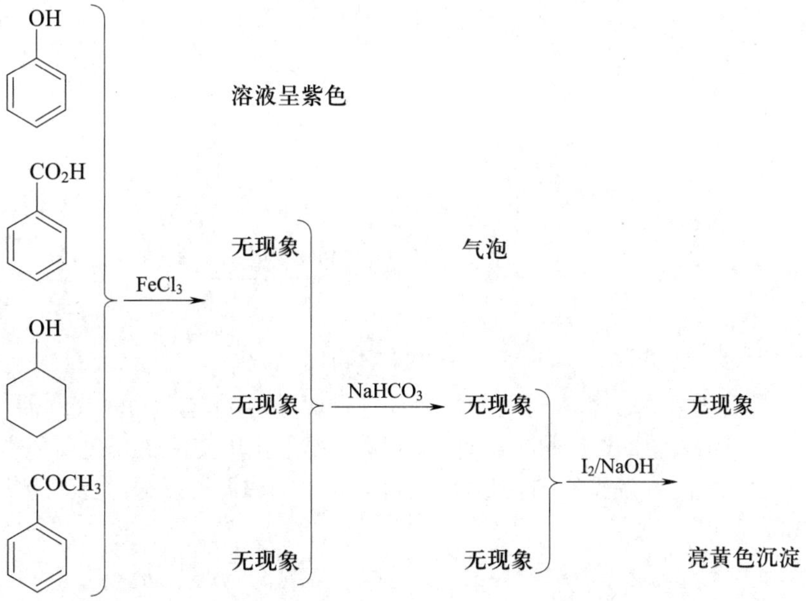

分析:与上题类似,苯酚由于存在烯醇式结构,可以与三氯化铁溶液显色,而其他

醇不能。羧酸可与碳酸氢钠溶液反应产生 CO_2 气体，甲基酮可发生碘仿反应，生成特异性物质碘仿，呈亮黄色晶体样。本题考查了本章和其他章节的内容，综合性强。

4. 请用化学方法鉴别以下物质，并给出判断依据。

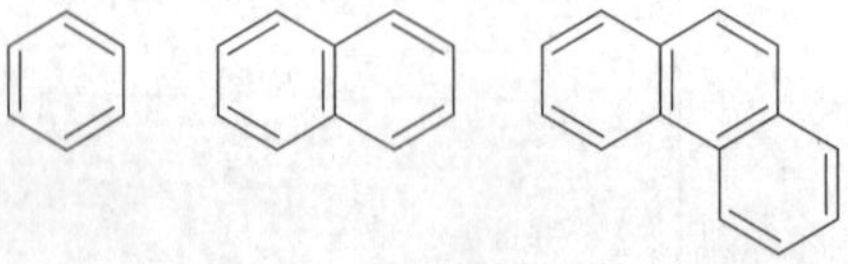

解答：

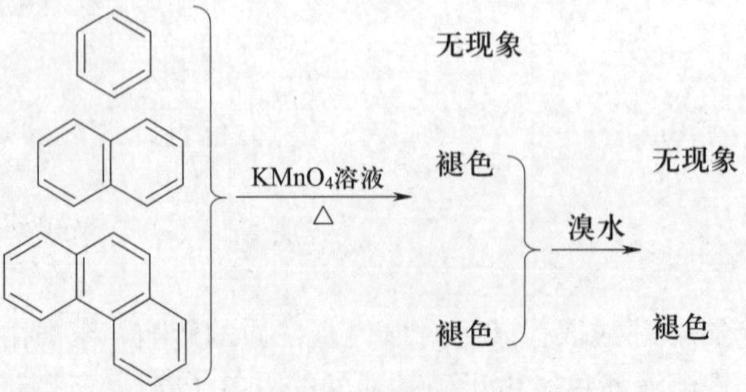

无现象

$KMnO_4$溶液 △

褪色 → 溴水 → 无现象

褪色 → 溴水 → 褪色

分析：本题考查苯、萘、菲的共轭稳定性知识点。苯有较强的芳香性，不与高锰酸钾溶液和溴水作用，萘可以与高锰酸钾溶液反应生成邻苯二甲酸，菲也可与高锰酸钾溶液反应生成醌或联苯二甲酸。菲环中间苯的活性较强，可以与溴水加成生成二溴产物从而使溴水褪色，而萘则不能。

5. 请用化学方法鉴别以下物质，并给出判断依据。

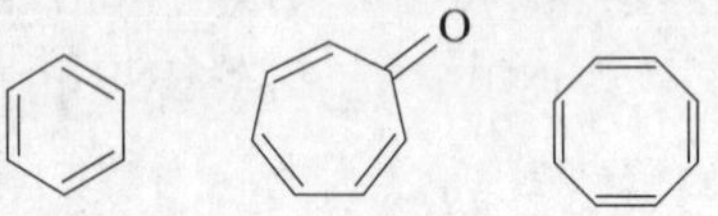

O

解答：

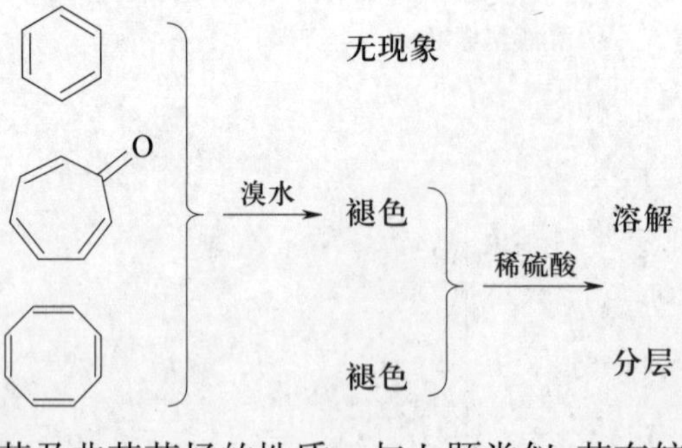

无现象

O

溴水

褪色 → 稀硫酸 → 溶解

褪色 → 稀硫酸 → 分层

分析：本题考查苯及非苯芳烃的性质。与上题类似，苯有较强的芳香性，不与溴水作用。而草酮在溴水中芳香性较差，双键可与溴水作用使溴水褪色。环辛四烯没有芳香性，表现出与烯烃类似的化学性质，可与溴水加成而使溴水褪色。草酮可形成如下的共振式：

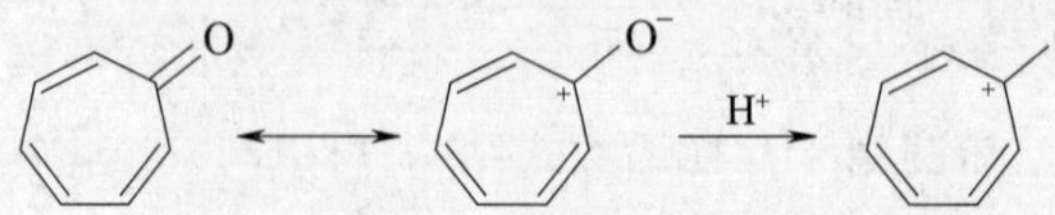

O ⟷ O^- (+) $\xrightarrow{H^+}$ OH (+)

可以看出，此七元环有芳香性，而酸性条件有利于该共振极限式的稳定。同样条件下，环辛四烯不反应。

例题 7-5 合成题。

1. 苯佐卡因（对氨基苯甲酸乙酯）是一种常见的麻醉剂。它的前体对氨基苯甲酸由于可以吸收 293 nm 的光，作为防晒霜中的有效成分而被广泛使用。请以甲苯为原料，合成这两种化合物。（除甲苯外，其他有机原料不超过两个碳原子，无机原料任选。）

解答： 甲苯（CH_3）$\xrightarrow{HNO_3}$ 对硝基甲苯（CH_3，NO_2）$\xrightarrow{KMnO_4}$ 对硝基苯甲酸（CO_2H，NO_2）$\xrightarrow{Fe/HCl}$ 对氨基苯甲酸（CO_2H，NH_2）$\xrightarrow[H_2SO_4]{EtOH}$ 对氨基苯甲酸乙酯（CO_2Et，NH_2）

分析：本题有几条经典的合成路线。其中一条如上所示，思路是先引入硝基再氧化，这样可以确保硝基引入的位置为对位。当然，在硝化的过程中，无法彻底避免邻位硝化产物的生成。酯化反应不需要保护氨基，当反应结束后，需要调节 pH 使产物析出。

2. 由苯出发，合成对氨基苯乙酮。（除苯外，其他有机原料不超过两个碳原子，无机原料任选。）

解答： 苯 $\xrightarrow{HNO_3/H_2SO_4}$ 硝基苯（NO_2）$\xrightarrow{Fe/HCl}$ 苯胺（NH_2）$\xrightarrow[Et_3N]{H_3C-CO-Cl}$ 乙酰苯胺（$HN-CO-CH_3$）$\xrightarrow[AlCl_3]{H_3C-CO-Cl}$ 对乙酰氨基苯乙酮（$HN-CO-CH_3$，$CO-CH_3$）$\xrightarrow[\triangle]{H_2SO_4}$ （$\overset{+}{N}H_3HSO_4^-$，$CO-CH_3$）$\xrightarrow{NaOH}$ 对氨基苯乙酮（NH_2，$CO-CH_3$）

分析：由于乙酰基是间位定位基，需要在氨基后再被引入，因此本题的解题关键在于氨基的引入和保护。首先引入硝基，还原得氨基，然后酰胺化保护氨基，此步不改变氨基的定位效应，略减少氨基的活化能力，这正是此合成路线需要的思路（在后续步骤中可以避免邻位酰化）。

3. 由苯出发，合成邻硝基苯胺。（除苯外，其他有机原料不超过两个碳原子，无机原料任选。）

解答：苯 $\xrightarrow{HNO_3/H_2SO_4}$ 硝基苯（NO_2） $\xrightarrow{Fe/HCl}$ 苯胺（NH_2） $\xrightarrow[Et_3N]{H_3C-CO-Cl}$ 乙酰苯胺（HN-CO-CH_3）

$\xrightarrow{浓H_2SO_4}$ 对乙酰氨基苯磺酸（HN-CO-CH_3，SO_3H） $\xrightarrow{HNO_3/H_2SO_4}$ （HN-CO-CH_3，NO_2，SO_3H） $\xrightarrow{稀H_2SO_4}$

（$\overset{+}{N}H_3H\overset{-}{SO_4}$，$NO_2$） $\xrightarrow{NaOH}$ 邻硝基苯胺（NH_2，NO_2）

分析：本题的解题关键除了氨基的引入和保护外（与上题类似），还需要考虑将氨基的对位占据。因此引入氨基后，酰胺化保护氨基，然后用磺酸基将氨基的对位封闭（这一思路也是将氨基的对位保护起来）。随后的硝化反应只有一个位置可以利用——氨基的邻位，这也是题目所需要的。硝化后的任务仅剩下将两个保护基去除：在沸腾稀酸的条件下，酰胺基和磺酸基都被水解。最后，碱化即可得到邻硝基苯胺。

4. DDT 是一种杀虫剂，由于它制备简单，杀虫效果好，人畜毒性低，曾经风靡全球。但后来由于其在食物链中的富集性而被禁用。试写出以三氯乙醛为原料，从苯出发合成 DDT 的路线。

（CCl_3-CH(4-ClC_6H_4)$_2$）

DDT

解答：苯 $\xrightarrow{Cl_2/FeCl_3}$ 氯苯（Cl） $\xrightarrow[H_2SO_4]{CCl_3CHO}$ （CCl_3-CH(4-ClC_6H_4)$_2$）

分析：通过观察 DDT 的结构可以发现，其结构左右对称，可以通过相同或一步反应将两边合成出来；三氯甲基是通过三氯乙醛引入的，因此苯环氯的对位是关键的反应位点，可以选用傅-克反应来实现。在硫酸的作用下，氯苯与三氯乙醛的反应机理可参考如下：

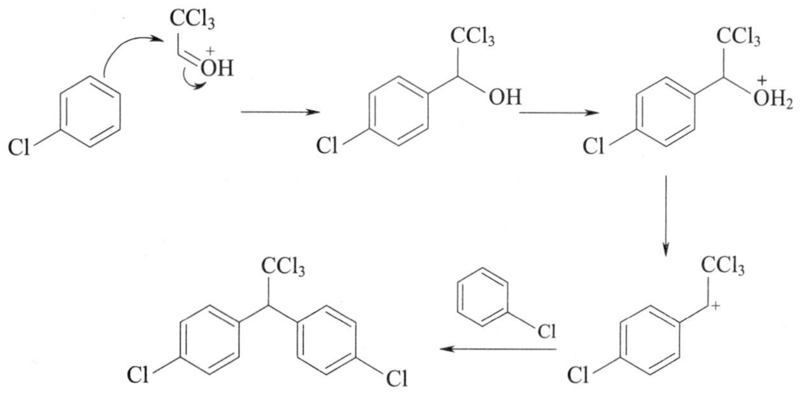

5. 除草剂 2,4,5-三氯苯氧乙酸是一种植物生长调节剂。请从 1,2,4,5-四氯苯出发合成此化合物。在合成过程中生成的 2,4,5-三氯苯酚也是合成六氯酚(结构如下)的原料,请写出合成六氯酚的反应式。(其他有机原料不超过两个碳原子,无机原料任选。)

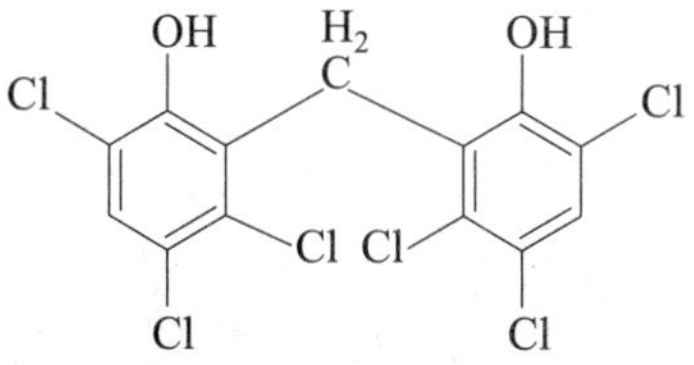

六氯酚

解答:

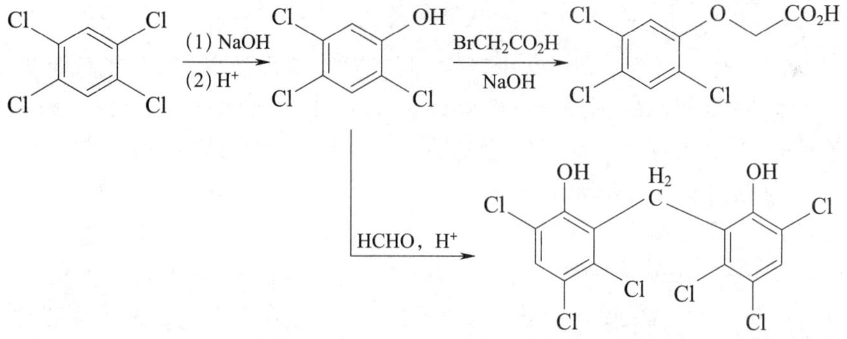

(1) NaOH (2) H^+

$BrCH_2CO_2H$ NaOH

HCHO, H^+

分析:本题第一步考查对于苯环体系发生亲电取代反应条件的理解。六氯酚的制备采用与上题类似的与醛的傅-克反应。类似的反应也可参考酚醛树脂的制备和反应机理。

6. 请完成下述转化。(其他有机原料不超过一个碳原子,无机原料任选。)

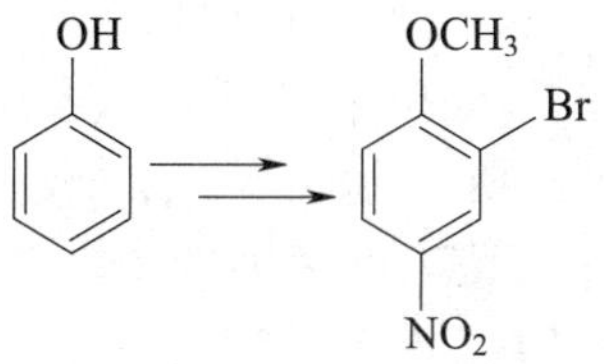

解答：苯酚（OH）$\xrightarrow{NaOH, CH_3I}$ 苯甲醚（OCH_3）$\xrightarrow{浓H_2SO_4}$ 对甲氧基苯磺酸（OCH_3，SO_3H）$\xrightarrow{Br_2/Fe}$ 3-溴-4-甲氧基苯磺酸（OCH_3，Br，SO_3H）$\xrightarrow{HNO_3}$ 2-溴-4-硝基苯甲醚（OCH_3，Br，NO_2）

分析：在本题中，答题者可能会选择在羟基或甲氧基的对位直接引入硝基，这样总体的合成路线会短一些。但是，这样做的弊端是硝化可能会产生大量的邻位副产物，不易于分离，也不经济。本题的合成路线提供了一条新颖的合成多取代苯的策略。

7. 从苯胺出发，合成邻氨基苯乙酮。（其他小于4个碳原子的有机原料及无机原料任选。）

解答：苯胺（NH_2）$\xrightarrow[Et_3N]{H_3C\text{–}CO\text{–}Cl}$ 乙酰苯胺（$HN\text{–}CO\text{–}CH_3$）$\xrightarrow{浓H_2SO_4}$ 对乙酰氨基苯磺酸（$HN\text{–}CO\text{–}CH_3$，SO_3H）$\xrightarrow[AlCl_3]{H_3C\text{–}CO\text{–}Cl}$ （$HN\text{–}CO\text{–}CH_3$，$COCH_3$，SO_3H）$\xrightarrow{NaOH}$ 邻氨基苯乙酮（NH_2，$CO\text{–}CH_3$）

分析：虽然磺酸基是一种较强的钝化基团，此时苯环发生傅-克酰基化反应会非常困难，但由于有强致活基团氨基的存在，酰基化也可以在相对剧烈的条件下进行。另外，磺酸基和酰胺基除了在酸性条件下可以水解外，在碱性条件下也可以水解。

8. 莫西赛利是一种 α-肾上腺受体拮抗剂，临床上用于青光眼的治疗。请用2-异丙基-5-甲基苯酚和 N,N-二甲基-2-氯乙基胺为原料合成此药物。（其他有机原料不超过两个碳原子，无机原料任选。）注：芳香胺可以在酸性条件下与亚硝酸反应生成一类称为重氮盐的中间体，该盐可在碱性条件下水解成苯酚，反应式如下：

苯胺（NH_2）$\xrightarrow[HCl]{NaNO_2}$ 重氮盐（$\overset{+}{N_2}Cl^-$）$\xrightarrow[H_2O]{NaOH}$ 苯酚（OH）

莫西赛利

解答：

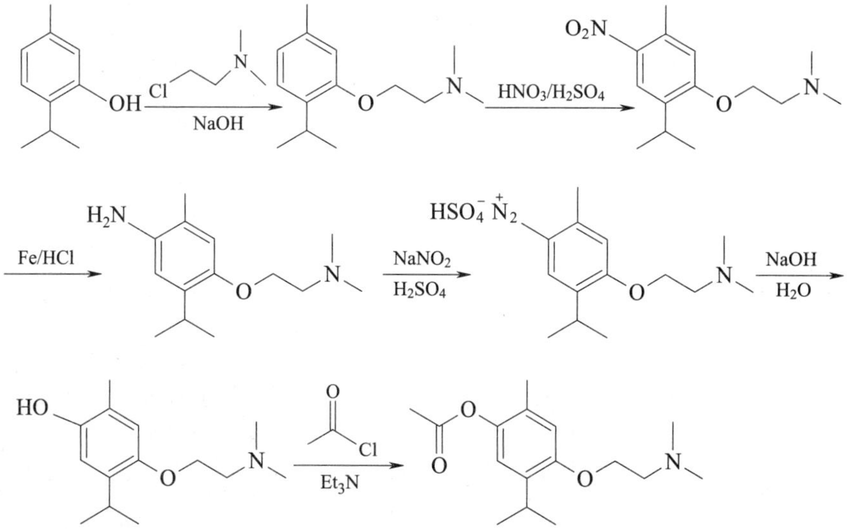

[反应式：百里香酚（2-异丙基-5-甲基苯酚）与 $ClCH_2CH_2N(CH_3)_2$ 在 NaOH 作用下成醚；经 HNO_3/H_2SO_4 硝化；Fe/HCl 还原为 H_2N-取代物；$NaNO_2$/H_2SO_4 重氮化得 $HSO_4^- \overset{+}{N_2}$ 盐；NaOH/H_2O 水解得 HO-取代物；再与乙酰氯（Et_3N）酯化得乙酸酯产物]

分析：本题关注多取代苯的合成意义。在该合成路线中，充分体现了定位效应、苯环上取代基的转化等知识点。本题中，重氮盐的转化是一大亮点。

9. 以甲苯或萘为原料，分别合成下述两种化合物。（其他有机原料不超过 3 个碳原子，无机原料任选。）

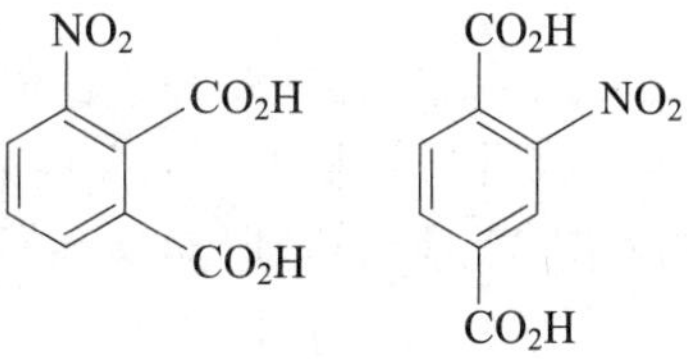

[结构式：3-硝基邻苯二甲酸（NO_2、CO_2H、CO_2H）；2-硝基对苯二甲酸（CO_2H、NO_2、CO_2H）]

解答：

[反应式：萘 $\xrightarrow[浓H_2SO_4]{浓HNO_3}$ 1-硝基萘 $\xrightarrow[H_2O]{KMnO_4}$ 3-硝基邻苯二甲酸]

[反应式：甲苯（CH_3）与丙烯在 H^+ 作用下得对异丙基甲苯（H_3C、CH_3）$\xrightarrow{HNO_3}$ 2-硝基-4-异丙基甲苯 $\xrightarrow[H_2O]{KMnO_4}$ 2-硝基对苯二甲酸（CO_2H、NO_2、CO_2H）]

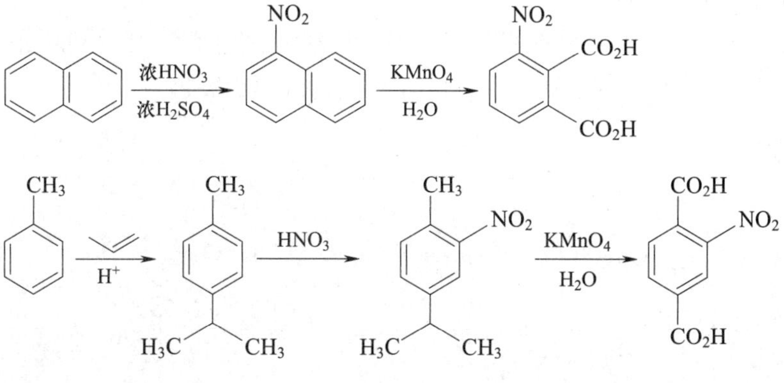

分析：两种同分异构体，仅仅由于一个羧基位置的不同，合成路线就完全不同了。观察第一种化合物可知，由于两个羧基彼此处于邻位，因此一般的合成方法很难实现，考虑选用萘的氧化法，苯基上还有一个硝基，恰好可以帮助实现这一转化。第二种化合物的合成路线中规中矩，选用异丙基的原因有两个，一是避免三甲基苯副产物的生成；二是为后续硝化遮蔽异丙基邻位的氢原子。后续的氧化可直接得到目标产物。

10. 5-羟色胺又称血清素，最早是从血清中发现的。它是一种神经递质，也是血管和平滑肌的收缩剂，在临床上有重要应用。已知苯肼与丙酮在酸性条件下可以反应生成 2-甲基吲哚。该反应式及 5-羟色胺的结构式如下，请以苯酚和不超过 4 个碳原子的有机化合物为原料，合成 5-羟色胺。（其他无机试剂任选。）

NHNH2 H3C CH3 O H+ CH3 N H HO NH2 N H

解答: OH HNO3 OH NO2 Fe/HCl OH NH2 (1)NaNO2，HCl (2)Zn/HCl OH NHNH2

N 或 OHC NH2 H+ HO NH3+ N H NaOH HO NH2 N H

分析：本题充分利用了题目所给的条件，让答题者根据已知的反应推测未知的、可能的反应路径。其中，对羟基苯肼与氨基丁醛的反应是整条合成路线的灵魂。本合成路线也能促使答题者查找相应反应的机理，对杂环的合成有更深的体会。

例题 7-6 机理题。

1. 有些傅-克烷基化反应的可逆程度较高，工业上均三甲苯可由甲苯和对二甲苯在 $AlCl_3$ 的作用下加热获得。请写出该反应的可能机理。

解答:

CH3 H+ H CH3 + –PhH +CH3 H3C CH3 CH3 + CH3 H CH3 –H+ CH3 CH3 CH3

H+ H3C CH3 + CH3 H3C + CH3 H CH3 –H+ H3C CH3 CH3

分析：傅-克烷基化反应可以理解为碳正离子与 π 键的加成-解离的过程。在酸性条件下，氢离子大量存在，其也可以扮演碳正离子的角色，对苯环发起进攻。本题中，有些答题者会质疑为什么不在 1，2，4-三甲苯处停止反应，而是继续反应到均三甲苯。造成这一结果的原因可能是由于甲基间存在的较大斥力，热力学上 1，2，4-三甲苯不如均三甲苯稳定，在可逆条件下，最终获得热力学稳定的产物是合理的。

2. 苯基可以视为电子的缓冲体，特别是在傅-克反应中，它是一种邻对位致活基团，请用反应机理解释其中的原因。

解答： 以联苯发生对位乙酰化反应为例。

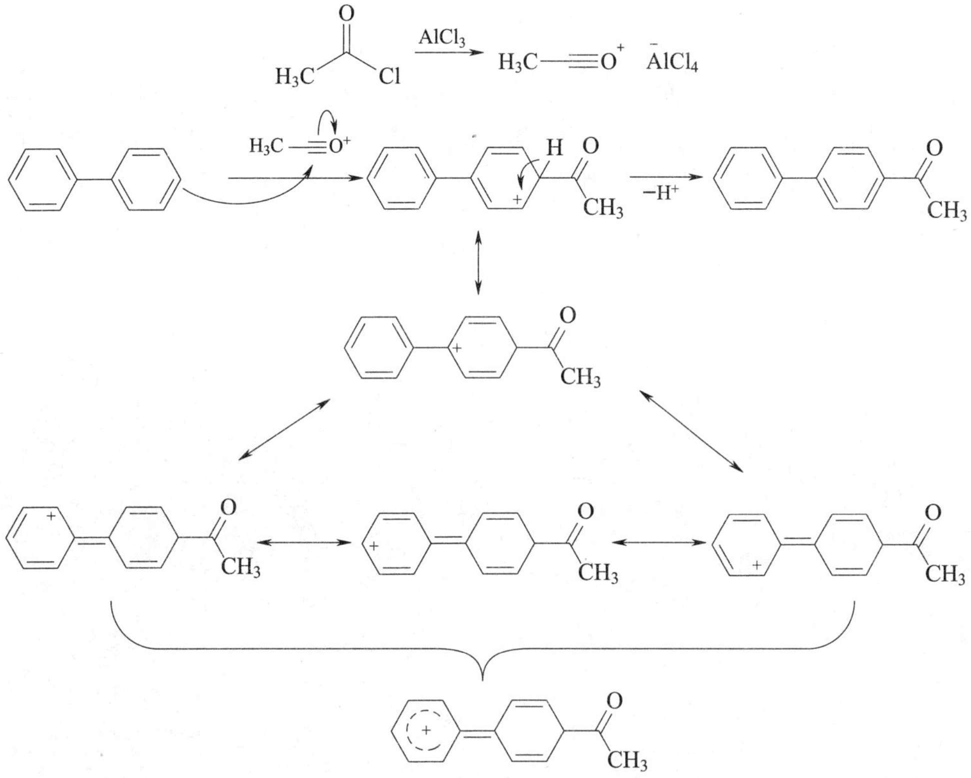

$$H_3C-C(=O)-Cl \xrightarrow{AlCl_3} H_3C-C\equiv O^+ \quad \bar{A}lCl_4$$

分析：由上图可知，苯基不仅仅是取代基，还可以分散正电荷，使得中间体更加稳定，因此是致活基团。此外，如果乙酰基在苯基的间位引入，那么正电荷不能通过共振 / 共轭分散到苯取代基中，因此较不稳定。如果乙酰基在苯基的邻位引入，也可以得到类似的结果。因此，苯基是一种邻对位致活基团。

3. 苯并环己酮是一种重要的药物中间体，它可由苯与 γ-丁内酯在 $AlCl_3$ 的存在下加热得到，请写出该反应的可能机理。

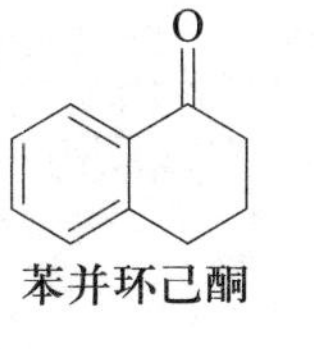

苯并环己酮

解答：

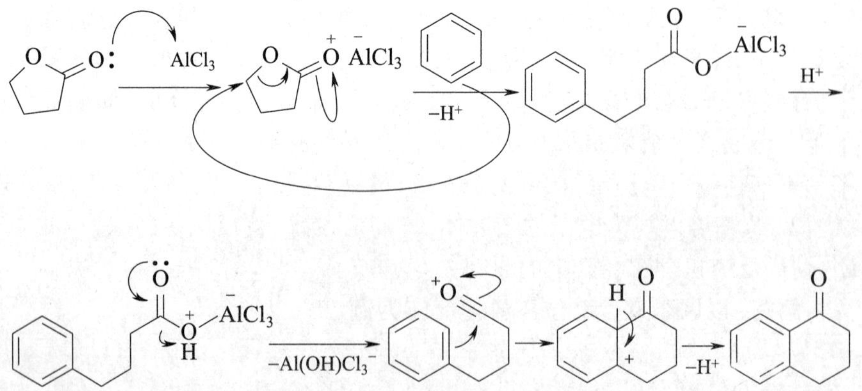

分析：本题是两步的傅-克反应，前一步三氯化铝活化了酯基，苯可以进攻该中间体实现第一步的烷基化。这一步是整个反应的关键点，需注意电子的转移方向。后一步酰基化则需注意酰基正离子的产生。

4. 请写出下述转化的机理。

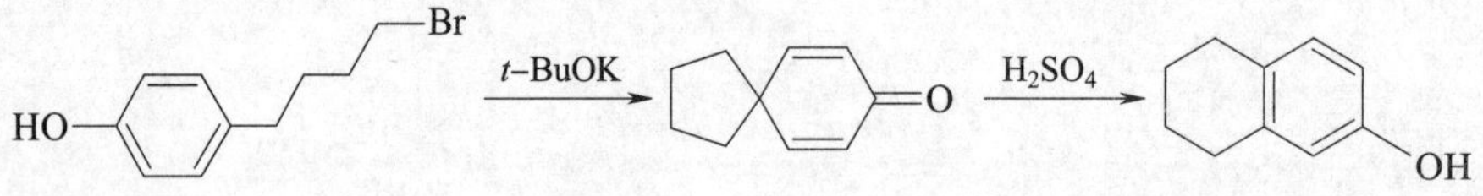

$\xrightarrow{t\text{-BuOK}}$　$\xrightarrow{H_2SO_4}$

解答：

$\xrightarrow{t\text{-BuOK}}$　$\xrightarrow{-Br^-}$　$\xrightarrow{H^+}$　$\xrightarrow{-H^+}$

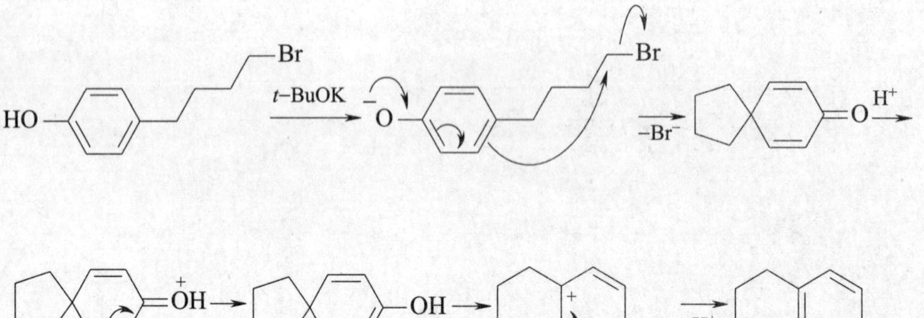

分析：本题充分利用了苯环上的羟基。首先羟基的给电子作用可以使对位顺利发生傅-克烷基化反应，强碱增强了酚羟基的给电子能力。其次，酸性条件下的第二步反应也利用羰基氧作为驱动源，使得扩环重排得以顺利进行，最终羰基变回酚羟基，苯环恢复芳香性。

5. 请写出下述反应的机理。

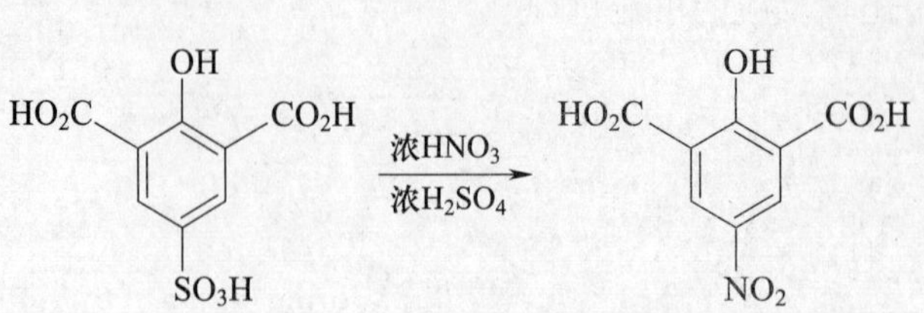

$\xrightarrow[浓H_2SO_4]{浓HNO_3}$

解答：

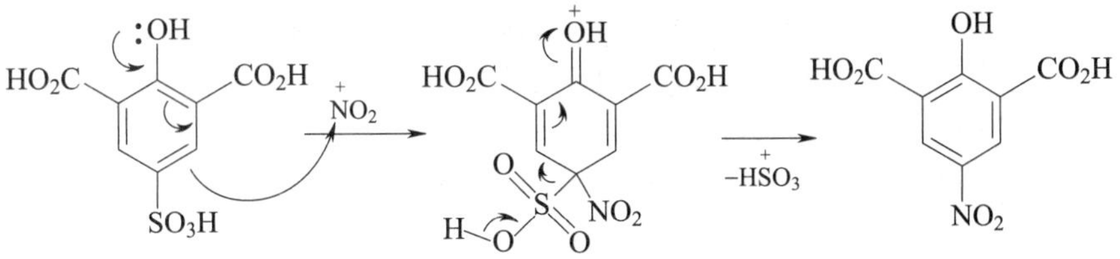

分析：磺酸基是一种好的离去基团，可以在合适的条件下被硝酰正离子取代，这也是教材中提及的磺化硝化法，有些读者不理解过程，本题在呈现该反应可能机理的同时，也为读者理解此类转化提供了较好的例子。

例题 7-7 推测结构题。

1. 有机化合物 A 的相对分子质量为 84，它是由 B 在氘代硫酸中进行氢-氘交换得到的产物。B 的 ^1H NMR 谱图中只有一个化学位移在 7.16 的峰，A 的 ^1H NMR 谱图中没有信号峰。B 不含氧、氮等元素，与 NBS 反应生成单一产物，不与 $KMnO_4$ 作用。请写出 A 和 B 的可能结构式。

解答： A. 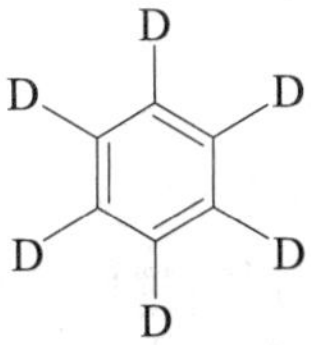　　B.

分析：由 B 不含氧、氮等元素，与 NBS 反应生成单一产物，不与 $KMnO_4$ 作用，以及 ^1H NMR 谱图中只有一个化学位移在 7.16 的峰，初步判断 B 可能为苯，如果 B 中的所有氢都被氘取代，也符合 A 的相对分子质量为 84，且 ^1H NMR 谱图中没有信号峰的条件。综上所述，A 为氘代苯，B 为苯。此反应的可能机理如下：

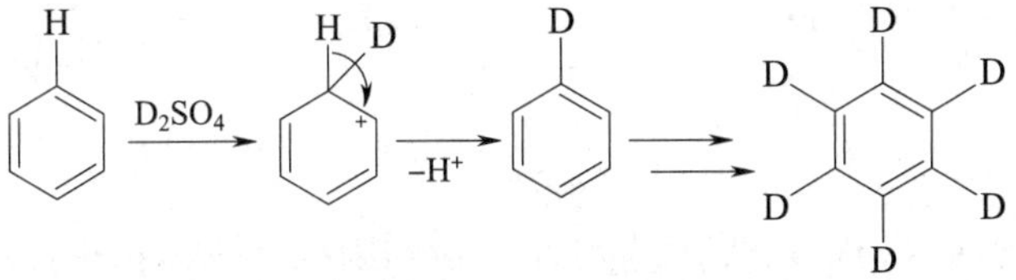

B　　A

2. 化合物 A（C_7H_8）可与浓硫酸反应生成 B（$C_7H_8SO_3$），B 可与 Na_2CO_3 反应生成气体。B 与浓硝酸和浓硫酸的混合液反应生成 C（$C_7H_7NSO_5$），C 在浓盐酸中及锡粉存在下反应生成 D（C_7H_9N）。D 的 ^1H NMR 谱图显示其在化学位移 2.2 处有一积分为 3 的单峰。请写出 A～D 的结构式。

解答： A. 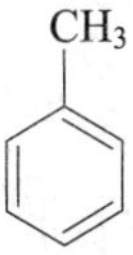　　B. 　　C. 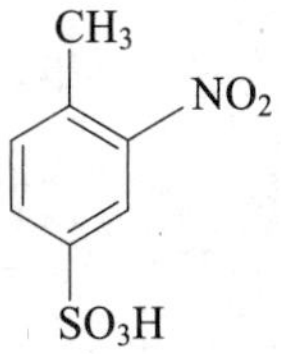　　D.

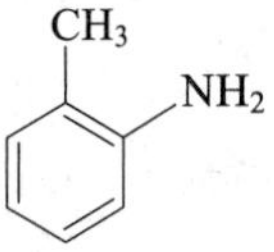

分析：化合物 D 经历了浓硫酸、浓硝酸及浓盐酸的洗礼，^{1}H NMR 谱图仍然显示其在化学位移 2.2 处有一积分为 3 的单峰，因此 D 中很可能有个甲基。再结合 A 的分子式计算其不饱和度为 4，去掉一个甲基还剩 C_6H_5，基本可确定化合物 A 为甲苯（后面的磺化和硝化也更加合理）。A 的结构确定了，其他化合物根据描述写出即可。由题意可知甲苯与浓硫酸发生磺化反应生成对甲基苯磺酸 B，B 与 Na_2CO_3 反应生成气体可验证磺酸基的生成。B 再经硝化得到 4-甲基-3-硝基苯磺酸 C，C 在浓盐酸下脱去磺酸基，在锡粉的作用下被还原，最终得邻甲基苯胺 D。

3. 某些细菌的色氨酸酶可分解蛋白质中的色氨酸产生吲哚。吲哚与对二甲氨基苯甲醛反应生成醛与吲哚比例为 1∶2 的玫瑰色加成产物。请写出此玫瑰色物质的结构。

解答：

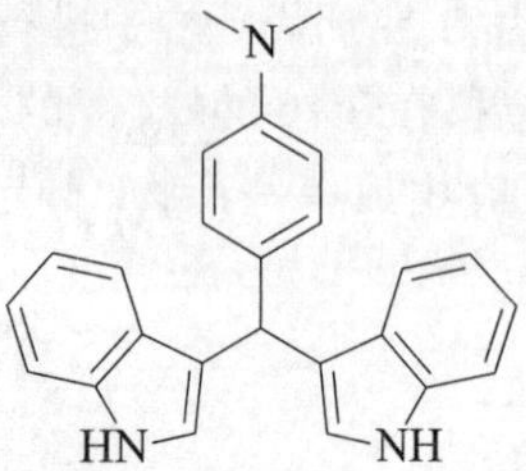

分析：本题的解题关键在吲哚与对二甲氨基苯甲醛反应生成醛与吲哚比例为 1∶2 的玫瑰色加成产物这句话。吲哚为芳香性杂环，与醛反应生成傅-克烷基化产物（和之前已经讨论过 DDT 的合成类似）。因此，可以通过下述反应推出该玫瑰色物质的结构。

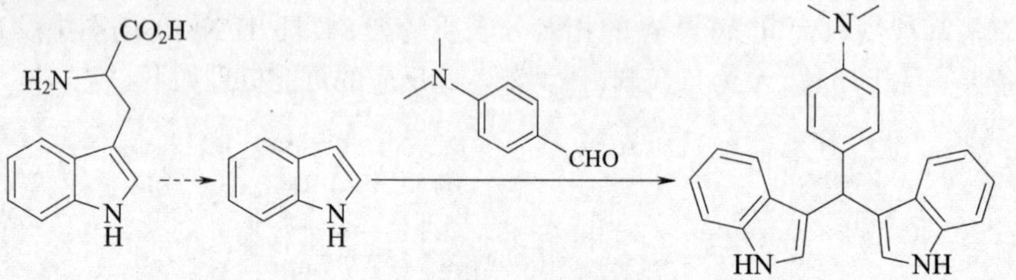

4. 没食子酸 A（$C_7H_6O_5$）广泛存在于大黄和山茱萸等植物中。已知该化合物在酸性条件下可与乙醇反应生成 B（$C_9H_{10}O_5$），B 也可在弱碱性条件下经水解、酸化后得到 A，已知 A 可与 $FeCl_3$ 溶液反应显紫色，且 A 的 ^{1}H NMR 谱图显示其在化学位移 12.6 处有一积分为 1 的单峰；化学位移 9.5 处有一积分为 2 的单峰；化学位移 8.8 处有一积分为 1 的单峰；化学位移 7.0 处有一积分为 2 的单峰。B 在 K_2CO_3 存在下与 CH_3I 反应生成化合物 C（$C_{12}H_{16}O_5$）。请写出 A～C 的结构式。

解答： A.　　B. 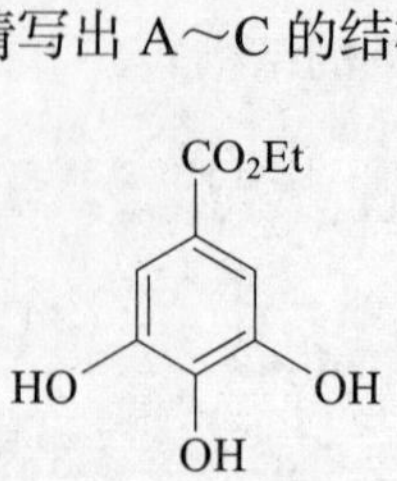　　C.

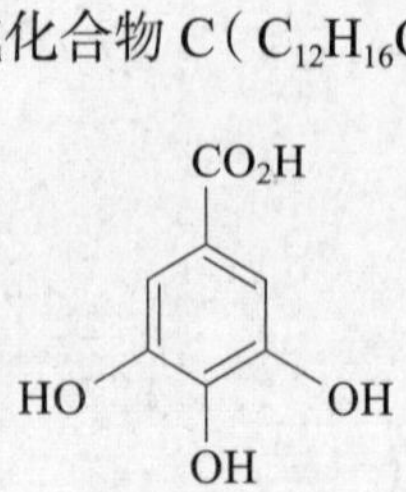

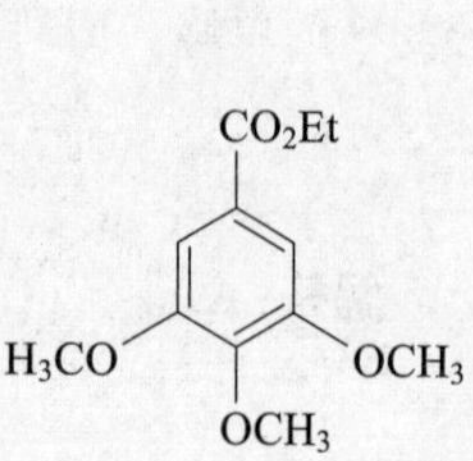

分析：分析A的分子式可知，A的不饱和度为5，因A只有7个碳原子，因此A中有一苯环结构的可能性很大。又因为A可以与乙醇在酸性条件下反应得到B，B为A和乙醇的脱水产物，因此A中应含有羟基或羧基。A中有一个氢的化学位移达到了12.6，考虑是羧基氢的可能性很大，又有化学位移9.5处积分为2的单峰和化学位移8.8处积分为1的单峰，再结合A的分子式可知，A中有一个羧基，三个羟基，且其中两个羟基对称。化学位移7.0处有一积分为2的单峰提示A的苯环上剩余的两个氢也为对称结构。综合上面的信息可得出A的结构。有了A的结构，B和C的结构不难得出。

5. 有机化合物A（$C_{16}H_{14}$）在液氨/金属钠条件下生成化合物B（$C_{16}H_{16}$），A在催化剂Pd存在下与氢气加成得化合物C（$C_{16}H_{16}$），C与B为同分异构体。A，B，C都能使溴水褪色。在催化剂Pd存在及较低的温度和压力下，B和C均可与氢气继续反应，生成同一种化合物D（$C_{16}H_{18}$）。D与酸性高锰酸钾溶液共热，可得二元羧酸E（$C_8H_6O_4$），E在浓硝酸和浓硫酸存在下加热，得到唯一产物F（$C_8H_5NO_6$）。已知E的一元取代物只有一种。请根据上述条件，推测A～F的结构式。

解答： A. 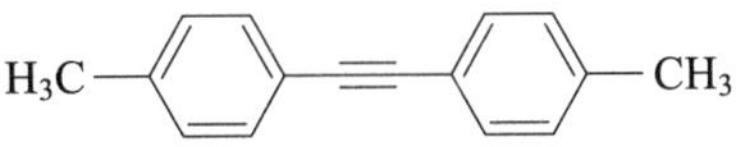 H_3C—⟨苯环⟩—C≡C—⟨苯环⟩—CH_3　B. （反式）

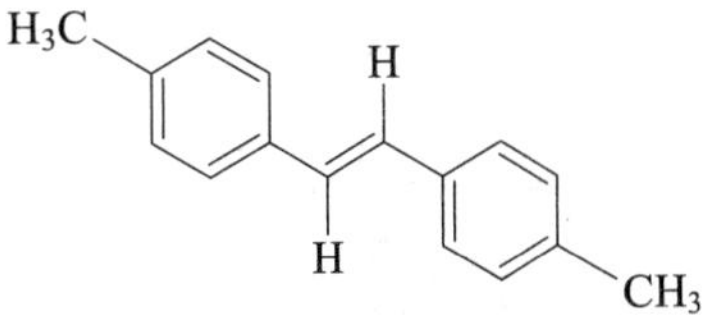

C. （顺式）　D.

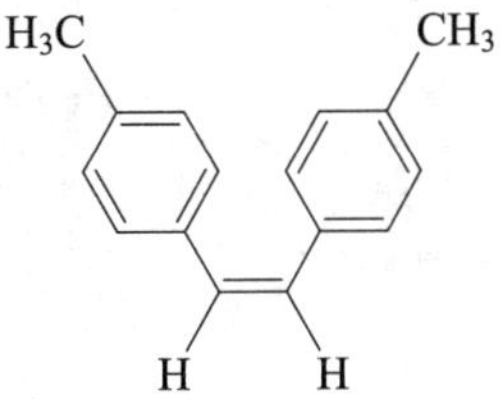

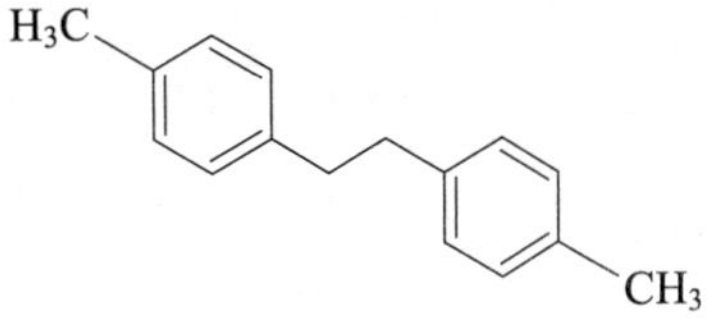

E. 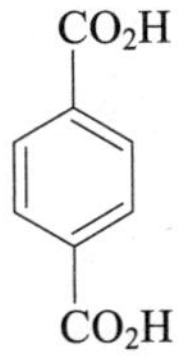　F.

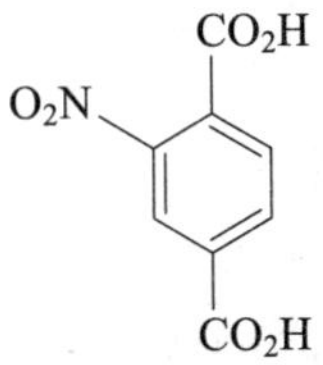

分析：由二元羧酸E的分子式可知，除去两个—COOH，此化合物还剩下—C_6H_4—的片段，不饱和度为4，后面的强氧化条件得到一个硝基取代氢的产物F，且E的单取代产物只有一种。这些信息综合起来不难判断，E为对苯二甲酸，F为其一取代硝基产物。从E往前推，E是D经高锰酸钾氧化得来的，D的碳原子数恰好是E的两倍，因此D应发生了碳碳键氧化断裂。从前文可知D是A经过两次氢化得到的产物，且D的不饱和度为8，含有两个苯环，不含有双键和三键。A的不饱和度为10，去掉两个苯环贡献的8，还剩2个不饱和度，包含在碎片—C_4H_6—中，根据题意，此碎片应对应两个甲基和一个炔基。至此，A和D的结构也推测出来了。依题意，不难推出B为反式烯烃结构，C为顺式烯烃结构。

习题参考答案

习题 7-1　写出分子式为 C_9H_{12} 的单环芳烃所有同分异构体，并命名之。

解答：

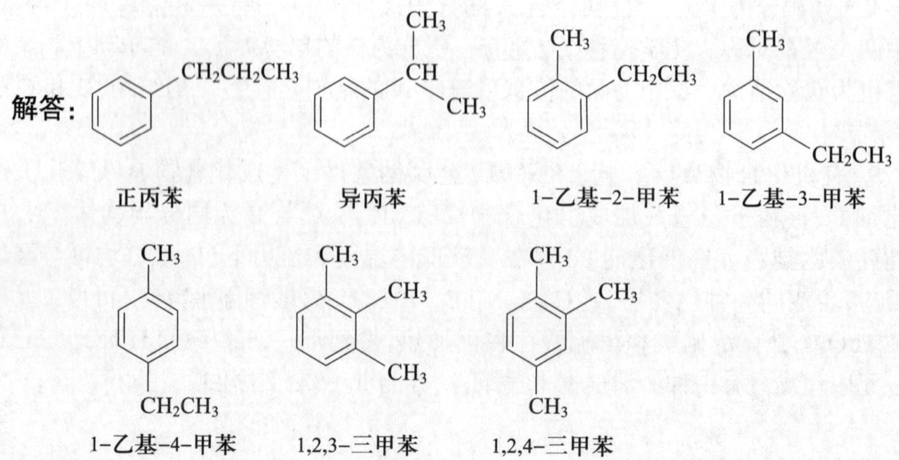

习题 7-2　写出下列化合物的构造式。

（1）对溴硝基苯　（2）间碘苯酚　（3）对羟基苯甲酸

（4）2-甲基-1,3,5-三硝基苯　（5）对氯苄氯　（6）3,5-二硝基苯磺酸

（7）*β*-萘胺　（8）*β*-蒽醌磺酸　（9）9-溴菲

（10）六氢吡啶　（11）2-溴呋喃　（12）3-甲基吲哚

（13）2-氨基噻吩　（14）*N*-甲基吡咯

解答：（1）Br，NO_2　（2）OH，I　（3）OH，COOH

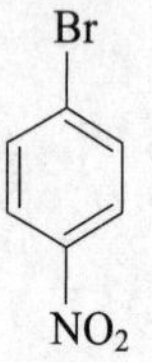

（4）CH_3，O_2N，NO_2，NO_2　（5）CH_2Cl，Cl　（6）O_2N，NO_2，SO_3H

（7）H_2N　（8）O，O，SO_3H　（9）Br

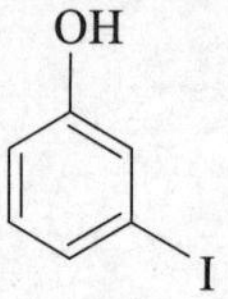

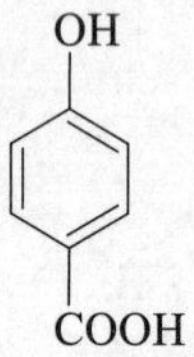

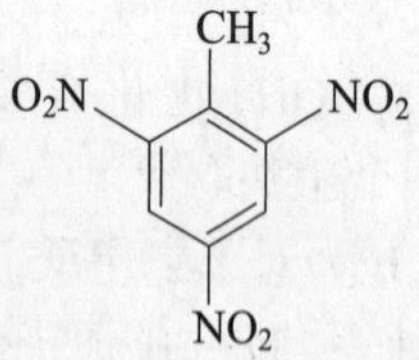

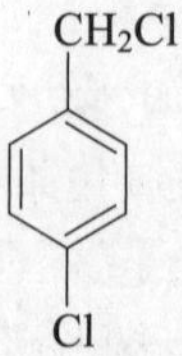

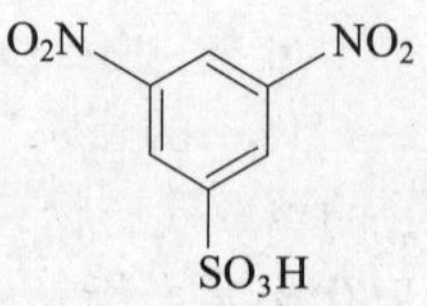

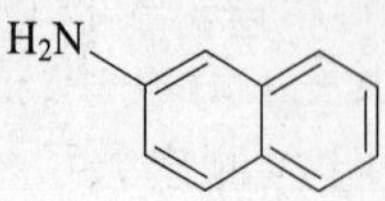

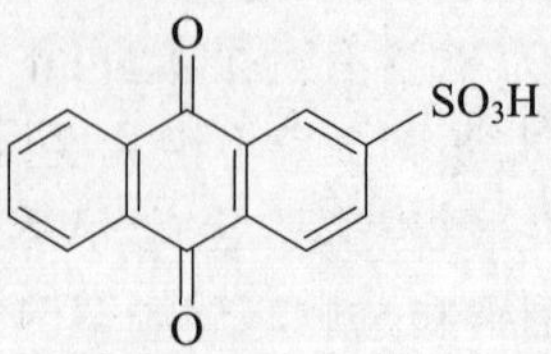

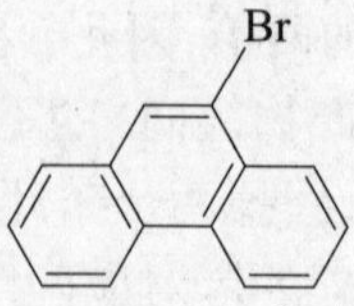

（10） 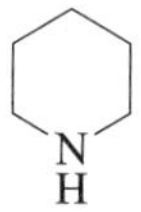　（11） 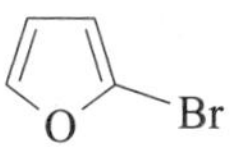　（12）

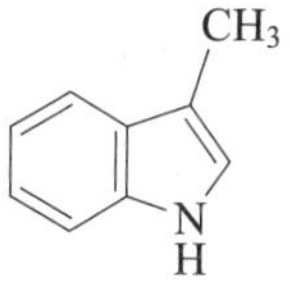

（13） 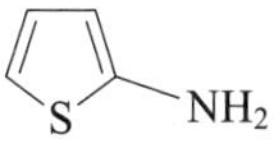　（14）

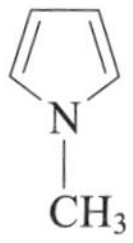

习题 7-3　命名下列化合物。

（1） 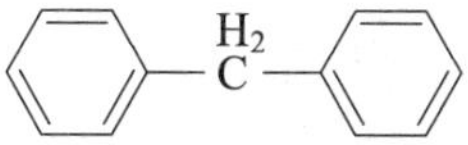　（2）

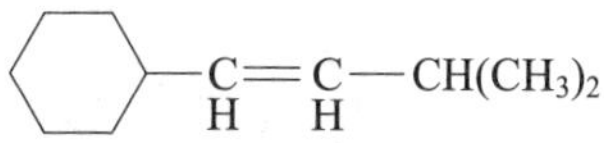

（3） 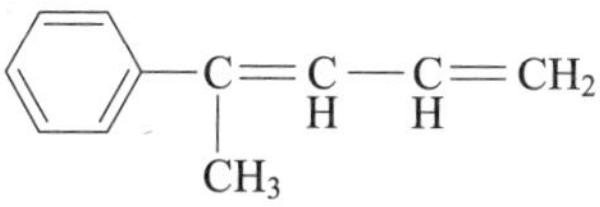　（4）

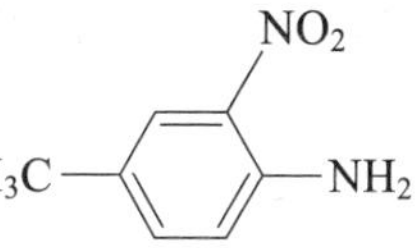

（5） 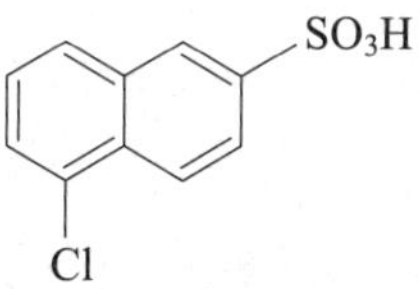　（6）

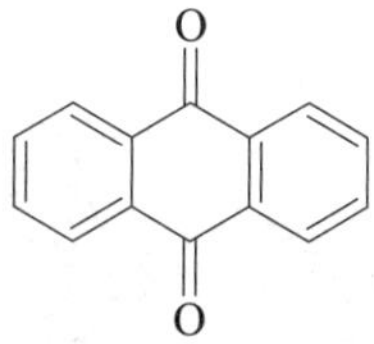

解答:（1）二苯甲烷　（2）1-环己基-3-甲基丁-1-烯

（3）4-苯基戊-1,3-二烯　（4）4-甲基-2-硝基苯胺

（5）5-氯-2-萘磺酸　（6）蒽醌

习题 7-4　以构造式表示下列各化合物经硝化后可能得到的主要一硝基化合物（一个或几个）。

（1）C_6H_5Br　（2）$C_6H_5NHCOCH_3$　（3）$C_6H_5C_2H_5$

（4）C_6H_5COOH　（5）o-$C_6H_4(OH)COOH$　（6）p-$CH_3C_6H_4COOH$

（7）m-$C_6H_4(OCH_3)_2$　（8）m-$C_6H_4(NO_2)COOH$　（9）o-$C_6H_4(OH)Br$

解答:（1）$\xrightarrow[H_2SO_4]{HNO_3}$ +

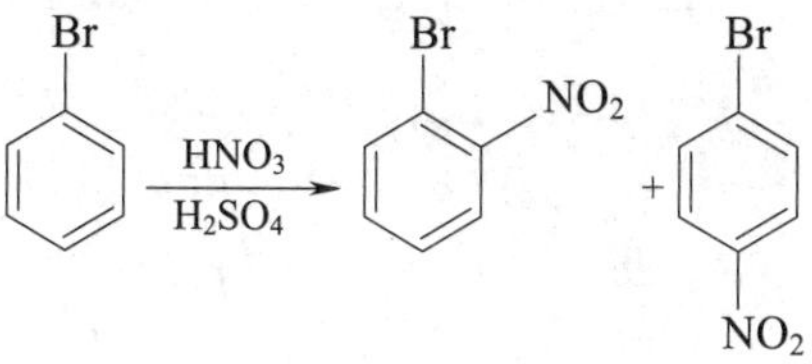

（2）$\xrightarrow[H_2SO_4]{HNO_3}$

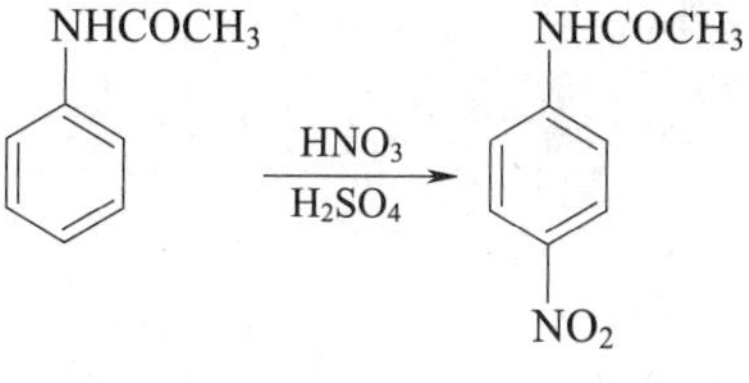

(3) 乙苯 $\xrightarrow[H_2SO_4]{HNO_3}$ 邻硝基乙苯 + 对硝基乙苯

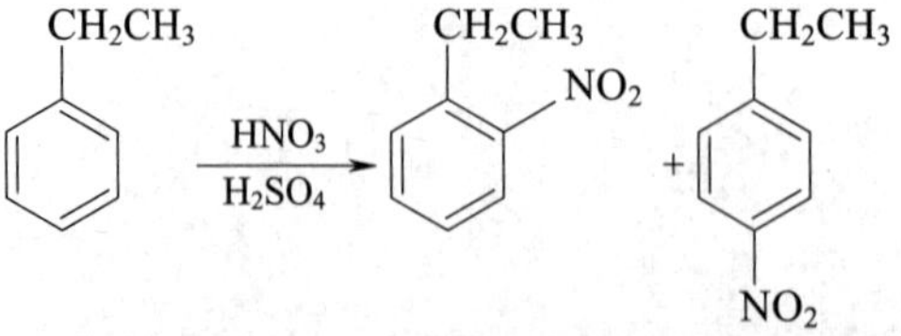

CH_2CH_3 CH_2CH_3, NO_2 + CH_2CH_3, NO_2

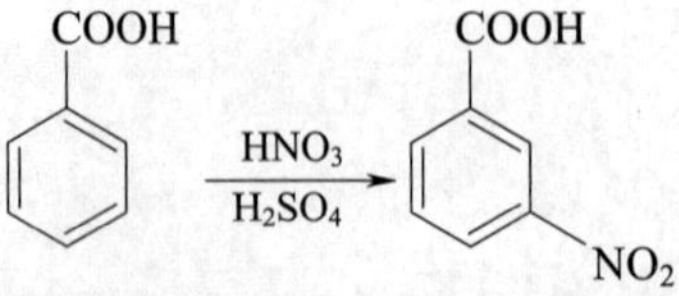

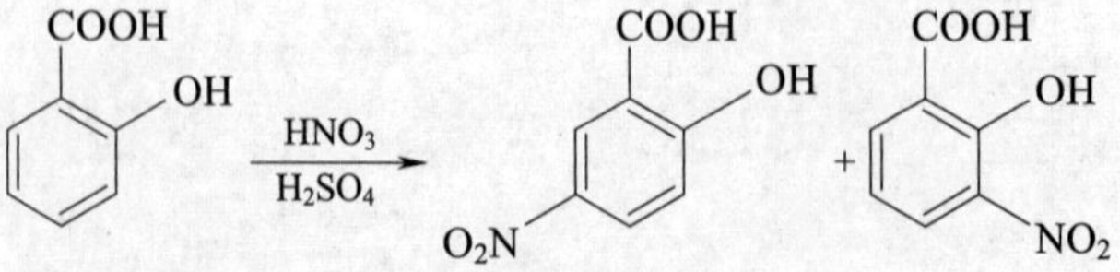

(4) 苯甲酸 $\xrightarrow[H_2SO_4]{HNO_3}$ 间硝基苯甲酸

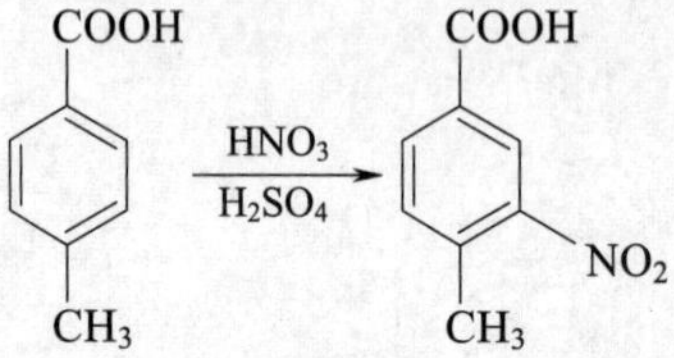

COOH COOH, NO_2

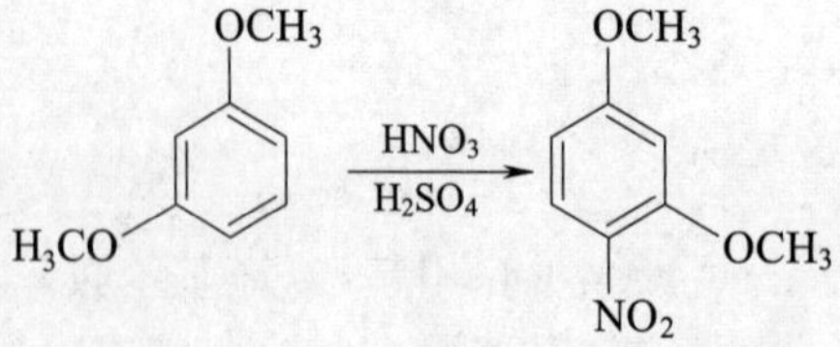

(5) COOH, OH $\xrightarrow[H_2SO_4]{HNO_3}$ COOH, OH, O_2N + COOH, OH, NO_2

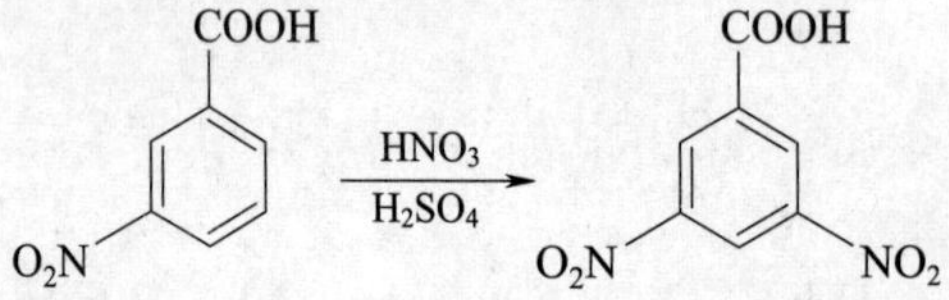

(6) COOH, CH_3 $\xrightarrow[H_2SO_4]{HNO_3}$ COOH, NO_2, CH_3

(7) OCH_3, H_3CO $\xrightarrow[H_2SO_4]{HNO_3}$ OCH_3, OCH_3, NO_2

(8) COOH, O_2N $\xrightarrow[H_2SO_4]{HNO_3}$ COOH, O_2N, NO_2

(9) OH, Br $\xrightarrow[H_2SO_4]{HNO_3}$ O_2N, OH, Br + OH, Br, NO_2

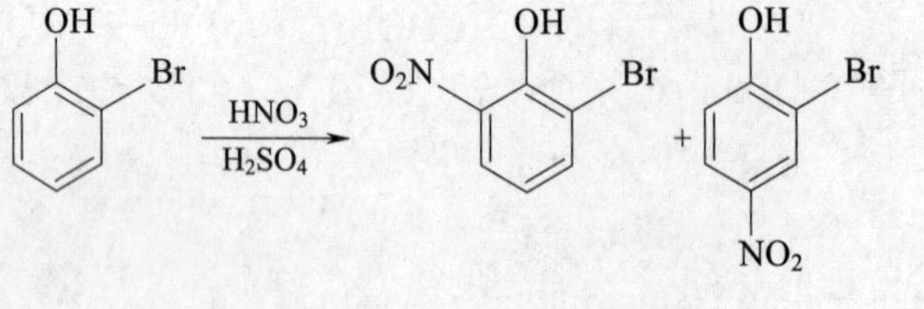

习题 7-5 完成下列反应式。

(1) 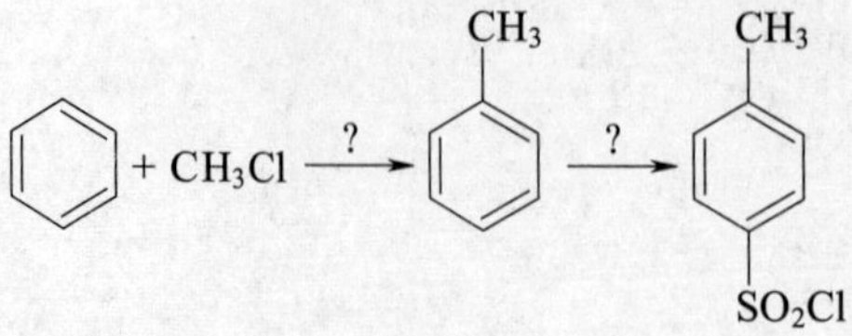 苯 + CH_3Cl $\xrightarrow{?}$ CH_3(甲苯) $\xrightarrow{?}$ CH_3, SO_2Cl

（2）苯 + ? $\xrightarrow{AlCl_3}$ 异丙苯（$C_6H_5CH(CH_3)_2$） $\xrightarrow[H_2SO_4]{KMnO_4}$?

（3）甲苯（$C_6H_5CH_3$） $\xrightarrow{?}$ $C_6H_5CH_2Cl$ $\xrightarrow[AlCl_3]{苯}$?

（4）吡啶 + HCl $\longrightarrow$?

解答:（1）苯 + CH_3Cl $\xrightarrow{AlCl_3}$ 甲苯（$C_6H_5CH_3$） $\xrightarrow{ClSO_3H}$ $p\text{-}CH_3C_6H_4SO_2Cl$

（2）苯 + $CH_3CH_2CH_2Cl$ $\xrightarrow{AlCl_3}$ $C_6H_5CH(CH_3)_2$ $\xrightarrow[H_2SO_4]{KMnO_4}$ C_6H_5COOH

（3）甲苯（$C_6H_5CH_3$） $\xrightarrow{Cl_2,高温}$ $C_6H_5CH_2Cl$ $\xrightarrow[AlCl_3]{苯}$ $C_6H_5CH_2C_6H_5$

（4）吡啶 + HCl $\longrightarrow$ 吡啶盐酸盐（$\overset{+}{N}H\ Cl^-$）

习题 7–6 试将下列各组化合物按环上硝化反应的活泼性顺序排列。

（1）苯、甲苯、间二甲苯、对甲基苯酚

（2）对苯二甲酸、甲苯、对甲苯甲酸、对二甲苯

解答:（1）对甲基苯酚 > 间二甲苯 > 甲苯 > 苯

（2）对二甲苯 > 甲苯 > 对甲苯甲酸 > 对苯二甲酸

习题 7–7 指出下列化合物中哪些具有芳香性。

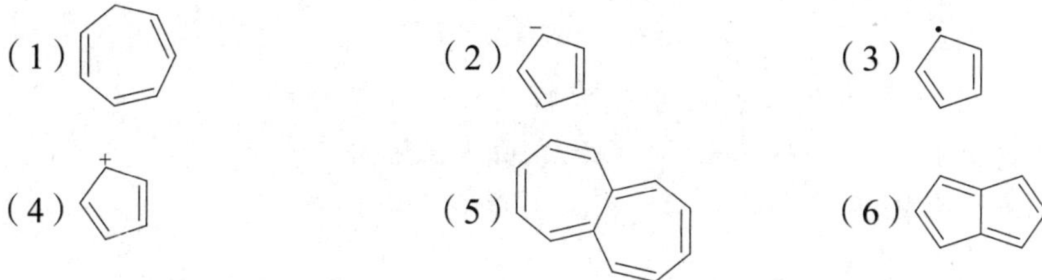

（7）

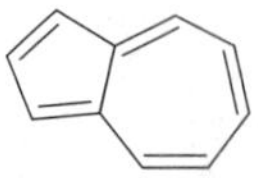

解答：有芳香性的有（2）和（7），有 6 个 π 电子，符合 $4n+2$ 规则。

习题 7-8 试扼要写出下列合成步骤，所需要的脂肪族化合物或无机试剂可任意选用。

（1）甲苯⟶2-溴-4-硝基苯甲酸，4-溴-3-硝基苯甲酸

（2）间二甲苯⟶5-硝基-1，3-苯二甲酸

解答：（1）

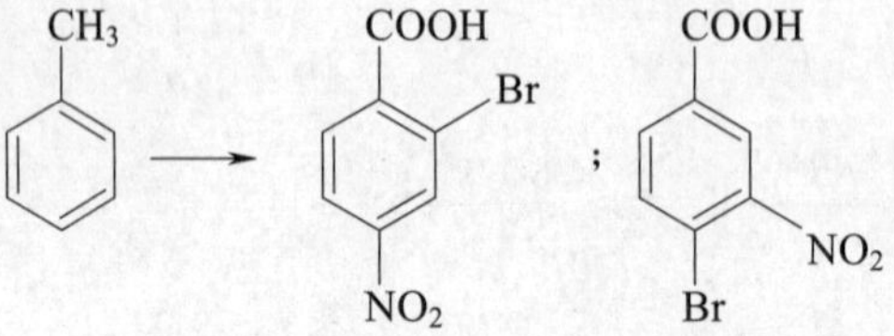

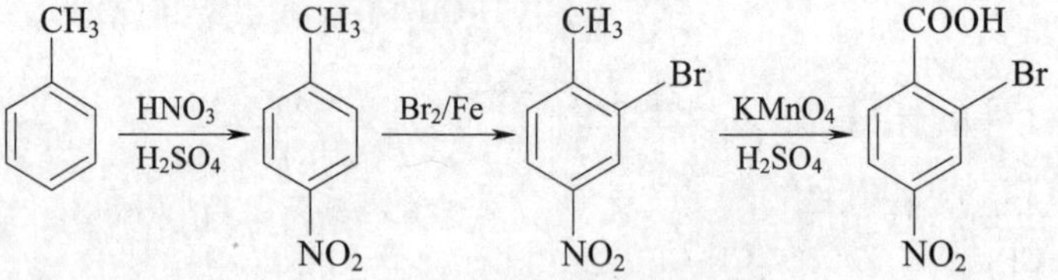

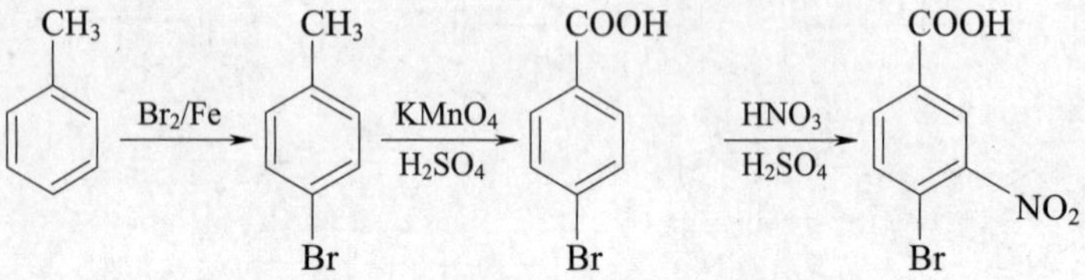

CH_3 $\xrightarrow{HNO_3/H_2SO_4}$ CH_3，NO_2 $\xrightarrow{Br_2/Fe}$ CH_3，Br，NO_2 $\xrightarrow{KMnO_4/H_2SO_4}$ COOH，Br，NO_2

CH_3 $\xrightarrow{Br_2/Fe}$ CH_3，Br $\xrightarrow{KMnO_4/H_2SO_4}$ COOH，Br $\xrightarrow{HNO_3/H_2SO_4}$ COOH，NO_2，Br

（2）

CH_3，CH_3 $\xrightarrow{KMnO_4/H_2SO_4}$ COOH，COOH $\xrightarrow{HNO_3/H_2SO_4}$ COOH，O_2N，COOH

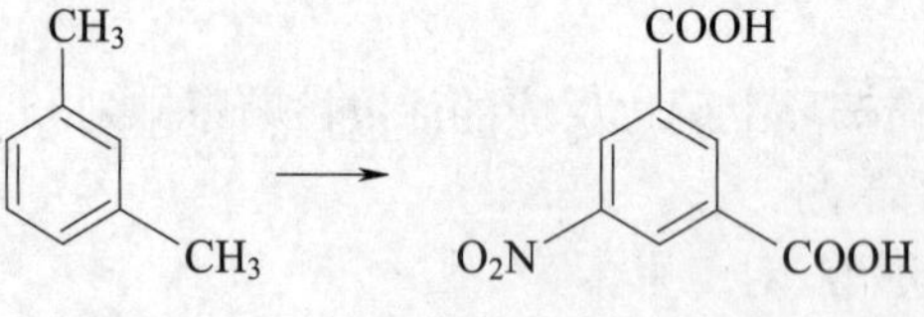

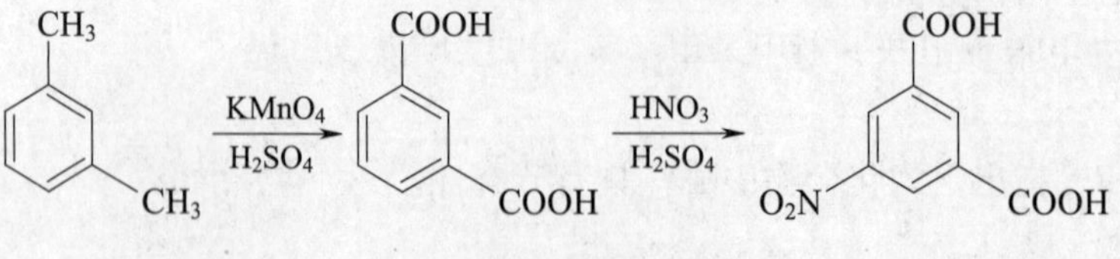

习题 7-9 以苯为原料合成下列化合物（用反应式表示）。

（1）对氯苯磺酸　　（2）间溴苯甲酸

（3）对硝基苯甲酸　　（4）对苄基苯甲酸

解答:(1) 苯 $\xrightarrow{Cl_2/Fe}$ 氯苯 $\xrightarrow{H_2SO_4}$ 对氯苯磺酸（Cl、SO_3H 处于对位）

(2) 苯 $\xrightarrow[AlCl_3]{CH_3Cl}$ 甲苯（CH_3） $\xrightarrow[H_2SO_4]{KMnO_4}$ 苯甲酸（$COOH$） $\xrightarrow{Br_2/Fe}$ 间溴苯甲酸（$COOH$、Br）

(3) 苯 $\xrightarrow[AlCl_3]{CH_3Cl}$ 甲苯（CH_3） $\xrightarrow[H_2SO_4]{HNO_3}$ 对硝基甲苯（CH_3、NO_2） $\xrightarrow[H_2SO_4]{KMnO_4}$ 对硝基苯甲酸（$COOH$、NO_2）

(4) 苯 $\xrightarrow[AlCl_3]{CH_3Cl}$ 甲苯（CH_3） $\xrightarrow[H_2SO_4]{KMnO_4}$ 苯甲酸（CO_2H） $\xrightarrow{SOCl_2}$ 苯甲酰氯（$COCl$） $\xrightarrow[AlCl_3]{PhCH_3}$ $C_6H_5-C(=O)-C_6H_4-CH_3$（对位）

$\xrightarrow[H_2SO_4]{KMnO_4}$ $C_6H_5-C(=O)-C_6H_4-CO_2H$（对位） $\xrightarrow[HCl]{Zn/Hg}$ $C_6H_5-CH_2-C_6H_4-CO_2H$（对位）

习题 7-10 用简单的化学方法区别下列各组化合物。

(1) 苯、环己-1,3-二烯、环己烷

(2) 己烷、己-1-烯、己-1-炔

(3) 戊-2-烯、1,1-二甲基环丙烷、环戊烷

(4) 甲苯、甲基环己烷、3-甲基环己烯

解答:(1)

	溴水	浓 H_2SO_4
苯	无现象	生成苯磺酸，溶液不分层
环己烷	无现象	不反应，溶液分层
环己-1,3-二烯	褪色	

(2)

	溴水	$Ag(NH_3)_2OH$
己烷	无现象	
己-1-烯	褪色	无现象
己-1-炔	褪色	白色沉淀

（3）戊-2-烯、1,1-二甲基环丙烷、环戊烷 $\xrightarrow{溴水}$ 戊-2-烯：褪色；1,1-二甲基环丙烷：褪色；环戊烷：无现象

褪色的两者 $\xrightarrow{KMnO_4,H^+}$ 戊-2-烯：褪色；1,1-二甲基环丙烷：无现象

（4）甲苯、甲基环己烷、3-甲基环己烯 $\xrightarrow{溴水}$ 甲苯：无现象；甲基环己烷：无现象；3-甲基环己烯：褪色

无现象的两者 $\xrightarrow{KMnO_4,H^+}$ 甲苯：褪色；甲基环己烷：无现象

习题 7-11 三种三溴苯经过硝化后，分别得到三种、两种和一种一元硝基化合物。试推测原来三溴苯的结构并写出它们的硝化产物。

解答: 1,3,5-三溴苯 $\xrightarrow[H_2SO_4]{HNO_3}$ 2,4,6-三溴-1-硝基苯

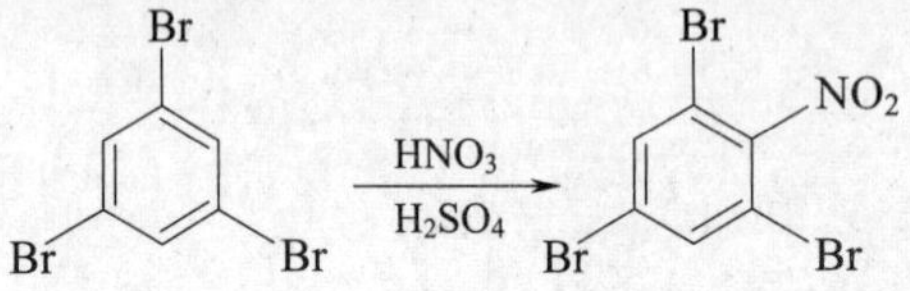

（唯一一种硝化产物）

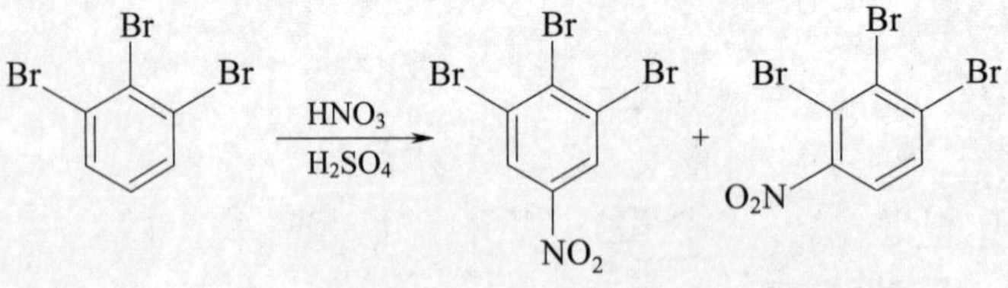

1,2,3-三溴苯 $\xrightarrow[H_2SO_4]{HNO_3}$ 1,2,3-三溴-5-硝基苯 + 1,2,3-三溴-4-硝基苯

（存在两种硝化产物）

1,2,4-三溴苯 $\xrightarrow[H_2SO_4]{HNO_3}$ 1,2,4-三溴-3-硝基苯 + 1,2,5-三溴-3-硝基苯 + 1,2,4-三溴-5-硝基苯

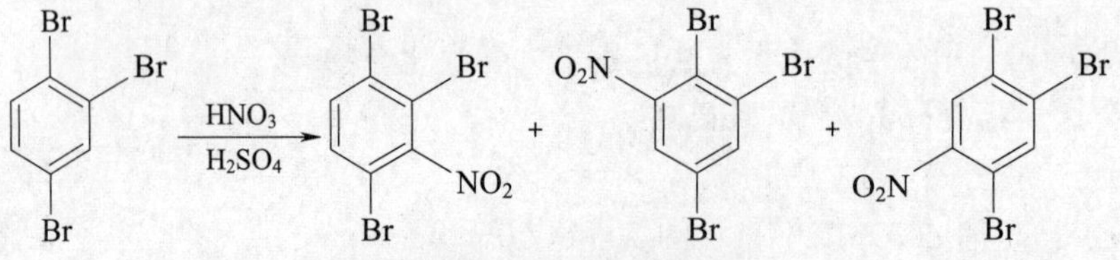

（存在三种硝化产物）

习题 7-12 A,B,C 三种芳香烃的分子式同为 C_9H_{12}。把三种烃氧化时，由 A 得一元酸，由 B 得二元酸，由 C 得三元酸。但经硝化时，A 和 B 都得两种一硝基化合物，而 C 只得到一种一硝基化合物。试推导出 A,B,C 三种化合物的结构式。

解答:（1）A 的结构 $C_6H_5CH_2CH_2CH_3$，$C_6H_5CH(CH_3)_2$。

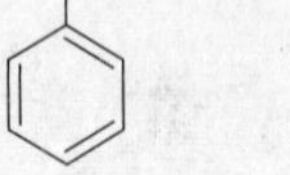

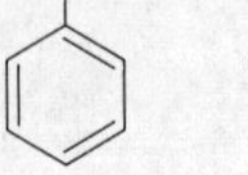

（2）B 的结构 （4-乙基甲苯结构式：CH_3、CH_2CH_3）。

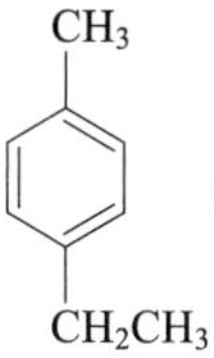

（3）C 的结构 （1,3,5-三甲苯结构式：H_3C、CH_3、CH_3）。

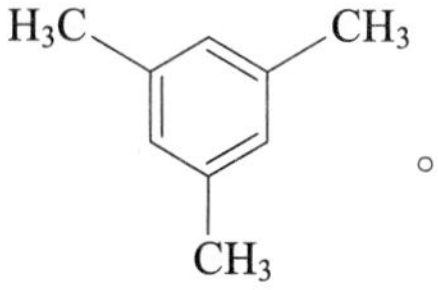

习题 7-13 命名下列有机化合物。

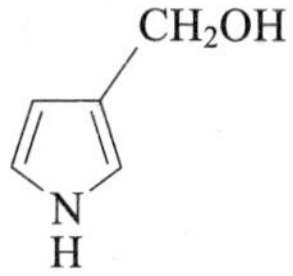

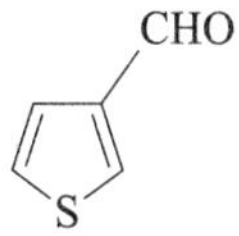

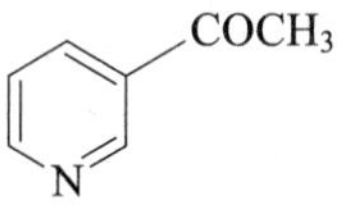

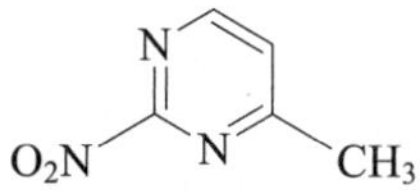

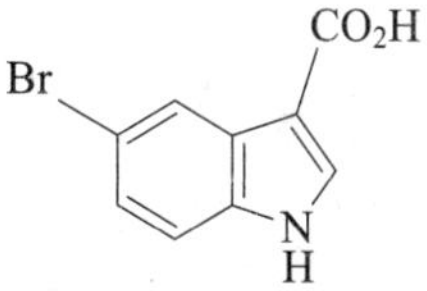

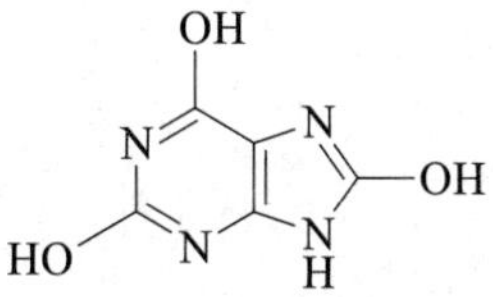

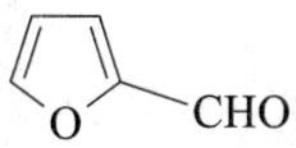

（1）（结构式：CH_3，N，H） （2）（结构式：CH_2OH，N，H） （3）（结构式：CHO，S）

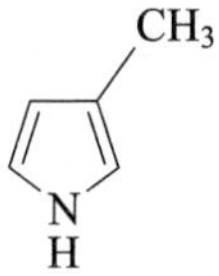

（4）（结构式：$COCH_3$，N） （5）（结构式：N，N，O_2N，CH_3） （6）（结构式：Br，CO_2H，N，H）

（7）（结构式：OH，N，N，OH，HO，N，N，H） （8）（结构式：O，CHO） （9）（结构式：N）

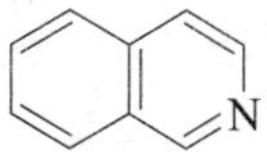

解答：（1）3-甲基吡咯 （2）3-吡咯甲醇 （3）3-噻吩甲醛
（4）3-吡啶乙酮 （5）4-甲基-2-硝基嘧啶 （6）5-溴-3-吲哚甲酸
（7）2，6，8-三羟基嘌呤 （8）糠醛（呋喃甲醛） （9）异喹啉

习题 7-14 写出下列化合物的结构式。
（1）六氢吡啶 （2）2-溴呋喃 （3）3-甲基吲哚 （4）2-氨基噻吩

解答：

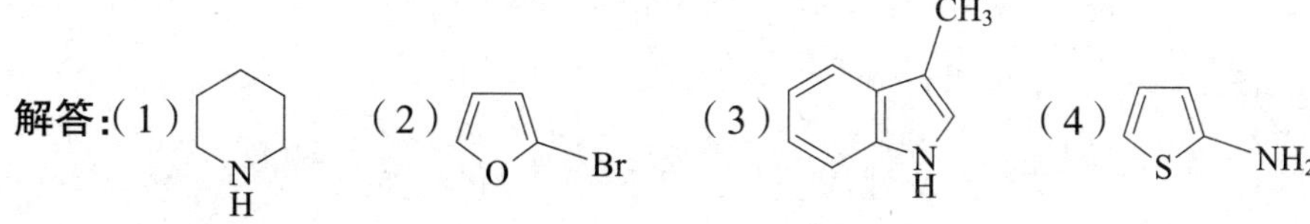

习题 7-15 完成下列反应方程式。

（1）（吡咯结构式：N，H） $\xrightarrow[-10℃]{CH_3CONO_2}$

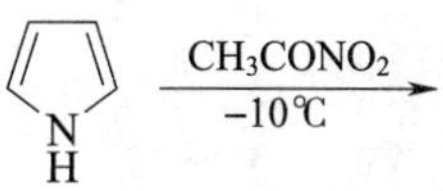

（2）吡啶 $\xrightarrow[\triangle]{HNO_3(浓),H_2SO_4(浓)}$

（3）喹啉 $\xrightarrow[H^+]{KMnO_4}$ $\xrightarrow[\triangle]{P_2O_5}$

（4）2-甲基呋喃 + 马来酸酐 $\longrightarrow$

解答:（1）吡咯 $\xrightarrow[-10℃]{CH_3CONO_2}$ 2-硝基吡咯（NO_2）

（2）吡啶 $\xrightarrow[\triangle]{HNO_3(浓),H_2SO_4(浓)}$ 3-硝基吡啶（NO_2）

（3）喹啉 $\xrightarrow[H^+]{KMnO_4}$ 2,3-吡啶二甲酸（COOH, COOH）$\xrightarrow[\triangle]{P_2O_5}$ 2,3-吡啶二甲酸酐

（4）2-甲基呋喃（CH_3）+ 马来酸酐 $\longrightarrow$ Diels–Alder 加成产物（CH_3，氧桥，酸酐环）

习题 7-16　将下列化合物按碱性强弱顺序排列。

（1）六氢吡啶、吡啶、吡咯、苯胺　　（2）甲胺、苯胺、氨、四氢吡咯

解答:（1）六氢吡啶 > 吡啶 > 苯胺 > 吡咯

（2）四氢吡咯 > 甲胺 > 氨 > 苯胺

习题 7-17　用简单的化学方法区别下列化合物。

吡啶、γ-甲基吡啶、苯胺

解答:

		加 Br_2/H_2O	加 $KMnO_4/H^+$
吡啶		无现象	无现象
γ-甲基吡啶		无现象	褪色
苯胺		沉淀	

习题 7-18　用简单的化学方法将下列混合物中的杂质除去。

（1）吡啶中混有少量六氢吡啶　　（2）乙酸乙酯中混有少量吡啶

解答:（1）先加适量苯磺酰氯和三乙胺，再加热蒸馏。
（2）加入盐酸后除去水层，干燥油层。

习题 7-19 合成下列化合物（无机试剂任选）。
（1）由呋喃合成己二胺
（2）由 β-甲基吡啶合成 β-吡啶甲酸苄酯
（3）由 γ-甲基吡啶合成 γ-氨基吡啶

解答:（1）$\xrightarrow[Ni]{H_2}$ $\xrightarrow{HI}$ I I $\xrightarrow{NaCN}$ $\xrightarrow[Ni]{H_2}$ H_2N NH_2

（2）CH_3 N $\xrightarrow[H^+]{KMnO_4}$ COOH N $\xrightarrow{SOCl_2}$ COCl N $\xrightarrow{Ph \quad OH}$

O O N

（3）CH_3 N $\xrightarrow[H^+]{KMnO_4}$ COOH N $\xrightarrow[\triangle]{NH_3}$ $CONH_2$ N $\xrightarrow{Br_2/NaOH}$ NH_2 N

习题 7-20 化合物 A 的分子式为 $C_{12}H_{13}NO_2$，经稀酸水解得到产物 B 和 C。B 可发生碘仿反应而 C 不能，C 能与 $NaHCO_3$ 作用放出气体而 B 不能。C 为一种吲哚类植物生长激素，可与盐酸松木片反应呈红色。试推导 A，B，C 的结构式。

解答: A. $CH_2COOCH_2CH_3$ N H　　B. CH_3CH_2OH　　C. CH_2COOH N H

第8章 卤 代 烃

本章知识点

烃类分子中的一个或多个氢原子被卤原子取代后生成的化合物称为卤代烃，一般用通式 RX 表示。

一、卤代烃的结构特点

$$R-\overset{|\beta}{\underset{|}{C}}-\overset{|\alpha}{\underset{|}{C}}\rightarrow X$$

卤代烃的化学性质是由官能团卤素决定的。在卤代烃分子中，由于卤原子电负性较大，C—X 键为极性共价键，而且 C—X 键具有较大的可极化性，此外，C—X 键的键能也较小，因此，卤代烃比较活泼。当亲核试剂进攻α-碳原子时，卤素带着一对电子离去，进攻试剂与碳原子结合，从而发生亲核取代反应。另外，由于受卤原子吸电子效应的影响，β-H 的酸性增强，在强碱性试剂作用下，易脱去β-H 和卤原子发生消除反应。

二、卤代烃的主要物理性质

卤代烃的沸点不仅随碳原子数的增加而升高，而且随着卤原子数的增多而升高。同一烃基的卤代烷，以碘代烷沸点最高，其次是溴代烷和氯代烷。

卤代烃的相对密度大于含相同碳原子数的烃。同一烃基的卤代烃的相对密度按 Cl，Br，I 次序升高，一氯代烷的相对密度小于 1，一溴代烷和一碘代烷的相对密度大于 1。

三、卤代烃的主要反应机理

1. 亲核取代反应机理

（1）单分子亲核取代反应（S_N1 反应）

$$R-X \xrightarrow[-X^-]{慢} R^+ \xrightarrow[:Nu^-]{快} R-Nu$$

S_N1 反应的特点：反应分两步进行，反应速率只与反应物的浓度有关，而与亲核试剂无关；反应过程中有碳正离子生成，因而可能会生成碳正离子重排产物；如果碳正离子连接的三个基团不同，得到的产物基本上是外消旋体。

（2）双分子亲核取代反应（S_N2 反应）

$$Nu^- + \overset{\delta+}{R}-\overset{\delta-}{X} \longrightarrow \left[\overset{\delta-}{Nu}\text{----}R\text{----}\overset{\delta-}{X}\right] \longrightarrow R-Nu + X^-$$

S_N2 反应的特点：反应速率不仅与反应物的浓度有关，还与亲核试剂有关；并伴有 Walden 的转化。

（3）影响亲核取代反应机理的因素

有利于 S_N1 反应的因素包括能形成稳定的碳正离子的反应物（如叔卤代烷）、弱的亲核试剂及强极性溶剂等。有利于 S_N2 反应的因素包括位阻小的卤代烃（如伯卤代烷）、强的亲核试剂及弱极性质子溶剂或极性的非质子溶剂等。在 S_N1 反应和 S_N2 反应中离去基团的影响相同，离去基团的碱性越弱，离去基团的离去能力越强，因此，RI 反应最快，而 RF 反应很慢，一般不发生亲核取代反应。另外，烯丙基卤代烃和苄基卤代烃在 S_N1 反应和 S_N2 反应中都很活泼，而苯基卤代烃和乙烯基卤代烃都不活泼。

2. 消除反应机理

（1）单分子消除反应（E1 反应）

$$\text{H}-\overset{|}{\underset{|}{C}}-\overset{|}{\underset{|}{C}}-X \xrightarrow[\text{慢}]{-X^-} \text{H}-\overset{|}{\underset{|}{C}}^{\delta+}-\overset{|}{C}^{+} \xrightarrow[\text{快}]{B:^-} \text{>C=C<} + H-B$$

有利于 E1 机理的因素：3° R—X 卤代烃；强极性溶剂；高反应温度。而碱对 E1 反应影响则较小。

（2）双分子消除反应（E2 反应）

$$B^- + H-\underset{\underset{R}{|}}{CH}-CH_2-X \longrightarrow [B^- \text{--} H-\underset{\underset{R}{|}}{CH}\text{--}CH_2\text{--}X^-] \longrightarrow RCH=CH_2 + X^-$$

有利于 E2 机理的因素：β–H 数目多的卤代烃；强碱、高浓度；弱极性溶剂；高反应温度。

3. 消除反应与取代反应的竞争

卤代烃既可以与亲核试剂发生亲核取代反应，又可以与碱发生消除反应，这些反应可以是双分子的，也可以是单分子的。因为亲核试剂和碱都是富电子试剂，亲核试剂具有碱性，而碱又具有亲核性。实际上亲核试剂和碱往往是一种试剂，因此，消除反应和取代反应常常同时发生并相互竞争。消除反应和取代反应的竞争主要和反应物结构、试剂、溶剂、温度等因素有关。因此有四种反应机理：S_N1，S_N2，E1 和 E2。

卤代烃发生亲核取代反应和消除反应小结

CH_3X	RCH_2X	R_2CHX	R_3CX
甲基	1°	2°	3°
主要发生双分子反应			S_N1/E1 或 E2
S_N2	主要为 S_N2，当与大体积强碱反应时（如 Me_3CO^-）可 E2	S_N2（弱碱时，如 I^-，CN^-，RCO_2^-），E2（强碱时，如 RO^-）	没有强碱时主要为 S_N1/E1，且低温利于 S_N1；强碱存在时（如 RO^-）主要为 E2；一般无 S_N2

四、卤代烃的主要化学反应

1. 亲核取代反应

$$Nu^- + R—X \longrightarrow R—Nu + X^-$$

卤代烷烃可以与很多种亲核试剂（如 RNH_2，OH^-，CN^-，RO^-，X^-）反应，一些常见的亲核取代反应如下：

$$RX \begin{cases} \xrightarrow{OH^-} R—OH \\ \xrightarrow{R'O^-} R—OR' \\ \xrightarrow{CN^-} R—CN \\ \xrightarrow{NH_3} R—NH_2 \\ \xrightarrow{I^-} R—I \\ \xrightarrow{^-ONO_2} R—ONO_2 \end{cases}$$

2. 消除反应

由卤代烃生成烯烃的反应中，脱去卤原子和 β-碳原子上的氢原子，这种消除称为 β-消除反应。在 β-消除反应中，主要产物为双键上烷基取代基最多的烯烃，称为 Saytzeff 规则。

$$\underset{\beta}{R_2CH}—\underset{\alpha\,|\,CH_3}{\overset{X\,|}{C}}—CH_2R \xrightarrow{-HX} R_2C=\underset{|\,CH_3}{C}CH_2R$$

当卤代烃分子中含有不饱和键，能与新生成的双键形成共轭时，消除反应以形成稳定的共轭烯烃为主。

$$CH_2=CH—CH_2—\underset{|\,Br}{CH}CH_2CH_3 \xrightarrow[C_2H_5OH]{NaOH} CH_2=CH—CH=CHCH_2CH_3$$

E1 反应是完全没有立体选择性的。

在 E2 反应中双键的形成和基团的离去是协同进行的，E2 消除反应主要采用反式共平面消除。

$$\text{(H, Br, H, }CH_3\text{, H, H 取代环己烷)} \xrightarrow[\triangle]{NaOH} \text{(H, }CH_3\text{ 取代环己烯)}$$

3. 与金属 Mg 反应

卤代烃在无水乙醚或 THF 中与镁屑作用生成金属有机化合物 RMgX，称为格氏试剂。

$$RX + Mg \xrightarrow{\text{无水乙醚}} R-Mg-X$$

（1）格氏试剂与含活泼氢原子化合物反应，分解为烷烃。

$$R-MgX + \left\{\begin{array}{l} H-OH \\ H-OR' \\ HOCR' \ (C=O) \\ H-NH_2 \\ H-C\equiv CR' \\ D_2O \end{array}\right. \longrightarrow R-H + \left\{\begin{array}{l} XMgOH \\ XMgOR' \\ XMgOCR' \ (C=O) \\ XMg-NH_2 \\ XMg-C\equiv CR' \\ DOMgX \end{array}\right.$$

（2）格氏试剂还能与 CO_2、醛、酮等多种试剂发生亲核加成反应，生成羧酸、醇等一系列化合物。

$$R-MgX \left\{\begin{array}{ll} \xrightarrow[(2)\ H_2O]{(1)\ H_2C=O} R-CH_2-OH & 1°\text{醇（伯醇）} \\ \xrightarrow[(2)\ H_2O]{(1)\ R'CH=O} R-CH(R')-OH & 2°\text{醇（仲醇）} \\ \xrightarrow[(2)\ H_2O]{(1)\ R'-C(=O)-R''} R-C(R')(R'')-OH & 3°\text{醇（叔醇）} \\ \xrightarrow[(2)\ H_2O]{(1)\ O=C=O} R-COOH & \text{羧酸} \end{array}\right.$$

五、卤代烃的主要制法

1. 烃类的卤化反应

（1）烷烃和环烷烃的卤化

$$RH + X_2 \xrightarrow{h\nu或\triangle} RX + HX$$

$$\xrightarrow{Cl_2,\ h\nu} \quad Cl$$

（2）α-H 的卤化

$$CH{=\!=}CH_2{-}CH_3 + Cl_2 \xrightarrow[或高温]{h\nu} CH{=\!=}CH_2{-}CH_2Cl$$

（3）芳烃的卤化

$$+ Cl_2 \xrightarrow{FeCl_3} \quad Cl$$

$$Cl \quad + Cl_2 \xrightarrow{FeCl_3} \quad Cl,\ Cl \quad + \quad Cl,\ Cl$$

2. 由醇制备

$$ROH \xrightarrow{HX} RX$$

除卤化氢外,其他常用的卤化试剂有卤化磷和氯化亚砜等。

$$R{-}OH + PCl_5 \longrightarrow RCl + POCl_3 + HCl$$

$$R{-}OH + SOCl_2 \xrightarrow{\triangle} RCl + SO_2 + HCl$$

3. 不饱和烃与卤化氢或卤素的加成

$$CH_3CH_2CH{=\!=}CH_2 + HBr \longrightarrow CH_3CH_2CHBrCH_3$$

$$CH_3CH_2CH{=\!=}CH_2 + HBr \xrightarrow{过氧化物} CH_3CH_2CH_2CH_2Br$$

$$CH_3CH{=\!=}CH_2 + Cl_2 \xrightarrow{CCl_4} H_3C{-}\underset{|}{\overset{Cl}{CH}}{-}\overset{Cl}{CH_2}$$

$$R{-}C{\equiv}CH \xrightarrow{H-X} \begin{matrix}R\\ \ \end{matrix}\!\!\!>C{=\!=}CH_2\ (X) \xrightarrow{H-X} R{-}\underset{X}{\overset{X}{C}}{-}CH_3$$

4. 卤素的置换

$$R{-}X + I^- \xrightarrow{丙酮} R{-}I + X^- \quad (X{=\!=}Cl, Br)$$

例题解析

例题 8-1 命名或写出结构式。

1. 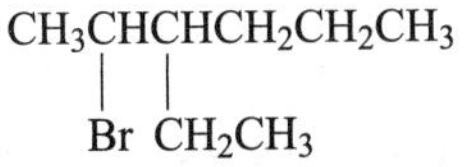 $\underset{\displaystyle\text{Br}}{CH_3CH}\underset{\displaystyle CH_2CH_3}{CH}CH_2CH_2CH_3$

解答：2-溴-3-乙基己烷

分析：选择最长碳链作为主链，把卤素和支链都作为取代基，主链上碳原子编号从靠近取代基一端开始；主链上的支链和卤原子根据其英文字母顺序排列。

2. 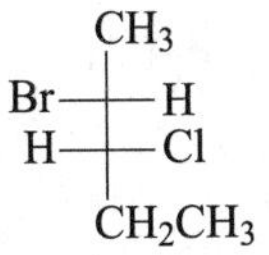 Fischer 投影式：上 CH_3；Br—C—H；H—C—Cl；下 CH_2CH_3

解答：(2*R*,3*R*)-2-溴-3-氯戊烷

分析：选择最长碳链作为主链，把卤素作为取代基，并根据卤原子英文字母顺序排列。此化合物有两个手性碳原子，应标明构型和位置。

3. 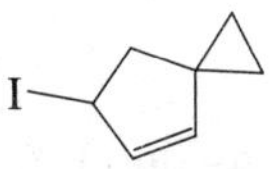 I—(螺环结构)

解答：6-碘螺[2.4]庚-4-烯

分析：该化合物属于卤代螺环化合物，从小环中与共有碳原子相连的碳原子开始编号，经过共有碳原子，再编大环；并尽可能使双键在最小的位次。

4. 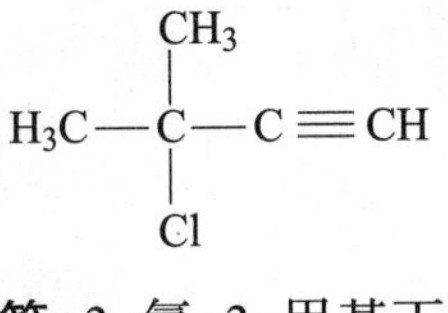 $H_3C—\underset{\displaystyle Cl}{\overset{\displaystyle CH_3}{C}}—C\equiv CH$

解答：3-氯-3-甲基丁-1-炔

分析：选择最长碳链作为主链，把卤素和支链作为取代基，主链上碳原子编号应使三键位次最低，主链上的支链和卤原子根据其英文字母顺序排列。

5. 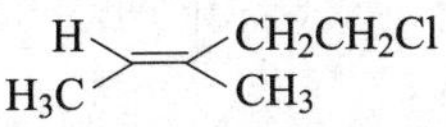 $\begin{matrix}H \\ H_3C\end{matrix}\!\!>C=C<\!\!\begin{matrix}CH_2CH_2Cl \\ CH_3\end{matrix}$

解答：(*E*)-5-氯-3-甲基戊-2-烯

分析：选择最长碳链作为主链，把卤素和支链作为取代基，主链上碳原子编号应使双键位次最低，主链上的支链和卤原子根据其英文字母顺序排列。此化合物有顺反异构体，应标明构型。

6. 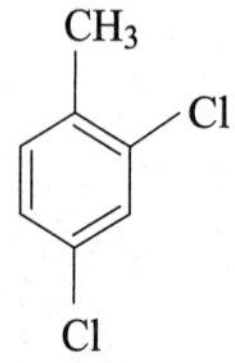 (2,4-二氯甲苯结构式：苯环上连有 CH_3、2-Cl、4-Cl)

解答: 2,4-二氯甲苯

分析：卤原子位于苯环上时，应以苯环为母体；有两个相同卤素时，在卤素前冠以二。

7. 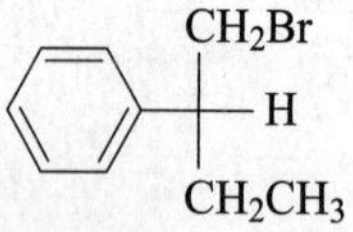 (结构式：苯环—C(H)(CH_2Br)(CH_2CH_3))

解答:（*R*）-1-溴-2-苯基丁烷

分析：卤原子在芳烃的侧链上，应以侧链脂肪烃为母体，苯环和卤素为取代基来命名，同时注明手性碳原子的构型。

8. 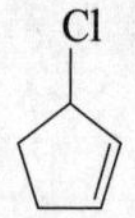 (结构式：3-氯环戊烯，Cl)

解答: 3-氯环戊-1-烯

分析：该化合物属于卤代环烯烃，从双键碳原子开始编号，同时使氯原子位次最小。

9. 烯丙基氯

解答: $H_2C=CH-CH_2Cl$

分析：普通命名法中根据与卤原子相连的烃基称为"某基卤"。

10. 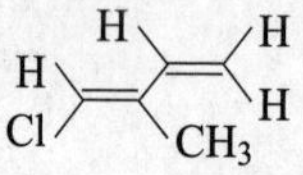 (结构式：ClHC=C(CH_3)—CH=CH_2)

解答:（*E*）-1-氯-2-甲基丁-1,3-二烯

分析：对于卤代共轭烯烃，选择含最多双键的最长碳链作为主链，主链上碳原子编号应使双键位次最低；把卤素和支链作为取代基，主链上的支链和卤原子根据其英文字母顺序排列；此化合物有顺反异构体，应标明构型。

例题 8-2 完成下列反应式。

1. 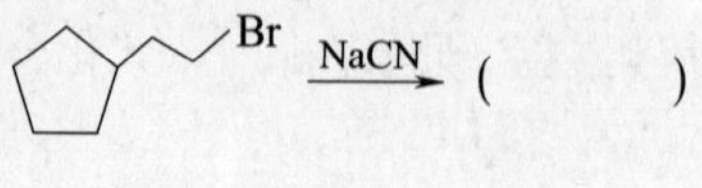 环戊基—CH_2CH_2Br $\xrightarrow{NaCN}$ (   )

解答: 环戊基—CH_2CH_2CN

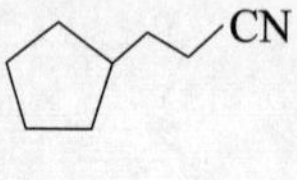

分析：一级卤代烃的 S_N2 反应。

2. $C_6H_5-CH_2Cl + NaOCH_2CH_3 \xrightarrow{CH_3CH_2OH}$ (   )

解答： $C_6H_5-CH_2OCH_2CH_3$

分析：卞基氯容易发生亲核取代反应。

3. $CH_3CH_2CH_2MgBr \xrightarrow{CO_2}$ (   ) $\xrightarrow[H_2O]{H^+}$ (   )

解答： $CH_3CH_2CH_2COOMgBr$；$CH_3CH_2CH_2COOH$

分析：格氏试剂与 CO_2 反应制备多一个碳原子的羧酸。

4. $CH_3CH_2CH_2Br + CH_3C\equiv CK \longrightarrow$ (   )

解答： $CH_3CH_2CH_2C\equiv CCH_3$

分析：一级卤代烃的 S_N2 反应。

5. $CH_3I+CH_3CH_2CH_2NH_2 \longrightarrow$ (   )

解答： $CH_3CH_2CH_2NHCH_3$

分析：一级卤代烃的 S_N2 反应。

6. (Br, CH_3, H, D 取代的手性碳) $\xrightarrow[S_N2]{NaOH/H_2O}$ (   )

解答： (OH, CH_3, H, D 取代的手性碳，构型反转)

分析：手性化合物发生双分子亲核取代反应，产物构型反转。

7. $Br-C(CH_2CH_3)(CH_3)(CH_2CH_2CH_3) + CH_3OH \longrightarrow$ (   ) + (   )

解答： $CH_3O-C(CH_2CH_3)(CH_3)(CH_2CH_2CH_3)$；$CH_3-C(CH_2CH_3)(OCH_3)(CH_2CH_2CH_3)$

分析：手性卤代烷发生单分子亲核取代反应，经历碳正离子机理，亲核试剂从碳正离子平面上、下进攻的概率一样，因此产物为外消旋体。

8. (1-甲基-2-氯环己烷：环己烷上含 CH_3 与 Cl) $+ H_2O \xrightarrow[S_N1]{OH^-}$ (   ) + (   )

解答：CH_3 / OH ；CH_3 / HO

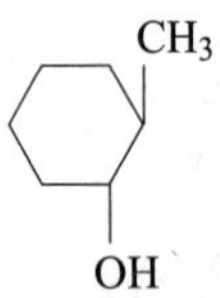

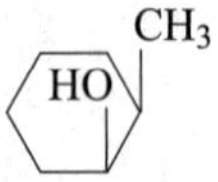

分析：手性化合物发生单分子亲核取代反应，产物为差向异构体。

9. 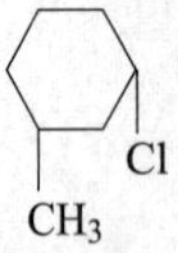 Cl / CH_3 $+ H_2O \xrightarrow[S_N2]{OH^-}$ (　　)

解答：OH / CH_3

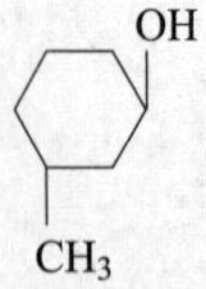

分析：手性化合物发生双分子亲核取代反应，产物构型反转。

10. 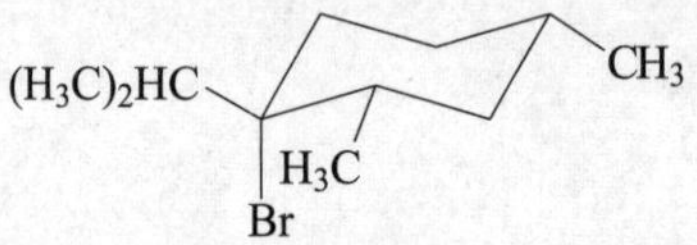 $(H_3C)_2HC$ / CH_3 / H_3C / Br $\xrightarrow[C_2H_5OH]{C_2H_5ONa}$ (　　)

解答：$(H_3C)_2HC$ / CH_3 / H_3C

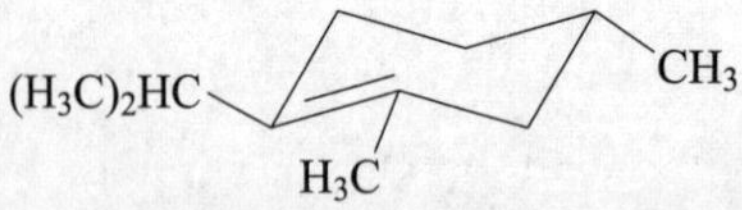

分析：双分子消除反应一般遵守 Saytzeff 规则，且在立体化学上主要采用反式消除。

11. 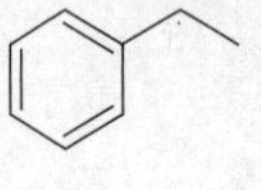 $\xrightarrow{NBS}$ (　　) $\xrightarrow{KOH/C_2H_5OH}$ (　　)

解答：Br ；

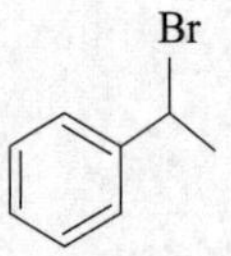

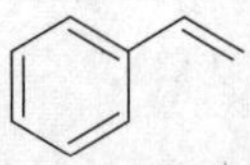

分析：芳烃 α 位容易卤化；消除反应易生成共轭烯烃。

12. 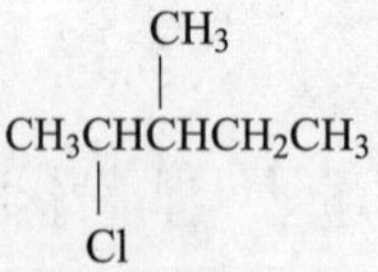 $\underset{\displaystyle Cl}{CH_3CH}\overset{\displaystyle CH_3}{CH}CH_2CH_3 \xrightarrow[\triangle]{KOH/C_2H_5OH}$ (　　)

解答：$CH_3CH = \underset{\displaystyle CH_3}{C} - CH_2CH_3$

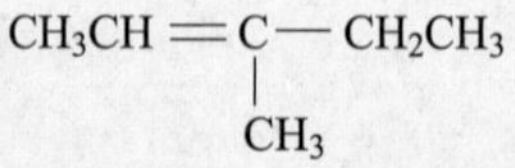

分析：消除反应一般遵守 Saytzeff 规则，即脱去含氢原子较少一侧的 β-H，生成含取代基较多的烯烃。

13. 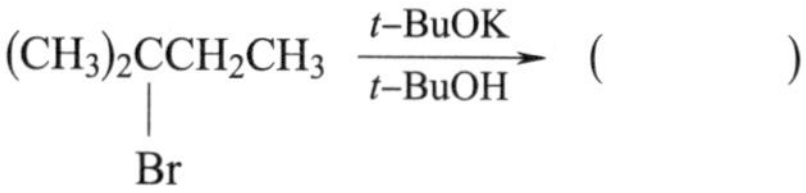 $(CH_3)_2C(Br)CH_2CH_3 \xrightarrow[t\text{-BuOH}]{t\text{-BuOK}}$ (　　　)

解答：$(H_3C)_2C=CHCH_3$

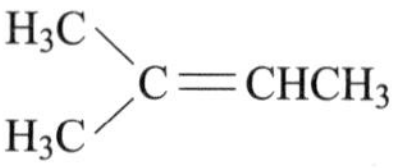

分析：消除反应一般遵守 Saytzeff 规则，即脱去含氢原子较少一侧的 β-H，生成含取代基较多的烯烃。

14. 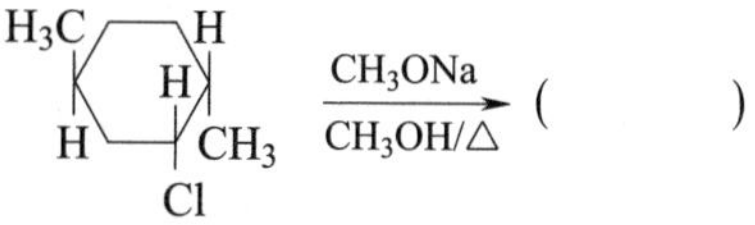 （环己烷椅式构象：H_3C、H、H、CH_3、Cl）$\xrightarrow[CH_3OH/\triangle]{CH_3ONa}$ (　　　)

解答：（H_3C、H 取代的环己烯，双键碳上连 CH_3）

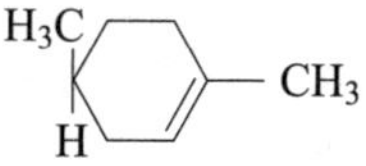

分析：消除反应一般遵守 Saytzeff 规则，且双分子消除反应立体化学上主要采用反式消除。

15. 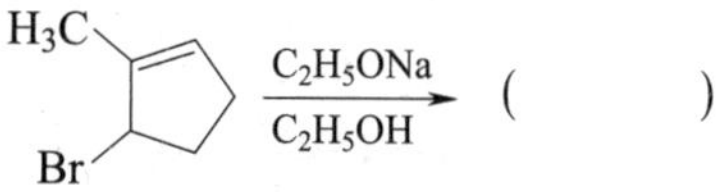 （H_3C、Br 取代的环戊烯）$\xrightarrow[C_2H_5OH]{C_2H_5ONa}$ (　　　)

解答：（甲基环戊二烯）

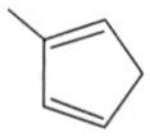

分析：消除反应易生成共轭烯烃。

16. 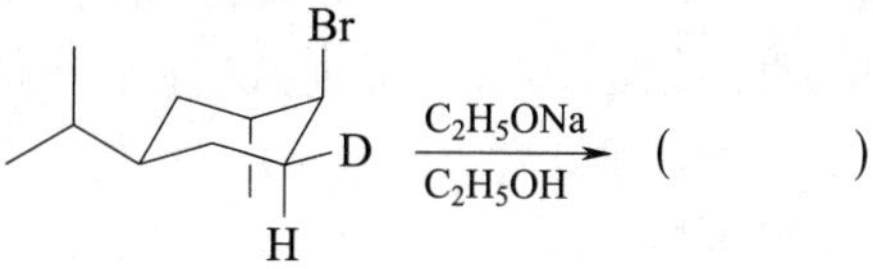 （异丙基取代的环己烷椅式构象，含 Br、D、H）$\xrightarrow[C_2H_5OH]{C_2H_5ONa}$ (　　　)

解答：（CH_3、H_3C、CH_3、D 取代的环己烯）

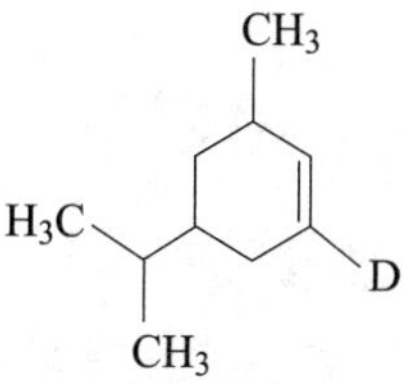

分析：双分子消除反应立体化学上主要采用反式消除。

17. 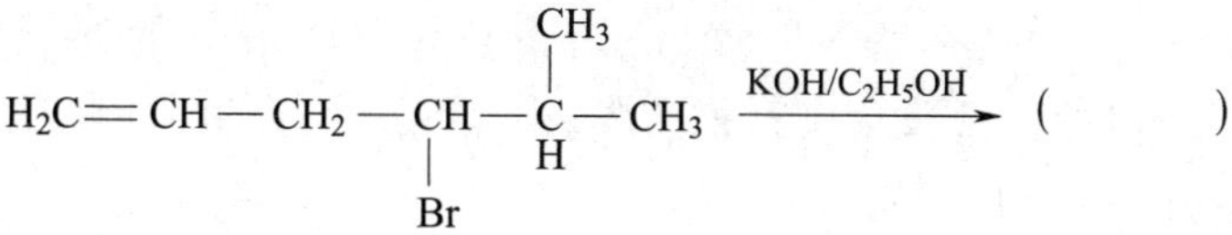 $H_2C=CH-CH_2-CH(Br)-CH(CH_3)-CH_3 \xrightarrow{KOH/C_2H_5OH}$ (　　　)

解答：$H_2C=CH-CH=CH-CH(CH_3)-CH_3$

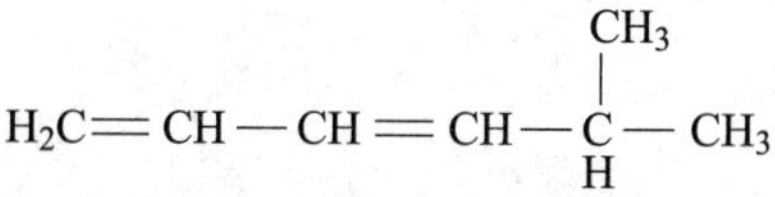

分析：消除反应易生成共轭烯烃。

18. CH3CH(Br)CH2CH3 $\xrightarrow[C_2H_5OH]{NaOH}$ (　　　)（主产物） $\xrightarrow{NBS}$ (　　　) $\xrightarrow{Br_2}$ (　　　)

解答: CH3CH=CHCH3; CH3CH=CHCH2Br; CH3CH(Br)CH(Br)CH2Br

分析: 消除反应一般遵守 Saytzeff 规则。

19. CH_3CH_2Br $\xrightarrow[\text{无水乙醚}]{Mg}$ (　　　) $\xrightarrow{D_2O}$ (　　　)

解答: $CH_3CH_2—MgBr$; $CH_3CH_2—D$

分析: 格氏试剂与 D_2O 反应制备氘代烃。

例题 8-3　排序题和选择题。

1. 下列化合物发生 S_N1 反应的活性从大到小的顺序为(　　)。

A. CH_3CH_2Cl　　B. $(CH_3)_2CHCl$

C. $(CH_3)_3CCl$　　D. $CH_2═CHCl$

解答: C>B>A>D

分析: S_N1 反应活性取决于反应中间体碳正离子的稳定性,而碳正离子的稳定性顺序是 3°>2°>1°>甲基,所以卤代烃进行 S_N1 反应的活性顺序为叔卤代烷>仲卤代烷>伯卤代烷>卤甲烷。另外,因为氯乙烯中的 C—Cl 具有部分双键特征,氯原子难以离去;而且,即使卤素离去,其碳正离子也高度不稳定,故氯乙烯难以发生亲核取代反应。

2. 下列化合物按 S_N1 反应时,相对反应活性最小的是(　　)。

A. 2-溴-2-甲基丙烷　　B. 2-溴丙烷　　C. 1-溴丙烷

解答: C

分析: 卤代烃进行 S_N1 反应的活性顺序为叔卤代烷>仲卤代烷>伯卤代烷>卤甲烷。

3. 下列化合物按 S_N1 反应的反应速率由大到小的顺序为(　　)。

A. C_6H_5—CH_2CH_2Br　　B. C_6H_5—CH_2Br　　C. C_6H_5—$CHBr$—CH_3

解答: C>B>A

分析: 苄基卤在 S_N1 和 S_N2 反应中都很活泼;而且 S_N1 反应的活性顺序为叔卤代烷>仲卤代烷>伯卤代烷>卤甲烷。

4. 下列化合物与 NaI/丙酮溶液反应的活性由大到小的顺序为(　　)。

A. 2-氯-2-甲基丙烷　　B. 2-氯丁烷　　C. 1-氯丁烷

解答: C>B>A

分析: 卤代烃与 NaI/丙酮的反应是 S_N2 反应,主要影响因素是空间位阻。空间位阻增大，反应速率降低。因此，S_N2 反应活性顺序如下：卤甲烷 > 伯卤代烷 > 仲卤代烷 > 叔卤代烷。

5. 下列化合物中哪一种最容易发生 S_N1 反应？（　　）

A. 苄基溴（$C_6H_5CH_2Br$）　B. 溴乙烷（CH_3CH_2Br）　C. 溴苯（C_6H_5Br）　D. 桥头溴代双环化合物

解答： A

分析：化合物 A 是卞溴，生成苄基碳正离子后，由于存在 p-π 共轭，碳正离子较稳定，因此易发生 S_N1 反应；化合物 B 由于是伯卤代烷，因此容易发生 S_N2 反应；化合物 C 由于 C—Br 键较强，不容易断裂，因此不易发生 S_N1 反应；而化合物 D 虽然是叔卤代烷，但由于环的存在，不能生成平面结构的碳正离子，因此也不易发生 S_N1 反应。

6. 下列卤代烃在 $AgNO_3$-乙醇溶液中反应活性由大到小的顺序为（　　）

A. $CH_3O-C_6H_4-CH_2Cl$（对位）　B. $CH_3-C_6H_4-CH_2Cl$（对位）

C. $C_6H_5-CH_2Cl$　D. $O_2N-C_6H_4-CH_2Cl$（对位）

解答： A>B>C>D

分析：该反应为 S_N1 机理，反应活性的大小取决于碳正离子的稳定性，苯环上有吸电子基不利于碳正离子的稳定，而给电子基有利于碳正离子的稳定。

7. 下列化合物中哪一种最容易发生 S_N1 反应？（　　）

A. $H_2C=CHCH_2Cl$　B. $CH_3CH_2CH_2Cl$　C. $H_2C=CHCl$

解答： A

分析：因为 S_N1 反应关键步骤为碳正离子的生成及其稳定性，烯丙基正离子由于存在 p-π 共轭，最稳定，所以最容易发生 S_N1 反应。

8. 乙烯型卤代烃、烯丙型卤代烃、一级卤代烃发生 S_N1 反应的反应速率由大到小的顺序为（　　）。

解答： 烯丙型卤代烃 > 一级卤代烃 > 乙烯型卤代烃

分析：由于烯丙型卤代烃的烯丙基正离子存在 p-π 共轭，最稳定，所以最容易发生 S_N1 反应；乙烯型卤代烃因为氯乙烯中 C—Cl 具有部分双键特征，氯原子难以离去，而且即使卤素离去，其碳正离子也高度不稳定，故氯乙烯难以发生亲核取代反应。

9. 下列化合物中，哪一种可以用于制备相应的格氏试剂？（　　）

A. $HOCH_2CH_2Cl$　B. $CH_3CH_2CH_2Cl$　C. $HC\equiv CCH_2Cl$

解答： B

分析：因为 A 和 C 中都有活泼氢原子，会和生成的格氏试剂反应，使其分解。

10. 能鉴别不同结构卤代烃的试剂是（　　）。

A. $AgNO_3/EtOH$　B. 格氏试剂

C. $Ag(NH_3)_2OH$　D. $FeCl_3$ 溶液

解答： A

分析：卤代烃与 $AgNO_3$/EtOH 反应，根据出现沉淀的情况可以鉴别不同结构卤代烃。

11. 下列基团亲核性的大小顺序为（　　）。

A. RO^-　　B. $RCOO^-$　　C. Cl^-　　D. NH_2^-

解答：D>A>B>C

分析：当试剂的亲核原子是同一周期元素时，则亲核性和碱性呈对应关系，因此可以通过离去基团的碱性来比较亲核性大小，而离去基团的碱性强弱又可以用其对应的共轭酸的酸性来比较。

12. 下列基团亲核性的大小顺序为（　　）。

A. Cl—　　B. Br—　　C. F—　　D. I—

解答：D>B>A>C

分析：当亲核原子是同族的元素时，从上到下亲核性依次增强。

13. 下面哪种方法可以有效合成产物 $CH_3—C(CH_3)_2—O—CH_3$？（　　）

A. $CH_3ONa + CH_3—C(CH_3)_2—Br \longrightarrow CH_3—C(CH_3)_2—O—CH_3$

B. $CH_3—C(CH_3)_2—ONa + CH_3Br \longrightarrow CH_3—C(CH_3)_2—O—CH_3$

解答：B

分析：伯卤代烷与醇钠在相应醇为溶剂情况下反应可得到相应的醚，该反应只适用于伯卤代烷，如用叔卤代烷得到的主要是消除产物烯烃。

14. 下列化合物与 NaI/ 丙酮溶液反应，反应速率最快的是（　　）。

A. 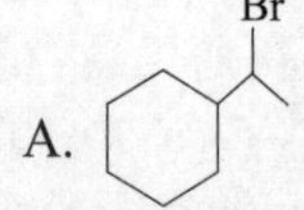

B.　Br　　C.　Br　　D.　Br

解答：B

分析：卤代烃与 NaI/ 丙酮溶液的反应是 S_N2 反应，主要影响因素是空间位阻。空间位阻增大，反应速率降低。

例题 8-4　鉴别题。

1. 用简便的化学方法鉴别下列化合物。

$C_6H_5CH_2Cl$　$C_6H_5CH_2CH_2Cl$　$C_6H_5CH{=}CHCl$　C_6H_5Cl

解答: 不饱和键用 Br_2/CCl_4 鉴别，卤代烃用 $AgNO_3/C_2H_5OH$ 鉴别。

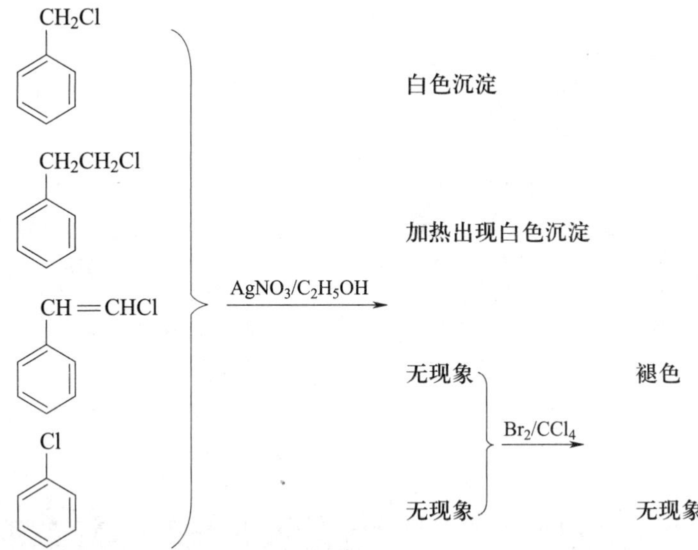

2. 用简便的化学方法鉴别下列化合物。

$CH_3CH_2CBr(CH_3)CH_3$　$CH_2{=}CHCBr(CH_3)CH_3$　$CH_3CH_2CHBrCH_3$　$CH_3CH_2CH_2CH_2Br$

解答: 不饱和键用 Br_2/CCl_4 鉴别，卤代烃用 $AgNO_3/C_2H_5OH$ 鉴别。

$CH_2{=}CHCBr(CH_3)CH_3$ $\xrightarrow{Br_2/CCl_4}$ 褪色

$CH_3CH_2CBr(CH_3)CH_3$ $\xrightarrow{Br_2/CCl_4}$ 无现象 $\xrightarrow{AgNO_3/C_2H_5OH}$ 立即出现白色沉淀

$CH_3CH_2CHBrCH_3$ $\xrightarrow{Br_2/CCl_4}$ 无现象 $\xrightarrow{AgNO_3/C_2H_5OH}$ 几分钟后出现白色沉淀

$CH_3CH_2CH_2CH_2Br$ $\xrightarrow{Br_2/CCl_4}$ 无现象 $\xrightarrow{AgNO_3/C_2H_5OH}$ 加热出现白色沉淀

3. 如何鉴别已烷、$CH_3CH_2CH=CHBr$、$CH_3CH_2CH_2CH_2Br$ 和 $CH_2=CHCHBrCH_3$？

解答: 不饱和键用 Br_2/CCl_4 鉴别，卤代烃用 $AgNO_3/C_2H_5OH$ 鉴别。

$CH_2=CHCHBrCH_3$、$CH_3CH_2CH=CHBr$、$CH_3CH_2CH_2CH_2Br$、$CH_3(CH_2)_4CH_3$ $\xrightarrow{Br_2/CCl_4}$

- 褪色、褪色 $\xrightarrow{AgNO_3/C_2H_5OH}$ 出现白色沉淀（$CH_2=CHCHBrCH_3$）；无现象（$CH_3CH_2CH=CHBr$）
- 无现象、无现象 $\xrightarrow{AgNO_3/C_2H_5OH}\xrightarrow{\triangle}$ 出现白色沉淀（$CH_3CH_2CH_2CH_2Br$）；无现象（$CH_3(CH_2)_4CH_3$）

4. 用简便的化学方法鉴别下列化合物。

$BrCH_2CH(CH_3)CH_3$　　$CH_3CBr(CH_3)CH_3$　　$BrCH=CHCH_2CH_3$　　$CH_2=CHCHBrCH_3$

解答: 不饱和键用 Br_2/CCl_4 鉴别，卤代烃用 $AgNO_3/C_2H_5OH$ 鉴别。

$BrCH_2CH(CH_3)CH_3$、$CH_3CBr(CH_3)CH_3$、$BrCH=CHCH_2CH_3$、$CH_2=CHCHBrCH_3$ $\xrightarrow{Br_2/CCl_4}$

- 无现象、无现象 $\xrightarrow{AgNO_3/C_2H_5OH}$ 加热出现白色沉淀（$BrCH_2CH(CH_3)CH_3$）；室温出现白色沉淀（$CH_3CBr(CH_3)CH_3$）
- 褪色、褪色 $\xrightarrow{AgNO_3/C_2H_5OH}$ 无现象（$BrCH=CHCH_2CH_3$）；出现白色沉淀（$CH_2=CHCHBrCH_3$）

5. 用简便方法鉴别下列化合物。

$C_6H_5CH_2Cl$　　C_6H_5Cl　　环己基 $-Cl$

解答: 卤代烃用 $AgNO_3/C_2H_5OH$ 鉴别。

$C_6H_5CH_2Cl$、C_6H_5Cl、环己基 $-Cl$ $\xrightarrow{AgNO_3/C_2H_5OH}$

- $C_6H_5CH_2Cl$：出现白色沉淀(快)
- C_6H_5Cl：无现象
- 环己基 $-Cl$：出现白色沉淀(慢)

例题 8-5　合成题。

1. 由丙烯合成 1,2,3-三溴丙烷。

解答：$CH_3CH{=}CH_2 \xrightarrow{NBS} BrCH_2CH{=}CH_2 \xrightarrow{Br_2} BrCH_2CHBrCH_2Br$

分析：用烯烃的 α 位卤化及烯烃与卤素的加成来制备卤代烃。

2. 以丙烯为唯一有机原料合成己-1-炔。

解答：$CH_3CH{=}CH_2 + HBr \xrightarrow{h\nu} CH_3CH_2CH_2Br \xrightarrow[\text{无水醚}]{Mg} CH_3CH_2CH_2MgBr$

$$CH_3CH{=}CH_2 + Br_2 \xrightarrow{h\nu} CH_2BrCH{=}CH_2 \xrightarrow{CH_3CH_2CH_2MgBr} CH_3CH_2CH_2CH_2CH{=}CH_2$$

$$\xrightarrow{Br_2} CH_3CH_2CH_2CH_2\underset{\displaystyle Br}{\underset{|}{C}H}{-}CH_2Br \xrightarrow[H_2O]{NaNH_2} CH_3CH_2CH_2CH_2C{\equiv}CH$$

分析：格氏试剂与活泼的烯丙基卤代烃偶联制备长链烯烃，然后和卤素加成生成邻二卤代烃，再通过脱去两分子 HX 来制备炔烃。

3. 完成下面转换。

$$H_2C{=}CH{-}CH_3 \longrightarrow H_2C{=}CH{-}CH_2COOH$$

解答：$H_2C{=}CH{-}CH_3 \xrightarrow{Cl_2} H_2C{=}CH{-}CH_2Cl \xrightarrow{KCN} H_2C{=}CH{-}CH_2CN$

$$\xrightarrow{H^+/H_2O} H_2C{=}CH{-}CH_2COOH$$

分析：烯丙基氯和 KCN 反应生成腈，然后水解生成比卤代烃多一个碳原子的羧酸。

4. 由丙烯合成 1，3-二溴丙-2-醇。

解答：$CH_3CH{=}CH_2 \xrightarrow{NBS} BrCH_2CH{=}CH_2 \xrightarrow{Br_2/H_2O} BrCH_2CHOHCH_2Br$

分析：烯烃的 α 位卤化，然后和卤素在含水的情况下反应生成含羟基的二卤代烃。

5. 以 $CH_3CH_2CH_2CH_2Cl$ 为原料合成 $CH_3CH{=}CHCH_3$。

解答：$CH_3CH_2CH_2CH_2Cl \xrightarrow{KOH/C_2H_5OH} CH_3CH_2CH{=}CH_2 \xrightarrow{HCl} CH_3CH_2\underset{\displaystyle Cl}{\underset{|}{C}H}CH_3$

$$\xrightarrow{KOH/C_2H_5OH} CH_3CH{=}CHCH_3$$

分析：1-氯丁烷通过消除反应得到丁-1-烯，然后和 HCl 加成生成符合马氏规则的 2-氯丁烷，再脱去 HCl 得到符合 Saytzeff 规则的产物丁-2-烯。

6. 以 1-碘丙烷为原料合成 1，1，2，2-四氯丙烷。

解答：$CH_3CH_2CH_2I \xrightarrow{C_2H_5ONa} H_2C{=}CHCH_3 \xrightarrow{Br_2} \underset{\displaystyle Br}{\underset{|}{H_2C}}{-}\underset{\displaystyle Br}{\underset{|}{C}H}CH_3 \xrightarrow{KOH/C_2H_5OH}$

$$HC\equiv CHCH_3 \xrightarrow{2Cl_2} HCCl_2-CCl_2CH_3$$

分析：1−碘丙烷通过消除反应得到丙烯，然后和 Br_2 加成生成二溴丙烷，再脱去两分子 HBr 得到丙炔，再和两分子氯气反应得到产物。

7. 甲苯 ⟹ 邻氘代甲苯（2-D-甲苯）

解答： 甲苯 $\xrightarrow[100℃]{H_2SO_4}$ 对甲苯磺酸（SO_3H 在对位）$\xrightarrow[(2)\ H_3O^+]{(1)\ Br_2,\ FeBr_3}$ 邻溴甲苯 $\xrightarrow{Mg，乙醚}$ 邻甲苯基溴化镁（MgBr）

$\xrightarrow{D_2O}$ 邻氘代甲苯（D）

分析：格氏试剂和 D_2O 反应生成氘代烃；格氏试剂由卤代烃制备；甲基是邻对位定位基，要从甲苯制备邻溴甲苯最好先用磺酸基占据对位，然后再卤化。

8. 以溴乙烷为原料合成 $CH_3CH_2-\underset{\underset{O}{\|}}{C}-CH_2CH_2CH_3$。

解答： $CH_3CH_2Br \xrightarrow[C_2H_5OH]{KOH} CH_2=CH_2 \xrightarrow{Br_2} BrH_2C-CH_2Br \xrightarrow{NaNH_2} NaC\equiv CNa$

$\xrightarrow{CH_3CH_2Br} CH_3CH_2C\equiv CCH_2CH_3 \xrightarrow[HgSO_4,\ H_2SO_4]{H_2O} H_3CH_2C-\underset{\underset{O}{\|}}{C}-CH_2CH_2CH_3$

分析：6 个碳原子的酮可由 6 个碳原子的炔烃水解制备；6 个碳原子的炔烃可由乙炔钠和 2 分子溴乙烷反应制备；乙炔钠来源于乙炔。乙炔可由如下方法制备：由溴乙烷通过消除反应得到乙烯，然后和 Br_2 加成生成二溴乙烷，再脱去两分子 HBr 得到乙炔。

例题 8−6 机理题。

1. 写出下列反应的机理。

$$(CH_3)_3C-Br + OH^- \longrightarrow (CH_3)_3C-OH + Br^-$$

解答：$CH_3-C(CH_3)_2-Br \xrightarrow{-Br^-} CH_3-C^+(CH_3)_2 \xrightarrow{OH^-} CH_3-C(CH_3)_2-OH$

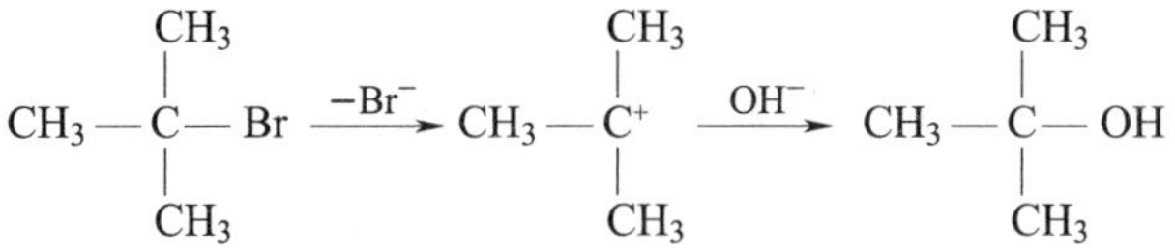

分析：叔卤代烃的 S_N1 反应机理。

2. 写出（*S*）-3-溴-3-甲基己烷在丙酮-水溶液中反应得到一对外消旋体3-甲基己-3-醇的立体结构，并用反应机理进行解释。

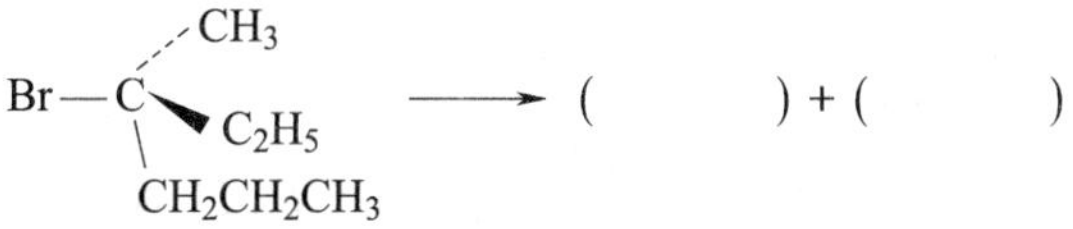

$Br-C(CH_3)(C_2H_5)(CH_2CH_2CH_3) \longrightarrow$ (　　　) + (　　　)

解答：$Br-C(CH_3)(C_2H_5)(CH_2CH_2CH_3) \longrightarrow$ $H_3C-C^+(C_2H_5)(CH_2CH_2CH_3)$（$H_2O$）$+ Br^- \xrightarrow{-H^+}$ $HO-C(CH_3)(C_2H_5)(CH_2CH_2CH_3)$ + $H_3C-C(OH)(H_5C_2)(H_3CH_2CH_2C)$

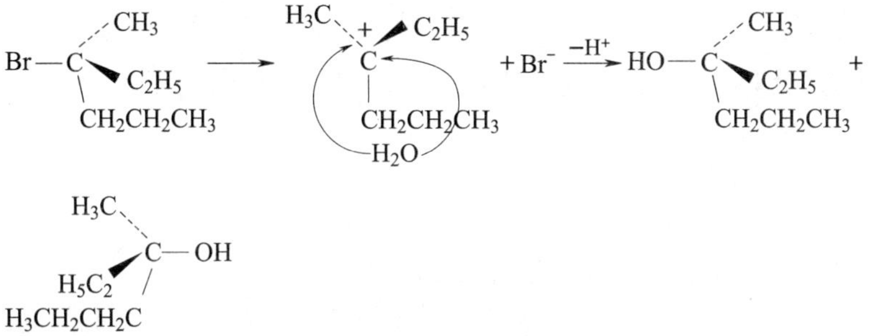

分析：手性卤代烃发生 S_N1 反应，产物为外消旋体。

3. 解释为什么全氟叔丁基氯[$(CF_3)_3CCl$]很难进行亲核取代反应。

解答：因为三氟甲基是强吸电子基团，如果该氯代烃进行 S_N1 反应，得到的碳正离子会很不稳定；如果进行 S_N2 反应，三个三氟甲基位阻很大；所以进行 S_N1 反应和 S_N2 反应都很困难。

4. 解释为什么正丁基氯在含水乙醇中发生碱性水解的反应速率随水量增加而下降，叔丁基氯在同样情况下观察到的现象正相反。

解答：正丁基氯在乙醇－水中碱性水解是 S_N2 反应，含水量增大，极性增大，对反应不利；叔丁基氯在乙醇－水中碱性水解是 S_N1 反应，含水量增大，极性增大，对反应有利。

5. 解释下列两个同分异构体发生 E2 反应时的不同反应结果。

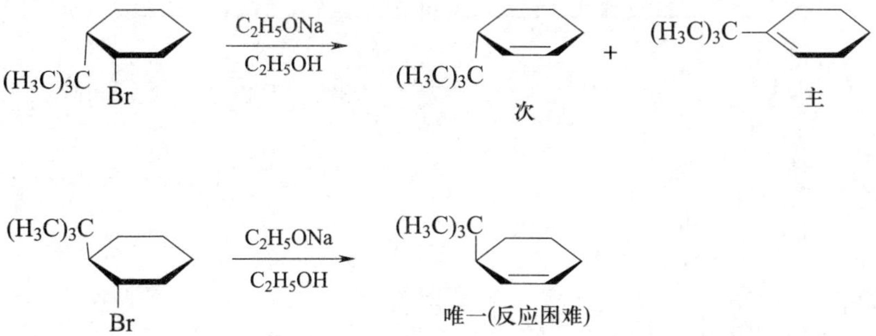

$(H_3C)_3C$-环己基-Br $\xrightarrow[C_2H_5OH]{C_2H_5ONa}$ $(H_3C)_3C$-环己烯（次） + $(H_3C)_3C$-环己烯（主）

$(H_3C)_3C$-环己基-Br $\xrightarrow[C_2H_5OH]{C_2H_5ONa}$ $(H_3C)_3C$-环己烯 唯一（反应困难）

解答：$(H_3C)_3C$ Br ≡ $(H_3C)_3C$ H_a H_b Br H —a→ $(H_3C)_3C$— 主；—b→ $(H_3C)_3C$ 次

$(H_3C)_3C$ Br ≡ $(H_3C)_3C$ H H Br H H ⇌ $(H_3C)_3C$ H H_c Br H → $(H_3C)_3C$ 唯一

分析：卤代烃发生 E2 反应时消除的 H 和 X 应该处于反式共平面；同时一般遵守 Saytzeff 规则，消除含氢较少一侧的 β-H，生成含取代基较多的烯烃。第一个反应物含氢较少一侧有 β-H，且 H 和 X 处于反式，所以生成含取代基较多的烯烃，为主产物；第二个反应物含氢较少一边的 β-H 与 X 处于顺式，不能消除，只能从含氢较多一边消除 β-H，所以只有一种产物且反应困难。

例题 8-7　推测结构题。

1. 某化合物的分子式为 $C_4H_7Br_3$，其核磁共振氢谱图（^1H NMR）如下，试推测该化合物的结构。

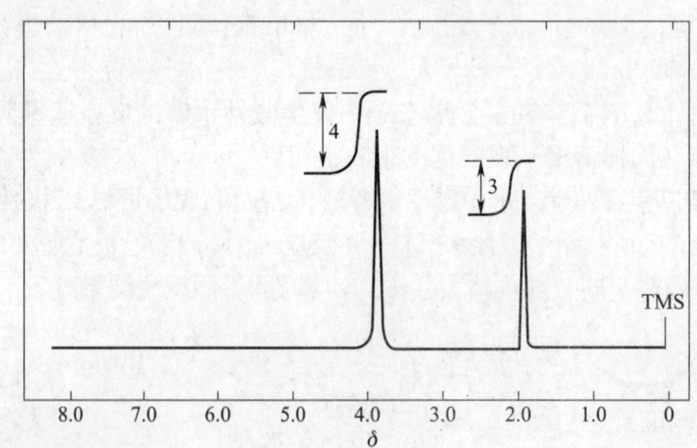

解答：$(BrH_2C)_2C(CH_3)Br$（BrH₂C、BrH₂C、CH₃、Br 连于同一 C 上）

分析：该化合物的不饱和度为 0，说明是饱和卤代烃。从 ^1H NMR 谱图可以看出有两组峰，说明分子中有两种氢；峰面积比是 4 : 3，说明两种氢的数目比是 4 : 3；两组峰都是单峰说明其邻近碳原子上都没有氢，所以其结构如上。

2. 根据所给化学式的NMR数据推测化合物的结构简式。化合物的分子式为C_3H_7Br；^{1}H NMR数据：δ=1.1（6H，双峰），δ=3.8（1H，多重峰）。

解答：$(CH_3)_2CHBr$

分析：该化合物的不饱和度为0，说明是饱和卤代烃。^{1}H NMR谱图中有两组峰，说明分子中有两种氢；两种氢的数目比是6∶1；6个氢是双峰说明其邻近碳原子上有1个氢，1个氢是多重峰说明其邻近碳原子上有多个氢，所以其结构如上。

3. 化合物A，B的分子式均为$C_4H_6Cl_2$，都能使$KMnO_4/H^+$溶液褪色并放出气体。A的^{1}H NMR谱图有两个单峰，δ=4.3和δ=5.4，峰面积比为2∶1。B的^{1}H NMR谱图有三个单峰，δ=2.2，δ= 4.2和δ=5.9，峰面积比为3∶2∶1。写出A，B的结构式。

解答：A为$CH_2{=}C(CH_2Cl)_2$，B为$CH_2{=}CHCCl_2CH_3$。

分析：A，B的不饱和度都是1，说明是烯烃或环烷烃；都能使$KMnO_4/H^+$溶液褪色并放出气体，说明都是末端烯烃。A的^{1}H NMR谱图有两个单峰，说明有两种氢，且其邻近碳原子上都没有氢，峰面积比为2∶1，说明氢的数目比是2∶1；B的^{1}H NMR谱图上有三个单峰，说明有3种氢，且其邻近饱和碳原子上都没有氢，峰面积比为3∶2∶1，说明氢的数目比是3∶2∶1。

4. 化合物A的分子式为C_4H_9Br，A与氢氧化钾（KOH）的醇溶液作用生成B（C_4H_8），用酸性高锰酸钾氧化B得到两分子CH_3COOH，B与HBr作用得到A。试写出A，B的结构。

解答：A为$CH_3\underset{\displaystyle Br}{\underset{|}{C}}H{-}CH_2CH_3$，B为$CH_3CH{=}CHCH_3$。

分析：A的不饱和度为0，说明是饱和卤代烃；A与氢氧化钾的醇溶液作用消除HBr生成不饱和度为1的烯烃B，用酸性高锰酸钾氧化B得到两分子CH_3COOH，说明B是对称烯烃$CH_3CH{=}CHCH_3$；B与HBr作用得到A，说明A为$CH_3\underset{\displaystyle Br}{\underset{|}{C}}H{-}CH_2CH_3$。

5. 某烃A的分子式为C_4H_8，在常温下与Cl_2反应生成B（$C_4H_8Cl_2$），A在光照下与Cl_2反应生成C（C_4H_7Cl），C与$NaOH/H_2O$作用生成D（C_4H_8O），C与$NaOH/C_2H_5OH$反应生成丁-1，3-二烯。写出A～D的结构式。

解答：A为$CH_3CH_2CH{=}CH_2$，B为$CH_3CH_2\underset{\displaystyle Cl}{\underset{|}{C}}H{-}\underset{\displaystyle Cl}{\underset{|}{C}}H_2$，C为$CH_3\underset{\displaystyle Cl}{\underset{|}{C}}HCH{=}CH_2$，D为$CH_3\underset{\displaystyle OH}{\underset{|}{C}}HCH{=}CH_2$。

分析：A的不饱和度为1，可能是烯烃或环烷烃，在常温下与Cl_2反应生成B（$C_4H_8Cl_2$），说明可以与Cl_2发生加成反应，A在光照下与Cl_2反应生成C（C_4H_7Cl），说明A可以发生烯烃α位卤代，C与$NaOH/H_2O$作用生成D（C_4H_8O），说明C容易发生水解反应，而 C 与 $NaOH/C_2H_5OH$ 反应生成丁-1,3-二烯，而且 C 是 A 经过 α 位卤代得到的，说明 C 只能是 $CH_3CH(Cl)CH=CH_2$，从而得出答案。

习题参考答案

习题 8-1 命名下列各化合物。

（1）$CH_2ClCH_2CH_2CH_2Cl$ （2）$CH_2=C(CH_3)CH(Cl)CH=CHCH_2Br$

（3）Fischer 投影式：上 $CH(CH_3)CH_2CH_3$，左 H，右 Cl，下 CH_3 （4）楔形式：CH_2CH_3、H、Br、C_6H_5

（5）3-Br、4-H_3C 取代的苯磺酸（SO_3H） （6）Br—C_6H_4—CH_2—$CH=CH_2$

解答:（1）1,4-二氯丁烷 （2）6-溴-3-氯-2-甲基己-1,4-二烯

（3）（*R*）-2-氯-3-甲基戊烷 （4）（*S*）-1-溴-1-苯基丙烷

（5）3-溴-4-甲基苯磺酸 （6）3-对溴苯丙-1-烯

习题 8-2 写出下列各化合物的构造式。

（1）（*R*）-2-溴丁烷 （2）新戊基溴

（3）聚四氟乙烯 （4）（*Z*）-1-溴-3-苯基丁-2-烯

解答:（1）Fischer 投影式：上 C_2H_5，左 H，右 Br，下 CH_3 （2）$CH_3—C(CH_3)_2—CH_2Br$

（3）$\left[CF_2—CF_2\right]_n$ （4）$CH_2Br(H)C=C(C_6H_5)CH_3$

习题 8-3 写出 1-溴丁烷与下列试剂反应的主要产物。

（1）Mg（无水醚） （2）Na

（3）NH_3 （4）NaI/丙酮溶液

（5）NaCN （6）乙炔钠

（7）$(CH_3)_2CHONa$

解答:（1）$CH_3CH_2CH_2CH_2MgBr$ （2）$CH_3CH_2CH_2CH_2Na$

（3）$CH_3CH_2CH_2CH_2NH_2$

（4）$CH_3CH_2CH_2CH_2I$

（5）$CH_3CH_2CH_2CH_2CN$

（6）$CH_3CH_2CH_2CH_2C\equiv CH$

（7）$CH_3CH_2CH_2CH_2OCH(CH_3)_2$

习题 8-4 写出正丙基溴化镁与下列试剂反应的主要产物。

（1）NH_3

（2）H_2O

（3）C_2H_5OH

（4）HBr

（5）$CH_3CH_2CH_2C\equiv CH$

解答:（1）$CH_3CH_2CH_3$+MgBr(NH_2)

（2）$CH_3CH_2CH_3$+MgBr(OH)

（3）$CH_3CH_2CH_3$+MgBr(OC_2H_5)

（4）$CH_3CH_2CH_3+MgBr_2$

（5）$CH_3CH_2CH_3$ + BrMg($C\equiv CCH_2CH_2CH_3$)

习题 8-5 将下列各组化合物按反应速率的大小顺序排列。

（1）按 S_N1 反应

A. $CH_3CH_2CH_2CH_2Br$　　$(CH_3)_3CBr$　　$CH_3CH_2CH(CH_3)Br$

B. $C_6H_5-CH_2CH_2Br$　　$C_6H_5-CH_2Br$　　$C_6H_5-CH(Br)CH_3$

（2）按 S_N2 反应

A. $CH_3CH_2CH_2CH_2Br$　　$(CH_3)_3CCH_2Br$　　$(CH_3)_2CHCH_2Br$

B. $CH_3CH_2CH_2CH_2Br$　　$(CH_3)_3CBr$　　$CH_3CH_2CH(CH_3)Br$

解答:（1）A. $(CH_3)_3CBr > CH_3CH_2CH(CH_3)Br > CH_3CH_2CH_2CH_2Br$

B. $C_6H_5-CH(Br)CH_3 > C_6H_5-CH_2Br > C_6H_5-CH_2CH_2Br$

（2）A. $CH_3CH_2CH_2CH_2Br > (CH_3)_2CHCH_2Br > (CH_3)_3CCH_2Br$

B. $CH_3CH_2CH_2CH_2Br > CH_3CH_2CH(CH_3)Br > (CH_3)_3CBr$

习题 8-6 预测下列各对反应中哪一个较快，并说明理由。

（1）$CH_3CH_2CH(CH_3)CH_2Br + CN^- \longrightarrow CH_3CH_2CH(CH_3)CH_2CN + Br^-$

$CH_3CH_2CH_2CH_2Br + CN^- \longrightarrow CH_3CH_2CH_2CH_2CN + Br^-$

（2）$(CH_3)_3CBr \xrightarrow[\triangle]{H_2O} (CH_3)_3COH + HBr$

$(CH_3)_2CHBr \xrightarrow[\triangle]{H_2O} (CH_3)_2CHOH + HBr$

（3）$CH_3I + NaOH \xrightarrow{H_2O} CH_3OH + NaI$

$CH_3I + NaSH \xrightarrow{H_2O} CH_3SH + NaI$

（4）$(CH_3)_2CHCH_2Cl \xrightarrow[\triangle]{H_2O} (CH_3)_2CHCH_2OH$

$(CH_3)_2CHCH_2Br \xrightarrow[\triangle]{H_2O} (CH_3)_2CHCH_2OH$

解答:（1）$CH_3CH_2CH_2CH_2Br$ 反应较快。因甲基支链的空间位阻降低了 S_N2 反应的速率。

（2）$(CH_3)_3CBr$ 反应较快，为 S_N1 反应。$(CH_3)_2CHBr$ 首先进行 S_N2 反应，但因水为弱亲核试剂，故反应速率慢。

（3）NaSH 反应较快。HS^-反应快于 HO^-，因 S 的亲核性大于 O。

（4）$(CH_3)_2CHCH_2Br$ 快。因为 Br 比 Cl 易离去。

习题 8-7 卤代烷与 NaOH 在水和乙醇混合物中进行反应，根据下述所观察到的实验现象，指出哪些属于 S_N2 机理，哪些属于 S_N1 机理。

（1）产物构型完全反转。

（2）有重排产物。

（3）碱浓度增加，反应速率增加。

（4）叔卤代烷反应速率大于仲卤代烷。

（5）增加溶剂的含水量，反应速率明显增加。

（6）反应不分阶段，一步完成。

（7）试剂亲核性越强，反应速率越快。

解答: 属于 S_N1 机理的有（2）、（4）、（5）；属于 S_N2 机理的有（1）、（3）、（6）、（7）。

习题 8-8 下列三种化合物与硝酸银的乙醇溶液反应，其反应速率大小顺序如何？为什么？

（1）C_6H_5—CH_2Cl （2）$CH_3CH_2CH_2CH_2Cl$ （3）C_6H_5—Cl

解答:（1）>（2）>（3）；S_N1 反应。

习题 8-9 不管反应条件如何，新戊基卤[$(CH_3)_3CCH_2X$]在亲核取代反应中，反应速率都很小，为什么？

解答: 对于 S_N2 反应来说，新戊基卤因空间位阻较大，难以进行；对于 S_N1 反应来说，新戊基卤是伯卤代烷，S_N1 反应困难。

习题 8-10 从指定的原料合成下列化合物。

（1）$CH_3\underset{\displaystyle Br}{\underset{|}{C}}HCH_3 \longrightarrow CH_3CH_2CH_2Br$

（2）$CH_3—\underset{\displaystyle Br}{\underset{|}{CH}}—CH_3 \longrightarrow \underset{\displaystyle Cl}{\underset{|}{CH_2}}—\underset{\displaystyle Cl}{\underset{|}{CH}}—\underset{\displaystyle Cl}{\underset{|}{CH_2}}$

（3）$CH_2ClCH_2Cl \longrightarrow Cl_2CHCH_3$

（4）Cl（氯代环己烷）$\longrightarrow$ OH, Br, Br（2,3-二溴环己醇）

（5）CH_3（甲苯）$\longrightarrow$ CH_2OH, Br, NO_2（2-溴-4-硝基苯甲醇）

解答:（1）$CH_3—\underset{\displaystyle Br}{\underset{|}{CH}}—CH_3 \xrightarrow[\text{醇}]{KOH} CH_2{=}CH—CH_3 \xrightarrow{NBS} CH_2{=}CH—\underset{\displaystyle Br}{\underset{|}{CH_2}}$

$\xrightarrow{\text{还原}} CH_3—CH_2—\underset{\displaystyle Br}{\underset{|}{CH_2}}$

（2）$CH_3—\underset{\displaystyle Br}{\underset{|}{CH}}—CH_3 \xrightarrow[\text{醇}]{KOH} CH_2{=}CH—CH_3 \xrightarrow[h\nu]{Cl_2} CH_2{=}CH—\underset{\displaystyle Cl}{\underset{|}{CH_2}}$

$\xrightarrow[CCl_4]{Cl_2} \underset{\displaystyle Cl}{\underset{|}{CH_2}}—\underset{\displaystyle Cl}{\underset{|}{CH}}—\underset{\displaystyle Cl}{\underset{|}{CH_2}}$

（3）$\underset{\displaystyle Cl}{\underset{|}{CH_2}}—\underset{\displaystyle Cl}{\underset{|}{CH_2}} \xrightarrow[\text{醇}]{KOH} CH{\equiv}CH \xrightarrow{HCl} \underset{\displaystyle H}{\underset{|}{CH}}{=}\underset{\displaystyle Cl}{\underset{|}{CH}} \xrightarrow{HCl} \underset{\displaystyle H}{\underset{|}{\overset{\displaystyle H}{\overset{|}{CH}}}}—\underset{\displaystyle Cl}{\underset{|}{\overset{\displaystyle Cl}{\overset{|}{CH}}}}$

（4）环己基—Cl $\xrightarrow[\text{醇}]{KOH}$ 环己烯 $\xrightarrow[h\nu]{Cl_2}$ 3-氯环己烯（Cl）$\xrightarrow{\text{KOH水溶液}}$ 2-环己烯醇（OH）$\xrightarrow[CCl_4]{Br_2}$ Br, Br, Cl（2,3-二溴环己醇，图中取代基标为 Br、Br、Cl）

（5）$\text{C}_6\text{H}_5\text{-CH}_3 \xrightarrow[h\nu]{Cl_2} \text{C}_6\text{H}_5\text{-CH}_2\text{Cl} \xrightarrow{\text{KOH水溶液}} \text{C}_6\text{H}_5\text{-CH}_2\text{OH}$

$\xrightarrow[\text{浓}H_2SO_4]{\text{浓}HNO_3} NO_2\text{-C}_6\text{H}_4\text{-CH}_2\text{OH} \xrightarrow[FeBr_3]{Br_2} NO_2\text{-C}_6\text{H}_3(\text{Br})\text{-CH}_2\text{OH}$（Br 位于 CH_2OH 的邻位）

习题 8-11 试用简便的化学方法区别下列化合物。

$CH_3CH{=}CHCl \quad CH_2{=}CHCH_2Cl \quad CH_3CH_2CH_2Cl$

解答:
$CH_2{=}CHCH_2Cl$、$CH_3CH_2CH_2Cl$、$CH_3CH{=}CHCl$ $\xrightarrow{AgNO_3/C_2H_5OH}$ 室温很快出现沉淀；加热出现沉淀；无变化

习题 8-12 化合物 A 的分子式 C_3H_7Br，A 与氢氧化钾（KOH）的醇溶液作用生成 B（C_3H_6），用高锰酸钾氧化 B 得到 CH_3COOH、CO_2 和 H_2O，B 与 HBr 作用得到 A 的同分异构体 C。写出 A，B，C 的结构式及各步反应式。

解答: $\underset{A}{CH_3CH_2CH_2Br} \xrightarrow[\text{醇}]{KOH} \underset{B}{CH_3CH{=}CH_2}$ → $\underset{C}{CH_3\text{—}CH(Br)\text{—}CH_3}$；→ $CH_3COOH + CO_2 + H_2O$

习题 8-13 化合物 A 具有旋光性，能与 Br_2/CCl_4 反应，生成三溴化物 B，B 亦具有旋光性；A 在热碱的醇溶液中反应生成化合物 C；C 能使溴的四氯化碳溶液褪色，经测定 C 无旋光性；C 与丙烯醛反应可生成（3-环己烯甲醛，环上带 CHO）。试写出 A，B，C 的结构式。

解答: A. $CH_2{=}CH\text{—}\overset{*}{C}H(Br)CH_3$ B. $CH_2(Br)\text{—}CH(Br)\text{—}CH(Br)CH_3$ C. $CH_2{=}CH\text{—}CH{=}CH_2$。

习题 8-14 下列各步反应中有无错误？如有错误，试指出其错误的地方。

（1）$CH_3CH{=}CH_2 \xrightarrow[(A)]{HOBr} CH_3\text{—}CH(Br)\text{—}CH_2(OH) \xrightarrow[(B)]{Mg/\text{无水醚}} CH_3\text{—}CH(MgBr)\text{—}CH_2(OH)$

（2）$CH_2{=}C(CH_3)_2 + HCl \xrightarrow[(A)]{\text{过氧化物}} (CH_3)_3CCl \xrightarrow[(B)]{NaCN} (CH_3)_3CCN$

（3）4-溴甲苯 $\xrightarrow[\text{(A)}]{\text{NBS}}$ 4-溴苄基溴（CH_2Br，Br） $\xrightarrow[\text{(B)}]{\text{NaOH},H_2O}$ 4-羟基苯甲醇（CH_2OH，OH）

（4）环戊烯基$-CH_2CHCH_2CH_3$（CH 上连 Br） $\xrightarrow[\text{(A)}]{\text{KOH,醇}}$ 环戊烯基$-CH_2CH{=}CHCH_3$

解答:（1）A 错，溴应加在第一个碳原子上。B 错，—OH 的活泼 H 会与格氏试剂反应。

（2）A 错，不需要过氧化物。B 错，叔卤代烷遇—CN 易消除。

（3）B 错，与苯环相连的溴不活泼，而且对位为给电子基团，不易水解。

（4）A错，产物应为 环戊烯基$-CH{=}CH-CH_2CH_3$，共轭双烯稳定。

第9章　醇、酚和醚

本章知识点

一、醇

1. 醇的结构和性质

醇的官能团是羟基，氧原子采取不等性 sp^3 杂化，具有四面体结构：

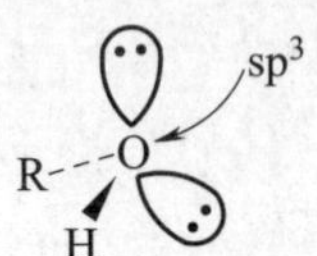

由于氧的电负性大于碳，醇分子中的C—O键是极性键，ROH是极性分子，而且醇和水分子之间可以形成氢键，所以低级醇易溶水。游离的羟基红外吸收在3 650～3 590 cm^{-1} 有尖锐的吸收峰，形成氢键后在3 520～3 100 cm^{-1} 有宽的吸收峰。醇羟基的核磁共振氢谱化学位移 $\delta \approx 0.5 \sim 6.0$，变化较大，且峰形较宽，加入重水后羟基峰消失。

2. 醇的化学性质

（1）与活泼金属反应

$$ROH + Na \longrightarrow RONa + H_2\uparrow$$

（2）羟基被卤原子取代

羟基可以被卤原子取代生成卤代烃，常用试剂有氢卤酸、三卤化磷、五氯化磷和亚硫酰氯等。

① 与氢卤酸反应

$$R—OH + HX \rightleftharpoons R—\overset{+}{O}H_2 + X^- \longrightarrow R—X + H_2O$$

氢卤酸的反应活性次序为HI>HBr>HCl>HF。

醇的反应活性次序为苄醇、烯丙醇、叔醇 > 仲醇 > 伯醇。

Lucas试剂：无水 $ZnCl_2$ 和浓盐酸所配成的溶液，Lucas试剂与伯醇、仲醇和叔醇反应所表现出的反应活性和现象不同，可以用于鉴别伯、仲、叔醇。

② 与卤化磷反应

$$ROH + PX_3 \longrightarrow RX + P(OH)_3 \qquad X=Cl, Br$$

$$ROH + PCl_5 \longrightarrow RCl + POCl_3 + HCl$$

③ 与氯化亚砜（亚硫酰氯）反应

醇与氯化亚砜反应的反应产率较高，副产物为气体。

$$R—OH + SOCl_2 \longrightarrow RCl + SO_2\uparrow + HCl\uparrow$$

（3）生成酯

$$R—OH + HOSO_2OH \longrightarrow R—OSO_2OH + H_2O \xrightarrow{R—OH} R—OSO_2O—R + H_2O$$

$$R—OH + HONO_2 \longrightarrow R—ONO_2 + H_2O$$

$$R—OH + CH_3CH_2CH_2CH_2OH \xrightarrow{H^+} CH_3CH_2CH_2CH_2OR + H_2O$$

$$R—OH + CH_3COCl \longrightarrow CH_3COOR + HCl$$

（4）脱水反应

$$\underset{\displaystyle OH}{CH_3CH_2CH_2\overset{}{C}HCH_3} \xrightarrow{60\%H_2SO_4} \underset{主}{CH_3CH_2CH=CHCH_3} + CH_3CH_2CH_2CH=CH_2$$

$$CH_3CH_2OH \xrightarrow[140°C]{浓H_2SO_4} CH_3CH_2OCH_2CH_3$$

$$CH_3\overset{CH_3}{\underset{CH_3}{C}}—CH_2OH \xrightarrow{H_2SO_4} \underset{主}{CH_3\overset{CH_3}{C}=CHCH_3} + CH_2=\underset{CH_3}{C}—CH_2CH_3$$

此反应的机理如下：

$$CH_3\overset{CH_3}{\underset{CH_3}{C}}—CH_2OH \xrightarrow{H^+} CH_3\overset{CH_3}{\underset{CH_3}{C}}—CH_2\overset{+}{O}H_2 \xrightarrow{-H_2O} CH_3\overset{CH_3}{\underset{CH_3}{C}}—\overset{+}{C}H_2 \xrightarrow{重排}$$

$$CH_3\overset{+}{\underset{CH_3}{C}}—CH_2CH_3 \xrightarrow{-H^+} \underset{主}{CH_3\overset{CH_3}{C}=CHCH_3} + CH_2=\underset{CH_3}{C}—CH_2CH_3$$

（5）氧化和脱氢反应

1° ROH $\xrightarrow{[O]}$ RCHO $\xrightarrow{[O]}$ RCOOH

2° ROH $\xrightarrow{[O]}$ 酮

3° ROH　因无 α–H，难以被氧化，若在强烈条件下氧化，碳链将断裂，生成混合酸。

$$C_6H_5—CH_2OH \xrightarrow[CH_2Cl_2]{MnO_2} C_6H_5—CHO$$

$$CH_3CH_2CH_2CH_2CH{=}CHCH_2OH \xrightarrow[CH_2Cl_2]{\text{沙瑞特试剂}} CH_3CH_2CH_2CH_2CH{=}CHCHO$$

$$\text{环己醇} \xrightarrow[V_2O_5,55\sim60℃]{50\%HNO_3} HOOC(CH_2)_4COOH$$

（6）多元醇的反应

$$\begin{matrix}CH_2OH\\|\\CH_2OH\end{matrix} + Cu(OH)_2 \longrightarrow \begin{matrix}CH_2O\\|\\CH_2O\end{matrix}{>}Cu + H_2O$$

绛蓝色

$$\begin{matrix}CH_2OH\\|\\CHOH\\|\\CH_2OH\end{matrix} \xrightarrow{HIO_4} HCHO+HCOOH+HCHO$$

$$(CH_3)_2C(OH)-C(OH)(CH_3)_2 \xrightarrow{H^+} H_3C-\underset{\underset{O}{\|}}{C}-C(CH_3)_3$$

该反应为频哪醇重排,反应机理如下：

$$(CH_3)_2C(OH)-C(OH)(CH_3)_2 \xrightarrow{H^+} (CH_3)_2C(OH)-C(\overset{+}{O}H_2)(CH_3)_2 \xrightarrow{-H_2O}$$

$$(CH_3)_2C(OH)-\overset{+}{C}(CH_3)_2 \longrightarrow H_3C-\overset{+}{C}(\ddot{O}H)-C(CH_3)_3 \longrightarrow$$

$$H_3C-\underset{\underset{\overset{+}{O}H}{\|}}{C}-C(CH_3)_3 \xrightarrow{-H^+} H_3C-\underset{\underset{O}{\|}}{C}-C(CH_3)_3$$

3. 醇的制备

（1）由烯烃制备

$$RCH{=}CH_2 \xrightarrow{98\%H_2SO_4} R-\underset{\underset{OSO_3H}{|}}{CH}-CH_3 \xrightarrow{H_2O} R-\underset{\underset{OH}{|}}{CH}-CH_3$$

$$RCH{=}CH_2 \xrightarrow[H_2O]{H^+} R-\underset{\underset{OH}{|}}{CH}-CH_3$$

$$RCH{=}CH_2 \xrightarrow{HOX} \underset{\underset{HO}{|}}{RCH}-\underset{\underset{X}{|}}{CH_2}$$

$$\text{1-甲基环己烯} \xrightarrow[(2)\ H_2O_2,OH^-]{(1)\ B_2H_6} \text{反-2-甲基环己醇}$$

$$\text{环己烯} \xrightarrow{RCOOOH} \text{环氧环己烷} \xrightarrow{H_3O^+} \text{反-1,2-环己二醇}$$

（2）由卤代烃水解制备

$$CH_2{=}CHCH_2Cl \xrightarrow[H_2O]{Na_2CO_3} CH_2{=}CHCH_2{-}OH$$

$$C_6H_5{-}CH_2Cl \xrightarrow{NaOH} C_6H_5{-}CH_2OH$$

（3）由格氏试剂制备

$$CH_3CH_2MBr+HCHO \longrightarrow CH_3CH_2CH_2OMgBr \xrightarrow{H_3O^+} CH_3CH_2CH_2OH$$

（格氏试剂和甲醛反应制备多一个碳原子的伯醇）

$$C_6H_5{-}MgBr \xrightarrow{\text{环氧乙烷}} C_6H_5{-}CH_2CH_2OMgBr \xrightarrow{H_3O^+} C_6H_5{-}CH_2CH_2OH$$

（格氏试剂和环氧乙烷反应制备多两个碳原子的伯醇）

$$RMgX + R'CHO \longrightarrow R{-}\underset{R'}{\overset{OMgX}{C}}{-}H \xrightarrow{H_3O^+} R{-}\underset{R'}{\overset{OH}{C}}{-}H$$

$$RMgX+R'{-}\overset{O}{\overset{\|}{C}}{-}R'' \longrightarrow R{-}\underset{R'}{\overset{OMgX}{C}}{-}R'' \xrightarrow{H_3O^+} R{-}\underset{R'}{\overset{OH}{C}}{-}R''$$

$$RMgX \xrightarrow{HCOOC_2H_5} R{-}\underset{OC_2H_5}{\overset{OMgX}{CH}} \longrightarrow RCHO \xrightarrow{RMgX} R{-}\underset{R}{\overset{OMgX}{C}}{-}H \xrightarrow{H_3O^+} R_2CH_2OH$$

（格氏试剂和甲酸酯反应生成对称的仲醇）

（4）由羰基化合物还原制备

$$RCHO \xrightarrow[H_2]{\text{催化剂}} \underset{\text{伯醇}}{RCH_2OH}$$

$$R\overset{O}{\overset{\|}{C}}R \xrightarrow[H_2]{\text{催化剂}} \underset{\text{仲醇}}{R\overset{OH}{\overset{|}{C}}HR}$$

$$CH_3CH{=}CH{-}CH{=}O \xrightarrow[\text{或}LiAlH_4]{NaBH_4} CH_3CH{=}CH{-}CH_2{-}OH$$

$$CH_3CH{=}CH{-}CH_2{-}COOH \xrightarrow{LiAlH_4} CH_3CH{=}CH{-}CH_2{-}CH_2OH$$

硼氢化钠还原能力较弱，一般只还原醛、酮，不还原分子中双键；四氢铝锂还原能力较强，能把羧酸、酯、酰卤、酸酐还原为伯醇，同时也不还原孤立的双键。

$$CH_3(CH_2)_{16}COOC_2H_5 \xrightarrow[C_2H_5OH]{Na} CH_3(CH_2)_{16}CH_2OH$$

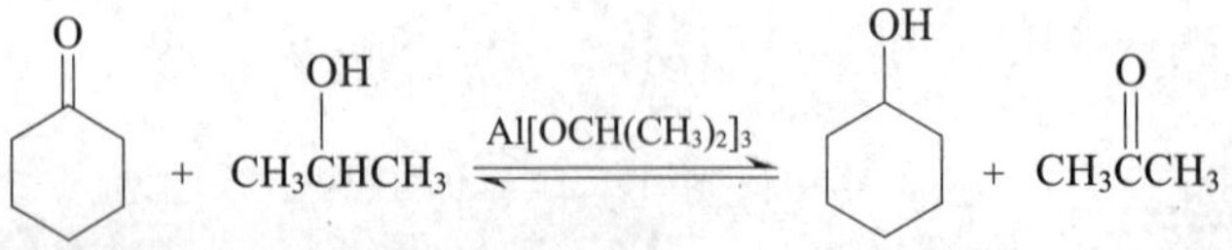

$$\text{环己酮} + CH_3\underset{OH}{C}HCH_3 \xrightleftharpoons{Al[OCH(CH_3)_2]_3} \text{环己醇} + CH_3\overset{O}{C}CH_3$$

（5）邻二醇的制备

① 顺式邻二醇的制备

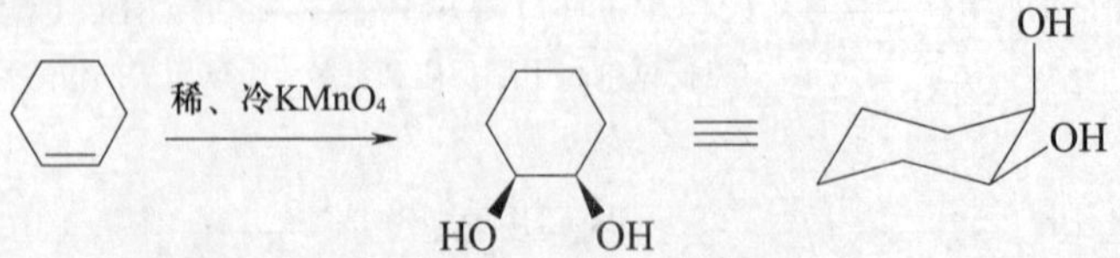

$$\text{环己烯} \xrightarrow{\text{稀、冷}KMnO_4} \text{顺-1,2-环己二醇（HO, OH）} \equiv \text{（椅式构象，OH, OH）}$$

② 反式邻二醇的制备（环氧化物的水解）

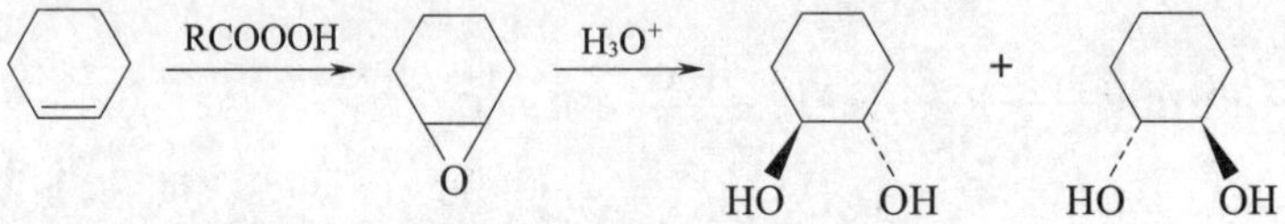

$$\text{环己烯} \xrightarrow{RCOOOH} \text{环氧环己烷（O）} \xrightarrow{H_3O^+} \text{反-1,2-环己二醇（HO, OH）} + \text{反-1,2-环己二醇（HO, OH）}$$

4. 醇的反应示意图

中心：—C—C—（OH）

- 酯化 / 水解：⇌ —C—C(H)—OCOR
- 成醚：→ —C—C(H)—OR
- 水解：⇌ —C—C(H)—磺酸酯（OTs）
- 酸化 / 失去活泼氢：⇌ —C—C(H)—O^-
- HX 卤化 / OH^- 取代：⇌ —C—C—X
- $-H_2O$ 消除 / H^+/H_2O：⇌ C=C
- 还原 / 氧化：⇌ —C—C(=O)— 或 —C—C(=O)—OH

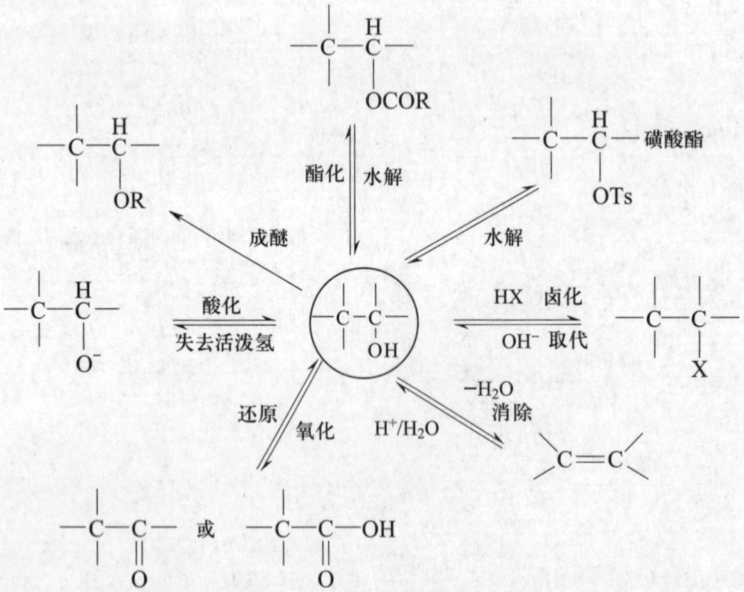

二、酚

1. 酚的结构和性质

酚的结构为

sp² sp² O—H

由于羟基可以和苯环发生 p-π 共轭，使碳氧键结合得更加牢固，不易断裂，同时氢更容易解离，所以酚有酸性。p-π 共轭使苯环上电子密度增加，所以酚的苯环上易发生亲电取代反应。酚的红外光谱数据：O—H 键的伸缩振动吸收峰在 3 640～3 100 cm^{-1}（强峰、宽峰），C—O 键的伸缩振动吸收峰在 1 230 cm^{-1}。酚的核磁共振氢谱数据：δ（苯氢）≈7，酚羟基质子与电负性强的氧原子相连共振，信号出现在低的磁场区，δ=4～7。

2. 酚的化学性质

（1）酚羟基的反应

① 酸性

酸性：H_2CO_3（$pK_a \approx 6.4$）> 酚（$pK_a \approx 10$）> 水（$pK_a \approx 14$）> 醇（$pK_a \approx 18$）

OH —5%NaOH→ ONa + H_2O —CO_2→ OH（混浊）

② 酯的生成

酚的亲核性弱，与羧酸进行酯化反应的平衡常数较小，成酯反应困难，在酸 / 碱催化下，与酰卤或酸酐作用可以生成酯。

OH, COOH + $(CH_3CO)_2O$ —H_2SO_4→ $OCOCH_3$, COOH + CH_3COOH

Fries 重排：酚酯的重排反应，可用于制备酚酮。

OH —CH_3COCl→ $OCOCH_3$ —$AlCl_3$, △→ OH, $COCH_3$ + OH, $COCH_3$

低温时主产物　　高温时主产物

③ 显色反应

酚及具有烯醇式结构的化合物与 $FeCl_3$ 溶液都可发生显色反应。

$$6PhOH+FeCl_3 \longrightarrow [Fe(OPh)_6]_3^- +6H^+ +3Cl^-$$

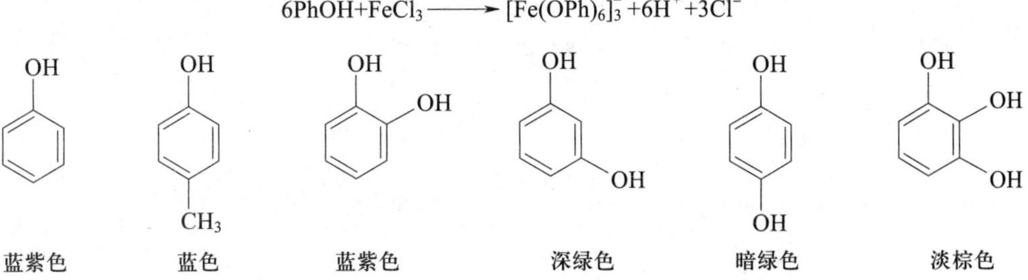

（2）芳环上的亲电取代反应

—OH 是一种强的致活基团，可使苯环更加易于进行亲电取代反应，新引入基团进入羟基的邻、对位。

苯酚 + Br_2 $\xrightarrow{H_2O}$ 2,4,6-三溴苯酚↓（白色沉淀）+ HBr

此反应可用于酚的鉴别和定性鉴定。

苯酚 + Br_2 $\xrightarrow[0\sim5^{\circ}C]{CS_2或CCl_4}$ 对溴苯酚（67%）+ 邻溴苯酚（33%）

苯酚 $\xrightarrow{20\%HNO_3}$ 对硝基苯酚 + 邻硝基苯酚

邻硝基苯酚形成分子内氢键，可通过水蒸气蒸馏将二者分开。

苯酚 $\xrightarrow{98\%H_2SO_4}$：20℃ → 邻羟基苯磺酸（49%，动力学产物）；100℃ → 对羟基苯磺酸（90%，热力学产物）

苯酚 + 异丁烯 $\xrightarrow[或对甲苯磺酸]{H_2SO_4}$ 2-叔丁基苯酚 + 4-叔丁基苯酚（主）

（3）还原反应

$$\text{C}_6\text{H}_5\text{OH} \xrightarrow[120\sim200^\circ\text{C}]{H_2/Ni,1\sim2MPa} \text{C}_6\text{H}_{11}\text{OH}$$

（4）氧化反应

$$\text{C}_6\text{H}_5\text{OH} \xrightarrow[CH_3COOH,H_2O]{CrO_3,0^\circ\text{C}} \text{O=C}_6\text{H}_4\text{=O}$$

3. 酚的制备

（1）苯磺酸盐碱熔融法

$$\text{C}_6\text{H}_6 \xrightarrow{浓H_2SO_4} \text{C}_6\text{H}_5\text{SO}_3\text{H} \xrightarrow{NaOH(中和)} \text{C}_6\text{H}_5\text{SO}_3\text{Na}$$

$$\xrightarrow{NaOH熔融} \text{C}_6\text{H}_5\text{ONa} \xrightarrow{H_3O^+} \text{C}_6\text{H}_5\text{OH}$$

$$\text{C}_{10}\text{H}_8 \xrightarrow[60^\circ\text{C}]{H_2SO_4} \alpha\text{-C}_{10}\text{H}_7\text{SO}_3\text{H} \xrightarrow[(中和)]{Na_2CO_3} \alpha\text{-C}_{10}\text{H}_7\text{SO}_3\text{Na} \xrightarrow[>300^\circ\text{C}]{NaOH(熔融)} \alpha\text{-C}_{10}\text{H}_7\text{ONa} \xrightarrow{H_3O^+} \alpha\text{-C}_{10}\text{H}_7\text{OH}$$

$$\text{C}_{10}\text{H}_8 \xrightarrow[165^\circ\text{C}]{H_2SO_4} \beta\text{-C}_{10}\text{H}_7\text{SO}_3\text{H} \xrightarrow[(中和)]{Na_2CO_3} \beta\text{-C}_{10}\text{H}_7\text{SO}_3\text{Na} \xrightarrow[(2)\ H_3O^+]{(1)\ NaOH(熔融)} \beta\text{-C}_{10}\text{H}_7\text{OH}$$

（2）卤代苯水解法

$$\text{C}_6\text{H}_5\text{Cl} \xrightarrow[Cu,高温高压]{NaOH} \text{C}_6\text{H}_5\text{ONa} \xrightarrow{H_3O^+} \text{C}_6\text{H}_5\text{OH}$$

此反应条件苛刻，说明此类卤代烃不易水解。若卤素原子的邻、对位含有硝基等强吸电子基团时，水解反应容易进行。例如：

$$\text{2,4,6-(O}_2\text{N)}_3\text{C}_6\text{H}_2\text{Cl} \xrightarrow[35^\circ\text{C}]{Na_2CO_3} \text{2,4,6-(O}_2\text{N)}_3\text{C}_6\text{H}_2\text{ONa} \xrightarrow{H_3O^+} \text{2,4,6-(O}_2\text{N)}_3\text{C}_6\text{H}_2\text{OH}$$

（3）由异丙苯制备

此法通过 Baeyer–Villiger 重排制备苯酚，是目前工业上制备苯酚最主要的方法。

4. 酚的反应示意图

三、醚

1. 醚的结构和性质

分子中含有醚键（C—O—C）的化合物称为醚，由此可知醚分子内没有活泼氢，分子间不能形成氢键，故沸点较醇和酚低。醚与弱酸、强碱和还原剂都不能发生反应，性质比较稳定，常作为溶剂，如环醚四氢呋喃等。

醚的红外光谱数据：烷基醚的 C—O 键伸缩振动吸收峰在 1 150～1 060 cm^{-1}；芳基或烯基醚的 C—O 键伸缩振动吸收峰在 1 275～1 200 cm^{-1}。醚的核磁共振氢谱数据：R—O—$C\underline{H}_3$　δ=3.4～4.0。

2. 醚的化学性质

（1）过氧化物的生成

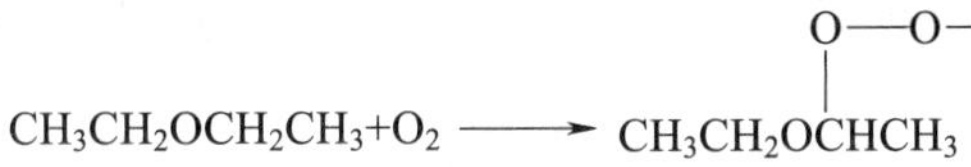

$$CH_3CH_2OCH_2CH_3+O_2 \longrightarrow CH_3CH_2O\underset{}{\overset{O-O-H}{|}}{C}HCH_3$$

过氧化物不稳定，遇热易分解，发生强烈爆炸。

（2）生成锌盐

醚能溶解于冷的强酸中形成锌盐。

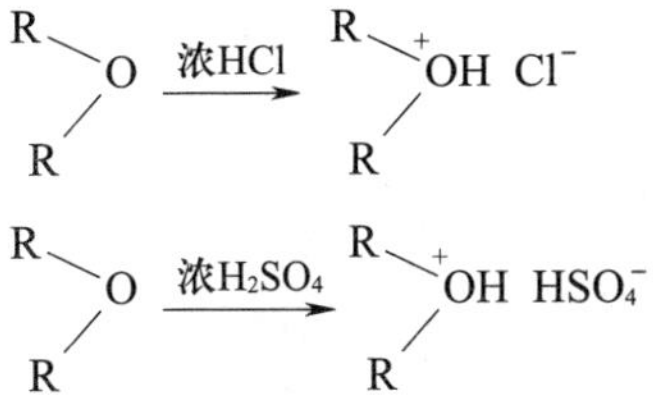

$$R-O-R \xrightarrow{浓HCl} R-\overset{+}{O}H-R\ Cl^-$$

$$R-O-R \xrightarrow{浓H_2SO_4} R-\overset{+}{O}H-R\ HSO_4^-$$

（3）醚键的断裂

$$CH_3OCH_2CH_3 \xrightarrow[S_N2]{HI} CH_3I+CH_3CH_2OH$$

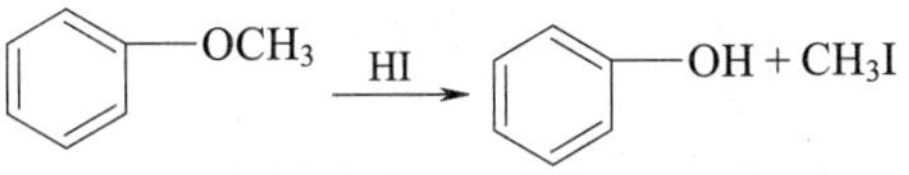

$$C_6H_5-OCH_3 \xrightarrow{HI} C_6H_5-OH+CH_3I$$

叔醚在醚键断裂时按 S_N1 机理，例如：

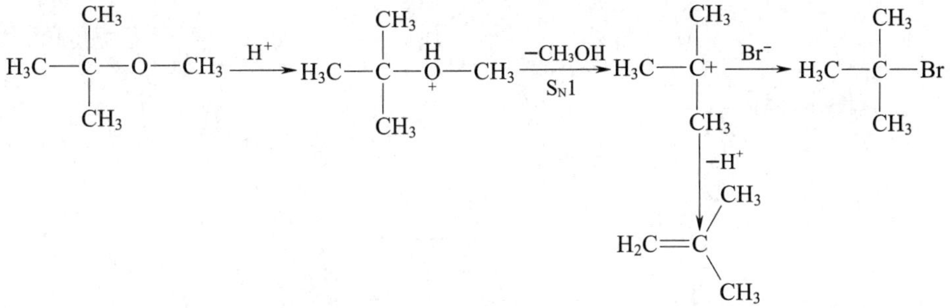

$$(CH_3)_3C-O-CH_3 \xrightarrow{H^+} (CH_3)_3C-\overset{H}{\underset{+}{O}}-CH_3 \xrightarrow[S_N1]{-CH_3OH} (CH_3)_3C^+ \xrightarrow{Br^-} (CH_3)_3C-Br$$

$$(CH_3)_3C^+ \xrightarrow{-H^+} H_2C=C(CH_3)_2$$

（4）克莱森重排

烯丙基芳基醚在高温下重排为邻烯丙基酚，邻烯丙基酚可以进一步重排为对烯丙基酚的反应称为克莱森重排反应。

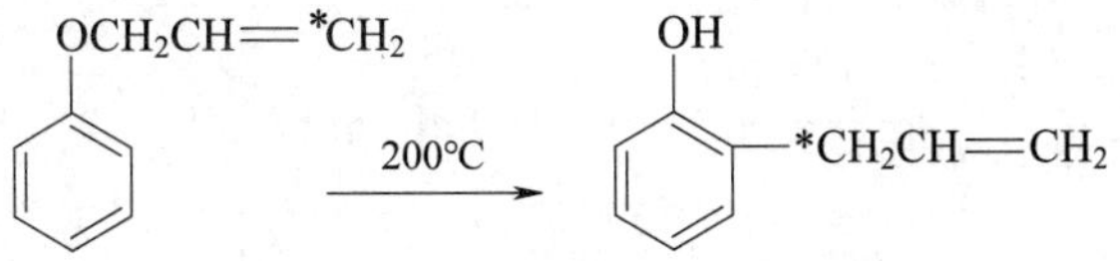

$$C_6H_5-OCH_2CH=^*CH_2 \xrightarrow{200℃} o\text{-}HO-C_6H_4-{}^*CH_2CH=CH_2$$

该反应是协同反应机理，经历六元环过渡态，具体反应机理为

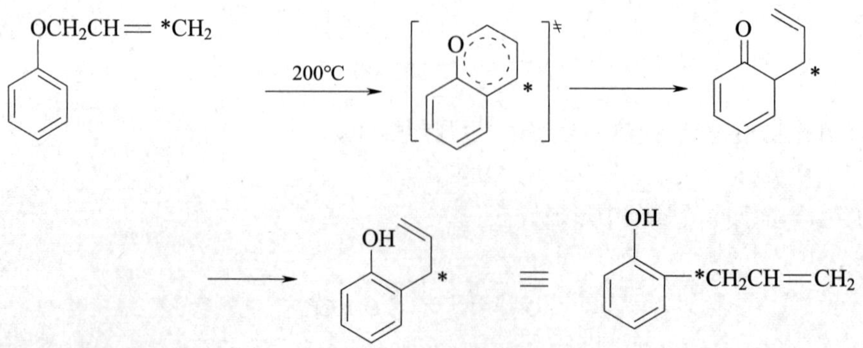

$$\text{C}_6\text{H}_5\text{OCH}_2\text{CH}{=}{}^*\text{CH}_2 \xrightarrow{200^\circ\text{C}} [\ \ ]^{\neq} \longrightarrow \longrightarrow \equiv o\text{-HOC}_6\text{H}_4{}^*\text{CH}_2\text{CH}{=}\text{CH}_2$$

（5）环氧乙烷的性质

① 酸催化开环

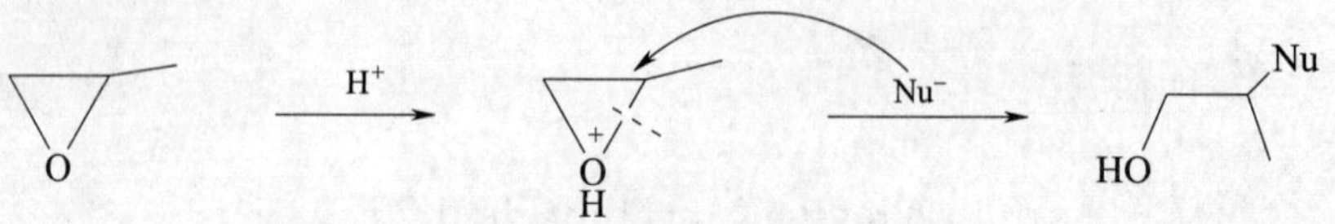

$$\xrightarrow{H^+} \xrightarrow{Nu^-}$$

酸性条件下开环类 S_N1 机理，生成稳定的碳正离子。

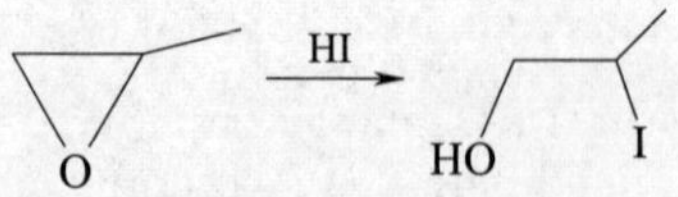

$$\xrightarrow{HI}$$

② 碱催化开环

$$\xrightarrow{Nu^-}$$

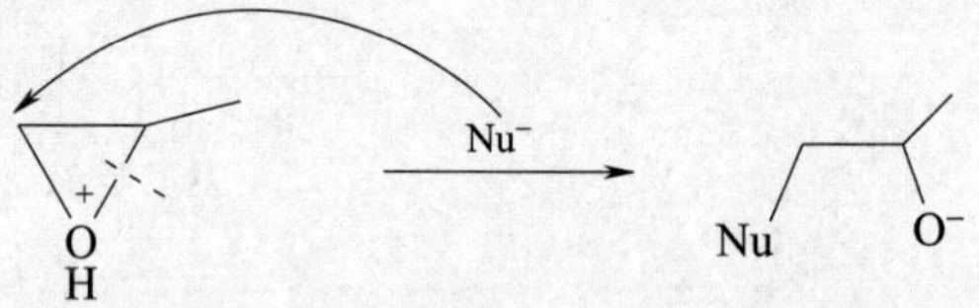

碱性条件下，亲核试剂进攻位阻小的碳原子，类似 S_N2 机理。

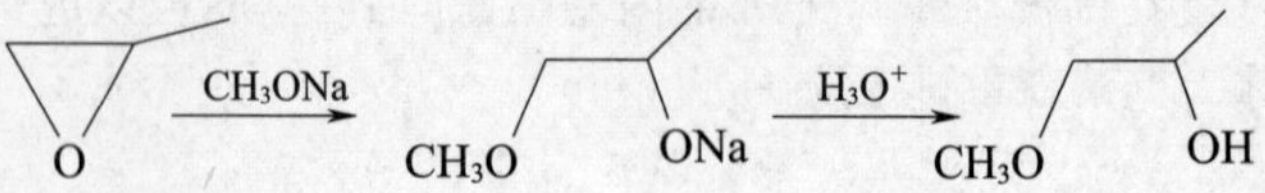

$$\xrightarrow{CH_3ONa} CH_3O\text{—}CH_2CH(CH_3)ONa \xrightarrow{H_3O^+} CH_3O\text{—}CH_2CH(CH_3)OH$$

3. 醚的制备

（1）威廉姆森醚合成法

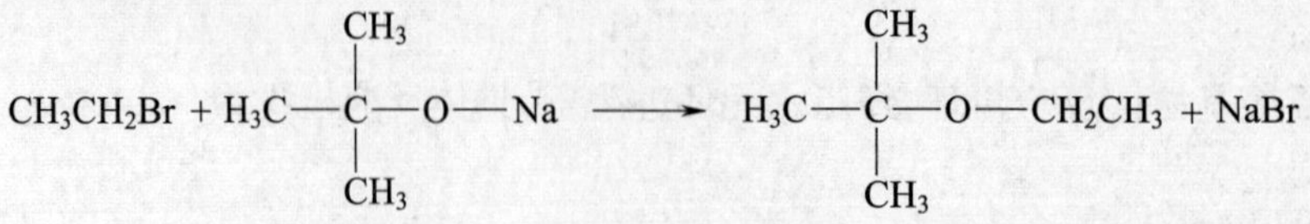

$$CH_3CH_2Br + H_3C\text{—}\underset{CH_3}{\overset{CH_3}{C}}\text{—}O\text{—}Na \longrightarrow H_3C\text{—}\underset{CH_3}{\overset{CH_3}{C}}\text{—}O\text{—}CH_2CH_3 + NaBr$$

反应机理为 S_N2 亲核取代反应。注意比较：下面的这个反应不能生成乙基叔丁基醚，因叔卤代烃位阻大，且极易消除。

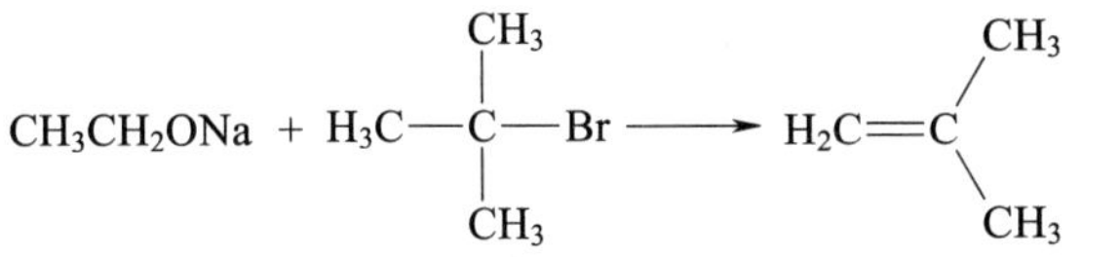

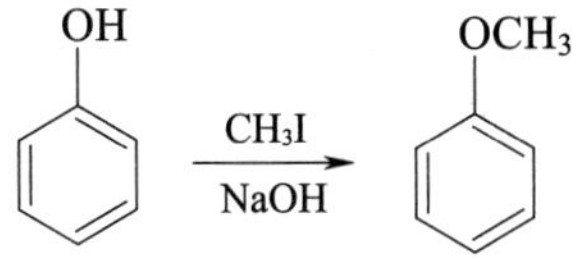

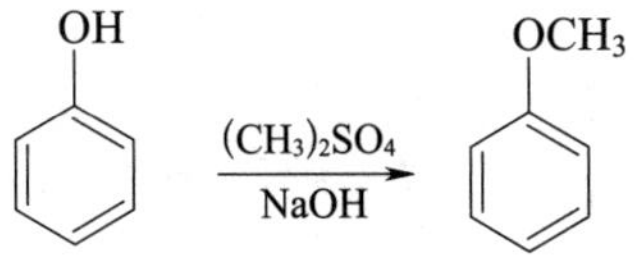

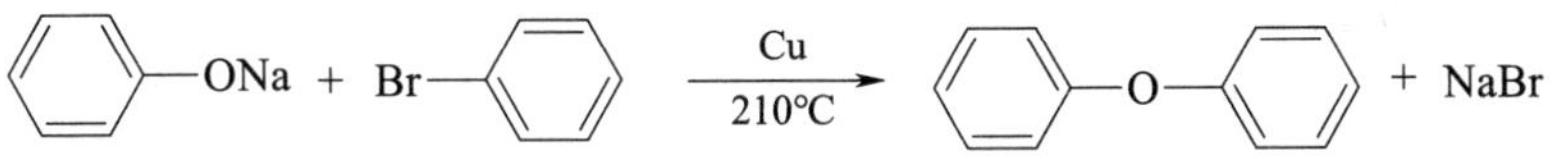

$$CH_3CH_2ONa + H_3C-\underset{CH_3}{\overset{CH_3}{C}}-Br \longrightarrow H_2C=C(CH_3)_2$$

$$C_6H_5OH \xrightarrow[NaOH]{CH_3I} C_6H_5OCH_3$$

$$C_6H_5OH \xrightarrow[NaOH]{(CH_3)_2SO_4} C_6H_5OCH_3$$

$$C_6H_5ONa + Br-C_6H_5 \xrightarrow[210℃]{Cu} C_6H_5-O-C_6H_5 + NaBr$$

（2）醇脱水

$$CH_3CH_2OH \xrightarrow[140℃]{浓H_2SO_4} CH_3CH_2OCH_2CH_3$$

$$CH_3CH_2OH \xrightarrow[300℃]{Al_2O_3} CH_3CH_2OCH_2CH_3$$

4. 醚的反应示意图

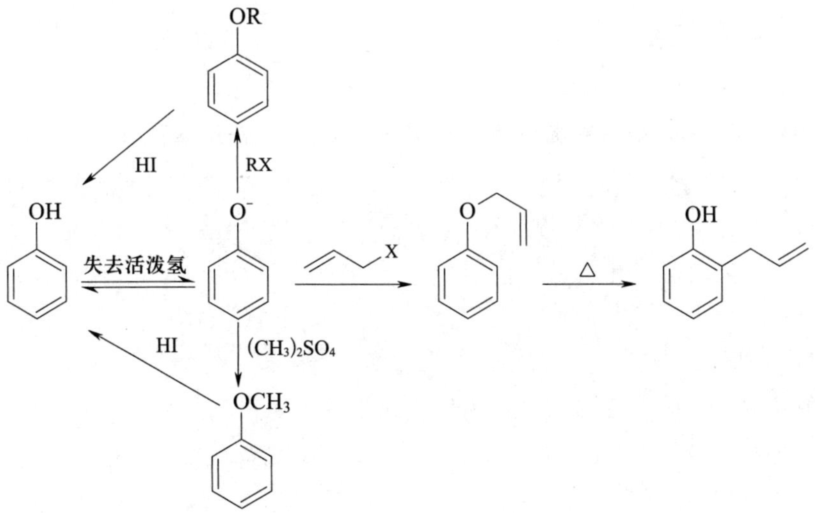

$$C_6H_5OH \underset{}{\overset{失去活泼氢}{\rightleftharpoons}} C_6H_5O^-$$

$$C_6H_5O^- \xrightarrow{RX} C_6H_5OR \xrightarrow{HI} C_6H_5OH$$

$$C_6H_5O^- \xrightarrow{(CH_3)_2SO_4} C_6H_5OCH_3 \xrightarrow{HI} C_6H_5OH$$

$$C_6H_5O^- \xrightarrow{CH_2=CHCH_2X} C_6H_5OCH_2CH=CH_2 \xrightarrow{\triangle} o\text{-}CH_2=CHCH_2C_6H_4OH$$

例题解析

例题 9-1　命名或写出结构式。

1.

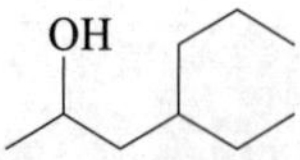

解答：4-乙基庚-2-醇（选最长碳链）

2.

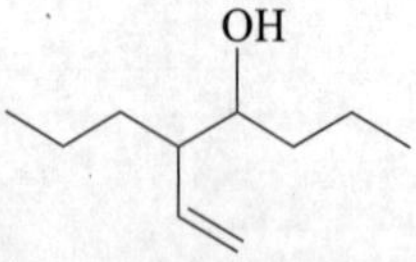

解答：5-乙烯基辛-4-醇（选最长碳链，不饱和链作为取代基）

3.

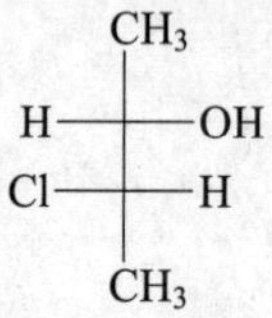

解答：（2*S*，3*S*）-3-氯丁-2-醇（*R*/*S* 命名横变竖不变）

4.

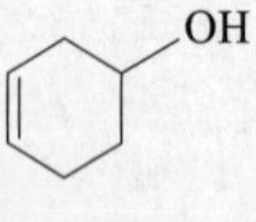

解答：环己-3-烯-1-醇（羟基为 1 号位，烯烃位次标出）

5.

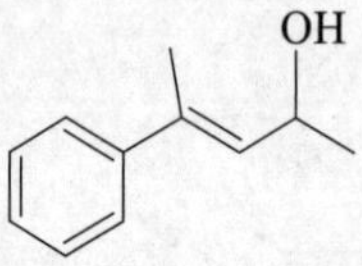

解答：（*E*）-4-苯基戊-3-烯-2-醇（选最长碳链，苯环作为取代基）

6.

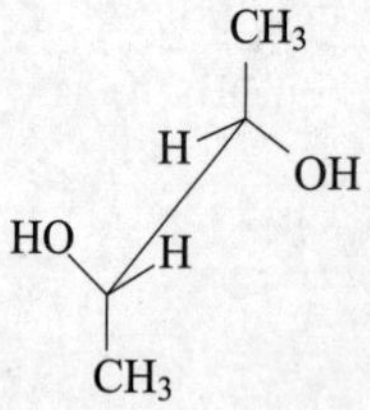

解答：（2*R*，3*S*）-丁-2，3-二醇（楔形式的命名）

7.

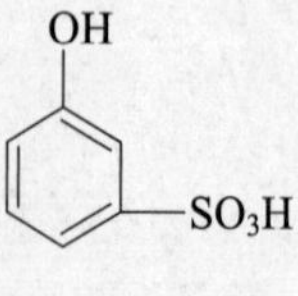

解答：3-羟基苯磺酸（磺酸基优于羟基）

8. 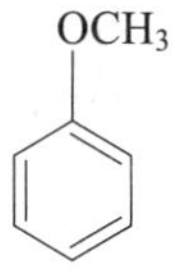 (structure: benzene ring with OCH_3)

解答:苯甲醚(芳烃在前烷烃在后)

9. 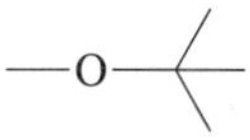 —O—C(CH$_3$)$_3$ (structure)

解答:甲基叔丁基醚(小基团在前大基团在后)

10. 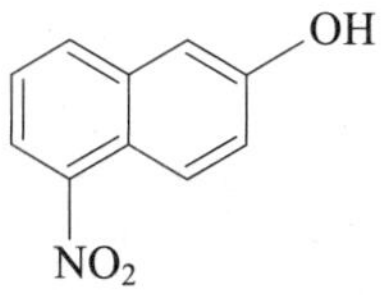 (structure: naphthalene with OH and NO_2)

解答:5-硝基萘-2-酚(萘命名有固定的编号)

11. 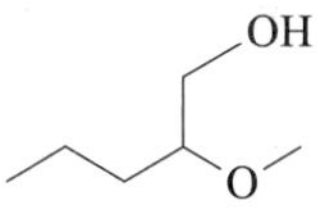 (structure: OH, O)

解答:2-甲氧基戊醇(烷氧基常作为取代基)

12. 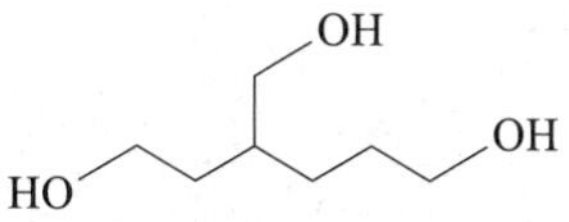 HO (structure: OH, OH)

解答:3-羟甲基己-1,6-二醇(选最长、羟基最多的碳链为主链)

13. THF

解答:(structure: O ring)(四氢呋喃,常见俗名)

14. 苦味酸

解答:O_2N—(benzene ring with OH)—NO_2(常见俗名) NO_2

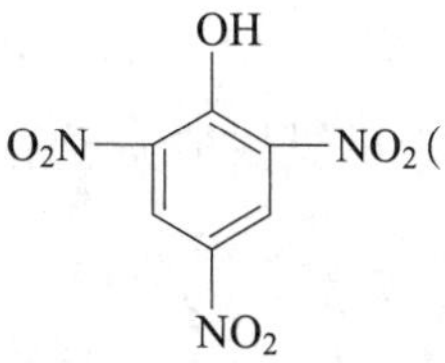

15. 肉桂醇

解答:(benzene ring)—CH═CHCH$_2$OH(常见俗名)

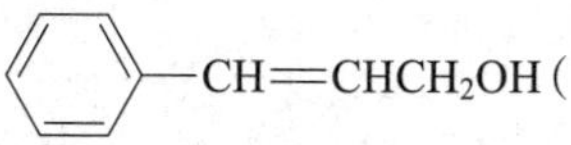

例题 9–2 完成下列反应式。

1. 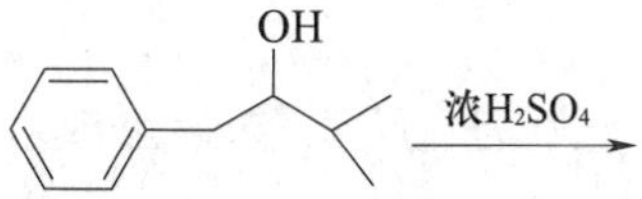 (structure: benzene ring, OH) $\xrightarrow{\text{浓}H_2SO_4}$ (　　　　　　　　)

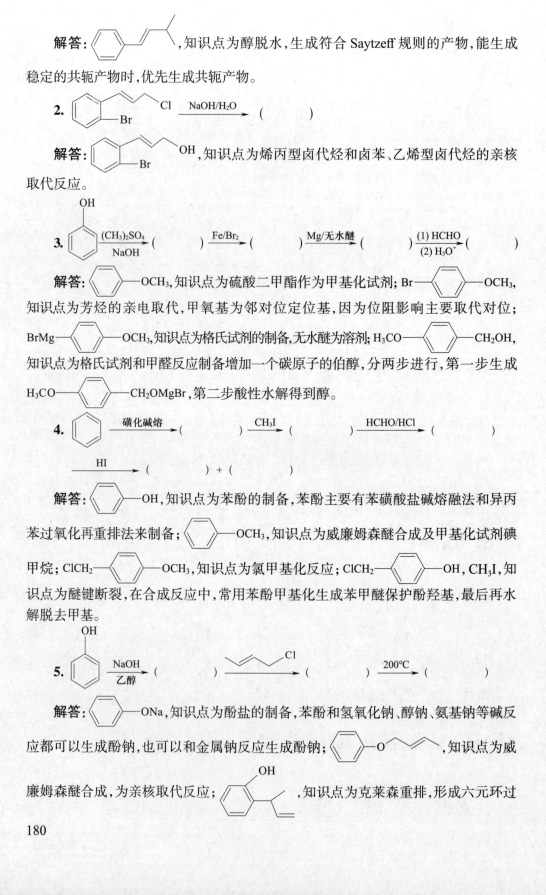

解答：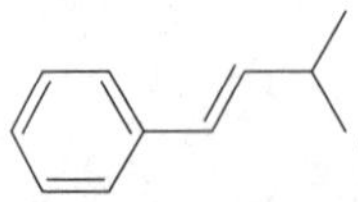，知识点为醇脱水，生成符合 Saytzeff 规则的产物，能生成稳定的共轭产物时，优先生成共轭产物。

2. 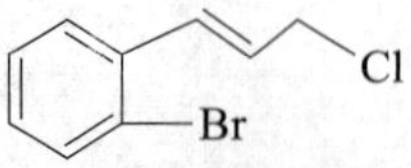 $\xrightarrow{NaOH/H_2O}$ (　　　)

解答：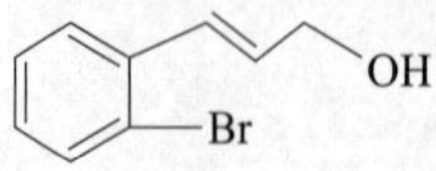，知识点为烯丙型卤代烃和卤苯、乙烯型卤代烃的亲核取代反应。

3. 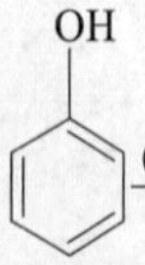 $\xrightarrow[NaOH]{(CH_3)_2SO_4}$ (　　　) $\xrightarrow{Fe/Br_2}$ (　　　) $\xrightarrow{Mg/无水醚}$ (　　　) $\xrightarrow[(2)\ H_3O^+]{(1)\ HCHO}$ (　　　)

解答：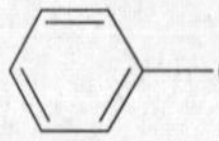OCH_3，知识点为硫酸二甲酯作为甲基化试剂；Br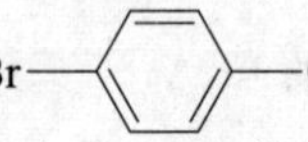OCH_3，知识点为芳烃的亲电取代，甲氧基为邻对位定位基，因为位阻影响主要取代对位；BrMgOCH_3，知识点为格氏试剂的制备，无水醚为溶剂；H_3COCH_2OH，知识点为格氏试剂和甲醛反应制备增加一个碳原子的伯醇，分两步进行，第一步生成 H_3COCH_2OMgBr，第二步酸性水解得到醇。

4. 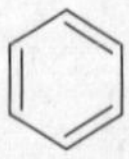 $\xrightarrow{磺化碱熔}$ (　　　) $\xrightarrow{CH_3I}$ (　　　) $\xrightarrow{HCHO/HCl}$ (　　　)

$\xrightarrow{HI}$ (　　　) + (　　　)

解答：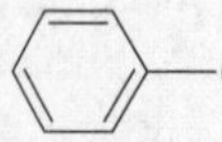OH，知识点为苯酚的制备，苯酚主要有苯磺酸盐碱熔融法和异丙苯过氧化再重排法来制备；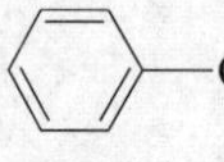OCH_3，知识点为威廉姆森醚合成及甲基化试剂碘甲烷；$ClCH_2$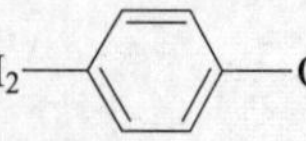OCH_3，知识点为氯甲基化反应；$ClCH_2$OH，CH_3I，知识点为醚键断裂，在合成反应中，常用苯酚甲基化生成苯甲醚保护酚羟基，最后再水解脱去甲基。

5. 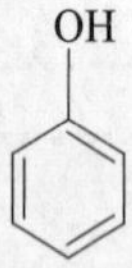 $\xrightarrow[乙醇]{NaOH}$ (　　　) 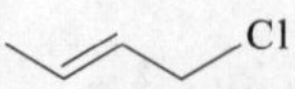$\longrightarrow$ (　　　) $\xrightarrow{200℃}$ (　　　)

解答：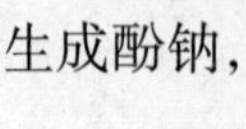ONa，知识点为酚盐的制备，苯酚和氢氧化钠、醇钠、氨基钠等碱反应都可以生成酚钠，也可以和金属钠反应生成酚钠；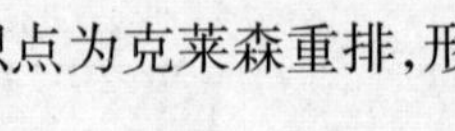，知识点为威廉姆森醚合成，为亲核取代反应；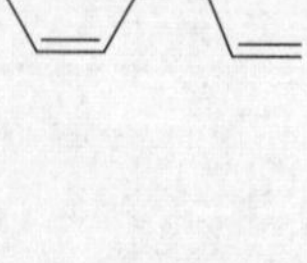，知识点为克莱森重排，形成六元环过

渡态（色烯结构式）,首先进入邻位,如邻位有取代基,则重排为对位。

6. （苯酚）$\xrightarrow{Br_2/H_2O}$ (　　　)

解答: 2,4,6-三溴苯酚（Br—C₆H₂(Br)₂—OH 结构式）,知识点为芳烃亲电取代反应,羟基为邻对位定位基,且为强致活基,无催化剂条件下可以引入三个溴原子,生成白色沉淀,此法可以用来鉴别苯酚。

7. （对甲基苯酚）$\xrightarrow{CH_3COCl}$ (　　　) $\xrightarrow{AlCl_3}$ (　　　)

解答: （对甲苯基）—$OCOCH_3$,知识点为酚的酯化反应,酚酯化反应活性较低,一般用酰氯或酸酐进行酯化;（对甲基）—OH（邻位 $COCH_3$）,知识点为 Fries 重排,一般用路易斯酸如三氯化铝催化,可以生成邻对位产物,反应在低温(100 ℃以下)下进行时主要生成对位产物,而在较高温度下进行时一般得到邻位产物。

8. （苯环）—OH, —$CH_2CH_2CH_2Cl$ $\xrightarrow{Na}$ (　　　) $\xrightarrow{\triangle}$ (　　　)

解答: （苯环）—ONa, —$CH_2CH_2CH_2Cl$,知识点为酚钠的合成;（色满结构式）,知识点为威廉姆森醚合成,属于分子内亲核取代反应。

9. （苯环）—Cl $\xrightarrow{Mg/无水醚}$ (　　　) $\xrightarrow[(2)\ H_3O^+]{(1)\ 环氧乙烷}$ (　　　) $\xrightarrow{SOCl_2}$ (　　　) $\xrightarrow{NaCN}$ (　　　) $\xrightarrow[\triangle]{H_3O^+}$ (　　　)

解答: （苯环）—MgCl,知识点为格氏试剂的制备;（苯环）—CH_2CH_2OH,知识点为格氏试剂和环氧乙烷反应制备增加两个碳原子的伯醇;（苯环）—CH_2CH_2Cl,知识点为卤代烃的制备,常用氯化亚砜、三卤化磷、五氯化磷与醇反应制备;（苯环）—CH_2CH_2CN,知识点为卤代烃的亲核取代反应，伯卤代烃一般发生 S_N2 反应；$C_6H_5CH_2CH_2COOH$，知识点为腈的水解反应，酸性水解或碱性水解都可以。

10. $(CH_3)_2C=C(CH_3)_2$ $\xrightarrow{稀、冷KMnO_4}$ (　　) $\xrightarrow{稀H_2SO_4}$ (　　)

解答： $(CH_3)_2C(OH)C(OH)(CH_3)_2$，知识点为烯烃的氧化反应，稀、冷 $KMnO_4$ 为顺式氧化；$(CH_3)_3CCOCH_3$，知识点为频哪醇的重排。

11. （4a,8a-二羟基-1,4,4a,5,8,8a-六氢萘）$\xrightarrow{HIO_4}$ (　　) $\xrightarrow{LiAlH_4}$ (　　)

解答： （环癸-3,8-二烯-1,6-二酮），知识点为多元醇的氧化；（环癸-3,8-二烯-1,6-二醇，HO、OH），知识点为醇的制备，四氢铝锂为负氢还原，一般不还原烯烃。

12. $C_6H_5COCH_3$ $\xrightarrow{NaBH_4}$ (　　) $\xrightarrow{PBr_3}$ (　　) $\xrightarrow[乙醇]{NaOH}$ (　　) $\xrightarrow[(2)\ H_2O_2,OH^-]{(1)\ B_2H_6}$ (　　) $\xrightarrow{沙瑞特试剂}$ (　　)

解答： $C_6H_5CH(OH)CH_3$，知识点为还原羰基制备醇，硼氢化钠常用于将醛、酮还原为醇，其还原能力不如四氢铝锂，也属于负氢还原，不还原双键；$C_6H_5CHBrCH_3$，知识点为由醇制备卤代烃，常用氢卤酸、氯化亚砜、三卤化磷、五氯化磷等卤化试剂；$C_6H_5CH=CH_2$，知识点为卤代烃消除制备烯烃；$C_6H_5CH_2CH_2OH$，知识点为烯烃硼氢化-氧化反应制备反马氏规则的伯醇；$C_6H_5CH_2CHO$，知识点为醇的氧化反应，沙瑞特试剂可以将伯醇氧化为醛，仲醇氧化为酮。

13. $CH_3CH_2CH=CHCOCH_3$ + $(CH_3)_2CHOH$ $\underset{}{\overset{Al[OCH(CH_3)_2]_3}{\rightleftharpoons}}$ (　　) + CH_3COCH_3

解答： $CH_3CH_2CH=CHCH(OH)CH_3$，知识点为欧芬脑尔氧化，此反应为可逆反应，在三异丙基醇铝或三叔丁基醇铝催化下，用异丙醇为溶剂可以将酮还原为醇，如用丙酮为溶剂则可以将醇氧化为酮，碳碳不饱和键不受影响。

14. $C_6H_5CH_2OH \xrightarrow{MnO_2}$ (　　　　)

解答: C_6H_5CHO(苯甲醛),知识点为醇的氧化。

15. 叔丁基环氧乙烷 $\xrightarrow[CH_3OH]{CH_3ONa}$ (　　　　)

解答: $(CH_3)_3CCH(OH)CH_2OCH_3$,知识点为环氧乙烷碱性条件下的开环,位阻影响较大,亲核试剂从位阻小的一侧进攻。

例题 9-3　选择题。

1. $(CH_3)_3CCH_2OH$ 和 HBr 水溶液反应生成的主要产物是(　　)。

A. $(CH_3)_3CCH_2Br$　　B. $(CH_3)_2CBrCH_2CH_3$

C. $(CH_3)_2CHCH_2CH_2Br$

解答: B

分析:位阻大的伯醇在酸性条件形成的伯碳正离子不稳定,易重排为更稳定的碳正离子。

2. 下列化合物不与 PhMgBr 反应的是(　　)。

A. H_2O　　B. CF_3COOH　　C. $CH_3CH_2OCH_2CH_3$　　D. C_2H_5OH

解答: C

分析:含活泼氢的化合物都可以和格氏试剂反应。

3. 将下列酚类化合物按酸性由强到弱的顺序排序,正确的是(　　)。

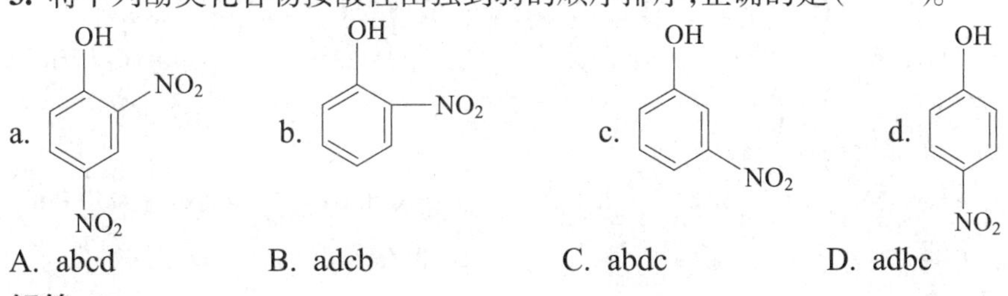

A. abcd　　B. adcb　　C. abdc　　D. adbc

解答: D

分析:苯环上的吸电子基使酚的酸性增强,很明显 a 有两个硝基吸电子,酸性最强。硝基处于羟基的邻对位时,诱导效应吸电子,共轭效应也吸电子,但是邻位可以形成分子内氢键,解离出氢质子时,要破坏氢键,所以邻硝基苯酚的酸性没有对硝基苯酚强。间硝基苯酚诱导效应吸电子,而由于处于间位,从定域来说共轭受阻,相当于只有诱导效应吸电子,所以酸性最弱。

4. 将下列酚类化合物按酸性由强到弱的顺序排序,正确的是(   )。

a. 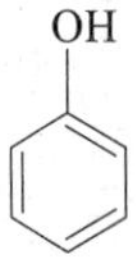 OH　b.  OH, CH_3　c. 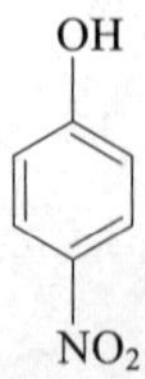 OH, NO_2　d. 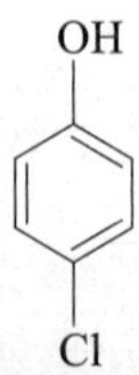 OH, Cl　e. H_2O

A. eabcd　　B. cdabe　　C. cedab　　D. ecdab

解答:B

分析:吸电子效应硝基大于氯,甲基为给电子基,水的酸性最弱,所以答案为B。

5. 下列化合物中沸点最高的是(   )。

A. 正丁醇　　B. 异丁醇　　C. 仲丁醇　　D. 叔丁醇

解答:A

分析:醇的沸点受氢键影响较大,正丁醇形成氢键位阻较小,带支链的醇位阻较大。

6. 下列化合物能形成分子内氢键的是(   )。

A. 对硝基苯酚　　B. 邻硝基苯酚　　C. 邻甲苯酚　　D. 间氯苯酚

解答:B

分析:一般形成五、六元环时才能形成稳定的分子内氢键。

7. 下列有机化合物能与水完全互溶的是(   )。

A. 萘酚　　B. 正丁醇　　C. 四氢呋喃　　D. 苯甲醚

解答:C

分析:小的环醚可以和水形成氢键,易溶于水;正丁醇由于脂肪碳链较长,在水中部分溶解;其他两化合物和水微溶或不溶。

8. 下列醇与金属Na作用,反应活性最大的为(   )。

A. 甲醇　　B. 正丙醇　　C. 正丁醇　　D. 叔丁醇

解答:A

分析:知识点为醇的酸性,酸性越大,反应活性越大。

9. 能区别五个碳原子以下的伯、仲、叔醇的试剂为(   )。

A. 琼斯试剂　　B. 卢卡斯试剂　　C. 斐林试剂　　D. 沙瑞特试剂

解答:B

分析:知识点为醇的鉴别。

10. 检查煤气管道是否漏气,常用的方法是加入少量哪种物质?(   )

A. 甲醛　　B. 乙酸乙酯　　C. 低级硫醇　　D. 甲醇

解答:C

分析:知识点为硫醇的物理性质,低级硫醇有臭味。

11. 下列选项中各化合物能用卢卡斯试剂鉴别的是(   )。

A. 苄醇、苯乙醇、叔丁醇、苯酚

B. 苄醇、苯乙醇、仲丁醇、苯酚

C. 环已醇、环已酮、苄醇、烯丙醇

D. 烯丙醇、环己醇、叔丁醇、苯乙醇

解答: B

分析:知识点为醇的鉴别,苄醇立刻混浊,苯乙醇加热才变混浊,仲丁醇片刻变混浊,苯酚无现象。

12. 由醇制备卤代烃时常用的卤化剂是(　　)。

A. Br_2/CCl_4　　B. $AlCl_3$　　C. $SOCl_2$　　D. 氯化锌

解答: C

分析:知识点为卤代烃的制备。

13. 下列反应能用来制备伯醇的是(　　)。

A. 甲醛和格氏试剂加成,然后水解

B. 乙醛和格氏试剂加成,然后水解

C. 丙酮和格氏试剂加成,然后水解

D. 甲酸乙酯和格氏试剂加成,然后水解

解答: A

分析:知识点为醇的制备。格氏试剂和甲醛反应可以制备增加一个碳原子的伯醇。

14. 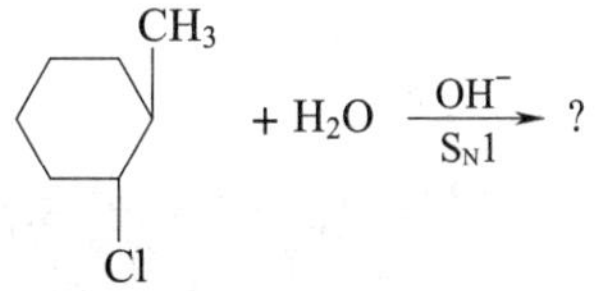 (CH₃, Cl 取代环己烷) $+ H_2O \xrightarrow[S_N1]{OH^-}$?

下列不是此反应产物的是(　　)。

A. 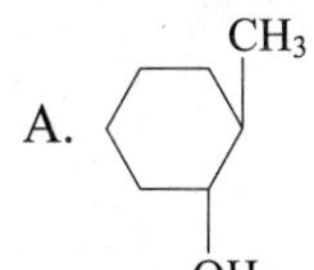

B. 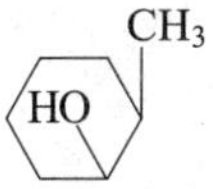 (CH₃, HO)　　C. 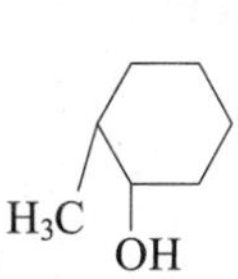 (H₃C, OH)　　D. 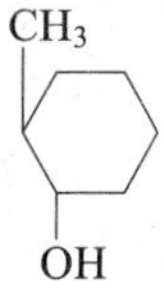 (CH₃, OH)

解答: D

分析:知识点为卤代烃 S_N1 亲核取代反应,S_N1 中间体为碳正离子,水可以从碳正离子上、下两个方向进攻,A,B,C 都是反应产物,其中 B 和 C 是同一化合物。

15. 乙醇可以用下列哪种无机盐干燥?(　　)

A. $CaCl_2$　　B. $CuSO_4$　　C. $MgCl_2$　　D. CaO

解答: D

分析:知识点为路易斯酸可以和醇形成结晶盐,只有 D 可以。

16. 下列化合物哪种能与 $FeCl_3$ 溶液发生显色反应?(　　)

A. 苯甲醇　　B. 苯酚　　C. 苯乙烯　　D. 苯乙炔

解答: B

分析:知识点苯酚的性质,$FeCl_3$ 可以和烯醇化合物发生显色反应,苯酚符合。

17. 下列醇按酸性大小的顺序排列为(　　)。

(1) CH_3CH_2OH　　(2) $CH_3CHOHCH_3$

(3) $PhCH_2OH$　　(4) $(CH_3)_3C—OH$

A.（3）>（1）>（2）>（4） B.（1）>（2）>（3）>（4）

C.（3）>（2）>（1）>（4） D.（1）>（3）>（2）>（4）

解答：A

分析：烷基为给电子基，使醇酸性降低，故 α-碳连接烷基越多，酸性越低，所以（1）>（2）>（4），（1）和（3）相比，苯基为 sp^2 杂化，其电负性较大，故给电子不如甲基，所以（3）>（1）。

18. CH_3CHO 和 $CH_2=CH—OH$ 是什么异构体？（ ）

A. 碳架异构 B. 位置异构

C. 官能团异构 D. 互变异构

解答：D

分析：知识点为互变异构，指两种官能团异构体间产生平衡互相转换的现象，烯醇式和醛（酮）两种官能团，在酸或碱催化下可以相互转化。

19. 将下列醇按其与 HCl 反应的活性由大到小的顺序排序，正确的是（ ）。

（1）正丁醇 （2）叔丁醇 （3）仲丁醇

A.（1）（3）（2） B.（1）（2）（3）

C.（3）（1）（2） D.（2）（3）（1）

解答：D

分析：醇和强酸一般为碳正离子中间体，稳定性为叔碳正离子 > 仲碳正离子 > 伯碳正离子。

20. 反应 O D D Cl $\xrightarrow{CH_3ONa}$ 的主要产物为（ ）。

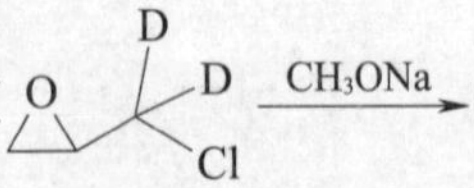

A. 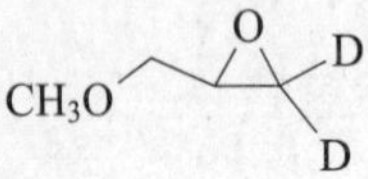 CH_3O O D D B. 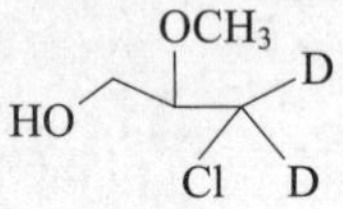 HO OCH_3 D Cl D

C. 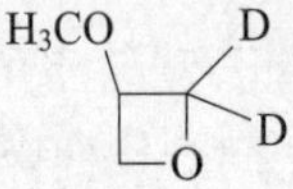 H_3CO D D O D. O D D

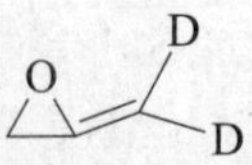

解答：A

分析：知识点为环氧乙烷碱性条件下开环及分子内亲核取代，首先因位阻影响，甲氧基进攻环氧乙烷产生 H_3CO O^- D Cl D，然后再分子内亲核取代生成产物。

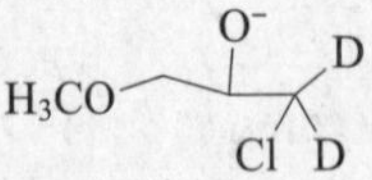

例题 9-4 分离或鉴别题。

1. 用简便的化学方法除去硝基苯中含有的少量苯酚。

解答：加入氢氧化钠溶液，使苯酚转化为酚钠溶于水，分层，油层重蒸得硝基苯。

分析：知识点为苯酚的酸性。

2. 用简便的化学方法鉴别苯甲醚、甲苯、乙二醇和苯酚。

解答：

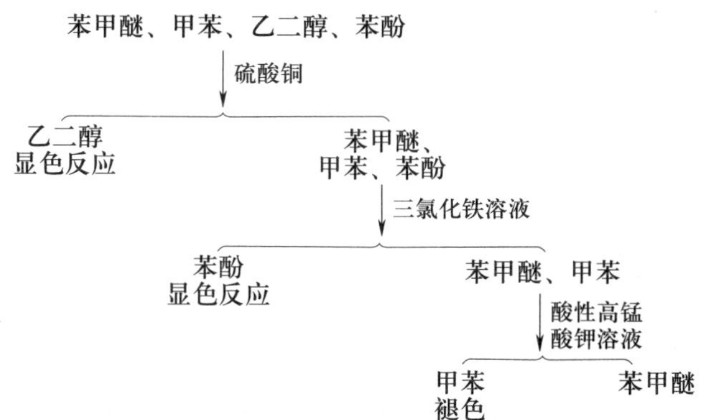

分析：知识点为苯酚的鉴别、多元醇的鉴别及苯环侧链的氧化。

3. 用简便的化学方法鉴别苯酚、苯甲醇、苯乙醇、烯丙醇和环己醇。

解答：

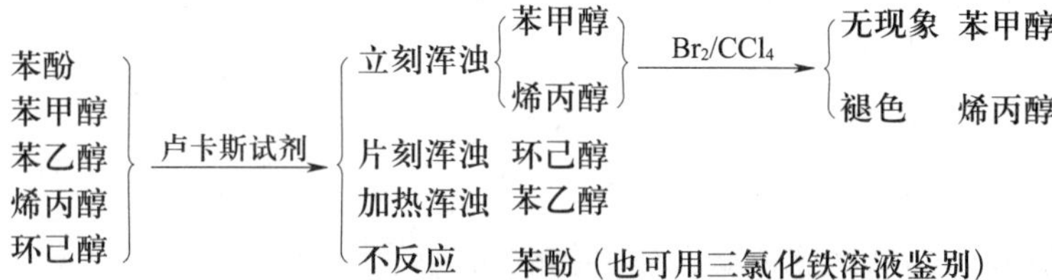

分析：知识点为卢卡斯试剂、烯烃与溴水的亲电加成反应。

4. 用简便的化学方法鉴别苄氯、苯酚、环己醇、苄醇和氯苯。

解答：知识点为卢卡斯试剂、烯烃与溴水的亲电加成反应。

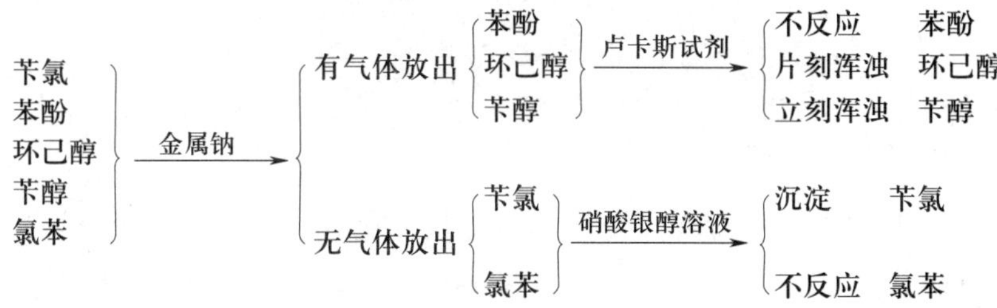

5. 用核磁共振氢谱区分苯乙醇和苯乙醚。

解答：核磁共振氢谱上有两个三重峰的为苯乙醇，有一个三重峰、一个四重峰的为苯乙醚。也可直接用活泼氢，有一个宽单峰的是苯乙醇。

分析：知识点为核磁共振氢谱的化学位移及自旋裂分。

6. 用红外光谱鉴别苯甲醚、苯甲醇和环己醇。

解答：在 3 300 cm^{-1} 以上无吸收峰的为苯甲醚，剩下无 1 600～1 400 cm^{-1} 三到四个吸收峰的为环己醇。

分析：知识点为羟基的红外光谱吸收峰及苯环骨架伸缩振动吸收峰。

例题 9–5 合成题。

1. 苯 ⟶ 2,6-二溴苯酚

解答：苯 $\xrightarrow{\text{磺化碱熔}}$ 苯酚 $\xrightarrow{\text{浓}H_2SO_4}$ 对羟基苯磺酸 $\xrightarrow{Br_2}$ 3,5-二溴-4-羟基苯磺酸 $\xrightarrow[\triangle]{H_3O^+}$ 2,6-二溴苯酚

分析：知识点为苯酚的制备及苯酚的亲电取代，关键是苯酚溴化可以生成2,4,6-三溴苯酚，故要用磺酸基占位。

2. $CH_3CH{=}CH_2 \longrightarrow CH_3CH_2CH_2OCH(CH_3)_2$

解答：$CH_3CH{=}CH_2 \xrightarrow[ROOR]{HBr} CH_3CH_2{-}CH_2Br$

$CH_3CH{=}CH_2 \xrightarrow{H^+/H_2O} CH_3CH(OH)CH_3 \xrightarrow{Na} CH_3CH(ONa)CH_3$

两者反应 ⟶ $CH_3CH_2CH_2OCH(CH_3)_2$

分析：知识点为威廉姆森醚合成，关键是伯卤代烃和醇钠反应。

3. 苯酚 ⟶ 2,3-二氢苯并呋喃（不大于C_2的有机化合物任选）

解答：苯酚 $\xrightarrow{BrCH_2CH_2Cl}$ $C_6H_5OCH_2CH_2Cl$ $\xrightarrow{AlCl_3}$ 2,3-二氢苯并呋喃

分析：知识点为威廉姆森醚合成及芳烃的烷基化。

4. 苯酚 ⟶ 4-羟基-3-硝基苯乙酮（OH、NO_2、$COCH_3$）

解答：苯酚 $\xrightarrow{CH_3COCl}$ $C_6H_5OCOCH_3$ $\xrightarrow{AlCl_3}$ 对羟基苯乙酮（$COCH_3$） $\xrightarrow{\text{混酸}}$ 4-羟基-3-硝基苯乙酮（NO_2，$COCH_3$）

分析：知识点为Fries重排，先合成乙酸苯酯，经Fries重排为对羟基苯乙酮，再硝化即可。

5.

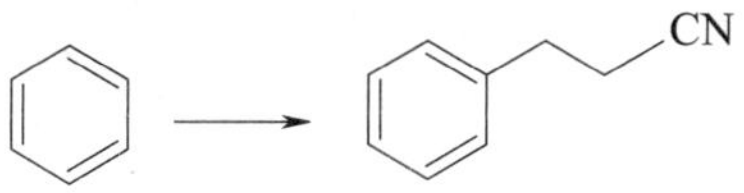

解答:

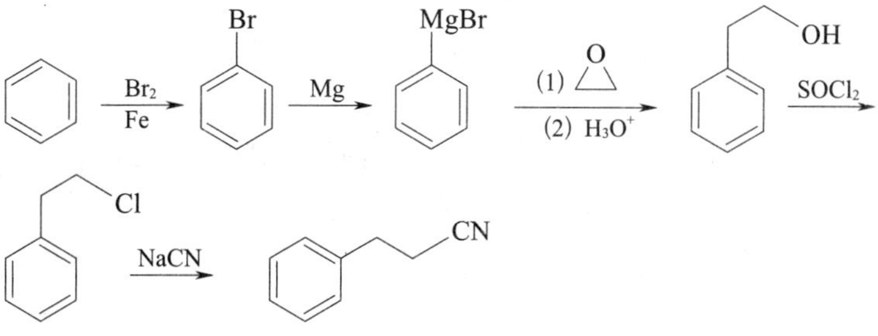

分析：知识点为腈的合成及格氏试剂和环氧乙烷的增碳反应。看到腈首先应该想到由卤代烃和氰化物发生亲核取代反应得到，而卤代烃由醇合成，这样就转化为苯乙醇的合成，可以由苯基格氏试剂和环氧乙烷反应得到。

6. 由不大于 C_4 的有机原料合成 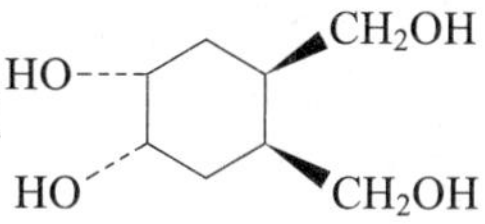 。

解答:

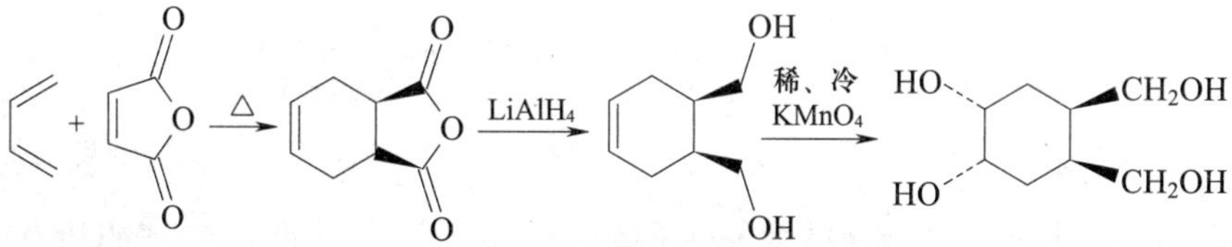

分析：因为顺丁烯二酸酐为顺式，故双烯合成产物也为顺式，再用稀、冷高锰酸钾溶液顺式氧化时，由于位阻原因自然就得到两个羟基和两个羟甲基处于反式的产物。知识点为双烯合成及醇的制备。因为由不大于 C_4 的有机原料合成，故六元环要自行合成，而六元环常用双烯合成法来制备。

7.

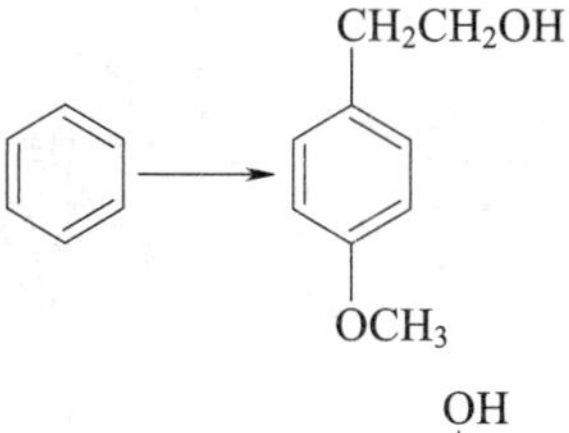

解答:

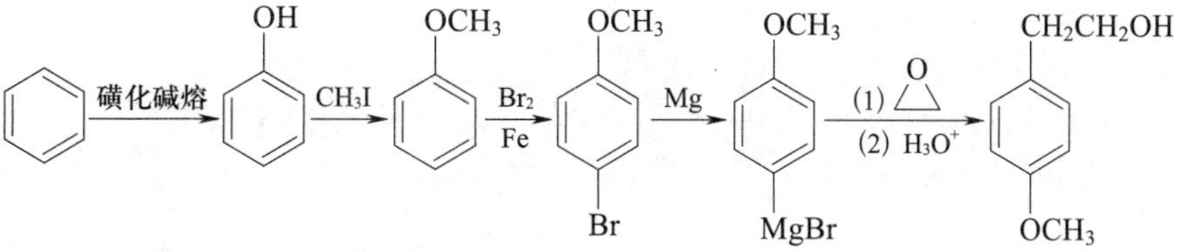

分析：知识点为酚羟基的保护及格氏试剂制备醇的反应。

8. 由不大于 C_4 的有机原料和苯合成 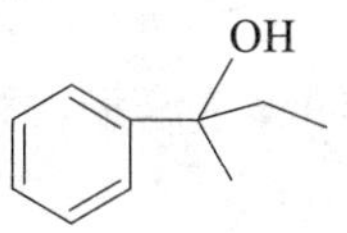 。

解答：

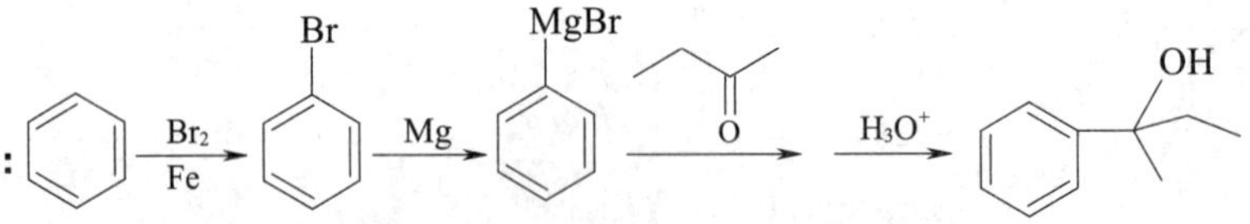

分析：知识点为醇的制备，很容易想到格氏试剂来制备，因是叔醇，合成方法有三种，选一条最佳路线来合成。

9. 以乙炔和不超过两个碳原子的有机化合物为原料合成叶醇 OH。

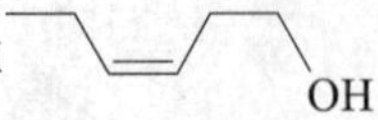

解答：

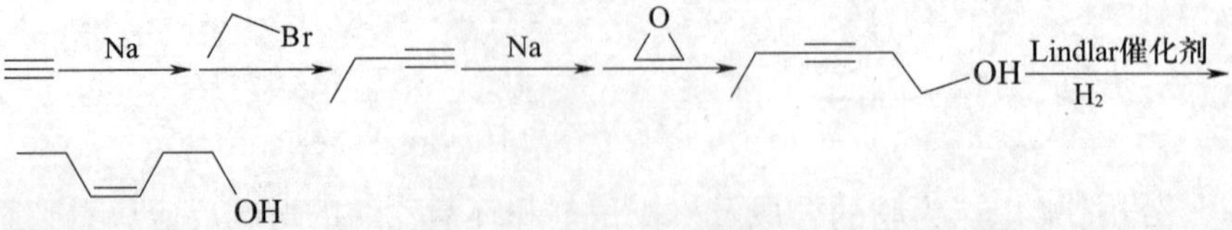

分析：知识点为炔烃合成顺式烯烃及与环氧乙烷反应增加两个碳原子的应用。

例题 9-6 机理题。

1.

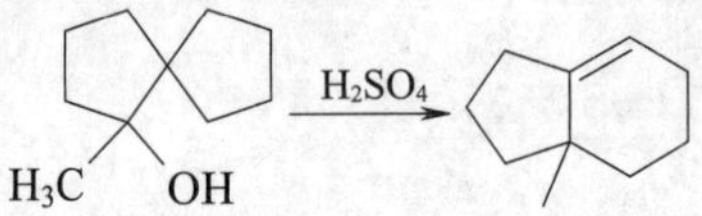

解答：

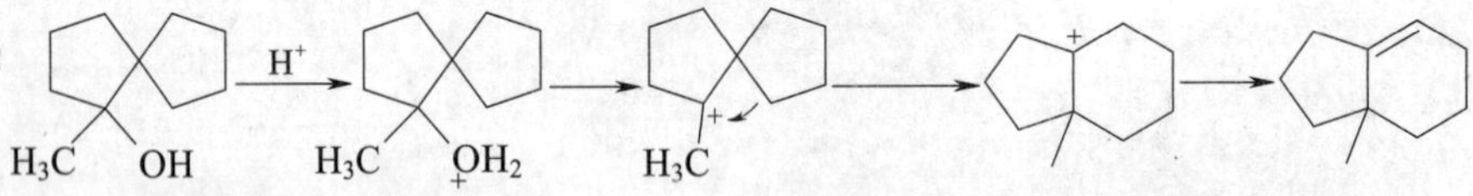

分析：知识点为醇在酸性条件下脱水，以及碳正离子的重排，产物和原料相比由五元环变成了六元环，很容易想到重排扩环。因为小环张力大，所以烯烃在大环形成。

2.

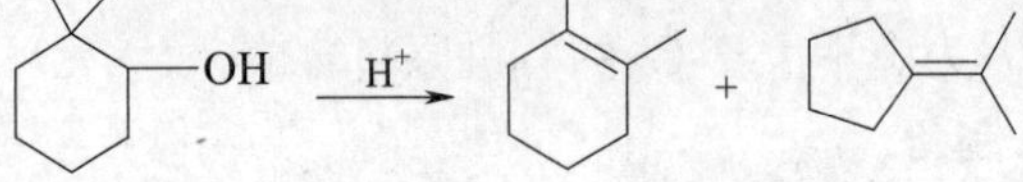

解答：

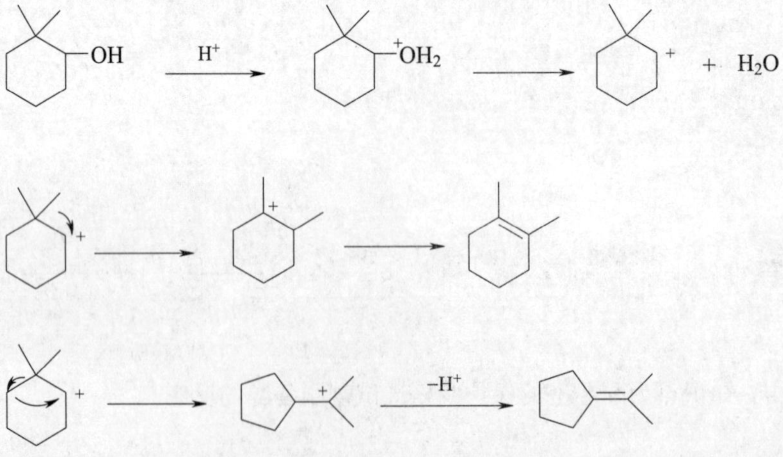

分析：知识点为醇脱水和碳正离子重排，有两种重排方式，一种为甲基重排成稳定叔碳正离子；另一种为缩环重排，也形成稳定叔碳正离子。

3.

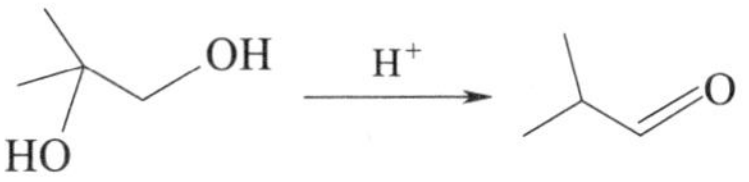

解答：

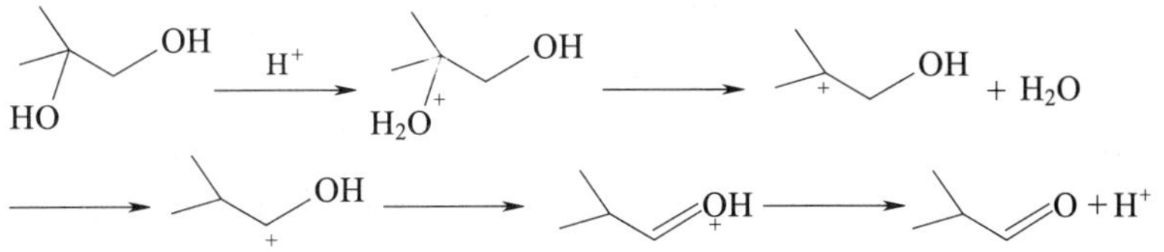

分析：知识点为频哪醇重排。

4.

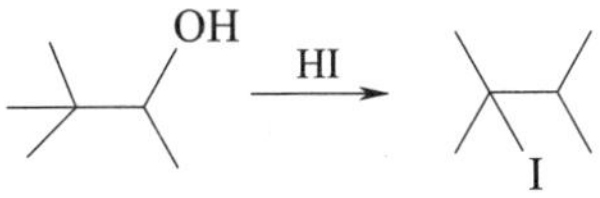

解答：

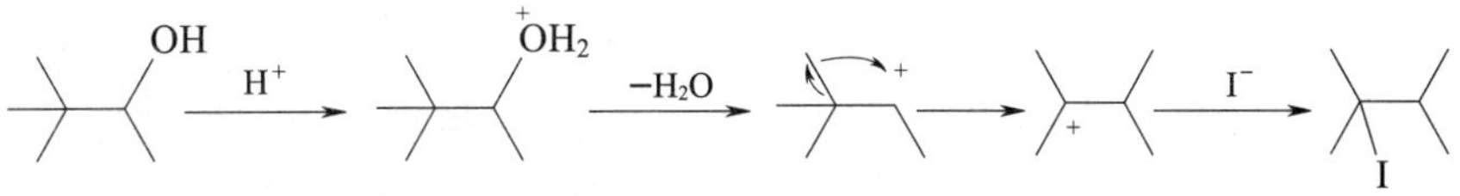

分析：知识点为醇脱水及碳正离子重排。

5.

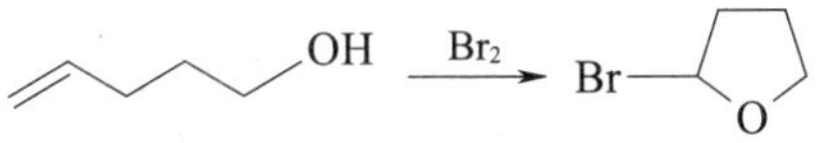

解答：

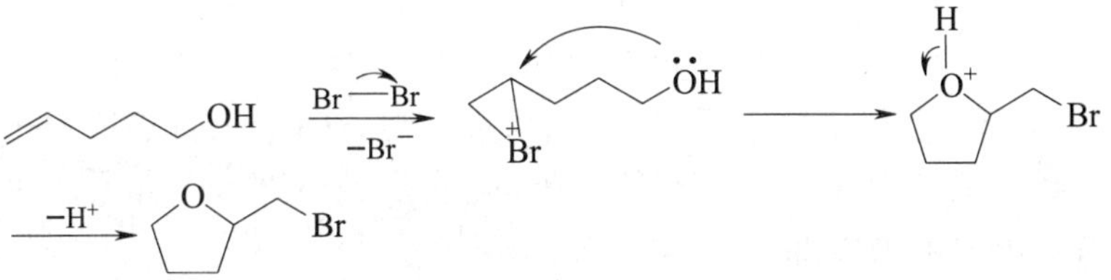

分析：知识点为溴鎓离子及分子内亲核加成。

例题 9-7 推测结构题。

1. 化合物 A（$C_{10}H_{12}O$），不与 $FeCl_3$ 发生显色反应，经臭氧分解产生甲醛但无乙醛。加热至 200 ℃以上时，A 迅速异构化成 B。B 经臭氧分解产生乙醛但无甲醛；B 与 $FeCl_3$ 发生显色反应；B 能溶于 NaOH 溶液；B 在碱性条件下与 CH_3I 作用得到 C，C 经碱性浓、热 $KMnO_4$ 溶液氧化后得到邻甲氧基苯甲酸。推断 A，B，C 的构造式。

解答： A. 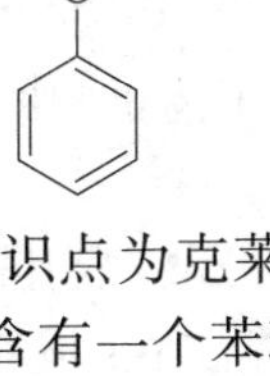 B. 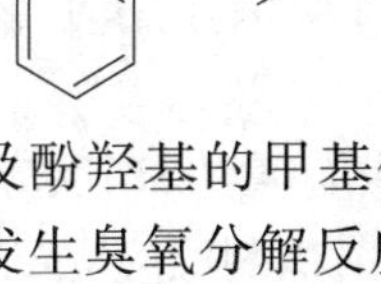 C.

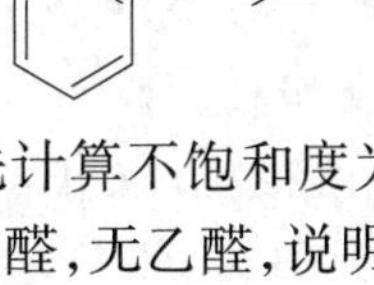

分析：知识点为克莱森重排及酚羟基的甲基化。首先计算不饱和度为 10+1-12/2=5，说明含有一个苯环，A 能发生臭氧分解反应生成甲醛，无乙醛，说明含有双键，且为端位烯烃，加热到 200 ℃异构化成 B，说明是克莱森重排，这些信息可以归纳出 A 含有苯基烯丙醚结构。B 与 $FeCl_3$ 发生显色反应；B 能溶于 NaOH 溶液；说明含有苯酚结构，B 经臭氧分解产生乙醛但无甲醛，说明 B 非端位烯烃；B 在碱性条件下与 CH_3I 作用得到 C，说明 C 含有苯甲醚结构，氧化后得到邻甲氧基苯甲酸说明 B，C

为邻位二取代苯结构。

2. 化合物 A（$C_{12}H_{18}O$），具有手性碳原子，可与金属钠强烈反应，放出气泡。A 用硫酸处理得到化合物 B（$C_{12}H_{16}$），B 经臭氧分解产生化合物 C（C_3H_6O）和 D（$C_9H_{10}O$），C 的核磁共振氢谱只有一组峰，化学位移为 δ=2.0，D 的核磁共振氢谱的化学位移为 δ=9～10（单峰，1H），δ=7～8（4H），δ=2.5（四重峰，2H），δ=1.2（三重峰，3H）。D 继续氧化得到对苯二甲酸。推测化合物 A～D 的可能结构式。

解答： A. 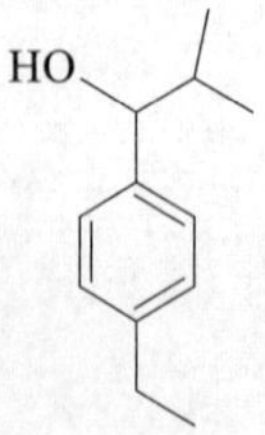 B. 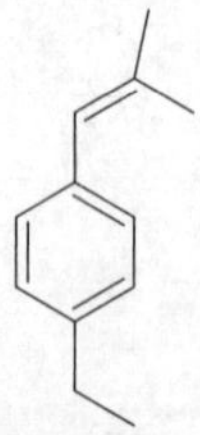 C. 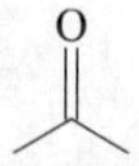 D.

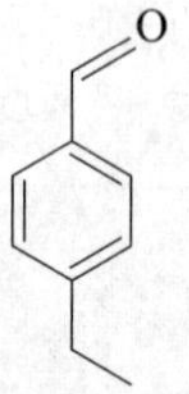

分析：知识点为核磁解析及烯烃臭氧化、醇脱水反应。首先计算不饱和度为 12+1−18/2=4，说明含有一个苯环。其他为饱和，A 具有光学活性，与金属钠强烈反应，放出气泡，说明 A 为手性醇；D 继续氧化得到对苯二甲酸，说明 A，C，D 为对位二取代苯。A 用硫酸处理得到化合物 B（$C_{12}H_{16}$），则 B 为烯烃。C 的核磁共振氢谱图只有一组峰，化学位移为 δ=2.0，直接可以得出 C 为丙酮。D 的核磁共振氢谱图化学位移 δ=9～10（单峰，1H），可推出含有醛基；δ=7～8（4H），可推出苯环二取代，结合前面可知为对位取代；δ=2.5(四重峰，2H)，可推出为—CH_2—，且邻位为—CH_3，同时 δ=1.2(三重峰，3H)，也可推出—CH_3 的存在，其邻位为—CH_2—。汇总可推出 D 为对乙基苯甲醛。由 D 和 C 反推出 B 和 A 的结构。

3. 某具有手性碳原子的化合物 A 与溴作用生成含有 3 个卤原子的化合物 B，A 能使稀、冷 $KMnO_4$ 溶液褪色，生成含有 1 个溴原子的 1，2-二醇（C）。A 很容易与 NaOH 溶液作用生成互为异构体的 D 和 E，其中 E 催化氢化后生成正丁醇。试推测 A～E 的结构式。

解答： A. 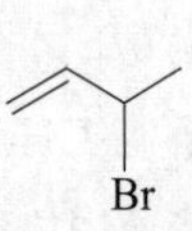 B. 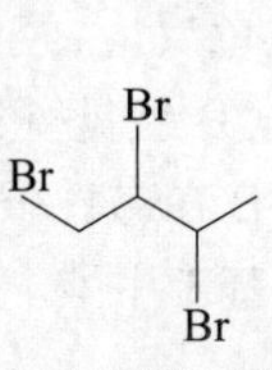 C. 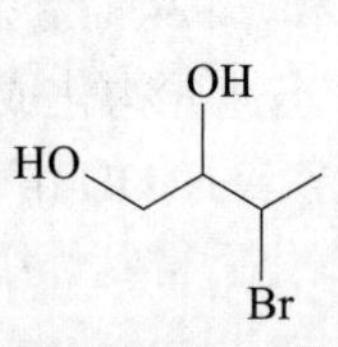 D. 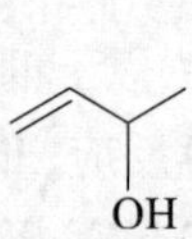 E.

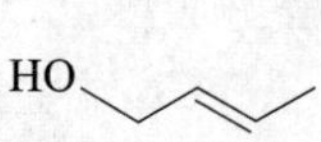

分析：关键知识点为烯丙基碳正离子重排。由 E 催化氢化后生成正丁醇可知 A，B，C，D，E 均为含 4 个碳原子的有机化合物，由 A 有手性碳原子可推出 A 的结构，其他也可推出，关键是 A 在与 NaOH 溶液作用时经烯丙基碳正离子中间体，可发生重排生成 D 和 E。

4. 化合物 A（$C_4H_{10}O$）中加入金属钠，当反应完全后，在反应混合液中加入溴乙烷，可得到 B（$C_6H_{14}O$）；A 与卢卡斯试剂反应立刻有混浊产生，并生成 C，C 与乙醇钠反应则有气体 D 产生，试推测 A～D 的结构式。

解答： A. 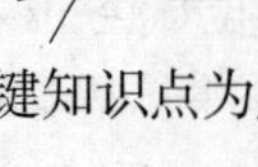 B. 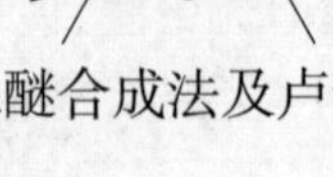 C. 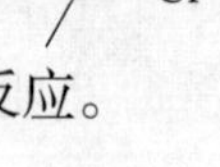 D.

分析：关键知识点为威廉姆森醚合成法及卢卡斯鉴别反应。

5. 化合物 A 分子式为 $C_{10}H_{12}O$，不溶于水和稀碱溶液，能使溴的 CCl_4 溶液褪色，可被酸性 $KMnO_4$ 氧化得到 B 和 C，B 为对位有取代基的苯甲酸，B 与浓的 HI 溶液作用生成 D 和 E。D 可溶于 NaOH 溶液，可与 $FeCl_3$ 溶液显色。E 与 NaCN 反应再水解生成 C。试推断 A～E 的结构式。

解答： A. 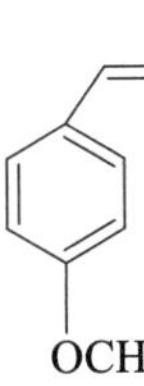 （对位为 OCH_3 的反式丙烯基苯）或（对位为 OCH_3 的顺式丙烯基苯） B. 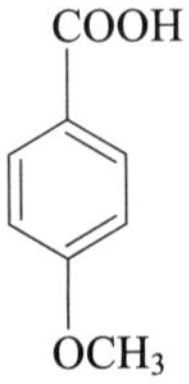 （对甲氧基苯甲酸，COOH、OCH_3） C. CH_3COOH D. 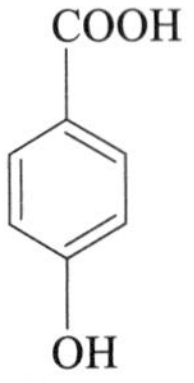 （对羟基苯甲酸，COOH、OH） E. CH_3I

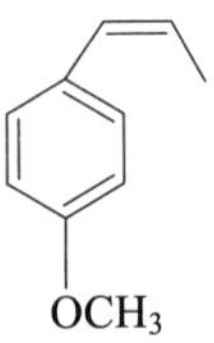

分析：关键知识点为烯烃氧化、醚键断裂及卤代烃亲核取代反应。首先计算不饱和度为 10+1-12/2=5，说明含有一个苯环，A 为对位取代的酚醚，这样就基本确定了可能结构。

习题参考答案

习题 9-1 命名下列化合物。

（1）$CH_3CH{=}C(CH_3)CH_2OH$ （2）$CH_3O-C_6H_4-CH_2OH$（对位） （3）（环己烷-1,3-二醇，两个 OH）

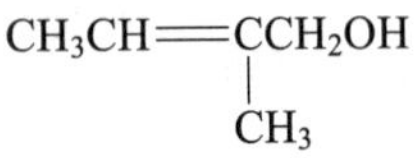

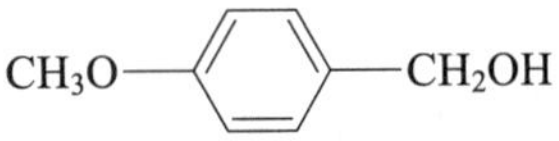

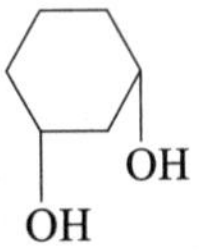

（4）$C_2H_5OCH_2CH_2OC_2H_5$ （5）（萘环，NO_2、OH） （6）$CH_3CH(I)CH_2CH_2OH$

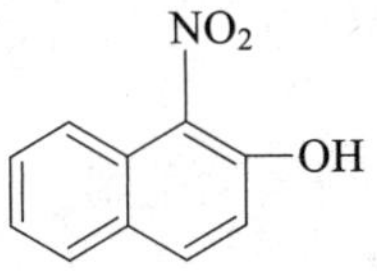

解答：（1）2-甲基丁-2-烯-1-醇（2）对甲氧基苯甲醇 （3）顺-环己-1, 3-二醇

（4）乙二醇二乙醚 （5）1-硝基萘-2-酚 （6）3-碘丁醇

习题 9-2 写出下列化合物的结构式。

（1）2-甲基丁-2, 3-二醇 （2）2-氯环戊醇 （3）苦味酸

（4）1, 4-二氧六环 （5）二苯醚 （6）乙硫醚

（7）2, 6-二硝基萘-1-酚 （8）乙二醇二甲醚 （9）丁-2-烯-1-醇

（10）二苯并-14-冠-4

解答：

（1）（OH、OH） （2）（OH、Cl） （3）（OH，O_2N，NO_2，NO_2）

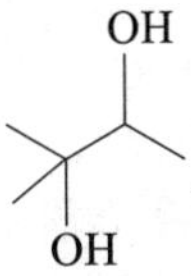

（4）（O、O） （5）（Ph—O—Ph） （6）$C_2H_5SC_2H_5$

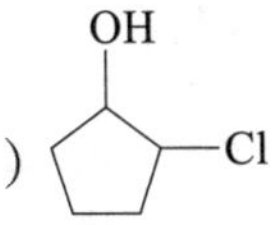

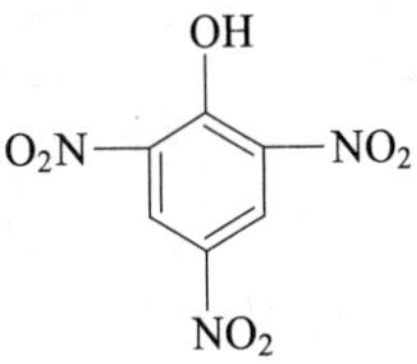

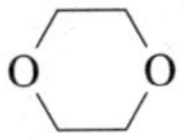

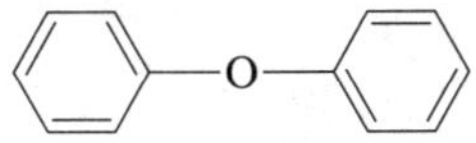

（7）[structure: OH, NO_2, O_2N on naphthalene]　（8）$CH_3OCH_2CH_2OCH_3$　（9）[structure: OH]

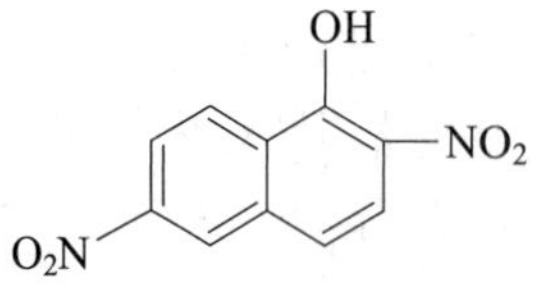

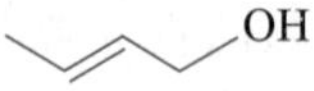

（10）[structure]

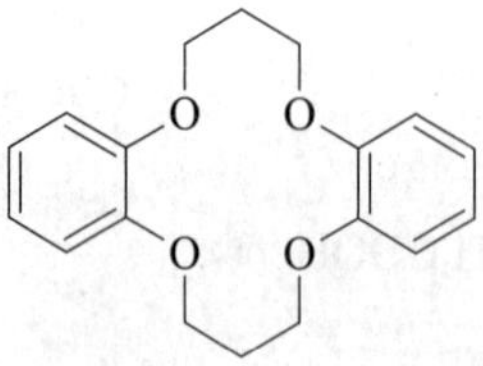

习题 9-3　预测下列化合物与卢卡斯试剂反应速率的次序。

（1）正丙醇　（2）异丙醇　（3）苄醇

解答:（3）>（2）>（1）

习题 9-4　如何分离下列各组化合物?

（1）异丙醇和异丙醚　（2）乙醇中有少量水　（3）苯甲醚和苯酚

解答:（1）加水分层,有机层得异丙醚,水层分馏得异丙醇。

（2）加入氧化钙吸水,过滤,蒸馏。

（3）加入氢氧化钠溶液分层,有机层为苯甲醚,水层酸化,得苯酚。

习题 9-5　用化学方法区别各组下列化合物。

（1）正丁醇、丙-1,2-二醇、环己烷、甲丙醚

（2）溴代正丁烷、丙醚、烯丙基异丙基醚

（3）$C_6H_5-CH_2OH$、$C_6H_5-CH_2CH_2OH$、$C_6H_5-OCH_3$、m-$CH_3C_6H_4-OH$

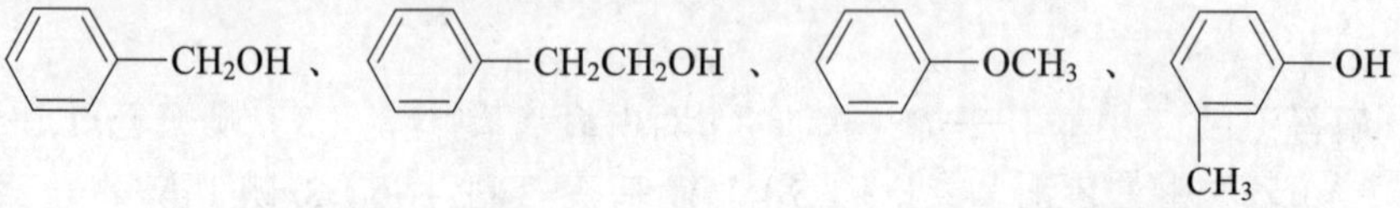

解答:（1）

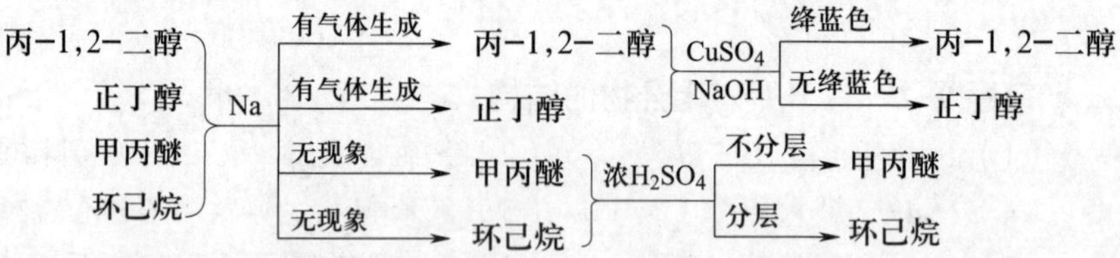

丙-1,2-二醇、正丁醇、甲丙醚、环己烷 —Na→
有气体生成 → 丙-1,2-二醇
有气体生成 → 正丁醇
丙-1,2-二醇、正丁醇 —$CuSO_4$ / NaOH→
绛蓝色 → 丙-1,2-二醇
无绛蓝色 → 正丁醇
无现象 → 甲丙醚
无现象 → 环己烷
甲丙醚、环己烷 —浓H_2SO_4→
不分层 → 甲丙醚
分层 → 环己烷

（2）

丙醚、溴代正丁烷、烯丙基异丙基醚 —Br_2→
不褪色 → 丙醚
不褪色 → 溴代正丁烷
褪色 → 烯丙基异丙基醚
丙醚、溴代正丁烷 —$AgNO_3$ / C_2H_5OH，△→
无现象 → 丙醚
有沉淀生成 → 溴代正丁烷

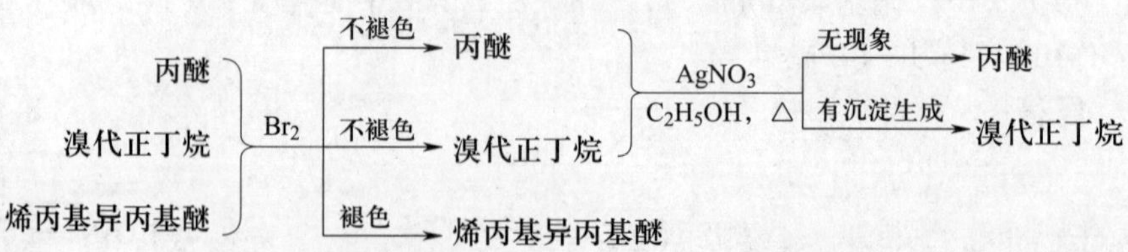

（3）加入卢卡斯试剂,苄醇反应快、苯乙醇反应慢,苯甲醚和间甲苯酚不反应;加入碱,则间甲苯酚溶于水,而苯甲醚不溶。

习题 9-6　比较下列化合物的酸性强弱,并解释之。

（1）环己醇 （2）苯酚 （3）对甲氧基苯酚（OCH_3） （4）对氯苯酚（Cl）

（5）对硝基苯酚（NO_2） （6）间硝基苯酚（NO_2） （7）2,4-二硝基苯酚（NO_2，NO_2）

解答: 各化合物的强弱顺序为

2,4-二硝基苯酚 > 对硝基苯酚 > 间硝基苯酚 > 对氯苯酚 > 苯酚 > 对甲氧基苯酚 > 环己醇

分析:硝基诱导、共轭都吸电子。氯、对甲氧基诱导吸电子,共轭给电子,但氯诱导大于共轭,为吸电子基;对甲氧基诱导小于共轭,为给电子基。环己基醇负离子不能形成共轭体系,负电荷不分散,不稳定。

习题 9–7 完成下列反应,写出主要产物。

（1）4-C_2H_5-1-苯基环己醇（OH） $\xrightarrow[\triangle]{H_2SO_4}$

（2）1-C_6H_5-环己烯 $\xrightarrow[(2)\ H_2O_2,\ OH^-]{(1)\ B_2H_6}$

（3）苯酚（—OH） + 苄氯（CH_2Cl） $\xrightarrow{NaOH}$

（4）丙酮（O） $\xrightarrow[\text{无水醚}]{C_6H_5MgBr}$

（5）2-甲基环己醇（—OH，—CH_3） $\xrightarrow[0\ ^\circ C]{Na_2Cr_2O_7,\ H_2SO_4}$

（6）C_6H_5—$CH_2CH_2CH_2OH$ $\xrightarrow{SOCl_2}$

（7）1,2-环己二醇（—OH，—OH） $\xrightarrow{HIO_4}$

（8）苯乙醚（OCH_2CH_3）$\xrightarrow{HI}$

解答:（1）C_2H_5-环己烯基-苯 （2）环己烷（C_6H_5，OH） （3）苯基-OCH_2-苯

（4）苯基-$C(CH_3)_2$-OMgBr （5）2-甲基环己酮（O，CH_3） （6）苯基-$CH_2CH_2CH_2Cl$

（7）$OHC(CH_2)_4CHO$（O，O） （8）苯酚-OH + CH_3CH_2I

习题 9-8 由指定原料合成下列化合物（≤C_4 有机化合物和无机试剂任选）。

（1）$H_2C—CH_2$（O，环氧乙烷） ⟶ $(CH_3)_3CCH_2CH_2OH$

（2）环己酮（O） ⟶ 2-丙基环己醇（$CH_2CH_2CH_3$，OH）

（3）5 个碳原子以下的有机化合物 ⟶ 环己基-C(OH)(CH_3)-CH_3

（4）甲苯（CH_3） ⟶ 2-甲氧基-5-甲基苯乙酮（OCH_3，$COCH_3$，CH_3）

解答:（1）$H_2C—CH_2$（O） $\xrightarrow{(CH_3)_3CMgCl}$ $(CH_3)_3CCH_2CH_2OH$

（2）环己酮（O） $\xrightarrow{CH_3CH_2CH_2MgBr}$ 1-丙基环己醇（HO，$CH_2CH_2CH_3$） $\xrightarrow{H^+}$ 1-丙基环己烯（$CH_2CH_2CH_3$） $\xrightarrow[(2)\ H_2O_2,\ OH^-]{(1)\ B_2H_6}$ 2-丙基环己醇（$CH_2CH_2CH_3$，OH）

（3）丁二烯 + $CH_2=CH-COOCH_3$ ⟶ 环己烯基-$COOCH_3$ $\xrightarrow{H_2/Ni}$ 环己基-$COOCH_3$ $\xrightarrow{CH_3MgI}$

环己基-C(OH)(CH_3)-CH_3

（4）甲苯 $\xrightarrow{\text{磺化碱熔}}$ 对甲基苯酚 $\xrightarrow{(CH_3)_2SO_4}$ 对甲基苯甲醚 $\xrightarrow[AlCl_3]{CH_3COCl}$ 2-甲氧基-5-甲基苯乙酮（OCH_3、$COCH_3$、CH_3）

习题 9-9 在叔丁醇中加入金属钠，当钠消耗后，在反应混合液中加入溴乙烷，这时可得到 $C_6H_{14}O$。如在乙醇与金属钠反应的混合物中加入 2-溴-2-甲基丙烷，则有气体产生，在留下的混合物中仅有乙醇一种有机化合物。试写出所有的反应式，并解释这两个实验为什么不同。

解答：叔丁醇中加入金属钠，生成叔丁醇钠，在反应混合物中加入溴乙烷，生成醚（威廉姆森醚合成反应）。在乙醇溶液中加入金属钠，有乙醇钠生成，当加入 2-溴-2-甲基丙烷时，由于 2-溴-2-甲基丙烷在碱性溶液中容易发生消除反应，生成 2-甲基丙烯气体，溶液中的溴化氢与乙醇钠反应生成乙醇。反应式如下：

（1）$(CH_3)_3COH + Na \longrightarrow (CH_3)_3CONa + H_2\uparrow$

$(CH_3)_3CONa + CH_3CH_2Br \longrightarrow (CH_3)_3COCH_2CH_3$

（2）$CH_3CH_2OH + Na \longrightarrow CH_3CH_2ONa + H_2\uparrow$

$(CH_3)_3CBr + CH_3CH_2ONa \longrightarrow CH_3-C(CH_3)=CH_2\uparrow + HBr$

$CH_3CH_2ONa + HBr \longrightarrow CH_3CH_2OH + NaBr$

习题 9-10 化合物 A 的分子式为 $C_5H_{10}O$，用 $KMnO_4$ 小心氧化 A 得到化合物 B（C_5H_8O）。A 与无水 $ZnCl_2$ 的浓盐酸溶液作用时，生成化合物 C（C_5H_9Cl）；C 在 KOH 的乙醇溶液中加热得到唯一的产物 D（C_5H_8）；D 再用 $KMnO_4$ 的硫酸溶液氧化，得到一个直链二羧酸。试推导 A，B，C，D 的结构式，并写出各步反应式。

解答：A～D 的结构式分别为

A. 环戊醇（OH）　B. 环戊酮（O）　C. 氯代环戊烷（Cl）　D. 环戊烯

各步反应式为

环戊醇（OH） $\xrightarrow{KMnO_4}$ 环戊酮（O）

环戊醇（OH） $\xrightarrow{ZnCl_2/HCl}$ 氯代环戊烷（Cl）

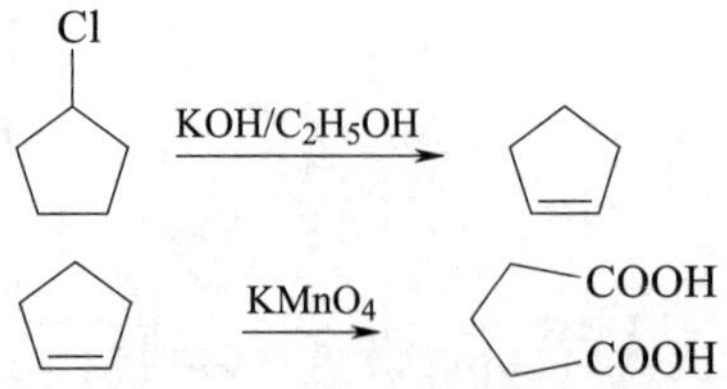

$$\text{环戊基氯} \xrightarrow{KOH/C_2H_5OH} \text{环戊烯}$$

$$\text{环戊烯} \xrightarrow{KMnO_4} HOOC(CH_2)_3COOH$$

习题 9-11 化合物 A 的分子式为 C_7H_8O，A 不溶于 NaOH 溶液，但在与浓 HI 溶液反应生成化合物 B 和 C；B 能与 $FeCl_3$ 水溶液发生显色反应，C 与 $AgNO_3$ 的乙醇溶液作用生成沉淀。试推导 A，B，C 的结构式，并写出各步反应式。

解答： A～C 的结构式分别为

A. 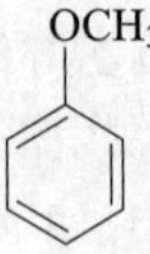 $C_6H_5OCH_3$ B. 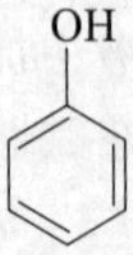 C_6H_5OH C. CH_3I

各步反应式为

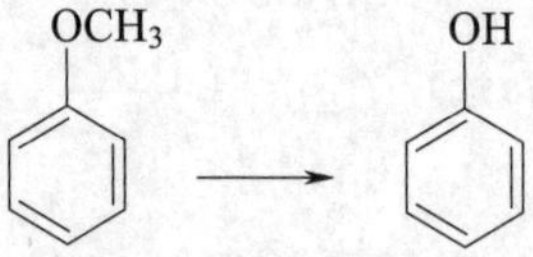

$$C_6H_5OCH_3 \longrightarrow C_6H_5OH + CH_3I$$

$$CH_3I + AgNO_3 \longrightarrow CH_3ONO_2 + AgI\downarrow$$

第10章 醛 和 酮

本章知识点

一、醛、酮的官能团结构

醛、酮分子中都存在羰基，由于氧的电负性较大，有较强的吸电子能力，π 电子云的流动性使 π 电子云偏向氧原子，从而氧原子周围的电子密度增加，而碳原子周围的电子密度减少，所以羰基是一个极性的不饱和基团，碳氧双键容易受带有负电荷或带有未共有电子对的基团或分子进攻，与醛、酮有关的化学反应多数为亲核加成。

二、命名

以含有羰基的最长碳链作为主链，再从靠近羰基的一端开始依次编号。

三、重要的物理性质

由于羰基是极性基团，所以醛、酮的沸点通常比相对分子质量相近的非极性化合物（如烃类）高；但由于羰基分子之间不能形成氢键，所以醛、酮的沸点比相对分子质量相近的醇要低许多。

四、反应机理

1. 羰基的亲核加成反应

（1）碱性、中性条件

$$\underset{R'}{\overset{R}{\diagdown}}\overset{\delta+}{C}=\overset{\delta-}{O} \underset{-Nu^-}{\overset{Nu^-}{\rightleftharpoons}} R-\underset{R'}{\overset{O^-}{\underset{|}{\overset{|}{C}}}}-Nu \underset{-H_2O}{\overset{H_2O}{\rightleftharpoons}} R-\underset{R'}{\overset{OH}{\underset{|}{\overset{|}{C}}}}-Nu + OH^-$$

（2）酸性条件

$$\underset{R'}{\overset{R}{\diagdown}}\overset{\delta+}{C}=\overset{\delta-}{O} \underset{-H^+}{\overset{H^+}{\rightleftharpoons}} \underset{R'}{\overset{R}{\diagdown}}C=\overset{+}{O}H \longleftrightarrow \underset{R'}{\overset{R}{\diagdown}}\overset{+}{C}-OH \underset{-Nu^-}{\overset{NuH}{\rightleftharpoons}} R-\underset{R'}{\overset{OH}{\underset{|}{\overset{|}{C}}}}-\overset{+}{Nu}H \underset{H^+}{\overset{-H^+}{\rightleftharpoons}} R-\underset{R'}{\overset{OH}{\underset{|}{\overset{|}{C}}}}-Nu$$

2. 缩醛（酮）的形成机理

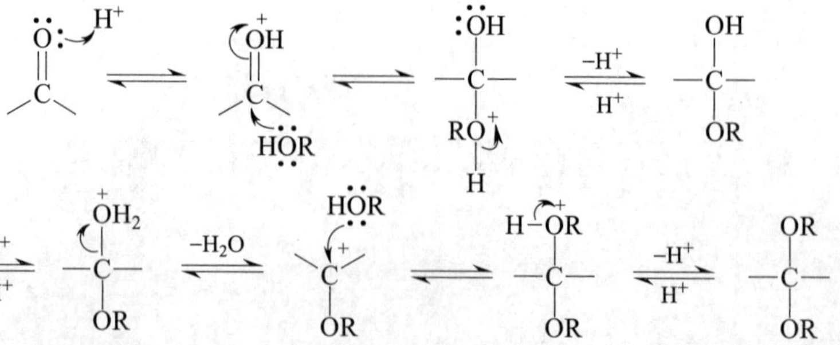

3. 羰基 α-氢的反应

（1）烯醇化反应

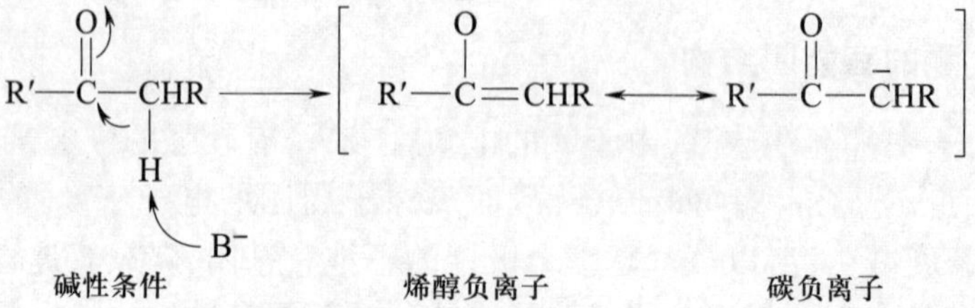

碱性条件　　　烯醇负离子　　　碳负离子

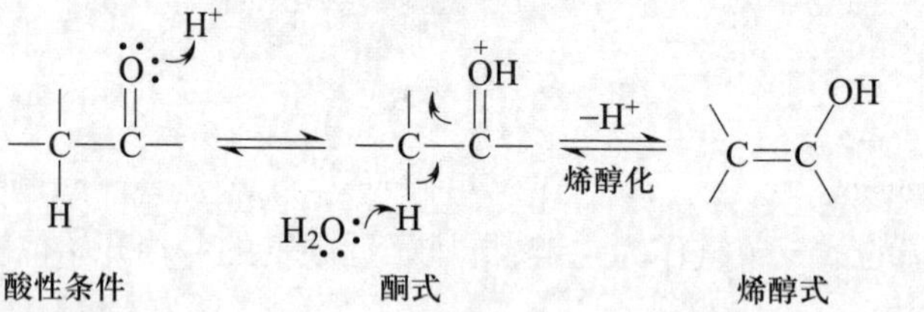

酸性条件　　　酮式　　　烯醇式

（2）羟醛缩合反应

① 碱性条件

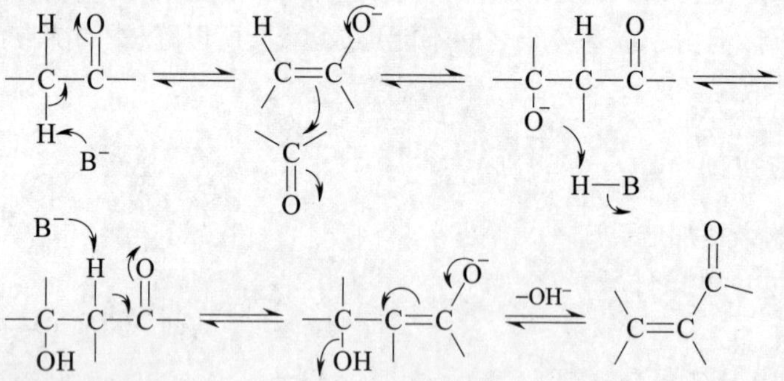

② 酸性条件

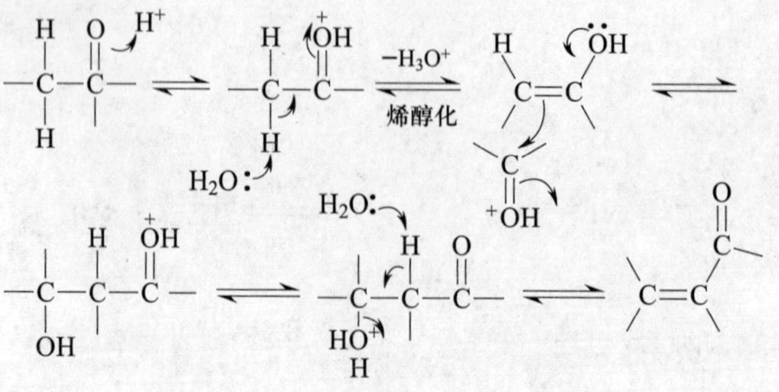

五、醛、酮的反应

1. 羰基的亲核加成反应

（1）与氢氰酸的加成

$$\mathrm{R{-}\overset{\displaystyle O}{\overset{\|}{C}}{-}R'(H) + HCN \longrightarrow R{-}\underset{\displaystyle R'(H)}{\underset{|}{\overset{\displaystyle OH}{\overset{|}{C}}}}{-}CN}$$

（2）与亚硫酸氢钠的加成

$$\mathrm{R{-}\overset{\displaystyle O}{\overset{\|}{C}}{-}H(CH_3) + NaHSO_3 \rightleftharpoons R{-}\underset{\displaystyle H(CH_3)}{\underset{|}{\overset{\displaystyle OH}{\overset{|}{C}}}}{-}SO_3Na}$$

醛、脂肪族甲基酮和低级的环酮（C_8 以下）能与 $NaHSO_3$ 加成。

（3）与醇的亲核加成

$$\underset{\text{酮(醛)}}{\mathrm{R{-}\overset{\displaystyle O}{\overset{\|}{C}}{-}R'(H)}} + \mathrm{R''OH} \underset{}{\overset{H^+}{\rightleftharpoons}} \underset{\text{半缩酮(醛)}}{\mathrm{R{-}\underset{\displaystyle OR''}{\underset{|}{\overset{\displaystyle OH}{\overset{|}{C}}}}{-}R'(H)}} \underset{H^+}{\overset{R''OH}{\rightleftharpoons}} \underset{\text{缩酮(醛)}}{\mathrm{R{-}\underset{\displaystyle OR''}{\underset{|}{\overset{\displaystyle OR''}{\overset{|}{C}}}}{-}R'(H)}}$$

（4）与氨的衍生物反应

$$\mathrm{(R)(R')C{=}O + H_2NR'' \longrightarrow \underset{\text{亚胺(席夫碱)}}{(R)(R')C{=}NR''}}$$

$$\mathrm{(R)(R')C{=}O + H_2NOH \longrightarrow \underset{\text{肟}}{(R)(R')C{=}NOH}}$$

$$\mathrm{(R)(R')C{=}O + H_2NNHR'' \longrightarrow \underset{\text{腙}}{(R)(R')C{=}NNHR''}}$$

以上反应均为先对羰基进行加成，然后脱水。其中2，4-二硝基苯肼常用于对醛、酮的定性鉴别。

（5）与金属试剂的加成

$$\mathrm{R{-}\overset{\displaystyle O}{\overset{\|}{C}}{-}R'(H) \xrightarrow{R''M} R{-}\underset{\displaystyle R''}{\underset{|}{\overset{\displaystyle OM}{\overset{|}{C}}}}{-}R'(H) \xrightarrow{H_3O^+} R{-}\underset{\displaystyle R''}{\underset{|}{\overset{\displaystyle OH}{\overset{|}{C}}}}{-}R'(H)}$$

(M = MgX，Li，…)

与甲醛反应生成伯醇，与其他醛反应生成仲醇，与酮反应生成叔醇。

2. 醛、酮 α 位的反应

（1）羟醛缩合反应

$$2RCH_2CHO \xrightleftharpoons{OH^-} RCH_2CH(OH)CH(R)CHO \xrightarrow{\triangle} RCH_2CH{=}C(R)CHO$$

α,β-不饱和醛

$$2CH_3COCH_3 \xrightleftharpoons{OH^-} CH_3C(OH)(CH_3)CH_2COCH_3 \xrightarrow{\triangle} CH_3C(CH_3){=}CHCOCH_3$$

α,β-不饱和酮

（2）卤化反应和卤仿反应

$$RCOCH_2R' + X_2 \xrightarrow{H^+} RCOCHXR' + HX$$

酸催化下通过控制条件（如卤素量、温度等），可停留在一卤代物阶段。

$$RCOCH_3 \xrightarrow{X_2/NaOH} RCOCX_3 \xrightarrow{NaOH} RCOONa + CHX_3$$

碱催化时，卤化反应速率快，有 $-\overset{O}{\overset{\|}{C}}-CH_3$ 结构的醛、酮均能生成三卤代产物，在碱作用下分解为卤仿和羧酸盐，此反应称为卤仿反应。碘仿反应可用于乙醛和甲基酮的鉴别。

能氧化成 $-\overset{O}{\overset{\|}{C}}-CH_3$ 结构的醇 $-\underset{H}{\overset{OH}{C}}-CH_3$，也能发生卤仿反应。

3. 醛、酮的氧化反应

$$RCH_2CHO \xrightarrow{[O]} RCH_2COOH$$

在强氧化剂如高锰酸钾的作用下，醛被氧化为羧酸；酮则断键后被氧化成羧酸。

$$RCHO + 2Ag(NH_3)_2OH \longrightarrow RCOONH_4 + 2Ag\downarrow + 3NH_3 + H_2O$$

在弱氧化剂如 Tollens 试剂（对所有的醛）或 Fehling 试剂（仅对脂肪族的醛）的作用下，醛被氧化成羧酸。

$$-\overset{O}{\overset{\|}{C}}-CH_2- \xrightarrow{RCO_3H} -\overset{O}{\overset{\|}{C}}-O-CH_2-$$

酮在过氧酸或过氧化氢的作用下，被氧化为酯，即发生 Baeyer-Villiger 氧化。

4. 醛、酮的还原反应

（1）还原到醇

$$RCR' \left(\overset{O}{\|}\right) \xrightarrow{NaBH_4(\text{或}LiAlH_4)} R\overset{O^-}{\overset{|}{C}}HR' \xrightarrow{H^+} R\overset{OH}{\overset{|}{C}}HR'$$

（2）还原到 —CH_2—

① Clemmensen 反应

$$R\overset{O}{\overset{\|}{C}}R' \xrightarrow[HCl]{Zn-Hg} RCH_2R'$$

② Wolff-Kishner-黄鸣龙反应

$$R\overset{O}{\overset{\|}{C}}R' + H_2NNH_2 \longrightarrow R\overset{NNH_2}{\overset{\|}{C}}R' \xrightarrow[\triangle]{KOH} RCH_2R' + N_2\uparrow + H_2O$$

5. Cannizzaro 歧化反应

$$2\,HCHO \xrightarrow{\text{浓}NaOH} HCOONa + CH_3OH$$

无 α-H 的醛在浓碱条件下会发生 Cannizzaro 歧化反应，生成相应的醇和羧酸（盐）。

六、醛、酮的制备

1. 醇的氧化

伯醇：$RCH_2OH \xrightarrow{[O]} RCH_2CHO \xrightarrow{[O]} RCH_2COOH$

仲醇：$R\overset{OH}{\overset{|}{C}}HR' \xrightarrow{[O]} R\overset{O}{\overset{\|}{C}}R'$

氧化剂	特征
$KMnO_4$，$Na_2Cr_2O_7/H_2SO_4$（强氧化剂）	伯醇氧化为羧酸，仲醇氧化为酮
CrO_3/ 吡啶，异丙醇铝（或叔丁醇铝）/ 丙酮（温和氧化剂）	可使伯醇氧化为醛，仲醇氧化为酮，保留分子中的双键
新制 MnO_2（非常温和氧化剂）	仅氧化烯丙基醇和苄基醇

2. 烯烃的臭氧化分解

$$\overset{R}{\underset{H}{>}}C{=}C\overset{R'}{\underset{R''}{<}} \xrightarrow[(2)\ Zn,H_2O]{(1)\ O_3} \overset{R}{\underset{H}{>}}C{=}O + O{=}C\overset{R'}{\underset{R''}{<}}$$

3. 炔烃的水合

（1）汞盐催化

$$RC{\equiv}CH \xrightarrow[H_2O]{Hg^{2+},H_2SO_4} \left[\overset{R}{\underset{OH}{>}}C{=}C\overset{H}{\underset{H}{<}}\right] \longrightarrow R-\overset{O}{\overset{\|}{C}}-CH_3$$

在合成中通常使用的是末端炔烃和对称炔烃。

（2）硼氢化-氧化反应

$$RC\equiv CH \xrightarrow[(2)\ H_2O_2,\ OH^-]{(1)\ BH_3,\ THF} \left[\begin{array}{c} R \quad\quad H \\ C{=}C \\ H \quad\quad OH \end{array} \right] \longrightarrow RCH_2\overset{O}{\overset{\|}{C}}H$$

4. 傅-克酰基化反应

$$R{-}\overset{O}{\overset{\|}{C}}{-}Cl + G{-}C_6H_5 \xrightarrow{AlCl_3} G{-}C_6H_4{-}\overset{O}{\overset{\|}{C}}{-}R$$

R 可以是烷基或芳基，G 可以是 H、卤素或活化基团。

5. 盖特曼-科赫（Gattermann-Koch）反应

$$HCl + CO + G{-}C_6H_5 \xrightarrow{AlCl_3} G{-}C_6H_4{-}\overset{O}{\overset{\|}{C}}{-}H$$

6. 酰卤还原到醛

$$R{-}\overset{O}{\overset{\|}{C}}{-}X \xrightarrow{H_2/Pd,\ BaSO_4,\ S} R{-}\overset{O}{\overset{\|}{C}}{-}H$$

7. *β*-酮酸酯的酮式分解

$$R{-}\overset{O}{\overset{\|}{C}}{-}\underset{R'}{\overset{R''}{C}}{-}\underset{O}{\underset{\|}{C}}{-}OC_2H_5 \xrightarrow{OH^-} \xrightarrow[\triangle]{H^+} R{-}\overset{O}{\overset{\|}{C}}{-}\underset{R'}{\overset{R''}{CH}}$$

8. 腈与格氏试剂反应

$$RC\equiv N \xrightarrow{R'MgX} R{-}\overset{N{-}MgX}{\overset{\|}{C}}{-}R' \xrightarrow{H_3O^+} R{-}\overset{O}{\overset{\|}{C}}{-}R'$$

例题解析

例题 10-1　命名或写出结构式。

1.

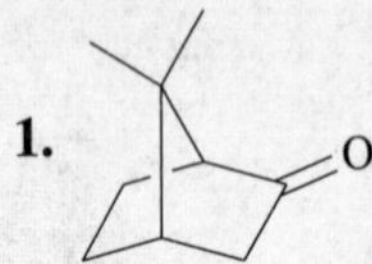

解答: 7, 7-二甲基双环［2.2.1］庚-2-酮

2. 螺［2.5］辛-6-酮

解答:

3. 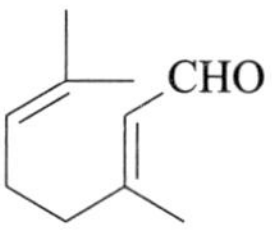 (chemical structure) CHO （柠檬醛）

解答： 3，7-二甲基辛-2，6-二烯醛

4. 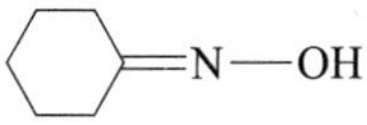 (chemical structure) =N—OH

解答： 环己酮肟

5. 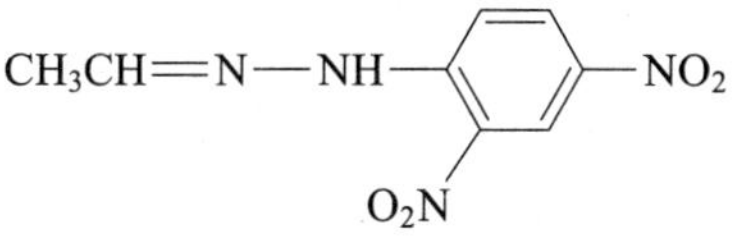 $CH_3CH{=}N{-}NH{-}C_6H_3(NO_2)_2$ （NO_2，O_2N）

解答： 乙醛-2，4-二硝基苯腙

6. 水杨醛

解答： (chemical structure) OH CHO

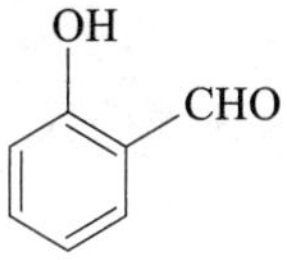

7. 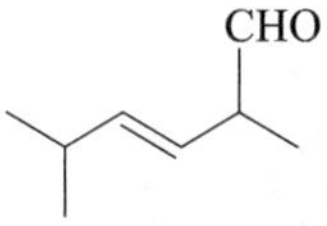 (chemical structure) CHO

解答：（E）-2，5-二甲基己-3-烯醛

8. 丙醛缩二乙醇

解答： $CH_3CH_2CH(OC_2H_5)_2$

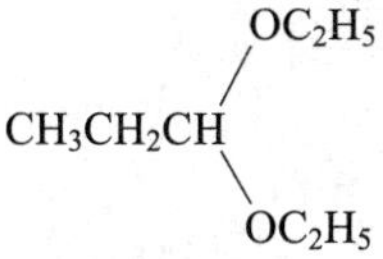

9. α-溴代苯乙酮

解答： (chemical structure) $C_6H_5COCH_2Br$

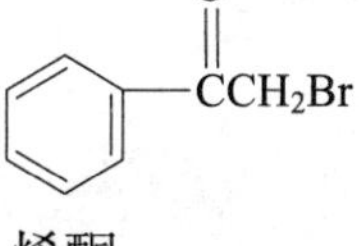

10. 乙烯酮

解答： $CH_2{=}C{=}O$

例题 10-2 完成下列反应式。

1. 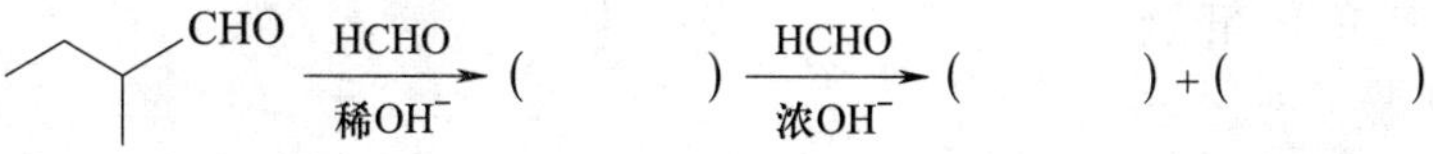 (chemical structure) CHO $\xrightarrow[\text{稀}OH^-]{HCHO}$ （　　　） $\xrightarrow[\text{浓}OH^-]{HCHO}$ （　　　）+（　　　）

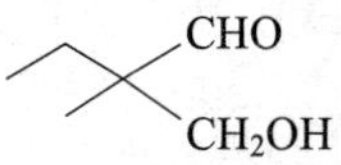

解答： (chemical structure) CHO, CH_2OH；$HCOO^-$；(chemical structure) CH_2OH, CH_2OH

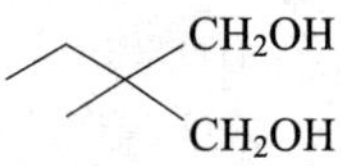

分析：第一步是羟醛缩合；第二步是 Cannizzaro 歧化反应，甲醛被氧化为甲酸。

2. C_6H_5—CH═CHCHO $\xrightarrow{Ag(NH_3)_2^+}$ (　　　)

解答: C_6H_5—CH═CHCOOH

分析: Tollens 试剂为弱氧化剂,不影响双键。

3. H—C(CHO)(CH$_2$OH)—OH + HCN $\xrightarrow{OH^-}$ (　　　)

解答: (CN; H—C—OH; H—C—OH; CH$_2$OH) + (CN; HO—C—H; H—C—OH; CH$_2$OH)

分析: 羰基碳 sp^2 杂化,平面三角形,亲核试剂 CN$^-$对羰基亲核加成时可以从平面上方进攻,也可以从平面下方进攻,因此生成一对非对映异构体。

4. 邻-(CH$_2$OH)C_6H_4—CH(OH)CH$_3$ $\xrightarrow{CrO_3/吡啶}$ (　　　) $\xrightarrow{NaHSO_3}$ (　　　)

解答: 邻-(CHO)C_6H_4—C(═O)CH$_3$; 邻-[CH(OH)SO$_3$Na]C_6H_4—C(═O)CH$_3$

分析: CrO$_3$/ 吡啶可以将醇氧化为醛或酮; 醛、脂肪族甲基酮和 8 个碳原子以下的环酮可以和 NaHSO$_3$ 加成,而芳香族甲基酮不反应。

5. 环己酮(═O) + Ph$_3$P═CH$_2$ ⟶ (　　　) $\xrightarrow[H_2O]{H_2SO_4}$ (　　　) $\xrightarrow[\triangle]{H_3O^+}$ (　　　)

解答: 亚甲基环己烷 ; 1-甲基环己醇(OH) ; 1-甲基环己烯

分析: 第一步 Wittig 反应,由 C═O 双键生成 C═C 双键; 第二步烯烃水合反应,符合马氏规则; 第三步消除反应。

6. 环己酮(O) + 四氢吡咯(N—H) $\xrightarrow{H^+}$ (　　　) $\xrightarrow[(2)\ H_3O^+]{(1)\ PhCH_2Br}$ (　　　)

解答：[1-(1-吡咯烷基)环己烯]；[2-苄基环己酮（CH_2Ph）]

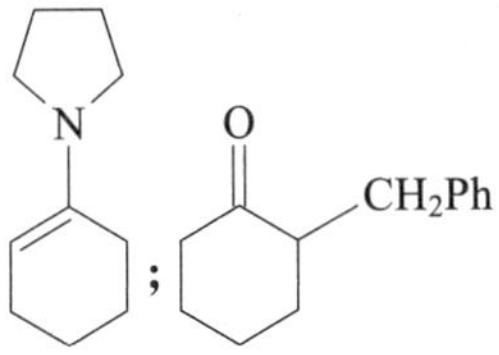

分析：第一步为含 α-H 的醛、酮和二级胺在酸催化下反应脱去一分子水生成烯胺；烯胺的结构与烯醇负离子相似，可以与卤代烃发生亲核取代反应，产物水解得到 α-烃化的酮。

7. $(CH_3)_2CHCOCH_2CH_2CHO \xrightarrow{OH^-}$ (　　　)

解答：[2,2-二甲基-3-羟基环戊酮]

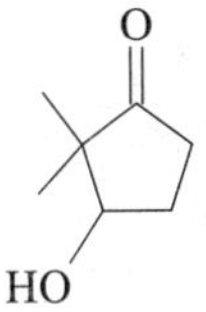

分析：分子内羟醛缩合反应，生成稳定的五元环化合物。

8. 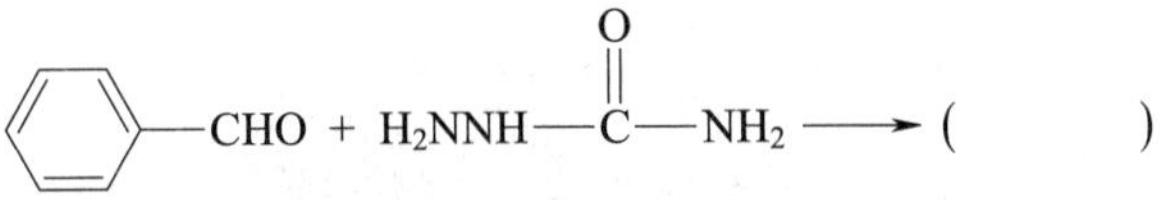 $C_6H_5-CHO + H_2NNH-C(=O)-NH_2 \longrightarrow$ (　　　)

解答：$C_6H_5-CH=NNH-C(=O)-NH_2$

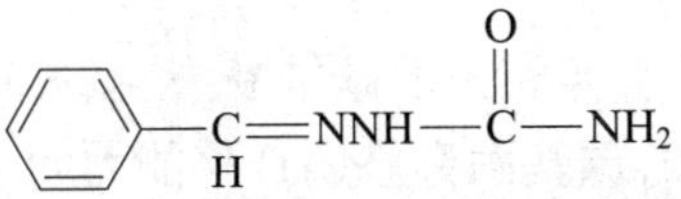

分析：氨基脲连在羰基上的氨基是不活泼的，因为 N 上的电子对受羰基影响而离域，而连在—NH 上的 NH_2 和羰基则容易反应。

9. 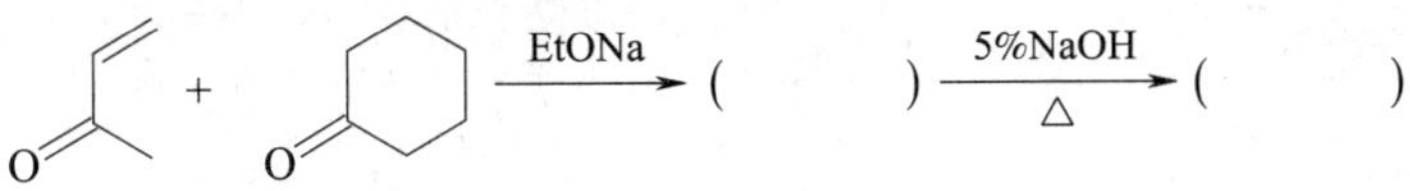 $CH_2=CHCOCH_3$ + 环己酮 $\xrightarrow{EtONa}$ (　　　) $\xrightarrow[\triangle]{5\%NaOH}$ (　　　)

解答：[2-(3-氧代丁基)环己酮]；[八氢萘-2-酮（α,β-不饱和酮）]

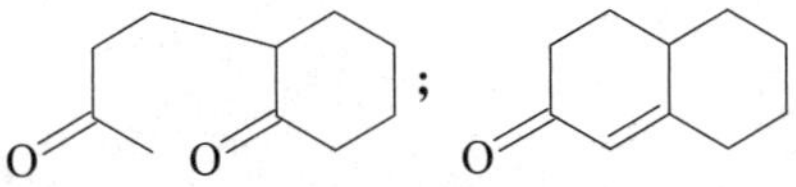

分析：Robinson 关环反应。

10. 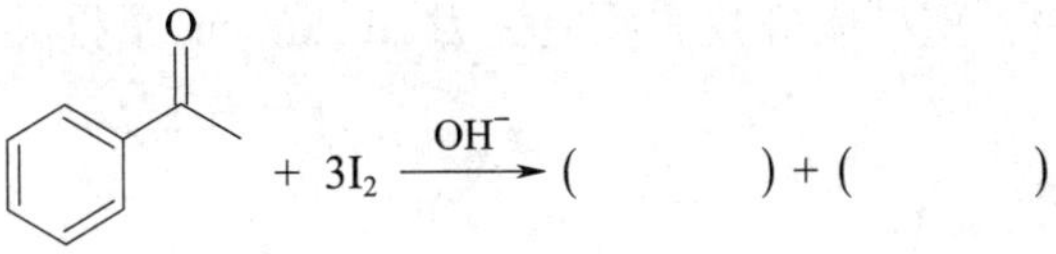 $C_6H_5COCH_3$ + $3I_2$ $\xrightarrow{OH^-}$ (　　　) + (　　　)

解答：$C_6H_5COO^-$；CHI_3

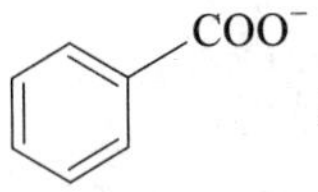

分析：卤仿反应，甲基酮在 X_2/OH^- 条件下会发生三卤化反应进而生成卤仿。

11. 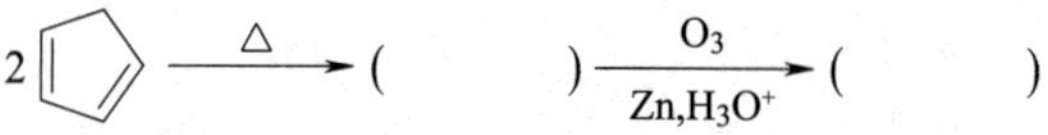 2 [环戊二烯] $\xrightarrow{\triangle}$ (　　) $\xrightarrow[Zn,H_3O^+]{O_3}$ (　　)

解答: [桥环二聚体结构]；[OHC、CHO 取代环戊烷结构]

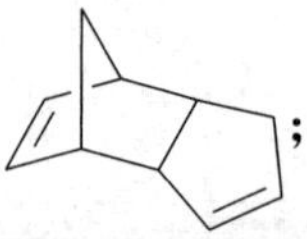

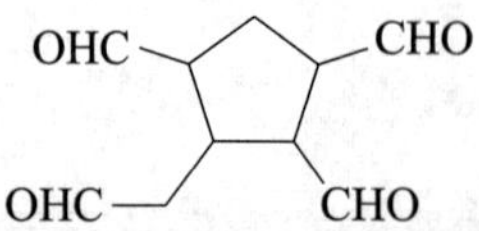

分析:第一步 Diels-Alder 反应;第二步烯烃的臭氧化反应,双键断裂得到醛基。

12.  [1,2-二氢萘] $\xrightarrow[Zn/H^+]{O_3}$ (　　) $\xrightarrow[\triangle]{NaOH}$ (　　)

解答: [CHO、CH_2CH_2CHO 取代苯]；[茚-CHO]

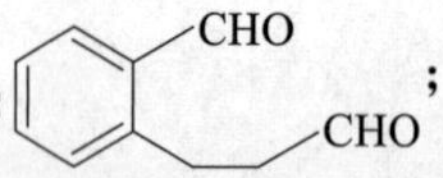

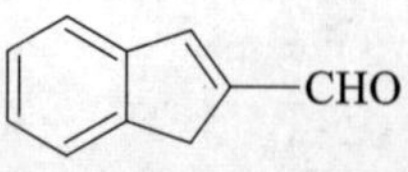

分析:第一步烯烃的臭氧化反应,第二步分子内羟醛缩合反应。

13. 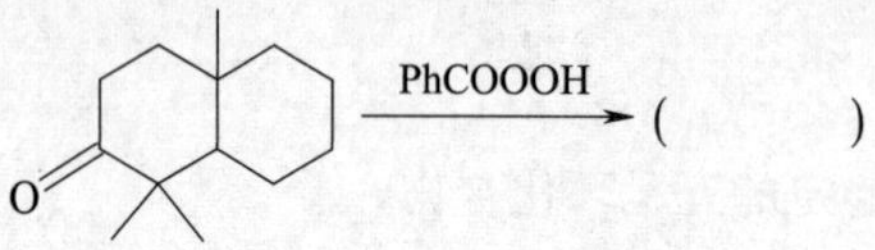 [双环酮] $\xrightarrow{PhCOOOH}$ (　　)

解答: [内酯结构]

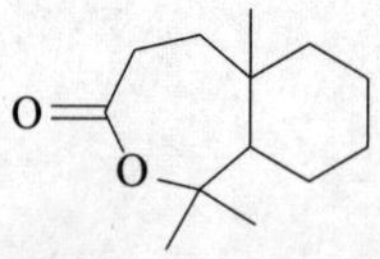

分析:酮类化合物被过氧酸氧化,与羰基直接相连的碳链断裂,插入氧形成酯的反应称为 Baeyer-Villiger 氧化,对于不对称酮,羰基两旁基团迁移能力的强弱顺序为 $R_3C—>R_2CH—>PhCH_2—>Ph—>RCH_2—>CH_3—$。

14. 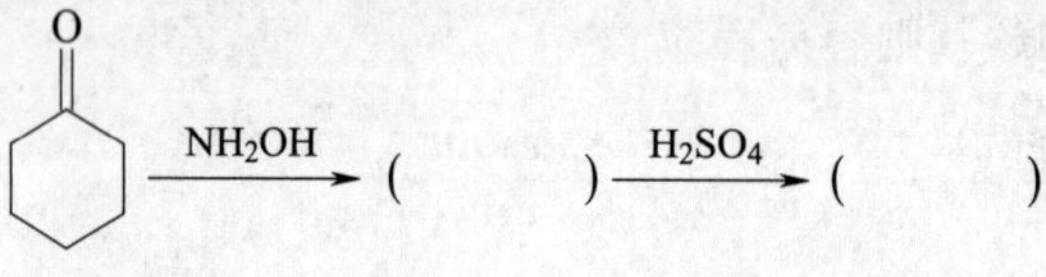 [环己酮] $\xrightarrow{NH_2OH}$ (　　) $\xrightarrow{H_2SO_4}$ (　　)

解答: [环己酮肟]；[己内酰胺]

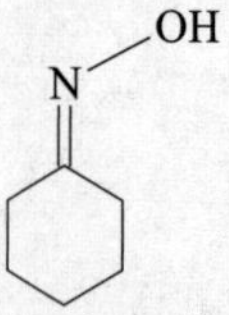

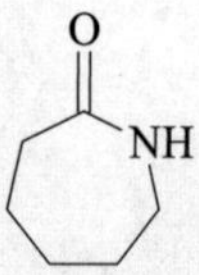

分析:肟在酸性催化剂作用下重排成酰胺的反应称为 Beckmann 重排反应。

15. 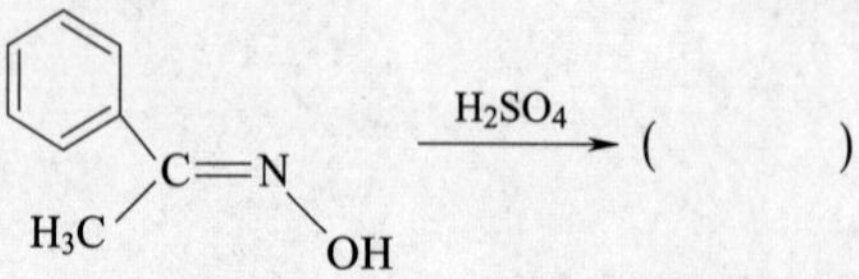 [苯乙酮肟] $\xrightarrow{H_2SO_4}$ (　　)

解答: [$CH_3C(=O)NHPh$]

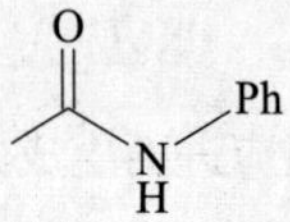

分析：Beckmann 重排离去基团与迁移基团处于反式。

16. 苯酚（C_6H_5OH） + $CHCl_3$ $\xrightarrow[(2)\ H^+]{(1)\ NaOH}$ (　　　) + (　　　)

解答： 邻羟基苯甲醛（o-HOC_6H_4CHO）；对羟基苯甲醛（p-HOC_6H_4CHO）

分析：由于甲酰氯和甲酸酐都不稳定，故用 Friedel-Crafts 酰基化反应难以合成芳醛。苯酚与氯仿在碱性溶液中加热生成邻位及对位羟基醛的反应称为 Reimer-Tiemann 反应，产物一般以邻位为主。

例题 10-3　选择题与排序题。

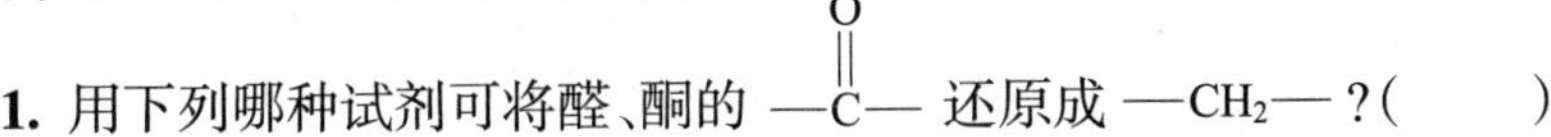

1. 用下列哪种试剂可将醛、酮的 —C(=O)— 还原成 —CH_2—？(　　)

A. $Na+CH_3CH_2OH$　　　　B. $Zn+CH_3COOH$

C. Zn-Hg/HCl　　　　D. $NaBH_4$/EtOH

解答： C

分析：Clemmensen 还原。

2. 下列化合物中不能发生碘仿反应的是(　　)。

A. HCHO　　B. CH_3CHO　　C. $CH_3CH(OH)CH_3$　　D. $CH_3C(=O)CH_3$

解答： A

分析：有 $CH_3C(=O)$— 和 $CH_3CH(OH)$— 结构的化合物能发生碘仿反应。

3. 从库房领来的苯甲醛，瓶口总有一些白色固体，该固体为(　　)。

A. 苯甲醛聚合物　　　　B. 苯甲醛过氧化物

C. 苯甲醛与二氧化碳反应产物　　　　D. 苯甲酸

解答： D

分析：苯甲醛氧化，生成白色固体苯甲酸。

4. 下列化合物中不能与 2，4-二硝基苯肼反应的是(　　)；不能发生碘仿反应的是(　　)；不能发生银镜反应的含羰基化合物是(　　)；不能发生分子内羟醛缩合反应的含羰基化合物是(　　)。

A. $CH_3CH(OH)CH_3$　　B. HCHO　　C. CH_3CHO　　D. $CH_3C(=O)CH_3$

解答: A; B; D; B

分析: 醛、酮与苯肼反应生成腙; 有 $CH_3\overset{O}{\overset{\|}{C}}—$ 和 $CH_3\overset{OH}{\overset{|}{C}}H—$ 结构的化合物能发生碘仿反应; 醛能发生银镜反应, 酮不能; 能发生分子内羟醛缩合反应的羰基化合物必须具有 α-H。

5. 下列化合物与 $NaHSO_3$ 反应, 活性最大的是(　　)。

A. 乙醛　　B. 丙酮　　C. 丁酮　　D. 苯乙酮

解答: A

分析: 不同结构的醛、酮进行亲核加成反应的难易程度排序为 $HCHO>CH_3CHO>ArCHO>CH_3COCH_3>CH_3COR>RCOR>ArCOR>ArCOAr$。

6. 下列化合物中, 可发生 Cannizzaro 歧化反应的是(　　)。

A. $CH_3CH_2CH_2CHO$　　B. $CH_3\overset{O}{\overset{\|}{C}}CH_2CH_3$

C. 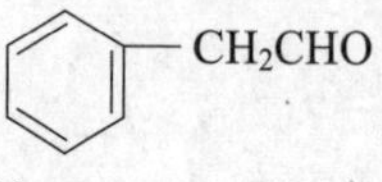 $C_6H_5CH_2CHO$　　D. $(CH_3)_3CCHO$

解答: D

分析: 只有不含 α-H 的醛在浓碱条件下才发生 Cannizzaro 歧化反应。

7. 下列试剂能区别脂肪醛和芳香醛的是(　　)。

A. Tollens 试剂　　B. Fehling 试剂　　C. 溴水　　D. Ag_2O

解答: B

分析: Fehling 试剂与脂肪醛反应, 不与芳香醛反应。

8. 将 $CH_3CH{=\!=}CHCH_2COCH_3$ 转化为 $CH_3CH{=\!=}CHCH_2—\overset{OH}{\underset{H}{C}}—CH_3$, 不可使用的试剂为(　　)。

A. $NaBH_4$　　B. $Al[OCH(CH_3)_2]_3/(CH_3)_2CHOH$

C. H_2/Pd　　D. $LiAlH_4$

解答: C

分析: Pd 催化氢化, 双键也会被还原。

9. 下列化合物中能发生银镜反应的是(　　)。

A. 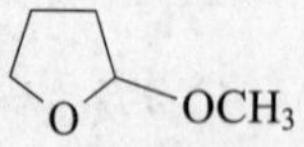 2-甲氧基四氢呋喃(环上 O 邻位碳连 OCH_3)　　B. 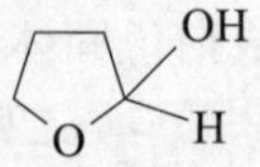 2-羟基四氢呋喃(环上 O 邻位碳连 OH、H)

C. 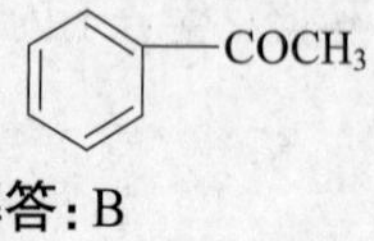 $C_6H_5COCH_3$　　D. CH_3COCH_3

解答: B

分析: B 是环状半缩醛, 相对稳定, 较易分解成原来的醛; A 是环状缩醛, 稳定。

10. 下述化合物与饱和 $NaHSO_3$ 反应, 反应速率的大小次序为(　　)。

A. O H　　　　B. O

C. O

解答: A>B>C

分析: 醛、酮与 $NaHSO_3$ 反应为亲核加成，醛的反应速率大于酮，此外 O ⟷ $\bar{O}$ + ⟷ + $\bar{O}$ ，减少了羰基碳的正电性，减慢了亲核加成反应速率。

例题 10-4　鉴别与分离题。

1. 用简便的化学方法鉴别丙醛、丙酮、丙醇和异丙醇。

解答:

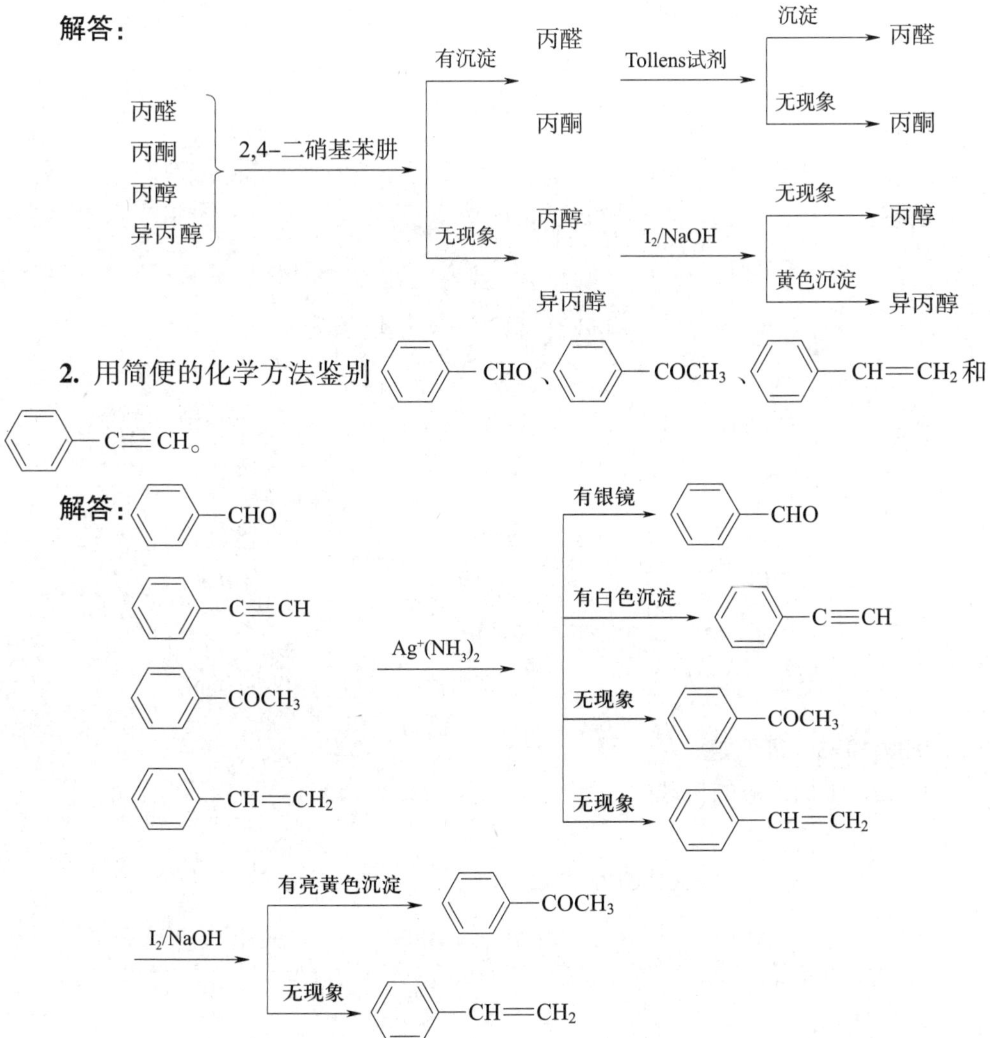

2. 用简便的化学方法鉴别 C_6H_5—CHO、C_6H_5—$COCH_3$、C_6H_5—CH═CH_2 和 C_6H_5—C≡CH。

解答:

3. 利用哪种波谱分析法可以区别化合物 $PhCH=CHCH_2OH$ 和 $PhCH=CHCHO$，简述原因。

解答: 可用红外光谱鉴别。前者的—OH 在 3 500～3 200 cm^{-1} 处有强而宽的吸收峰；后者的—CHO 在 1 700 cm^{-1} 处有一强吸收峰，在 2 720 cm^{-1} 处有两个弱而特征的吸收峰。

4. 用 IR 或 ^1H NMR 区别下列三种分子式均为 C_3H_6O 的化合物：

A. CH_3CH_2CHO　　B. $CH_3OCH{=}CH_2$

C. CH_3COCH_3

解答: 可用红外光谱鉴别。1 700 cm^{-1} 左右无吸收峰的为 B；1 700 cm^{-1} 左右有吸收峰，且在 2 720 cm^{-1} 和 2 850 cm^{-1} 附近有两个中等强度吸收峰的为 A；剩下的为 C。

也可用 ^1H NMR 鉴别，A 在 δ=9.72 处出现醛基特征峰，同时在 δ=2.4 处有四重峰（2H），δ=1.0 附近有三重峰（3H）；B 的双键分别在 δ=4～6.5 出现三个 dd 峰，甲基 H 为一单峰；C 的甲基 H 为化学等价氢，在 δ=2.1 附近有单峰（6H）。

5. 用化学方法分离下列化合物：

$C_6H_5CH_2OH$　　C_6H_5CHO　　C_6H_5COOH

解答:

C_6H_5COOH、$C_6H_5CH_2OH$、C_6H_5CHO $\xrightarrow{NaOH(aq)}$ C_6H_5COONa $\xrightarrow{H^+}$ C_6H_5COOH

　　　　　　　　　　　　　　　　$C_6H_5CH_2OH$、C_6H_5CHO $\xrightarrow{NaHSO_3}$ $C_6H_5CH_2OH$

　　　　　　　　　　　　　　　　　　　　　　　　　　　$\xrightarrow{H^+}$ C_6H_5CHO

例题 10-5　机理题。

1. 写出下面反应的机理。

$$HOCH_2CH_2CH_2CHO + CH_3OH \xrightarrow{HCl(干)} \text{2-甲氧基四氢呋喃 (环状, O 在环中, } OCH_3 \text{ 取代)}$$

解答: $\underset{\displaystyle OH}{CH_2}CH_2CH_2CHO \xrightarrow{H^+} \underset{\displaystyle OH}{CH_2}CH_2CH_2\overset{\overset{+}{O}H}{\overset{\|}{C}H} \xrightarrow{CH_3\ddot{O}H} \underset{\displaystyle OH}{CH_2}CH_2CH_2\underset{H}{\overset{OH}{C}}—\underset{H}{\overset{+}{O}}CH_3$

$\xrightarrow{-H^+} \underset{\displaystyle OH}{CH_2}CH_2CH_2\underset{H}{\overset{OH}{C}}—OCH_3 \xrightarrow{H^+} \underset{\displaystyle OH}{CH_2}CH_2CH_2\underset{H}{\overset{\overset{+}{O}H_2}{C}}—OCH_3$

$\xrightarrow{-H_2O} \underset{\displaystyle :OH}{CH_2}CH_2CH_2\overset{H}{\underset{+}{C}}—OCH_3 \longrightarrow$ (环状 $\overset{+}{O}H$, OCH_3) $\xrightarrow{-H^+}$ (2-甲氧基四氢呋喃, OCH_3)

2. 写出下面反应的机理。

(环癸-1,6-二酮) $\xrightarrow[C_2H_5OH]{C_2H_5ONa}$ (双环烯酮产物)

解答: (环癸-1,6-二酮) $\xrightarrow{C_2H_5O^-}$ (碳负离子) $\longrightarrow$ (双环 ^-O 中间体) $\xrightarrow[-H_2O]{C_2H_5OH}$ (双环烯酮产物)

分析: 分子内羟醛缩合反应。

3. 写出下面反应的机理:

(苯)—CHO + $BrCH_2CO_2Et \xrightarrow{C_2H_5ONa}$ Ph—(环氧)—CO_2Et

解答:

$BrCH_2CO_2Et \xrightarrow{C_2H_5O^-} Br\overset{-}{C}HCO_2Et$ + PhCHO $\longrightarrow$ Ph—$\overset{O^-}{CH}$—$\underset{Br}{CH}CO_2Et \longrightarrow$ Ph—(环氧)—CO_2Et

分析: Darzen 缩合反应。

4. 写出下面反应的机理:

(2,5-己二酮) $\xrightarrow[\triangle]{KOH/H_2O}$ (3-甲基环戊-2-烯酮)

解答:

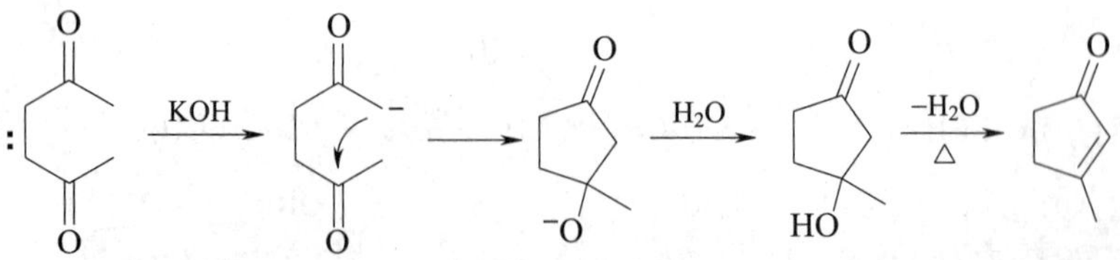

KOH → H_2O → $-H_2O$ △

分析:分子内羟醛缩合反应。

5. 写出下面反应的机理:

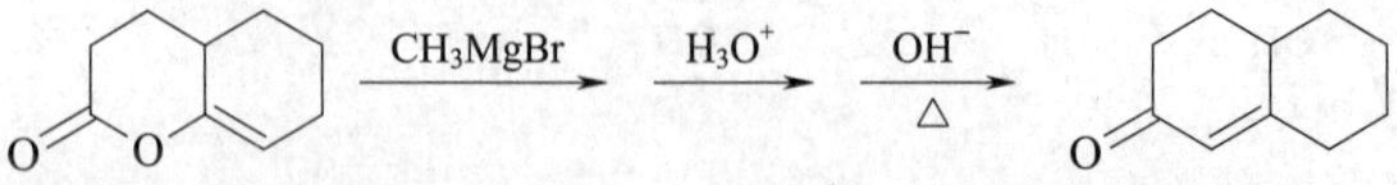

CH_3MgBr → H_3O^+ → OH^- △

解答:

CH_3MgBr → H_3C ^-O → H_3O^+ → HO ⇌

OH^- → H_2O → OH → $-H_2O$ △

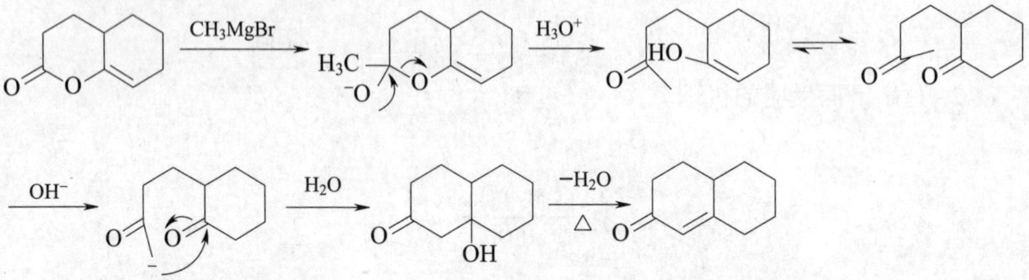

分析:格氏试剂对酯的加成反应、半缩醛的水解、羟醛缩合反应。

例题 10-6 合成题。

1. 由乙炔合成正丁醇。

解答: $HC\equiv CH \xrightarrow{Hg^{2+},H_3O^+} CH_3CHO \xrightarrow[\triangle]{OH^-} CH_3CH=CHCHO \xrightarrow{H_2/Ni} CH_3CH_2CH_2CH_2OH$

分析:乙炔水合得到乙醛,进一步羟醛缩合反应生成 α,β-不饱和醛,再还原得到目标化合物。

2. 由不超过两个碳原子的有机化合物合成丁-2-酮。

解答: $H_2C=CH_2 \xrightarrow{HBr} CH_3CH_2Br \xrightarrow{Mg} CH_3CH_2MgBr \xrightarrow[H_3O^+]{CH_3CHO}$ (OH) $\xrightarrow{PCC}$ (O)

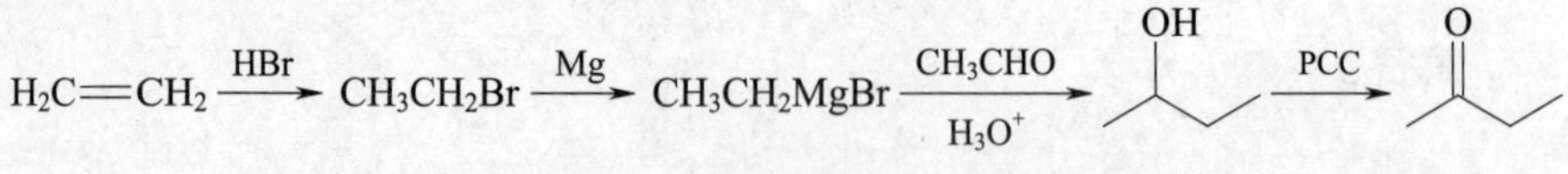

3. 以环戊醇为基本原料,合成 (O, CHO)。

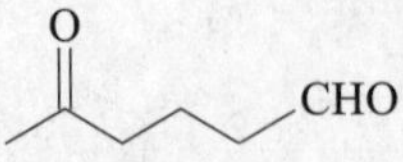

解答: (OH) $\xrightarrow[H_2SO_4]{CrO_3}$ (O) $\xrightarrow[H_3O^+]{CH_3MgBr}$ (OH) $\xrightarrow[\triangle]{H^+}$ → $\xrightarrow[Zn,H_2O]{O_3}$ (O, CHO)

4. 由 (O) 合成 —CH_2OH 。

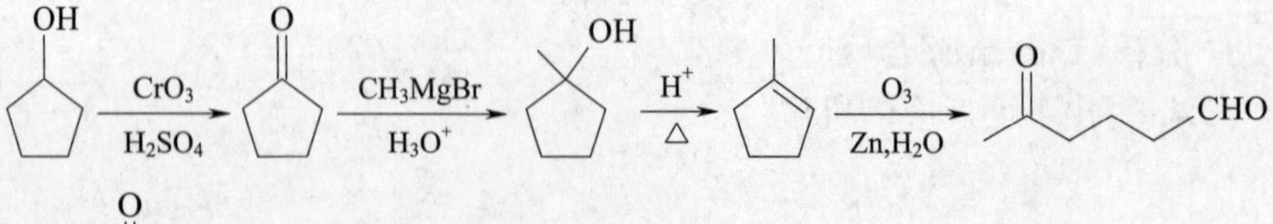

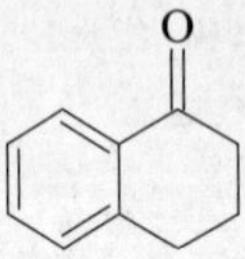

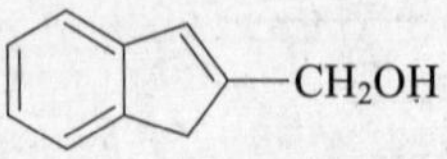

解答：（1-四氢萘酮）$\xrightarrow{NaBH_4}$（1-四氢萘醇）$\xrightarrow[\triangle]{H^+}$（1,2-二氢萘）$\xrightarrow[(2)\ Zn/H_2O]{(1)\ O_3}$

（邻位 CHO、CH_2CH_2CHO 苯）$\xrightarrow[\triangle]{OH^-}$（茚-2-CHO）$\xrightarrow{NaBH_4}$（茚-2-$CH_2OH$）

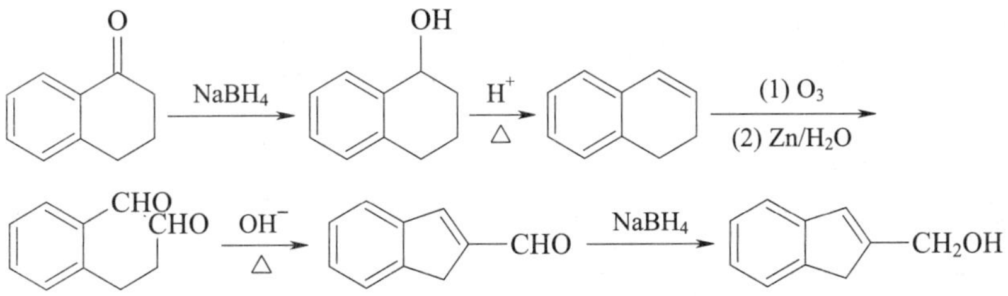

分析：产物为不饱和醇，可以通过羟醛缩合反应先生成 α,β-不饱和醛，而后还原得到产物。

5. 以 $H_3C-CO-(CH_2)_2Br$ 为基本原料，合成 $H_3C-CO-(CH_2)_2-C(OH)(CH_3)-CH_3$。

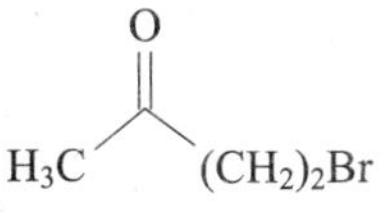

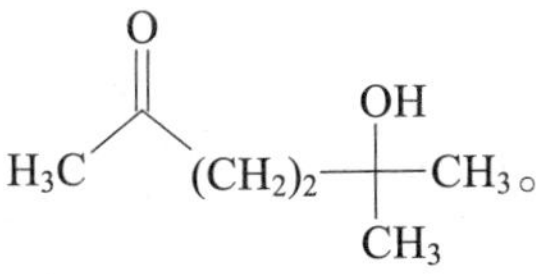

解答：

$H_3C-CO-(CH_2)_2Br \xrightarrow[H^+]{HOCH_2CH_2OH}$ $H_3C-C(OCH_2CH_2O)-(CH_2)_2Br \xrightarrow{Mg}$ $H_3C-C(OCH_2CH_2O)-(CH_2)_2MgBr$

$\xrightarrow[(2)\ H_2O]{(1)\ H_3C-CO-CH_3}$ $R-C(OCH_2CH_2O)-(CH_2)_2C(OH)(CH_3)-CH_3 \xrightarrow[H^+]{H_2O}$ $H_3C-CO-(CH_2)_2C(OH)(CH_3)-CH_3$

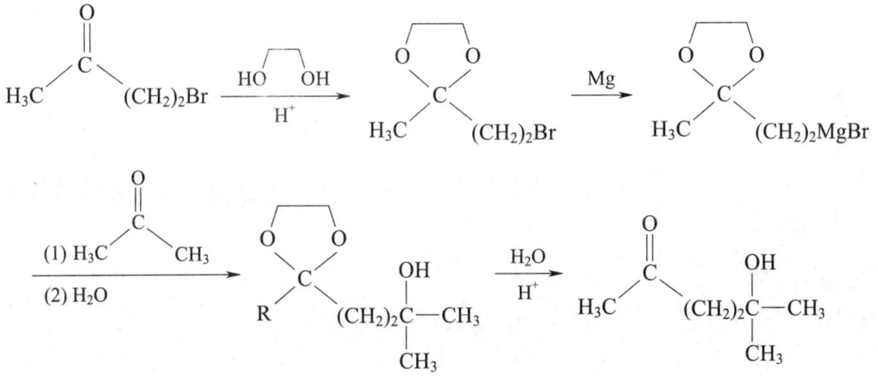

分析：此题很容易想到利用格氏试剂与丙酮反应得到叔醇，但底物本身有羰基，因此必须考虑羰基的保护问题。

6. 用正丙醇为唯一有机原料合成 2-甲基-2-戊醇（键线式）。

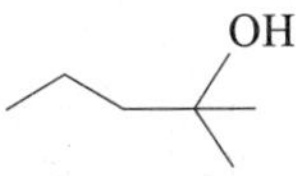

解答：$CH_3CH_2CH_2OH \xrightarrow{H^+}$ 丙烯 $\xrightarrow{H_3O^+}$ 异丙醇 $\xrightarrow{[O]}$ 丙酮 $\xrightarrow{H_3O^+}$ 2-甲基-2-戊醇

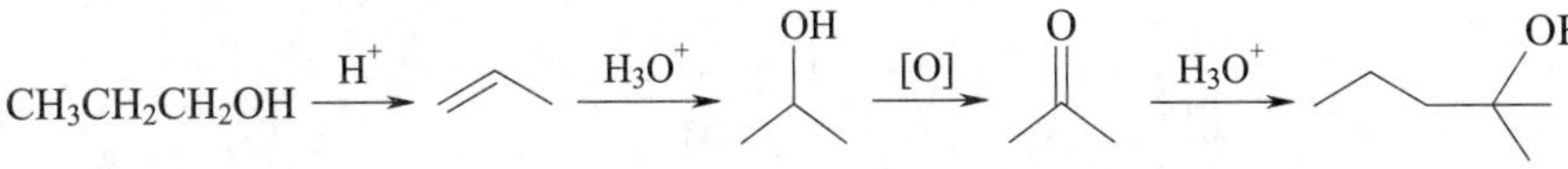

$CH_3CH_2CH_2OH \xrightarrow{PBr_3} CH_3CH_2CH_2Br \xrightarrow{Mg} CH_3CH_2CH_2MgBr$

7. 由乙炔为唯一有机原料合成 己内酯（七元环内酯，C=O）。

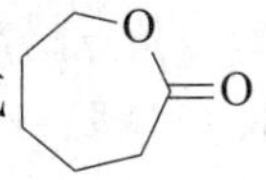

解答：$HC\equiv CH \xrightarrow[H_2]{\text{Lindlar催化剂}} H_2C=CH_2$

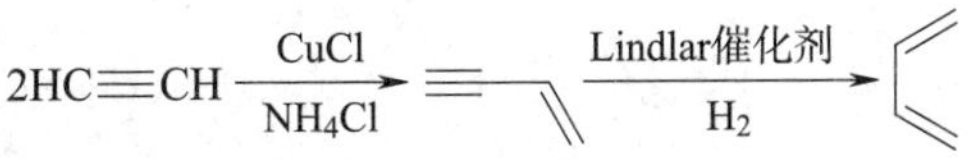

$2HC\equiv CH \xrightarrow[NH_4Cl]{CuCl}$ 乙烯基乙炔 $\xrightarrow[H_2]{\text{Lindlar催化剂}}$ 1,3-丁二烯

$$\text{1,3-丁二烯} + CH_2{=}CH_2 \longrightarrow \text{环己烯} \xrightarrow[H_2O]{H_2SO_4} \text{环己醇} \xrightarrow{PCC} \text{环己酮} \xrightarrow{MCPBA} \text{己内酯}$$

分析：一般内酯容易想到通过羟基酸的酯化反应得到，但本题只提供乙炔为唯一有机原料，那么合成羟基酸的过程将会很烦琐，考虑到环己酮发生 Baeyer-Villiger 氧化后产物就是七元环内酯，从而使得整个合成过程变得非常简单。

8. 由乙醛为唯一有机原料合成 2，3-二羟基丁醛。

解答： $CH_3CHO \xrightarrow{[H]} CH_3CH_2OH$

$$2\,CH_3CHO \xrightarrow[\triangle]{OH^-} H_3CHC{=}CHCHO \xrightarrow[\text{无水HCl}]{CH_3CH_2OH} H_3CHC{=}CHHC(OC_2H_5)_2 \xrightarrow[\text{稀}OH^-]{\text{稀、冷}KMnO_4}$$

$$H_3CHC(OH){-}CH(OH){-}CH(OC_2H_5)_2 \xrightarrow[H^+]{H_2O} H_3CHC(OH){-}CH(OH){-}CHO$$

分析：乙醛通过羟醛缩合反应生成 α,β-不饱和醛，不饱和碳碳双键利用稀、冷高锰酸钾氧化可以得到邻二醇产物，但醛基也会被高锰酸钾氧化，因此必须考虑羰基的保护问题，这里由于乙醛是唯一有机原料，因此只能将乙醛还原为乙醇，再和 α,β-不饱和醛生成缩醛。

9. 由 $CH_3CH(OH)CH_2CH_2CH_2CH_2Br$ 合成 $CH_3COCH_2CH_2CH_2CH_2CH{=}CHCH_3$（顺式，H、H 同侧）。

解答： $CH_3CH(OH)(CH_2)_4Br \xrightarrow[H_2SO_4]{K_2Cr_2O_7} CH_3CO(CH_2)_4Br \xrightarrow[H^+]{HOCH_2CH_2OH} \text{缩酮}(CH_2)_4Br$

$$\xrightarrow{NaC{\equiv}CCH_3} \text{缩酮}(CH_2)_4C{\equiv}CCH_3 \xrightarrow{H_3O^+} CH_3CO(CH_2)_4C{\equiv}CCH_3$$

$$\xrightarrow[H_2]{\text{Lindlar催化剂}} CH_3CO(CH_2)_4CH{=}CHCH_3\ (\text{顺式})$$

分析：此题是一个增碳反应，同时增碳的部分存在不饱和键。如果用格氏试剂增碳生成的产物为醇，醇脱水有两种 β-H 可消除，产物不单一，因而考虑用炔钠和伯卤代烷反应来增碳。但无论何种方法都涉及羰基的保护问题。

10. 由苯乙酮和环戊酮合成 1-羟基环戊基-CH_2-C(=O)-C_6H_5。

解答：

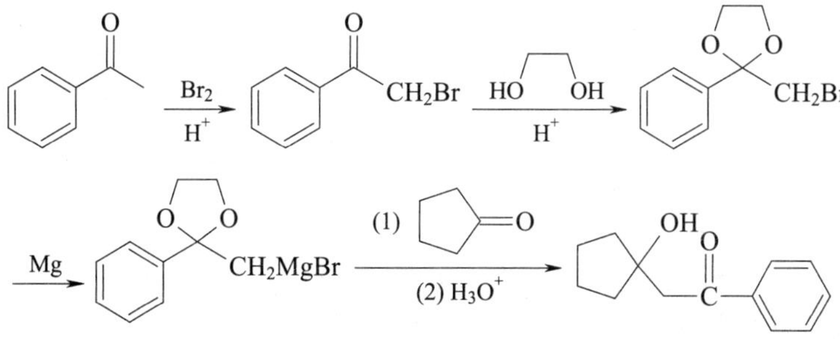

Br$_2$/H$^+$ → CH$_2$Br ; HO⌒OH / H$^+$ → CH$_2$Br

Mg → CH$_2$MgBr ; (1) (cyclopentanone) (2) H$_3$O$^+$ → OH, O, C

分析：此题产物为β-羟基酮，似乎适合用羟醛缩合反应，但由于两种反应物都为含有α-H的酮，稀碱条件下产物复杂，因而只能考虑用格氏试剂与酮反应生成叔醇的方法。

11. 由不超过4个碳原子的有机化合物合成（OH, O, O）。

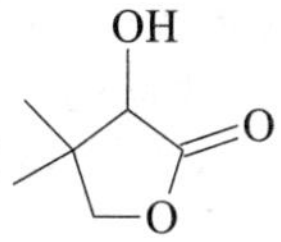

解答： HCHO + —CHO $\xrightarrow{OH^-}$ —CHO, —OH $\xrightarrow{HCN}$ OH, CN, OH $\xrightarrow{H_3O^+}$ OH, COOH, OH

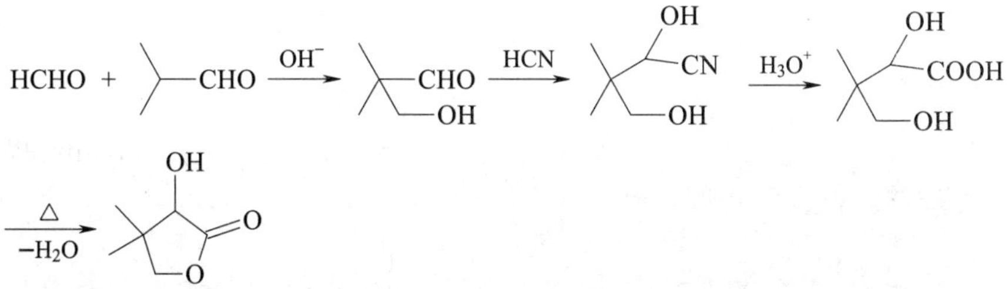

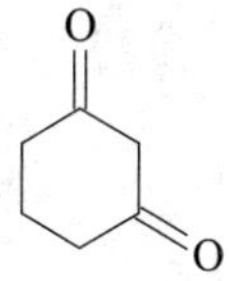

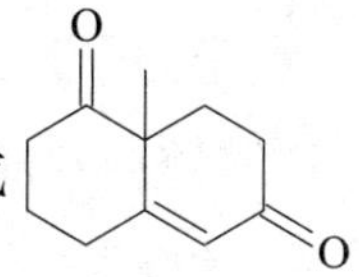

$\xrightarrow[-H_2O]{\triangle}$ OH, O, O

12. 以（O, O）为基本原料，合成（O, O）。

解答：（O, O）+ CH$_3$I $\xrightarrow{OH^-}$（O, O）+（O）$\xrightarrow{KOH}$（O, O, O）$\xrightarrow[H_3O^+]{OH^-}$

（O, O, OH）$\xrightarrow{\triangle}$（O, O）

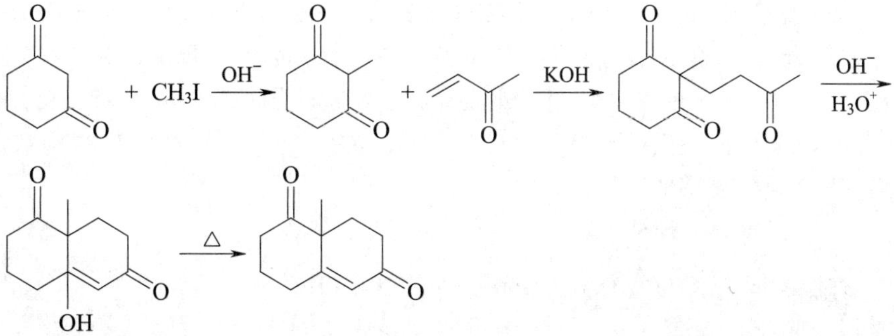

分析：此题是典型的Robinson关环反应，首先环已-1，3-二酮发生亲核取代，得到α-甲基取代的环已-1，3-二酮，再通过Michael加成反应得到1，5-二羰基化合物，进一步发生分子内羟醛缩合反应，得到六元环烯酮。

例题10-7 推测结构题。

1. $C_6H_{12}O$ —NH₂OH→ 肟；—$Ag(NH_3)_2OH^-$→ 不反应；—H_2/Ni→ —$H^+, \triangle$ / $-H_2O$→ —(1) O_3 / (2) H_2O→ {生成两种化合物。一种无碘仿反应，有银镜反应；另一种能发生碘仿反应，无银镜反应

试推测化合物 $C_6H_{12}O$ 的结构。

解答: $(CH_3)_2CH-CO-CH_2CH_3$

分析:该化合物的不饱和度为 1,能与羟胺反应生成肟,可能含有羰基;与 Tollens 试剂不反应,说明不是醛;经历还原、消除、臭氧化反应后,生成两种产物,一种无碘仿反应,有银镜反应,而另一种则相反,能发生碘仿反应,而无银镜反应,结合碳原子的数目为 6,两种产物恰好一种是正丙醛,另一种是丙酮。

2. 分子式为 $C_6H_{12}O_2$ 的化合物,其红外光谱在 1 735 cm^{-1} 处有强吸收峰。其核磁共振氢谱数据如下:δ=4.1(双峰,2H),δ=2.0(单峰,3H),δ=1.5(多重峰,1H),δ=0.9(双峰,6H)。试推测该化合物的构造式。

解答: $CH_3-\overset{O}{\overset{\|}{C}}-OCH_2CH(CH_3)_2$

分析:该化合物的不饱和度为 1,红外光谱在 1 735 cm^{-1} 处有强吸收峰,说明可能含有羰基。δ=4.1(双峰,2H)为—CH_2—,裂分为双峰,相邻一个氢;δ=2.0(单峰,3H)为—CH_3,没有相邻氢;δ=1.5(多重峰,1H)为 —CH< ,相邻有多个氢;δ=0.9(双峰,6H)为两个—CH_3,相邻一个氢,结合化学位移可推断出其结构。

3. 化合物 A,B 的分子式均为 $C_{10}H_{12}O$。红外光谱在 1 720 cm^{-1} 处均有强吸收峰。化合物 A 的 ^1H NMR 数据如下:δ=7.2(5H),δ=3.6(单峰,2H),δ=2.3(四重峰,2H),δ=1.0(三重峰,3H)。化合物 B 的 ^1H NMR 数据如下:δ=7.1(5H),δ=2.7(三重峰,2H),δ=2.6(三重峰,2H),δ=1.9(单峰,3H)。试写出 A 和 B 的构造式,并指出 ^1H NMR 化学位移的归属。

解答: A. C_6H_5(7.2)—CH_2(3.6)—CO—CH_2(2.3)—CH_3(1.0)　　B. C_6H_5(7.1)—CH_2(2.7)—CH_2(2.6)—CO—CH_3(1.9)

分析:两化合物的不饱和度为 5,可能含有苯环。红外光谱在 1 720 cm^{-1} 处有强吸收峰,说明含有 C═O。

化合物 A:δ=7.2(5H)为苯环单取代;δ=3.6(单峰,2H)为—CH_2—;δ=2.3(四

重峰，2H）及 δ=1.0（三重峰，3H）为—CH_2CH_3。结合化学位移可推断 A 的结构。

化合物 B：δ=7.1（5H）为苯环单取代；δ=2.7（三重峰，2H）及 δ=2.6（三重峰，2H）为—CH_2CH_2—；δ=1.9（单峰，3H）为 CH_3。结合化学位移可推断 B 的结构。

4. 某化合物分子式为 $C_8H_8O_2$，且具有芳香性，能溶于 NaOH 溶液，遇到 $FeCl_3$ 溶液呈紫色，与 2，4-二硝基苯肼生成腙，并能发生碘仿反应，试写出该化合物所有可能的结构式。

解答：（邻羟基苯乙酮），（间羟基苯乙酮），（对羟基苯乙酮）

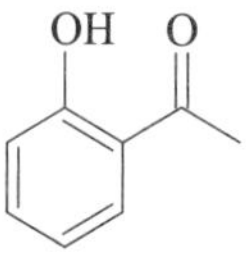

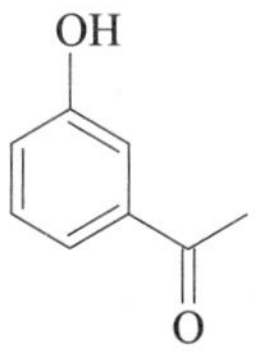

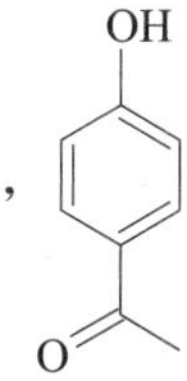

分析：该化合物的不饱和度为 5，且具有芳香性，说明含有苯环；能溶于 NaOH 溶液，遇到 $FeCl_3$ 溶液呈紫色，可能为酚；与 2，4-二硝基苯肼生成腙，并能发生碘仿反应，说明有甲基酮官能团。综上所述，可以推断出其结构。

5. 某化合物 A 的分子式为 C_8H_{16}，经臭氧化和锌粉水解后得到甲醛和分子式为 $C_7H_{14}O$ 的化合物 B。化合物 A 与 HBr 反应得到分子式为 $C_8H_{17}Br$ 的化合物 C 和重排产物 D，化合物 C 经 KOH/ 乙醇溶液处理得化合物 A 和分子式为 C_8H_{16} 的化合物 E，化合物 E 经臭氧化和锌粉水解后得乙醛和化合物 F，F 的分子式为 $C_6H_{12}O$。化合物 F 的红外光谱图中，3 000 cm^{-1} 以上无吸收峰，2 800～2 700 cm^{-1} 也无吸收峰，1 720 cm^{-1} 处有强吸收峰；核磁共振氢谱中，δ=0.9 处有一单峰（9H），δ=2.1 处有一单峰（3H）。根据以上信息确定化合物 A～F 结构，并分析化合物 F 的红外谱图在 1 720 cm^{-1} 处吸收峰及核磁共振氢谱中氢的归属。解释化合物 C 经 KOH/ 乙醇溶液处理得化合物 A 和 E，A 和 E 哪一种是主要产物，符合什么规则？

解答： A.（3,4,4-三甲基-1-戊烯） B.（2,3,3-三甲基丁醛，O、H） C.（2-溴-3,4,4-三甲基戊烷，Br） D.（3-溴-2,2,3-三甲基戊烷，Br）

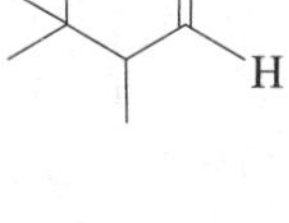

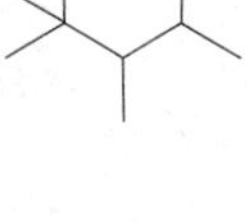

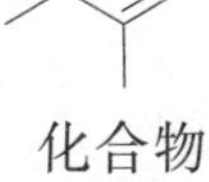

E.（3,4,4-三甲基-2-戊烯） F.（3,3-二甲基-2-丁酮，O）

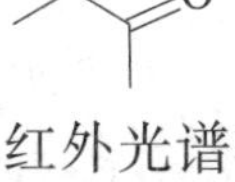

化合物 F 的红外光谱在 1 720 cm^{-1} 处是酮羰基特征吸收峰；核磁共振氢谱在 δ=0.9 处的单峰是叔丁基的 9H，在 δ=2.1 处的单峰是甲基的 3H。

化合物 E 是主要产物，符合 Saytzeff 规则。

6. 化合物 A 的分子式为 $C_6H_{12}O_3$，在 1 710 cm^{-1} 处有强吸收峰。A 和碘的氢氧化钠溶液作用得到黄色沉淀，与 Tollens 试剂作用无银镜产生。但 A 用稀硫酸处理后，所生成的化合物与 Tollens 试剂作用有银镜产生。A 的 ^1H NMR 数据如下：δ=2.1（3H，单峰），δ=2.6（2H，双峰），δ=3.2（6H，单峰），δ=4.7（1H，三重峰）。写出 A 的构造式和反应式。

解答:

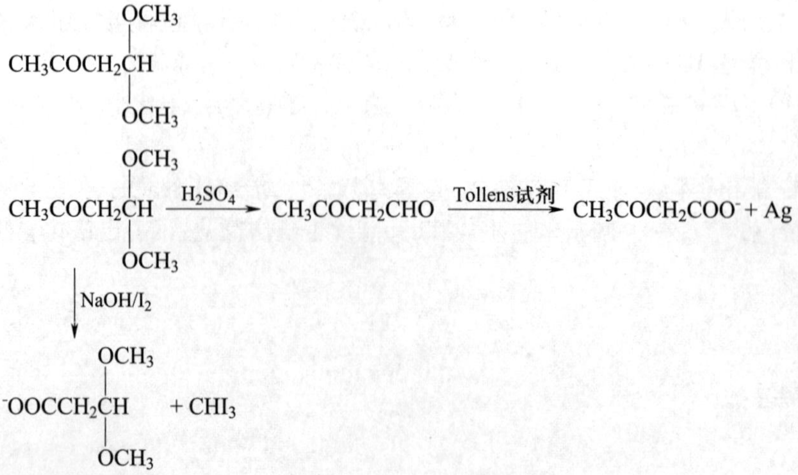

$$CH_3COCH_2CH(OCH_3)_2$$

$$CH_3COCH_2CH(OCH_3)_2 \xrightarrow{H_2SO_4} CH_3COCH_2CHO \xrightarrow{\text{Tollens试剂}} CH_3COCH_2COO^- + Ag$$

$$CH_3COCH_2CH(OCH_3)_2 \xrightarrow{NaOH/I_2} {}^-OOCCH_2CH(OCH_3)_2 + CHI_3$$

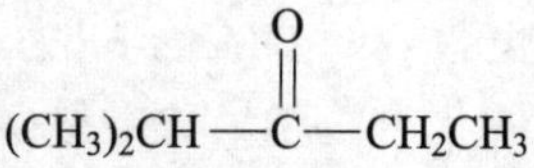

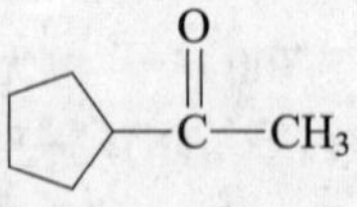

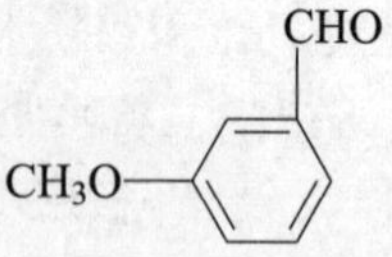

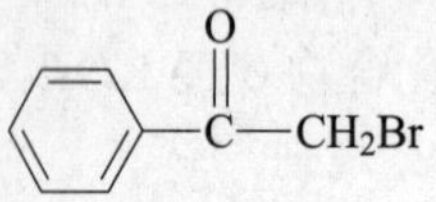

习题参考答案

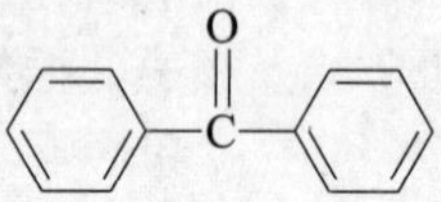

习题 10-1 命名下列各化合物。

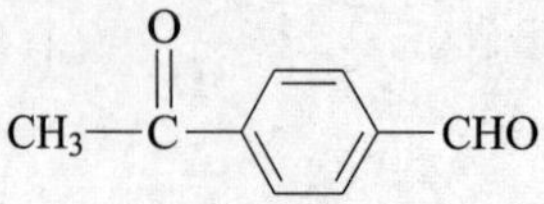

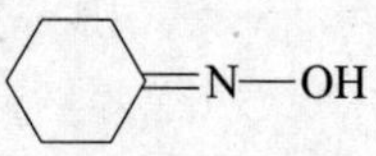

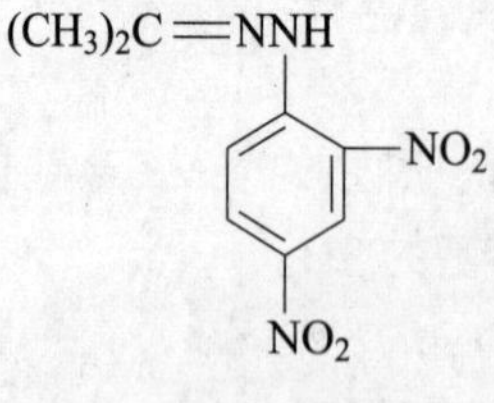

（1）$CH_3CH(CH_2CH_3)CH_2CHO$ （2）$(CH_3)_2CH—\overset{O}{\overset{\|}{C}}—CH_2CH_3$

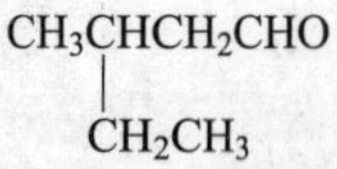

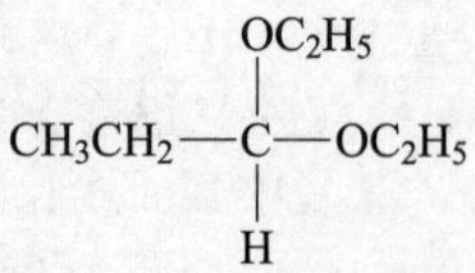

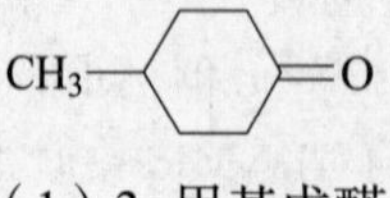

（3）环戊基$—\overset{O}{\overset{\|}{C}}—CH_3$ （4）$CH_3O—$苯环（间位 CHO）

（5）苯基$—\overset{O}{\overset{\|}{C}}—CH_2Br$ （6）苯基$—\overset{O}{\overset{\|}{C}}—$苯基

（7）$CH_3—\overset{O}{\overset{\|}{C}}—C_6H_4—CHO$（对位） （8）环己基$=N—OH$

（9）$(CH_3)_2C=NNH—$苯环（2,4-二 NO_2） （10）$CH_3CH_2—\underset{H}{\overset{OC_2H_5}{C}}—OC_2H_5$

（11）$CH_3—$环己烷$=O$（1,4 位） （12）$CH_2=CH—\overset{O}{\overset{\|}{C}}—CH_2CH_3$

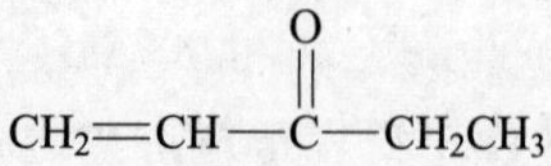

解答:（1）3-甲基戊醛 （2）2-甲基戊-3-酮

（3）甲基环戊基甲酮 （4）3-甲氧基苯甲醛

（5）2-溴-1-苯基-1-酮 （6）二苯甲酮

（7）对乙酰基苯甲醛　　（8）环己酮肟

（9）丙酮-2,4-二硝基苯腙　　（10）丙醛缩二乙醇

（11）4-甲基环己酮　　（12）乙基乙烯基酮

习题 10-2　写出下列各化合物的构造式。

（1）对羟基苯丙酮　　（2）β-环己二酮

（3）丁-2-烯醛　　（4）甲醛苯腙

（5）4-苯基丁-2-酮（苄基丙酮）　　（6）α-溴代丙醛

（7）丙酮缩氨脲　　（8）二苯甲酮

（9）2,2-二甲基环戊酮　　（10）3-（间羟基苯基）丙醛

解答：（1）$HO-C_6H_4-\overset{O}{\overset{\|}{C}}CH_2CH_3$（对位）　　（2）[环己烷-1,3-二酮]

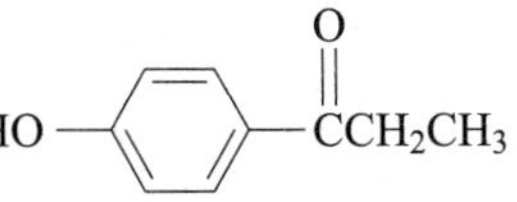

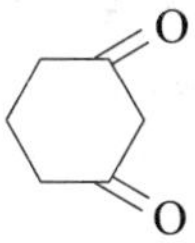

（3）$CH_3CH{=}CHCHO$　　（4）$CH_2{=}NNH-C_6H_5$

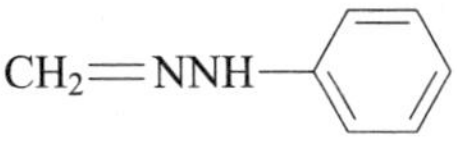

（5）$C_6H_5-CH_2CH_2\overset{O}{\overset{\|}{C}}CH_3$　　（6）$CH_3\overset{Br}{\overset{|}{C}}HCHO$

（7）$(H_3C)_2C{=}NNH\overset{O}{\overset{\|}{C}}NH_2$　　（8）$C_6H_5-\overset{O}{\overset{\|}{C}}-C_6H_5$

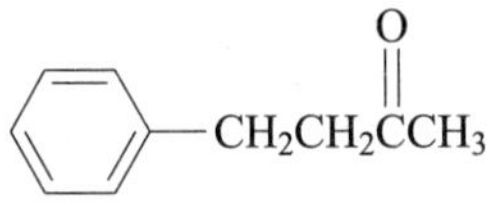

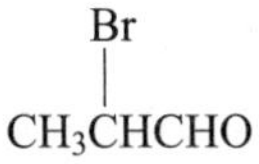

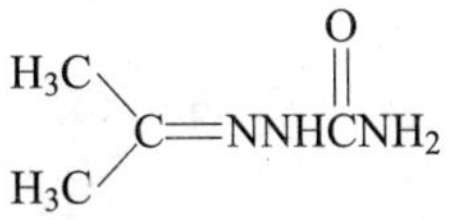

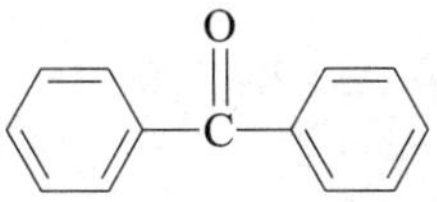

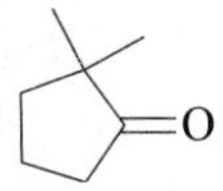

（9）[2,2-二甲基环戊酮，C=O]　　（10）$HO-C_6H_4-CH_2CH_2CHO$（间位）

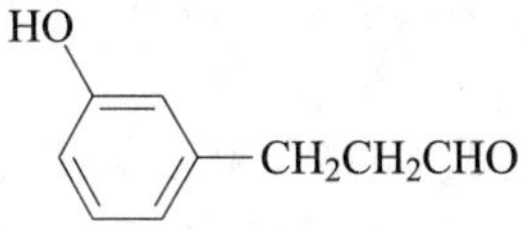

习题 10-3　写出分子式为 $C_5H_{10}O$ 的醛和酮的同分异构体，并加以命名。

解答：

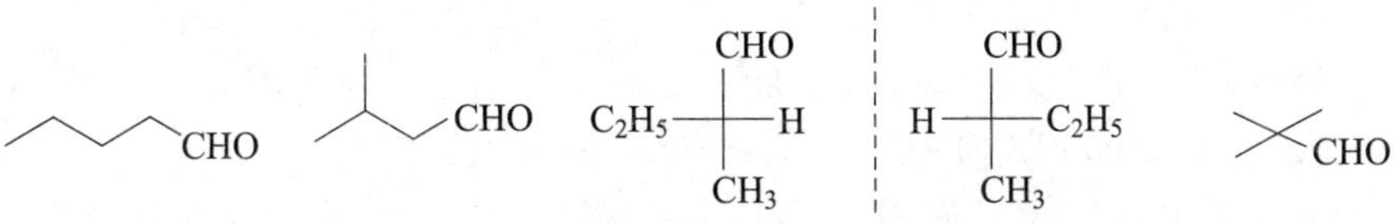

$CH_3CH_2CH_2CH_2CHO$　戊醛

$(CH_3)_2CHCH_2CHO$　3-甲基丁醛

$C_2H_5-\overset{CHO}{\underset{CH_3}{C}}-H$　(*R*)-2-甲基丁醛

$H-\overset{CHO}{\underset{CH_3}{C}}-C_2H_5$　(*S*)-2-甲基丁醛

$(CH_3)_3CCHO$　2,2-二甲基丙醛

习题 10-4　写出丙醛与下列试剂反应所生成的主要产物。

（1）$NaBH_4$，在 NaOH 水溶液中　　（2）C_6H_5MgBr，然后加 H_3O^+

（3）$LiAlH_4$，然后加 H_2O　　（4）$NaHSO_3$

（5）$NaHSO_3$，然后加 NaCN　　（6）稀 OH^-

（7）稀 OH^-，然后加热　　（8）H_2，Pt

（9）$HOCH_2CH_2OH$，H^+　　（10）Br_2 在乙酸中

(11) $Ag(NH_3)_2OH$　　(12) NH_2OH

(13) $C_6H_5NHNH_2$

解答:(1) $CH_3CH_2CH_2OH$

(2) 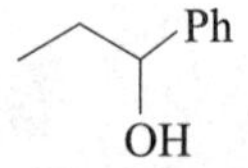 $CH_3CH_2CH(OH)Ph$

(3) $CH_3CH_2CH_2OH$

(4) $CH_3CH_2CH(OH)—SO_3Na$

(5) $CH_3CH_2CH(OH)—CN$

(6) $CH_3CH_2CH(OH)—CH(CH_3)—CHO$

(7) $CH_3CH_2CH{=}C(CH_3)—CHO$

(8) $CH_3CH_2CH_2OH$

(9) 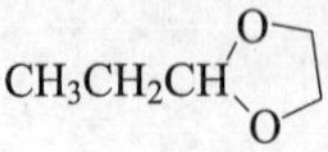 CH_3CH_2CH（1,3-二氧戊环）

(10) $CH_3CH(Br)—CHO$

(11) $CH_3CH_2COO^-$

(12) $CH_3CH_2CH{=}N—OH$

(13) $CH_3CH_2CH{=}N—NHC_6H_5$

习题 10-5　写出苯甲醛与上述试剂反应所生成的主要产物,若不能反应请写出原因。

解答:(6)、(7)、(10)不能反应,因为没有 α-H。

习题 10-6　用化学方法区别下列各组化合物。

(1) 苯甲醇和苯甲醛　　(2) 己醛和己-2-酮

(3) 己-2-酮和己-3-酮　　(4) 丙酮和苯乙酮

(5) 己-2-醇和己-2-酮　　(6) 甲基苯基甲醇和苯基甲醇

(7) 环己烯、环己酮和环己醇　　(8) 己-2-醇、己-3-酮和环己酮

解答:(1) 加 Tollens 试剂并加热,能产生银镜的为苯甲醛。

(2) 加 Tollens 试剂并加热,能产生银镜的为己醛。

(3) 加 I_2/NaOH 溶液,能产生亮黄色固体的为己-2-酮。

(4) 加饱和 $NaHSO_3$ 溶液,能产生固体的为丙酮。

(5) 加 2,4-二硝基苯肼,能产生固体的为己-2-酮。

(6) 加 I_2/NaOH 溶液,能产生亮黄色固体的为甲基苯基甲醇。

(7) 加饱和 $NaHSO_3$ 溶液,能产生固体的为环己酮;剩下的各加入 Na,有气体产生的为环己醇。

(8) 加饱和 $NaHSO_3$ 溶液,能产生固体的为环己酮;剩下的各加入 I_2/NaOH 溶液,能产生亮黄色固体的为己-2-醇。

习题 10-7 将下列各组化合物按羰基亲核加成的反应活性大小排列成序。

(1) CH_3CHO, CH_3COCHO, $CH_3COCH_2CH_3$, $(CH_3)_3CCOC(CH_3)_3$

(2) $C_2H_5COCH_3$, CH_3COCCl_3

(3) $ClCH_2CHO$, $BrCH_2CHO$, $CH_2{=}CHCHO$, CH_3CH_2CHO

(4) CH_3CHO, CH_3COCH_3, CF_3CHO, $CH_3COCH{=}CH_2$

解答:(1) $CH_3COCHO > CH_3CHO > CH_3COCH_2CH_3 > (CH_3)_3CCOC(CH_3)_3$

(2) $CH_3COCCl_3 > C_2H_5COCH_3$

(3) $ClCH_2CHO > BrCH_2CHO > CH_3CH_2CHO > CH_2{=}CHCHO$

(4) $CF_3CHO > CH_3CHO > CH_3COCH{=}CH_2 > CH_3COCH_3$

习题 10-8 下列化合物中,哪些能发生碘仿反应?哪些能和饱和 $NaHSO_3$ 水溶液加成?写出各反应产物。

(1) $CH_3COCH_2CH_3$

(2) $CH_3CH_2CH_2CHO$

(3) CH_3CH_2OH

(4) $CH_3CH_2COCH_2CH_3$

(5) $CH_3CHOHCH_2CH_3$

(6) $CH_2{=}CHCOCH_3$

(7) C_6H_5—CHO

(8) C_6H_5—$COCH_3$

(9) 环己酮(环己基=O)

解答:能发生碘仿反应的有(1)、(3)、(5)、(6)、(8)。反应产物除 CHI_3 外分别为

(1) CH_3CH_2COONa

(3) HCOONa

(5) CH_3CH_2COONa

(6) $CH_2{=}CHCOONa$

(8) C_6H_5—COONa

能和饱和 $NaHSO_3$ 水溶液发生加成反应的有(1)、(2)、(6)、(7)、(9)。反应产物分别为

(1) $CH_3C(OH)(SO_3Na)CH_2CH_3$

(2) $CH_3CH_2CH_2CH(OH)$—SO_3Na

(6) $CH_2{=}CHC(OH)(SO_3Na)CH_3$

(7) C_6H_5—CH(OH)—SO_3Na

(9) 1-羟基环己基磺酸钠(环上同一碳连 OH 和 SO_3Na)

习题 10-9 下列化合物中,哪些能进行银镜反应?

(1) $CH_3COCH_2CH_3$

(2) $CH_3CH(CH_3)CHO$

(3) 环己基—CHO

(4) 2-羟基四氢呋喃(环碳上连 H、OH,环中含 O)

(5) 2-甲氧基四氢呋喃(环碳上连 H、OCH_3,环中含 O)

(6) C_6H_5—CHO

解答: 能发生银镜反应的有(2)、(3)、(4)、(6)。

习题 10-10 写出 环己基—CHO 和 苯基—CH=CHCHO 两种化合物在红外光谱吸收上的异同。

解答: 共同点为在 1 730～1 700 cm^{-1} 有羰基的强吸收峰。

不同点为肉桂醛的红外光谱在 1 650～1450 cm^{-1} 出现 2～4 个苯环的特征吸收峰,同时在 3 020 cm^{-1} 及 1 660 cm^{-1} 附近出现烯烃的特征吸收峰。

习题 10-11 完成下列反应式。

(1) $CH_3CH_2CH_2CHO \xrightarrow{稀OH^-} ? \xrightarrow[H_2O]{LiAlH_4} ?$

(2) 苯酚(C₆H₅OH) $\xrightarrow[Ni]{H_2} ? \xrightarrow[H_2SO_4]{Na_2Cr_2O_7} ? \xrightarrow{稀OH^-} ?$

(3) $(CH_3)_2CHCHO \xrightarrow[乙酸]{Br_2} ? \xrightarrow[无水HCl]{2C_2H_5OH} ? \xrightarrow[无水醚]{Mg} ? \xrightarrow[(2)H_3O^+]{(1)(CH_3)_2CHCHO} ?$

(4) 环己酮 $\xrightarrow[无水醚]{CH_3MgBr} ? \xrightarrow[\triangle]{H_3O^+} ? \xrightarrow[(2)\ ?]{(1)\ ?}$ 2-甲基环己醇(CH_3, —OH)

(5) 环己酮 + $H_2NNH—\underset{\underset{O}{\|}}{C}—NH_2 \longrightarrow ?$

(6) $2C_2H_5OH$ + 环戊酮 $\xrightarrow{无水HCl} ?$

(7) $HOCH_2CH_2CH_2CH_2CHO \xrightarrow{无水HCl} ?$

(8) 苯基—$CH=PPh_3$ + 环戊酮 $\longrightarrow ?$

(9) 苯基—$COCH_2CH_2COOH \xrightarrow[回流]{Zn-Hg,浓HCl} ?$

(10) 4-叔丁基环己酮(椅式构象) $\xrightarrow{RLi} ?$

(11) H_5C_6---C(CH_3)(H)—CHO $\xrightarrow{PhMgBr} ?$

解答:(1) $CH_3CH_2CH_2CH{=}C(CH_2CH_3)CHO$; $CH_3CH_2CH_2CH{=}C(CH_2CH_3)CH_2OH$

(2) 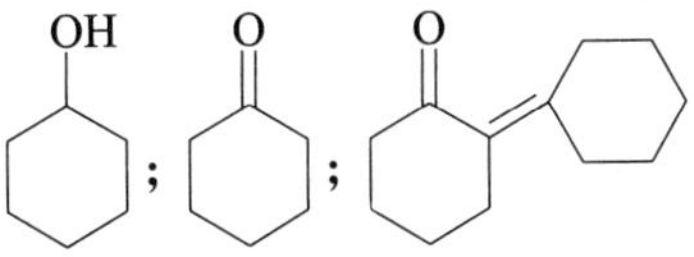 环己醇(OH) ; 环己酮(O) ; 2-亚环己基环己酮(O)

(3) $(CH_3)_2C(Br)CHO$; $(CH_3)_2C(Br){-}CH(OC_2H_5)_2$; $(CH_3)_2C(MgBr){-}CH(OC_2H_5)_2$; $(CH_3)_2C(CHO){-}CH(OH){-}CH(CH_3)_2$

(4) 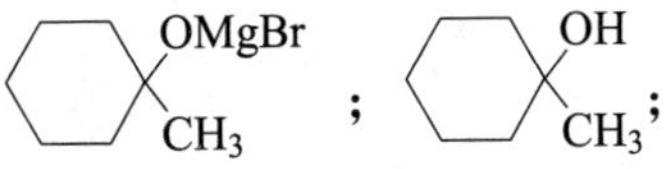 1-甲基环己基（OMgBr，CH_3） ; 1-甲基环己醇（OH，CH_3）; NaOH/EtOH ; $B_2H_6/H_2O_2, OH^-$

(5) 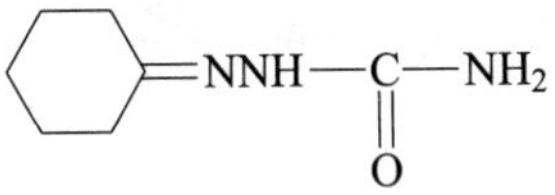 环己基$=NNH{-}C({=}O){-}NH_2$

(6) 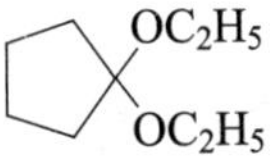 环戊基$(OC_2H_5)_2$（1,1-二乙氧基环戊烷）

(7) 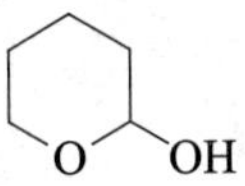 2-羟基四氢吡喃（O，OH）

(8) 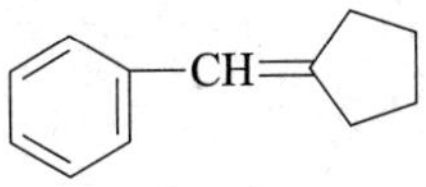 $C_6H_5{-}CH{=}$环戊叉基

(9) 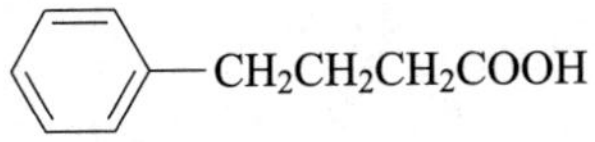 $C_6H_5{-}CH_2CH_2CH_2COOH$

(10) 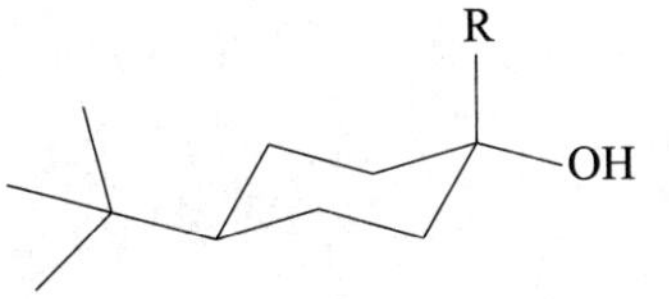 4-叔丁基-1-R-环己醇（椅式，R 直立、OH 平伏） 或 4-叔丁基-1-R-环己醇（椅式，OH 直立、R 平伏）

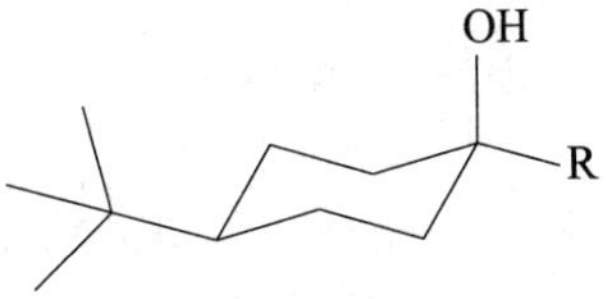

(次) (主)

(11) 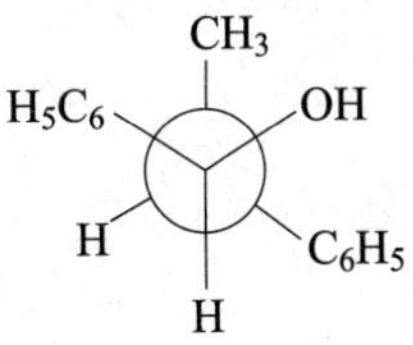 纽曼投影式：前碳 CH_3、OH、H_5C_6；后碳 H、C_6H_5、H

习题 10-12 以下列化合物为原料,合成目标化合物。

(1) $CH_3CH{=}CH_2$, $CH{\equiv}CH \longrightarrow CH_3CH_2CH_2\overset{O}{\overset{\|}{C}}CH_2CH_2CH_2CH_3$

（2）$CH_3CH{=}CH_2$，$CH_3CH_2CH_2\overset{O}{\overset{\|}{C}}CH_3 \longrightarrow (CH_3)_2C{=}C(CH_3)CH_2CH_2CH_3$

（3）$CH_2{=}CH_2$，$BrCH_2CH_2CHO \longrightarrow CH_3\overset{OH}{\overset{|}{C}}HCH_2CH_2CHO$

解答:（1）$CH_3CH{=}CH_2 \xrightarrow[ROOR]{HBr} CH_3CH_2CH_2Br$

$CH{\equiv}CH \xrightarrow{2NaNH_2} \xrightarrow{2CH_3CH_2CH_2Br} CH_3CH_2CH_2C{\equiv}CCH_2CH_2CH_3$

$\xrightarrow[HgSO_4/H_2SO_4]{H_2O} CH_3CH_2CH_2\overset{O}{\overset{\|}{C}}CH_2CH_2CH_2CH_3$

（2）$CH_3CH{=}CH_2 \xrightarrow{HBr} \xrightarrow[\text{无水醚}]{Mg} CH_3\overset{MgBr}{\overset{|}{C}}HCH_3 \xrightarrow{CH_3CH_2CH_2\overset{O}{\overset{\|}{C}}CH_3} \xrightarrow{H_3O^+}$

$(CH_3)_2CH{-}\overset{OH}{\overset{|}{C}}(CH_3)CH_2CH_2CH_3 \xrightarrow{\triangle} (CH_3)_2C{=}C(CH_3)CH_2CH_2CH_3$

（3）$CH_2{=}CH_2 \xrightarrow{H_2O/H^+} \xrightarrow[\text{吡啶}]{CrO_3} CH_3CHO$

$BrCH_2CH_2CHO \xrightarrow[\text{无水醚}]{2C_2H_5OH} \xrightarrow[\text{无水醚}]{Mg} BrMgCH_2CH_2CH(OC_2H_5)_2$

$\xrightarrow[(2)\ H_3O^+]{(1)\ CH_3CHO} CH_3\overset{OH}{\overset{|}{C}}HCH_2CH_2CHO$

习题 10-13 如何利用 Wittig 反应来制备下列各化合物？

（1）$C_6H_5{-}CH{=}CH{-}CH{=}CH{-}C_6H_5$ （2）3-亚甲基环己烯 （3）1-乙烯基环己烯

解答:（1）$OHC{-}CHO \xrightarrow{2C_6H_5CH{=}PPh_3} C_6H_5CH{=}CH{-}CH{=}CHC_6H_5$

（2）2-环己烯酮 $\xrightarrow{Ph_3P{=}CH_2}$ 3-亚甲基环己烯

（3）1-环己烯甲醛 $\xrightarrow{Ph_3P{=}CH_2}$ 1-乙烯基环己烯

习题 10-14 化合物 A（$C_5H_{12}O$）有旋光性，在碱性 $KMnO_4$ 溶液作用下生成 B（$C_5H_{10}O$），B 没有旋光性。化合物 B 与正丙基溴化镁反应，水解后得到 C，C 经拆分可得互为镜像关系的两种异构体。试推测化合物 A，B，C 的结构。

解答： A. $(CH_3)_2CHCH(OH)CH_3$ B. $(CH_3)_2CHC(=O)CH_3$ C. $(CH_3)_2CHC(OH)(CH_2CH_2CH_3)CH_3$

习题 10-15 化合物 A（$C_9H_{10}O$）不能发生碘仿反应，其红外光谱表明在 1 690 cm^{-1} 处有一强吸收峰。核磁共振氢谱数据如下：δ=1.2（三重峰，3H），δ=3.0（四重峰，2H），δ=7.7（多重峰，5H），求 A 的结构。

化合物 B 为 A 的异构体，能发生碘仿反应，其红外光谱表明在 1 705 cm^{-1} 处有一强吸收峰。核磁共振氢谱数据如下：δ=2.0（单峰，3H），δ=3.5（单峰，2H），δ=7.1（多重峰，5H），求 B 的结构。

解答： A. $C_6H_5-C(=O)-CH_2CH_3$ B. $C_6H_5-CH_2-C(=O)-CH_3$

习题 10-16 解释下列实验现象。

（1）具有光学活性的 3-苯基戊-2-酮在酸性水溶液中会发生消旋化，而具有光学活性的 3-甲基-3-苯基戊-2-酮在同样条件下不会消旋化。

（2）CH_3MgBr 和环己酮反应得到叔醇的产率可高达 99%，而（CH_3）$_3CMgBr$ 在同样条件下反应主要回收原料，叔醇的产率只有 1%。

（3）对称的酮和羟胺反应生成一种肟，不对称的酮则生成两种肟。

解答：（1）具有光学活性的 3-苯基戊-2-酮会互变异构为烯醇式（平面结构）而发生消旋化。

$$CH_3C(=O)CH(Ph)CH_2CH_3 \rightleftharpoons CH_3C(OH)=C(Ph)CH_2CH_3$$

（2）格氏试剂的大基团难以接近羰基而夺取羰基 α-H 形成烯醇结构。

（3）$R^1R^2C=N-OH$ 具有顺、反异构。

第 11 章　羧酸及其衍生物

本章知识点

一、羧酸

1. 羧酸的分类、结构与命名

分类：脂肪酸、芳香酸，一元酸、二元酸。

结构：p-π 共轭，形成酸性。

命名：系统命名法与俗名的保留，2017 命名原则与 1980 命名原则的区别。

2. 羧酸的物理性质

简单的羧酸是以二聚体存在；分子间更强的氢键（与醇比较）影响 C═O，C—O，O—H 伸缩振动，以及 O—H 弯曲振动的红外光谱吸收峰位置；—COOH 质子、α-C 上质子的核磁共振谱图信号位置。

3. 羧酸的化学性质

（1）羧酸的主要性质

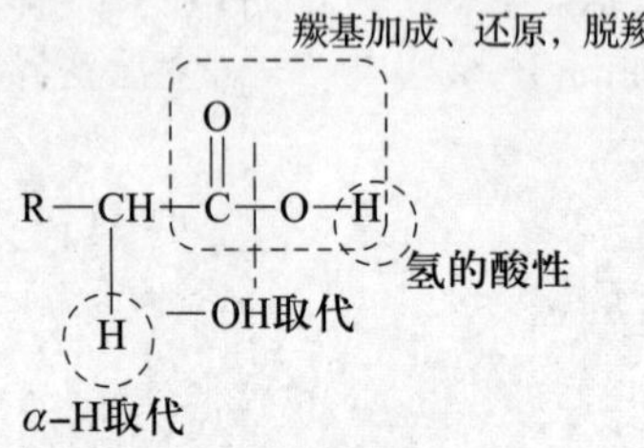

（2）羧酸及其衍生物的关系图

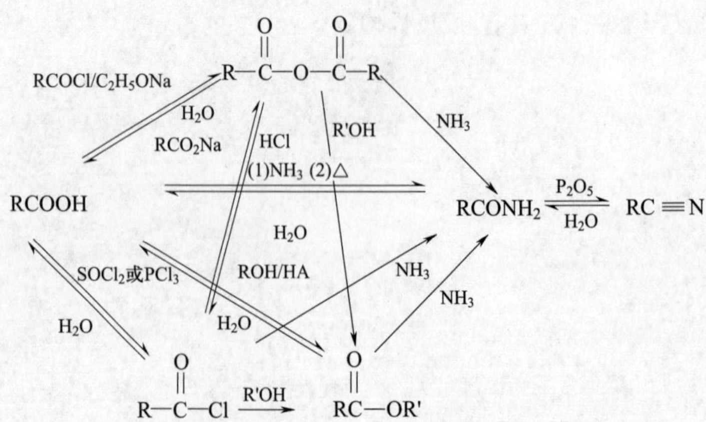

（3）羧酸的酸性

羧酸的酸性比碳酸强，比无机酸弱。电子效应、立体效应均对酸性有影响。

（4）羧酸衍生物的生成

酰卤：羧酸与亚硫酰氯、氯化磷等反应，羟基被卤素取代生成酰卤。

酸酐：羧酸分子间脱水或酰卤与羧酸盐反应生成酸酐。

酯：羧酸与醇在酸催化下生成酯，反应可逆，反应机理有酰氧断裂、烷氧断裂。

酰胺：羧酸或酰卤与氨或胺反应生成酰胺。

（5）羧酸的还原

羧酸与四氢铝锂、乙硼烷反应，被还原成醇。

（6）脱羧反应

羧酸的 α 位上含有吸电子基团时，羧酸易脱羧。

（7）α-H 的卤代

羧酸与卤素在磷催化下，α-H 被卤素取代，称为 Hell-Volhard-Zelinsky 反应。

4. 羧酸的重要反应机理

（1）羧酸 α-H 的卤代

Hell-Volhard-Zelinsky 反应机理：

$$CH_3CH_2CH_2CO\text{⋮}OH + PBr_3 \longrightarrow CH_3CH_2CH_2CO—Br + H_3PO_3$$

（α-H活性＞醛酮）

$$\xrightarrow{Br_2} CH_3CH_2\underset{\displaystyle Br}{\underset{|}{C}}HCO—Br + HBr$$

$$\xrightarrow{CH_3CH_2CH_2CO\text{⋮}OH} CH_3CH_2\underset{\displaystyle Br}{\underset{|}{C}}HCOOH + CH_3CH_2CH_2CO—Br$$

PCl_3、PBr_3 催化，转化为活性更大的酰卤的 α-H 卤代。

（2）酯化反应

① 酯化反应（1°醇、2°醇）：$A_{AC}2$ 机理（A—酸催化；$_{AC}$—酰氧断裂；2—双分子反应）

$$R—\overset{\displaystyle O}{\overset{\|}{C}}—O—H \overset{H^+}{\rightleftharpoons} R—\overset{\displaystyle OH}{\overset{\|}{\underset{+}{C}}}—O—H$$

$$H—\ddot{O}—R' + R—\overset{\displaystyle OH}{\overset{\|}{\underset{+}{C}}}—O—H \rightleftharpoons R—\overset{\displaystyle OH}{\overset{|}{\underset{\displaystyle H—\overset{+}{O}—R'}{\underset{|}{C}}}}—O—H$$

$$\rightleftharpoons R—\overset{\displaystyle OH}{\overset{|}{\underset{\displaystyle O—R'}{\underset{|}{\overset{+}{C}}}}}—OH_2 \underset{-H_2O}{\rightleftharpoons} R—\overset{\displaystyle \overset{+}{O}H}{\overset{\|}{C}}—O—R' \underset{-H^+}{\rightleftharpoons} R—\overset{\displaystyle O}{\overset{\|}{C}}—O—R'$$

② 酯化反应（3°醇）：$A_{AL}1$ 机理（$_{AL}$—烷氧断裂）

$$\mathrm{R-\overset{\overset{O}{\|}}{C}-O-H + R'_3\overset{+}{C} \rightleftharpoons R-\overset{\overset{O}{\|}}{C}-\underset{\underset{CR'_3}{|}}{\overset{+}{O}}-H \xrightarrow[\text{快}]{-H^+} R-\overset{\overset{O}{\|}}{C}-O-CR'_3 + H^+}$$

（3）Reformatsky 反应

$$\mathrm{R'-\underset{\underset{X}{|}}{CH}-COOC_2H_5 + Zn \longrightarrow R'-\underset{\underset{ZnX}{|}}{CH}-COOC_2H_5}$$

$$\mathrm{R-\overset{\overset{O}{\|}}{C}-H + R'-\underset{\underset{ZnX}{|}}{CH}-COOC_2H_5 \xrightarrow{\text{亲核加成}} R-\underset{\underset{H}{|}}{\overset{\overset{OZnX}{|}}{C}}-\underset{\underset{R'}{|}}{CH}-COOC_2H_5}$$

$$\mathrm{\xrightarrow[H_2O]{H^+} R-\underset{\underset{H}{|}}{\overset{\overset{OH}{|}}{C}}-\underset{\underset{R'}{|}}{CH}-COOC_2H_5 \xrightarrow{H_2O} R-\underset{\underset{H}{|}}{\overset{\overset{OH}{|}}{C}}-\underset{\underset{R'}{|}}{CH}-COOH}$$

α-卤代酸酯与锌反应，生成有机锌化合物（性质类似格氏试剂），活性较低，格氏试剂与酯有干扰反应。此法可用于合成β-羟基酸、β-羟基酸酯。

5. 羧酸的制备

羧酸的制备方法包括：烯烃、炔烃、芳烃、伯醇、醛的氧化；腈的水解；格氏试剂等有机金属化合物与 CO_2 的反应。

二、羧酸衍生物

1. 羧酸衍生物的分类与结构

羧酸中的羟基被卤素、酸根离子、烷氧离子、氨基取代后，分别生成酰卤、酸酐、酯、酰胺。羧酸衍生物的羰基碳原子为 sp^2 杂化，羰基与卤素、酸根离子中的氧、烷氧离子中的氧、氨基中的氮的未共用电子对形成 p-π 共轭，同时存在诱导效应，使羰基的亲核反应活性弱于醛、酮（酰卤例外），但易发生加成-消除反应。

2. 羧酸衍生物的化学性质

（1）亲核取代

反应机理：加成-消除反应。

反应活性：酰卤 > 酸酐 > 酯 > 酰胺。

主要反应：水解、醇解及制备酯、氨解及制备胺；与格氏试剂等有机金属化合物经加成-消除反应生成酮，酮继续反应制备仲醇、叔醇。

（2）还原反应

酰卤、酸酐、酯、酰胺可通过催化氢化还原，或以金属氢化物还原。

（3）酯缩合反应

两分子酯在碱催化下发生 Claisen 酯缩合反应，生成β-二羰基化合物（如乙酰乙酸乙酯）。

3. 羧酸衍生物的重要反应机理

（1）羧酸衍生物的加成-消除反应

第一步亲核试剂与羰基加成，碳原子由 sp^2 杂化变为 sp^3 杂化；第二步消除，碳原子由 sp^3 杂化变为 sp^2 杂化。

$$R-\overset{O}{\overset{\|}{C}}-L \ (sp^2) + Nu^- \underset{}{\overset{加成}{\rightleftharpoons}} \left[R-\underset{Nu}{\overset{O^-}{C}}-L \right] (sp^3) \overset{消除}{\rightleftharpoons} R-\overset{O}{\overset{\|}{C}}-Nu \ (sp^2) + L^-$$

（2）羧酸衍生物与格氏试剂反应（酰卤、酸酐、酯）

经历中间体酮，生成含有两相同烃基的叔醇、仲醇（甲酸衍生物）。其中，酰卤与格氏试剂的反应可停留在酮的阶段。

$$R-\overset{O}{\overset{\|}{C}}-L + R'-MgX \longrightarrow \left[R-\underset{R'}{\overset{OMgX}{C}}-L \right] \xrightarrow{-MgXL} \left[R-\overset{O}{\overset{\|}{C}}-R' \right] \xrightarrow{R'-MgX} R-\underset{R'}{\overset{OMgX}{C}}-R' \xrightarrow{H_2O} R-\underset{R'}{\overset{OH}{C}}-R'$$

（3）Claisen 酯缩合反应合成 β-二羰基化合物

RO^- 在反应中起催化作用，可重复使用，一种酯作亲核试剂，另一种酯作接受体。

$$\underset{H}{RCH}-\overset{O}{\overset{\|}{C}}-OR' + R'O^- \rightleftharpoons R\overset{-}{C}H-\overset{O}{\overset{\|}{C}}-OR' + RCH_2-\underset{OR'}{C}=O \rightleftharpoons RCH_2-\underset{OR'}{\overset{O^-}{\underset{|}{C}}}-\underset{}{CHR}-\overset{O}{\overset{\|}{C}}-OR'$$

$$\underset{-R'O^-}{\rightleftharpoons} RCH_2-\overset{O}{\overset{\|}{C}}-\underset{H}{\overset{R}{C}}-\overset{O}{\overset{\|}{C}}-OR'$$

4. 羧酸衍生物的制备

同羧酸的化学性质中羧酸衍生物的生成。

三、β-二羰基化合物

1. β-二羰基化合物的化学性质

① 酮式–烯醇式互变异构。

② 乙酰乙酸乙酯合成法：烷基化、水解、脱羧等，制备取代丙酮、取代乙酸等。

③ 丙二酸二乙酯法：烷基化、水解、脱羧等，制备取代乙酸、环状羧酸、二元羧酸等。

活泼甲叉基化合物的反应：Knoevenagel 反应、Michael 反应。

2. β–二羰基化合物的重要反应

（1）乙酰乙酸乙酯合成法

与醇钠及卤代烷作用，甲叉基引入烷基，可引入第二个烷基。

$$CH_3-\overset{O}{\overset{\|}{C}}-CH_2-\overset{O}{\overset{\|}{C}}-OC_2H_5 \xrightarrow{C_2H_5ONa} \left[CH_3-\overset{O}{\overset{\|}{C}}-\overset{-}{C}H-\overset{O}{\overset{\|}{C}}-OC_2H_5\right]Na^+$$

$$\xrightarrow{RX} CH_3-\overset{O}{\overset{\|}{C}}-\underset{R}{\underset{|}{C}H}-\overset{O}{\overset{\|}{C}}-OC_2H_5$$

成酮水解：酸或稀碱条件下水解，β–酮酸脱羧生成甲基酮（母体为丙酮）。

$$CH_3-\overset{O}{\overset{\|}{C}}-\underset{R}{\underset{|}{C}H}-\overset{O}{\overset{\|}{C}}-OC_2H_5 \xrightarrow[H_2O]{H^+或稀OH^-} CH_3-\overset{O}{\overset{\|}{C}}-\underset{R}{\underset{|}{C}H}-\overset{O}{\overset{\|}{C}}-OH$$

$$\xrightarrow[\triangle]{-CO_2} CH_3-\overset{O}{\overset{\|}{C}}-CH_2-R$$

成酸水解：浓碱作用（高浓度 OH^- 优先进攻酮羰基）。

$$CH_3-\overset{O}{\overset{\|}{C}}-\underset{R}{\underset{|}{C}H}-\overset{O}{\overset{\|}{C}}-OC_2H_5 \xrightarrow{浓NaOH} CH_3-\underset{OH}{\underset{|}{\overset{\overset{-}{O}}{\overset{|}{C}}}}-\underset{R}{\underset{|}{C}H}-\overset{O}{\overset{\|}{C}}-OC_2H_5 \longrightarrow$$

母体

$$CH_3-\overset{O}{\overset{\|}{C}}-ONa + RCH_2-\overset{O}{\overset{\|}{C}}-ONa \xrightarrow{H^+} RCH_2COOH$$

（2）丙二酸二乙酯法

与醇钠作用，生成丙二酸酯钠盐（亲核试剂）；再与卤代烷、二卤代烷、酰卤、卤代酸反应，引入烷基；最后水解脱羧，得相应产物。

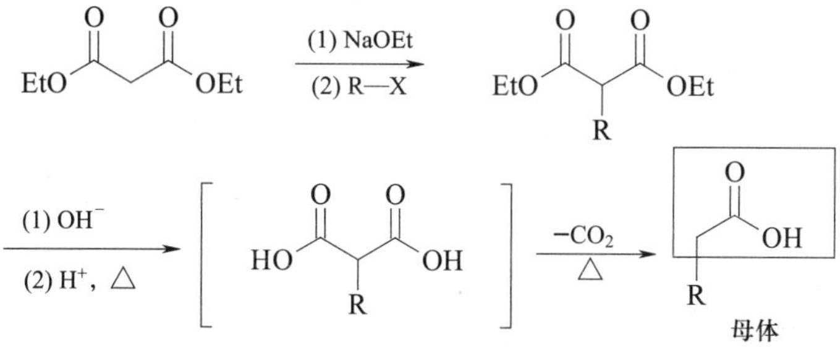

$$EtOOC-CH_2-COOEt \xrightarrow[(2)\ R-X]{(1)\ NaOEt} EtOOC-CH(R)-COOEt$$

$$\xrightarrow[(2)\ H^+,\ \triangle]{(1)\ OH^-} \left[HOOC-CH(R)-COOH \right] \xrightarrow[\triangle]{-CO_2} \boxed{R-CH_2-COOH}$$

母体

例题解析

例题 11-1 命名下列化合物。

1. $CH_3CH(Cl)CH_2CH_2COOH$

解答: 4-氯戊酸

2. $HOOCCH_2CH_2CH(COOH)CH_2CH_2COOH$

解答: 戊(烷)-1,3,5-三甲酸

3. 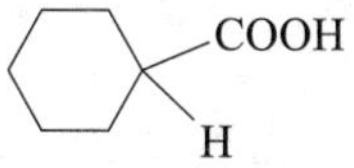 环己基-C(H)-COOH（环己烷环上连 COOH 与 H）

解答: 环己(烷)甲酸

4. $CH_3-\overset{O}{\overset{\|}{C}}-CH_2-CH_2-CH_2-COOH$

解答: 5-氧亚基己酸

5. 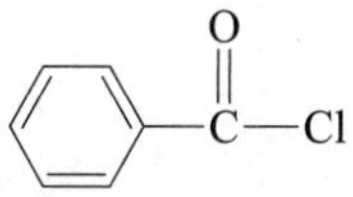 $C_6H_5-\overset{O}{\overset{\|}{C}}-Cl$

解答: 苯甲酰氯

6. $CH_3\overset{O}{\overset{\|}{C}}O\overset{O}{\overset{\|}{C}}CH_2CH_3$

解答: 乙丙酸酐

7. $H_2C=C(CH_3)-\underset{\underset{O}{\|}}{C}-OCH_3$

解答: 甲基丙烯酸甲酯

8.

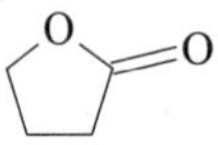

解答：丁-4-内酯；四氢呋喃-2-酮

9.

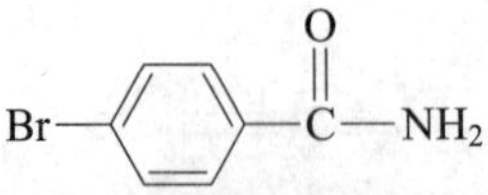

解答：对溴苯甲酰胺

10.

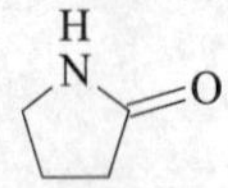

解答：丁-4-内酰胺；四氢吡咯-2-酮

11.

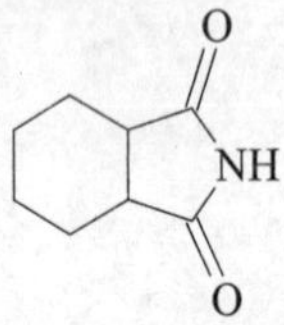

解答：环己烷-1，2-二甲酰亚胺；八氢异吲哚-1，3-二酮

12.

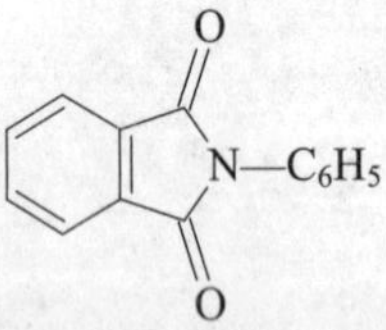

解答：*N*-苯基邻苯二甲酰亚胺；2-苯基-2，3-二氢-1*H*-异吲哚-1，3-二酮

13.

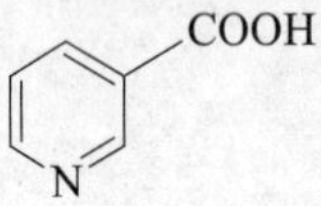

解答：3-吡啶甲酸；烟酸

14.

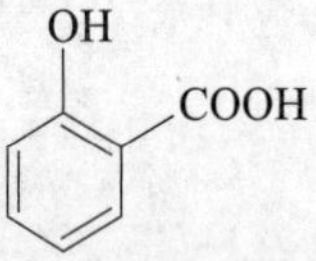

解答：邻羟基苯甲酸

15.

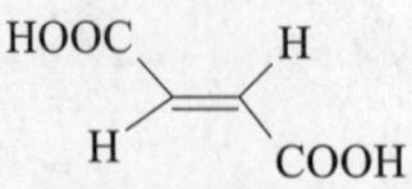

解答：反丁烯二酸；富马酸

16.

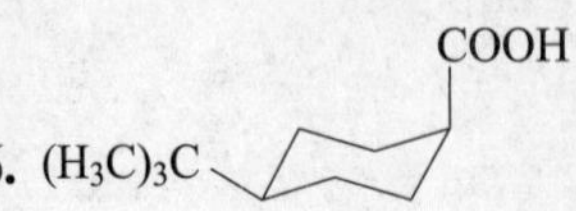

解答：顺-4-叔丁基环己甲酸

17. Br—C(COOH)(H)—CH_3 (Fischer projection: COOH top, Br left, H right, CH_3 bottom)

解答:(*S*)-2-溴丙酸

18. HO—C_6H_3(OH)—COOH

解答: 2,4-二羟基苯甲酸

例题 11-2 完成下列反应式。

1. $CH_3CH(CH_3)CH_2COOH \xrightarrow{SOCl_2}$ (   )

解答: $CH_3CH(CH_3)CH_2COCl$

分析: 由羧酸制备酰卤。

2. C_6H_5—COOH + $(CH_3)_2CH$—OH $\underset{\triangle}{\overset{浓H_2SO_4}{\rightleftharpoons}}$ (   )

解答: C_6H_5—$COOCH(CH_3)_2$

分析: 羧酸与醇的酯化反应。

3. o-HO—C_6H_4—COOH + $NaHCO_3$ ⟶ (   )

解答: o-HO—C_6H_4—COONa

分析: 羧酸的酸性较酚强,可与弱碱 $NaHCO_3$ 反应。

4. $CH_3CH_2COOH \xrightarrow{NH_3}$ (   ) $\xrightarrow{\triangle}$ (   )

解答: $CH_3CH_2COONH_4$; $CH_3CH_2C(=O)$—NH_2

分析: 由羧酸制备酰胺。

5. $(CH_3)_2C=CHCOOH \xrightarrow{LiAlH_4}$ (   )

解答: $(CH_3)_2C=CHCH_2OH$

分析: $LiAlH_4$ 选择性还原羰基而不还原烯烃。

6. (1,2,3,4-四氢萘) $\xrightarrow[H^+]{KMnO_4}$ (   ) $\xrightarrow[\triangle]{P_2O_5}$ (   )

解答：邻苯二甲酸（$C_6H_4(COOH)_2$）；邻苯二甲酸酐

分析：苯的侧链氧化及制备酸酐。

7. $C_6H_{11}-\overset{O}{\overset{\|}{C}}-COOH \xrightarrow{\triangle}$ (　　) + (　　) $\xrightarrow{Ag(NH_3)_2^+}$ (　　)

解答： $C_6H_{11}-CHO$；CO_2；$C_6H_{11}-COOH$

分析：羧酸的脱羧反应及醛的银镜反应。

8. $C_6H_4(COOH)(CH_2OH)$ + $(CH_3CO)_2O \xrightarrow{\triangle}$ (　　) + (　　)

解答： $C_6H_4(COOH)(CH_2O\overset{O}{\overset{\|}{C}}CH_3)$；$CH_3COOH$

分析：醇与酸酐的酯化反应。

9. $CH_3COCH_2COOC_2H_5 \xrightarrow{Br_2-H_2O}$ (　　)

解答： $CH_3\overset{OH}{\underset{Br}{C}}-\underset{Br}{CH}COOC_2H_5$

分析：乙酰乙酸乙酯的烯醇式性质的检验反应。

10. $CH_3CH_2\overset{O}{\overset{\|}{C}}-Cl \xrightarrow{NH_3}$ (　　)

解答： $CH_3CH_2\overset{O}{\overset{\|}{C}}-NH_2$

分析：酰卤的氨解反应。

11. $CH_3COOCH{=}CH_2+H_2O \underset{\triangle}{\overset{H^+}{\rightleftharpoons}}$ (　　) + (　　)

解答： CH_3COOH；CH_3CHO

分析：酯的水解反应，烯醇式重排。

12. 苯 + 顺丁烯二酸酐 $\xrightarrow{AlCl_3}$ (　　)

解答：$C_6H_5COCH=CHCOOH$（HOOC，O）

分析：苯的傅-克酰基化反应。

13. $C_6H_5-\underset{CH_3}{\underset{|}{C}}HCH_2CH_2COOH \xrightarrow{SOCl_2}$ (　　　) $\xrightarrow{NH_3}$ (　　　) $\xrightarrow{Br_2,NaOH}$ (　　　)

解答：$C_6H_5-\underset{CH_3}{\underset{|}{C}}HCH_2CH_2COCl$；$C_6H_5-\underset{CH_3}{\underset{|}{C}}HCH_2CH_2CONH_2$；$C_6H_5-\underset{CH_3}{\underset{|}{C}}HCH_2CH_2NH_2$

分析：羧酸制备酰卤，酰卤的氨解反应制备酰胺，酰胺的 Hofmann 降级反应制备少一个碳的伯胺。

14. $CH_3COCH_2COOCH_2CH_3 \xrightarrow[(2)\ CH_3CH_2Br]{(1)\ C_2H_5ONa}$ (　　　) $\xrightarrow[(2)\ CH_3Br]{(1)\ (CH_3)_3CONa}$ (　　　)

解答：$CH_3COCH(CH_2CH_3)COOCH_2CH_3$；$CH_3COC(CH_3)(CH_2CH_3)COOCH_2CH_3$

分析：乙酰乙酸乙酯与卤代烃的亲核取代反应，引入相应烃基。

15. $(CH_3)_3CO-C_6H_5 \xrightarrow[AlCl_3]{(CH_3\overset{O}{\overset{\|}{C}})_2O}$ (　　　) $\xrightarrow[(2)\ H_3O^+]{(1)\ BrCH_2\overset{O}{\overset{\|}{C}}OC_2H_5/Zn}$ (　　　)

解答：p-$(CH_3)_3CO-C_6H_4-COCH_3$；p-$(CH_3)_3CO-C_6H_4-C(OH)(CH_3)CH_2COOC_2H_5$

分析：苯的傅-克酰基化反应及定位规则，Reformatsky 反应制备 β-羟基酸酯。

16. $C_6H_5COCH_3$ + Cl_2（过量）$\xrightarrow{OH^-}$ (　　　) + (　　　)

解答：$C_6H_5COO^-$；$CHCl_3$

分析：甲基酮的卤仿反应。

17. $PhCOOC_2H_5 + CH_3COOC_2H_5 \xrightarrow{C_2H_5ONa}$ ( ) $\xrightarrow{LiAlH_4}$ ( )

解答: $PhCOCH_2COOC_2H_5$; $PhCHOHCH_2CH_2OH$

分析: Claisen 酯缩合反应制备 β-二羰基化合物,有 α-H 的酯在碱性条件下形成亲核试剂。

18. 2-乙基-2-羧基环己酮（环己酮 α 位连有 COOH 和 C_2H_5） $\xrightarrow{\triangle}$ ( ) + ( )

解答: 2-乙基环己酮（环己酮 α 位连有 C_2H_5）; CO_2

分析: 具有吸电子基团的羧酸的脱羧反应。

19. $PhCHO \xrightarrow{BrZnCH_2COOC_2H_5}$ ( ) $\xrightarrow{H_3O^+}$ ( )

解答: $PhCH(OZnBr)CH_2COOC_2H_5$; $PhCH(OH)CH_2COOC_2H_5$

分析: Reformatsky 反应制备 β-羟基酸酯。

20. $C_6H_5CH_2CH_2COOH \xrightarrow[P]{Br_2}$ ( ) $\xrightarrow[H^+]{CH_3OH}$ ( ) $\xrightarrow[甲苯]{Zn}$ $\xrightarrow{(\quad)}$ $\xrightarrow{H_3O^+}$ $C_6H_5CH_2CH(COOCH_3)CH(OH)CH_3$

解答: $C_6H_5CH_2CHBrCOOH$; $C_6H_5CH_2CHBrCOOCH_3$; CH_3CHO

分析: 羧酸的 α-卤化反应,酯化反应,Reformatsky 反应。

21. $CH_3COCH_2COOCH_2CH_3$ $\xrightarrow{(\quad)}$ $CH_3CH(OH)CH_2COOCH_2CH_3$

$\xrightarrow{(\quad)}$ $CH_3CH_2CH_2COOCH_2CH_3$

$\xrightarrow{(\quad)}$ $CH_3CH(OH)CH_2CH_2OH$

解答: $NaBH_4$; Zn/Hg/HCl; $LiAlH_4$

分析: 乙酰乙酸乙酯的选择性还原反应及相应的还原试剂。

22. $\underset{\displaystyle OH}{CH_2}CH_2CH_2CN \xrightarrow{H_3O^+}$ (　　　　) $\xrightarrow{\triangle}$ (　　　　)

解答: $HOCH_2CH_2CH_2COOH$; γ-丁内酯（五元环内酯）

分析：腈水解制备羧酸，分子内的酯化反应制备内酯。

23. $CH_2{=}CHC(CH_3)_2COOH \xrightarrow{SOCl_2}$ (　　　) $\xrightarrow{\text{四氢吡咯}}$ (　　　) $\xrightarrow{LiAlH_4}$ (　　　)

解答: $CH_2{=}CHC(CH_3)_2COCl$; $CH_2{=}CHC(CH_3)_2CON$(四氢吡咯基); $CH_2{=}CHC(CH_3)_2CH_2N$(四氢吡咯基)

分析：羧酸制备酰卤，酰卤的氨解反应，酰胺的还原反应制备胺。

24. 3-氧代环戊烷甲酸乙酯 $\xrightarrow[HCl]{HOCH_2CH_2OH}$ (　　　) $\xrightarrow[(2)\ H_3O^+]{(1)\ 2CH_3MgI}$ (　　　)

解答: 乙二醇缩酮保护的环戊烷甲酸乙酯（-COOEt）; 3-(2-羟基-2-丙基)环戊酮（$C(CH_3)_2OH$）

分析：酯与格氏试剂反应制备叔醇，生成两相同烃基，羰基干扰需保护。

25. $CH_3COCH_2COOC_2H_5 \xrightarrow[CH_3COCl]{C_2H_5ONa}$ (　　　) $\xrightarrow[(2)\ H^+,\ \triangle]{(1)\ 稀OH^-}$ (　　　)

$\xrightarrow[C_2H_5ONa/C_2H_5OH]{CH_2{=}CHCOPh}$ (　　　)

解答: $(CH_3CO)_2CHCOOC_2H_5$; $CH_3COCH_2COCH_3$; $(CH_3CO)_2CHCH_2CH_2COPh$

分析：乙酰乙酸乙酯与酰卤的亲核加成反应，引入酰基；成酮水解形成β-二酮；活性甲叉基与α,β-不饱和羰基化合物的Michael加成反应，生成1,5-二羰基化合物。

26. $BrZnCH_2COOC_2H_5$ + $CH_3CH_2COCH_3$ $\xrightarrow[(2)\ H_2O]{(1)\ \text{苯}}$ ( ) $\xrightarrow{LiAlH_4}$ ( ) $\xrightarrow[H^+,\ \triangle]{CH_3COCH_3}$ ( )

解答: $CH_3CH_2C(OH)(CH_3)CH_2COOC_2H_5$; $CH_3CH_2C(OH)(CH_3)CH_2CH_2OH$; 2,2,4-三甲基-4-乙基-1,3-二氧六环（H_3C、H_3CH_2C 连于环上同一碳，另一侧 O–C(CH_3)$_2$–O）

分析: Reformatsky 反应制备 β-羟基酸酯,酯还原为醇,二元醇与酮反应得缩酮。

27. $HOOC(CH_2)_4COOH$ $\xrightarrow[H^+]{C_2H_5OH}$ ( ) $\xrightarrow{C_2H_5ONa}$ ( ) $\xrightarrow[H^+]{H_2O}$ $\xrightarrow{\triangle}$ ( )

解答: $C_2H_5OOC(CH_2)_4COOC_2H_5$; 2-氧代环戊烷甲酸乙酯（环戊酮α位连 $-COOC_2H_5$）; 环戊酮

分析: 二元酸的酯化反应,分子内的 Claisen 酯缩合反应,酯的水解并脱羧。

例题 11-3 选择题与排序题。

1. 下列化合物发生水解反应时,活性最大的是( )。

A. $NO_2-C_6H_4-CO_2CH_3$（对位）

B. $CH_3-C_6H_4-CO_2CH_3$（对位）

C. $C_6H_5-CO_2CH_3$

解答: A

分析: 吸电子效应使酯易亲核水解。

2. 加盐时可以生成内酯的羟基酸是( )。

A. α-羟基酸 B. β-羟基酸 C. γ-羟基酸 D. δ-羟基酸

解答: C

分析: γ-羟基酸易脱水生成内酯。

3. 下列化合物沸点最高的为( )。

A. 乙醇 B. 乙酸 C. 乙酸乙酯 D. 乙酰胺

解答: D

分析: 酰胺的氢键影响沸点。

4. 将下列化合物按酸性增强的顺序排列为( )。

A. $CH_3CH_2CHBrCO_2H$ B. $CH_3CHBrCH_2CO_2H$

C. $CH_3CH_2CH_2CO_2H$　　　　D. $CH_3CH_2CH_2CH_2OH$

E. C_6H_5OH　　　　F. H_2CO_3

G. Br_3CCO_2H　　　　H. H_2O

解答: D<H<E<F<C<B<A<G

分析:各类活泼氢化合物的酸性比较,吸电子效应可增强羧酸的酸性。

5. 将下列化合物按照其加成-消除反应活性由大到小的顺序排列为(　　)。

A. 乙酰氯　　B. 乙酰胺　　C. 乙酸酐　　D. 乙酸酯

解答: A>C>D>B

分析:四类羧酸衍生物的加成-消除反应活性比较。

6. 按照由大到小的顺序排列下列化合物 α-H 的活性次序。(　　)

A. CH_3COCH_3

B. $CH_3COCH_2COCH_3$

C. CH_3COCH_2COOEt

解答: B>C>A

分析:β-二羰基化合物具有双重 α-H,活性较大,酯基中烷氧基团具有共轭给电子效应,致钝 α-H。

7. 将下列化合物按照酸性从强到弱的次序排列为(　　)。

A. 2-氯戊酸　　　　B. 3-氯戊酸

C. 2-甲基戊酸　　　　D. 2,2-二甲基戊酸

E. 戊酸

解答: A>B>E>C>D

分析:羧酸碳链上基团的电子效应对羧酸酸性的影响。

8. 将下列化合物按照酸性由强到弱的次序排列为(　　)。

A. 吡咯　　B. 环己醇　　C. 苯酚　　D. 乙酸

解答: D>C>A>B

分析:各类活泼氢化合物的酸性差异。

9. 下列化合物中,能发生银镜反应的是(　　)。

A. 甲酸　　B. 乙酸　　C. 乙酸甲酯　　D. 乙酸乙酯

解答: A

分析:含醛基化合物能发生银镜反应。

10. 三氯乙酸的酸性大于乙酸,主要是由于(　　)的影响。

A. 共轭效应　　　　B. 吸电子诱导效应

C. 给电子诱导效应　　　　D. 空间效应

解答: B

分析:含较多吸电子基团增强羧酸酸性。

11. 下列化合物中烯醇式含量最高的是(　　)。

A. $CH_3\overset{\overset{O}{\|}}{C}CH_2COOC_2H_5$

B. $CH_3\overset{O}{\overset{\|}{C}}—CH_2—\overset{O}{\overset{\|}{C}}CH_3$

C. $C_2H_5\overset{O}{\overset{\|}{C}}—CH_2—\overset{O}{\overset{\|}{C}}C_2H_5$

解答: B

分析:相近β-二羰基化合物,所连基团的给电子效应越强,α-H 活性越弱,烯醇式含量越低。

12. 下列化合物中最难还原的是( )。

A. 酮　　B. 羧酸　　C. 酯

解答: B

分析:羰基上连有强给电子的羟基,则羰基较难发生亲核还原反应。

13. 下列化合物加热既脱水又脱羧的是( )。

A. 丙二酸　　B. 丁二酸　　C. 己二酸　　D. 癸二酸

解答: C

分析:常见的二元酸一般易脱羧,己二酸脱水又脱羧形成较稳定的环酮。

14. 下列化合物与苯甲酸酯化时的活性顺序由大到小排列为( )。

A. 正丁醇　　B. 异丁醇　　C. 仲丁醇

解答: A>B>C

分析:常见的 $A_{AC}2$ 机理(酰氧断裂)酯化反应,具有较小空间位阻的醇或低级醇活性较大。

15. 下列化合物发生水解反应的反应速率大小顺序为( )。

A. CH_3COOCH_3　　B. $CH_3COOC_2H_5$

C. $CH_3COOCH(CH_3)_2$　　D. $CH_3COOC(CH_3)_3$

解答: A>B>C>D

分析:酯的水解反应为羰基的亲核加成-消除机理,酯基上较大烃基的给电子诱导效应降低羰基碳原子的正电性,致钝羰基亲核水解,同时烃基的空间效应也一致。

16. 下列化合物中,酸性最强的是( )。

A. 乙酸　　B. 丙二酸　　C. 草酸　　D. 甲酸

解答: C

分析:羧基为吸电子基团,存在诱导效应,二元羧酸的第一个氢原子易解离。

17. 下列化合物进行脱羧反应时,活性最大的是( )。

A. 丁酸　　B. 丁二酸　　C. 3-氧亚基丁酸

解答: C

分析:羧酸中含有强吸电子羰基,更易脱羧。

18. 下列酸用甲醇酯化,反应速率最大的是( )。

A. $CH_3CH_2CH_2COOH$

B. $(CH_3)_3CCOOH$

C. $(C_2H_5)_3CCOOH$

解答: A

分析:羧酸与甲醇的酯化为 $A_{AC}2$ 机理,羰基的亲核加成-消除机理,羧酸上烃基越小,则给电子效应及空间效应越弱,有利于酯化。

例题 11-4 鉴别与分离题。

1. 鉴别下列化合物:乙醛酸、甲酸、乙二酸。

解答:

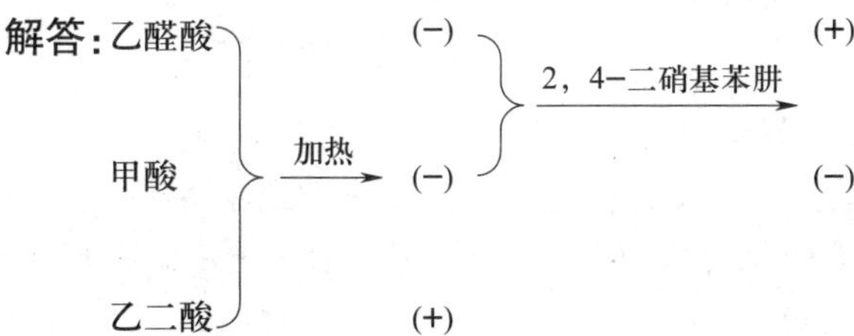

分析:乙二酸易加热脱羧,放出 CO_2 气体;乙醛酸含有羰基,可用 2,4-二硝基苯肼等鉴别。

2. 鉴别下列化合物:邻羟基苯甲酸、丙酮酸、乙酸。

解答:

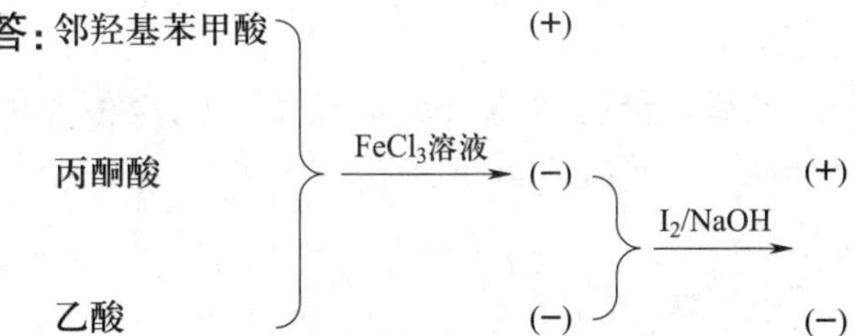

分析:邻羟基苯甲酸含酚羟基,可使 $FeCl_3$ 溶液显色;丙酮酸含甲基酮,可发生卤仿反应。

3. 鉴别下列化合物:甲酸乙酯、乙酸乙酯、乙酸乙烯酯。

解答:

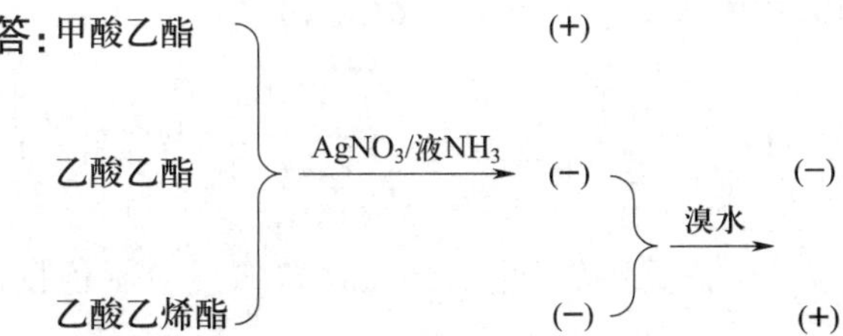

分析:甲酸酯含有醛基,可发生银镜反应;乙酸乙烯酯含有双键,能使溴水褪色。

4. 鉴别下列化合物:丁醛、丁-2-酮、丁酸、丁-2-醇。

解答: 各取少许丁醛、丁-2-酮、丁酸、丁-2-醇,分别加入 Tollens 试剂,发生银镜反应的是丁醛;没有银镜反应的则是丁-2-酮、丁酸、丁-2-醇。各取少许丁-2-酮、丁酸、丁-2-醇,分别加入 Lucas 试剂,变混浊的是丁-2-醇,余下的是丁-2-酮、丁酸。各取少许丁-2-酮、丁酸,分别加入 2,4-二硝基苯肼,发生反应的是丁-2-酮,余下是丁酸。

分析:银镜反应可鉴别丁醛;2,4-二硝基苯肼可鉴别羰基;Lucas 试剂可鉴别醇。

5. 分离化合物（a）和（b）。

解答:

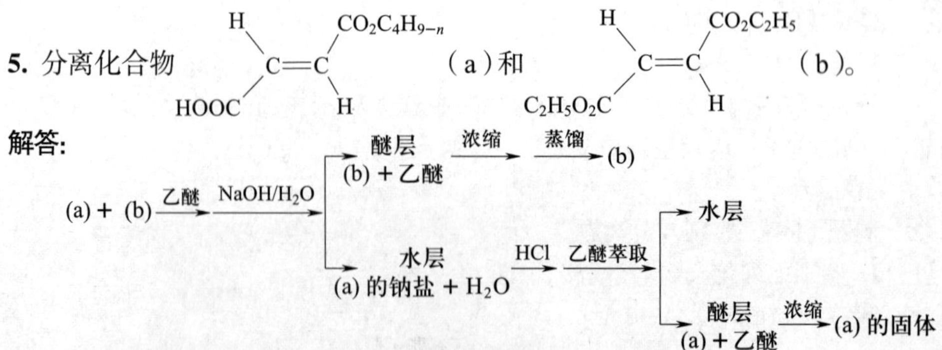

分析：含羧基的酸性酯（a）可溶于碱性 NaOH 溶液，中性的酯（b）不溶于碱，但溶于醚。分层，醚层蒸馏得中性酯（b）；水层酸化后，以醚萃取浓缩得酸性酯（a）。

6. 用简便的化学方法区别下列化合物：甲酸、乙酸、丙二酸、3-氧亚基丁酸。

解答:

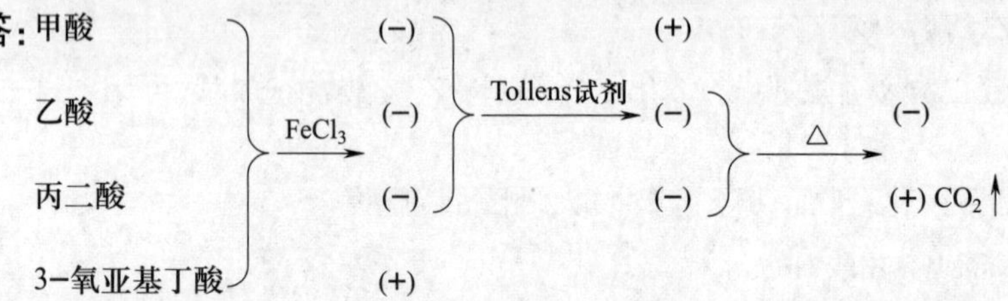

分析：3-氧亚基丁酸为 β-二羰基化合物，可使 $FeCl_3$ 溶液显色；含醛基的甲酸可发生银镜反应；丙二酸可发生脱羧反应，放出 CO_2 气体。

例题 11-5　合成题。

1. 完成以下合成反应：

$$H\text{-}C(CH_3)(CH_2C_6H_5)\text{-}COOH \longrightarrow H\text{-}C(CH_3)(CH_2C_6H_5)\text{-}NH_2$$

解答:

$$H\text{-}C(CH_3)(CH_2C_6H_5)\text{-}COOH \xrightarrow{SOCl_2} H\text{-}C(CH_3)(CH_2C_6H_5)\text{-}COCl \xrightarrow{NH_3} H\text{-}C(CH_3)(CH_2C_6H_5)\text{-}CONH_2 \xrightarrow[OH^-]{Br_2} H\text{-}C(CH_3)(CH_2C_6H_5)\text{-}NH_2$$

分析：羧酸制备衍生物酰卤、酰胺，酰胺发生 Hofmann 降级反应制备胺，立体构型保持。

2. 完成以下合成反应：

$$CH_3\text{-}C_6H_4\text{-}CHO \longrightarrow CH_3\text{-}C_6H_4\text{-}CH(OH)COOH$$

解答:

$$CH_3\text{-}C_6H_4\text{-}CHO \xrightarrow{HCN} CH_3\text{-}C_6H_4\text{-}CH(OH)\text{-}CN \xrightarrow[(2)\ H^+]{(1)\ H_2O/OH^-} CH_3\text{-}C_6H_4\text{-}CH(OH)COOH$$

分析：醛与 HCN 加成得 α-氰醇，水解得 α-羟基酸。

3. 以不超过 C_4 的有机化合物为原料合成（2,2,4-三甲基-4-乙基-1,3-二氧六环结构式）。

解答： $BrCH_2COOC_2H_5 \xrightarrow{Zn/C_6H_6} BrZnCH_2COOC_2H_5$

$$BrZnCH_2COOC_2H_5 + CH_3CH_2\overset{O}{\overset{\|}{C}}CH_3 \xrightarrow{H_2O} CH_3CH_2\underset{OH}{\underset{|}{\overset{CH_3}{\overset{|}{C}}}}CH_2COOC_2H_5$$

$$\xrightarrow[(2)\ H_3O^+]{(1)\ LiAlH_4} CH_3CH_2\underset{OH}{\underset{|}{\overset{CH_3}{\overset{|}{C}}}}CH_2CH_2OH \xrightarrow[p\text{-}CH_3C_6H_4SO_3H,\ C_6H_6,\ \triangle]{CH_3COCH_3}$$ （缩酮产物结构式）

分析：有机锌与酮发生 Reformatsky 反应，得 β-羟基酸酯，酯还原为醇，二元醇与酮反应得缩酮。

4. 以丙酸乙酯、甲醛为原料合成 $HOCH_2CH(CH_3)COOEt$。

解答： $CH_3CH_2COOEt \xrightarrow[\text{酸性条件}]{Br_2} CH_3CH(Br)COOEt \xrightarrow{Zn} CH_3CH(ZnBr)COOEt$

$$\xrightarrow[(2)\ H_3O^+]{(1)\ HCHO} HOCH_2CH(CH_3)COOEt$$

分析：有机锌与醛发生 Reformatsky 反应，得 β-羟基酸酯。

5. 由四氢化萘合成邻苯二甲酸二乙酯。

解答：

四氢化萘 $\xrightarrow{KMnO_4,\ H^+}$ 邻苯二甲酸（COOH, COOH） $\xrightarrow{PCl_5}$ 邻苯二甲酰氯（COCl, COCl） $\xrightarrow[H^+]{C_2H_5OH}$ 邻苯二甲酸二乙酯（$COOC_2H_5$, $COOC_2H_5$）

分析：四氢化萘侧链氧化，羧酸与相应衍生物酰卤、酯的转化。

6. 完成以下合成反应：

$$CH_3\text{-}C_6H_4\text{-}H \longrightarrow CH_3\text{-}C_6H_4\text{-}CH_2COOH$$

解答： $CH_3\text{-}C_6H_5 \xrightarrow{Br_2/FeBr_3} CH_3\text{-}C_6H_4\text{-}Br \xrightarrow{Mg/\text{乙醚}} CH_3\text{-}C_6H_4\text{-}MgBr$

（分出邻位产物）

$$\xrightarrow[(2)\ H_3O^+]{(1)\ \text{环氧乙烷}} CH_3\text{-}C_6H_4\text{-}CH_2CH_2OH \xrightarrow{CrO_3/HOAc} CH_3\text{-}C_6H_4\text{-}CH_2COOH$$

分析：卤代苯的格氏试剂与环氧乙烷反应制备醇，醇氧化得酸（注意：氧化试剂不能用高锰酸钾），碳链增加两个碳原子。

7. 用不超过 C_4 的烯烃合成 $CH_3CH_2CH_2CH\overset{O}{—}C(CONH_2)CH_2CH_3$（环氧化合物）。

解答： $CH_3CH_2CH{=}CH_2 \xrightarrow[(2)\ H_2O_2/OH^-]{(1)\ (BH_3)_2} CH_3CH_2CH_2CH_2OH \xrightarrow{CrO_3-\text{吡啶}} CH_3CH_2CH_2CHO$

$2\ CH_3CH_2CH_2CHO \xrightarrow[(2)\ \triangle]{(1)\ OH^-} CH_3CH_2CH_2CH{=}C(CHO)CH_2CH_3 \xrightarrow[(2)\ H^+]{(1)\ Ag(NH_3)_2^+}$

$CH_3CH_2CH_2CH{=}C(COOH)CH_2CH_3 \xrightarrow[(2)\ NH_3]{(1)\ SOCl_2} CH_3CH_2CH_2CH{=}C(CONH_2)CH_2CH_3 \xrightarrow{RCO_3H}$

$CH_3CH_2CH_2CH\overset{O}{—}C(CONH_2)CH_2CH_3$（环氧化合物）

分析：烯烃制备醛；醛发生羟醛缩合反应得 α,β-不饱和醛，银镜反应得 α,β-不饱和酸，并转化为羧酸衍生物；烯烃氧化为环氧化合物。本题也可由丁醛与 α-溴代丁酸酯的 Darzen 缩合反应或者 Reformatsky 反应制备。

8. 用乙烯为原料合成 $CH_3CH_2—C(CH_3)(CH_2CH_3)—COOC_2H_5$。

解答： $CH_2{=}CH_2 \xrightarrow[FeCl_3]{HCl} \xrightarrow[\text{乙醚}]{Mg} CH_3CH_2MgCl$

$CH_2{=}CH_2 \xrightarrow{H_2O/H^+} CH_3CH_2OH \xrightarrow{CrO_3-\text{吡啶}} CH_3CHO$

$CH_3CHO \xrightarrow[(2)\ H_3O^+]{(1)\ CH_3CH_2MgCl} CH_3CH_2CH(OH)CH_3 \xrightarrow{KMnO_4/H^+} CH_3CH_2\overset{O}{\overset{\|}{C}}CH_3$

$\xrightarrow[(2)\ H_3O^+]{(1)\ CH_3CH_2MgCl} CH_3CH_2—C(CH_3)(CH_2CH_3)—OH \xrightarrow[\text{吡啶}]{PBr_3} CH_3CH_2—C(CH_3)(CH_2CH_3)—Br \xrightarrow[\text{乙醚}]{Mg}$

$\xrightarrow[(2)\ H_3O^+]{(1)\ CO_2} CH_3CH_2—C(CH_3)(CH_2CH_3)—COOH \xrightarrow{C_2H_5OH/H^+} CH_3CH_2—C(CH_3)(CH_2CH_3)—COOC_2H_5$

分析：醛与格氏试剂制备醇并氧化为酮；酮再与格氏试剂制备更高级醇；醇转换为卤代烃及格氏试剂，与 CO_2 反应得酸，并酯化。

9. 完成以下合成反应：

$$\text{环戊酮} \longrightarrow \text{1-甲基环戊烷甲酰胺 (}-CONH_2,\ -CH_3\text{)}$$

解答：

$$\text{环戊酮} \xrightarrow[(2)\ H_3O^+]{(1)\ CH_3MgBr} \text{1-甲基环戊醇 (OH, CH}_3) \xrightarrow[\text{吡啶}]{PBr_3} \text{(Br, CH}_3) \xrightarrow{Mg/\text{醚}} \text{(MgBr, CH}_3)$$

$$\xrightarrow[(2)\ H_3O^+]{(1)\ CO_2} \text{(COOH, CH}_3) \xrightarrow{SOCl_2} \text{(COCl, CH}_3) \xrightarrow{NH_3} \text{(CONH}_2\text{, CH}_3)$$

分析：格氏试剂与酮反应制备醇；格氏试剂与 CO_2 反应制备羧酸；羧酸制备其衍生物。

10. 由正丙醇合成正丁酸。

解答：

$$CH_3CH_2CH_2OH \xrightarrow{SOCl_2} CH_3CH_2CH_2Cl \xrightarrow{CN^-} CH_3CH_2CH_2CN \xrightarrow{H_3O^+} CH_3CH_2CH_2COOH$$

分析：卤代烃与氰化物亲核取代得腈，腈水解制羧酸。

11. 以苯和不超过 C_3 的醇为原料，经乙酰乙酸乙酯法合成 $CH_3COCH_2CH(CH_2CH_3)COCH_3$。

$$CH_3CH_2OH \xrightarrow{HBr} CH_3CH_2Br$$

$$CH_3CH(OH)CH_3 \xrightarrow{KMnO_4/H^+} CH_3COCH_3 \xrightarrow{Br_2/H^+} CH_3COCH_2Br$$

$$CH_3COCH_2COOEt \xrightarrow[(2)\ CH_3COCH_2Br]{(1)\ C_2H_5ONa} CH_3-CO-CH(CH_2COCH_3)-COOEt \xrightarrow[(2)\ CH_3CH_2Br]{(1)\ C_2H_5ONa}$$

$$CH_3-CO-C(CH_2COCH_3)(CH_2CH_3)-COOEt \xrightarrow[(2)\ H^+]{(1)\ H_2O/OH^-} \xrightarrow[-CO_2]{\triangle} CH_3COCH_2CH(CH_2CH_3)COCH_3$$

分析：酮在酸性条件下发生 α-卤代；乙酰乙酸乙酯法与 α-卤代酮、卤代烃反应，成酮水解。

12. 由乙酰乙酸乙酯及丙烯合成 环丁基甲基酮（CH_3CO-环丁基）。

解答：（丙烯）$\xrightarrow{NBS}$ $CH_2=CHCH_2Br$ $\xrightarrow[-O-O-]{HBr}$ $BrCH_2CH_2CH_2Br$；$CH_3COCH_2COOCH_2CH_3$ $\xrightarrow{EtONa}$ ⟶

$CH_3COCH(CH_2CH_2CH_2Br)COOCH_2CH_3$ $\xrightarrow{C_2H_5ONa}$ 1-乙酰基环丁烷甲酸乙酯 $\xrightarrow{5\%NaOH}$ 环丁基甲基酮

分析：乙酰乙酸乙酯与二元卤代烃制备经典的环状取代丙酮，母体为丙酮，环上余下碳链为二元卤代烃。

13. 以甲苯和不超过 C_4 的醇为原料，经乙酰乙酸乙酯法合成 环戊基$-\overset{O}{\overset{\|}{C}}CH_2CH_2C_6H_5$。

解答：$C_6H_5-CH_3 \xrightarrow[350\sim360℃]{O_2,V_2O_5} C_6H_5-CHO$

$\begin{matrix}CH_2CH_2OH\\|\\CH_2CH_2OH\end{matrix} \xrightarrow{SOCl_2} \begin{matrix}CH_2CH_2Cl\\|\\CH_2CH_2Cl\end{matrix}$

$CH_3COCH_2COOEt \xrightarrow[(2)\ Cl(CH_2)_4Cl]{(1)\ C_2H_5ONa} CH_3COCHCOOEt(CH_2CH_2CH_2CH_2Cl) \xrightarrow{C_2H_5ONa} CH_3COC(C_4H_8)COOEt$（环戊烷）

$\xrightarrow[(2)\ H^+]{(1)\ H_2O/OH^-} \xrightarrow[-CO_2]{\triangle}$ 环戊基$-\overset{O}{\overset{\|}{C}}CH_3 \xrightarrow[OH^-,\triangle]{C_6H_5CHO}$ 环戊基$-\overset{O}{\overset{\|}{C}}CH{=}CHC_6H_5$

$\xrightarrow[H^+]{HOCH_2CH_2OH} \xrightarrow{H_2/Ni} \xrightarrow{H_3O^+}$ 环戊基$-\overset{O}{\overset{\|}{C}}CH_2CH_2C_6H_5$

分析：乙酰乙酸乙酯与二元卤代烃制备环状取代丙酮；与苯甲醛羟醛缩合得 α,β-不饱和酮；在羰基保护下催化加氢得饱和酮。

14. 以乙酸和乙醇为碳源合成化合物 $CH_3COCH_2CH_2COOH$。

解答：$CH_3CO_2H + C_2H_5OH \xrightarrow{H_2SO_4} CH_3CO_2C_2H_5 \xrightarrow[\text{或 Na}]{C_2H_5ONa} H_3CCOCH_2COOC_2H_5$

$CH_3CO_2C_2H_5 \xrightarrow[\text{酸性条件}]{Br_2} BrCH_2COOC_2H_5 \xrightarrow[C_2H_5ONa]{H_3CCOCH_2COOC_2H_5} H_3CCOCH(COOC_2H_5)CH_2COOC_2H_5$

$\xrightarrow[(2)\ H_3O^+,\ \triangle]{(1)\ NaOH,\ H_2O}$ H_3C–CO–CH_2CH_2–COOH

分析：乙酸乙酯经 Claisen 酯缩合反应制乙酰乙酸乙酯；乙酸乙酯 α-卤代得卤代乙酸乙酯；乙酰乙酸乙酯与卤代乙酸乙酯反应（常用于制备 1,4-二羰基化合物），并成酮水解及酯水解，得乙酸取代的丙酮。

15. 由丙烯与丙二酸二乙酯合成 $CH_2{=}CHCH_2CH(CH_2CH_2CH_3)COOH$。

解答： $CH_2{=}CHCH_3 \xrightarrow[\text{—O—O—}]{HBr}$ $CH_3CH_2CH_2Br$

$CH_2{=}CHCH_3 \xrightarrow{NBS}$ $CH_2{=}CHCH_2Br$

$CH_2(COOC_2H_5)_2 \xrightarrow[(2)\ CH_2{=}CHCH_2Br]{(1)\ NaOC_2H_5}$ $CH_2{=}CHCH_2CH(COOC_2H_5)_2 \xrightarrow[(2)\ CH_3CH_2CH_2Br]{(1)\ NaOC_2H_5}$

$(CH_2{=}CHCH_2)(CH_3CH_2CH_2)C(COOC_2H_5)_2 \xrightarrow{NaOH} \xrightarrow[\triangle]{H^+}$ $CH_2{=}CHCH_2CH(CH_2CH_2CH_3)COOH$

分析：丙二酸二乙酯与两卤代烃亲核取代，并成酸水解，制备经典的二取代乙酸。母体为乙酸，两取代烃基为引入的卤代烃。

16. 由丙二酸二乙酯法合成环己基–COOH。

解答： $H_2C(COOC_2H_5)_2 \xrightarrow{C_2H_5ONa} \xrightarrow{Br(CH_2)_5Br}$ $Br(CH_2)_5CH(COOC_2H_5)_2$

$\xrightarrow{C_2H_5ONa}$ 环己烷-1,1-$C(COOC_2H_5)_2$ $\xrightarrow{NaOH} \xrightarrow{H_3O^+}$ 环己基–COOH

分析：丙二酸二乙酯与二元卤代烃制备经典的环状羧酸，母体为乙酸，环上余下碳链为二元卤代烃。

17. 以 C_4 以下的不饱和烃为原料，经丙二酸二乙酯法合成 $\underset{\displaystyle CH_3}{CH_3CH}-\underset{\displaystyle CH_2CH_3}{CHCH_2OH}$。

解答: $CH_2{=}CH_2 \xrightarrow{HBr} CH_3CH_2Br$

$$CH_3CH{=}CH_2 \xrightarrow{HBr} \underset{\displaystyle Br}{CH_3CHCH_3}$$

$$CH_2(COOC_2H_5)_2 \xrightarrow[(2)\ (CH_3)_2CHBr]{(1)\ C_2H_5ONa} \underset{\displaystyle CH_3}{CH_3CH}-CH(COOC_2H_5)_2$$

$$\xrightarrow[(2)\ CH_3CH_2Br]{(1)\ C_2H_5ONa} \underset{\displaystyle CH_3}{CH_3CH}-\underset{\displaystyle CH_2CH_3}{C(COOC_2H_5)_2} \xrightarrow[(2)\ H^+]{(1)\ H_2O/OH^-}$$

$$\xrightarrow[-CO_2]{\triangle} \underset{\displaystyle CH_3}{CH_3CH}-\underset{\displaystyle CH_2CH_3}{CHCOOH} \xrightarrow[(2)\ H_3O^+]{(1)\ LiAlH_4} \underset{\displaystyle CH_3}{CH_3CH}-\underset{\displaystyle CH_2CH_3}{CHCH_2OH}$$

分析：丙二酸二乙酯法制备二烃基取代乙酸；羧酸还原为醇。

18. 以乙酰乙酸乙酯、丙烯酸甲酯为原料合成 1，3−环己二酮。

解答: $CH_3COCH_2COOC_2H_5 \xrightarrow[CH_2{=}CHCOOCH_3]{C_2H_5ONa} \underset{\displaystyle CH_2CH_2COOCH_3}{CH_3COCHCOOC_2H_5}$

$$\xrightarrow[(2)\ H^+,\ \triangle]{(1)\ 稀OH^-} CH_3COCH_2CH_2CH_2COOCH_3 \xrightarrow[羰酯缩合]{NaOC_2H_5} \text{1,3-环己二酮}$$

分析：活泼甲叉基与 α,β−不饱和羰基化合物的 Michael 加成反应，生成 1，5−二羰基化合物，并羰酯缩合。

例题 11−6 机理题。

1. 解释以下反应机理：

$$\text{邻羟基苯甲酸甲酯 (COOCH}_3\text{, OH)} \xrightarrow{OH^-} \text{邻羟基苯甲酸根 (COO}^-\text{, OH)} + CH_3OH$$

解答:

$$\text{邻羟基苯甲酸甲酯 (C(=O)OCH}_3\text{, OH)} + OH^- \rightleftharpoons \text{四面体中间体 (C(O}^-\text{)(OH)(OCH}_3\text{), OH)} \rightleftharpoons$$

$$\text{邻羟基苯甲酸 (C(=O)OH, OH)} + CH_3O^- \rightleftharpoons \text{邻羟基苯甲酸根 (C(=O)O}^-\text{, OH)} + CH_3OH$$

分析：酯的碱性水解为加成−消除机理，亲核试剂 OH^- 直接进攻带正电荷的羰基碳原子，脱去 OCH_3^- 基团，产物为羧酸根与醇。

2. 解释以下反应机理：

$$CH_3COOC_2H_5 \xrightarrow[H_2O]{H^+} CH_3COOH + C_2H_5OH$$

解答：

$$CH_3-\overset{O}{\overset{\|}{C}}-OC_2H_5 \overset{H^+}{\rightleftharpoons} CH_3-\overset{\overset{+}{O}H}{\overset{\|}{C}}-OC_2H_5 \longleftrightarrow CH_3-\overset{OH}{\overset{|}{\underset{+}{C}}}-OC_2H_5 \overset{H_2O}{\rightleftharpoons}$$

$$CH_3-\overset{OH}{\overset{|}{\underset{\underset{H_2O^+}{|}}{C}}}-OC_2H_5 \overset{质子转移}{\rightleftharpoons} CH_3-\overset{OH}{\overset{|}{\underset{\underset{OH}{|}}{C}}}-\overset{+}{\underset{H}{O}}C_2H_5 \overset{-C_2H_5OH}{\rightleftharpoons} CH_3-\overset{\overset{+}{O}H}{\overset{\|}{C}}-OH \overset{-H^+}{\rightleftharpoons} CH_3-\overset{O}{\overset{\|}{C}}-OH$$

分析：酸催化下酯水解，H^+ 进攻羰基氧原子，增大羰基碳原子的正电荷，亲核试剂 H_2O 进攻羰基碳原子，脱去 C_2H_5OH 及 H^+，产物为羧酸和醇。

3. 解释以下反应机理：

$$CH_2(COOC_2H_5)_2 + \text{环氧乙烷} \xrightarrow[C_2H_5OH]{C_2H_5ONa} \xrightarrow[\triangle]{H^+} \gamma\text{-丁内酯}$$

解答：

$$CH_2(COOC_2H_5)_2 \xrightarrow{C_2H_5ONa} \overset{-}{C}H(COOC_2H_5)_2 \xrightarrow{\text{环氧乙烷}} (C_2H_5OOC)(C_2H_5O-\overset{O}{\overset{\|}{C}})CHCH_2CH_2O^-$$

$$\longrightarrow C_2H_5OOC\text{-四氢呋喃环}(C(O^-)(OC_2H_5)) \longrightarrow C_2H_5OOC\text{-}\gamma\text{-丁内酯} \xrightarrow[\triangle]{H^+} \gamma\text{-丁内酯}$$

分析：丙二酸二乙酯在碱性条件下，形成碳负离子，与环氧乙烷发生亲核取代反应；烷氧负离子发生酯交换反应形成内酯；酯水解并脱羧。

4. 写出丙酸乙酯与乙醇钠作用的反应机理。当反应混合物酸化后，得到什么产物？

解答：

$$CH_3CH_2\overset{O}{\overset{\|}{C}}OC_2H_5 \xrightarrow{C_2H_5O^-} CH_3\overset{-}{C}H\overset{O}{\overset{\|}{C}}OC_2H_5$$

$$CH_3CH_2\overset{O}{\overset{\|}{C}}OC_2H_5 + CH_3\overset{-}{C}H\overset{O}{\overset{\|}{C}}OC_2H_5 \longrightarrow CH_3CH_2\overset{O^-}{\overset{|}{\underset{\underset{C_2H_5O}{|}}{C}}}-\underset{\underset{CH_3}{|}}{CH}-\overset{O}{\overset{\|}{C}}OC_2H_5$$

$$\xrightarrow{H^+} CH_3CH_2\overset{O}{\overset{\|}{C}}-\underset{\underset{CH_3}{|}}{CH}-\overset{O}{\overset{\|}{C}}OC_2H_5 + C_2H_5OH$$

分析：丙酸乙酯的 Claisen 酯缩合反应，丙酸乙酯在碱性条件下脱去 α-H，形成亲核试剂，进攻另一酯的羰基，形成 β-二羰基化合物，酸化后的产物为 2-甲基-3-氧亚基戊酸乙酯。

5. 写出下列反应机理：

$$C_6H_5COOC_2H_5 + CH_3COOC_2H_5 \xrightarrow[(2)\ H_3O^+]{(1)\ C_2H_5ONa} C_6H_5COCH_2COOC_2H_5$$

解答： $CH_3COOC_2H_5 \xrightarrow{C_2H_5O^-} \overset{-}{C}H_2COOC_2H_5$

$$C_6H_5-\overset{O}{\overset{\|}{C}}-OC_2H_5 + \overset{-}{C}H_2COOC_2H_5 \longrightarrow C_6H_5-\underset{OC_2H_5}{\underset{|}{\overset{O^-}{\overset{|}{C}}}}-CH_2COOC_2H_5$$

$$\xrightarrow{H^+} C_6H_5-\overset{O}{\overset{\|}{C}}-CH_2COOC_2H_5 + C_2H_5OH$$

分析：两种不同酯发生交叉 Claisen 酯缩合反应，具有 α-H 的乙酸乙酯在碱性条件下形成亲核试剂，进攻苯甲酸乙酯，形成 β-二羰基化合物。

6. 写出下列反应机理。

$$CH_3COOH + (CH_3)_3C\overset{18}{O}H \underset{}{\overset{H^+}{\rightleftharpoons}} CH_3COOC(CH_3)_3 + H_2\overset{18}{O}$$

解答： $(CH_3)_3C-\overset{18}{O}H \overset{H^+}{\rightleftharpoons} (CH_3)_3C-\overset{18}{O}H_2 \overset{-H_2\overset{18}{O}}{\rightleftharpoons} (CH_3)_3\overset{+}{C}$

$$(CH_3)_3\overset{+}{C} + CH_3\overset{O}{\overset{\|}{C}}-OH \rightleftharpoons (CH_3)_3C-\overset{+}{O}=\overset{OH}{\overset{|}{C}}CH_3$$

$$(CH_3)_3C-O-\overset{^+OH}{\overset{\|}{C}}CH_3 \overset{-H^+}{\rightleftharpoons} CH_3COOC(CH_3)_3$$

分析：3°醇的酯化反应为 $A_{AL}1$ 机理，3°醇烷氧键断裂形成碳正离子，然后与羧酸反应并脱去质子形成酯。

7. 写出下列反应机理：

$$EtO\overset{O}{\overset{\|}{C}}CH_2CH_2CH_2CH_2\overset{O}{\overset{\|}{C}}OEt \xrightarrow[(2)\ H_3O^+]{(1)\ C_2H_5ONa,\ C_2H_5OH} \text{2-氧亚基环戊烷甲酸乙酯（环戊酮-}\overset{O}{\overset{\|}{C}}-OEt\text{）}$$

解答：

$$EtO\overset{O}{\overset{\|}{C}}CH_2CH_2CH_2CH_2\overset{O}{\overset{\|}{C}}OEt \xrightarrow{NaOEt} EtO\overset{O}{\overset{\|}{C}}CH_2CH_2CH_2\overset{-}{C}H\overset{O}{\overset{\|}{C}}OEt$$

$$\longrightarrow \text{（1-EtO-1-}O^-\text{-环戊基）}-\overset{O}{\overset{\|}{C}}-OEt \longrightarrow \text{（2-氧亚基环戊基）}-\overset{O}{\overset{\|}{C}}-OEt$$

分析：对称二元酸二酯的分子内 Claisen 酯缩合反应。在碱性条件下，一端酯脱去 α-H 形成碳负离子亲核试剂，进攻另一端酯的羰基，脱去乙氧基后，形成环状 β-二羰基化合物。

例题 11-7 推测结构题。

1. 化合物 A 和 B 的分子式均为 $C_4H_6O_4$，它们均可溶于 NaOH 溶液，均可与碳酸钠作用放出 CO_2。A 加热失水生成酸酐 $C_4H_4O_3$，B 加热放出 CO_2 并生成含有三个碳原子的酸。请写出 A，B 的可能构造式。

解答： A. $HOOCCH_2CH_2COOH$　　B. $CH_3—CH(COOH)—COOH$

分析：A，B 均与碳酸钠作用，故为二元酸。加热脱水形成较稳定酸酐的为丁二酸；丙二酸结构加热更易脱羧。

2. 某化合物 A 的分子式为 $C_7H_6O_3$，能溶于 NaOH 溶液及 $NaHCO_3$ 溶液，与 $FeCl_3$ 溶液有显色反应，与 $(CH_3CO)_2O$ 作用生成化合物 B（$C_9H_8O_4$）。在 H_2SO_4 催化下，A 与甲醇作用生成具有杀菌作用的物质 C（$C_8H_8O_3$），C 硝化后仅得一种一元硝化产物，试推测化合物 A，B，C 的结构式。

解答： A. HO—C_6H_4—COOH（对位）　　B. CH_3COO—C_6H_4—COOH（对位）

C. HO—C_6H_4—$COOCH_3$（对位）

分析：能溶于 $NaHCO_3$ 溶液，与 $FeCl_3$ 溶液的显色反应及与 $(CH_3CO)_2O$ 的酯化反应，显示 A 含酚羟基。能与甲醇酯化，显示 A 含羧基，苯环酯基同时水解成羟基。C 硝化后仅得一种一元硝化产物，说明是对位取代。

3. 一种有机酸 A，分子式为 $C_5H_6O_4$，无旋光性，当加 1 mol H_2 时，被还原为具有手性碳原子的化合物 B，分子式为 $C_5H_8O_4$。A 加热容易失去 1 mol H_2O 变为化合物 C（$C_5H_4O_3$），而 C 与乙醇作用得到两种互为异构体的化合物，试写出 A，B，C 的结构式。

解答： A. $H_3C(COOH)C=CH—COOH$　　B. $H_3C—\overset{*}{C}H(COOH)—CH_2—COOH$　　C. 甲基丁二酸酐（H_3C 取代的五元环酸酐）

分析：不饱和羧酸催化加氢后，形成含饱和手性碳原子的二元酸，脱水形成环状酸酐，酯化后有两异构体，说明原酸酐为不对称结构。

4. 化合物 A 和 B 的分子式均为 $C_4H_6O_2$，它们不溶于碳酸钠和氢氧化钠的水溶液；都可以使溴水褪色，且都有类似乙酸乙酯的香味。和氢氧化钠的水溶液共热后发生反应：A 的反应产物为乙酸钠和乙醛，而 B 的反应产物为甲醇和一种羧酸的钠盐，将后者用酸中和后蒸馏所得的化合物 C 可使溴水褪色。试推测 A，B，C 的结构式。

解答： A. $CH_3COOCH═CH_2$　　B. $CH_2═CHCOOCH_3$　　C. $CH_2═CHCOOH$

分析：两种不饱和的酯，不饱和键可能处于酯的羧酸及醇部分。酯水解后，不饱和醇为 $CH_2=CHOH$（及 CH_3CHO），不饱和羧酸为 $CH_2=CHCOOH$。

5. 有一种含 C，H，O 的有机化合物 A，经实验有以下性质：① A 呈中性，且在酸性溶液中水解得 B 和 C；② 将 B 在稀硫酸中加热得到丁酮；③ C 是甲乙醚的同分异构体，并且能发生碘仿反应。试推导出 A，B，C 的结构式。

解答： A. $CH_3CH_2\overset{O}{\overset{\|}{C}}CH_2COOCH(CH_3)_2$　　B. $CH_3CH_2\overset{O}{\overset{\|}{C}}CH_2COOH$

C. $(CH_3)_2CH—OH$

分析：B 加热脱羧得丁酮，说明为含吸电子羰基的羧酸 $CH_3CH_2\overset{O}{\overset{\|}{C}}CH_2COOH$。C 为能发生碘仿反应的甲基醇 $(CH_3)_2CH—OH$。A 为可水解的含有 β-二羰基结构的酯。

6. 有 A，B，C，D，E 五种化合物，分子式均为 $C_7H_{14}O_2$，其中 A 易与 Lucas 试剂反应，也可与 Tollens 试剂反应，A 脱水后再臭氧化，水解产物都可发生碘仿反应，且都不能使溴水褪色。B 也易与 Lucas 试剂反应，但 B 脱水后经臭氧化，水解产物却不与 Tollens 试剂反应。C 与 D 的红外光谱显示有酯羰基。核磁共振氢谱表明 C 只有三种不同的氢且羧基氧原子上连有乙基，D 则有四种不同的氢。D 的水解产物之一与 Tollens 试剂反应。而 E 经酸催化水解得二醇及正丁醛，试写出 A～E 的结构式。

解答： A.　　B.　　C.

D.　　E.

分析：由分子式可知，该组化合物的不饱和度为 1，由化学性质可知，均含有 C＝O 或者是其衍生物。A 易与 Lucas 试剂反应及发生银镜反应，为含醛羰基的叔醇，脱水并经烯烃臭氧化后形成可发生碘仿反应的甲基酮，且无 β-二羰基，说明 A 为　　。B 为含酮羰基的叔醇　　。C 的羧酸部分只有一种核磁共振信号，为　　。D 的水解产物能发生银镜反应，说明是甲酸酯。E 为缩醛，水解生成可发生银镜反应的丁醛及二元醇。

7. 分子式为 $C_{10}H_{12}O_2$ 的化合物，其红外光谱在 3 012 cm^{-1}，2 900 cm^{-1}，1 735 cm^{-1}，1 600 cm^{-1} 等处有吸收峰。其核磁共振氢谱图如下。写出该化合物的构造式。

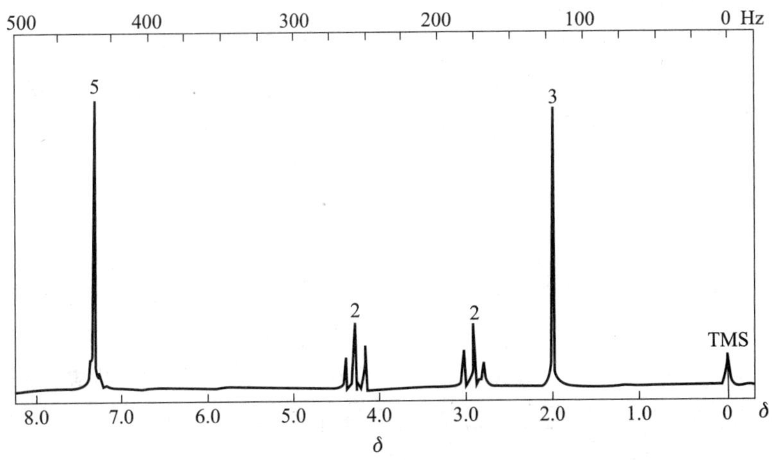

解答： $C_6H_5-CH_2CH_2O\overset{O}{\overset{\|}{C}}CH_3$

分析：红外光谱 1 735 cm^{-1} 吸收峰显示有羰基。核磁共振氢谱：δ=7.3（单峰，5H，苯环），δ=4.3（三重峰，2H，苯环 β–H），δ=2.9（三重峰，2H，苯环 α–H），δ=2.0（单峰，3H，甲基氢）。

习题参考答案

习题 11–1 命名下列化合物。

（1）$CH_3CH_2CH_2CH_2\underset{}{\overset{NH_2}{\overset{|}{C}H}}-\overset{O}{\overset{\|}{C}}-NH_2$

（2）邻氨基苯甲酸甲酯结构：苯环上连有 $C(=O)OCH_3$ 和邻位 NH_2

（3）$CH_3CH_2\overset{O}{\overset{\|}{C}}-N(CH_2CH_3)_2$

（4）苯环并五元环：$C(=O)-NH-C(=O)$

（5）$H_3C-C=CH$ 两端各连 $C(=O)$，经 O 成环（$H_3C-C-C(=O)$，$HC-C(=O)$，$>O$）

（6）环己烷上 CO_2H（楔形键）与相邻碳上 CH_3（虚线键）

（7）$CH_3CO\underset{C_2H_5}{\underset{|}{C}H}COOC_2H_5$

（8）$(H_3C)_2C=C(COCl)CH_3$

（9）$CH_3CO-C_6H_4-COOCH_3$（对位）

（10）$C_6H_5-CH_2O-\overset{O}{\overset{\|}{C}}-H$

解答:（1）α-氨基己酰胺　　（2）邻氨基苯甲酸甲酯

（3）N, N-二乙基丙酰胺　　（4）邻苯二甲酰亚胺

（5）甲基丁烯二酸酐　　（6）反-2-甲基环己甲酸

（7）α-乙基乙酰乙酸乙酯　　（8）2, 3-二甲基丁-2-烯酰氯

（9）对乙酰基苯甲酸甲酯　　（10）甲酸苄酯

习题 11-2　写出下列化合物的构造式。

（1）顺丁烯二酸　（2）肉桂酸　（3）α-甲基丙烯酸甲酯

（4）氨基甲酸乙酯　（5）N, N-二甲基甲酰胺　（6）己-5-内酰胺

（7）乙丙酸酐　（8）邻苯二甲酸酐　（9）4-甲基戊酰氯

（10）乙二酸二乙二醇酯　（11）2-乙酰氧基苯甲酸

解答:（1）$HOOC-CH=CH-COOH$（两个 COOH 位于双键同侧）

（2）$C_6H_5-CH=CH-COOH$（C=C 一端为 H 与苯基，另一端为 H 与 COOH，两个 H 位于双键异侧）

（3）$CH_2=C(CH_3)-C(=O)-OCH_3$

（4）$NH_2COOC_2H_5$

（5）$HC(=O)-N(CH_3)_2$

（6）六元环内酰胺（环中含 N，N 旁边的环碳为 C=O，N 另一侧的环碳上连有 CH_3）

（7）$CH_3-C(=O)-O-C(=O)-C_2H_5$

（8）邻苯二甲酸酐（苯环与 $-C(=O)-O-C(=O)-$ 稠合成环）

（9）$CH_3CH(CH_3)CH_2CH_2C(=O)-Cl$

（10）$COOCH_2CH_2OH$ 与 $COOCH_2CH_2OH$ 相连：$HOCH_2CH_2OOC-COOCH_2CH_2OH$

（11）苯环上连有 $-O-C(=O)-CH_3$，其邻位连有 COOH

习题 11-3　将下列各组化合物按沸点高低顺序进行排列。

（1）$CH_3CH_2CH_2CH_2OH$　$CH_3CH_2OCH_2CH_3$　$CH_3CH_2CH_2CHO$　CH_3CH_2COOH

（2）CH_3CH_2COOH　CH_3COOCH_3　$CH_3CONHCH_3$

解答: 主要考虑氢键对沸点的影响。

（1）$CH_3CH_2COOH > CH_3CH_2CH_2CH_2OH > CH_3CH_2CH_2CHO > CH_3CH_2OCH_2CH_3$

（2）$CH_3CH_2COOH > CH_3CONHCH_3 > CH_3COOCH_3$

习题 11-4　比较（正）丁酸及丙酸甲酯在水中溶解度的大小，并解释之。

解答:（正）丁酸在水中的溶解度大于丙酸甲酯，因羧基中双氢键作用。

习题 11-5　用指定的波谱分析方法区别下列各组化合物。

（1）$CH_3CH_2CH_2\overset{\overset{\displaystyle O}{\|}}{C}—OCH_3$ 和 $CH_3CH_2CH_2\overset{\overset{\displaystyle O}{\|}}{C}—OH$ ^1H NMR

（2）CH_3CO_2H 和 CH_3CH_2OH IR

（3）$CH_3\overset{\overset{\displaystyle O}{\|}}{C}O\overset{\overset{\displaystyle O}{\|}}{C}CH_3$ 和 $CH_3\overset{\overset{\displaystyle O}{\|}}{C}—OCH_3$ IR

解答:（1）羧酸根强烈的吸电子效应使质子的电子密度降低，质子氢 δ=10～13，与—OCH_3 δ=3.5～4.0 区别很大；同时两者的积分高度差异也很大。

（2）CH_3COOH 具有羰基特征吸收峰，且羧酸的羟基吸收峰更宽，常覆盖 C—H 伸缩振动。

（3）酸酐的羰基吸收峰波数更高（1 860～1 750 cm^{-1}），且出现两个吸收峰。

习题 11-6 用简单的化学方法区别下列各组化合物。

（1）甲酸　草酸　丙二酸　丁二酸

（2）C_6H_5COOH　邻-HOC_6H_4COOH（OH 在邻位）　$C_6H_5CH_2OH$

解答:（1）乙二酸（草酸）、丙二酸、甲酸、丁二酸 $\xrightarrow{\triangle}$

- 乙二酸（草酸）：(+) $CO_2\uparrow$；丙二酸：(+) $CO_2\uparrow$ $\xrightarrow{KMnO_4/H^+}$ (+)褪色（草酸）；(−)无现象（丙二酸）
- 甲酸：(−)无现象；丁二酸：(−)无现象 $\xrightarrow{AgNO_3/NH_3}$ (+)沉淀（甲酸）；(−)无现象（丁二酸）

（2）水杨酸可使 $FeCl_3$ 溶液变色；苯甲醇可用 Lucas 试剂检验；剩下的就是苯甲酸。

习题 11-7 比较下列化合物与 NH_3 发生取代反应的反应活性大小。

（1）$C_6H_5\overset{\overset{\displaystyle O}{\|}}{C}—Cl$　（2）$C_6H_5CH_2Cl$　（3）C_6H_5Cl

解答: 酰卤活性最大，氯苯活性最小，反应活性顺序为

$$C_6H_5\overset{\overset{\displaystyle O}{\|}}{C}—Cl > C_6H_5CH_2Cl > C_6H_5Cl$$

习题 11-8 预测下列化合物在碱性条件下水解反应速率快慢的顺序。

（1）$CH_3CO_2CH_3$　$CH_3CO_2C_2H_5$　$CH_3CO_2CH(CH_3)_2$　$CH_3CO_2C(CH_3)_3$　$HCOOCH_3$

（2）O_2N—C_6H_4—CO_2CH_3　Cl—C_6H_4—CO_2CH_3　C_6H_5—CO_2CH_3

CH_3O—C_6H_4—CO_2CH_3

解答:（1）$HCOOCH_3 > CH_3CO_2CH_3 > CH_3CO_2C_2H_5 > CH_3CO_2CH(CH_3)_2 > CH_3CO_2C(CH_3)_3$

分析：酯的取代基越小越易水解。

（2）O_2N—C_6H_4—CO_2CH_3 > Cl—C_6H_4—CO_2CH_3 > C_6H_5—CO_2CH_3 >

CH_3O—C_6H_4—CO_2CH_3

分析：碱性条件下的酯的亲核水解，吸电子基利于水解。

习题 11-9　写出下列反应的主要产物。

（1）邻位含 COOH 和 $CO_2CH_2CH_3$ 的苯 + $SOCl_2$ $\xrightarrow{\triangle}$

（2）$CH_3CH_2COCl + NH(CH_3)_2 \longrightarrow$

（3）$CH_3CH(OH)CH_2CH_2COOH \xrightarrow{\triangle}$

（4）环戊基—C(=O)—O—H + $CH_3\overset{18}{O}H \xrightarrow[\triangle]{H^+}$

（5）（*R*）-2-溴丙酸 +（*S*）-丁-2-醇 $\xrightarrow[\triangle]{H^+}$

（6）丁二酸酐 + $2C_2H_5OH \longrightarrow$

（7）环戊酮 + $BrCH_2COOC_2H_5 \xrightarrow{Zn,甲苯} \xrightarrow{H_2O}$

（8）δ-戊内酯 $\xrightarrow[(2)\ H_2O]{(1)\ LiAlH_4}$

（9）$CH_3CH_2CH(OH)COOH \xrightarrow{\triangle}$

（10）邻位含 CH_3 和 $CONH_2$ 的苯 + $NaOBr \longrightarrow$

（11）$C_6H_5CONH_2 \xrightarrow[(2)\ H_2O]{(1)\ LiAlH_4,醚}$

（12）$$\begin{array}{c}(C_2H_5)_2C(COOC_2H_5)_2\end{array} + NH_2\overset{\overset{O}{\|}}{C}NH_2 \xrightarrow[C_2H_5OH]{C_2H_5ONa}$$

（13）$$2\ CH_3CH_2COOC_2H_5 \xrightarrow[(2)\ H^+]{(1)\ C_2H_5ONa}$$

（14）$$CH_3CH_2COOC_2H_5 + \begin{array}{l}COOC_2H_5\\ |\\ COOC_2H_5\end{array} \xrightarrow[(2)\ H^+]{(1)\ C_2H_5ONa}$$

（15）$$\begin{array}{l}CH_2CH_2COOC_2H_5\\ |\\ CH_2CH_2COOC_2H_5\end{array} \xrightarrow[(2)\ H^+]{(1)\ C_2H_5ONa}$$

（16）环己酮 $+ H-\overset{\overset{O}{\|}}{C}-OC_2H_5 \xrightarrow[（2）H^+]{（1）NaH} \xrightarrow{\triangle}$

解答:（1）邻位取代苯：$-COCl$，$-CO_2CH_2CH_3$

（2）$CH_3CH_2CON(CH_3)_2$

（3）5-甲基-γ-丁内酯（五元环内酯，环上带 CH_3）

（4）环戊基$-\overset{\overset{O}{\|}}{C}-\overset{18}{O}-CH_3$

（5）$H\cdots C(Br)(CH_3)-\overset{\overset{O}{\|}}{C}-O-C(CH_3)(C_2H_5)\cdots H$

（6）$$\begin{array}{l}CH_2COOC_2H_5\\ |\\ CH_2COOC_2H_5\end{array}$$

（7）1-(OZnBr)-1-($CH_2COOC_2H_5$)环戊烷；1-(OH)-1-(CH_2COOH)环戊烷

（8）$HOCH_2CH_2CH_2CH_2CH_2OH$

（9）CH_3CH_2-HC 与 $CHCH_2CH_3$ 经两个 $-\overset{\overset{O}{\|}}{C}-O-$ 连接成的六元环交酯

(10) (benzene ring)—CH_3, —NH_2

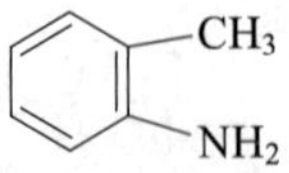

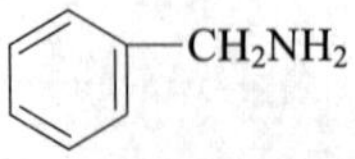

(11) (benzene ring)—CH_2NH_2

(12) H_5C_2, H_5C_2 (ring: C=O, NH, C=O, NH, C=O)

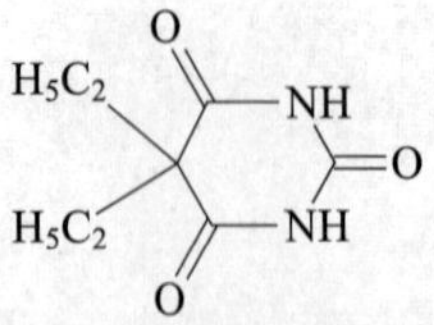

(13) $CH_3CH_2\overset{O}{\overset{\|}{C}}—\underset{CH_3}{\underset{|}{CH}}\overset{O}{\overset{\|}{C}}OC_2H_5$

(14) $CH_3\underset{COOC_2H_5}{\underset{|}{CH}}\overset{O}{\overset{\|}{C}}COOC_2H_5$

(15) 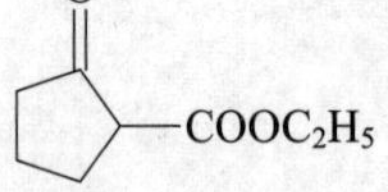 (cyclopentanone ring, =O)—$COOC_2H_5$

(16) (cyclohexanone ring, =O)—$\overset{O}{\overset{\|}{C}}—H$

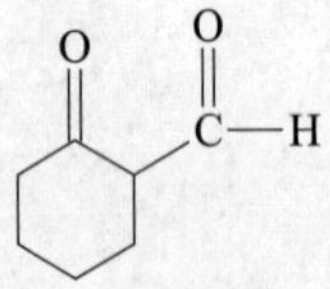

习题 11-10 比较下列各组化合物的酸性。

(1) $CH_3\overset{O}{\overset{\|}{C}}—OH$ CH_3CH_2OH $CH_3\overset{O}{\overset{\|}{C}}NH_2$ $ClCH_2\overset{O}{\overset{\|}{C}}—OH$

(2) (benzene ring)—$\overset{O}{\overset{\|}{C}}—OH$ $O_2N—$(benzene ring)—$\overset{O}{\overset{\|}{C}}—OH$ $CH_3O—$(benzene ring)—$\overset{O}{\overset{\|}{C}}—OH$

(benzene ring, O_2N)—$\overset{O}{\overset{\|}{C}}—OH$

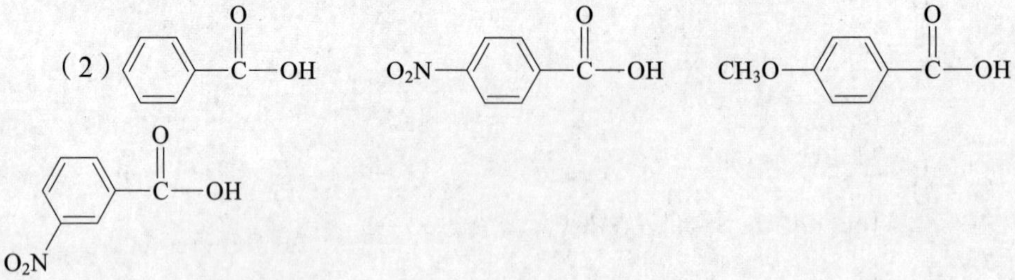

(3) (benzene ring)—$\overset{O}{\overset{\|}{C}}—OH$ (benzene ring)—OH (benzene ring)—CH_2OH

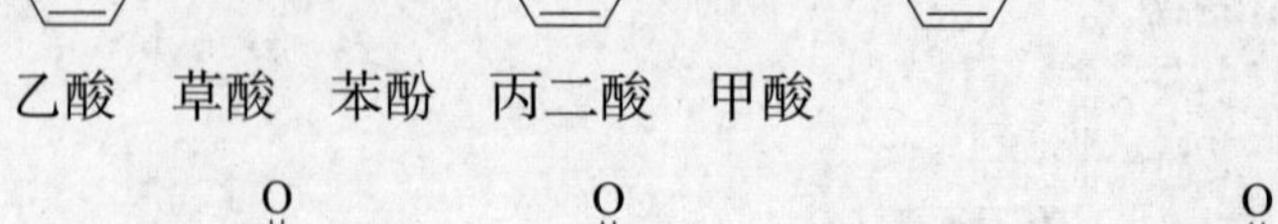

(4) 乙酸 草酸 苯酚 丙二酸 甲酸

解答:(1) $ClCH_2\overset{O}{\overset{\|}{C}}—OH > CH_3\overset{O}{\overset{\|}{C}}—OH > CH_3CH_2OH > CH_3\overset{O}{\overset{\|}{C}}NH_2$

（2）$p\text{-}O_2N\text{-}C_6H_4\text{-}COOH > m\text{-}O_2N\text{-}C_6H_4\text{-}COOH > C_6H_5\text{-}COOH > p\text{-}CH_3O\text{-}C_6H_4\text{-}COOH$

（3）$C_6H_5\text{-}COOH > C_6H_5\text{-}OH > C_6H_5\text{-}CH_2OH$

（4）草酸 > 丙二酸 > 甲酸 > 乙酸 > 苯酚

习题 11-11 用不多于三步的反应完成下列转化。

（1）苯$\longrightarrow$间溴甲苯

（2）甲苯$\longrightarrow$苯乙酸

（3）$(CH_3)_2C{=}CH_2 \longrightarrow (CH_3)_3CCOOH$

（4）$CH_3CH_2CO_2CH_2CH_3 \longrightarrow CH_3CH_2CH(OH)CH(CH_3)COOCH_2CH_3$

（5）乙炔 $\longrightarrow$ 丙烯酸甲酯

（6）4-氧代环己烷甲酸 $\longrightarrow$ 4-羟基环己烷甲酸甲酯（$CO_2H \to CO_2CH_3$）

（7）异丙醇 $\longrightarrow$ α-甲基丙酸

（8）丁酸 $\longrightarrow$ 乙基丙二酸

解答:（1）$C_6H_6 \xrightarrow[AlCl_3]{CH_3Cl} C_6H_5CH_3 \xrightarrow{[O]} C_6H_5COOH \xrightarrow[Fe]{Br_2} m\text{-}Br\text{-}C_6H_4\text{-}COOH$

（2）$C_6H_5CH_3 \xrightarrow[h\nu]{Cl_2} C_6H_5CH_2Cl \xrightarrow{CN^-} C_6H_5CH_2CN \xrightarrow{H_3O^+} C_6H_5CH_2COOH$

（3）$(CH_3)_2C{=}CH_2 \xrightarrow{HBr} (CH_3)_2CBr\text{—}CH_3 \xrightarrow[\text{无水醚}]{Mg} (CH_3)_2C(MgBr)\text{—}CH_3 \xrightarrow[(2)\ H_3O^+]{(1)\ CO_2} (CH_3)_3CCOOH$

（4）$2CH_3CH_2CO_2CH_2CH_3 \xrightarrow[(2)\ H^+]{(1)\ C_2H_5ONa} CH_3CH_2COCH(CH_3)\text{—}COOCH_2CH_3 \xrightarrow{NaBH_4}$

$$\begin{array}{c} \text{OH} \quad\quad \text{O} \\ CH_3CH_2\overset{|}{C}H\underset{|}{C}H—\overset{\|}{C}OCH_2CH_3 \\ CH_3 \end{array}$$

（5）$HC\equiv CH \xrightarrow{HCN} CH_2=CHCN \xrightarrow[H^+]{CH_3OH} \xrightarrow{H_2O,\ H^+} CH_2=CHCOOCH_3$

（6）4-氧代环己烷甲酸（CO_2H）$\xrightarrow{NaBH_4}$ 4-羟基环己烷甲酸（HO，CO_2H）$\xrightarrow{CH_3OH/H^+}$ 4-羟基环己烷甲酸甲酯（HO，CO_2CH_3）

（7）$CH_3\underset{}{\overset{OH}{C}}HCH_3 \xrightarrow{HBr} CH_3\overset{Br}{C}HCH_3 \xrightarrow{Mg/醚} CH_3\overset{MgBr}{C}HCH_3 \xrightarrow[(2)\ H_3O^+]{(1)\ CO_2} CH_3\underset{CH_3}{C}HCOOH$

分析：格氏试剂与 CO_2 反应。

（8）$CH_3CH_2CH_2COOH \xrightarrow{Cl_2/P} CH_3CH_2\underset{Cl}{C}HCOOH \xrightarrow{CN^-} \xrightarrow{H_2O/H^+} CH_3CH_2\underset{COOH}{C}HCOOH$

分析：卤代酸的氰解。

习题 11-12 写出下列反应的机理。

（1）$CH_3\overset{O}{\overset{\|}{C}}(CH_2)_3\overset{O}{\overset{\|}{C}}OC_2H_5 \xrightarrow[(2)\ H^+]{(1)\ C_2H_5ONa}$ 环己烷-1,3-二酮

（2）2-乙氧羰基环己酮（$CO_2C_2H_5$，O）$\xrightarrow[C_2H_5ONa/C_2H_5OH]{CH_2=CH—\overset{O}{\overset{\|}{C}}C_2H_5}$ 双环烯酮产物（$COOC_2H_5$，O，甲基）

解答：（1）

$CH_3\overset{O}{\overset{\|}{C}}(CH_2)_3\overset{O}{\overset{\|}{C}}OC_2H_5 \xrightarrow{C_2H_5ONa} {}^{-}CH_2\overset{O}{\overset{\|}{C}}CH_2CH_2CH_2\overset{O}{\overset{\|}{C}}OC_2H_5$

$\longrightarrow$ 环状四面体中间体（O，OC_2H_5，O^-）$\xrightarrow[-C_2H_5OH]{H^+}$ 环己烷-1,3-二酮

分析：分子内同时含有 α-H 的酮与酯的缩合反应。

（2）

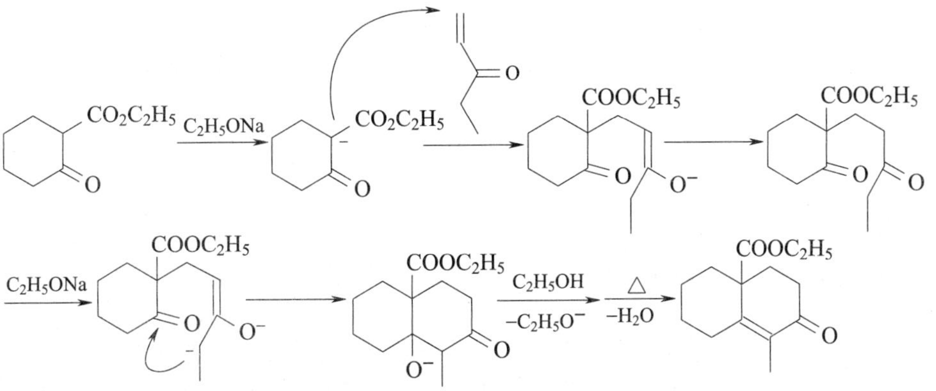

$$\text{2-ethoxycarbonylcyclohexanone} \xrightarrow{C_2H_5ONa} \text{carbanion (}CO_2C_2H_5\text{)} \xrightarrow{CH_2=CHCOCH_2CH_3} \text{enolate (}COOC_2H_5\text{, }O^-\text{)} \longrightarrow \text{diketone (}COOC_2H_5\text{)}$$

$$\xrightarrow{C_2H_5ONa} \text{enolate} \longrightarrow \text{bicyclic alkoxide (}COOC_2H_5\text{, }O^-\text{)} \xrightarrow[-C_2H_5O^-]{C_2H_5OH} \xrightarrow[-H_2O]{\triangle} \text{bicyclic } \alpha,\beta\text{-unsaturated ketone (}COOC_2H_5\text{)}$$

分析：α-环己酮甲酸乙酯含有活泼甲叉基，在碱性条件下与 α,β-不饱和酮，先发生1，4-加成反应（Michael 加成反应），再发生分子内的羟醛缩合反应，生成环状 α，β-不饱和酮（Robinsen 增环反应）。

习题 11-13 用必要的试剂合成下列化合物。

（1）环戊酮，$CH_3CH_2OH \longrightarrow$ 1-羟基环戊基乙酸（CH_2COOH，OH）

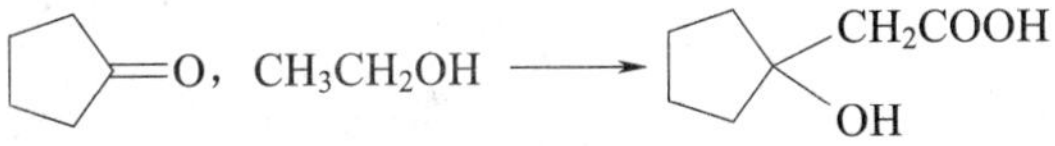

（2）用乙醇为主要原料经丙二酸酯合成 3-(环己-3-烯基)丙酸（CH_2CH_2COOH）。

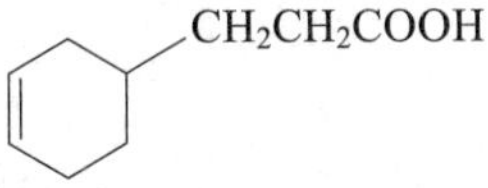

（3）用乙醇为主要原料经乙酰乙酸乙酯合成 1-乙酰基-2-甲基环戊烯（CH_3，$\overset{O}{\overset{\|}{C}}CH_3$）。

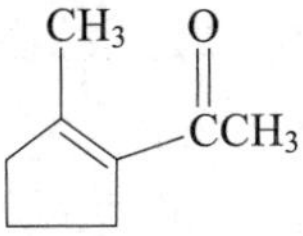

（4）用乙酰乙酸乙酯及不超过3个碳原子的有机化合物合成 3-甲基环己-2-烯酮（O，CH_3）。

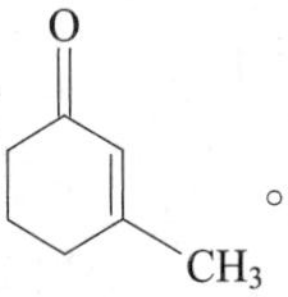

（5）己二酸 $\longrightarrow$ 双环烯酮（$COOC_2H_5$，O）

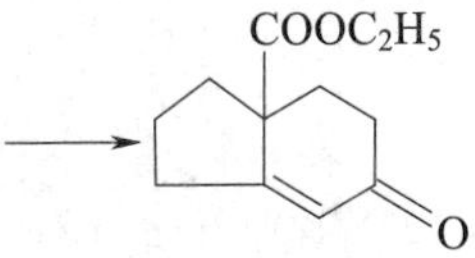

解答：（1）$CH_3CH_2OH \xrightarrow{[O]} CH_3COOH \xrightarrow[H^+]{C_2H_5OH} CH_3COOC_2H_5 \xrightarrow{Br_2/P} BrCH_2COOC_2H_5$

$$\xrightarrow{Zn/\text{醚}} BrZnCH_2COOC_2H_5 \xrightarrow{\text{环戊酮}} \text{环戊基}(CH_2COOH)(OZnBr) \xrightarrow{H_3O^+} \text{环戊基}(CH_2COOH)(OH)$$

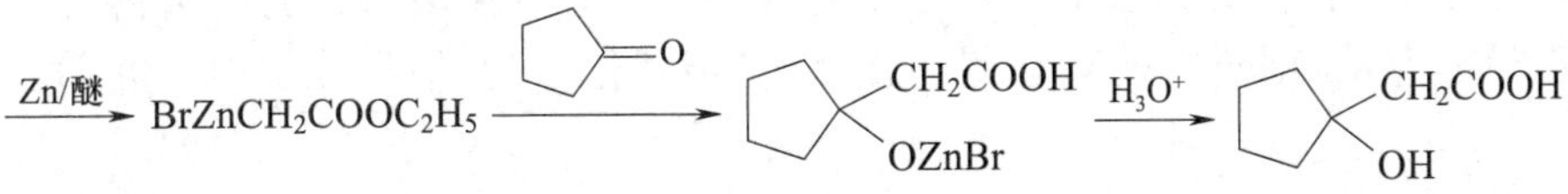

分析：Reformastsky 反应。

（2）

$$\text{丁-1,3-二烯} + CH_2=CHCH_2Cl \xrightarrow{\triangle} \text{4-(氯甲基)环己烯} \xrightarrow[CH_3CH_2ONa]{CH_2(CO_2CH_2CH_3)_2}$$

$$\text{环己烯基}-CH_2CH(COOC_2H_5)_2 \xrightarrow{\text{稀}OH^-} \text{环己烯基}-CH_2CH(COOH)_2 \xrightarrow[\triangle,-CO_2]{H_3O^+} \text{环己烯基}-CH_2CH_2COOH$$

分析：常规法合成丙烯及丁-1，3-二烯，双烯合成环状卤代烃，再以丙二酸二乙酯法合成取代乙酸。

（3）路线：

$$\text{1-乙酰基-2-甲基环戊烯} \Longrightarrow CH_3\overset{O}{\overset{\|}{C}}-CH_2/CH_2CH_2/CH_2\overset{O}{\overset{\|}{C}}CH_3 \Longrightarrow CH_3\overset{O}{\overset{\|}{C}}CH_2\overset{O}{\overset{\|}{C}}OC_2H_5 + BrCH_2CH_2Br$$

合成：

$$CH_3CH_2OH \xrightarrow{[O]} \xrightarrow[H^+]{C_2H_5OH} CH_3CO_2C_2H_5 \xrightarrow[C_2H_5OH]{C_2H_5ONa} CH_3\overset{O}{\overset{\|}{C}}CH_2\overset{O}{\overset{\|}{C}}OC_2H_5$$

$$\xrightarrow[BrCH_2CH_2Br]{C_2H_5ONa} \xrightarrow{\text{稀}OH^-} \xrightarrow[(2)\ \triangle,-CO_2]{(1)\ H_3O^+} CH_3\overset{O}{\overset{\|}{C}}-CH_2CH_2CH_2CH_2\overset{O}{\overset{\|}{C}}CH_3 \xrightarrow[\triangle]{OH^-} \text{1-乙酰基-2-甲基环戊烯}$$

分析：两分子的乙酰乙酸乙酯与含两个碳原子的二元卤代烃反应生成二元酮，再分子内羟醛缩合。

（4）

$$HCHO + CH_3COCH_3 \xrightarrow{OH^-} CH_2{=}CHCOCH_3$$

$$CH_3COCH_2COOC_2H_5 \xrightarrow[CH_2=CHCOCH_3]{C_2H_5ONa} CH_3COCHCOOC_2H_5\ (\text{CH上连}\ CH_2CH_2COCH_3)$$

$$\xrightarrow[(2)\ H^+,\ \triangle]{(1)\ \text{稀}OH^-} CH_3COCH_2CH_2CH_2COCH_3 \xrightarrow[\text{羟醛缩合}]{OH^-} \text{3-甲基环己-2-烯酮}$$

分析：丙酮与甲醛反应制备甲基乙烯基酮（α,β-不饱和羰基化合物），再与乙酰乙酸乙酯发生 Michael 加成反应，生成 1，5-二羰基化合物，最后分子内羟醛缩合反应。

（5）路线：

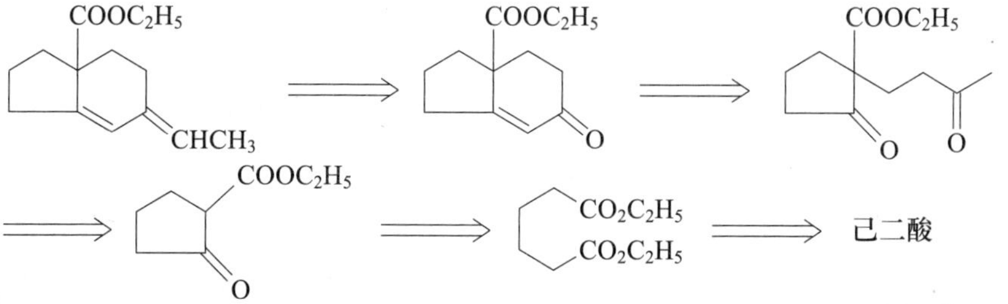

合成：

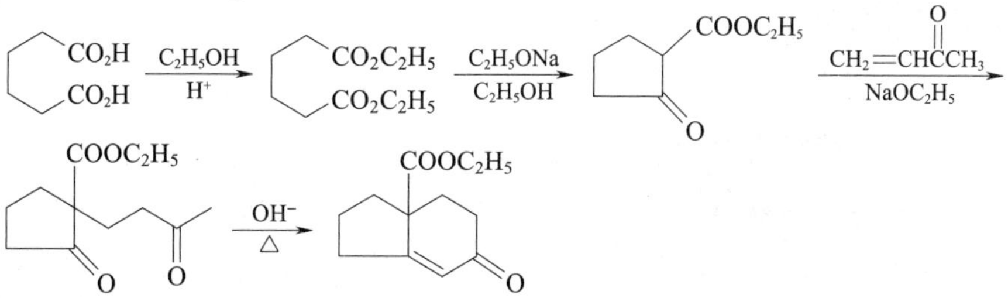

分析：己二酸二乙酯经 Dieckmann 分子内酯缩合反应，生成活性甲叉基化合物，与 α,β-不饱和酮 Michael 加成，再羟醛缩合。

习题 11-14 某酯类化合物 A，分子式为 $C_5H_{10}O_2$，用乙醇钠的乙醇溶液处理，得到另一种酯 B（$C_8H_{14}O_3$）。B 能使溴水褪色，将 B 用乙醇钠的乙醇溶液处理后再与碘乙烷反应，又得到一种酯 C（$C_{10}H_{18}O_3$）。C 和溴水在室温下不反应，把 C 用稀碱水解后再酸化加热，即得一种酮 D（$C_7H_{14}O$）。D 不发生碘仿反应，用锌汞齐还原则生成 3-甲基己烷。试推测化合物 A，B，C，D 的结构。

解答： A. $CH_3CH_2COOCH_2CH_3$ B. $CH_3CH_2COCH(CH_3)COOCH_2CH_3$

C. $CH_3CH_2COC(C_2H_5)(CH_3)COOCH_2CH_3$ D. $CH_3CH_2COCH(CH_3)CH_2CH_3$

分析：酯缩合反应形成活泼甲叉基。

习题 11-15 化合物 A，分子式为 $C_3H_6Br_2$，与 NaCN 作用得到化合物 B（$C_5H_6N_2$），B 在酸性水溶液中水解得到 C，C 与乙酸酐在一起共热得到 D 和乙酸，D 的红外光谱在 1 755 cm^{-1} 和 1 820 cm^{-1} 处有强吸收峰。核磁共振氢谱数据为：δ=2.0（五重峰，2H），δ=2.8（三重峰，4H）。试推测化合物 A，B，C，D 的结构，并标出化合物 D 的各峰的归属。

解答： A. $BrCH_2CH_2CH_2Br$ B. $NCCH_2CH_2CH_2CN$ C. $HO_2CCH_2CH_2CO_2H$

D. （三重峰，4H）（五重峰，2H）

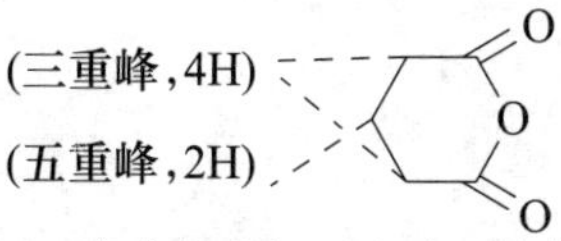

分析：腈水解得二元酸，脱水为环状酸酐。

第 12 章　含氮有机化合物

本章知识点

一、官能团结构

1. 硝基化合物

烃分子中的一个或多个氢原子被—NO_2 取代后的衍生物。

2. 胺

氨（NH_3）中的氢原子被烃基部分或全部取代后的化合物，包括 RNH_2（伯胺），R_2NH（仲胺），R_3N（叔胺）。胺的官能团为氨基（—NH_2，—NHR，—NR_2）。

3. 季铵盐和季铵碱

铵盐或氢氧化铵中的四个氢原子全部被烃基取代后的化合物称为季铵盐或季铵碱。

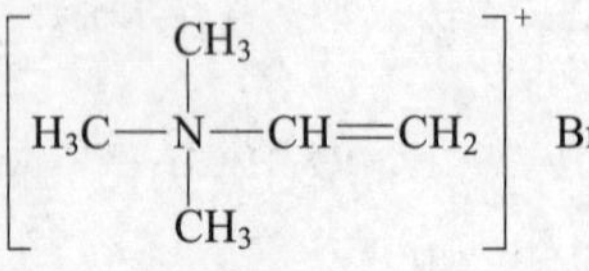

$$\left[H_3C-\overset{CH_3}{\underset{CH_3}{N}}-CH=CH_2\right]^+ Br^- \qquad \left[C_2H_5-\overset{CH(CH_3)_2}{\underset{C_6H_5}{N}}-CH_2-C_6H_5\right]^+ OH^-$$

季铵盐 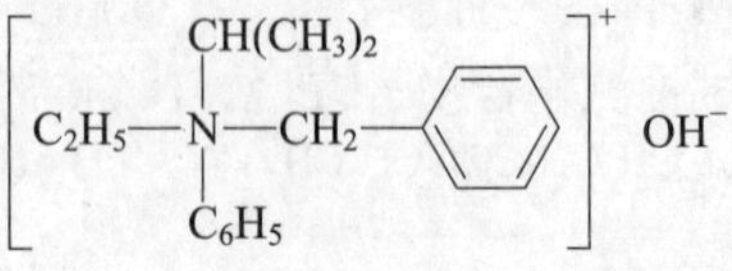　　　　季铵碱

4. 重氮和偶氮化合物

如果在—N=N—基团中只有一个氮原子与烃基相连，而另一个氮原子连接的基团不是烃基，此类化合物称为重氮化合物。

两个烃基分别连接在—N=N—基团两端的化合物称为偶氮化合物。

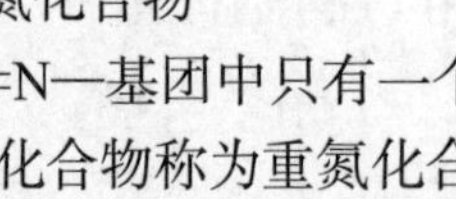

$$C_6H_5-N\equiv N^+Cl^- \qquad C_6H_5-N=N-C_6H_5$$

重氮化合物 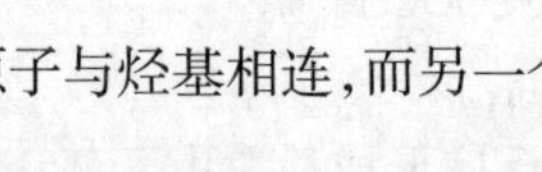　　　　偶氮化合物

5. 叠氮化合物

RN_3 可看成叠氮酸（HN_3）的烃基衍生物，R 除了是烷基外，还可以是芳基或酰基。

6. 腈

（1）腈：RCN（$R-C\equiv N$）

（2）异腈：RNC（$R-\overset{+}{N}\equiv\overset{-}{C} \longleftrightarrow R-\ddot{N}=C:$）

（3）异氰酸酯：R—N═C═O

二、重要的物理性质

1. 硝基化合物

硝基化合物分子极性大，分子间作用力大，沸点较高。脂肪族硝基化合物通常为无色液体，芳香族硝基化合物为高沸点液体或无色、淡黄色固体。芳香族硝基化合物有毒，多硝基化合物具有爆炸性。

2. 胺

1°胺、2°胺都能形成分子间氢键，且 N—H 极化程度低于 O—H，相应的氢键亦弱，使胺的沸点高于相对分子质量相近的烷烃而低于相对分子质量相近的醇。对于碳原子数相同的脂肪胺，沸点高低的顺序为 1°胺 >2°胺 >3°胺。

三、反应机理

1. 芳香族亲核取代反应机理（ArS_N2 机理）

反应分两步进行：

第一步　亲核试剂进攻苯环，生成 σ–络合物（σ–负离子）。

第二步　从中间体碳负离子中离去基团离去，恢复苯环的结构，得到亲核取代的产物。

Cl, NO_2 + ^-OH —慢→ Cl, OH, NO_2 —$-Cl^-$，快→ OH, NO_2

2. Hofmann 消除反应机理（E2 机理）

Hofmann 消除为季铵碱在加热下分解为烯烃、三级胺和水的反应。

$$CH_3CH_2CH(CH_3)—\overset{+}{N}(CH_3)_3\ \overset{-}{O}H \xrightarrow{\triangle} CH_3CH_2CH{=}CH_2 + (CH_3)_3N + H_2O$$

当季铵碱有两个以上 β–H 时，先从含 H 较多的碳原子上脱去 H，即优先生成取代基较少的烯烃，此为 Hofmann 规则（区别于 Saytzeff 规则）。

碱（OH^-）进攻 β–C 上烷基取代基较少的 H（酸性强，位阻小，反应速率快），得到动力学控制产物。

$\overset{-}{O}H$, H, H, N^+ ⟶ [H, H---OH, N^+]$^{\neq}$ ⟶ $CH_3CH_2CH{=}CH_2$ + $(CH_3)_3N$ + H_2O

但也有一些情况下，如 β-C 上连有芳基、乙烯基、羰基等基团时，优先生成共轭结构的烯烃，产物不符合 Hofmann 规则。

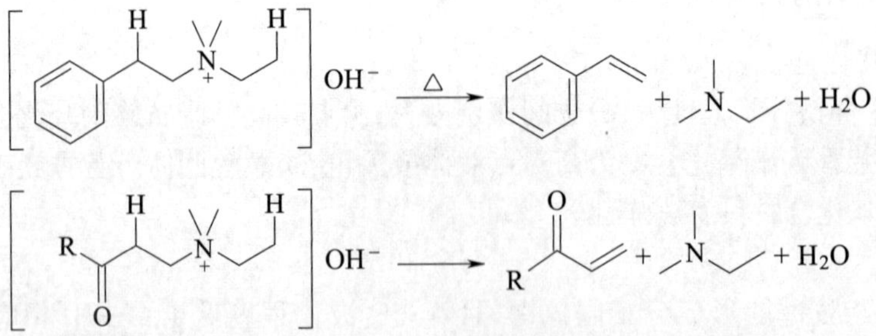

这是因为① 苯环大 π 体系可分散电荷，稳定过渡态，且产物为共轭体系更稳定。② β-C 上连有吸电子基团时，β-C 上的 H 酸性增强，更加活泼，丢失此 H 时形成的过渡态能量相对较低，且产物也是更为稳定的共轭体系。

四、化学性质

1. 硝基化合物

（1）脂肪族硝基化合物

① 还原反应

酸性还原体系或催化氢化。

$$RNO_2 + 3H_2 \xrightarrow{Ni} RNH_2 + 2H_2O$$

$$RNO_2 \xrightarrow{Fe,\ Zn,\ Sn+HCl} RNH_2$$

② α-H 的酸性

由于硝基是强吸电子基团，使 α-H 具有酸性，在强碱作用下，生成亲核试剂碳负离子，可与羰基化合物发生类似羟醛缩合型的反应。该反应称为 Henry 反应，也称 Nitro-Aldol 反应。

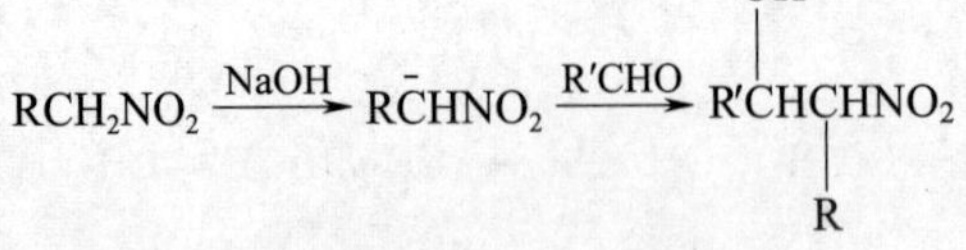

$$RCH_2NO_2 \xrightarrow{NaOH} R\overset{-}{C}HNO_2 \xrightarrow{R'CHO} R'CH(OH)CH(R)NO_2$$

（2）芳香族硝基化合物

① 还原反应

还原条件不同，产物不同。

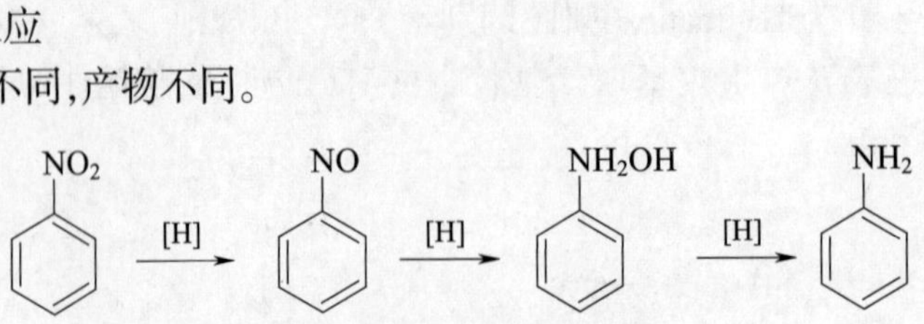

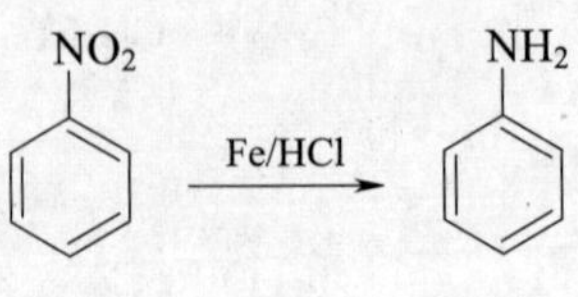

$$C_6H_5NO_2 \xrightarrow{[H]} C_6H_5NO \xrightarrow{[H]} C_6H_5NHOH \xrightarrow{[H]} C_6H_5NH_2$$

$$C_6H_5NO_2 \xrightarrow{Fe/HCl} C_6H_5NH_2$$

$$\text{C}_6\text{H}_5\text{NO}_2 \xrightarrow[\text{H}_2\text{O}]{\text{Zn/NH}_4\text{Cl}} \text{C}_6\text{H}_5\text{NHOH}$$

② 芳环上的亲核取代反应

在芳香族化合物的亲电取代反应中，硝基是致钝的间位定位基；在芳香族化合物的亲核取代反应中，硝基是致活的邻对位定位基。

$$\text{C}_6\text{H}_5\text{Cl} \xrightarrow[(2)\ \text{H}_3\text{O}^+]{(1)\ \text{NaOH, 300℃, 高压}} \text{C}_6\text{H}_5\text{OH}$$

$$p\text{-Cl-C}_6\text{H}_4\text{-NO}_2 \xrightarrow[(2)\ \text{H}_3\text{O}^+]{(1)\ \text{NaOH, 135℃}} p\text{-HO-C}_6\text{H}_4\text{-NO}_2$$

$$2,4\text{-(O}_2\text{N)}_2\text{C}_6\text{H}_3\text{Cl} \xrightarrow[(2)\ \text{H}_3\text{O}^+]{(1)\ \text{Na}_2\text{CO}_3\text{, 100℃}} 2,4\text{-(O}_2\text{N)}_2\text{C}_6\text{H}_3\text{OH}$$

$$2,4,6\text{-(O}_2\text{N)}_3\text{C}_6\text{H}_2\text{Cl} \xrightarrow{\text{H}_2\text{O}} 2,4,6\text{-(O}_2\text{N)}_3\text{C}_6\text{H}_2\text{OH}$$

$$3,4\text{-Cl}_2\text{C}_6\text{H}_3\text{NO}_2 \xrightarrow[\text{H}_2\text{O}]{\text{Na}_2\text{CO}_3} 3\text{-Cl-4-HO-C}_6\text{H}_3\text{NO}_2$$

2. 胺

胺的化学性质主要取决于 N 上的孤对电子，使其具有亲核性和碱性。

（1）胺的碱性

胺分子中 N 上的孤对电子可以接受质子而显碱性，可与酸反应生成铵盐。

$$\text{RNH}_2 + \text{HCl} \rightleftharpoons \text{R}\overset{+}{\text{N}}\text{H}_3\text{Cl}^-$$

铵盐与氢氧化钠溶液反应后，又可释放出游离的胺，可从混合物中分离提纯胺。

$$\text{R}\overset{+}{\text{N}}\text{H}_3\text{Cl}^- + \text{NaOH} \longrightarrow \text{RNH}_2 + \text{NaCl} + \text{H}_2\text{O}$$

胺的碱性强弱受电子效应、空间效应和溶剂化效应影响。

① 电子效应　使 N 上电子密度升高的电子效应使胺的碱性增强，如脂肪胺烷基是

弱的给电子基，使 N 上的电子密度升高，所以脂肪胺的碱性强于无机氨 NH_3；反之，使 N 上电子密度降低的电子效应使胺的碱性减弱，如芳香胺由于氨基给电子的共轭效应，N 上的电子云被分散到苯环，N 上电子密度降低，所以芳香胺的碱性弱于无机氨 NH_3。

② 空间效应　N 上所连基团位阻越小，越有利于 N 上孤对电子结合质子 H^+，使碱性增强，反之碱性减弱。

③ 溶剂化效应　溶剂化效应使胺的碱性增强，而 N 上的活泼氢越多，溶剂化效应越强。

（2）胺的烃基化

胺作为亲核试剂，可与卤代烃通过 S_N2 反应在 N 上引入烃基，最后生成季铵盐；季铵盐与湿的氧化银反应可用来制备季铵碱。

$$RNH_2 + CH_3X \longrightarrow RNHCH_3 \xrightarrow{CH_3X} RN(CH_3)_2 \xrightarrow{CH_3X} R\overset{+}{N}(CH_3)_3\ X^- \xrightarrow[H_2O]{Ag_2O} R\overset{+}{N}(CH_3)_3\ OH^-$$

（3）Hofmann 消除反应

Hofmann 消除为季铵碱在加热下分解为烯烃、三级胺和水的反应。产物遵循 Hofmann 规则，即当季铵碱有两个以上 β–H 时，先从含 H 较多的碳原子上脱去 H。即，优先生成取代基较少的烯烃。但也有一些情况下，如 β–C 上还有芳基、乙烯基、羰基等基团时，优先生成共轭结构的烯烃，产物不符合 Hofmann 规则。

$$CH_3CH_2\underset{}{\overset{CH_3}{\overset{|}{C}H}}—\overset{+}{N}(CH_3)_3\ \ \bar{O}H \xrightarrow{\triangle} CH_3CH_2CH{=}CH_2 + (CH_3)_3N + H_2O$$

（4）胺的酰基化和兴斯堡反应

① 胺的酰基化　胺作为亲核试剂，可与酰卤或酸酐发生亲核取代反应（加成–消除机理），生成酰胺。

1° 胺或 2°胺：

$$RNH_2(\text{或}\ R_2NH) + R'—\overset{O}{\overset{\|}{C}}—L \longrightarrow R'—\overset{O}{\overset{\|}{C}}—N\begin{matrix}R(H)\\R\end{matrix}$$

3° 胺：

$$R_3N + R'—\overset{O}{\overset{\|}{C}}—L \longrightarrow \text{不反应}$$

② 兴斯堡反应（胺的磺酰化反应）　可用于鉴别 1°胺、2°胺和 3°胺。

$$RNH_2 + C_6H_5SO_2Cl \longrightarrow \underset{\text{白色沉淀}}{C_6H_5SO_2N(R)H}\downarrow \xrightarrow{NaOH} \underset{\text{溶解}}{C_6H_5SO_2\bar{N}(R)\ Na^+}$$

$$R_2NH + C_6H_5SO_2Cl \longrightarrow C_6H_5SO_2NR_2\downarrow$$

白色沉淀

$$R_3N + C_6H_5SO_2Cl \longrightarrow \text{不反应}$$

（5）胺与亚硝酸的反应

1°胺、2°胺和 3°胺与亚硝酸发生不同的反应，呈现出不同的反应现象，故也可用于 1°胺、2°胺和 3°胺的鉴别。

对于脂肪胺：

$$RNH_2 + \underbrace{NaNO_2 + HX}_{HNO_2} \longrightarrow [R-\overset{+}{N}\equiv N\overset{-}{X}] \longrightarrow \overset{+}{R} + \overset{-}{X} + N_2\uparrow$$

重氮盐 极不稳定；立即放出氮气

$$R_2NH + NaNO_2 + HX \longrightarrow R_2N-N=O + H_2O$$

N–亚硝基化合物 黄色油状物或固体

$$R_3N + NaNO_2 + HX \longrightarrow \text{不反应}$$

对于芳香胺：

$$C_6H_5-NH_2 \xrightarrow[0\sim5℃]{NaNO_2/HCl} C_6H_5-\overset{+}{N_2}\overset{-}{X}$$

重氮盐（0~5℃稳定）

$$C_6H_5-NHR \xrightarrow{HNO_2} C_6H_5-N(NO)R$$

棕色油状物或固体

$$C_6H_5-NR_2 \xrightarrow{HNO_2} ON-C_6H_4-NR_2$$

绿色叶片状

（6）胺的氧化和 Cope 消除反应

$$RNH_2 \xrightarrow{H_2O_2} \left[R-\overset{O^-}{\underset{H}{N^+}}-H\right] \longrightarrow R-N(OH)-H \longrightarrow R-N=O \longrightarrow RNO_2\ (\text{产物复杂})$$

$$R_2NH \xrightarrow{H_2O_2} R-\overset{\overset{O^-}{|}}{\underset{\underset{R}{|}}{N^+}}-H \longrightarrow R-\overset{\overset{OH}{|}}{N}-R \text{ (羟胺)}$$

$$R_3N \xrightarrow{H_2O_2} R-\overset{\overset{O^-}{|}}{\underset{\underset{R}{|}}{N^+}}-R \text{ (氧化叔胺)}$$

1°胺氧化产物复杂，无实际意义；2°胺氧化得羟胺，3°胺氧化得氧化叔胺，氧化叔胺受热后发生 Cope 消除，得到烯烃和羟胺：

$$C_6H_{11}CH_2\overset{+}{N}(O^-)(CH_3)_2 \xrightarrow{\triangle} C_6H_{10}{=}CH_2 + (CH_3)_2NOH$$

3. 重氮化合物和偶氮化合物

（1）重氮盐的制备（重氮化反应）

一级芳香胺与亚硝酸（或亚硝酸盐和过量酸）在低温下反应生成芳香重氮盐。

$$C_6H_5NH_2 + NaNO_2 + 2H_2SO_4 \xrightarrow{0\sim5℃} C_6H_5N_2^+HSO_4^- + NaHSO_4 + 2H_2O$$

$$C_6H_5NH_2 + NaNO_2 + 2HCl \xrightarrow{0\sim5℃} C_6H_5N_2^+Cl^- + NaCl + 2H_2O$$

$$ArNH_2 + NaNO_2 + 2HCl \xrightarrow{0\sim5℃} ArN_2^+Cl^- + NaCl + 2H_2O$$

（2）重氮盐的反应

① 取代反应

$$ArN_2^+ \xrightarrow{H_2O} ArOH$$

$$ArN_2^+ \xrightarrow{H_3PO_2} ArH$$

$$ArN_2^+ \xrightarrow{HBF_4} ArN_2^+BF_4^- \xrightarrow{\triangle} ArF \text{ (Schiemann 反应)}$$

$$ArN_2^+ \xrightarrow[X=Cl,\,Br]{CuX,\,HX,\,\triangle} ArX \text{ (Sandmeyer 反应)}$$

$$ArN_2^+ \xrightarrow[\triangle]{CuCN,\,KCN} ArCN$$

$$ArN_2^+ \xrightarrow[X=Cl,Br]{Cu,\,HX,\,\triangle} ArX \text{ (Gattermann 反应)}$$

$$ArN_2^+ \xrightarrow{KI,\,\triangle} ArI$$

② 偶联反应

重氮盐可以在弱碱性(pH=8～10)条件下与酚偶联,也可以在弱酸性(pH=5～7)条件下与芳香叔胺偶联,生成偶氮化合物。

偶联反应总是优先发生在对位,若对位被占据,则在邻位反应。

$$ArN^+\equiv N\ Cl^- + C_6H_5OH \xrightarrow{\text{弱碱性}} ArN{=}N{-}C_6H_4{-}OH\ (对位)$$

$$ArN^+\equiv N\ Cl^- + H_3C{-}C_6H_4{-}OH \xrightarrow{\text{弱碱性}} ArN{=}N{-}C_6H_3(OH)(CH_3)\ (偶氮基在OH邻位)$$

$$ArN^+\equiv N\ Cl^- + C_6H_5N(CH_3)_2 \xrightarrow{\text{弱酸性}} ArN{=}N{-}C_6H_4{-}N(CH_3)_2\ (对位)$$

五、胺的制备

1. 含氮化合物的还原

(1)硝基化合物的还原(制备1°胺)

$$RNO_2 \xrightarrow{[H]} RNH_2$$

常用还原剂有 Pt/H_2, Sn/HCl, Fe/HCl 或 Zn/HCl。

(2)腈和肟的还原(制备1°胺)

$$RCN \xrightarrow{[H]} RCH_2NH_2$$

$$(H)R{-}\overset{\overset{\displaystyle NOH}{\|}}{C}{-}R'(H) \xrightarrow{[H]} (H)R{-}\underset{\underset{\displaystyle H}{|}}{\overset{\overset{\displaystyle NH_2}{|}}{C}}{-}R'(H)$$

常用还原剂有 Ni/H_2 和 $LiAlH_4$。

(3)酰胺的还原(制备1°胺、2°胺和3°胺)

$$R\overset{\overset{\displaystyle O}{\|}}{C}NH_2 \xrightarrow{[H]} \underset{\text{一级胺}}{RCH_2NH_2}$$

$$R\overset{\overset{\displaystyle O}{\|}}{C}NHR' \xrightarrow{[H]} \underset{\text{二级胺}}{RCH_2NHR'}$$

$$R\overset{\overset{\displaystyle O}{\|}}{C}NR'_2 \xrightarrow{[H]} \underset{\text{三级胺}}{RCH_2NR'_2}$$

常用还原剂有 Ni/H_2, $LiAlH_4$ 或 B_2H_6。

2. 氨(胺)的烃基化反应

$$NH_3 + RX \longrightarrow \underset{一级胺}{RNH_2} \xrightarrow{RX} \underset{二级胺}{R_2NH} \xrightarrow{RX} \underset{三级胺}{R_3N} \xrightarrow{RX} \underset{季铵盐}{R_4\overset{+}{N}H_3 \quad X^-}$$

反应不易控制在中间阶段，往往得到不同胺的混合物，所以不适合用于实验室制备，在工业制备中有一定意义。

3. Gabriel 合成法

Gabriel 合成法是实验室合成纯净伯胺的重要方法。

$$\text{邻苯二甲酰亚胺(NH)} \xrightarrow{KOH} \text{邻苯二甲酰亚胺}N^-K^+ \xrightarrow{RX} \text{邻苯二甲酰亚胺}N-R \xrightarrow[\text{或}H_2O/OH^- \text{ 或}H_2NNH_2]{H_2O/H^+} RNH_2$$

4. Hofmann 重排（酰胺的 Hofmann 降级反应）

酰胺与次卤酸盐的碱溶液反应，可制备比酰胺少一个碳原子的一级胺。

$$R-\overset{O}{\overset{\|}{C}}-NH_2 \xrightarrow[\text{或}Br_2/NaOH]{NaOBr} R-NH_2$$

5. 醛、酮的还原胺化

醛、酮与胺（氨）反应生成亚胺，亚胺被还原剂还原，生成 1°胺、2°胺或 3°胺的反应。

$$R-\overset{O}{\overset{\|}{C}}-R' \xrightarrow{R''NH_2} R-\overset{NR''}{\overset{\|}{C}}-R' \xrightarrow{[H]} R-\overset{NHR''}{\overset{|}{C}}-R' \atop \qquad\qquad\qquad\qquad\qquad\qquad\qquad\qquad H$$

例题解析

例题 12-1 用系统命名法命名下列化合物。

1. $CH_3CH_2CH_2NO_2$

解答： 1-硝基丙烷

2. $(CH_3)_2NH$

解答： 二甲（基）胺

3. $CH_3\overset{Br}{\overset{|}{C}}HCH_2NHCH_2CH_2CH_2CH_3$

解答：（2-溴丙基）（丁基）胺

4. （键线式：N 上连乙基、丙基、甲基）

解答： 乙基（甲基）丙基胺

5. $(CH_3)_3C_6H_5CH_2\overset{+}{N} \quad Br^-$

解答： 溴化苄基（三甲基）铵

6. $(CH_3)_4\overset{+}{N} \quad OH^-$

解答：氢氧化四甲基铵

7. $CH_3\overset{+}{N}H_3 \quad Cl^-$

解答：氯化甲铵

8. $C_6H_5-N=N-C_6H_5$

解答：二苯基乙氮烯

9. $C_6H_5N_2^+ BF_4^-$

解答：四氟硼酸苯重氮盐

10. $C_6H_5-N=N-C_6H_4-COOH$（对位）

解答：4-（苯基乙氮烯基）苯甲酸

例题 12-2 完成下列反应式。

1. 苯 $\xrightarrow[H_2SO_4]{HNO_3}$ $\xrightarrow{Fe/HCl}$ (　　　) $\xrightarrow{Br_2/H_2O}$ (　　　) $\xrightarrow[0\sim5℃]{NaNO_2,\ 过量H_2SO_4}$ (　　　)

$\xrightarrow{H_2O,\ \triangle}$ (　　　)

解答：苯胺（$C_6H_5NH_2$）；2,4,6-三溴苯胺；2,4,6-三溴苯重氮硫酸氢盐（$N_2^+\ HSO_4^-$）；2,4,6-三溴苯酚

分析：该题考查芳烃的亲电取代反应及定位规则，芳香族硝基化合物的还原及重氮盐的合成及水解反应。

2. 邻苯二甲酰亚胺 $\xrightarrow{KOH}$ (　　　) $\xrightarrow{(\quad)}$ (　　　) $\xrightarrow{(\quad)}$ $CH_2=CH-CH_2NH_2$

解答：邻苯二甲酰亚胺钾（NK）；$CH_2=CH-CH_2Cl$；N-烯丙基邻苯二甲酰亚胺（$N-CH_2-CH=CH_2$）；NaOH/H_2O

分析：该题考查 Gabriel 伯胺合成法。

3. $(CH_3)_2CHCOOH \xrightarrow{SOCl_2}$ (　　　) $\xrightarrow{NH_3,\ \triangle}$ (　　　) $\xrightarrow{Br_2/NaOH}$ (　　　)

解答：$(CH_3)_2CHCOCl$；$(CH_3)_2CHCONH_2$；$(CH_3)_2CHNH_2$

分析：该题考查酰卤的制备及氨解，以及酰胺的 Hofmann 重排（Hofmann 降级）反应。

4. (3-methylbutyl)ethylamine $\xrightarrow{\text{过量}CH_3I}$ (　　) $\xrightarrow{Ag_2O(\text{湿})}$ (　　)

$\xrightarrow{\triangle}$ (　　) + (　　) + H_2O

解答: $[(CH_3)_2CHCH_2CH_2N(CH_3)_2CH_2CH_3]^+I^-$；$[(CH_3)_2CHCH_2CH_2N(CH_3)_2CH_2CH_3]^+OH^-$；$CH_2{=}CH_2$；$(CH_3)_2CHCH_2CH_2N(CH_3)_2$

分析: 该题考查胺的彻底烃基化反应制备季铵盐,以及季铵碱的制备及 Hofmann 消除反应。

5. $C_6H_5CHO + C_6H_5NH_2 \longrightarrow$ (　　) $\xrightarrow{H_2/Ni}$ (　　)

解答: $C_6H_5-CH{=}N-C_6H_5$；$C_6H_5-CH_2NH-C_6H_5$

分析: 该题考查醛、酮与胺的亲核加成反应,以及亚胺还原制备胺。

6. 1,3-$C_6H_4(NO_2)_2$ $\xrightarrow{NH_4SH}$ (　　)

解答: 3-$O_2N-C_6H_4-NH_2$

分析: 该题考查芳香族多硝基化合物的选择性还原。

7. 4-$CH_3C_6H_4NH_2$ $\xrightarrow{NaNO_2/HCl}$ (　　) $\xrightarrow[HCl]{CuCl}$ (　　)

解答: 4-$CH_3C_6H_4N_2^+Cl^-$；4-$CH_3C_6H_4Cl$

分析: 该题考查重氮盐的制备及 Sandmeyer 反应。

8. $C_6H_5NH_2$ $\xrightarrow{NaNO_2/HCl}$ $\xrightarrow{HBF_4}$ $\xrightarrow{\triangle}$ (　　)

F

解答：

分析：该题考查重氮盐的 Schiemann 反应。

例题 12−3 选择题与排序题。

1. 下列化合物中，碱性最强的是(　　)。

A. $CH_3CH_2CH_2NH_2$　　B. $(CH_3CH_2)_4N^+OH^-$

C. 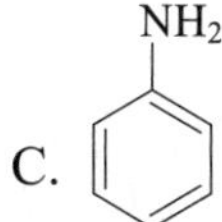

D. $CH_3CONHCH_3$

解答：B

分析：季铵碱为强碱，碱性类似 NaOH，在水中能完全解离出 OH^-。

2. 下列化合物的碱性由强到弱的顺序是(　　)。

A. 

B. 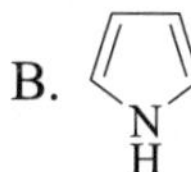

C. 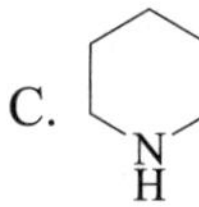

D. N

解答：C>A>D>B

分析：脂肪胺的氮原子上给电子的烷基增多，使氮原子上的电子密度升高，从而碱性增强；而在吡咯中，氮原子的未共用电子对参与了共轭，使其碱性变弱。

3. 下列化合物能溶于 NaOH 水溶液的是(　　)。

A. 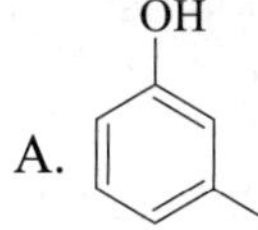

B. $(CH_3)_2CHNO_2$

C. $(CH_3)_3CNO_2$

D. NO_2

解答：A、B

分析：酚的酸性强于水，强酸制备弱酸，所以与 NaOH 反应生成酚钠溶于水；而由于硝基的强吸电子效应，使其 α−H 也有较强的酸性，可与 NaOH 反应成盐溶于水。

4. 化合物 N^+ OH^- 在加热下发生 Hofmann 消除反应得到的主产物是(　　)。

A.　　B. $CH_2{=}CH_2$　　C. $CH_3CH{=}CH_2$　　D. CH_3OH

解答：A

分析：Hofmann 消除反应，当季铵碱有两个以上 β-H 时，先从含 H 较多的碳原子上脱去 H。即优先生成取代基较少的烯烃（Hofmann 规则）。但需注意在一些特殊情况下，如当 β-C 上有芳基、乙烯基、羰基等基团时，产物不符合 Hofmann 规则，优先生成热力学上更稳定的共轭烯烃。

5. 下列化合物的碱性由强到弱的顺序是（　　）。

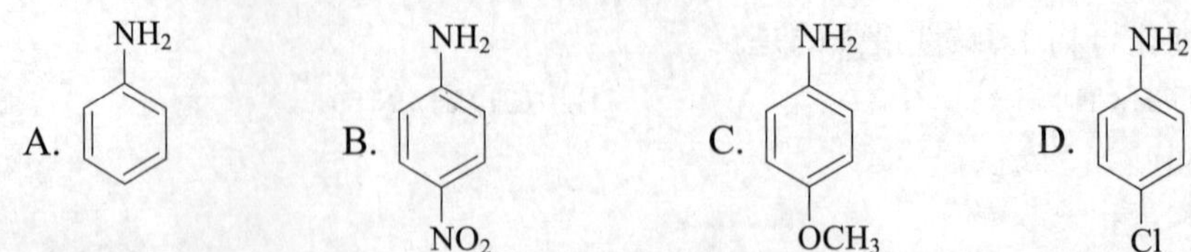

解答：C>A>D>B

分析：对于芳香胺，当苯环上连有吸电子基团，将使氮原子上的电子密度降低，碱性降低；反之，连有给电子基团会使碱性增强。

6. 在下列化合物中，可以形成分子内氢键的是（　　）。

A. 对硝基苯酚　B. 邻硝基苯酚　C. 邻甲基苯酚　D. 对甲基苯酚

解答：B

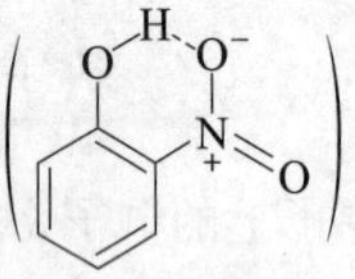

7. 下列化合物与 NaOH 溶液反应，反应速率最快的是（　　）。

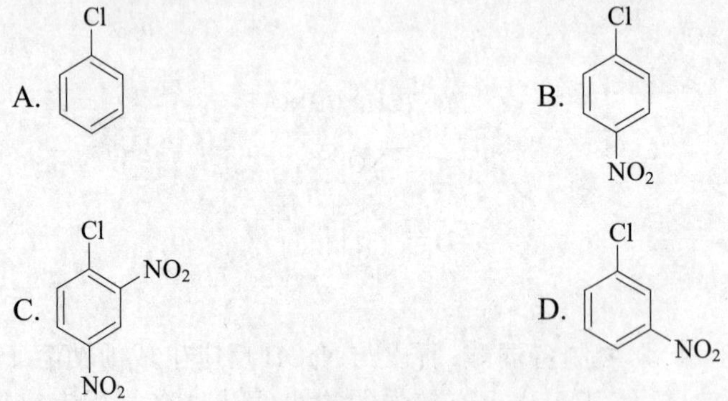

解答：C

分析：在芳香族化合物的亲核取代反应中，硝基是致活的邻对位定位基。

8. Gabriel 合成法常用于实验室中制备（　　）。

A. 伯胺　B. 仲胺　C. 叔胺　D. 季铵盐

解答：A

9. 下列化合物的沸点由高到低的顺序是（　　）。

A. 乙烷　B. 乙酸　C. 乙胺　D. 乙醇

解答：B>D>C>A

分析：乙烷为非极性分子，所以沸点最低；而乙酸、乙胺、乙醇均为极性分子，且能形成分子间氢键，其中乙酸可以通过分子间氢键形成二聚体，使其沸点显著升高；而乙胺由于 N—H 键极化程度低于 O—H 键，相应的氢键亦弱，故乙胺的沸点低于乙醇。

10. 可以用于鉴别甲基乙基胺、三甲胺、正丙基胺的试剂有（　　）。

A. Lucas 试剂　　B. 苯磺酰氯 / NaOH 溶液

C. 亚硝酸　　D. 硝酸银 / 乙醇

解答：B、C

例题 12-4　鉴别题与分离题。

1. 用化学方法鉴别苯胺、苯酚和环己胺。

解答：分别加入溴水，生成白色沉淀的为苯胺和苯酚，无现象是环己胺；然后在有白色沉淀生成的两种化合物中加入 $FeCl_3$ 溶液，显色的是苯酚，无现象的是苯胺。

分析：本题考查苯胺、苯酚的鉴别。

2. 如何分离沸点相近的 $n\text{-}C_{10}H_{21}NH_2$ 和 $n\text{-}C_{12}H_{26}$？

解答：加入 10% H_2SO_4 溶液，$n\text{-}C_{12}H_{26}$ 不反应（有机相），$n\text{-}C_{10}H_{21}NH_2$ 和 10% H_2SO_4 溶液反应生成盐，并溶于其中（水相）。分液，上层有机相为 $n\text{-}C_{12}H_{26}$；下层水相中加入碱，再用有机溶剂萃取，将溶剂蒸馏掉，得到 $n\text{-}C_{10}H_{21}NH_2$。

分析：本题考查胺的碱性，可与酸反应成盐而溶于水。

3. 用化学方法鉴别甲胺、甲基乙基胺和三乙胺。

解答：

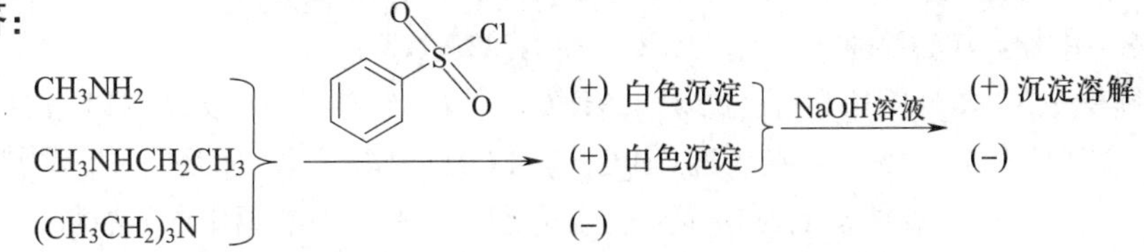

分析：本题考查兴斯堡反应鉴别 1°胺、2°胺和 3 °胺。

4. 如何分离甲苯、苯胺、苯酚和苯甲酸？

解答：

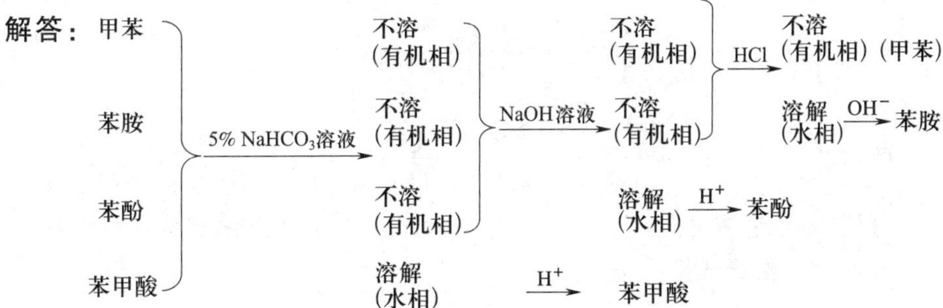

分析：本题考查胺的碱性，可与酸生成盐溶于水；以及苯酚、羧酸、碳酸的酸性强弱顺序（羧酸 > 碳酸 > 苯酚），利用强酸制备弱酸的概念，分离不同类别化合物。

5. *N*-甲基苯胺中混有少量苯胺和 *N*,*N*-二甲基苯胺，怎样将 *N*-甲基苯胺提纯？

解答：

(A) N-甲基苯胺（$C_6H_5NHCH_3$），(B) 苯胺（$C_6H_5NH_2$），(C) N,N-二甲基苯胺，与 $H_3C-C_6H_4-SO_2Cl$ 反应 → $C_6H_5N(CH_3)-SO_2-C_6H_4-CH_3$ (D)，$C_6H_5NH-SO_2-C_6H_4-CH_3$ (E)，$C_6H_5N(CH_3)_2$ (C) $\xrightarrow{\text{蒸馏除去(C)}}$ $\xrightarrow[\text{洗除(E)}]{\text{NaOH溶液}}$

有机相：$C_6H_5N(CH_3)-SO_2-C_6H_4-CH_3$ (D) $\xrightarrow[\triangle]{H^+}$ $C_6H_5NH(CH_3)\cdot HCl$ $\xrightarrow{OH^-}$ $C_6H_5NHCH_3$ (A)

分析：此题考查兴斯堡反应分离鉴别 1°胺、2°胺和 3°胺。

6. 用化学方法鉴别 $(C_2H_5)_3NH^+Cl^-$ 和 $(C_2H_5)_4N^+Cl^-$。

解答：加入 NaOH 溶液，$(C_2H_5)_3NH^+Cl^-$ 反应游离出三级胺 $(C_2H_5)_3N$ 油状物；$(C_2H_5)_4N^+Cl^-$ 有部分反应生成 $(CH_3CH_2CH_2)_4N^+OH^-$ 也溶于水中，无分层或油状物生成。

分析：本题考查铵盐有活泼氢，可与碱反应生成水并游离出胺（油状物）；而季铵盐与氢氧化钠发生离子交换反应，生成的季铵碱也溶于水。

例题 12-5　合成题。

1. 以不超过 4 个碳原子的有机化合物为原料制备 环己基甲胺（$C_6H_{11}CH_2NH_2$）。

解答：1,3-丁二烯 + $CH_2=CH-CN$ $\xrightarrow{\triangle}$ 3-环己烯甲腈 $\xrightarrow{H_2/Ni}$ $C_6H_{11}CH_2NH_2$

分析：本题考查 Diels-Alder 反应生成六元环，以及伯胺的制备。

2. 由正丁醛合成正戊胺。

解答：$CH_3CH_2CH_2CHO$ $\xrightarrow{NaBH_4}$ $CH_3CH_2CH_2CH_2OH$ $\xrightarrow{SOCl_2}$ $CH_3CH_2CH_2CH_2Cl$ $\xrightarrow{NaCN}$

$CH_3CH_2CH_2CH_2CN$ $\xrightarrow{H_2/Ni}$ $CH_3CH_2CH_2CH_2CH_2NH_2$

分析：本题主要考查通过引入氰基来合成多一个碳原子的伯胺。

3. 由正丁醇合成正丙胺。

解答: 正丁醇 $\xrightarrow{K_2Cr_2O_7}$ 正丁酸 $\xrightarrow{SOCl_2}$ 正丁酰氯 $\xrightarrow{NH_3}$ 正丁酰胺 $\xrightarrow{Br_2/NaOH}$ 正丙胺

分析:本题主要考查利用 Hofmann 降级反应合成少一个碳原子的伯胺。

4. 用 Gabriel 合成法合成苄胺。

解答: 邻苯二甲酰亚胺 $\xrightarrow{KOH}$ 邻苯二甲酰亚胺钾 + 苄溴 $\longrightarrow$ N-苄基邻苯二甲酰亚胺 $\xrightarrow{NaOH/H_2O}$ 苄胺

分析:本题主要考查 Gabriel 合成法用于实验室合成纯净伯胺。

5. 以苯为原料合成对硝基苯胺。

解答: 苯 $\xrightarrow{混酸}$ 硝基苯 $\xrightarrow{Fe/HCl}$ 苯胺 $\xrightarrow{CH_3COCl}$ 乙酰苯胺 $\xrightarrow[CH_3CH_2OH]{HNO_3}$ 对硝基乙酰苯胺 $\xrightarrow{H_2O/H^+}$ 对硝基苯胺

分析:本题主要考查苯胺氨基的保护来阻止氨基的氧化,并降低苯环上氢原子发生亲电取代反应的活性,减少多取代产物的生成。

6. 由 2-甲基-3-己胺（NH_2） 合成 2-甲基-3-己烯 。

解答: 2-甲基-3-己胺 $\xrightarrow{过量CH_3I}$ $\overset{+}{N}(CH_3)_3$ I^- 季铵盐 $\xrightarrow{Ag_2O(湿)}$ $\overset{+}{N}(CH_3)_3$ OH^- 季铵碱 $\xrightarrow{\triangle}$ 2-甲基-3-己烯

分析:本题主要考查由原料胺合成烯烃,一般采取季铵碱的 Hofmann 消除反应。

7. 由甲苯合成 3,4-二溴甲苯。

解答：（反应式：甲苯 $\xrightarrow{混酸}$ 对硝基甲苯 $\xrightarrow{Fe/HCl}$ 对甲苯胺 $\xrightarrow{CH_3COCl}$ 对甲基乙酰苯胺 $\xrightarrow{Br_2/H_2O}$ 2-溴-4-甲基乙酰苯胺 $\xrightarrow{H_2O/H^+}$ 2-溴-4-甲基苯胺 $\xrightarrow{NaNO_2/HCl}$ 重氮盐（$N_2^+Cl^-$） $\xrightarrow[HBr,\triangle]{CuBr}$ 3,4-二溴甲苯）

分析：本题主要考查利用重氮盐的取代反应来制备不满足芳烃亲电取代反应定位规则的取代芳烃。

8. 如何由乙基苯高产率地合成间硝基乙基苯？

解答：（反应式：乙苯 $\xrightarrow{混酸}$ 对硝基乙苯 + 邻硝基乙苯（NO_2） $\xrightarrow{Fe/HCl}$ 对乙基苯胺 + 邻乙基苯胺（NH_2） $\xrightarrow{(CH_3CO)_2O}$ 对乙基乙酰苯胺 + 邻乙基乙酰苯胺 $\xrightarrow{HNO_3}$ 4-乙基-2-硝基乙酰苯胺 + 2-乙基-4-硝基乙酰苯胺 $\xrightarrow{H_2O/H^+}$ 4-乙基-2-硝基苯胺 + 2-乙基-4-硝基苯胺 $\xrightarrow{NaNO_2/HCl}$ 相应重氮盐（$N_2^+Cl^-$）+ 相应重氮盐 $\xrightarrow{H_3PO_2}$ 间硝基乙苯）

分析：本题主要考查利用氨基作为导向基团在合成中的应用，以及利用重氮盐的还原反应脱除导向基团。

9. 由苯制备均三溴苯。

解答：（反应式：苯 $\xrightarrow{混酸}$ 硝基苯（NO_2） $\xrightarrow{Fe/HCl}$ 苯胺（NH_2） $\xrightarrow{Br_2}$ 2,4,6-三溴苯胺 $\xrightarrow{NaNO_2/HCl}$）

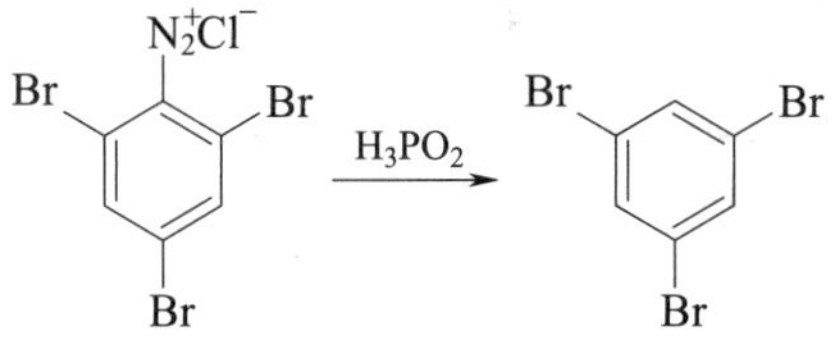

分析：本题主要考查利用氨基作为导向基团在合成中的应用，以及利用重氮盐的还原反应脱除导向基团。

10. 由苯制备间氟异丙苯。

解答：

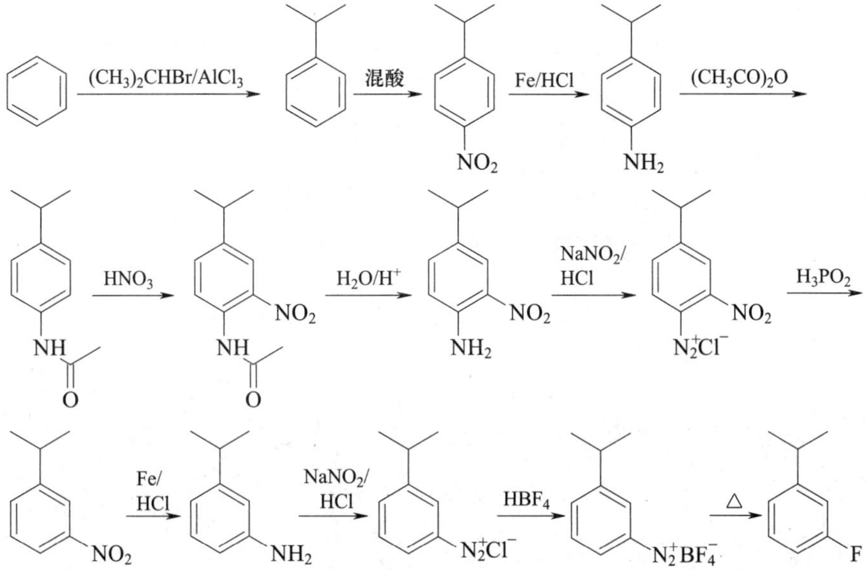

分析：本题主要考查芳烃的 Friedel-Crafts 烷基化反应，氨基作为导向基团在合成中的应用，利用重氮盐的还原反应脱除导向基团，以及 Schiemann 反应在苯环上引入 F。

11. 由苯合成对碘甲苯。

解答：

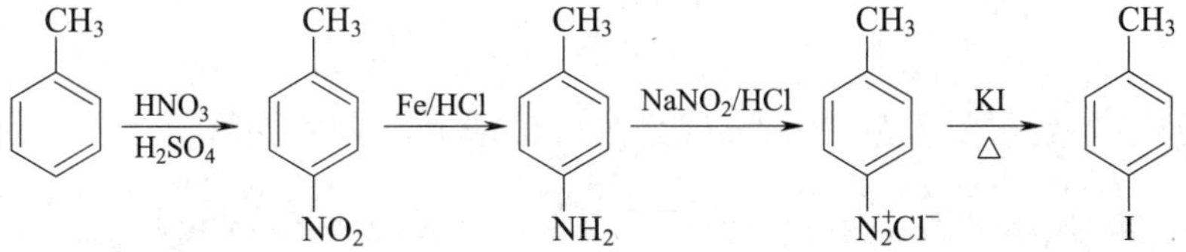

分析：本题主要考查利用重氮盐的取代反应在苯环上引入 I。

12. 由苯合成对氯苯酚。

解答：

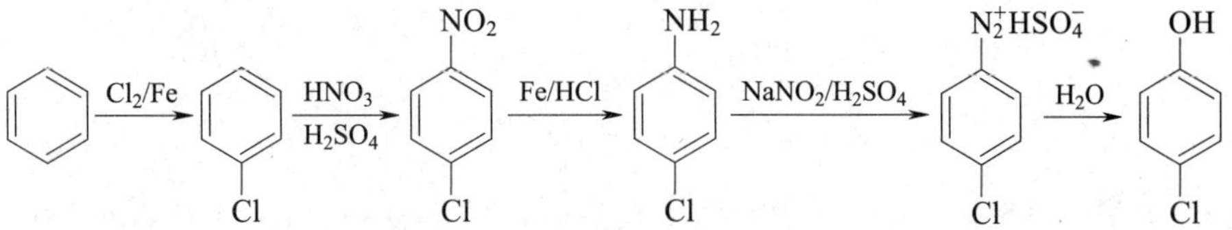

分析：本题主要考查利用重氮盐的水解反应合成苯酚。

13. 由甲苯合成偶氮染料 2-氨基-5-甲基-4'-甲基偶氮苯（结构式）。

解答：甲苯 $\xrightarrow[H_2SO_4]{HNO_3}$ 对硝基甲苯（CH_3，NO_2）$\xrightarrow{Fe/HCl}$ 对甲苯胺（CH_3，NH_2）

对甲苯胺（CH_3，NH_2）$\xrightarrow{NaNO_2/HCl}$ 对甲基苯重氮盐（CH_3，$N_2^+Cl^-$）

两者 $\longrightarrow$ 偶氮染料（NH_2，$-N=N-$）

分析：本题主要考查利用重氮盐与胺的偶联反应制备偶氮染料。

14. 由苯酚合成 $CH_3O-C_6H_4-N=N-C_6H_4-OCH_3$。

解答：苯酚（OH）$\xrightarrow{NaOH}$ 苯酚钠（ONa）$\xrightarrow{CH_3I}$ 苯甲醚（OCH_3）$\xrightarrow[H_2SO_4]{HNO_3}$ 对硝基苯甲醚（OCH_3，NO_2）$\xrightarrow{Fe/HCl}$ 对甲氧基苯胺（OCH_3，NH_2）

$\xrightarrow{NaNO_2/HCl}$ 对甲氧基苯重氮盐（OCH_3，$N_2^+Cl^-$）+ 苯酚（OH）$\xrightarrow{pH=8\sim10}$ $CH_3O-C_6H_4-N=N-C_6H_4-OH$

$\xrightarrow[(2)\ CH_3I]{(1)\ NaOH}$ $CH_3O-C_6H_4-N=N-C_6H_4-OCH_3$

分析：本题主要考查利用重氮盐与酚的偶联反应制备偶氮化合物。

15. 由苯、甲苯为原料合成 $HO-C_6H_4-N=N-C_6H_4-CH_3$。

解答：甲苯（CH_3）$\xrightarrow[H_2SO_4]{HNO_3}$ 对硝基甲苯（CH_3，NO_2）$\xrightarrow{Fe/HCl}$ 对甲苯胺（CH_3，NH_2）$\xrightarrow{NaNO_2/HCl}$ 对甲基苯重氮盐（CH_3，$N_2^+Cl^-$）

苯 $\xrightarrow{H_2SO_4}$ 苯磺酸（SO_3H）$\xrightarrow{Na_2SO_3}$ 苯磺酸钠（SO_3Na）$\xrightarrow{NaOH(熔融)}$ 苯酚钠（ONa）$\xrightarrow{H_3O^+}$ 苯酚（OH）

HO—⟨苯环⟩ + $^{-}Cl^{+}N_2$—⟨苯环⟩—CH_3 $\xrightarrow{弱碱性}$ HO—⟨苯环⟩—N=N—⟨苯环⟩—CH_3

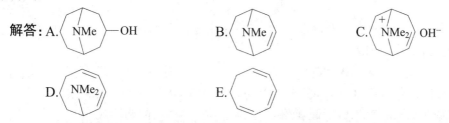

分析：本题主要考查利用重氮盐与酚的偶联反应制备偶氮化合物。

例题 12-6 推测结构式。

1. 化合物（NCH_3 桥环酮，=O）还原得到醇 A（$C_9H_{17}ON$），A 加热脱水得到 B（$C_9H_{15}N$），B 和 CH_3I 反应后再用湿的 Ag_2O 处理得到 C（$C_{10}H_{19}ON$），C 加热得到 D（$C_{10}H_{17}N$），D 再用上述处理 B 的方法进行同样处理，得到环状烯烃 E（C_8H_{10}），写出化合物 A～E 的结构式。

解答： A.（NMe 桥环，—OH） B.（NMe 桥环烯） C.（$\overset{+}{N}Me_2$ 桥环烯）OH^-

D.（NMe_2 环辛二烯） E.（环辛三烯）

分析：本题主要考查胺的彻底烃基化反应制备季铵盐，季铵碱的制备，以及 Hofmann 消除反应制备烯烃。

2. 化合物 A（$C_{13}H_{19}N$）和过量 CH_3I 反应得 B（$C_{14}H_{22}NI$），B 用湿的 Ag_2O 处理后得 C，C 加热得 D（C_5H_8）和 E（$C_9H_{13}N$），D 经臭氧化和还原水解得到戊二醛。E 的核磁共振谱图数据为 δ=7.5（多重峰，5H），δ=2.3（单峰，6H），δ=3.9（单峰，2H）。写出化合物 A～E 的结构式。

解答： A. $C_6H_5CH_2N(CH_3)$—环戊基 B. $[C_6H_5CH_2N(CH_3)_2$—环戊基$]^+ I^-$

C. $[C_6H_5CH_2N(CH_3)_2$—环戊基$]^+ OH^-$ D. 环戊烯 E. $C_6H_5CH_2N(CH_3)_2$

分析：本题主要考查胺的彻底烃基化反应制备季铵盐，季铵碱的制备，以及 Hofmann 消除反应。

3. 根据下面的实验事实，推测化合物 A～D 的结构。

$$\underset{(C_9H_{19}N)}{A} \xrightarrow{过量\ CH_3I} \xrightarrow{Ag_2O(湿)} \xrightarrow{\triangle} CH_2=CH_2 + \underset{(C_8H_{17}N)}{B} \xrightarrow{过量\ CH_3I} \xrightarrow{Ag_2O(湿)} \xrightarrow{\triangle}$$

$$\underset{(C_9H_{19}N)}{C} \xrightarrow{过量\ CH_3I} \xrightarrow{Ag_2O(湿)} \xrightarrow{\triangle} (CH_3)_3N + D \xrightarrow[(2)\ Zn/H_2O]{(1)\ O_3} HCHO + CH_3COCH_2COCH_3$$

解答: A. B. C. D.

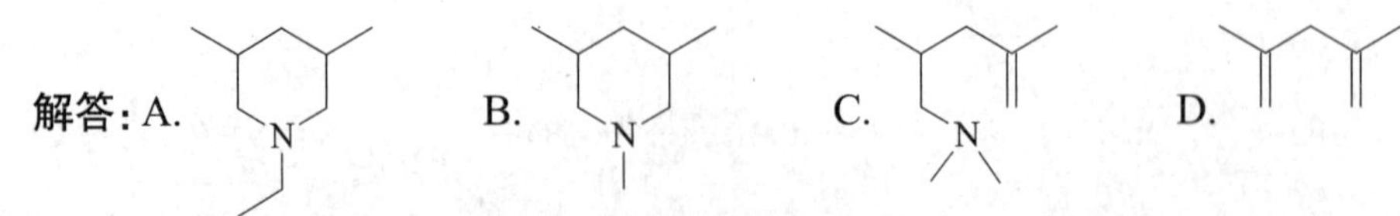

分析: 本题主要考查胺的彻底烃基化反应制备季铵盐, 季铵碱的制备, 以及 Hofmann 消除反应。

4. 某化合物分子式为 $C_6H_{13}N$, 与过量的碘甲烷作用生成盐(只消耗 1 mol 碘甲烷)后用氢氧化银处理并加热, 将所得的碱性产物再次与过量的碘甲烷作用后用氢氧化银处理并加热, 得到 1, 4-戊二烯和三甲胺。试推导该化合物的构造式。

解答: N—CH_3 (CH_3 取代) 或 N—CH_3 或 N—CH_3

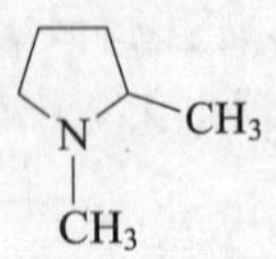

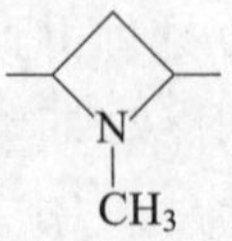

分析: 本题主要考查胺的彻底烃基化反应制备季铵盐, 季铵碱的制备, 以及 Hofmann 消除反应。

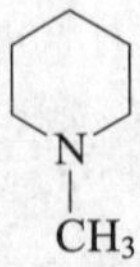

5. 化合物 A(C_4H_9NO)与过量碘甲烷反应, 再用 AgOH 处理后得到 B($C_6H_{15}NO_2$), B 加热后得到 C($C_6H_{13}NO$), C 再用碘甲烷和 AgOH 处理得化合物 D($C_7H_{17}NO_2$), D 加热分解后得到二乙烯基醚和三甲胺。写出 A~D 的构造式。

解答: A. 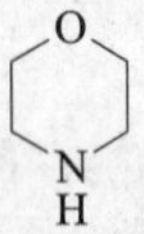 (O, NH) B. 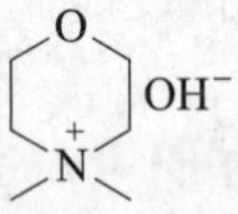 (O, $\overset{+}{N}$) OH^- C. 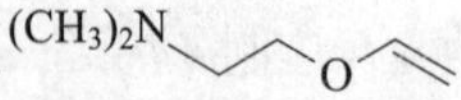 $(CH_3)_2N$—CH₂CH₂—O—CH=CH₂

D. 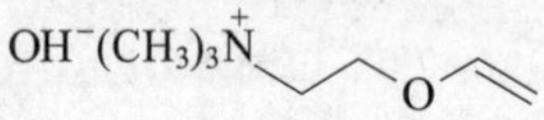 $OH^-(CH_3)_3\overset{+}{N}$—CH₂CH₂—O—CH=CH₂

或 A. 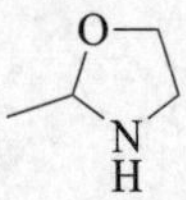 (O, NH) B. 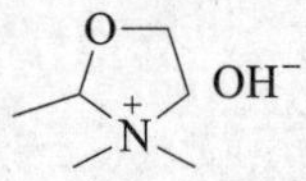 (O, $\overset{+}{N}$) OH^- C.  CH₂=CH—O—CH₂CH₂—$N(CH_3)_2$

D.  CH₂=CH—O—CH₂CH₂—$\overset{+}{N}(CH_3)_3$ OH^-

分析: 本题主要考查胺的彻底烃基化反应制备季铵盐, 季铵碱的制备, 以及 Hofmann 消除反应。

习题参考答案

习题 12-1 命名下列化合物。

(1) 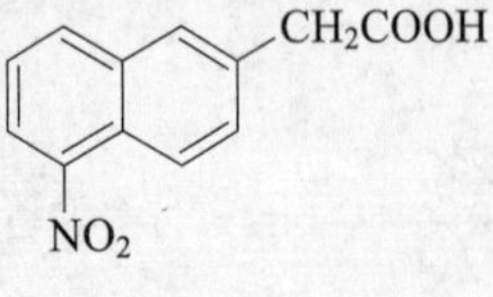 (CH_2COOH, NO_2 取代萘) (2) $(CH_3)_3CN(CH_3)_2$

（3）$H_2N(CH_2)_4NH_2$　　　　（4）

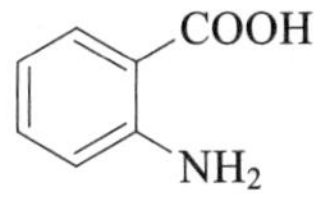

（5） 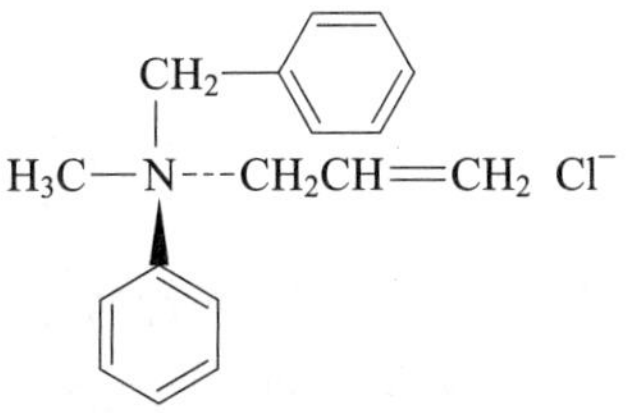　　　　（6）

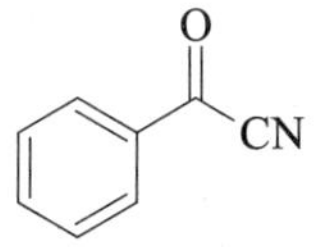

解答:（1）5-硝基 -2-萘乙酸

（2）叔丁基（二甲基）氮烷［或叔丁基（二甲基）胺］

（3）丁-1,4-二胺　　　　（4）邻氨基苯甲酸

（5）（*R*）-氯化烯丙基苄基甲基苯基铵　　　　（6）苯甲酰腈

习题 12-2　写出化合物 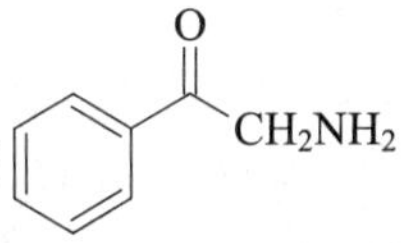　　最稳定的构象。

解答:

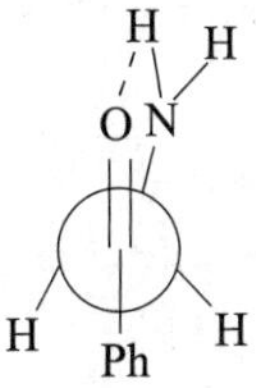

习题 12-3　比较（1）乙基二甲基胺、（2）正丁基胺和（3）二乙基胺的沸点高低,并解释原因。

解答: 沸点高低顺序为（2）>（3）>（1）。1°胺、2°胺都能形成分子间氢键,而 3°胺分子间不形成氢键;且由于位阻的影响,使同碳原子数胺的沸点 1°胺 >2°胺 >3°胺。

习题 12-4　比较下列各组化合物酸碱性强弱,并说明原因。

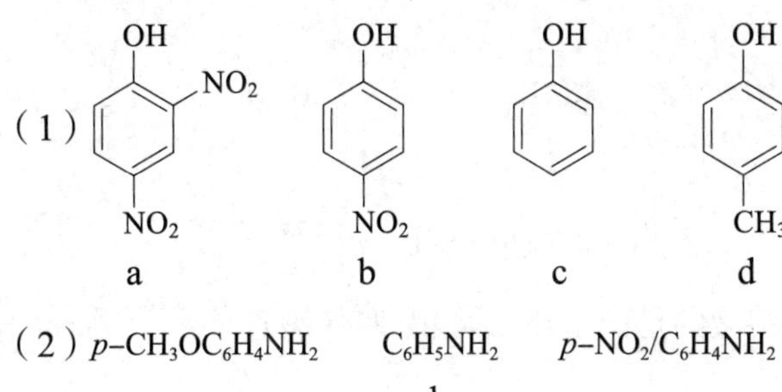

（2）p-$CH_3OC_6H_4NH_2$　　$C_6H_5NH_2$　　p-NO_2/$C_6H_4NH_2$

a　　b　　c

（3）a: 2-吡咯烷酮 b: 丁二酰亚胺 c: 吡咯

（4）比较 $(C_4H_9)_3N$(a)、$(C_4H_9)_2NH$(b)、$C_4H_9NH_2$(c)、NH_3(d) 在水溶液中的碱性强弱；在气相中的碱性强弱。

解答：（1）酸性：a>b>c>d。苯环上的硝基是强吸电子基，能通过吸电子的共轭效应和吸电子的诱导效应降低酚氧原子上的电子密度，从而使质子容易离去，分子的酸性增强。

（2）碱性：a>b>c。吸电子基使苯环上氨基氮原子上的电子密度降低，使分子的碱性减弱；给电子基使苯环上氨基氮原子上的电子密度提高，使分子的碱性增强。

（3）酸性：b>a>c。羰基为吸电子基，通过共轭效应和诱导效应使氮原子上电子密度降低，从而使质子容易离去，分子的酸性增强。

（4）水溶液中碱性：b>c>a>d。水溶液中，碱性受烷基给电子效应和胺的共轭酸的溶剂化效应（氢键作用）双重影响：其一，N 上给电子基团烷基越多，电子密度越高，捕获质子能力就越强；其二，在水中，含氢少的胺的共轭酸溶剂化效应小（氢键少），所以在二者影响下二级胺的碱性反而是最强的。气相中碱性：a>b>c>d 仅有分子中 N 上取代基的给电子诱导效应作用。

习题 12-5　鉴别伯、仲、叔胺常用的试剂是（　　）。

（1）Sarret 试剂　　（2）Br_2/CCl_4

（3）$[Ag(NH_3)_2]^+OH^-$　　（4）$C_6H_5SO_2Cl/NaOH$

解答：（4）

分析：兴斯堡反应。

习题 12-6　用简单的化学方法鉴别下列各组化合物。

（1）硝基苯（$C_6H_5NO_2$）　硝基环己烷（$C_6H_{11}NO_2$）

（2）环己胺（$C_6H_{11}NH_2$）　苯胺（$C_6H_5NH_2$）　$C_6H_5N(CH_3)_2$　$C_6H_5NHCH_3$

（3）$(CH_3CH_2CH_2CH_2)_3\overset{+}{N}H\ \overset{-}{Cl}$　　$(CH_3CH_2CH_2CH_2)_4\overset{+}{N}\ \overset{-}{Cl}$

解答：（1）能溶于氢氧化钠溶液的是硝基环己烷，因为有 α-H。

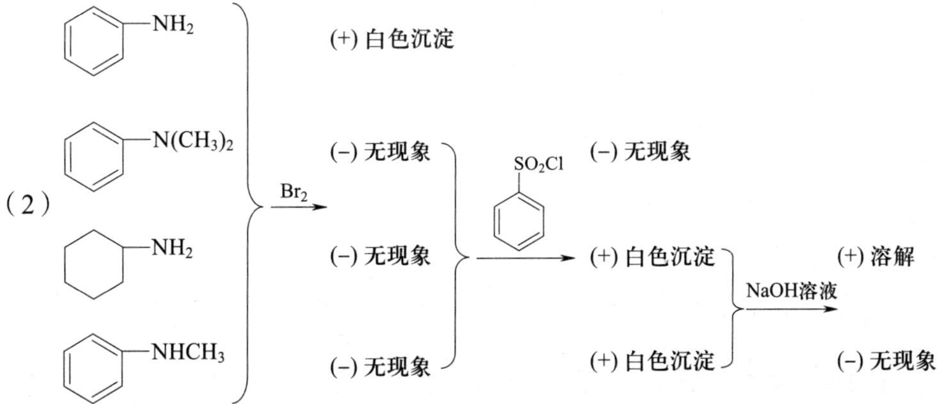

(3) 加入 NaOH 溶液，有分层现象的是氯化三丁基铵，季铵盐能溶解在碱溶液中。

习题 12-7 用简便的化学方法除去三丁胺中的少量二丁胺。

解答：用苯磺酰氯试剂，二丁胺能与其反应生成苯磺酰胺固体，三丁胺不反应，固液分离，液相蒸馏得到三丁胺。

习题 12-8 完成下列反应。

(1) $BrCH_2CH_2CH_2Br + 2KCN \longrightarrow$ (　　　) $\xrightarrow[(2)\ H_2O]{(1)\ LiAlH_4}$ (　　　)

(2) $CH_2{=}CH_2 \xrightarrow[\triangle]{Ag,\ O_2} \xrightarrow{NH_3}$ (　　　) $\xrightarrow{\text{环氧乙烷}}$ (　　　) $\xrightarrow{\text{环氧乙烷}}$ (　　　)

(3) $PhCH{=}O + PhNH_2 \longrightarrow$ (　　　) $\xrightarrow{H_2/Ni}$ (　　　)

(4) $PhCH_2NH_2 + HCOOH \longrightarrow$ (　　　) $\xrightarrow{\triangle}$ (　　　)

(5) $\left[CH_3CH_2-\overset{CH_3}{\underset{CH_3}{N}}-\underset{CH_3}{C}(CH_3)_2 \right]^+ OH^- \xrightarrow{\triangle}$ (　　　) + (　　　)

(6) 3-甲基哌啶 $\xrightarrow{\text{过量 }CH_3I}$ (　　　) $\xrightarrow{Ag_2O(\text{湿})}$ (　　　) $\xrightarrow{\triangle}$ (　　　) $\xrightarrow{\text{过量 }CH_3I}$

(　　　) $\xrightarrow{Ag_2O(\text{湿})} \xrightarrow{\triangle}$ (　　　) + (　　　)

(7) 间二硝基苯 $\xrightarrow{Na_2S}$ (　　　)

(8) $p\text{-}H_2N\text{-}C_6H_4\text{-}OH + 2(CH_3CO)_2O \longrightarrow$ (　　　)

(9) $CH_3CH_2CH_2CN + H_2 \xrightarrow{Ni}$ (　　　)

(10) 1-H-1-$COCH_3$-cyclopentane $+ CH_2N_2 \longrightarrow$ (　　　)

(11) $PhSO_2Cl + EtNH_2 \longrightarrow$ (　　　) $\xrightarrow{NaOH}$ (　　　) $\xrightarrow{EtBr}$ (　　　) $\xrightarrow{H_3O^+}$

(　　　) + (　　　)

(12) $C_6H_5NH_2$ + 1-Cl-2,4-$(NO_2)_2C_6H_3$ $\longrightarrow$ (　　　)

解答:(1) $CNCH_2CH_2CH_2CN$; $NH_2CH_2CH_2CH_2CH_2CH_2NH_2$

(2) $HOCH_2CH_2NH_2$; $HOCH_2CH_2NHCH_2CH_2OH$; $N(CH_2CH_2OH)_3$

(3) $PhCH{=}NPh$; $PhCH_2NHPh$

(4) $PhCH_2\overset{+}{N}H_3\ HCO\overset{-}{O}$; $PhCH_2NHCHO$

(5) $(CH_3)_2C{=}CH_2$; $C_2H_5N(CH_3)_2$

(6) 1,1-dimethyl-3-methylpiperidinium I^-; 1,1-dimethyl-3-methylpiperidinium OH^-; $CH_2{=}CHCH_2CH_2CH_2N(CH_3)_2$; $CH_2{=}CHCH_2CH_2CH_2\overset{+}{N}(CH_3)_3\ I^-$; $CH_2{=}CHCH_2CH{=}CH_2$　Me_3N

(7) $m\text{-}H_2N\text{-}C_6H_4\text{-}NO_2$

(8) $p\text{-}CH_3CONH\text{-}C_6H_4\text{-}OCOCH_3$

(9) $CH_3CH_2CH_2CH_2NH_2$

(10) 1-H-1-($COCH_2CH_3$)-cyclopentane

（11）$PhSO_2NHEt$；$PhSO_2\bar{N}Et\ \overset{+}{Na}$；$PhSO_2NEt_2$；$PhSO_2OH$；$Et_2NH$

（12）[2,4-二硝基二苯胺结构式：C_6H_5—NH—$C_6H_3(NO_2)_2$，O_2N 位于 NH 邻位，NO_2 位于对位]

习题 12-9 用指定原料合成下列化合物（其他试剂任选）。

（1）对硝基甲苯（CH_3，NO_2） $\longrightarrow$ （a）对氰基苯甲酸（COOH，CN），（b）间氯甲苯（CH_3，Cl）

（2）甲苯（CH_3） $\longrightarrow$ （a）3,5-二溴-4-氯甲苯（CH_3，Br，Br，Cl），（b）3-甲基二苯甲酮（H_3C—C_6H_4—CO—C_6H_5，O）

（3）苯胺（NH_2） $\longrightarrow$ HSO_3—C_6H_4—N=N—C_6H_4—$N(CH_3)_2$

（4）萘 $\longrightarrow$ CH_3CH_2—$C_{10}H_6$—N=N—$C_{10}H_6$—HO（1-(4-乙基-1-萘基偶氮)-2-萘酚）

解答：（1）对硝基甲苯（CH_3，NO_2） $\xrightarrow[H_2SO_4]{K_2Cr_2O_7}$ 对硝基苯甲酸（COOH，NO_2） $\xrightarrow{Zn/HCl}$ 对氨基苯甲酸（COOH，NH_2） $\xrightarrow[0\sim5℃]{NaNO_2,\ HCl}$ （COOH，$N_2^+Cl^-$） $\xrightarrow[KCN]{CuCN}$ （COOH，CN）

对硝基甲苯（CH_3，NO_2） $\xrightarrow{Zn/HCl}$ （CH_3，NH_2） $\xrightarrow{(CH_3CO)_2O}$ （CH_3，$NHCOCH_3$） $\xrightarrow{Cl_2/Fe}$ （CH_3，Cl，$NHCOCH_3$） $\xrightarrow{H_2O/OH^-}$

$\xrightarrow[0\sim5℃]{NaNO_2,\ HCl}$ （CH_3，Cl，$N_2^+Cl^-$） $\xrightarrow{H_3PO_2}$ 间氯甲苯（CH_3，Cl）

（2）

CH_3 $\xrightarrow[HNO_3]{H_2SO_4}$ CH_3, NO_2 $\xrightarrow{Zn/HCl}$ CH_3, NH_2 $\xrightarrow{Br_2}$ CH_3, Br, Br, NH_2 $\xrightarrow[0\sim5℃]{NaNO_2, HCl}$ CH_3, Br, Br, $N_2^+Cl^-$

$\xrightarrow{CuCl, HCl}$ CH_3, Br, Br, Cl

CH_3 $\xrightarrow[HNO_3]{H_2SO_4}$ CH_3, NO_2 $\xrightarrow{Zn/HCl}$ CH_3, NH_2 $\xrightarrow{(CH_3CO)_2O}$ CH_3, $NHCOCH_3$

CH_3 $\xrightarrow[H^+]{KMnO_4,}$ COOH $\xrightarrow{SOCl_2}$ COCl $\xrightarrow[AlCl_3]{CH_3-C_6H_4-NHCOCH_3}$ H_3COCHN, O, CH_3

$\xrightarrow[(2)\ NaNO_2,\ HCl,\ 0\sim5℃]{(1)\ H^+}$ $Cl^-N_2^+$, O, CH_3 $\xrightarrow{H_3PO_2}$ H_3C, O

（3）

NH_2 $\xrightarrow{CH_3I}$ $N(CH_3)_2$

NH_2 $\xrightarrow[\triangle]{H_2SO_4}$ NH_2, SO_3H $\xrightarrow[0\sim5℃]{NaNO_2, HCl}$ SO_3H, $N_2^+Cl^-$ $\xrightarrow{C_6H_5N(CH_3)_2}$

$HO_3S-C_6H_4-N=N-C_6H_4-N(CH_3)_2$

（4）

$\xrightarrow[165℃]{H_2SO_4}$ SO_3H $\xrightarrow[\triangle]{NaOH(s)}$ $\xrightarrow{H^+}$ OH

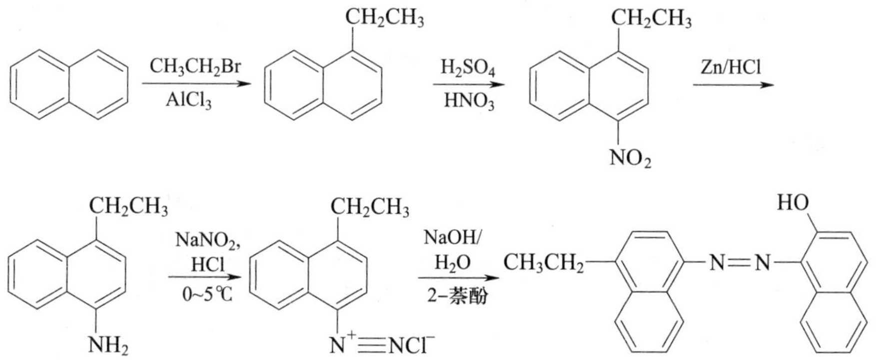

习题 12-10 制备 $PhCH_2NH_2$ 可用下列五种方法:(1) Gabriel 合成法,(2) 卤代烃胺解,(3) 腈还原,(4) 醛氨基化还原,(5) Hofmann 降级反应。请写出具体反应式,原料自定。

解答:

(1)

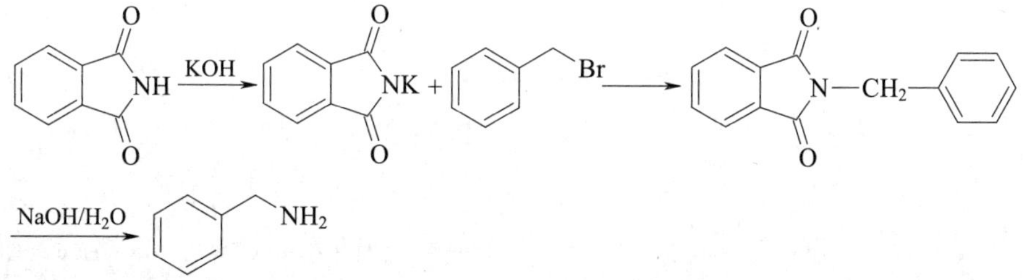

(2) $+NH_3$(过量) $\xrightarrow{C_2H_5OH}$

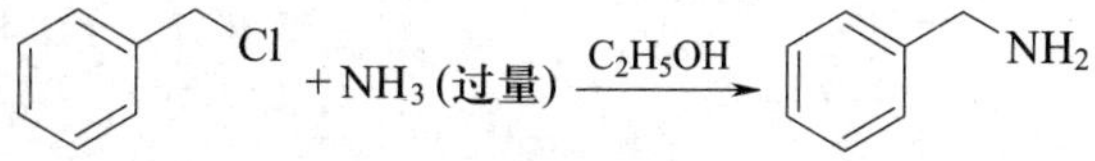

(3) $\xrightarrow{LiAlH_4}$

(4) $+NH_3 \longrightarrow$ $\xrightarrow[Pd/C]{H_2}$

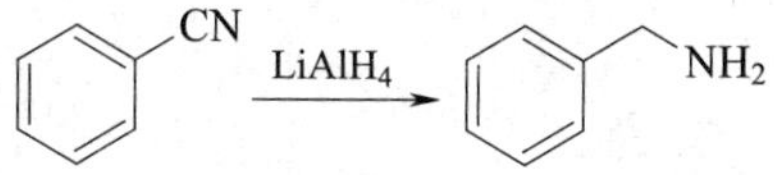

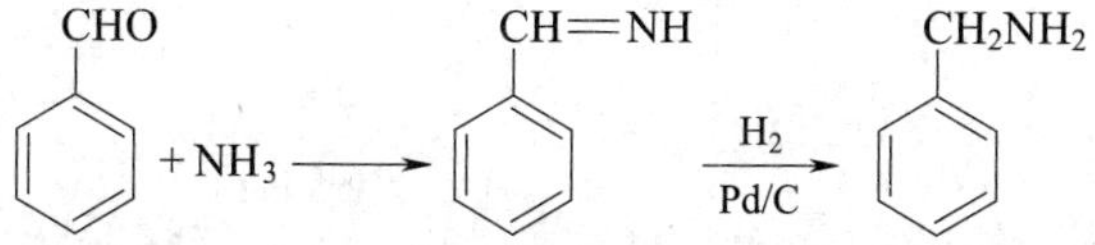

(5) $\xrightarrow{Br_2/NaOH}$

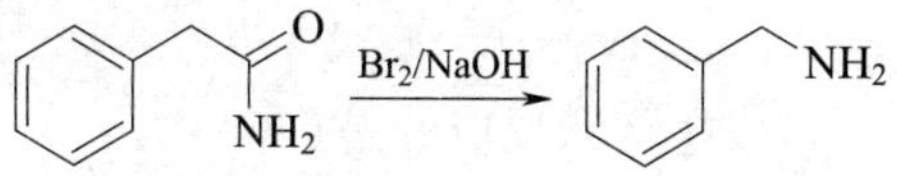

习题 12-11 脂肪族伯胺与亚硝酸钠、盐酸作用,通常得到醇、烯烃、卤代烃的多种产物的混合物,合成上无实用价值,但 β-氨基醇与亚硝酸钠作用可主要得到酮。例如:

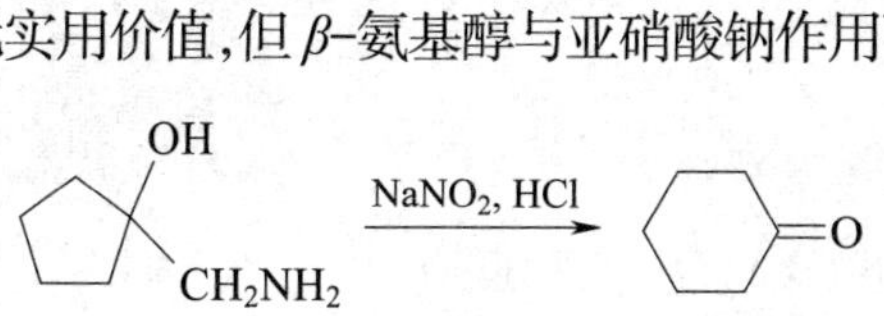

$\xrightarrow{NaNO_2,\ HCl}$

这种扩环反应在合成七～九元环状化合物时特别有用。请回答下列问题：

（1）这种扩环反应与何种重排反应相似？

（2）试由环己酮合成环庚酮。

解答:（1）与频哪醇重排相似：

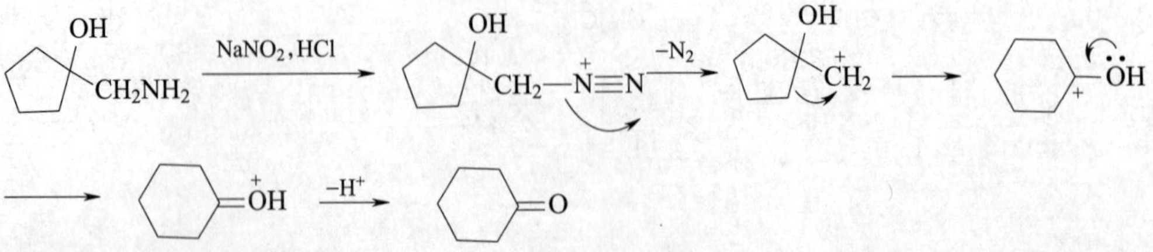

（2）

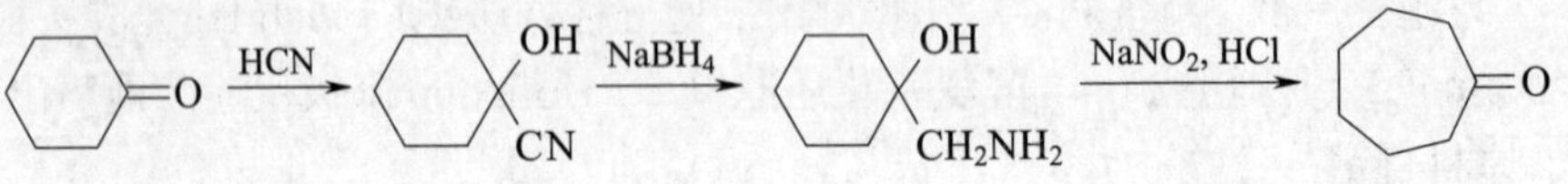

习题 12-12 写出反应机理：

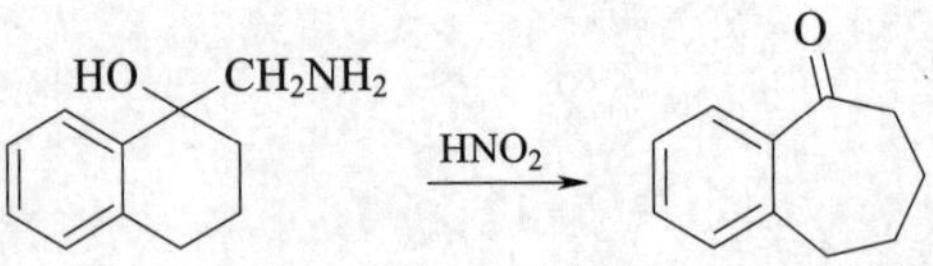

$\xrightarrow{HNO_2}$

解答:

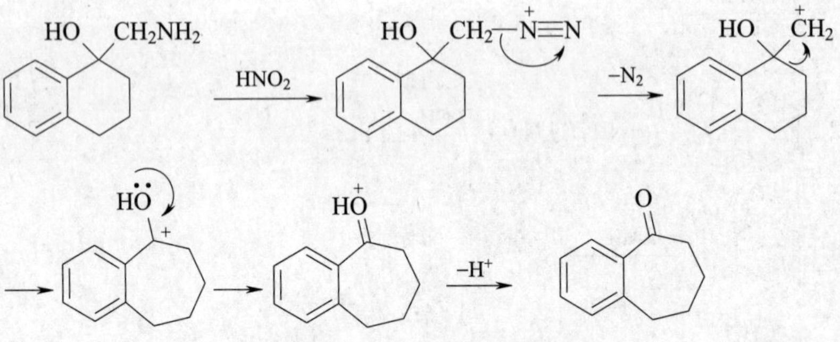

习题 12-13 下列化合物在弱酸性条件下能与 $C_6H_5N_2^+Cl^-$ 发生偶联反应的是（ ），在弱碱性条件下能与 $C_6H_5N_2^+Cl^-$ 发生偶联反应的是（ ）。

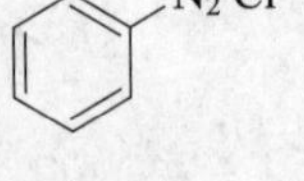

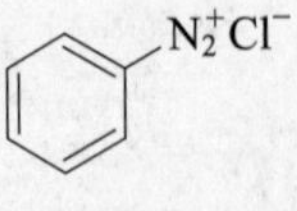

（1） 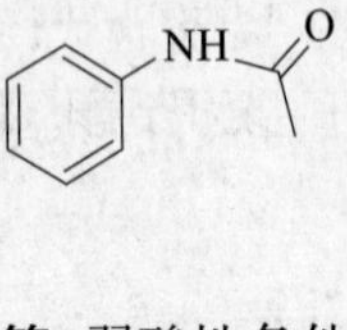 （2）  （3） 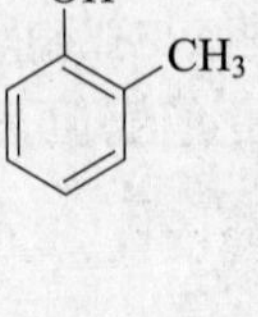 （4）

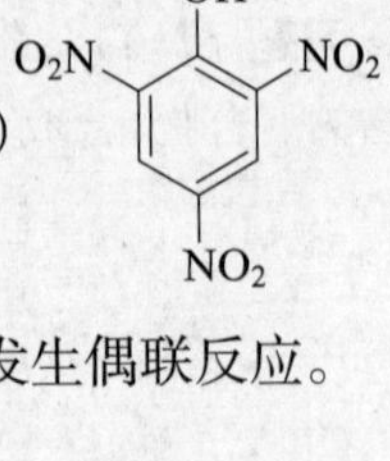

解答: 弱酸性条件下（2）发生偶联反应；弱碱性条件下（3）发生偶联反应。

习题 12-14 下列化合物能进行重氮化反应的是(　　)。

(1) 4-氯苯胺（NH_2，Cl）　(2) 乙酰苯胺（NH，O）　(3) N,N-二甲基-4-氯苯胺（$N(CH_3)_2$，Cl）　(4) CH_3CHCH_3 / $NHCH_3$

解答:(1)

习题 12-15 化合物A是一种胺,分子式为C_7H_9N,A与对甲苯磺酰氯在KOH溶液中作用,生成清亮的液体,酸化后得白色沉淀。当A用$NaNO_2$和HCl在0～5℃处理后再与α-萘酚作用,生成一种深颜色的化合物B。A的红外光谱表明在815 cm^{-1}处有一强的单峰。试推测A,B的构造式并写出各步反应式。

解答: A. 对甲苯胺（NH_2，CH_3）　B. $H_3C-C_6H_4-N=N-$（4-羟基-1-萘基）$-OH$

对甲苯胺（NH_2，CH_3） + 对甲苯磺酰氯（SO_2Cl，CH_3） ⟶ $H_3C-C_6H_4-NHSO_2-C_6H_4-CH_3$ $\xrightarrow{KOH}$

$H_3C-C_6H_4-\overset{-}{N}(Na^+)SO_2-C_6H_4-CH_3$

对甲苯胺（NH_2，CH_3） $\xrightarrow{NaNO_2,\ HCl}$ 对甲苯重氮盐（$N_2^+Cl^-$，CH_3） $\xrightarrow{\text{α-萘酚（OH）}}$ $H_3C-C_6H_4-N=N-$（4-羟基-1-萘基）$-OH$

习题 12-16 有两种异构体,分子式为$C_{11}H_{17}N$。其中A可以与HNO_2发生重氮化反应,而B则不能,B可以在芳环上发生亲电取代反应,A则不能。它们的^1H NMR谱数据如下:

A:δ_H　2.0(单峰,3H)　2.15(单峰,6H)　2.3(单峰,6H)　3.2(单峰,2H)

B:δ_H　1.0(双峰,6H)　2.6(七重峰,1H)　3.1(单峰,6H)　7.1(多重峰,4H)

试推测 A，B 的结构。

解答： A. 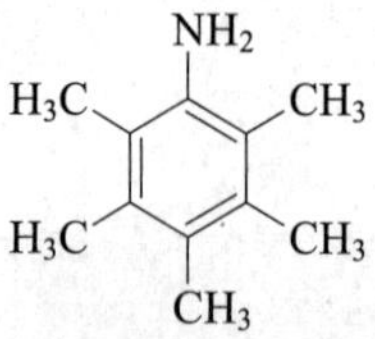 B.

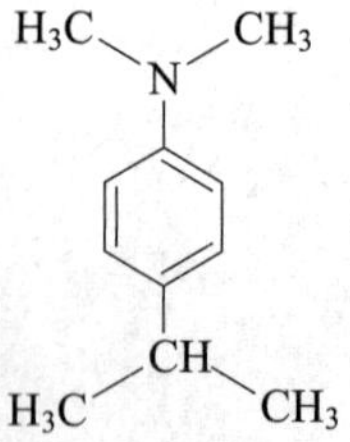

习题 12-17 根据以下事实，推测 A～D 的结构。

$$C_7H_{15}N(A) \xrightarrow[(2)\ Ag_2O,\ H_2O]{(1)\ CH_3I(\text{过量})} \xrightarrow{\triangle} C_8H_{17}N(B) \xrightarrow[(2)\ Ag_2O,\ H_2O]{(1)\ CH_3I(\text{过量})} C_6H_{10}(C) \xrightarrow{H_2/Pt} C_6H_{14}(D)$$

D 的 ^1H NMR 有一组多重峰和一组二重峰，峰面积之比为 1∶6 。

解答： A. 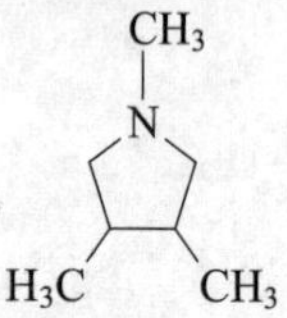 B. 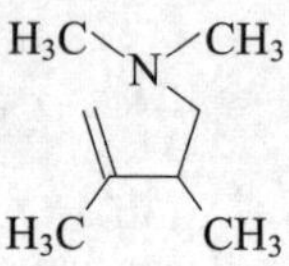 C. 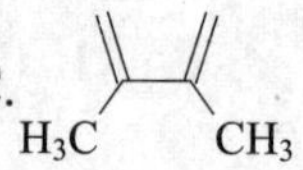 D.

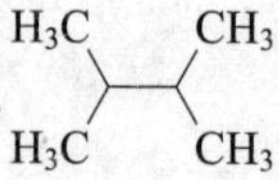

第13章　糖　　类

本章知识点

从化学结构来看，糖类化合物是指多羟基的醛或酮及其衍生物和缩合物，包括单糖、寡糖、多糖及各种复合糖。其中，单糖的结构与性质是糖化学的基础。

葡萄糖是最重要的单糖，它不仅在自然界分布广泛，而且在生物化学中具有核心地位。对葡萄糖的性质，尤其是化学性质的理解基于对其结构的正确认识，葡萄糖的结构应该从其构造、构型与构象三个角度进行全面认识。

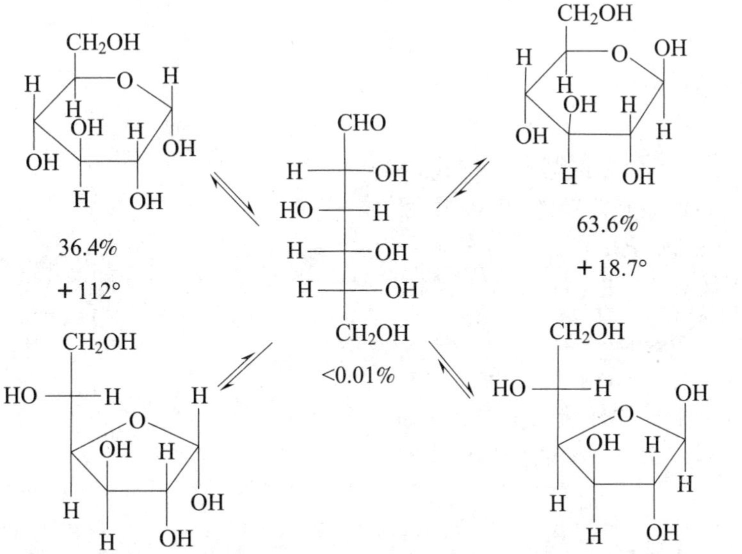

从葡萄糖链状与环状结构中的特性基团来看，这一化合物应具备醛和醇的性质，除此之外，还需要特别关注分子因特性基团相互作用、相互影响而产生的一些特殊性质。比如，醇羟基与醇羟基相邻形成了邻二醇，可以与高碘酸发生定量氧化反应。又如，甲酰基与醇羟基相邻，可以与过量苯肼发生著名的糖脎反应；在弱碱性条件下，这一结构还可以发生异构化反应，这是所有单糖都具有还原性的根源；甲酰基与C5位的醇羟基相互作用，产生了葡萄糖的吡喃型环状结构，不仅使人们对葡萄糖结构的认识有了新的飞跃，而且引起人们对半缩醛羟基的关注，使糖基化反应成为糖化学的一个研究热点。

基于这一思路，从葡萄糖出发，可以进一步深入学习其他的单糖、寡糖、多糖等糖类化合物。

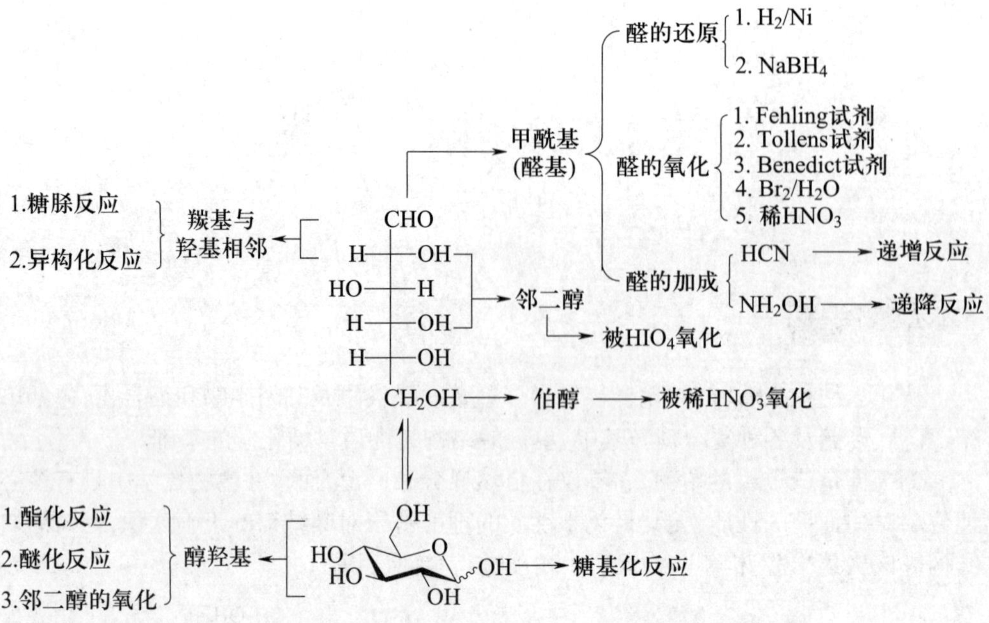

例题解析

例题 13-1　命名或写出结构式。

1. α-D-吡喃葡萄糖的 Haworth 式

解答:

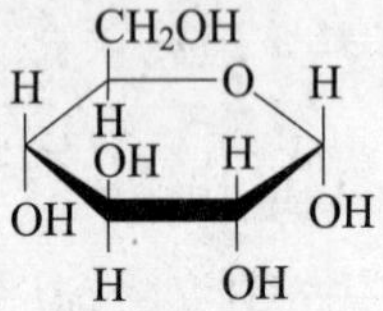

分析: 葡萄糖的环状结构与 Haworth 式的特点。

2. β-D-吡喃葡萄糖的优势构象

解答:

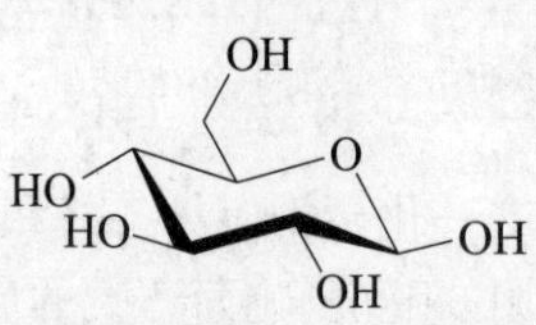

分析: 葡萄糖的环状结构与优势构象。

3.

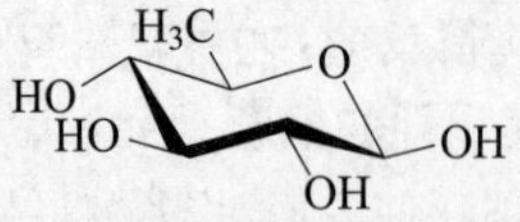

解答: 6-脱氧-β-D-吡喃葡萄糖

4.

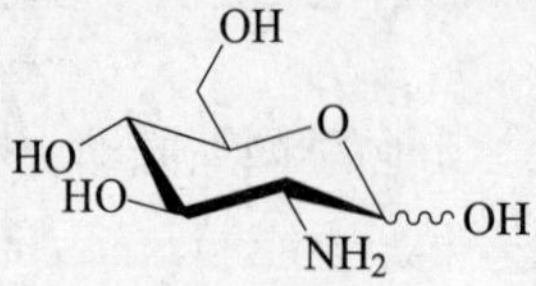

解答: 2–脱氧–2–氨基–D–吡喃葡萄糖

分析: 氨基糖的命名与异头碳糖苷键的表示。

5.

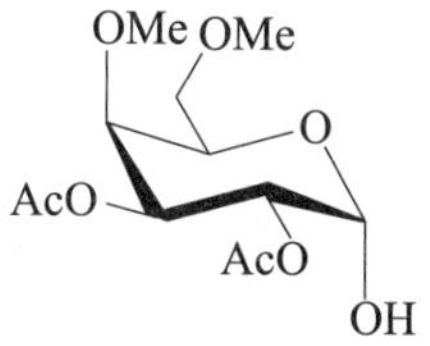

解答: 2, 3–二–*O*–乙酰基–4, 6–二–*O*–甲基–*α*–D–吡喃半乳糖

分析: *O*–取代的糖的衍生物的命名。

6.

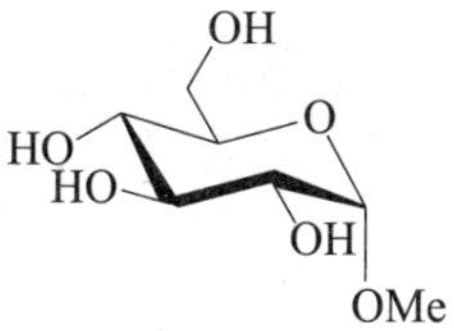

解答: 甲基–*α*–D–吡喃葡萄糖苷（或 *α*–D–吡喃葡萄糖甲苷）

分析: 氧糖苷的命名。

7.

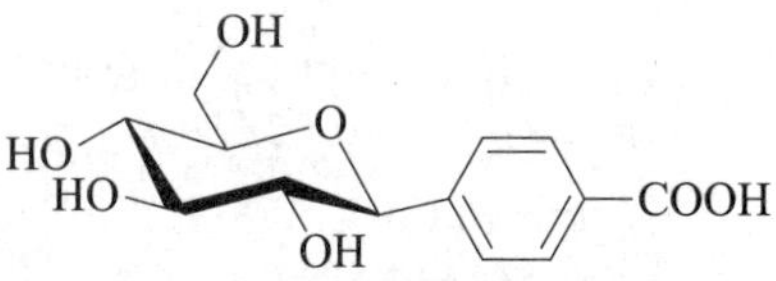

解答: 4–*β*–D–吡喃葡萄糖基苯甲酸

分析: 带特性基团的碳糖苷的命名。

8.

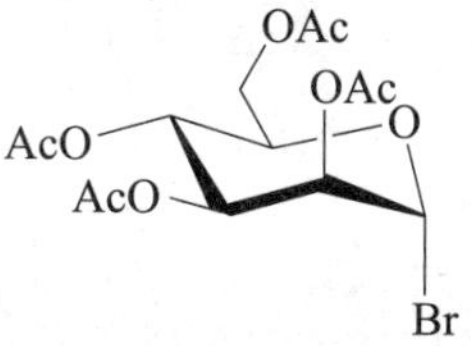

解答: 四–*O*–乙酰基–1–溴–*α*–D–吡喃甘露糖（或四–*O*–乙酰基–*α*–D–溴代吡喃甘露糖）

分析: 卤代糖的命名。

9.

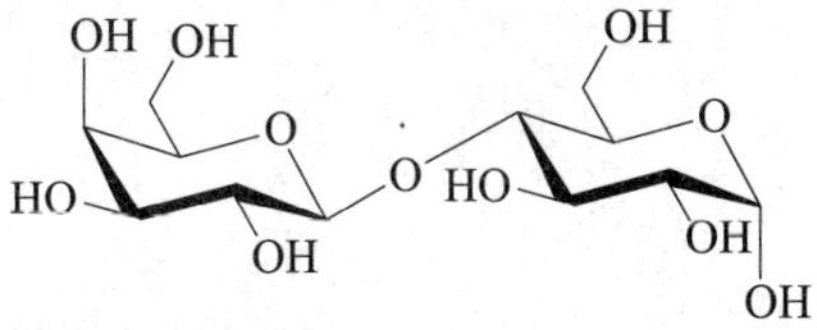

解答: *β*–D–吡喃半乳糖基–（1 → 4）–*α*–D–吡喃葡萄糖（或 4–*O*–*β*–D–吡喃半乳糖基–*α*–D–吡喃葡萄糖, 俗名 *α*–乳糖）

分析: 二糖的命名。

10. 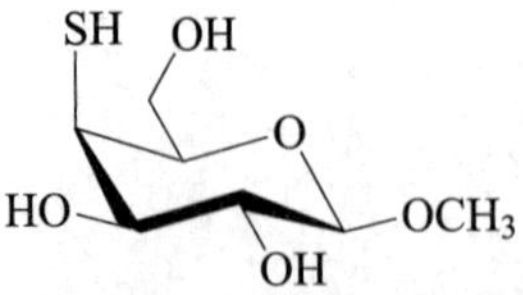 SH OH O HO OCH$_3$ OH

解答: 甲基-4-硫-β-D-吡喃半乳糖苷

分析: 硫代氧糖苷的命名。

习题 13-2 完成下列反应式。

1. 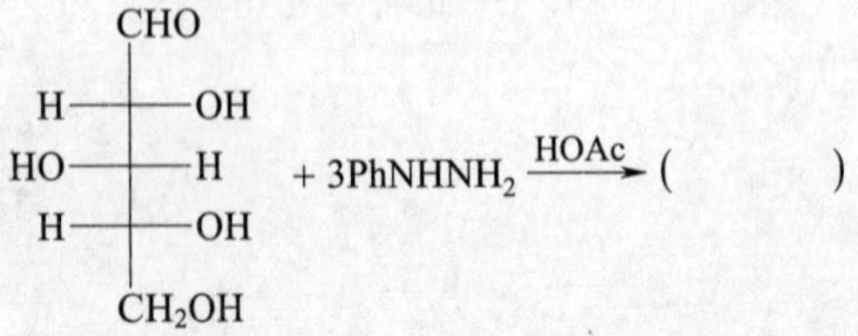 CHO; H—OH; HO—H; H—OH; CH$_2$OH $+ 3PhNHNH_2 \xrightarrow{HOAc}$ (　　)

解答: CH=NNHC$_6$H$_5$; =NNHC$_6$H$_5$; HO—H; H—OH; CH$_2$OH

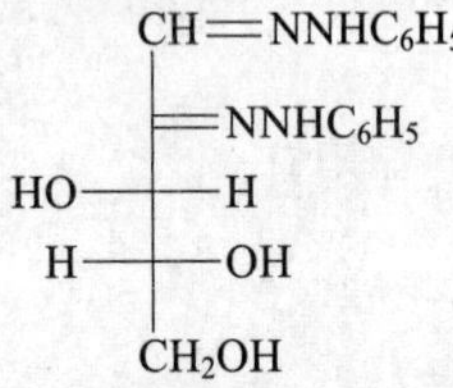

分析: 醛糖的糖脎反应。

2. 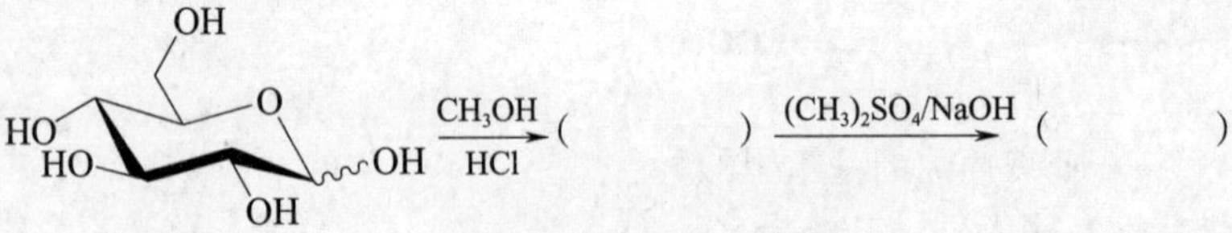 OH O HO HO OH OH $\xrightarrow[HCl]{CH_3OH}$ (　　) $\xrightarrow{(CH_3)_2SO_4/NaOH}$ (　　)

解答: OH O HO HO OCH$_3$ OH ; OCH$_3$ O H$_3$CO H$_3$CO OCH$_3$ OCH$_3$

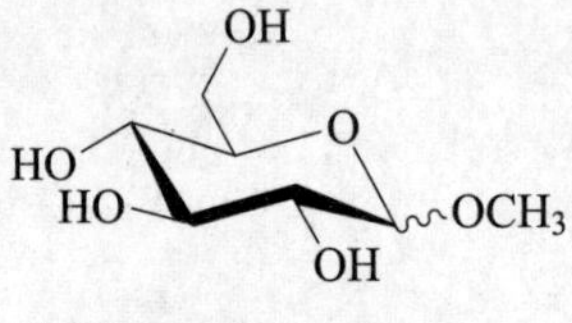

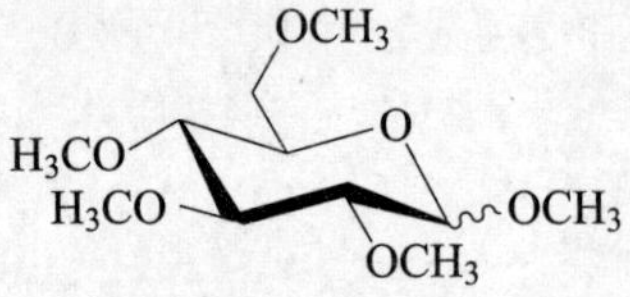

分析: 葡萄糖的糖基化反应与羟基的醚化反应。

3. 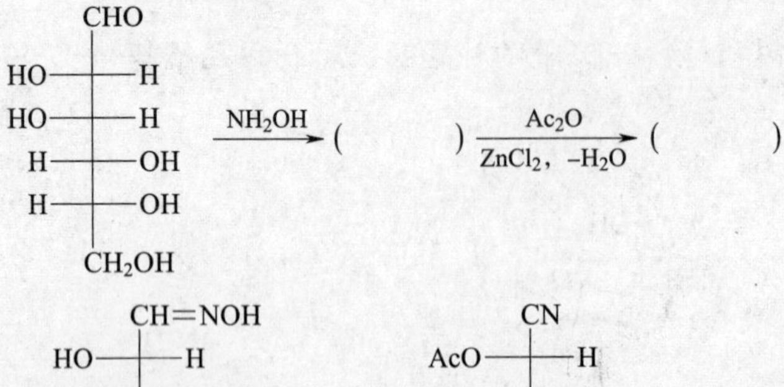 CHO; HO—H; HO—H; H—OH; H—OH; CH$_2$OH $\xrightarrow{NH_2OH}$ (　　) $\xrightarrow[ZnCl_2,\ -H_2O]{Ac_2O}$ (　　)

解答: CH=NOH; HO—H; HO—H; H—OH; H—OH; CH$_2$OH ; CN; AcO—H; AcO—H; H—OAc; H—OAc; CH$_2$OAc

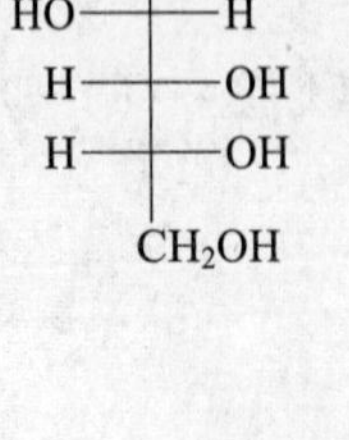

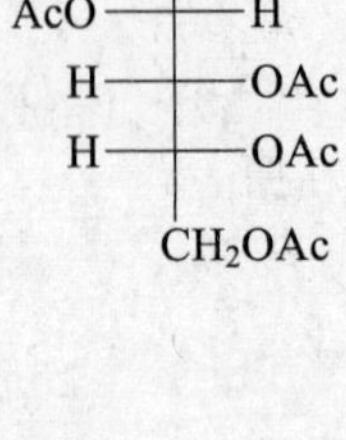

分析：单糖中甲酰基的性质：生成肟、再脱水的反应。

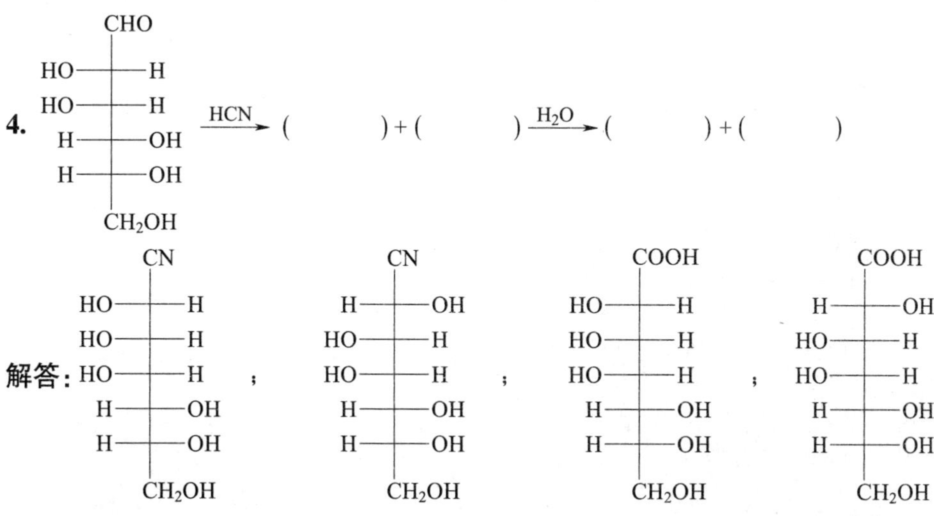

分析：单糖中甲酰基的性质：与 HCN 亲核加成（生成差向异构体）、再脱水的反应。

5. （环状结构：O，OH，OH，OH，OCH_2CH_3） $\xrightarrow{稀\ H^+}$ (　　　) $\xrightarrow{Br_2/H_2O}$ (　　　)

解答：（环状结构：O，OH，OH，OH，OH）；

COOH
HO—H
H—OH
H—OH
CH_2OH

分析：糖苷的酸性水解与单糖中甲酰基的氧化反应。

6. （环状结构：O，OH，OH，OH，OH） $\xrightarrow{NaBH_4}$ (　　　) $\xrightarrow{Ac_2O}$ (　　　)

解答：

CH_2OH
HO—H
H—OH
H—OH
CH_2OH
；
CH_2OAc
AcO—H
H—OAc
H—OAc
CH_2OAc

分析：单糖中甲酰基的还原与醇羟基的酯化反应。

7. （环状结构：OH，HO，HO，O，OH，OH） $\xrightarrow[无水\ NaOAc]{Ac_2O}$ (　　　) $\xrightarrow[Lewis\ 酸]{HO-C_6H_4-OAc}$ (　　　)

$\xrightarrow{CH_3ONa/CH_3OH}$ (　　　)

解答：[structure: 2,3,4,6-tetra-O-acetyl-glucopyranose β-OAc]；[structure: tetra-O-acetyl-glucopyranoside of 4-acetoxyphenol (O–C₆H₄–OAc)]；

[structure: glucopyranoside of 4-hydroxyphenol (O–C₆H₄–OH)]

分析：单糖中羟基的保护与脱保护反应；利用邻基参与效应进行立体选择性的糖基化反应。

8. [structure: glucopyranose, anomeric OH] $\xrightarrow[H_2O]{Ag(NH_3)_2OH}$ (　　　) $\xrightarrow{H_2O}$ (　　　)

解答：[structure: gluconate, $COONH_4^+$]；[structure: gluconic acid, COOH]

分析：单糖环状与链状结构的平衡；单糖中甲酰基的氧化反应。

9. CHO / H—OH / H—OH / H—OH / CH_2OH $\xrightarrow[-3H_2O]{\text{浓 HCl}}$ (　　　) $\xrightarrow{HCN}$ (　　　) $\xrightarrow{H_3O^+}$ (　　　)

解答：[furan]—CHO；[furan]—CH(OH)—CN；[furan]—CH(OH)—COOH

分析：单糖在强酸作用下的脱水反应；羰基的亲核加成反应与氰基的水解反应。

10. 淀粉 $\xrightarrow{H^+}$ (　　　)

解答：[structure: glucopyranose, anomeric OH]

分析：淀粉的结构与水解反应。

例题 13-3　选择题。

1. 指出下列结构中(　　　)是 β-D-吡喃甘露糖。

A. 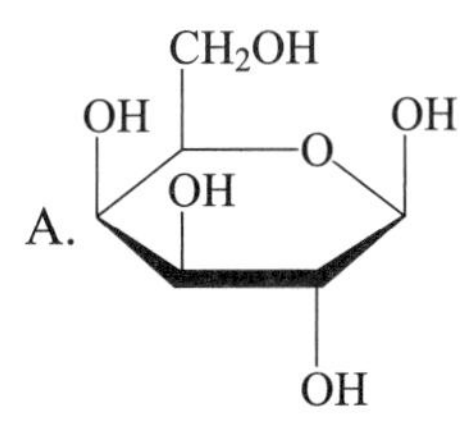

B.

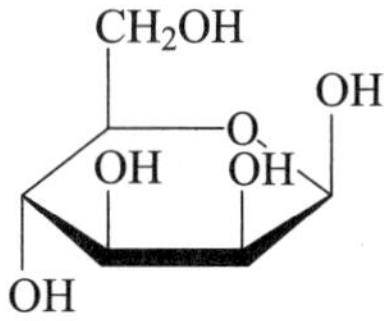

C.

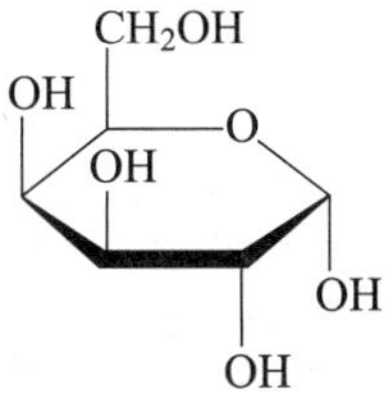

D.

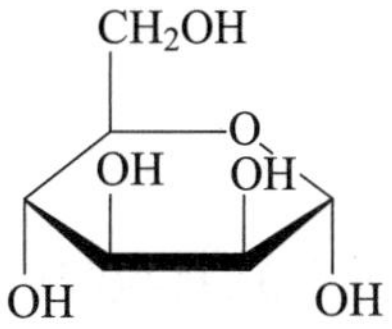

解答: B

分析:单糖的结构(含构造、构型与端基异构)。

2. 下列化合物中,属于非还原糖的是(　　　)。

A. 葡萄糖　　B. 果糖　　C. 乳糖　　D. 蔗糖

解答: D

分析:单糖的构造、单糖的异构化,常见二糖的构造。

3. D-(+)-葡萄糖和 D-(-)-果糖互为(　　　)。

A. 对映异构体　　B. 差向异构体

C. 构造异构体　　D. 构型异构体

解答: C

分析:单糖的结构。

4. 首次提出葡萄糖环状结构的科学家是(　　　)。

A. Fischer　　B. Haworth

C. Pasteur　　D. van't Hoff

解答: B

分析:糖化学的历史与专业底蕴。

5. 如下糖类化合物中,无变旋光现象的是(　　　)。

A.

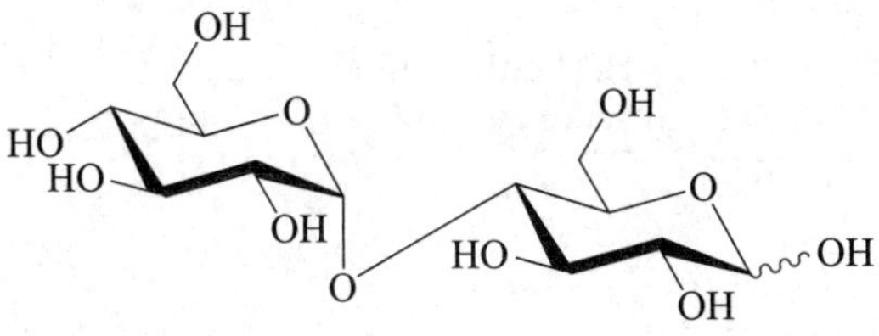

B.

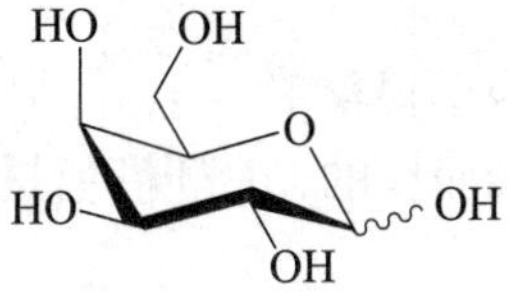

C.

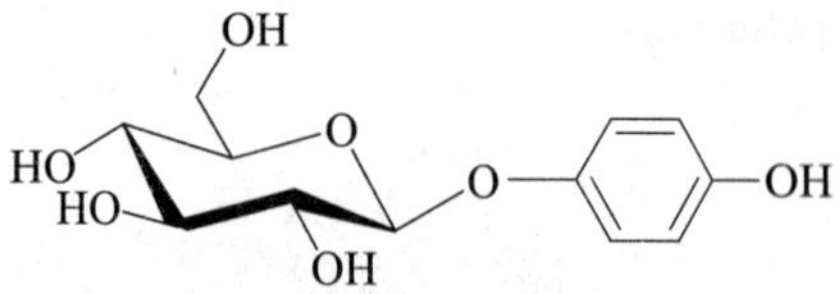

D.

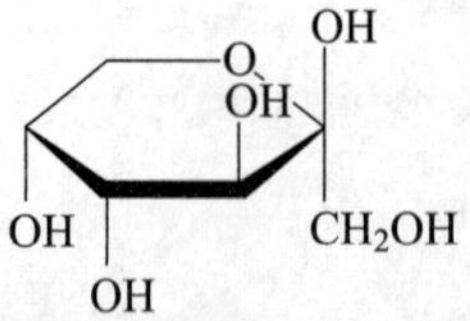

解答:C

分析:糖类化合物的环状与链状结构。

6. 1-氯-D-吡喃半乳糖的优势构象是(　　)。

A.

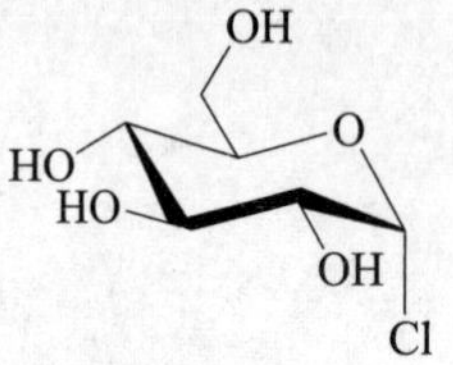

B.

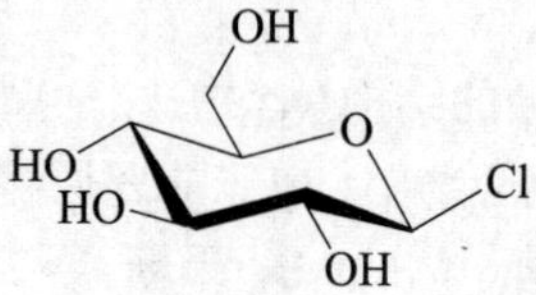

C.

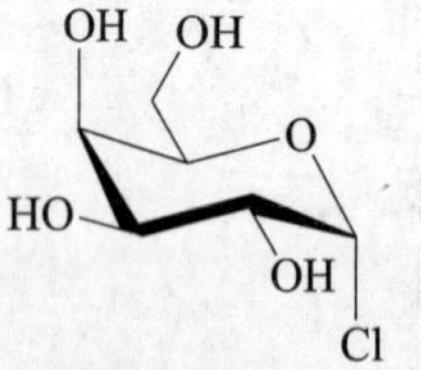

D.

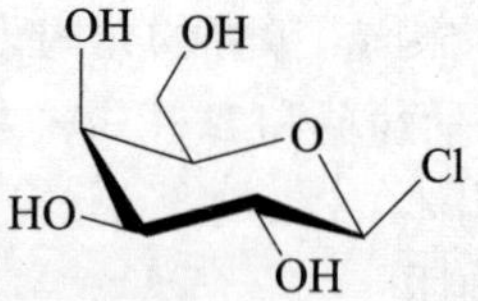

解答:C

分析:半乳糖的结构与端基异构效应。

7. 下列哪组化合物经糖脎反应后产物相同?(　　)

A. 葡萄糖和半乳糖

B. 葡萄糖和果糖

C. 半乳糖和甘露糖

D. 半乳糖和果糖

解答:B

分析:常见单糖的结构与糖脎反应。

8. 能把 D-核糖氧化成 D-核糖二酸的试剂是(　　)。

A. 溴水

B. Fehling 试剂

C. 稀硝酸

D. 高碘酸

解答:C

分析:单糖的氧化反应。

9. 下面关于环糊精的叙述,错误的是(　　)。

A. 环糊精的环状结构具有刚性,在热的碱性水溶液中很稳定

B. α-环糊精是由葡萄糖单元经 α-1,4-糖苷键连接而成的,β-环糊精是由葡萄糖单元经 β-1,4-糖苷键连接而成的

C. 环糊精是略呈锥形的圆环形分子，具环外亲水、环内疏水的特殊结构

D. 环糊精的包合作用是主体分子和客体分子通过分子间非键作用实现的

解答： B

分析：环糊精的结构特点与超分子化学。

10. 关于直链淀粉，下列说法错误的是(　　)。

A. 直链淀粉是由葡萄糖单元通过 α-1，4-糖苷键连接而成的高聚物

B. 顾名思义，直链淀粉具有直链形的空间结构，与纤维素相似

C. 直链淀粉是一个空心螺旋结构，每一圈约有 6 个葡萄糖残基

D. 直链淀粉遇碘显色是因为其螺旋形空腔恰好可以装入碘分子而形成蓝色的包合物

解答： B

分析：直链淀粉的一级与高级结构。

例题 13-4　鉴别题。

1. 如何鉴别葡萄糖和蔗糖？

解答： 葡萄糖是还原糖，蔗糖是非还原糖。前者可与 Fehling 试剂、Tollens 试剂、Benedict 试剂等反应，后者不行。

分析：还原糖与非还原糖的鉴别。

2. 鉴别如下三种化合物：

A. 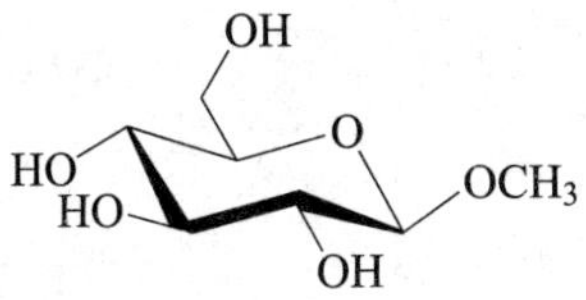 (OH, O, HO, HO, OCH_3, OH)　　B. 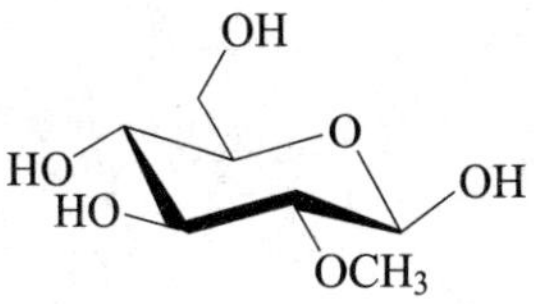 (OH, O, HO, HO, OH, OCH_3)

C. 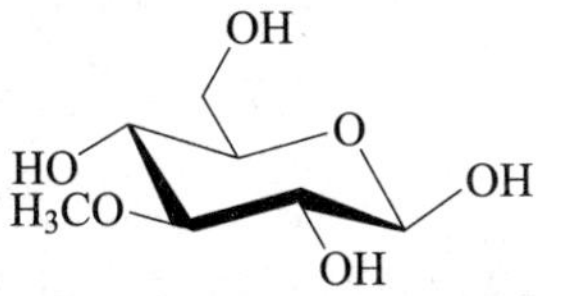 (OH, O, HO, H_3CO, OH, OH)

解答： A 是糖苷，不显示醛的性质，B 和 C 是葡萄糖，具有醛的性质，所以通过 Fehling 试剂剔除 A。再观察 B 和 C，B 的链状结构中 1 位为醛基、2 位为甲氧基，C 的链状结构中 1 位为醛基、2 位为羟基，所以 C 与过量苯肼反应会生成相应的糖脎，以此可以鉴别 B 和 C。

分析：缩醛与半缩醛的性质；不同结构醛与苯肼的反应。

3. 如何鉴别 D-葡萄糖和 D-果糖？

解答： D-葡萄糖和 D-果糖分别属于醛糖和酮糖，加溴水，前者因氧化而褪色，后者不反应。

分析：单糖的氧化反应。

4. 如何鉴别蛋白质和淀粉？

解答： 蛋白质的基本单元是氨基酸，遇茚三酮显色，淀粉是螺旋形的葡萄糖高聚

物，遇碘变蓝。

分析：淀粉的显色反应。

5. 如何鉴别D–葡萄糖和己六醇？

解答：D–葡萄糖有醛基和醇羟基，己六醇只有醇羟基。加入Fehling试剂，D–葡萄糖反应有砖红色沉淀，己六醇不反应。

分析：醛糖的性质。

例题13–5 合成题。

1. 由D–赤藓糖合成D–核糖和D–甘油醛，这三种化合物的结构如下：

$$\begin{array}{c} CHO \\ H-\!\!\!-\!\!\!+\!\!\!-\!\!\!-OH \\ H-\!\!\!-\!\!\!+\!\!\!-\!\!\!-OH \\ CH_2OH \end{array} \qquad \begin{array}{c} CHO \\ H-\!\!\!-\!\!\!+\!\!\!-\!\!\!-OH \\ H-\!\!\!-\!\!\!+\!\!\!-\!\!\!-OH \\ H-\!\!\!-\!\!\!+\!\!\!-\!\!\!-OH \\ CH_2OH \end{array} \qquad \begin{array}{c} CHO \\ H-\!\!\!-\!\!\!+\!\!\!-\!\!\!-OH \\ CH_2OH \end{array}$$

D–赤藓糖　　D–核糖　　D–甘油醛

解答：

$$\begin{array}{c} CHO \\ H-\!\!\!+\!\!\!-OH \\ H-\!\!\!+\!\!\!-OH \\ CH_2OH \end{array} \xrightarrow{HCN} \left\{ \begin{array}{c} \begin{array}{c} CN \\ H-\!\!\!+\!\!\!-OH \\ H-\!\!\!+\!\!\!-OH \\ H-\!\!\!+\!\!\!-OH \\ CH_2OH \end{array} \xrightarrow[(2)\ H_3O^+]{(1)\ Ba(OH)_2} \xrightarrow[pH=3\sim5]{Na-Hg} \begin{array}{c} CHO \\ H-\!\!\!+\!\!\!-OH \\ H-\!\!\!+\!\!\!-OH \\ H-\!\!\!+\!\!\!-OH \\ CH_2OH \end{array} \\ + \\ \begin{array}{c} CN \\ HO-\!\!\!+\!\!\!-H \\ H-\!\!\!+\!\!\!-OH \\ H-\!\!\!+\!\!\!-OH \\ CH_2OH \end{array} \end{array} \right.$$

$$\begin{array}{c} CHO \\ H-\!\!\!+\!\!\!-OH \\ H-\!\!\!+\!\!\!-OH \\ CH_2OH \end{array} \xrightarrow{Br_2/H_2O} \begin{array}{c} COOH \\ H-\!\!\!+\!\!\!-OH \\ H-\!\!\!+\!\!\!-OH \\ CH_2OH \end{array} \xrightarrow{CaCO_3} \left[\begin{array}{c} COO^- \\ H-\!\!\!+\!\!\!-OH \\ H-\!\!\!+\!\!\!-OH \\ CH_2OH \end{array} \right]_2 Ca^{2+} \xrightarrow[Fe^{3+}]{H_2O_2} \begin{array}{c} CHO \\ H-\!\!\!+\!\!\!-OH \\ CH_2OH \end{array}$$

分析：单糖的递增与递降反应。

2. $$\begin{array}{c} CHO \\ H-\!\!\!+\!\!\!-OH \\ H-\!\!\!+\!\!\!-OH \\ H-\!\!\!+\!\!\!-OH \\ CH_2OH \end{array} \longrightarrow \text{(2-呋喃基)}\!-\!\underset{\displaystyle OH}{\underset{|}{CH}}COOH$$

解答：

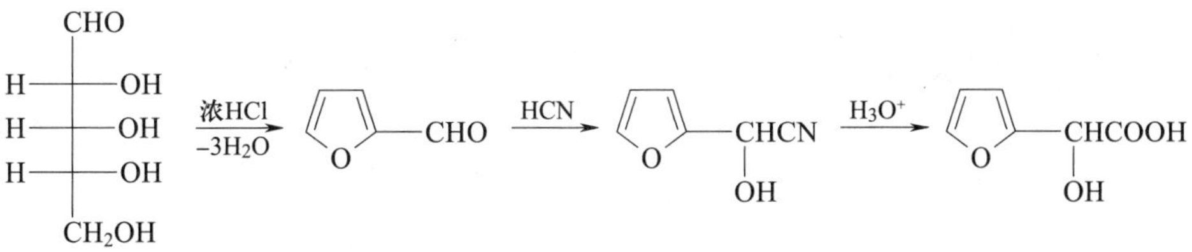

CHO / H—OH / H—OH / H—OH / CH$_2$OH $\xrightarrow[-3H_2O]{\text{浓HCl}}$ (呋喃)—CHO $\xrightarrow{HCN}$ (呋喃)—CH(OH)CN $\xrightarrow{H_3O^+}$ (呋喃)—CH(OH)COOH

分析：单糖的脱水环化反应、醛的增碳反应。

例题 13-6 机理题。

1. D-呋喃葡萄糖在干 HCl 作用下与乙醇反应生成乙基-D-呋喃葡萄糖苷，请给出其合适的机理。

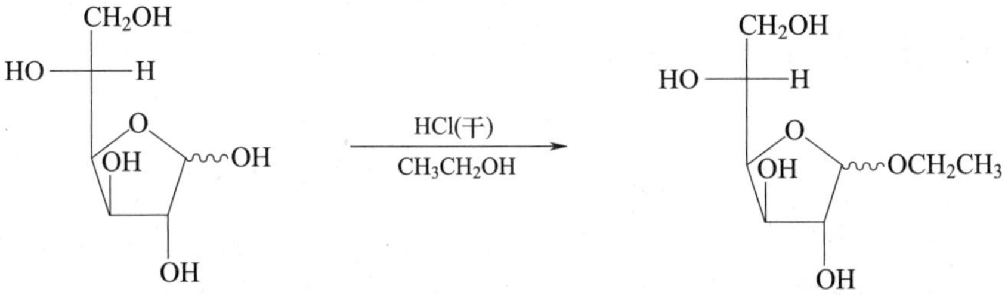

$\xrightarrow[CH_3CH_2OH]{HCl(干)}$ …～OCH$_2$CH$_3$

解答：

$\xrightarrow[CH_3CH_2OH]{HCl(气)}$

↓ …～$\overset{+}{O}H_2$ ⟶ O^+ $\xrightarrow{CH_3CH_2OH}$ …～$\overset{+}{O}(H)CH_2CH_3$ $\xrightarrow{-H^+}$ …～OCH$_2$CH$_3$

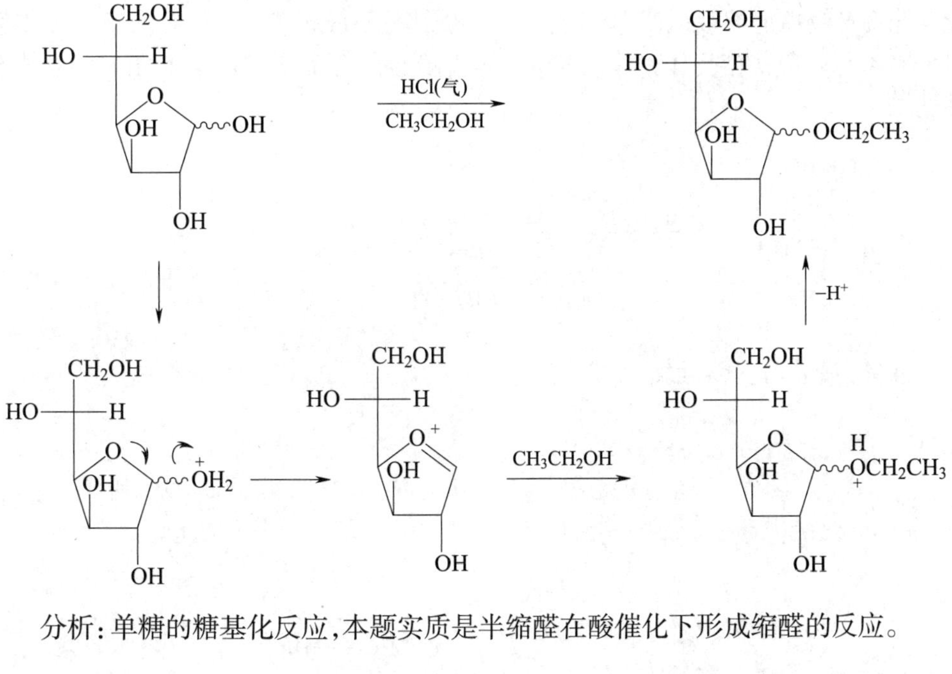

分析：单糖的糖基化反应，本题实质是半缩醛在酸催化下形成缩醛的反应。

2. 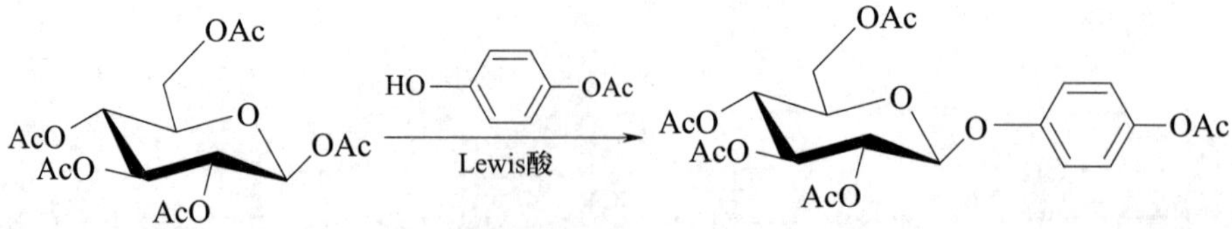 AcO, AcO, AcO, OAc, OAc 糖 ——(HO–C₆H₄–OAc, Lewis酸)——→ 产物

解答:

（反应式：五-O-乙酰基葡萄糖 + HO–C₆H₄–OAc，Lewis酸 → 芳基β-糖苷；催化剂 → [氧鎓离子 ⇌ 乙酰氧鎓环状中间体（CH_3）] → 与 HO–C₆H₄–OAc 反应得产物）

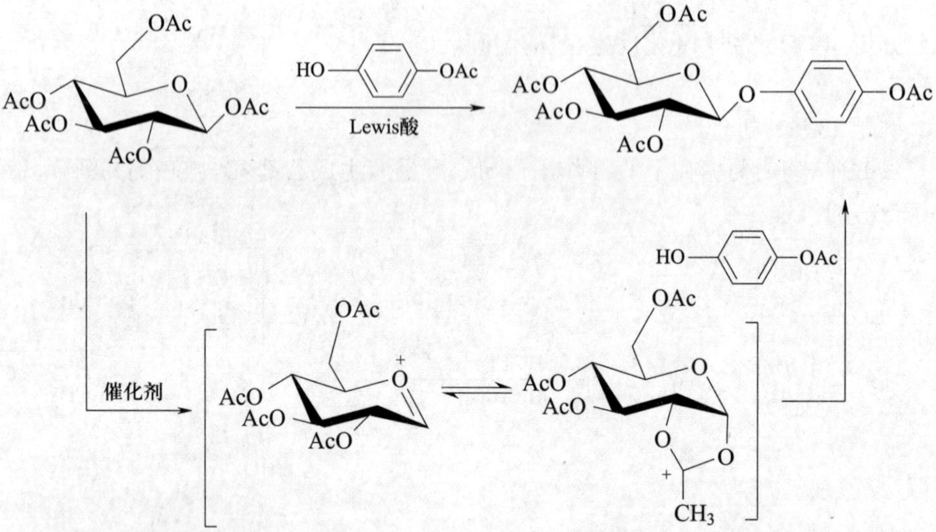

分析：活泼糖给体的糖基化反应，本题是β型五-*O*-乙酰基活泼糖给体在酸的催化下与酚类物质的糖基化反应，注意在异头碳部分形成碳正离子以后，2位乙酰基通过邻基参与效应使糖受体只能从β位与异头碳结合，从而使产物具有很好的立体选择性。

3. 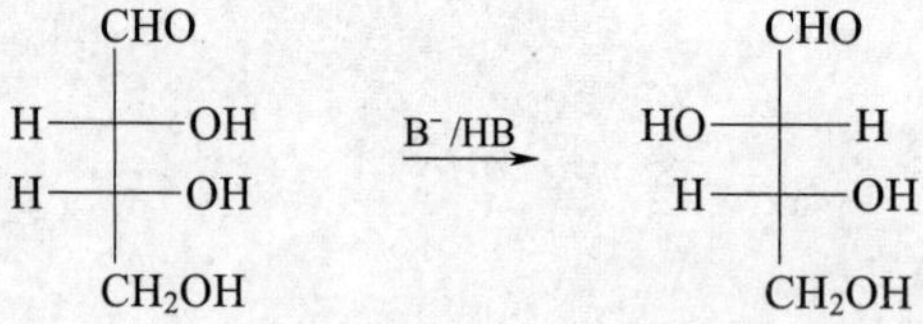 CHO / H—OH / H—OH / CH_2OH ——(B^-/HB)——→ CHO / HO—H / H—OH / CH_2OH

解答：设 R=H—C—OH（CH_2OH）

（机理：B^- + H—C(OH)(R)—CHO ——(−HB)——→ 碳负离子 ⟷ 烯醇负离子 ——(H—B)——→ 烯二醇 + B^- ——(−HB)——→ 烯醇负离子 ⟷ 碳负离子 ——(H—B)——→ CHO / HO—H / H—OH / CH_2OH）

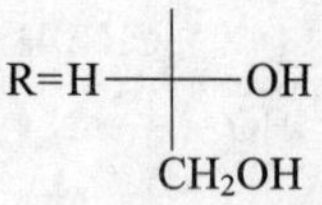

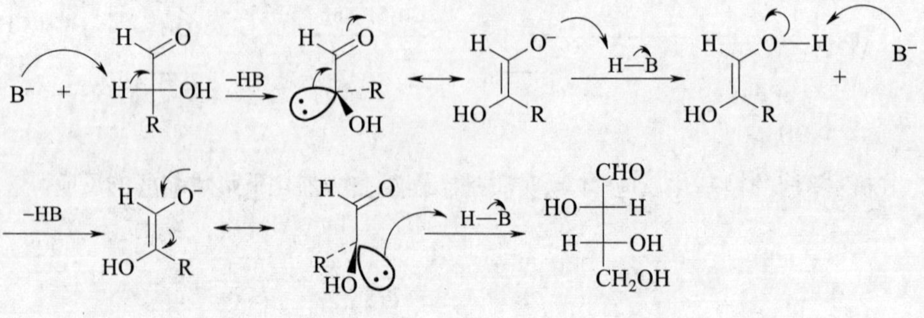

分析：单糖在碱作用下的差向异构化效应，醛羰基与醇羟基相邻，在碱性条件下，醛的 α–H 被拔除后，碳负离子与醛羰基共振离域，使 α–C 再与氢结合时出现产物的异构化。

例题 13–7 推测结构题。

1. D–戊醛糖 A 氧化后生成具有旋光性的二酸 B，A 经降解反应生成丁醛糖 C，C 氧化后生成非旋光性的二酸 D。试推测 A，B，C，D 的结构。

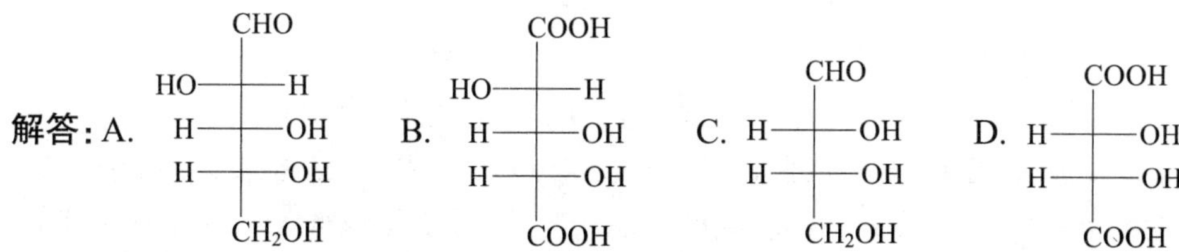

分析：单糖的氧化反应、递降反应与立体化学。

2. D–己醛糖 A 经 $NaBH_4$ 还原后生成非旋光性的 B，B 经 Ruff 降解生成戊醛糖 C，C 经 HNO_3 氧化生成具有旋光性的二酸 D。试推测 A，B，C，D 的结构。

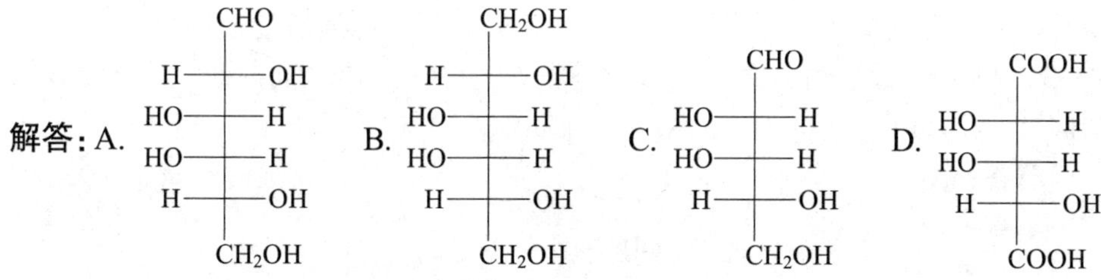

分析：单糖的还原反应、递降反应与立体化学。

3. 两种 D–己醛糖 A 和 B，用硝酸氧化生成无旋光性的己醛糖二酸；C 和 D 为另两种 D–己醛糖，C，D 用硝酸氧化则生成同一种具有旋光性的糖二酸。A 与 C、B 与 D 能生成相同的糖脎。试推测 A，B，C，D 的结构。

解答：

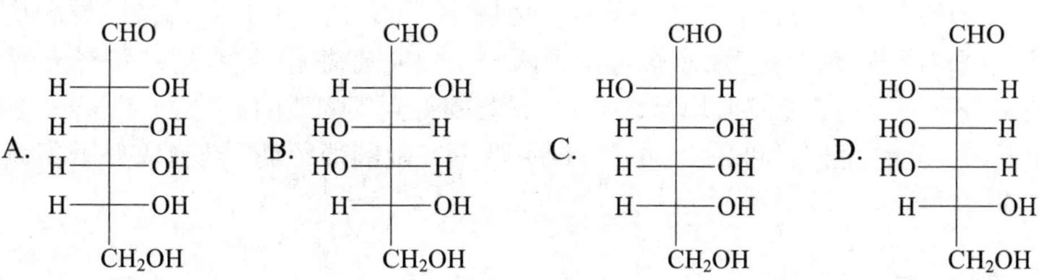

分析：单糖的氧化反应、糖脎反应与立体化学。

4. 某二糖分子式为 $C_{12}H_{22}O_{11}$，不能还原 Fehling 试剂，没有变旋光现象，不生成脎，也不被 Br_2/H_2O 氧化成糖酸，仅能用 α–葡萄糖苷酶水解，若先甲基化后再水解，则仅得到 2，3，4，6–四–*O*–甲基–D–吡喃葡萄糖。试推测该二糖的结构。

解答:

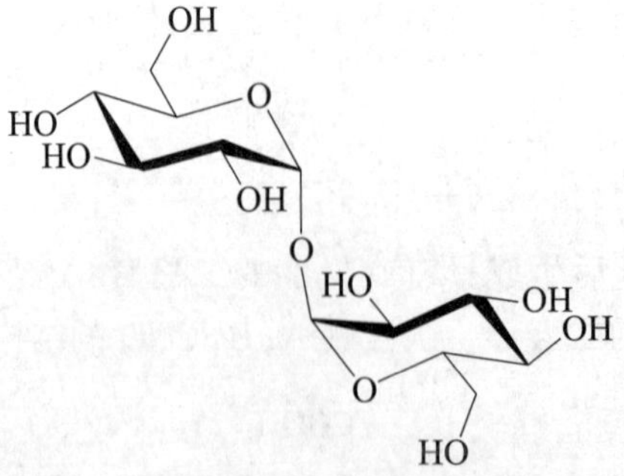

分析: 从化学性质推测该二糖的结构。由题目条件“不能还原 Fehling 试剂，没有变旋光现象，不生成脎，也不被 Br_2/H_2O 氧化成糖酸”推测是非还原二糖，即由异头碳部位的羟基缩合而成;“仅能用 α-葡萄糖苷酶水解”，说明糖苷键为 α 构型，且是葡萄糖;“若先甲基化后再水解，则仅得到 2, 3, 4, 6-四-*O*-甲基-D-吡喃葡萄糖”，进一步确证是两个葡萄糖组成的二糖，同时夯实了两个糖残基是 1, 1′-相连。

5. 某二糖分子式为 $C_{12}H_{22}O_{11}$，可以还原 Fehling 试剂，用 β-葡萄糖苷酶水解可得到两分子吡喃葡萄糖。若将其甲基化后再水解，则得到等物质的量的 2, 3, 4, 6-四-*O*-甲基-D-吡喃葡萄糖和 2, 3, 4-三-*O*-甲基-D-吡喃葡萄糖。试推测该二糖的结构。

解答:

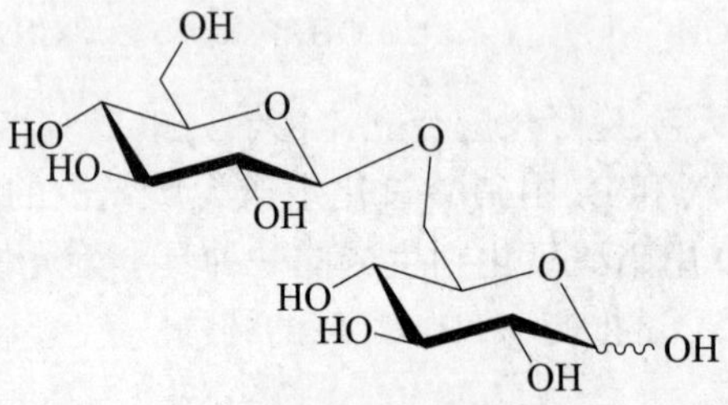

分析: 甲基化法推测二糖的结构。由题意“可以还原 Fehling 试剂”推测是还原性二糖;“用 β-葡萄糖苷酶水解可得到两分子吡喃葡萄糖”推测是以 β-糖苷键相连的两分子葡萄糖;“若将其甲基化后再水解，则得到等物质的量的 2, 3, 4, 6-四-*O*-甲基-D-吡喃葡萄糖和 2, 3, 4-三-*O*-甲基-D-吡喃葡萄糖”推测两分子葡萄糖是 1, 6′-相连。

习题参考答案

习题 13-1 写出下列化合物的 Haworth 式。

（1）乙基-β-D-甘露糖苷 （2）蔗糖

（3）β-D-呋喃葡萄糖 （4）β-D-呋喃核糖

解答：（1）（2）（3）（4）

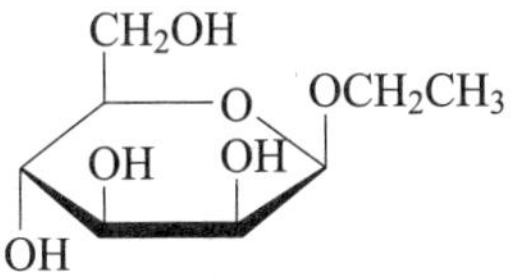

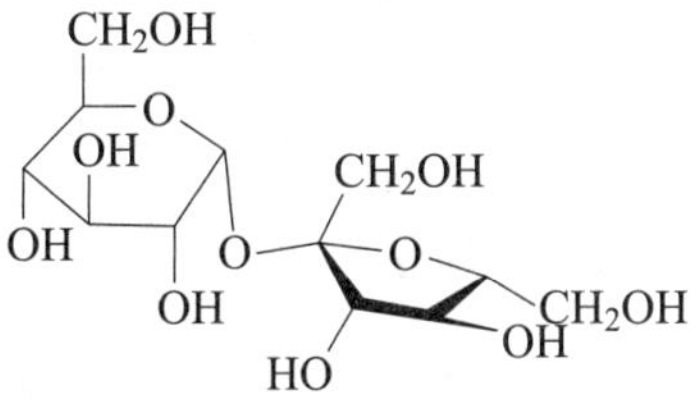

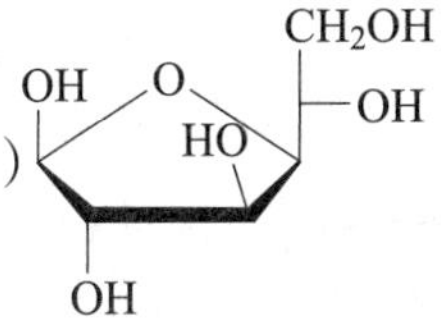

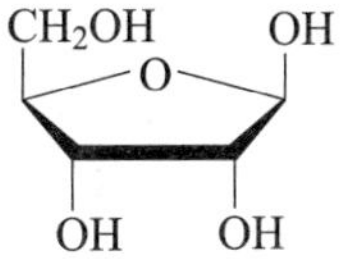

习题 13-2　写出下列化合物的构象式。

（1）β-D-吡喃葡萄糖

（2）α-D-吡喃甘露糖

（3）甲基-β-D-吡喃半乳糖苷

（4）β-D-吡喃半乳糖基-（1→4）-D-吡喃葡萄糖

解答：（1）（2）（3）（4）

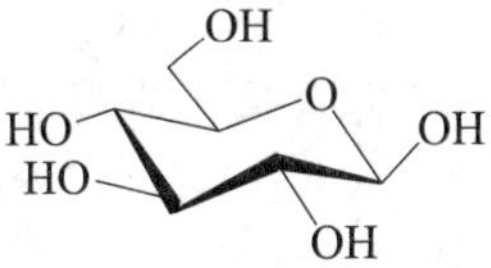

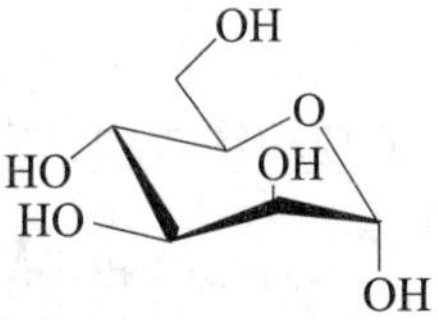

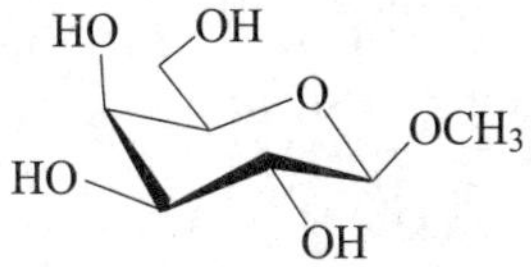

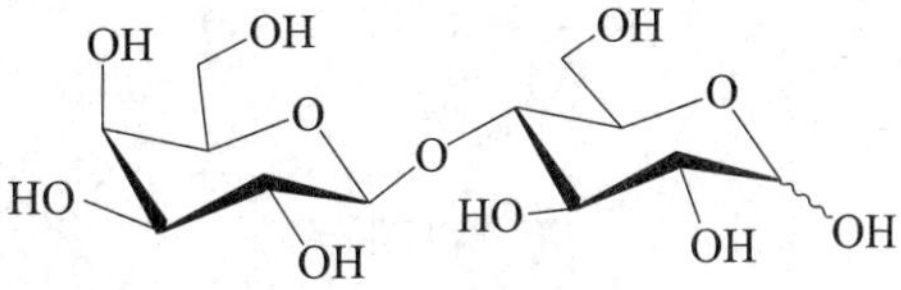

习题 13-3　写出 D-葡萄糖与下列试剂反应的主要产物。

（1）H_2NOH　（2）Br_2/H_2O

（3）CH_3OH/HCl　（4）稀硝酸

（5）过量苯肼　（6）乙酐

解答：（1）$\xrightarrow{H_2NOH}$

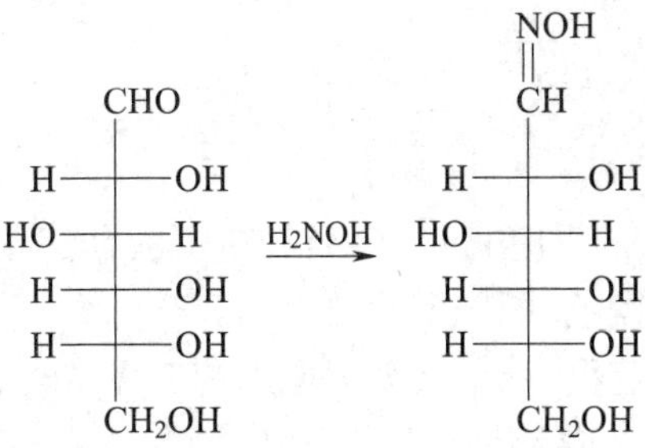

（2）D-葡萄糖 $\xrightarrow[H_2O]{Br_2}$ D-葡萄糖酸

（3）β-D-吡喃葡萄糖 $\xrightarrow[HCl(干), \triangle]{CH_3OH}$ 甲基-β-D-吡喃葡萄糖苷

（4）D-葡萄糖 $\xrightarrow{稀HNO_3}$ D-葡萄糖二酸

（5）D-葡萄糖 + 3 $C_6H_5NHNH_2$ ⟶ D-葡萄糖脎（$HC{=}N{-}NHC_6H_5$，$=N{-}NHC_6H_5$）

（6）D-吡喃葡萄糖 $\xrightarrow{乙酐}$ 五-O-乙酰基-D-吡喃葡萄糖（OAc）

习题 13-4 如何用化学方法区别下列化合物?

（1）麦芽糖和蔗糖

（2）蔗糖和淀粉

（3）淀粉和纤维素

（4）葡萄糖和半乳糖

解答:（1）麦芽糖与 Fehling 试剂反应有 Cu_2O 砖红色沉淀,蔗糖则无此现象。

（2）淀粉与 KI-I_2 溶液反应呈蓝色,蔗糖无蓝色出现。

（3）淀粉与 KI-I_2 溶液反应呈蓝色,纤维素无蓝色出现。

（4）葡萄糖与 HNO_3 反应生成的葡萄糖二酸溶于水,有旋光性;而半乳糖反应后生成的半乳糖二酸不溶于水,无旋光性。

习题 13-5 名词解释。

（1）α-及 β-异头物 （2）糖脎 （3）复合多糖 （4）改性淀粉

解答:（1）醛羟基可以产生两种不同的排列方位，因此形成 α-及 β-异头物，α 型的羟基位于决定构型的羟基同侧，β 型则相反。

（2）单糖在加热条件下与过量的苯肼反应时的产物称为糖脎。

（3）复合多糖指糖类与非糖物质通过共价键结合生成的复合物，又称糖缀合物。如糖类与脂结合生成糖脂或脂多糖，糖类与蛋白质结合生成糖蛋白或蛋白聚糖。

（4）天然淀粉经过适当的化学方法处理，引入某些基团使分子结构和理化性质发生变化，这种淀粉衍生物称为改性淀粉，如氧化淀粉、磷酸化淀粉（阴离子淀粉）、羧甲基淀粉和阳离子淀粉等。改性淀粉在农业、医药等领域中有重要用途。

习题 13-6 下面哪些是还原糖，哪些是非还原糖？

（1）

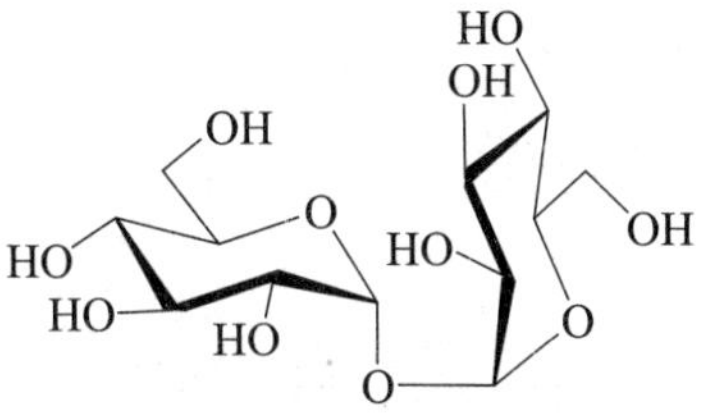

（2）

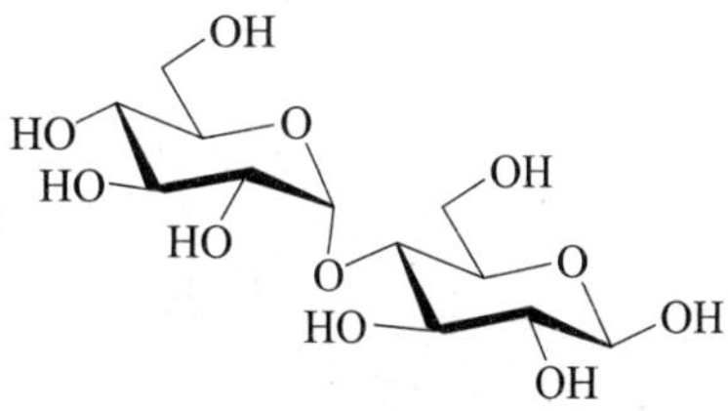

（3）

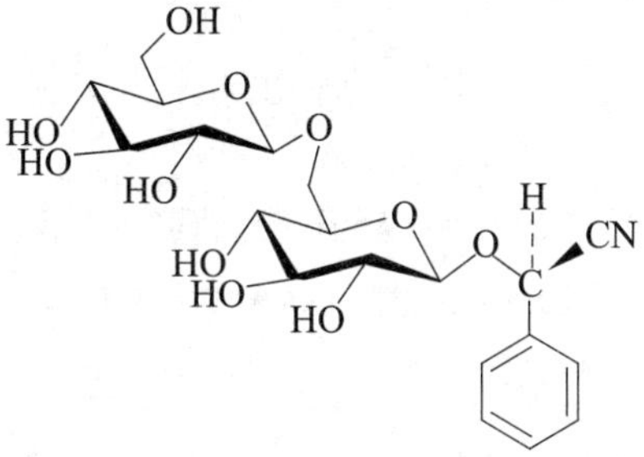

（4）

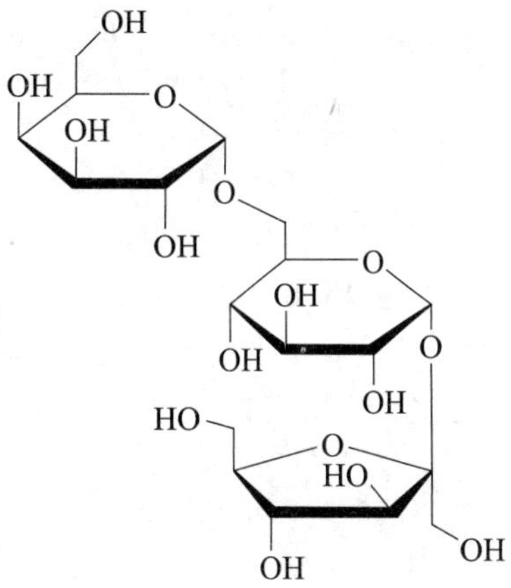

（5）淀粉 （6）纤维二糖

（7）

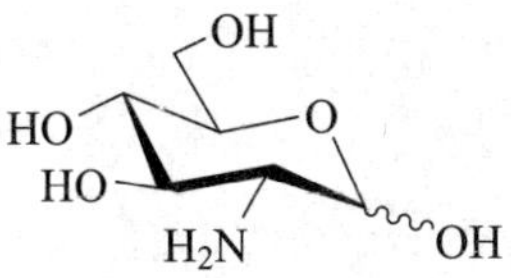

解答:（2）、（6）、（7）是还原糖，（1）、（3）、（4）、（5）是非还原糖。

习题 13-7 完成下列反应方程式。

(1)
$$\begin{array}{rcl} & \mathrm{CHO} & \\ \mathrm{HO} & — & \mathrm{H} \\ \mathrm{H} & — & \mathrm{OH} \\ \mathrm{H} & — & \mathrm{OH} \\ & \mathrm{CH_2OH} & \end{array} \xrightarrow{\mathrm{HCN}} \ ? \ \xrightarrow{\mathrm{H_2O}} \ ?$$

(2)
$$? \ \xleftarrow[\mathrm{H_2O}]{\mathrm{Br_2}} \begin{array}{rcl} & \mathrm{CHO} & \\ \mathrm{H} & — & \mathrm{OH} \\ \mathrm{HO} & — & \mathrm{H} \\ \mathrm{H} & — & \mathrm{OH} \\ \mathrm{H} & — & \mathrm{OH} \\ & \mathrm{CH_2OH} & \end{array} \xrightarrow{\text{稀}\mathrm{HNO_3}} \ ?$$

解答:(1)
$$\begin{array}{rcl} & \mathrm{CHO} & \\ \mathrm{HO} & — & \mathrm{H} \\ \mathrm{H} & — & \mathrm{OH} \\ \mathrm{H} & — & \mathrm{OH} \\ & \mathrm{CH_2OH} & \end{array} \xrightarrow{\mathrm{HCN}} \begin{array}{rcl} & \mathrm{CN} & \\ & \mathrm{CHOH} & \\ \mathrm{HO} & — & \mathrm{H} \\ \mathrm{H} & — & \mathrm{OH} \\ \mathrm{H} & — & \mathrm{OH} \\ & \mathrm{CH_2OH} & \end{array} \xrightarrow{\mathrm{H_2O}} \begin{array}{rcl} & \mathrm{COOH} & \\ & \mathrm{CHOH} & \\ \mathrm{HO} & — & \mathrm{H} \\ \mathrm{H} & — & \mathrm{OH} \\ \mathrm{H} & — & \mathrm{OH} \\ & \mathrm{CH_2OH} & \end{array}$$

(2)
$$\begin{array}{rcl} & \mathrm{COOH} & \\ \mathrm{H} & — & \mathrm{OH} \\ \mathrm{HO} & — & \mathrm{H} \\ \mathrm{H} & — & \mathrm{OH} \\ \mathrm{H} & — & \mathrm{OH} \\ & \mathrm{CH_2OH} & \end{array} \xleftarrow[\mathrm{H_2O}]{\mathrm{Br_2}} \begin{array}{rcl} & \mathrm{CHO} & \\ \mathrm{H} & — & \mathrm{OH} \\ \mathrm{HO} & — & \mathrm{H} \\ \mathrm{H} & — & \mathrm{OH} \\ \mathrm{H} & — & \mathrm{OH} \\ & \mathrm{CH_2OH} & \end{array} \xrightarrow{\text{稀}\mathrm{HNO_3}} \begin{array}{rcl} & \mathrm{COOH} & \\ \mathrm{H} & — & \mathrm{OH} \\ \mathrm{HO} & — & \mathrm{H} \\ \mathrm{H} & — & \mathrm{OH} \\ \mathrm{H} & — & \mathrm{OH} \\ & \mathrm{COOH} & \end{array}$$

习题 13-8 A 和 B 是两种 D-丁醛糖，与苯肼生成相同的糖脎。但用 HNO_3 氧化时，A 的反应产物有旋光性，而 B 的反应产物无旋光性。推导出 A 和 B 的结构式，并写出氧化反应方程式。

解答:

$$\underset{\text{(A)}}{\begin{array}{rcl} & \mathrm{CHO} & \\ \mathrm{OH} & — & \mathrm{H} \\ \mathrm{H} & — & \mathrm{OH} \\ & \mathrm{CH_2OH} & \end{array}} \xrightarrow{\text{稀}\mathrm{HNO_3}} \begin{array}{rcl} & \mathrm{COOH} & \\ \mathrm{HO} & — & \mathrm{H} \\ \mathrm{H} & — & \mathrm{OH} \\ & \mathrm{COOH} & \end{array}$$

$$\text{(A)} \xrightarrow{3C_6H_5NHNH_2} \begin{array}{rl} \mathrm{HC} & =\mathrm{N—NHC_6H_5} \\ & =\mathrm{N—NHC_6H_5} \\ \mathrm{H} & —\mathrm{OH} \\ & \mathrm{CH_2OH} \end{array} \xleftarrow{3C_6H_5NHNH_2} \text{(B)}$$

$$\underset{\text{(B)}}{\begin{array}{rcl} & \mathrm{CHO} & \\ \mathrm{H} & — & \mathrm{OH} \\ \mathrm{H} & — & \mathrm{OH} \\ & \mathrm{CH_2OH} & \end{array}} \xrightarrow{\text{稀}\mathrm{HNO_3}} \begin{array}{rcl} & \mathrm{COOH} & \\ \mathrm{H} & — & \mathrm{OH} \\ \mathrm{H} & — & \mathrm{OH} \\ & \mathrm{COOH} & \end{array}$$

习题 13-9　一个试剂瓶中装有甘露糖溶液，与间苯二酚 /HCl 共热较长时间不显色。但在试剂瓶中加入 $Ca(OH)_2$ 溶液放置一两天后，再与间苯二酚 /HCl 共热则立即产生红色，请解释原因。

解答：酮糖与间苯二酚 /HCl 共热能生成红色物质，而醛糖暂时不会显色。这是由于酮糖与盐酸共热后能较快地生成糠醛衍生物，然后与间苯二酚发生显色反应。甘露糖是醛糖，不会显色，但是加入 $Ca(OH)_2$ 溶液放置一两天后，可以发生异构化反应生成一种酮糖——果糖，就可以发生显色反应了。

第 14 章　氨基酸、多肽和蛋白质

本章知识点

一、氨基酸

1. 氨基酸的定义、分类、结构和命名

（1）定义

氨基酸是羧酸碳原子上的氢原子被氨基取代后的产物。

（2）分类

按照氨基连在碳链上的不同位置，可将氨基酸分为 α-，β-，γ-氨基酸等。另外，可以根据氨基酸结构中氨基和羧基的相对数目分成中性、酸性和碱性氨基酸；可以按照氨基酸分子结构特点进行分类，如脂肪族、芳香族和杂环氨基酸等；还可以从人类营养学角度将氨基酸分成人体必需的和非必需的氨基酸等。

（3）结构

除了甘氨酸，其他氨基酸的 α-碳原子都连着四个不同的基团，因此这些氨基酸分子中的 α-碳原子都是手性碳原子，所以氨基酸构型的标记一般和糖类化合物相似，采用 D/L 标记法来标记，而分子中的手性碳原子一般采用 *R/S* 标记法标记。

由蛋白质水解得到的氨基酸都是 α-氨基酸，即氨基处在羧基的 α 位。

（4）命名

氨基酸的系统命名法是将氨基作为羧酸的取代基来进行命名。如：

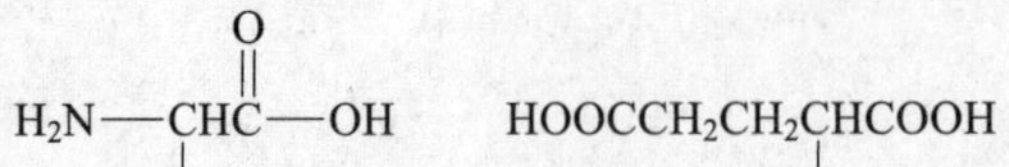

$$H_2N-\underset{\underset{CH_3}{|}}{CH}-\overset{\overset{O}{\|}}{C}-OH \qquad HOOCCH_2CH_2\underset{\underset{NH_2}{|}}{CH}COOH$$

α-氨基丙酸（丙氨酸）　　α-氨基戊二酸（谷氨酸）

2. 氨基酸的理化性质

（1）等电点

氨基酸因为具有碱性的氨基和酸性的羧基两种不同的官能团，因此在不同 pH 的水溶液中会产生不同的离子特性，如偶极离子的存在。在一定 pH 的水溶液中，正离子和负离子的数量相等，这时的 pH 就称为氨基酸的等电点。

（2）与茚三酮的反应

大部分 α-氨基酸的水溶液遇茚三酮，可生成带蓝紫色的产物，应用于氨基酸的比色分析测定。

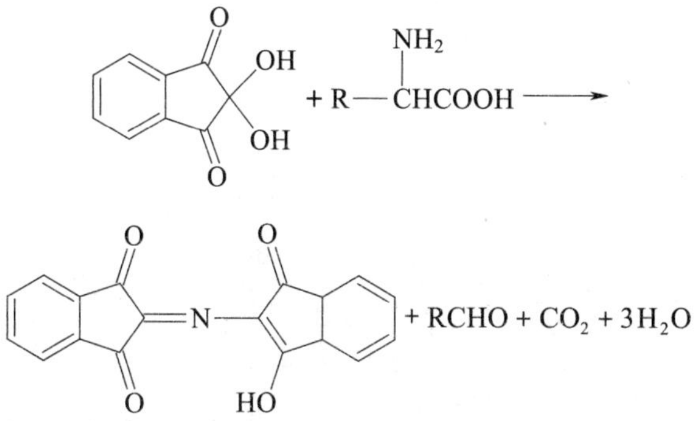

$$+ R-\underset{}{CH}(NH_2)COOH \longrightarrow$$

$$+ RCHO + CO_2 + 3H_2O$$

（3）氨基酸的受热反应

α-氨基酸受热后，两分子氨基酸之间脱去一分子水，生成环状的交酰胺：

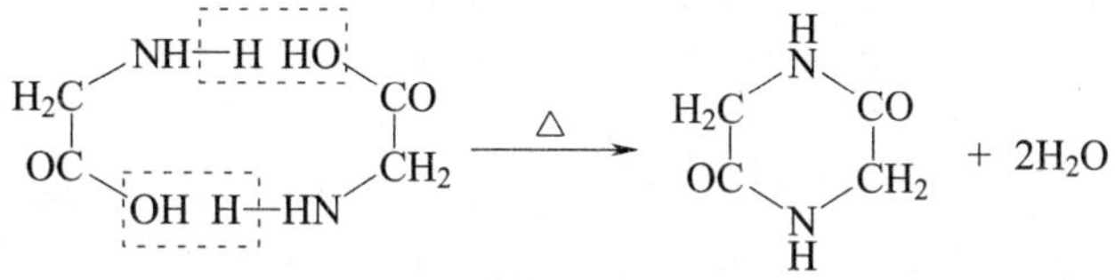

$$\xrightarrow{\triangle} \quad + \ 2H_2O$$

而β-氨基酸受热后，容易脱去一分子氨，生成α，β-不饱和羧酸。γ-或δ-氨基酸受热后，容易分子内脱去一分子水，生成环状的内酰胺。

（4）羧基的反应

① 酯化反应　氨基酸中的羧酸可与醇发生酯化反应。

② 酰化反应　氨基酸中的氨基和羧基均可以发生酰化反应，当氨基被率先保护后，则羧基可以被酰化试剂所酰化。

③ 脱羧反应　氨基酸在与弱碱共热时，可发生脱羧反应，生成相应的胺。

④ 成盐反应　氨基酸中的羧基可以与碱成盐。

（5）氨基的反应

① 酰化反应　氨基可与酰化试剂，如酰氯或酸酐在碱性条件下反应，生成酰胺。

② 与亚硝酸反应　氨基酸在室温下与亚硝酸反应，脱氨，生成羟基羧酸和氮气。

③ 与醛反应　氨基酸的α-氨基与醛类物质反应，生成希夫碱（即亚胺）。

④ 成盐反应　氨基酸的氨基与盐酸作用，可生成氨基酸的盐酸盐。

⑤ 其他反应　氨基酸可与Sanger试剂（2，4-二硝基氟苯，DNFB）反应，生成黄色的产物，可应用于蛋白质中氨基酸顺序的测定。

3. 氨基酸的制备

氨基酸的制备方法有化学合成法、生物合成法、蛋白质水解法、发酵法等，合成法可以得到单一氨基酸，而其他方法得到的往往是混合氨基酸。这里主要介绍化学合成法。

（1）α-卤代酸的氨解

$$\underset{\displaystyle Br}{CH_3CHCOOH} \xrightarrow[-HBr]{NH_3} \underset{\displaystyle NH_2}{CH_3CHCOOH}$$

（2）盖布瑞尔（Gabriel）合成法

$$CH_2(CO_2Et)_2 \xrightarrow{Br_2/CCl_4} BrCH(CO_2Et)_2 \xrightarrow{\text{邻苯二甲酰亚胺钾}} \text{邻苯二甲酰亚胺基}-NCH(CO_2Et)_2$$

$$\xrightarrow[(2)\ (CH_3)_2CHCH_2Cl]{(1)\ NaOEt} \text{邻苯二甲酰亚胺基}-NC(CO_2Et)_2CH_2CH(CH_3)_2 \xrightarrow{OH^-,\ H_2O} \xrightarrow[\triangle]{H^+} (CH_3)_2CHCH_2\underset{NH_2}{CH}COOH$$

（3）斯特雷克（Strecker）合成法

$$CH_3\overset{O}{\overset{\|}{C}}H \xrightarrow{KCN,\ NH_4Cl/H_2O} CH_3\overset{NH_2}{CH}CN \xrightarrow{H_3O^+} CH_3\overset{NH_2}{CH}COOH$$

二、多肽

1. 多肽的定义、结构和命名

（1）定义

一分子氨基酸的羧基和另一分子氨基酸的氨基经分子间脱水形成一个新的酰胺键，该酰胺键称为肽键（peptide bond）；由两个或两个以上氨基酸通过肽键共价连接形成的聚合物称为肽（peptide）。两分子氨基酸经脱水形成的肽称为二肽，三个氨基酸形成的肽为三肽，多个氨基酸形成的肽就是多肽。

$$H_2N-\underset{R_1}{CH}-\overset{O}{\overset{\|}{C}}-OH + H-\overset{H}{N}-\underset{R_2}{CH}-\overset{O}{\overset{\|}{C}}-OH \xrightarrow{-H_2O} H_2N-\underset{R_1}{CH}-\underbrace{\left[\overset{O}{\overset{\|}{C}}-\overset{H}{N}\right]}_{\text{肽键}}-\underset{R_2}{CH}-\overset{O}{\overset{\|}{C}}-OH$$

（2）结构

多肽有开链肽和环状肽。开链肽具有一个游离的氨基末端和一个游离的羧基末端，分别保留了游离的 α-氨基和 α-羧基，故又称为多肽链的 N 端（氨基端）和 C 端（羧基端），书写时一般将 N 端写在分子的左边，并以此开始对多肽分子中的氨基酸残基依次编号，而将肽链的 C 端写在分子的右边。

（3）命名

将多肽 C 端的氨基酸作为母体，肽链中间的氨基酸看成酰基取代基，放在母体之前。酰基的排列顺序是从 N 端开始，依次向 C 端逐个进行，母体和酰基之间用一短线分开。多肽的名称也可直接用氨基酸的简称或英文简写表示，例如：

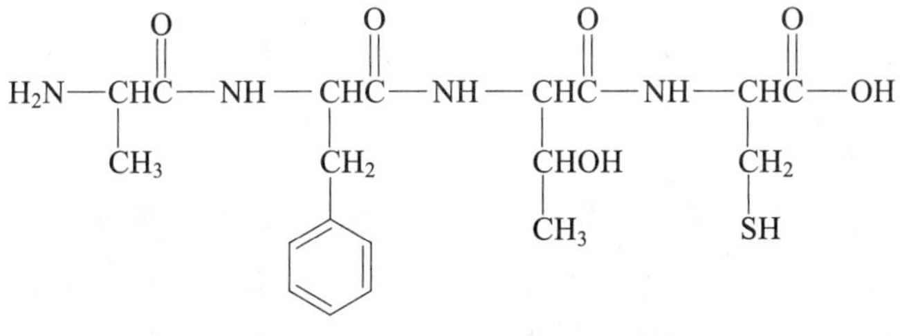

丙氨酰-苯丙氨酰-苏氨酰-半胱氨酸

简称：丙-苯丙-苏-半胱 (Ala-Phe-Thr-Cys)

2. 多肽的理化性质

相对分子质量不大的肽的物理性质基本上与氨基酸类似，在水溶液中以偶极离子存在。肽链的酰氨基不解离，所以肽的酸碱性取决于肽的末端氨基、羧基和侧链上的基团。肽的反应基本和氨基酸相似，但有一些特殊的反应，如双缩脲反应，一般含有两个或两个以上肽键的化合物都能与 $CuSO_4$ 碱性溶液发生反应，生成紫红色或蓝紫色的产物，利用此反应可测定蛋白质的含量。

3. 多肽的结构测定

一般开链的肽化合物具有 N 端和 C 端，测定肽的结构，首先用酸使肽水解，通过分离手段分离组成肽的所有氨基酸，然后用端基分析法测定各氨基酸的连接次序。

4. 多肽的合成

要进行多肽的合成，必须把各种氨基酸按一定的顺序连接起来。在需要使一种氨基酸的羧基和另一种氨基酸的氨基相结合时，为防止同一种氨基酸分子之间的相互结合，必须把某些氨基或羧基先保护起来，以便反应能按照所需要求进行。通常合成方法为肽链从 N 端向 C 端方向延伸。首先第一种氨基酸即 N 端氨基酸的氨基和第二种氨基酸的羧基分别被保护基保护，再使第一种氨基酸的羧基活化后和第二种氨基酸的氨基缩合形成肽键，生成二肽。然后去保护第二种氨基酸的羧基，活化后与第三种氨基酸的氨基结合，依次类推，分别生成三肽、四肽等。

三、蛋白质

1. 蛋白质的组成

蛋白质是一种复杂的有机化合物，氨基酸是组成蛋白质的基本单位，氨基酸通过脱水缩合连成肽链。蛋白质是由一条或多条多肽链组成的生物大分子，每一条多肽链有二十至数百个不等的氨基酸残基（—R）；各种氨基酸残基按一定的顺序排列。多个蛋白质往往可以通过结合在一起形成稳定的蛋白质复合物，折叠或螺旋构成一定的空间结构，从而发挥某一特定功能。

2. 蛋白质的结构

蛋白质的分子结构，有四个不同的层次，分别为一级结构、二级结构、三级结构和四级结构。一级结构是指蛋白质分子中氨基酸的排列顺序。二级结构是指蛋白质分子中某一段肽链的构象。三级结构是指整条多肽链中全部氨基酸残基的相对空间位置。四级结构是指有生物活性的两条或多条多肽链组成蛋白质，每条多肽链都有其完整的三级结构，即蛋白质的亚基，而各个亚基的空间排布及亚基接触部位的布局和相互作用就是蛋白质的四级结构。

3. 蛋白质的理化性质

蛋白质可以与许多试剂发生显色反应。例如，在鸡蛋白溶液中滴入浓硝酸，则鸡蛋白溶液呈黄色。这是由于蛋白质（含苯环结构）与浓硝酸发生了显色反应的缘故。还可以用双缩脲试剂对其进行检验，该试剂遇蛋白质变紫。

蛋白质在灼烧分解时，可以产生一种烧焦羽毛的特殊气味。利用这一性质可以鉴别蛋白质。

通常蛋白质还具有一些明显的理化性质，如胶体性质、两性性质、沉淀性质、变性性质等。

4. 蛋白质的生理功能

蛋白质在生物体中具有多种功能，如催化功能、运动功能、运输功能、机械支持和保护功能、免疫和防御功能、调节功能等。

例题解析

例题 14-1 命名或写出结构式。

1. 写出分子式为 $C_4H_9O_2N$ 的氨基酸的同分异构体，并命名之。

解答：

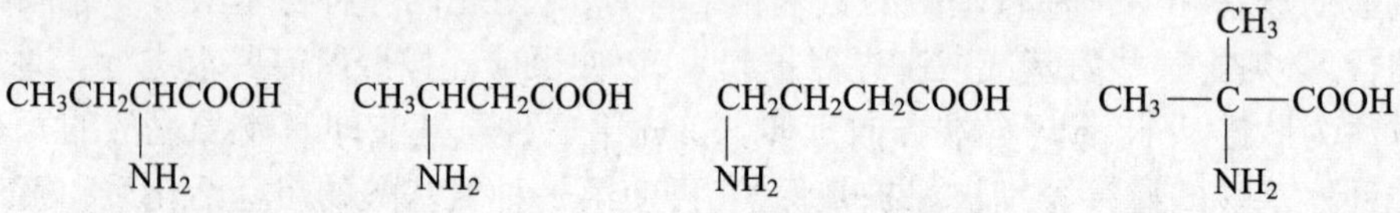

$CH_3CH_2CH(NH_2)COOH$ α-氨基丁酸

$CH_3CH(NH_2)CH_2COOH$ β-氨基丁酸

$CH_2(NH_2)CH_2CH_2COOH$ γ-氨基丁酸

$CH_3—C(CH_3)(NH_2)—COOH$ α-氨基-α-甲基丁酸

2. 写出 10 种必需氨基酸的中英文名称、英文简写和结构式。

解答：（1）赖氨酸 Lysine Lys $NH_2CH_2CH_2CH_2CH_2CH(NH_2)C(=O)OH$

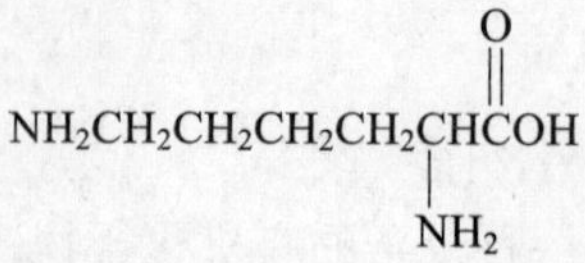

（2）色氨酸 Tryptophan Trp $H_2N—CH(CH_2\text{-}吲哚\text{-}3\text{-}基)—C(=O)—OH$（吲哚环上 HN）

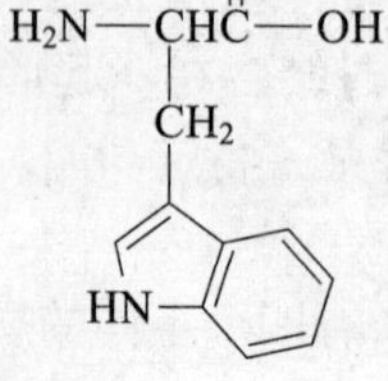

（3）苯丙氨酸　　Phenylalanine　　Phe　　$H_2N-\underset{\underset{C_6H_5}{|}}{\underset{CH_2}{\underset{|}{CH}}}\overset{O}{\overset{\|}{C}}-OH$

（4）甲硫氨酸　　Methionine　　Met　　$CH_3-S-CH_2-CH_2-\underset{NH_2}{\underset{|}{CH}}\overset{O}{\overset{\|}{C}}-OH$

（5）苏氨酸　　Threonine　　Thr　　$CH_3-\overset{HO}{\overset{|}{CH}}-\underset{NH_2}{\underset{|}{CH}}\overset{O}{\overset{\|}{C}}-OH$

（6）异亮氨酸　　Isoleucine　　Ile　　$CH_3-CH_2-\overset{H_3C}{\overset{|}{CH}}-\underset{NH_2}{\underset{|}{CH}}\overset{O}{\overset{\|}{C}}-OH$

（7）亮氨酸　　Leucine　　Leu　　$CH_3-\overset{H_3C}{\overset{|}{CH}}-CH_2-\underset{NH_2}{\underset{|}{CH}}\overset{O}{\overset{\|}{C}}-OH$

（8）缬氨酸　　Valine　　Val　　$CH_3-\overset{H_3C}{\overset{|}{CH}}-\underset{NH_2}{\underset{|}{CH}}\overset{O}{\overset{\|}{C}}-OH$

（9）精氨酸　　Arginine　　Arg　　$HN=\overset{NH_2}{\overset{|}{C}}-HN-CH_2-CH_2-CH_2-\underset{NH_2}{\underset{|}{CH}}\overset{O}{\overset{\|}{C}}-OH$

（10）组氨酸　　Histidine　　His　　$H_2N-\underset{\underset{\text{咪唑-4-基 (N, NH)}}{|}}{\underset{CH_2}{\underset{|}{CH}}}\overset{O}{\overset{\|}{C}}-OH$

3. 请写出下列 α-氨基酸的 Fischer 投影式：

（1）甘氨酸　　（2）丙氨酸　　（3）亮氨酸

（4）半胱氨酸　　（5）色氨酸　　（6）组氨酸

解答：通常这些 α-氨基酸都是 L 构型。

(1) 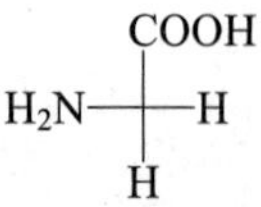 $H_2N-C(COOH)(H)-H$ (2) $H_2N-C(COOH)(H)-CH_3$ (3) $H_2N-C(COOH)(H)-CH_2CH(CH_3)_2$

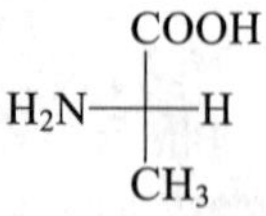

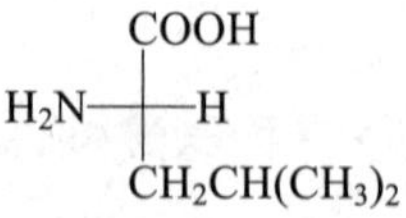

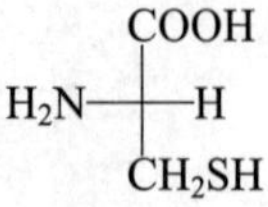

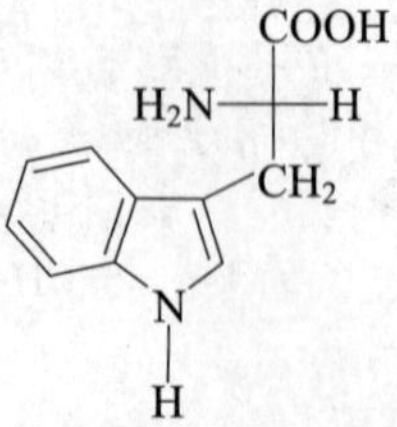

(4) $H_2N-C(COOH)(H)-CH_2SH$ (5) $H_2N-C(COOH)(H)-CH_2$-(3-吲哚基, N—H) (6) 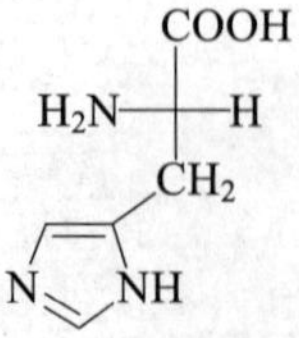 $H_2N-C(COOH)(H)-CH_2$-(4-咪唑基, N, NH)

例题 14-2 解释下面现象。

1. 氨基酸具有两性性质,但它们的等电点都不等于 7,即使是中性氨基酸其等电点也不等于 7。

解答: 在中性氨基酸中,由于羧基—COOH 的解离能力大于氨基—NH_2 接受质子的能力,故它在纯水中呈微酸性,只有加入酸才能抑制羧基—COOH 的解离,所以其等电点一般小于 7。

2. H_3N^+—CH_2—COOH 的酸性比 R—CH_2—COOH 的酸性强。

解答: 在 α-氨基酸中, —N^+H_3 是一个强的吸电子基团,它的诱导作用使羧基上的氢原子更易解离成氢离子,而 R—CH_2—COOH 中的—R 基团是一个弱的给电子基团,它的诱导作用使羧基上的氢原子不易解离成氢离子,所以前者酸性比后者强。

3. 为什么可以在 pH = 5.68 时将三种氨基酸的混合物(组氨酸、丝氨酸和谷氨酸)分离?

解答: 因为这三种氨基酸的等电点不同,所以可以利用电泳方式将它们进行分离。

	组氨酸	丝氨酸	谷氨酸
等电点	7.59	5.68	3.22
pH = 5.68 时	移向阴极	不移动	移向阳极

4. 胰岛素和鱼精蛋白的等电点分别为 5.3 和 10.0,将它们溶于纯水中时有混浊现象。

解答: 纯水的 pH = 7,胰岛素和鱼精蛋白溶于纯水中时分别以负离子和正离子形式存在,而正、负离子混合形成复配物,降低了在水中的溶解度,所以出现混浊现象。

5. 氨基酸的酯化反应比羧酸慢。

解答: 由于部分氨基酸以偶极离子存在,羧酸根酯化活性低于羧基,且由于氧离子供电子,使羰基电正性减小。

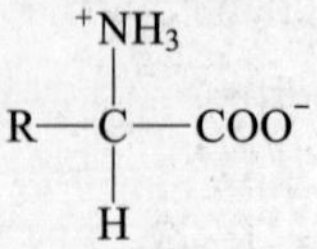

$$R-C(^+NH_3)(H)-COO^-$$

例题 14-3 写出甘氨酸和下列试剂反应得到的产物。

（1）$NaOH/H_2O$　（2）HCl/H_2O　（3）$C_6H_5CH_2OCOCl$

（4）$(CH_3CO)_2O$　（5）$NaNO_2/HCl$　（6）$CH_2{=}C{=}O$

（7）$CH_3N{=}C{=}S$　（8）$(CH_3)_2SO_4$

解答：（1）$H_2N—CH_2—C(=O)—O^-Na^+$　（2）$H_3N^+—CH_2—C(=O)—OH\ Cl^-$

（3）$C_6H_5CH_2OCONH—CH_2—C(=O)—OH$　（4）$CH_3CONH—CH_2—C(=O)—OH$

（5）$HO—CH_2—C(=O)—OH$　（6）$CH_3CONH—CH_2—C(=O)—OH$

（7）$H_3CHN—C(=S)—HN—CH_2—C(=O)—OH$　（8）$H_3C—HN—CH_2—C(=O)—OH$

分析：本题主要是考察氨基酸中的氨基和羧基与不同试剂进行反应的产物。

例题 14-4 完成下列反应式（写出主要的产物）。

1. $H_3C—CH(NH_2)—COOC_2H_5+H_2O \xrightarrow{HCl}$（　　）

解答：$H_3C—CH(^+NH_3Cl^-)—COOH$

2. $H_3C—CH(NH_2)—COOC_2H_5+CH_3COCl \longrightarrow$（　　）

解答：$H_3C—CH(NH—COCH_3)—COOC_2H_5$

3. $C_6H_5—CH_2—CH(NH_2)—COOH+C_4H_9OH \xrightarrow{H^+}$（　　）

解答：$C_6H_5—CH_2—CH(NH_2)—COOC_4H_9$

4. $2H_3C—CH(NH_2)—COOH \xrightarrow{\triangle}$（　　）

解答：（环二肽：3,6-二甲基-2,5-哌嗪二酮，H_3C、CH_3、NH、O）

5. $H_3C-\underset{NH_2}{\underset{|}{CH}}-COOH+HCHO \longrightarrow$ (　　)

解答：$H_3C-\underset{\underset{CH_2OH}{|}}{\underset{NH}{\underset{|}{CH}}}-COOH$

6. $H_3C-\underset{NH_2}{\underset{|}{CH}}-COOH+NH_2-CH_2-COOH \xrightarrow[-H_2O]{}$ (　　)

解答：$H_3C-\underset{NH_2}{\underset{|}{CH}}-CONH-CH_2-COOH+H_2N-CH_2-CONH-\underset{CH_3}{\underset{|}{CH}}-COOH+$

2种不同氨基酸之间的缩合产物

$H_3C-\underset{NH_2}{\underset{|}{CH}}-CONH-\underset{CH_3}{\underset{|}{CH}}-COOH+H_2N-CH_2-CONH-CH_2-COOH$

同种氨基酸之间的缩合产物

7. $H_3C-\underset{NH_2}{\underset{|}{CH}}-CH_2-COOH \xrightarrow{\triangle}$ (　　)

解答：$H_3C-\underset{NH_2}{\underset{|}{CH}}-CH_3$

8. $H_3C-\underset{NH_2}{\underset{|}{CH}}-CH_2-COOH+F-C_6H_3(NO_2)_2$（2,4-二硝基氟苯）$\longrightarrow$ (　　)

解答：$H_3C-\underset{NH-C_6H_3(NO_2)_2}{\underset{|}{CH}}-CH_2-COOH$（N-2,4-二硝基苯基）

9. $C_6H_5-CH_2\underset{NH_2}{\underset{|}{C}H}COOH \xrightarrow{HNO_2}$ (　　)

解答：$C_6H_5-CH_2=CHCOOH$

10. $CH_3CH_2CHO \xrightarrow{(\quad\quad)} \underset{\displaystyle OH}{CH_3CH_2CHCN} \xrightarrow{(\quad\quad)} \underset{\displaystyle Cl}{CH_3CH_2CHCN}$

$\xrightarrow{NH_3} (\quad\quad\quad) \xrightarrow{H_3O^+} (\quad\quad\quad)$

解答： HCN； HCl(干)； $\underset{\displaystyle {}^{+}NH_3Cl^-}{CH_3CH_2CHCN}$； $\underset{\displaystyle {}^{+}NH_3}{CH_3CH_2CHCOO^-}$

例题 14-5 利用显色反应鉴别下列化合物。

1. 丝氨酸和色氨酸

解答： 松木片反应，色氨酸结构中有吲哚环，与吡咯一样显红色。

2. 谷氨酸和苹果酸

解答： 茚三酮反应，谷氨酸显紫色，而苹果酸无此显色反应。

3. 酪氨酸和色氨酸乙酯

解答： 酪氨酸结构中有酚羟基，用三氯化铁溶液或用茚三酮方法都可显色。

4. 乳酸和甘氨酸

解答： 茚三酮反应，甘氨酸显紫色，乳酸不显色。

5. 苏氨酸和酪氨酸

解答： 用三氯化铁溶液，酪氨酸结构中有酚羟基，显蓝紫色；不能用茚三酮反应，因苏氨酸和酪氨酸同样可以发生显色反应。

例题 14-6 选择题。

1. 中性氨基酸的水溶液在等电点时的 pH 为(　　)。

A. 等于 7　　　　B. 大于 7

C. 小于 7　　　　D. 后两种情况都可能

解答： C

分析：中性氨基酸一般只有一个氨基和一个羧基，在水溶液中分别可以以正离子或负离子形式存在。等电点时水溶液中正、负离子相等，但由于羧基的酸性略强于氨基的碱性，所以等电点时的 pH 小于 7。

2. 马尿酸 $C_6H_5CONHCH_2COOH$ 可以看成苯甲酸与下列哪种酸生成的酰胺？(　　)

A. 甘氨酸　　B. 丙氨酸　　C. 谷氨酸　　D. 亮氨酸

解答： A

分析：苯甲酸的羧基和甘氨酸的氨基缩合形成酰胺键，所以应该是甘氨酸。

3. 用调节等电点的方法可以分离氨基酸的混合物，因为在等电点时氨基酸的(　　)。

A. 熔点最高　　　　B. 沸点差最大

C. 化学活泼性最强　　　　D. 溶解度最低

解答： D

分析：氨基酸在等电点的溶液中大多数以偶极离子形式存在，这时的溶解度最低。

4. 工业上生产最多的一种氨基酸是（　　）。

A. 糖精　　B. 甘油　　C. 蔗糖　　D. 味精

解答：D

分析：谷氨酸的钠盐就是味精，而其余三种化合物都不是氨基酸。

5. 氨基酸可以用作缓冲剂，这与它的哪种性质有关？（　　）

A. 易溶于水　　B. 内盐式结构

C. 能发生酯化反应　　D. 能生成酰胺键

解答：B

分析：氨基酸分子结构中具有酸性的羧基和碱性的氨基，可形成内盐式结构。它既能作为碱与质子反应，也能作为酸与氢氧根离子反应，因此可作为缓冲剂。

6. 由氨基酸合成多肽时，通常使用的方法是（　　）。

A. 保护氨基，活化羧基，由 C 端缩合延伸

B. 保护羧基，活化氨基，由 N 端缩合延伸

C. 同时由 C 端和 N 端缩合延伸

D. 活化羧基后除去氨基保护基，由 C 端缩合延伸

解答：A

分析：由氨基酸合成多肽通常是先保护第一个氨基酸的氨基，然后将其羧基活化后与第二个氨基酸的氨基缩合生成酰胺键，依次类推，最后除去氨基的保护。

7. 某七肽的第一个氨基酸是酪氨酸，末端是丙氨酸。该七肽部分水解得到亮-丙、酪-丙、酪-甘、丙-酪和甘-亮-亮。该七肽中氨基酸的排列顺序为（　　）

A. 酪-丙-酪-甘-亮-亮-丙　　B. 酪-甘-亮-亮-丙-酪-丙

C. 酪-甘-亮-丙-丙-酪-丙　　D. A 和 B 都有可能

解答：D

分析：A 和 B 两种多肽水解后都可生成题目中的四种二肽和一种三肽。

8. 蛋白质的二级结构是指（　　）。

A. 肽链的构象

B. 肽链中氨基酸的排列顺序

C. 肽链与辅基结合的特定形式

D. 肽链之间相互扭曲折叠构成的特定形状

解答：A

分析：蛋白质是由数条肽链以特定方式结合起来的高分子聚酰胺，其二级结构是肽链由于分子中氢键的关系而形成的几何构象。

9. 蛋白质的等电点是指（　　）。

A. 组成蛋白质的氨基酸的等电点

B. 在 25 ℃下开始变性时溶液的 pH

C. 蛋白质净电荷为零时溶液的 pH

D. 蛋白质具有最强生理活性时溶液的 pH

解答: C

分析：蛋白质与氨基酸类似，具有酸、碱成盐的能力。当溶液的 pH 使蛋白质的正、负离子相等时，大部分蛋白质以净电荷为零的偶极离子形式存在，这时溶液的 pH 即为蛋白质的等电点。

10. 蛋白质的变性主要是由于(　　)。

A. 肽链的断裂　　B. 肽链空间构型的变化

C. 肽链中氨基酸顺序的改变　　D. 产生沉淀

解答: B

分析：蛋白质变性主要是蛋白质的构象发生了改变。

例题 14-7　推测结构题。

1. 某化合物的分子式为 C_3H_7ON，有旋光性，能分别与盐酸和氢氧化钠成盐，能与醇形成酯，与亚硝酸反应可放出氮气，写出其结构式。

解答: $H_2N—CH(CH_3)—C(=O)—OH$

分析：按照分子式计算不饱和度为 1，由化学性质知该化合物为两性化合物，与醇成酯说明有羧基，与亚硝酸反应能放出氮气，且又具有旋光性，故很容易判断出该化合物的结构式为丙氨酸。

2. 化合物 A 的分子式为 $C_5H_{11}O_2N$，具有旋光性，在稀碱作用下水解生成 B 和 C。B 也有旋光性，既能溶于酸也能溶于碱，并能与亚硝酸作用放出氮气。C 无旋光性，但能发生碘仿反应，试写出 A，B，C 的结构式。

解答: A. $H_2N—CH(CH_3)—C(=O)—OC_2H_5$　　B. $H_2N—CH(CH_3)—C(=O)—OH$　　C. CH_3CH_2OH

分析：从题意可知，C 能发生碘仿反应，结构中含有 $CH_3C(O)$—或 $CH_3C(OH)$—结构，B 为两性的氨基酸，A 经稀碱水解得到 B，可知 A 为氨基酸 B 的酯，C 就是相应的醇，而醇能发生碘仿反应的可能是乙醇。B 又有旋光性，则 B 不可能是甘氨酸(C_2)，应该是 C_3。

3. 一氨基酸的衍生物 A($C_5H_{10}O_3N_2$)，与氢氧化钠水溶液共热放出氨，并生成 $C_3H_5(NH_2)(COOH)_2$ 的钠盐。若 A 进行 Hofmann 降级反应，则生成 α，γ-二氨基丁酸，试写出 A 的结构式。

解答: $HOOC—CH(NH_2)CH_2CH_2CONH_2$

分析：由题意可知，A 经过 Hofmann 降级反应，得到 α，γ-二氨基丁酸，分析可知 γ-氨基应来自酰胺，而 α-氨基由于不是伯氨基，所以不是来自酰胺。而 A 与氢氧化钠溶液共热并放出氨，生成羧酸盐，也证明其酰胺化合物的特征。

例题 14-8 合成题。

1. 以 4-甲基戊酸合成亮氨酸。

解答：$(CH_3)_2CHCH_2CHCOOH \xrightarrow{Br_2, P} (CH_3)_2CHCH_2CH(Br)COOH \xrightarrow[H_2O]{NH_3} (CH_3)_2CHCH_2CH(NH_2)COOH$

分析：羧酸制备相应的氨基酸，先 α-卤化，再氨化，即可得到对应的氨基酸。

2. 以乙酰氨基丙二酸二乙酯为原料制备缬氨酸。

解答：$CH_3CONHCH(COOEt)_2 \xrightarrow[EtOH]{EtONa} CH_3CONH\overset{-}{C}(COOEt)_2\ Na^+ \xrightarrow{BrCH(CH_3)_2} CH_3CONHC(CH(CH_3)_2)(COOEt)_2$

$\xrightarrow[\triangle]{H_3O^+} (CH_3)_2CHCH(NH_2)COOH$

分析：丙二酸二乙酯衍生物制备氨基酸，先利用 α-H 的酸性，在醇溶液中和醇钠作用，除去质子，得到碳负离子，再利用碳负离子性质，和卤化物作用，得到氨基酸的衍生物。

3. 以丙二酸二乙酯为原料，利用 Gabriel 法制备苯丙氨酸。

解答：$CH_2(CO_2Et)_2 \xrightarrow{Br_2/CCl_4} BrCH(CO_2Et)_2 \xrightarrow{\text{邻苯二甲酰亚胺钾 (C}_6\text{H}_4\text{(CO)}_2\text{NK)}} C_6H_4(CO)_2NCH(CO_2Et)_2$

$\xrightarrow[(2)\ PhCH_2Cl]{(1)\ EtONa} C_6H_4(CO)_2NC(CH_2Ph)(CO_2Et)_2 \xrightarrow{OH^-, H_2O} PhCH_2C(NH_2)(CO_2^-)_2 \xrightarrow[\triangle]{H^+} PhCH_2CH(NH_2)COOH$

分析：丙二酸二乙酯和卤素反应，得到 α-溴代的丙二酸二乙酯，和邻苯二甲酰亚胺的钾盐进行 Grabiel 反应，进一步烷基化、水解、脱羧得到产物。

4. 以乙烯为原料制备丙氨酸。

解答：$CH_2{=}CH_2 + HCl \longrightarrow CH_3{-}CH_2Cl \xrightarrow{NaCN} CH_3{-}CH_2CN \xrightarrow[H_2O]{H^+}$

$CH_3{-}CH_2COOH \xrightarrow{Cl_2, P} CH_3{-}CH(Cl)COOH \xrightarrow{NH_3} CH_3{-}CH(NH_2)COOH$

分析：乙烯通过亲电加成，形成卤代烃，和氰化钠反应，生成丙腈，增加一个碳原子，氰基水解成羧基，形成丙酸，通过 α-卤化，再氨化就得到丙氨酸。

习题参考答案

习题 14-1 名词解释。

（1）氨基酸　　（2）等电点

解答:（1）含有氨基和羧基的一类有机化合物的通称。生物功能大分子蛋白质的基本组成单位,是构成动物营养所需蛋白质的基本物质。

（2）蛋白质或两性电解质（如氨基酸）所带净电荷为零时溶液的 pH,此时蛋白质或两性电解质在电场中的迁移率为零。等电点的符号为 pI。如在某一 pH 的溶液中,氨基酸解离成正离子和负离子的趋势及程度相等,所带净电荷为零,呈电中性,此时溶液的 pH 称为该氨基酸的等电点。

习题 14-2 单项选择题。

（1）所有氨基酸都具有不对称的碳原子,但下列哪一种除外?（　　）

A. 甘氨酸　　B. 甲硫氨酸　　C. 天冬氨酸　　D. 组氨酸

（2）等电点（pI）大于 pH 7.0 的氨基酸是（　　）。

A. 丙氨酸　　B. 精氨酸　　C. 亮氨酸　　D. 半胱氨酸

（3）下列物质不能使蛋白质变性的是（　　）。

A. 硝酸银　　B. 硫酸钠　　C. 福尔马林　　D. 紫外线

（4）欲将蛋白质从水中析出而又不改变它的性质,应加入（　　）。

A. 饱和 Na_2SO_4 溶液　　B. 浓硫酸

C. 甲醛溶液　　D. $CuSO_4$ 溶液

解答:（1）A,（2）B,（3）C,（4）A

习题 14-3 完成下列反应。

（1）$R—\underset{}{\overset{NH_2}{\overset{|}{C}H}}—COOH + HNO_2 \longrightarrow$

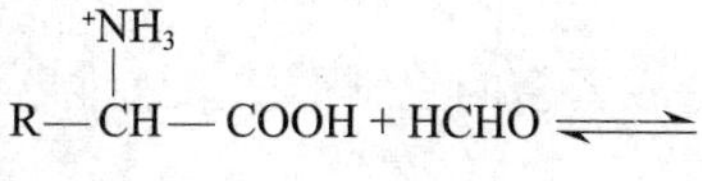

解答: $R—\overset{OH}{\overset{|}{C}H}—COOH + N_2\uparrow + H_2O$

（2）$R—\overset{^+NH_3}{\overset{|}{C}H}—COOH + HCHO \rightleftharpoons$

解答: $R—\underset{\underset{CH_2}{\overset{\|}{N}}}{\underset{|}{C}H}—COOH + H_3O^+$

（3）$R—\overset{COOH}{\overset{|}{C}H}—NH_2 + F—C_6H_3(NO_2)_2 \longrightarrow$（F 邻位为 O_2N，对位为 NO_2）

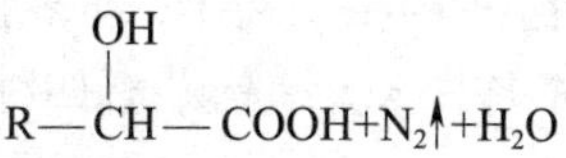

DNFB

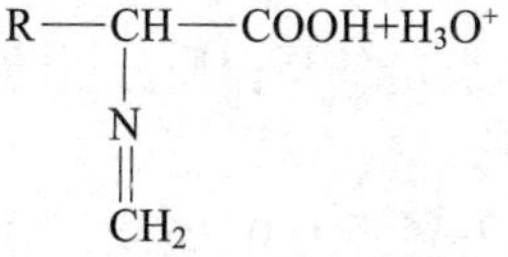

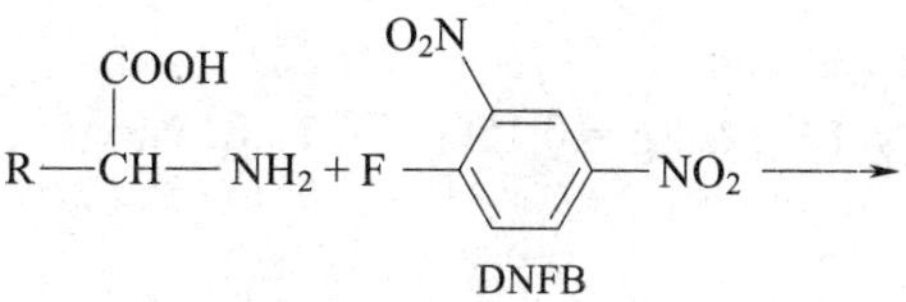

COOH　O_2N

解答： R—CH—NH— —NO_2+HF

NH_2

（4）2 OH OH + R—CH—COOH ⟶

O O

OH O

解答： —N= +RCHO+CO_2+$3H_2O$

O O

习题 14-4　简答题。

（1）简述导致蛋白质变性的主要因素。

解答： 引起蛋白质变性的主要因素有① 温度；② 酸碱度；③ 有机溶剂；④ 脲和盐酸胍，这是应用最广泛的蛋白质变性试剂；⑤ 去垢剂和芳香族化合物。

（2）简述蛋白质一级、二级、三级及四级结构，并说明一级结构与空间结构的关系。

解答： 蛋白质分子是由氨基酸首尾相连缩合而成的共价多肽链化合物，但是天然蛋白质分子并不是走向随机的松散多肽链。每一种天然蛋白质都有自己特有的空间结构（或称三维结构），这种三维结构通常被称为蛋白质的构象，即蛋白质的结构。

一级结构：构成蛋白质的单元氨基酸通过肽键连接形成的线性序列，为多肽链。一级结构稍有变化，就会影响蛋白质的功能。因为一级结构中的氨基酸排列顺序的差别意味着从多肽链骨架伸出的侧链 R 基团的性质和顺序对于每一种蛋白质是特异的，因为 R 基团大小不同，所带电荷数目不同，对水的亲和力不同，所以一级结构造成了蛋白质的空间构象也不同。

二级结构：一级结构中部分多肽链的弯曲或折叠产生二级结构，即多肽链的某些氨基酸残基周期性的空间排列。现已报道的蛋白质中二级结构共有四种：α-螺旋、β-折叠、β-转角、无规卷曲。

三级结构：在二级结构基础上进一步折叠成紧密的三维形式。三维形状一般为球状或纤维状。

四级结构：由蛋白质亚基结构形成的多于一条多肽链的蛋白质分子的空间排列。

习题 14-5　用凯氏定氮法分析 4 g 蛋白质样品得到氮为 0.1 g，求此样品中粗蛋白的含量。

解答： 样品中粗蛋白含量 = $6.25\times0.1\ \text{g}\div4\ \text{g}=0.156\ 25=15.625\%$

第15章 核　　酸

本章知识点

一、核酸的定义和组成

（1）核酸的定义

核酸是一类生物聚合物，是所有已知生命形式必不可少的组成物质。核酸是脱氧核糖核酸（DNA）和核糖核酸（RNA）的总称。

（2）核酸的组成

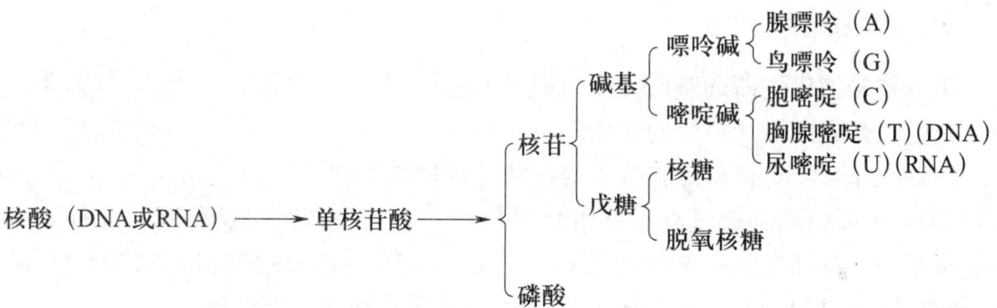

二、核酸的结构

核酸是由核苷酸聚合而成的大分子，核酸中的核苷酸以3′，5′-磷酸二酯键构成无分支结构的线型分子。核酸主要有三级结构。一级结构是指核苷酸链中的核苷酸的排列顺序。二级结构是指核苷酸链在局部空间的结构形式，DNA为双螺旋结构，RNA为单链结构。三级结构是指核苷酸链在二级结构基础上形成的更为复杂的空间形式，如DNA的三级结构就是在双螺旋基础上绕双螺旋旋转形成超螺旋结构等。

三、核酸的理化性质

核酸具有大分子的一般特性。DNA和RNA都是极性化合物，能微溶于水而不溶于乙醇、乙醚、氯仿等有机溶剂。它们的钠盐比自由酸易溶于水。DNA黏度较大，RNA相对来说黏度较小。DNA在机械力作用下易发生断裂。由于核酸组成中的嘌呤碱和嘧啶碱具有强烈的紫外吸收，故核酸也有紫外吸收的性质。由于核酸中含有酸性的磷酸基和碱基上的碱性基团，所以核酸为两性电解质。由于核酸分子的大小及所带电荷的不同，可用电泳法分离不同的核酸。

核酸中的糖苷键和磷酸酯键都能用化学方法和酶法水解。在酸性条件下，核酸中的磷酸二酯键会发生水解，且碱基和核糖之间的糖苷键更易发生水解。在碱性条件下，RNA 的磷酸二酯键易发生水解，而 DNA 的磷酸二酯键不易水解。

另外，核酸还会在一定的条件下，发生变性、复性和分子杂交。

变性：在一定理化因素作用下，核酸双螺旋等空间结构中碱基之间的氢键断裂，变成单链的现象称为变性。引发变性的常见理化因素有加热，加入酸、碱、尿素和甲酰胺等。在变性过程中，核酸的空间构象被破坏，理化性质发生改变。

复性：适当的条件下，变性 DNA 的两条分开的单链重新形成双螺旋 DNA，这一过程称为复性。热变性的 DNA 经缓慢冷却后复性称为退火。DNA 复性是非常复杂的过程，影响 DNA 复性速率的因素很多：DNA 浓度高，复性快；DNA 分子大，复性慢；高温会使 DNA 变性，而温度过低可使误配对不能分离等。

分子杂交：具有互补序列的不同来源的单链核酸分子，按碱基配对原则结合在一起称为分子杂交。分子杂交可发生在 DNA-DNA、RNA-RNA 和 DNA-RNA 之间。

四、核酸的生理功能

蛋白质是构成生命的基础物质，而蛋白质的合成是生命活动的基本过程，蛋白质在细胞中的合成离不开核酸的作用。

DNA 是储存、复制和传递遗传信息的主要物质基础。

RNA 在蛋白质合成过程中起着重要作用——其中，转运核糖核酸，简称 tRNA，起着携带和转移活化氨基酸的作用；信使核糖核酸，简称 mRNA，是合成蛋白质的模板；核糖体的核糖核酸，简称 rRNA，是细胞合成蛋白质的主要场所。

例题解析

例题 15-1 命名或写出结构式。

1. D-2-核糖

解答：

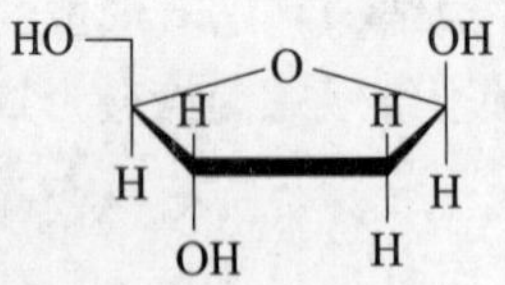

HO—CH₂ 呋喃环：O；OH；H；H；H；H；OH；H

2. 胸腺嘧啶

解答：

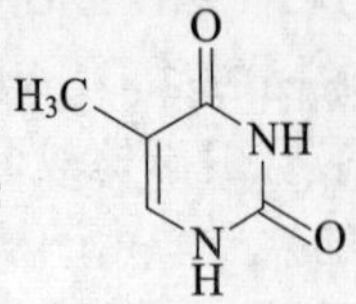

O；H_3C；NH；O；N；H

3. 胞嘧啶

解答:

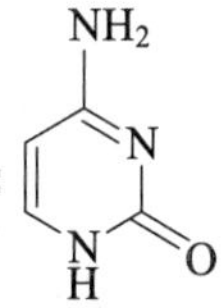

4. 腺嘌呤

解答:

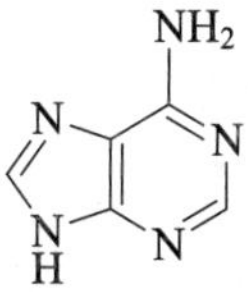

5. 鸟嘌呤

解答:

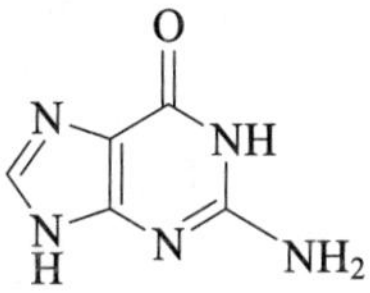

6.

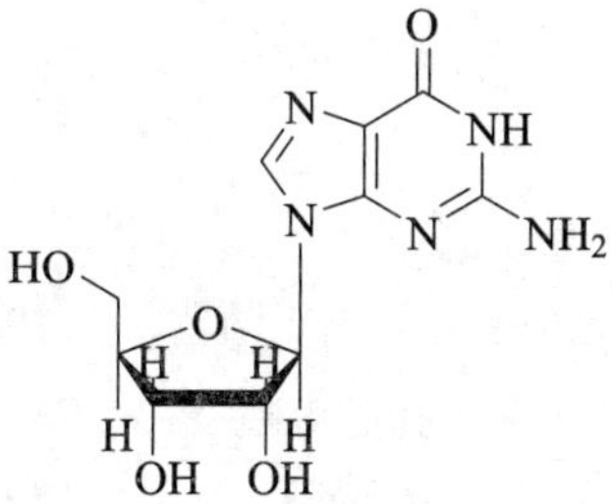

解答: 腺苷

7.

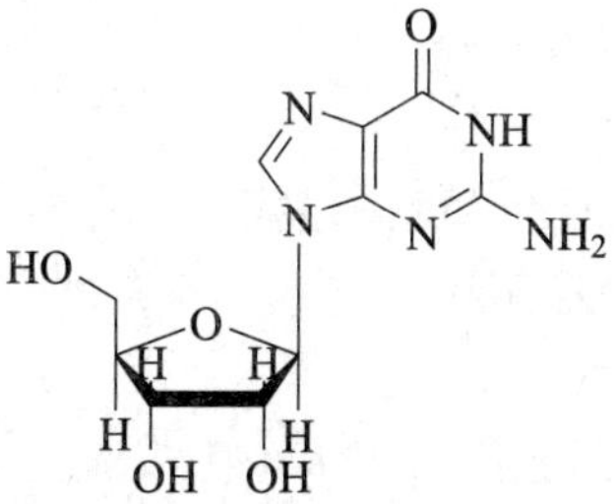

解答: 鸟苷

8.

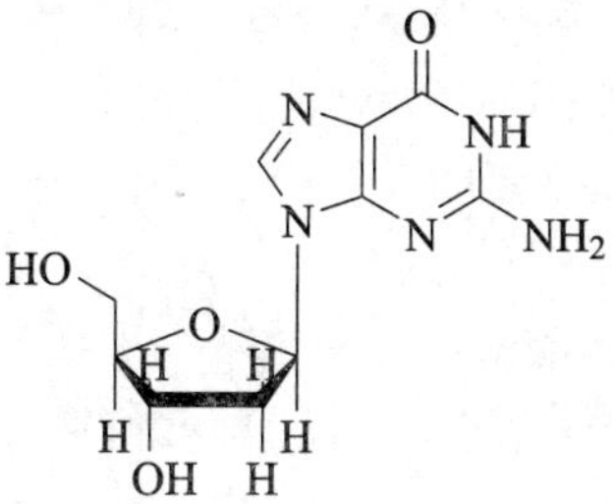

解答:脱氧腺苷

9.

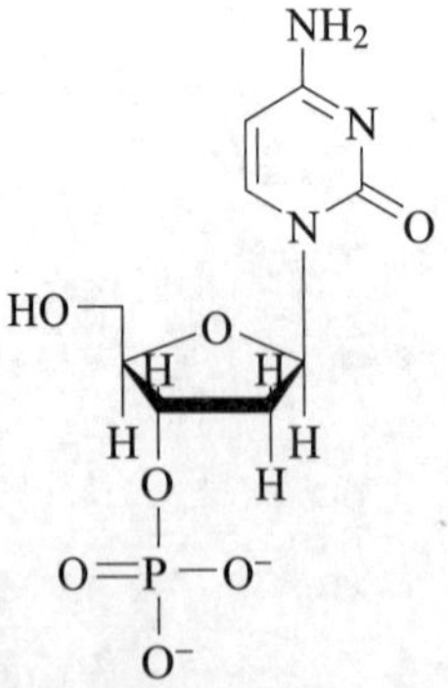

解答:脱氧胞苷酸

10.

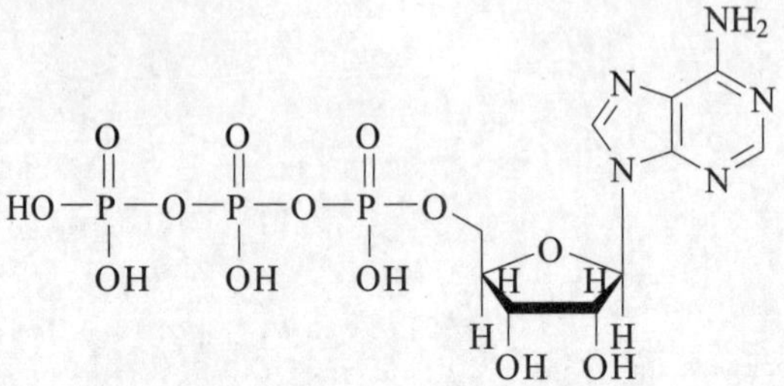

解答:三磷酸腺苷(ATP)

例题 15-2 选择题。

1. DNA 和 RNA 结构组成中的不同碱基主要是(　　)。

A. 腺嘌呤和鸟嘌呤　　B. 胸腺嘧啶和胞嘧啶

C. 胸腺嘧啶和尿嘧啶　　D. 胞嘧啶和尿嘧啶

解答:C

分析:DNA 中还有胸腺嘧啶(T),而 RNA 中含有尿嘧啶(U)。

2. 提出 DNA 具有双螺旋分子结构模型的是(　　)。

A. 汤姆和杰瑞　　B. 孟德尔和摩尔根

C. 沃森和克里克　　D. 海森堡和薛定谔

解答:C

分析:1953 年,美国科学家沃森和英国科学家克里克在 *Nature* 上发表论文,最先提出了 DNA 的双螺旋分子结构模型。

3. (　　)是遗传物质的载体,而(　　)是合成蛋白质的模板。

A. mRNA,tRNA　　B. tRNA,rRNA

C. DNA,RNA　　D. RNA,DNA

解答:C

4. DNA 双螺旋链上的碱基之间通过(　　)相连接。

A. 范德华力　　B. 氢键　　C. 离子键　　D. 共价键

解答:B

分析：DNA 双螺旋链上的碱基通过氢键连接起来，形成一定向右轴向旋转的双螺旋结构。

5. DNA 的双螺旋结构是核酸的（　　）结构。

A. 一级　　B. 二级　　C. 三级　　D. 四级

解答：B

分析：核酸的二级结构是指核苷酸链在局部空间的结构形式，DNA 为双螺旋结构，RNA 为单链结构。

6. 下面哪种不是细胞内特有的三种核糖核酸？（　　）

A. mRNA　　B. tRNA　　C. sRNA　　D. rRNA

解答：C

分析：细胞内含有三种核糖核酸（RNA），即信使核糖核酸（mRNA）、转运核糖核酸（tRNA）和核糖体的核糖核酸（rRNA）。

7. tRNA 内的核苷酸能够形成类似"三叶草"的结构，它是属于 RNA 的（　　）结构。

A. 一级　　B. 二级　　C. 三级　　D. 双螺旋

解答：B

8. 某 DNA 链中，腺嘌呤和胞嘧啶的含量分别为 25.4% 和 22.8%，则鸟嘌呤的含量为（　　）。

A. 25.4%　　B. 22.8%　　C. 48.2%　　D. 2.6%

解答：B

分析：在 DNA 中，腺嘌呤（A）和胸腺嘧啶（T）比例相等，胞嘧啶（C）和鸟嘌呤（G）比例相等，即 A=T，G=C。

9. 一般用于测定核酸中的核糖的分析方法为（　　）。

A. 二苯胺法　　B. DNFB 法　　C. 茚三酮法　　D. 苔黑酚法

解答：D

分析：常用来测定核糖的方法是苔黑酚法，测定脱氧核糖的方法是二苯胺法。

10. DNA 的生理功能是（　　）。

A. 合成氨基酸　　B. 合成多肽

C. 合成蛋白质　　D. 作为遗传物质的载体

解答：D

分析：DNA 所携带的遗传基因指导生命体蛋白质的合成，所以 DNA 是遗传物质的载体。

例题 15-3　问答题。

1. 核酸的基本结构单元是什么？

解答：核酸的基本结构单元是 D-核糖、D-2-脱氧核糖、胸腺嘧啶、腺嘧啶、胞嘧啶、腺嘌呤、鸟嘌呤、尿嘌呤和磷酸。

2. DNA 和 RNA 在结构上的主要区别是什么？

解答: DNA 由 D-2-脱氧核糖的核苷通过磷酸聚合而形成,其核苷包括: D-2-脱氧核糖和胸腺嘧啶、胞嘧啶、腺嘌呤和鸟嘌呤四种碱基。

RNA 由 D-核糖的核苷通过磷酸聚合而形成,其核苷包括: D-核糖和尿嘧啶、胞嘧啶、腺嘌呤和鸟嘌呤四种碱基。

3. 如何根据碱基的类型推测某个已测定的核酸样品是 DNA 还是 RNA？

解答: 如结构测定中有胸腺嘧啶(T),则是 DNA; 如果结构测定中有尿嘧啶(U),则是 RNA。

4. 什么是 DNA 的一级结构?

解答: DNA 的一级结构是指 DNA 分子中的核苷酸的排列顺序。

5. 试阐明下面缩写式的含义:

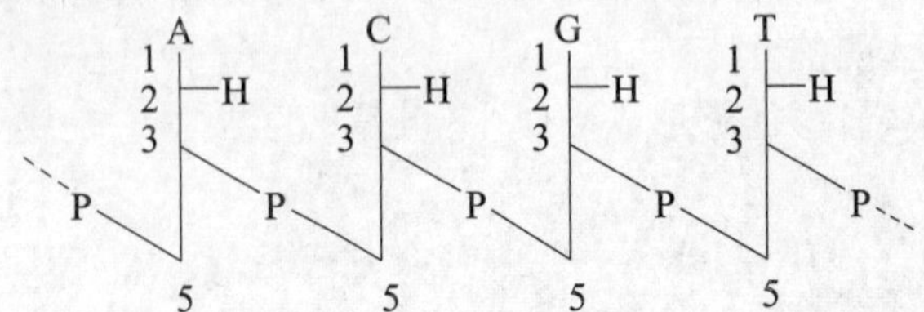

解答: 该缩写式是四个脱氧核苷结合而成的结构片段,四条竖线代表四个脱氧核糖,2 位上是一个氢,1 位上从左到右分别被 A、C、G、T 取代,两个脱氧核苷通过一分子磷酸在 3 位和 5 位上结合。

6. 给出某 DNA 上一段(5′)GGCCTATTGCAT(3′)的互补链上的碱基顺序。

解答: 按照查伽夫法则, DNA 中 A=T, G=C,且双螺线链上的碱基配对原则为 A−T, G−C,所以题中互补链上的碱基顺序为(3′)CCGGATACGTA(5′)。

7. 什么是核酸的变性?

解答: 核酸的变性即在一定的理化条件下,核酸双螺旋链空间结构中的碱基之间的氢键断裂,变成单链的现象。

8. 什么是 DNA 的复性?

解答: 适当的条件下,变性 DNA 的两条分开的单链重新形成双螺旋 DNA 的过程称为复性。热变性的 DNA 经缓慢冷却后复性称为退火。

9. 核酸的生理功能有哪些?

解答: 蛋白质的合成是生命过程不可缺少的,而蛋白质在细胞中的合成离不开核酸。蛋白质合成的过程包括 DNA 将所携带的遗传信息指导蛋白质的合成, RNA 则根据 DNA 的信息完成蛋白质的合成。

习题参考答案

习题 15-1 名词解释。

(1) 查伽夫法则 (2) DNA 变性 (3) 退火 (4) 熔解温度 (5) 增色效应

解答: (1) 查伽夫(Chargaff)通过精确的定量分析,证明不同来源核酸的碱基并非以等摩尔比存在，他发现含氨碱基（腺嘌呤和胞嘧啶）和含酮碱基（鸟嘌呤和胸腺嘧啶）的总量相等，总量之比是一个取决于生物来源的特征值。这一规律被称为查伽夫法则，它是 DNA 结构规律的反映，成为后来沃森和克里克构建 DNA 双螺旋结构模型的依据。

（2）DNA 变性是指 DNA 双螺旋碱基对的氢键断裂，双链变成单链，从而使 DNA 的天然构象和性质发生改变。变性时维持双螺旋稳定性的氢键断裂，碱基间的堆积力遭到破坏，但不涉及其一级结构的改变。凡能破坏双螺旋稳定性的因素，如加热、极端的 pH、有机试剂甲醇、乙醇、尿素及甲酰胺等，均可引起 DNA 变性。

（3）退火指双链的核酸变性生成单链再回到双链的情况。例如，加热或用碱处理 DNA 使之解离成单链后，若徐徐冷却或中和，则可再次回到双链的状态。利用此性质可以研究核酸链间的碱基顺序的互补性。如由退火得到双链，可断定两个核酸链在碱基顺序上是互补的，如不能得到双链，就说明没有互补性。

（4）变性温度取决于 DNA 自身的性质，热变性使 DNA 分子双链解开所需温度称为熔解温度（melting temperature，T_m）。因热变性是在很狭窄的温度范围内突发的跃变过程，在该范围内紫外光吸收值达到最大值的 50% 时的解链温度，很像结晶达到熔点时的熔化现象，故名熔解温度。

（5）由于核酸（DNA 或 RNA）变性后引起的光吸收增加的现象称为增色效应，也就是核酸变性后核酸溶液的紫外吸收作用增强的效应。

习题 15-2 单项选择题。

（1）自然界游离的核苷酸中，磷酸常位于（　　）。

A. 戊糖的 C5′ 上　　B. 戊糖的 C2′ 上

C. 戊糖的 C3′ 上　　D. 戊糖的 C2′ 和 C5′ 上

E. 戊糖的 C2′ 和 C3′ 上

（2）可用于测量生物样品中核酸含量的元素是（　　）。

A. 碳　　B. 氢

C. 氧　　D. 磷

E. 氮

（3）下列哪种碱基只存在于 RNA 而不存在于 DNA？（　　）

A. 尿嘧啶　　B. 腺嘌呤

C. 胞嘧啶　　D. 鸟嘌呤

E. 胸腺嘧啶

（4）核酸中核苷酸之间的连接方式是（　　）。

A. 2′，3′-磷酸二酯键　　B. 糖苷键

C. 2′，5′-磷酸二酯键　　D. 肽键

E. 3′，5′-磷酸二酯键

（5）核酸对紫外线的最大吸收峰在哪一波长附近？（　　）

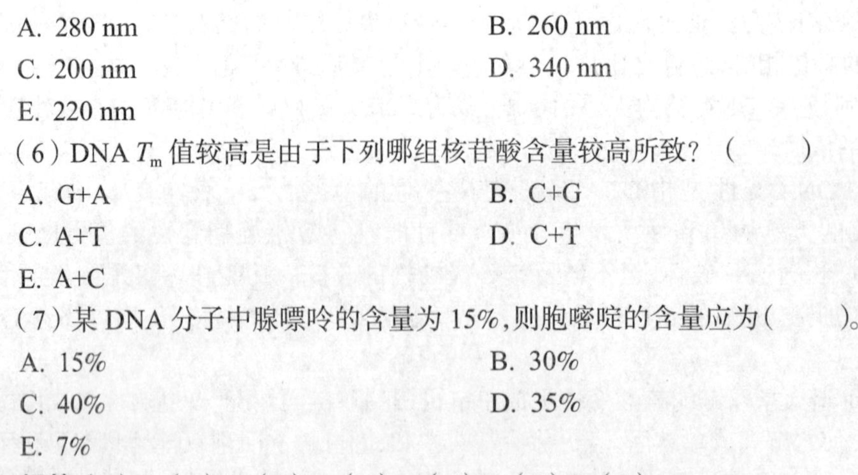

A. 280 nm　　B. 260 nm

C. 200 nm　　D. 340 nm

E. 220 nm

（6）DNA T_m 值较高是由于下列哪组核苷酸含量较高所致？（　　）

A. G+A　　B. C+G

C. A+T　　D. C+T

E. A+C

（7）某 DNA 分子中腺嘌呤的含量为 15%，则胞嘧啶的含量应为（　　）。

A. 15%　　B. 30%

C. 40%　　D. 35%

E. 7%

解答:（1）A,（2）D,（3）A,（4）E,（5）B,（6）B,（7）D

习题 15-3　比较 DNA 和 RNA 的化学组成和分子结构上的异同点。

解答:

组成或结构	核酸类型	
	DNA	RNA
核糖	脱氧核糖	核糖
碱基	腺嘌呤 A 鸟嘌呤 G 胞嘧啶 C 胸腺嘧啶 T	腺嘌呤 A 鸟嘌呤 G 胞嘧啶 C 尿嘧啶 U
磷酸	磷酸	磷酸
核苷	脱氧核苷	核苷
结构	二级结构为双螺旋结构，两股互补	二级结构不如 DNA 规则，部分结构有两股互补，呈三叶草结构

习题 15-4　简述 RNA 的种类及其功能特点。

解答: 在细胞中，根据结构功能的不同，RNA 主要分三类，即 tRNA、rRNA、mRNA。mRNA 是依据 DNA 序列转录而成的蛋白质合成模板；tRNA 是 mRNA 上遗传密码的识别者和氨基酸的转运者；rRNA 是组成核糖体的部分，而核糖体是蛋白质合成的场所。

细胞中还有许多种类和功能不一的小型 RNA，像是组成剪接体的 snRNA，负责 rRNA 成型的 snoRNA，以及参与 RNAi 作用的 miRNA 与 siRNA 等，可调节基因表达。而其他如Ⅰ、Ⅱ型内含子、RNase P、HDV、核糖体 RNA 等都有催化生化反应过程的活性，即具有酶的活性，这类 RNA 被称为核酶。

习题 15-5 简述核酸分离纯化过程中应遵循的规则及注意事项。

解答：核酸在细胞中总是与各种蛋白质结合在一起的。核酸的分离主要是指将核酸与蛋白质、多糖、脂肪等生物大分子分开。

在分离核酸时，应遵循两个原则：一是保证核酸一级结构的完整性，因为完整的一级结构是核酸结构和功能研究的最基本的要求；二是尽量排除其他分子的污染，保证核酸样品的纯度。

操作时要注意：温度不要过高，控制 pH 范围（pH=5～9），保持一定离子强度，减少物理因素对核酸的机械剪切力。

习题 15-6 简述核酸的一般分析研究方法及其优缺点。

解答：研究核酸的方法主要有化学发光法、荧光分析法和电化学分析法等。

化学发光法利用核酸中碱基共轭双键在 260 nm 处的最大紫外吸收，这种方法简单、准确，但也存在用时长和背景干扰大等缺点。

荧光分析法灵敏度高、选择性好、操作方便，但由于核酸内源荧光很弱，无法直接分析研究，必须引入荧光探针，而荧光探针法虽然有荧光探针，但方法烦琐、操作费事，但对小分子荧光探针的荧光增强或减弱作用进行核酸研究的方法具有相当的前途。

电化学发光法不同于传统的标记免疫分析，它是源于电化学法和化学发光法，但又不等同于它们的一种新型分析方法，是在电极表面上稳定的前体产生的具体高度反应性的化学发光反应，具有灵敏、快速、准确、分析适应性广等特点。

第16章 有 机 合 成

本章知识点

有机化合物的合成是有机化学的重要组成部分，利用有机化学反应将简单的有机化合物转化为需要合成的目标分子，是有机化学结构理论、反应、合成方法的综合运用。

对于有机合成有三个最基本的要求：合成的反应步骤越简单、越少越好；每步反应的产率越高越好；合成步骤中所使用的反应原料越经济、越易得越好。

做好有机合成，必须学好有机化学基础和专业知识，如果能做到下面几点，则可以事半功倍：

第一，要掌握各类化合物的基本反应和国际、国内文献报道的各种新型反应，相关的化学反应方法掌握得多，可避免重复再走前人走过的弯路，同时也可借鉴别人的经验和成果，他山之石，可以攻玉。第二，要掌握合成路线设计的一般原则，对于反应的试剂原料来源必须有良好的渠道，廉价易得，副反应少，操作方便，安全环保。第三，要熟练掌握有机合成的基本实验方法、手段和技巧，同时还必须掌握产品的分析表征技术。

一、有机合成设计思路

因为有机化合物由碳骨架构成，所以在针对目标分子合成路线设计时，首先要仔细观察目标分子的碳骨架，是脂肪链，还是脂环、芳香环、杂环等结构，这样在构建目标分子骨架时可以优先考虑骨架的形成情况，尽可能使用商业化的起始原料，避免合成路线的延长，降低总的产率。其次需判断目标分子中有没有各类不同的官能团，因为官能团本身就代表了目标分子的某种物理或化学性质，尤其是化学性质，是发生化学反应的重要位置，利用各种不同的官能团的性质，可以有针对性地加以改变、增加、减少、保护等，使得化学反应在这些位置上进行，改变化合物的结构，逐步向目标分子靠拢。再次就是基团位置和立体构型问题，因为碳的四面体结构，在形成碳骨架和官能团时，化合物的立体构型会有很多变化，如烯烃的顺反异构，环状分子基团的不同空间取向，蛋白质分子的折叠、扭曲等，都会对有机化合物分子的性质产生影响。所以在合成目标分子前，必须有一个系统工程的整体概念，将分子的各个不同单元类似建筑一样，按照蓝图，逐步构建成一个分子大厦，最终达到合成目标分子的目的，所以有机合成的设计思路就是一种分子设计、分子搭建的分子工程学。

二、反合成分析

反合成分析是一种逆推法，因为有机合成总是要从基础的原料，通过一定的反应条件，经过合成中间体等多个步骤，最终形成需要合成的目标分子，在这过程中，可能原料分子经过了碳链的增长、缩短、成环、开环、官能团转换等多种转化。而目标分子不会贴上反应原料及各种反应条件、反应步骤的标签，这就需要通过反合成分析，将这些合成的步骤逆向还原，同时将切断、官能团转换等熟练运用，使得目标分子逐渐向中间体及起始原料转化，最终得到符合实际的简单、易得的起始原料，按照常规或新型的有机合成反应路线，完整设计出合成目标分子的路线。

$$\text{目标分子} \xRightarrow{\text{切断、转换、连接或重排}} \text{对应的合成中间体} \Longrightarrow \text{起始原料}$$

反合成分析与有机合成设计思路一样，也是三点，即碳骨架、官能团和立体构型。碳骨架的反合成分析主要集中在切断、连接和重排上。切断是将化学键打断，目的是将目标分子结构分割成两个或多个部分，便于将这些部分转换成起始原料。而连接是切断的逆过程，是将两个或多个部分组合形成新的化学键。重排则是一种特殊的化学键断裂和连接的方式。官能团转换包括官能团的引入、转化、保护、消除等情况，通过这些官能团的转换，使有机化学反应能够顺利得以实施，形成目标分子的最终结构。对于立体构型问题，需要具体问题具体分析，尤其是天然产物的全合成，以及新型药物、杀虫剂、昆虫信息素、植物生长调节剂、香料、调味剂等具有生物活性物质的合成更应注意，常规方法可以利用手性试剂拆分外消旋体，也可利用立体专一性和立体选择性反应进行各种立体构型的控制，以达到目标分子的立体构型要求。目前不对称催化反应的文献报道不断涌现，高选择性的有机合成试剂也越来越多地商业化，对于有机合成来说是增加了不少的便利性。

三、有机分子的构造方法

有机合成的目的是通过各种方法来构建目标分子，所以通过对碳骨架的建立，各种官能团的引入、转化、保护和消除，基团的位置和立体构型的形成等种种手段来达到有机合成的目的。

1. 碳骨架的建立

碳骨架的建立可以从碳链的形成、缩短、重排、成环和开环等方面出发。

碳链的形成可以通过自由基型反应和离子型反应进行。

自由基型反应主要通过光照、高温使有机分子产生自由基或通过自由基引发剂（如过氧化物、偶氮化合物等）产生自由基，通过自由基链增长的反应来形成一定的C—C 键。这在自由基聚合合成高分子化合物中很常见。

离子型反应主要是通过含碳的电子给予体和电子接受体进行反应来形成 C—C 键。常见含碳的电子给予体有金属有机化合物（格氏试剂、有机铜锂、有机锌等烷基化合物）、各类活化的碳负离子、氰根、烯醇负离子、烯胺、富电子的芳环和烯烃等。常见的电子接受体有卤代烃、磺酸酯、羰基化合物、CO_2、环氧化合物、α,β-不饱和羰基化合物的中的β-碳原子等。

这类反应有亲电加成反应、亲核加成反应、各类缩合反应、偶联反应和卡宾的插入反应等。

碳链的缩短主要有芳环侧链的氧化生成苯甲酸，烯、炔、邻二醇的氧化断键生成醛、酮、酸，缩合反应的逆反应，脱羧反应和 Hofmann 降级反应等。

碳链的各类重排反应有 Fries 重排、Claisen 重排、Beckmann 重排和频哪醇重排等。

碳链的成环和开环按照环的大小有不同的构建方法。形成三元环的反应有烯烃与卡宾加成反应，在碱金属存在下的 1，3-二卤代物的脱 X_2 反应（分子内 Wurtz 反应），以及γ-卤代腈、γ-卤代酸酯等在强碱存在下发生 1，3-消除 HX 的反应等。形成四元环的反应有 2+2 电环化反应，重排缩环反应，以及 1，3-二溴化合物与丙二酸酯的反应等。形成五元环的反应有 1，4-二卤代物的丙二酸酯法反应，1，6-二元醛、酮、酯、腈的分子内缩合反应，已二酸脱羧成环和重排扩环反应，以及 1，3-偶极环加成反应等。形成六元环的反应有 Diels-Alder 反应，烯烃在酸催化下的分子内环合反应，芳烃的分子内 Friedel-Crafts 反应，以及 Robinson 成环反应等。形成七元环及更大的环的反应有分子内缩合反应，苯与卡宾加成后的电环化开环反应等。

2. 官能团的引入、转化、保护和消除

官能团的引入主要是通过各类有机化学反应，将含有某官能团的化合物作为试剂引入底物分子中。或者，通过官能团的转化使原来存在的官能团转换为目标官能团，通过各种反应使一些官能团之间实现互变，如将醇氧化为醛、酮、羧酸，醇与酸反应形成酯，将炔烃还原成烯烃、烷烃，烃类化合物与卤素反应形成卤代烃，卤代烃发生亲核取代生成醇或消除反应生成烯烃，等等。

官能团的保护主要是在有机合成反应中，有时候反应物中存在不止一个官能团，而反应只需改变其中一个官能团而要保留另一个官能团时，就需要对可能受到反应条件影响的另一个官能团进行保护。通常需要保护的官能团有羟基、氨基、羧基、羰基和不饱和碳碳键等。官能团的保护还有一个要求就是经过保护和反应后，被保护的基团能够很容易地恢复重现。一般羟基可通过形成醚、酯、缩醛等形式进行保护，氨基可通过酸酐酰化来进行保护，羧基可以采用成酯方法进行保护，羰基可通过邻二醇形成缩醛、缩酮等方法来保护，碳碳双键可采用形成邻二溴代物的方法进行保护。

官能团的消除主要是通过化学反应除去目标分子中不需要的官能团，如芳香胺中的氨基可通过重氮化反应除去，碳碳重键的还原氢化形成饱和烃，羰基被还原成甲叉基等。

3. 基团的位置和立体构型的形成

在有机合成中经常会出现区域选择性反应和立体专一性反应，以达到目标分子中的基团位置的选择和立体取向要求。区域选择性反应有非对称烯烃与 H_2O、HX、H_2SO_4、HOX 的亲电加成反应遵循马氏规则，非对称烯烃在过氧化物存在下的加成反马氏规则，RX 等在不同类型的碱存在下发生消除反应的 Saytzeft 取向或 Hofmann 取向，季胺碱消除时的 Hofmann 取向，取代的环丙烷在酸或碱催化下开环取向不同，

Diels-Alder 反应、Dieckmann 缩合反应的位置选择性等。立体专一性反应有 S_N2 反应、炔烃的催化还原反应、烯烃的氧化反应（$KMnO_4$ 和过氧酸的不同）、RX 发生 E2 消除时的反式共平面等。

例题解析

例题 16-1 试对下列有机化合物进行反合成分析并加以合成。

1. 以不超过 C_4 的烯烃合成 2,5-二甲基己烷（无机试剂任选）。

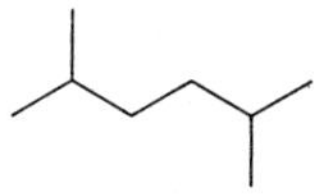

解答：目标分子是烷烃，且是简单的对称分子，利用分子对称切断得到单一分子（2-甲基丙烯），即可采用 Wurtz 偶联反应合成得到。

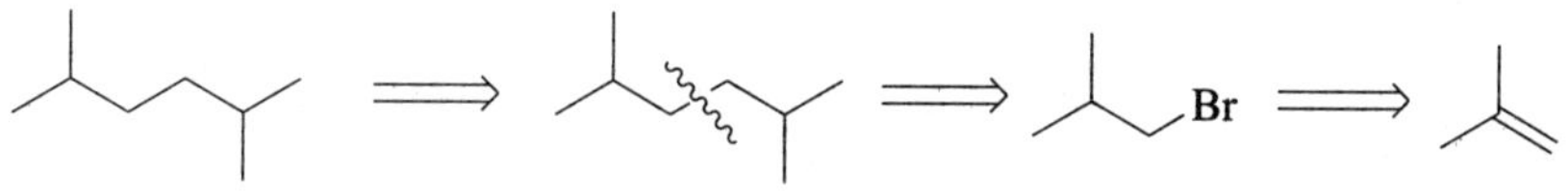

Br

合成方法：

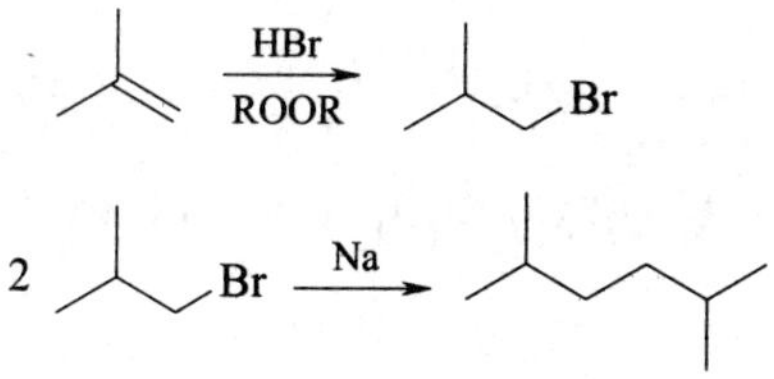

HBr
ROOR
Br

2 Br Na

2. 以环戊酮为主要原料合成二环[4,3,0]壬烷。

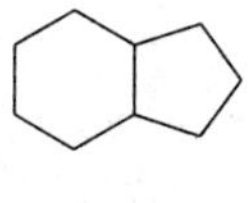

解答：这是一种二元桥环烃，可通过添加官能团的方式，将六元环转化成环己烯酮，通过羟醛反应可以将五元环和六元环的 C—C 键相连，再按照 Robinson 缩环反应将其切断，反推出合成的起始原料。

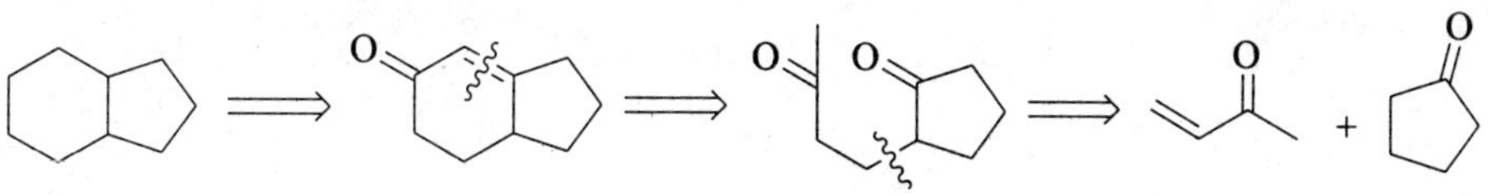

O O O O + O

合成方法：

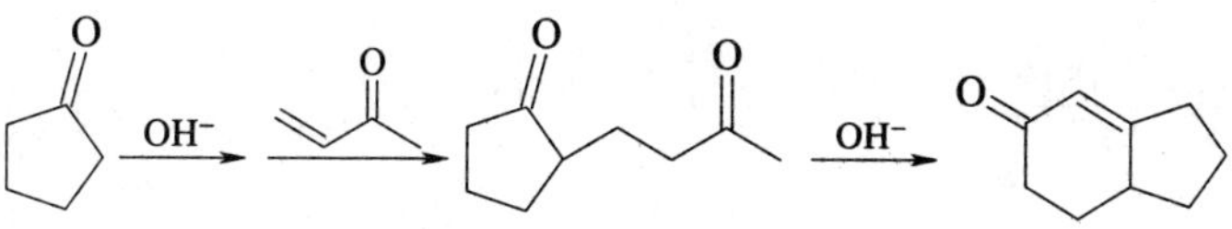

O OH⁻ O O O OH⁻ O

$\xrightarrow{\text{Zn/Hg,浓 HCl}}$ [bicyclic alkene] $\xrightarrow{H_2/Ni}$ [bicyclic alkane]

3. 以不超过 C_4 的原料合成（E）-4-庚烯-1-醇。

解答：一般合成烯烃的方法可以通过炔烃来制备，这样可以控制烯烃的构型。烯烃碳链的增长可以通过卤代烃与炔钠进行亲核取代反应而制备。炔钠和卤代醇反应可以得到需要的伯醇，考虑到羟基会影响偶联反应，因此羟基需要保护。最后按照烯烃的构型需要，进行选择性还原。制备 Z 型烯烃采用 Lindlar 催化剂催化氢化，E 型则采用金属钠在液氨中进行还原。

合成方法：

$$CH_3CH_2C\equiv CH \xrightarrow[\text{液}NH_3]{Na} CH_3CH_2C\equiv CNa$$

$$\text{(oxetane)} \xrightarrow{HBr} BrCH_2CH_2CH_2OH \xrightarrow[THF]{CH_3OCH_2Cl} BrCH_2CH_2CH_2OCH_2OCH_3$$

$$CH_3CH_2C\equiv CNa + BrCH_2CH_2CH_2OCH_2OCH_3 \longrightarrow CH_3CH_2C\equiv CCH_2CH_2CH_2OCH_2OCH_3$$

$$CH_3CH_2C\equiv CCH_2CH_2CH_2OCH_2OCH_3 \xrightarrow{H^+/CH_3OH} \xrightarrow{Na} \text{(E)-4-庚烯-1-醇 (OH)}$$

4. 以苯和不超过 C_4 的有机原料合成 1-[（2E）-3-（环己-3-烯基）烯丙基]苯。

解答：产物结构中的环己烯单元可以通过丁-1，3-二烯和乙烯的 Diels-Alder 环加成反应得到；环外的结构单元，尤其是双键可以通过羰基化合物和磷叶立德进行 Wittig 反应得到。

CHO + $Ph_3\overset{+}{P}$—$\overset{-}{C}H$—CH_2Ph

CHO + PPh_3 + $BrCH_2CH_2Ph$

合成方法：

$$\text{C}_6\text{H}_6 \xrightarrow[\text{FeBr}_3]{\text{Br}_2} \text{PhBr} \xrightarrow[\text{THF}]{\text{Mg}} \text{PhMgBr} \xrightarrow[(2)\ \text{H}_3\text{O}^+]{(1)\ \text{环氧乙烷}} \text{HOCH}_2\text{CH}_2\text{Ph} \xrightarrow{\text{HBr}} \text{BrCH}_2\text{CH}_2\text{Ph}$$

$$\xrightarrow[(2)\ \text{EtOH/EtONa}]{(1)\ \text{PPh}_3} \text{Ph}_3\overset{+}{\text{P}}\overset{-}{\text{C}}\text{HCH}_2\text{Ph}$$

$$\text{丁二烯} + \text{CH}_2{=}\text{CHCHO} \xrightarrow{\triangle} \text{环己-3-烯甲醛} \xrightarrow{\text{Ph}_3\overset{+}{\text{P}}\overset{-}{\text{C}}\text{HCH}_2\text{Ph}} \text{环己烯基-CH=CH-CH}_2\text{Ph}$$

5. 以苯为主要原料合成 1-苯基丙-2-醇。

$$\text{CH}_3\text{CH(OH)CH}_2\text{Ph}$$

解答： 作为合成醇类化合物的通用方法，采用格氏试剂和醛、酮及环氧化合物进行反应，可以得到伯、仲和叔醇等。常用方法是对目标分子进行相应的切断，以得到相应的醛、酮化合物和烃基格氏试剂。目标分子有下列三种切断方式：

$$\text{CH}_3\text{CH(OH)CH}_2\text{Ph} \begin{cases} \overset{1}{\Longrightarrow} \text{CH}_3\text{MgBr} + \text{PhCH}_2\text{CHO} \\ \overset{2}{\Longrightarrow} \text{CH}_3\text{CHO} + \text{PhCH}_2\text{MgBr} \\ \overset{3}{\Longrightarrow} \text{PhMgBr} + \text{环氧丙烷} \end{cases}$$

从三种切断方式看：1. 苯乙醛原料不易得；2. 格氏试剂制备困难（需低温、产率低）；3. 相对而言，格氏试剂易制，环氧原料易得。故考虑第 3 种切断方式进行合成。

合成方法：

$$\text{C}_6\text{H}_6 \xrightarrow[\text{FeBr}_3]{\text{Br}_2} \text{PhBr} \xrightarrow[\text{THF}]{\text{Mg}} \text{PhMgBr} \xrightarrow{\text{环氧丙烷}} \xrightarrow{\text{H}_2\text{O}} \text{CH}_3\text{CH(OH)CH}_2\text{Ph}$$

6. 以乙烯为原料合成（乙烯氧基）乙烯。

$$\text{CH}_2{=}\text{CH-O-CH}{=}\text{CH}_2$$

解答： 这种醚因为没有乙烯醇这种化合物可以直接进行脱水醚化，所以需要采用乙烯和次氯酸进行亲电加成后得到卤代醇，卤代醇可以脱水成醚（需控制条件，使发生分子间脱水而非分子内脱水），再在碱性条件下进行消除（防止亲核取代反应，选择合适的碱），得到目标分子。

$$\text{CH}_2{=}\text{CH-O-CH}{=}\text{CH}_2 \Longrightarrow \text{XCH}_2\text{CH}_2\text{OCH}_2\text{CH}_2\text{X} \Longrightarrow \text{CH}_2{=}\text{CH}_2 + \text{HOX}$$

合成方法:

$$CH_2{=}CH_2 + HOX \longrightarrow X\text{—}CH_2CH_2\text{—}OH \xrightarrow[\triangle,-H_2O]{Al_2O_3} X\text{—}CH_2CH_2\text{—}O\text{—}CH_2CH_2\text{—}X$$

$$\xrightarrow[(CH_3)_3COH]{(CH_3)_3COK} CH_2{=}CH\text{—}O\text{—}CH{=}CH_2$$

7. 以不超过 C_4 的有机原料合成 2-癸基-3-(5-甲基己基)环氧乙烷。

$$H_3C\text{—}\underset{\displaystyle CH_3}{\underset{|}{CH}}\text{—}(CH_2)_4\text{—}\underset{H}{C}\overset{O}{\text{—}}\underset{H}{C}\text{—}(CH_2)_9\text{—}CH_3$$

解答: 从反合成分析可知,环氧结构可以通过过氧酸对烯烃的氧化得到,烯烃可以通过炔烃的偶联反应制得,至于偶联的两端的烃基则可以按照原料的来源、经济性等加以选择,本题可将正丁基溴、异丙基溴和烯丙基溴作为原料来合成。

合成方法:

$$HC{\equiv}CNa + CH_3(CH_2)_3Br \longrightarrow HC{\equiv}C(CH_2)_3CH_3 \xrightarrow[(2)\ CH_3(CH_2)_3Br]{(1)\ NaNH_2/液NH_3} CH_3(CH_2)_7C{\equiv}CH$$

$$\xrightarrow[\text{Lindlar催化剂}]{H_2} CH_3(CH_2)_7CH{=}CH_2 \xrightarrow[ROOR]{HBr} CH_3(CH_2)_9Br$$

$$(CH_3)_2CHCH_2Br \xrightarrow[Et_2O]{Mg} (CH_3)_2CHCH_2MgBr \xrightarrow{CH_2{=}CHCH_2Br} (CH_3)_2CHCH_2CH_2CH{=}CH_2 \xrightarrow[(2)\ H_2O_2,OH^-]{(1)\ B_2H_6} (CH_3)_2CH(CH_2)_4OH$$

$$\xrightarrow{PBr_3} (CH_3)_2CH(CH_2)_4Br \xrightarrow{HC{\equiv}CNa} (CH_3)_2CH(CH_2)_4C{\equiv}CH \xrightarrow{NaNH_2} (CH_3)_2CH(CH_2)_4C{\equiv}CNa$$

$$\xrightarrow{CH_3(CH_2)_9Br} (CH_3)_2CH(CH_2)_4C{\equiv}C(CH_2)_9CH_3$$

$$\xrightarrow[\text{Lindlar催化剂}]{H_2} (CH_3)_2CH(CH_2)_4CH{=}CH(CH_2)_9CH_3$$

$$\xrightarrow{CH_3CO_3H} (CH_3)_2CH(CH_2)_4\overset{O}{\widehat{CH\text{—}CH}}(CH_2)_9CH_3$$

8. 以环己酮为主要原料合成 2-苯甲酰基环己酮。

(2-苯甲酰基环己酮结构式:环己酮的2-位连有 C(=O)Ph)

解答: 通过切断后,发现可以通过环己酮和苯甲酰氯进行取代反应得到,而要使得该反应能够进行,需要使环己酮形成碳负离子或发生烯醇化,常用的方法是与四氢吡咯形成烯胺中间体，然后与苯甲酰氯发生亲核取代反应，得到酰基化产物，水解恢复羰基即可得到目标分子。

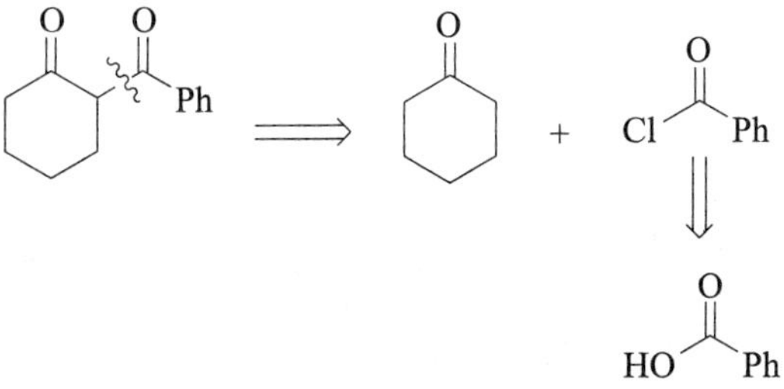

合成方法：

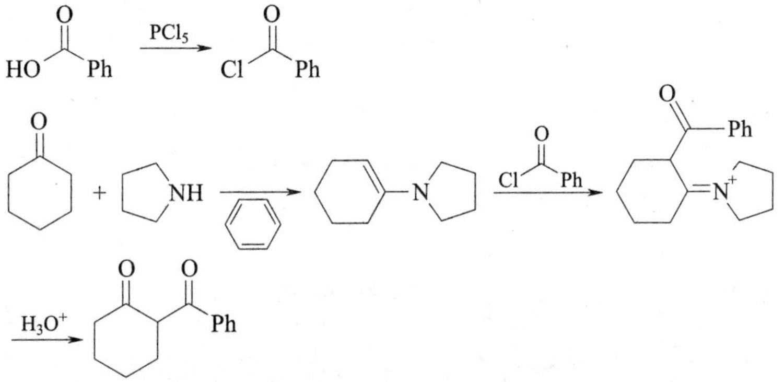

9. 以丙二酸二乙酯为原料合成2-氧代-5-（丙烷-2-亚烷基）环己烷甲酸乙酯。

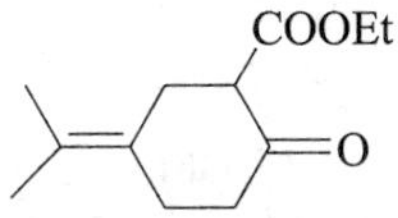

解答：通过反合成分析可知，六元环上有β-羰基的酯结构，这是可以通过典型的Dieckmann酯缩合反应得到的。C═C双键可以通过Knoevenagel反应，即活泼甲叉基化合物与醛、酮发生的缩合反应得到。酯还原成醇，再卤化，再与丙二酸二乙酯反应，就可得到目标分子。

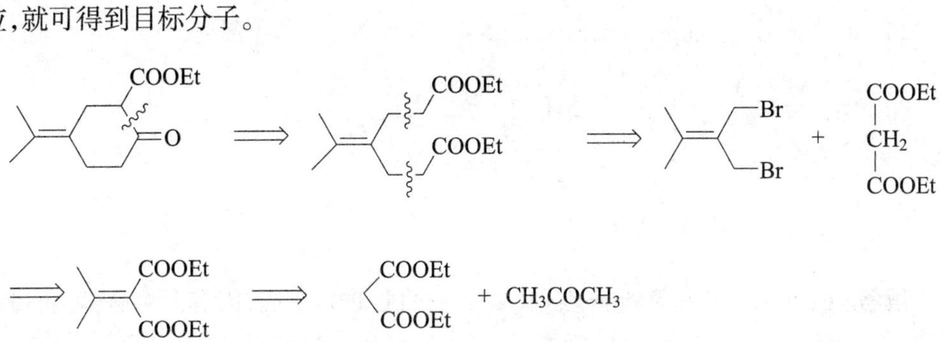

合成方法：

$CH_2(COOEt)_2 + CH_3COCH_3 \xrightarrow{NH_4OAc} (CH_3)_2C{=}C(COOEt)_2 \xrightarrow{LiAlH_4} (CH_3)_2C{=}C(CH_2OH)_2$

$\xrightarrow{PBr_3} (CH_3)_2C{=}C(CH_2Br)_2 \xrightarrow{NaH,CH_2(COOEt)_2} (CH_3)_2C{=}C[CH_2CH(COOEt)_2]_2 \xrightarrow[\triangle]{H_3O^+} (CH_3)_2C{=}C(CH_2CH_2COOH)_2$

$\xrightarrow{H^+,EtOH} (CH_3)_2C{=}C(CH_2CH_2COOEt)_2 \xrightarrow[(2)\ H_3O^+]{(1)\ EtONa,EtOH}$ 4-异丙叉基-2-乙氧羰基环己酮（COOEt，=O）

10. 以丙二酸二乙酯为主要原料合成螺[3.4]辛烷基-2-甲酸。

螺[3.4]辛烷-2-COOH

解答: 通过反合成分析可以看出,目标分子可以通过二卤代物和丙二酸二乙酯反应,生成第一个环,再和另一分子的丙二酸二乙酯反应生成第二个环形成螺环,关键在于注意官能团转换和最后的酯水解和脱羧。

螺[3.4]辛烷-2-COOH ⟹ 1,1-二(溴甲基)环戊烷 + $CH_2(COOEt)_2$

⟹ 1,1-二(羟甲基)环戊烷 ⟹ 1,1-二(羟甲基)环戊烷（断键） ⟹ $Br(CH_2)_4Br$ + $CH_2(COOEt)_2$

合成方法:

$CH_2(COOEt)_2 + Br(CH_2)_4Br \xrightarrow{EtONa}$ 环戊烷-1,1-二甲酸二乙酯 $\xrightarrow{LiAlH_4}$ 1,1-二(羟甲基)环戊烷

$\xrightarrow{HBr}$ 1,1-二(溴甲基)环戊烷 $\xrightarrow[EtONa]{CH_2(COOEt)_2}$ 螺[3.4]辛烷-2,2-二甲酸二乙酯 $\xrightarrow[H_2O]{OH^-} \xrightarrow{H^+} \xrightarrow{\triangle}$ 螺[3.4]辛烷-2-COOH

11. 以苯胺为主要原料合成 *N*-(2-氨基-5-溴苯基)苯甲酰胺。

NH_2, NH—C(=O)—C_6H_5, Br

解答: 如果从苯甲酰氯和4-溴-1,2-二胺直接进行反应,因有两个氨基,会得到混合物。通过反合成分析,可以先将其中的2-氨基进行保护,和苯甲酰氯形成酰胺后,再恢复氨基。

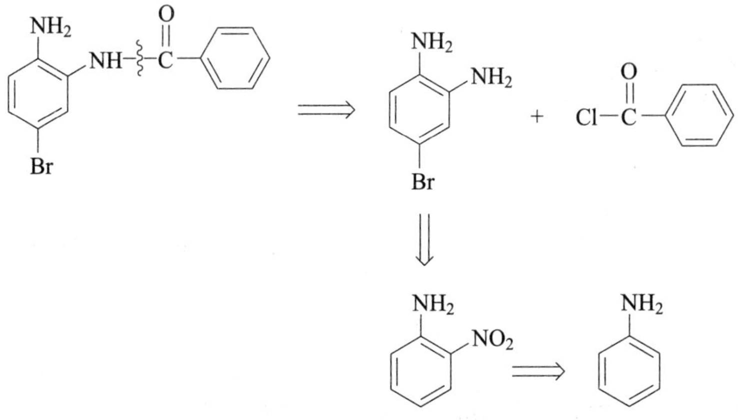

合成方法：

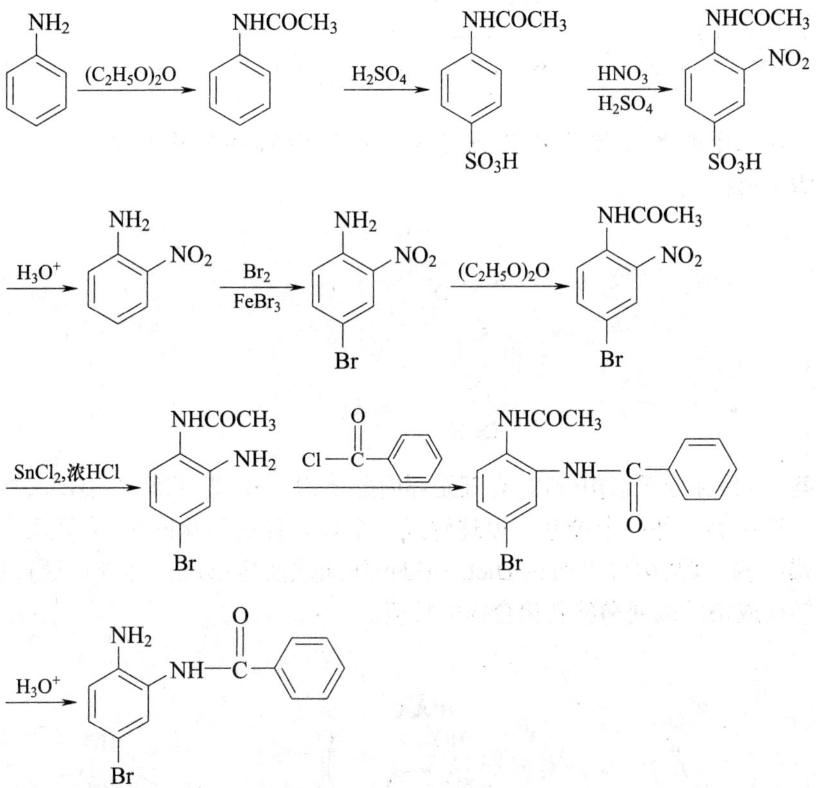

12. 以苯为原料合成 N^1-苯基苯-1,2,4-三胺。

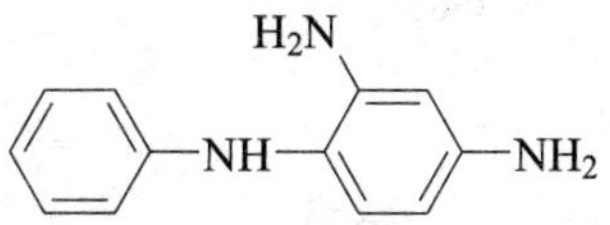

解答： 通过反合成分析，可以将目标分子切断成苯胺和另一个苯衍生物（卤苯）而相连得到。

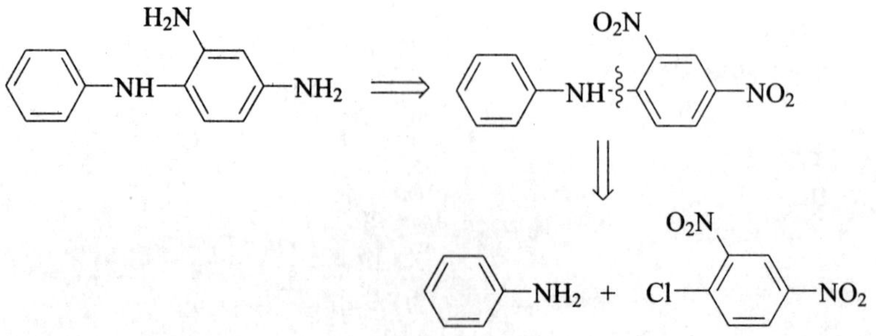

合成方法：

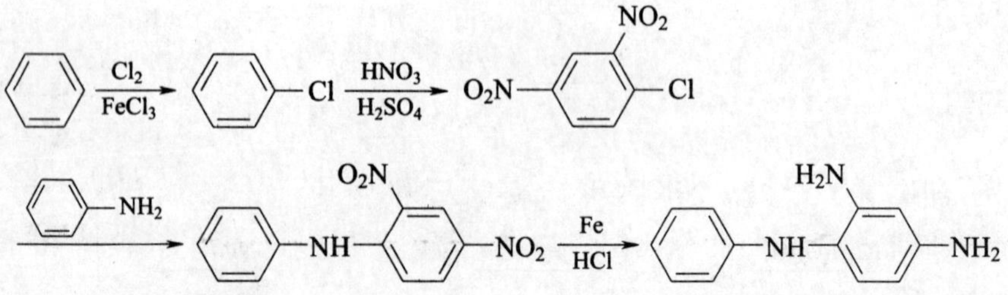

13. 以苯甲醚为主要原料合成二氢-5-(3-甲氧基苯基)-4-(3-氧丁基)呋喃-2(3H)-酮。

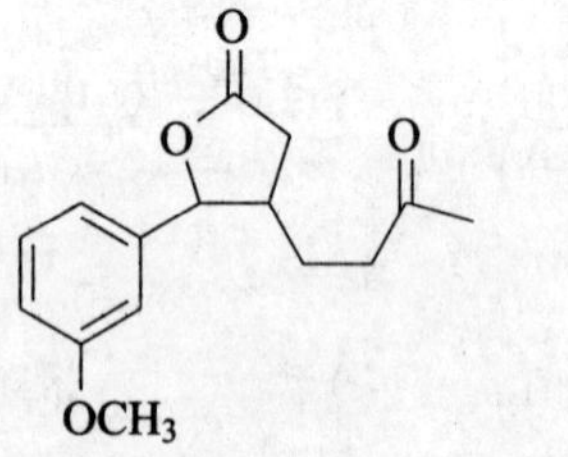

解答：从目标分子结构分析，有五元环内酯结构，可以先切断，官能团转换为羧基和羟基。羧基和另外一个羰基可以理解成一个环烯烃的氧化断裂，恰好反推形成一个环己烯结构，该结构可以通过 Diels-Alder 环加成反应形成。另外再通过切断，将醇部分转换成格氏试剂和羰基化合物的反应。

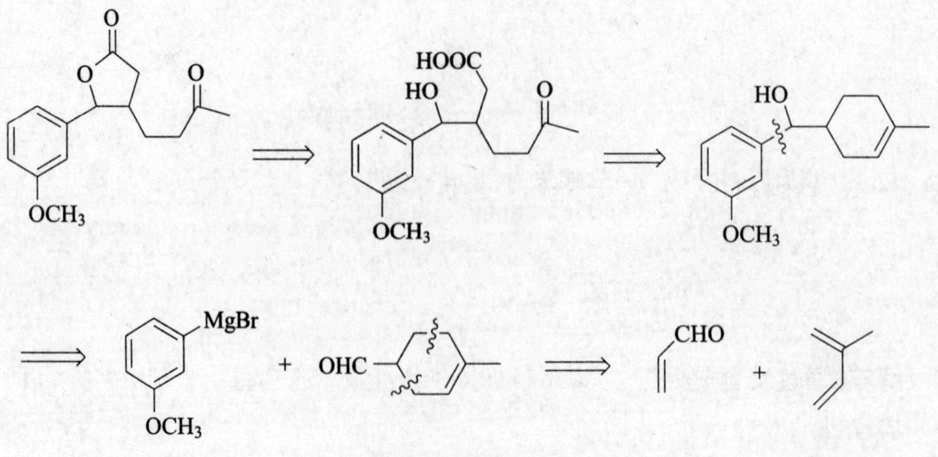

合成方法：

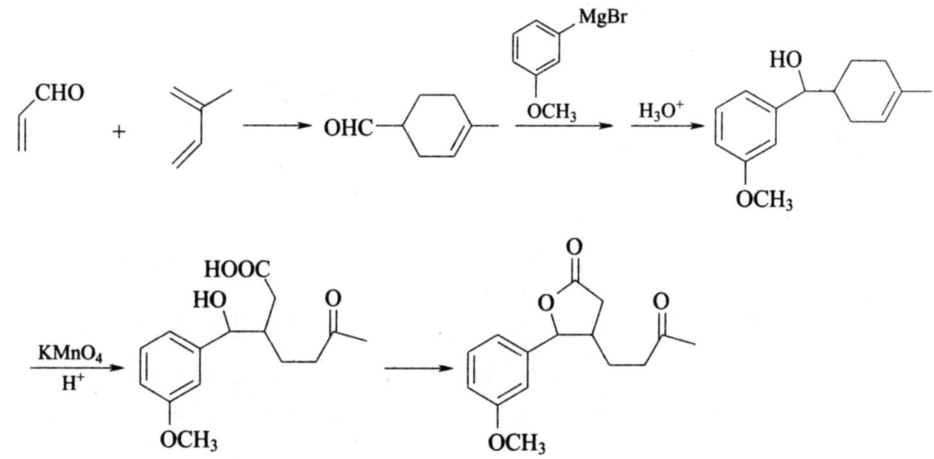

CHO + (isoprene) ⟶ OHC–(4-methylcyclohex-3-enyl) $\xrightarrow{\text{3-}CH_3OC_6H_4MgBr}$ $\xrightarrow{H_3O^+}$ HO, OCH_3

$\xrightarrow[H^+]{KMnO_4}$ HOOC, HO, O, OCH_3 ⟶ O, O, O, OCH_3

14. 以邻苯二甲酸酐为原料合成 1*H*-吲唑-3-醇。

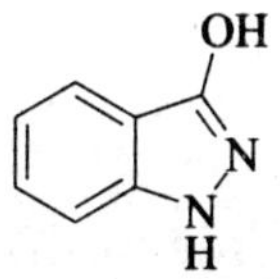

OH, N, N, H

解答： 从目标分子结构上看，有邻二取代苯、苯甲酸、苯肼、酰胺键等特征，邻苯二甲酸酐可以通过转换提供前三个结构单元，酰胺键可以通过酸和肼反应得到。

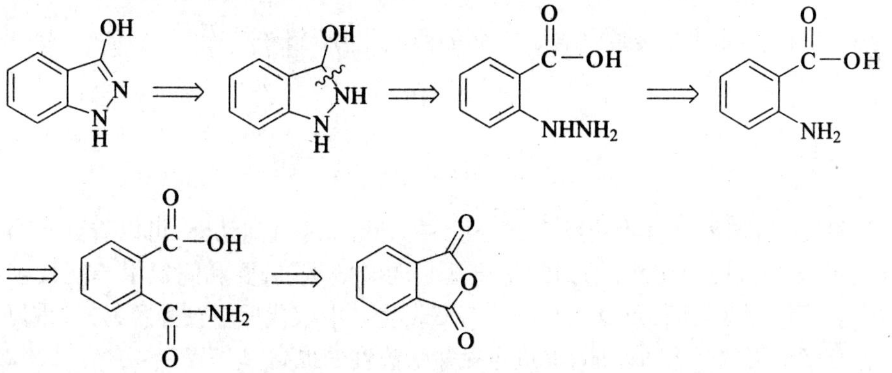

OH, N, N, H ⟹ OH, NH, N, H ⟹ O, C—OH, $NHNH_2$ ⟹ O, C—OH, NH_2

⟹ O, C—OH, C—NH_2, O ⟹ O, O, O

合成方法：

O, O, O $\xrightarrow[NaOH]{NH_2OH}$ O, C—ONa, C—NH_2, O $\xrightarrow[NaOH]{NaOCl}$ O, C—ONa, NH_2 $\xrightarrow{HCl}$ O, C—OH, NH_2

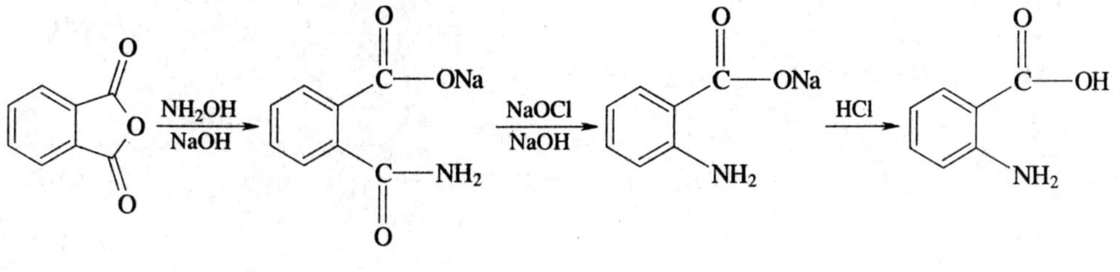

$\xrightarrow{NaNO_2,HCl}$ (2-羧基苯重氮盐 $N_2^+Cl^-$) $\xrightarrow{SnCl_2,HCl}$ (2-肼基苯甲酸 $NHNH_2 \cdot HCl$) $\xrightarrow[\triangle]{NaOH}$ (3-羟基吲唑)

15. 以乙烯、乙炔为主要原料合成ε-己内酯。

解答: 通过反合成分析,目标分子可通过乙炔为起始原料进行合成。

ε-己内酯 $\Longrightarrow$ 环己酮 $\Longrightarrow$ 环己醇(—OH) $\Longrightarrow$ 环己烯 $\Longrightarrow$ 1,3-丁二烯 + 乙烯；1,3-丁二烯 $\Longrightarrow$ $HC\equiv CH$

合成方法:

$$HC\equiv CH \xrightarrow[NH_4Cl]{Cu_2Cl_2} CH_2=CH-C\equiv CH \xrightarrow[Pd/PbO,CaCO_3]{H_2} CH_2=CH-CH=CH_2 \xrightarrow{H_2C=CH_2}$$

环己烯 $\xrightarrow{H^+,H_2O}$ 环己醇(—OH) $\xrightarrow{PCC}$ 环己酮 $\xrightarrow{CH_3COOOH}$ ε-己内酯

16. 以苯、甲苯为主要原料合成下面的偶氮化合物染料:

(Cl, CH_3取代苯基—N=N—HO, NH_2取代苯基)

解答: 通过偶氮化合物的反合成分析,在苯和偶氮键间切断,可以看到有两种切断方式1和2,按照1切断,得到的重氮盐是弱亲电试剂,要和间氯甲苯间发生反应很困难。而按照2切断,重氮盐与酚或芳胺发生亲电取代反应较为容易,且重氮盐的芳环上有多个强的吸电子基团,促进重氮盐活泼性的提高。

Ar—N=N—Ar′ (切断位置 1, 2) $\Longrightarrow$

1: 间氯甲苯 + N_2^+—(HO, NH_2取代苯)

2: (Cl, CH_3取代苯)—N_2^+ + 间氨基苯酚(HO, NH_2)

合成方法：

$$C_6H_6 \xrightarrow[H_2SO_4]{HNO_3} \text{间二硝基苯} \xrightarrow{Na_2S} \text{间硝基苯胺} \xrightarrow{NaNO_2/HCl} \xrightarrow[\triangle]{H_3O^+} \text{间硝基苯酚} \xrightarrow{Fe/HCl} \text{间氨基苯酚}$$

$$\text{甲苯} \xrightarrow[H_2SO_4]{HNO_3} \text{对硝基甲苯} \xrightarrow[Fe]{Cl_2} \text{2-氯-4-硝基甲苯} \xrightarrow{Fe/HCl} \text{3-氯-4-甲基苯胺} \xrightarrow{NaNO_2/HCl} \text{3-氯-4-甲基苯重氮盐}(N_2^+Cl^-)$$

$$\xrightarrow[pH=8\sim10]{\text{间氨基苯酚}} \text{(3-氯-4-甲基苯基)}-N{=}N-\text{(2-羟基-4-氨基苯基)}$$

习题参考答案

习题 16-1 解释下列名词。

（1）反合成分析	（2）合成元	（3）反合成元
（4）切断	（5）官能团转换	（6）组合化学
（7）绿色合成化学	（8）有机固相合成	（9）相转移催化

解答:（1）反合成分析　反合成分析是一种逆推法，是通过对目标分子的切断，从剖析目标分子的化学结构入手，根据分子中各原子间连接方式（化学键）的特征，综合运用有机化学反应方法和反应机理的知识，选择合适的化学键进行切断，将目标分子转化成一些稍小的中间体；再以这些中间体作为新的目标分子，将其切断成更小的中间体；依次类推，直到找到方便易得的起始原料为止。

（2）合成元　合成元又称“合成子”，是通过反合成分析后得到的从目标分子相应于反应转换而来的结构单元，合成元可以是分子、离子，也可以是自由基。

（3）反合成元　反合成元又称“反合成子”，是反合成分析中考虑的合成子，是确保特定转化可以进行的最小亚结构单元。

（4）切断　切断是成键的逆过程，是把分子结构中某个共价键打断，形成两个分子碎片的过程。

（5）官能团转换　在反合成分析中将目标分子中的官能团转换为其他官能团，称为官能团转换，目的是变换成相对简单易得的原料。

（6）组合化学　组合化学是一门将化学合成、组合理论、计算机辅助设计及机械手结合一体，并在短时间内将不同构建模块用巧妙构思，根据组合原理，系统反复连接，从而产生大批的分子多样性群体，形成化合物库（compound library），然后运用组合原理，以巧妙的手段对库成分进行筛选优化，得到可能的有目标性能的化合物结构的科学。组合化学与传统合成有显著的不同。传统合成方法每次只合成一种化合物；组合合成用一个构建模块的 n 个单元与另一个构建模块的 n 个单元同时进行一步反应，得到 n^2 个化合物；若进行 m 步反应，则得到 n^2m 个化合物。

（7）绿色合成化学　绿色合成化学是通过科学研究从源头上使用不产生污染物的化学合成方法来解决可持续发展和环境污染间矛盾。绿色合成化学包括起始原料和试剂的绿色化、反应条件的绿色化、产品的绿色化。绿色合成化学强调反应的原子经济性和选择性，让人们重新认识化学键的断裂和生成的途径，设计和发展新的化学反应，避免或减少使用有害物质，并消除有害物质的生成。

（8）有机固相合成　有机固相合成就是把反应底物或催化剂通过固定在某种固相载体（solid phase carrier）上，然后再与其他反应试剂进行反应生成产物的合成方法。

（9）相转移催化　相转移催化（phase transfer catalysis，简称 PTC）是 20 世纪 70 年代以来在有机合成中应用日趋广泛的一种新的合成技术。相转移催化作用是指：一种催化剂能加速或者能使分别处于互不相溶的两种溶剂（液－液两相体系或固－液两相体系）中的物质发生反应。反应时，催化剂把一种实际参加反应的实体（如负离子）从一相转移到另一相中，以便使它与底物相遇而发生反应。相转移催化作用能使离子化合物与不溶于水的有机物质在低极性溶剂中进行反应，或加速这些反应。

习题 16-2　合成下列有机化合物。

（1）$CH_3\overset{O}{\overset{\|}{C}}CH_2CH_2CH_3$

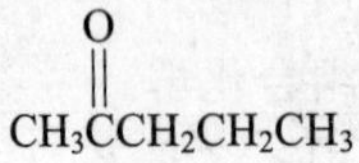

（2）$(H_3C)_2HCH_2C$–C_6H_4–$\underset{COOH}{CHCH_3}$

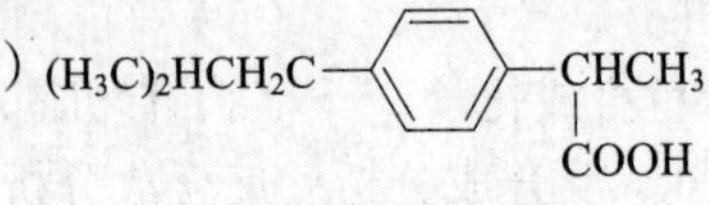

（3）

（4）COOH

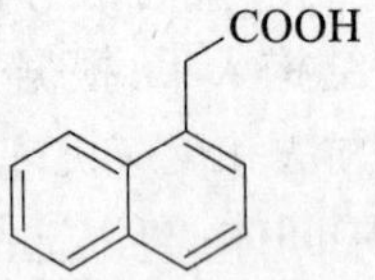

（5）CH_3　OH　CH_2OH　CH

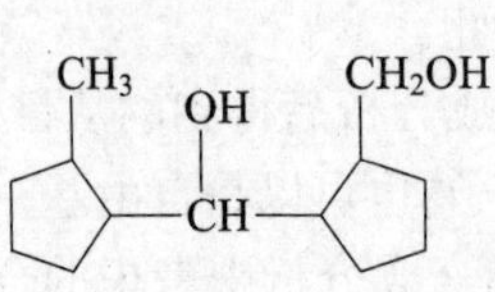

（6）Br　Br　Br　OH

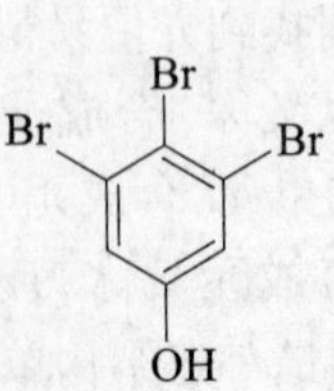

（7）O

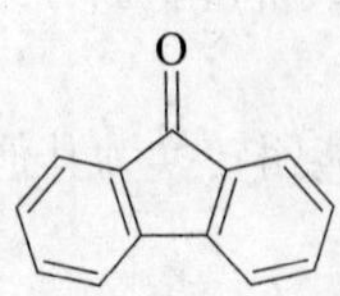

（8）OCH_3　OCH_3　H_3CO　H_3CO　HN　O

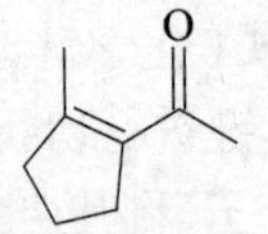

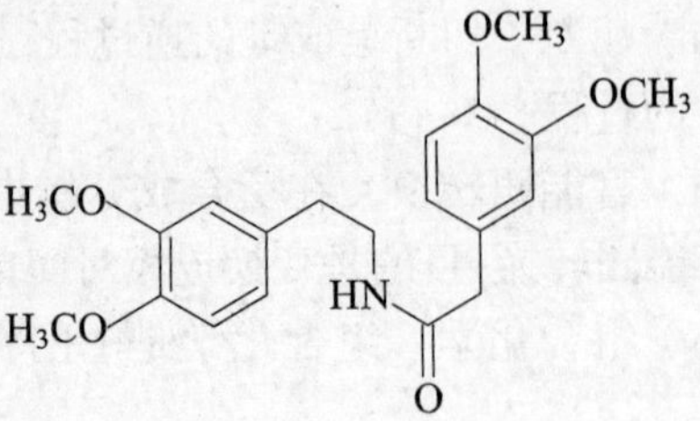

解答: 因有机合成有多种路线或方法,这里只提供一种参考答案。

(1) $CH_3CH_2CH_2Br \xrightarrow[\text{无水醚}]{Mg} CH_3CH_2CH_2MgBr \xrightarrow[(2)H_3O^+]{(1)CH_3CHO} CH_3CH_2CH_2CH(OH)CH_3 \xrightarrow{[O]}$ TM

(2) 苯 $\xrightarrow[AlCl_3]{(CH_3)_2CHCOCl}$ $(CH_3)_2CHCOC_6H_5$ $\xrightarrow[HCl]{Zn/Hg}$ $(CH_3)_2CHCH_2C_6H_5$ $\xrightarrow[AlCl_3]{CH_3COCl}$ $p\text{-}(CH_3)_2CHCH_2C_6H_4COCH_3$

$\xrightarrow{NaBH_4}$ $p\text{-}(CH_3)_2CHCH_2C_6H_4CH(OH)CH_3$ $\xrightarrow{PBr_3}$ $p\text{-}(CH_3)_2CHCH_2C_6H_4CHBrCH_3$ $\xrightarrow[\text{无水醚}]{Mg}$ $\xrightarrow{CO_2}$ $\xrightarrow{H_3O^+}$ TM

(3) 环己烯 $\xrightarrow{O_3}$ $\xrightarrow[H_2O]{Zn}$ OHC(CH₂)₄CHO $\xrightarrow{CH_3MgCl}$ $\xrightarrow{H_3O^+}$ $CH_3CH(OH)(CH_2)_4CH(OH)CH_3$

$\xrightarrow{MnO_2}$ $CH_3CO(CH_2)_4COCH_3$ $\xrightarrow[\triangle,-H_2O]{\text{稀 }OH^-\text{,分子内羟醛缩合}}$ TM

(4) 萘 $\xrightarrow[AlCl_3]{CH_3X}$ 1-甲基萘 $\xrightarrow{NBS}$ 1-萘基-CH_2Br $\xrightarrow{Mg}$ 1-萘基-CH_2MgBr $\xrightarrow{CO_2}$ $\xrightarrow{H_3O^+}$ TM

(5) 环己烯 $\xrightarrow[(2)\ H_2O,Zn]{(1)\ O_3}$ OHC(CH₂)₄CHO $\xrightarrow{OH^-}$ 1-环戊烯甲醛(—CHO) $\xrightarrow{(CH_3)_2CuLi}$ $\xrightarrow{H_3O^+}$ 2-甲基环戊烷甲醛(—CHO, CH_3)

1-环戊烯甲醛(—CHO) + HBr $\xrightarrow{1,4-\text{加成}}$ [2-Br-环戊亚基=C(OH)H ⟷ 2-Br-环戊基—C(=O)H] ⟶ 2-溴环戊烷甲醛(—CHO, Br)

$\xrightarrow[HCl(\text{干})]{CH_3OH}$ 2-Br-环戊基—$CH(OCH_3)_2$ $\xrightarrow[Et_2O]{Mg}$ 2-MgBr-环戊基—$CH(OCH_3)_2$

2-CH_3-环戊基—CHO + 2-MgBr-环戊基—$CH(OCH_3)_2$ ⟶ $\xrightarrow{H_3O^+}$ (2-CH_3-环戊基)—CH(OH)—(2-CHO-环戊基) $\xrightarrow{NaBH_4}$ TM

（6）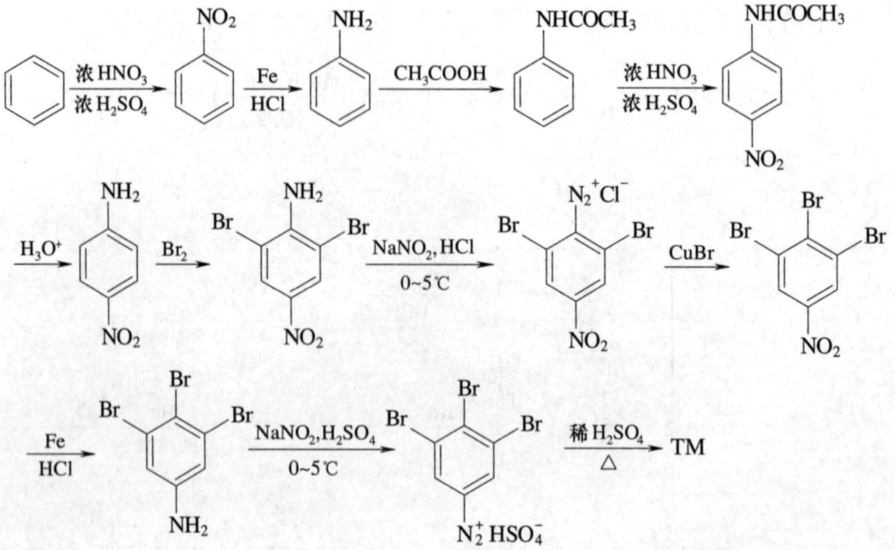

浓 HNO_3
浓 H_2SO_4
NO_2
Fe
HCl
NH_2
CH_3COOH
$NHCOCH_3$
浓 HNO_3
浓 H_2SO_4
$NHCOCH_3$
NO_2
H_3O^+
NH_2
NO_2
Br_2
Br
NH_2
Br
NO_2
$NaNO_2$, HCl
0~5℃
Br
$N_2^+Cl^-$
Br
NO_2
CuBr
Br
Br
Br
NO_2
Fe
HCl
Br
Br
Br
NH_2
$NaNO_2$,H_2SO_4
0~5℃
Br
Br
Br
$N_2^+HSO_4^-$
稀 H_2SO_4
△
TM

（7）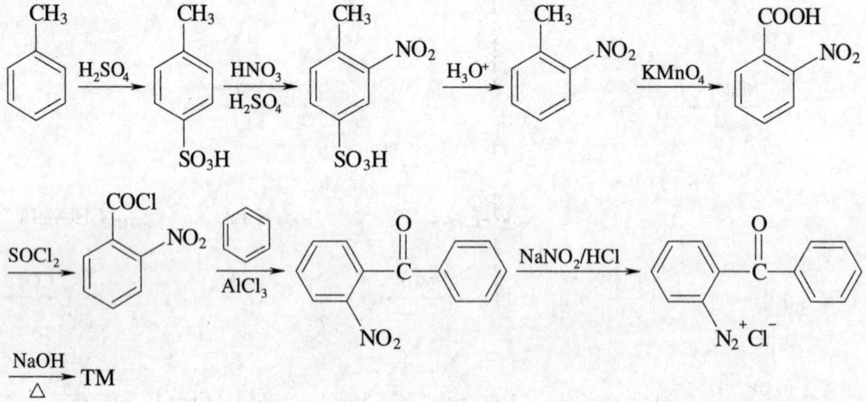

CH_3
H_2SO_4
CH_3
SO_3H
HNO_3
H_2SO_4
CH_3
NO_2
SO_3H
H_3O^+
CH_3
NO_2
$KMnO_4$
COOH
NO_2
$SOCl_2$
COCl
NO_2
$AlCl_3$
O
C
NO_2
$NaNO_2$/HCl
O
C
$N_2^+Cl^-$
NaOH
△
TM

（8）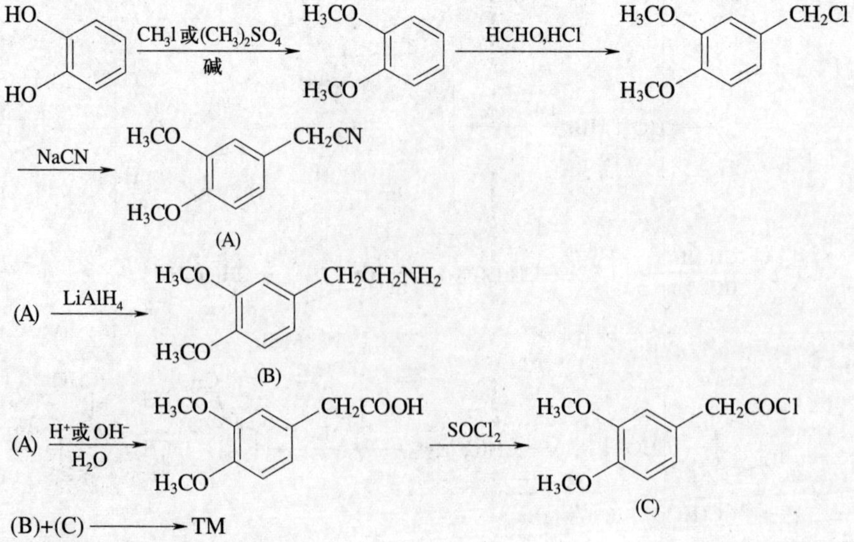

HO
HO
CH_3I 或 $(CH_3)_2SO_4$
碱
H_3CO
H_3CO
HCHO,HCl
H_3CO
CH_2Cl
H_3CO
NaCN
H_3CO
CH_2CN
H_3CO
(A)
(A)
$LiAlH_4$
H_3CO
$CH_2CH_2NH_2$
H_3CO
(B)
(A)
H^+ 或 OH^-
H_2O
H_3CO
CH_2COOH
H_3CO
$SOCl_2$
H_3CO
CH_2COCl
H_3CO
(C)
(B)+(C)
TM

参 考 试 卷

序号	试卷	参考答案
一		
二		
三		
四		
五		
六		